炼油化工行业水污染治理技术进展与实践

主　编　顾松园　吴长江
副主编　陈　俊　张　鸿　栾金义　何翼云

中国石化出版社

内 容 提 要

本书通过技术分析及典型案例剖析，全面总结了炼油化工行业近年来在水污染治理技术研究与实践方面取得的最新进展，涵盖了炼油化工行业水污染源分析、污水达标排放处理技术、污水回用及近零排放技术、特殊污水处理技术及污水处理过程中产生的废气及固体废物处理处置技术等，对炼油化工行业及其他行业的污水处理技术进步和升级改造具有很好的指导意义。

本书可供从事污水处理技术研究的人员、炼油化工污水处理企业的生产管理人员及相关专业的高校师生阅读参考。

图书在版编目（CIP）数据

炼油化工行业水污染治理技术进展与实践／顾松园，吴长江主编．—北京：中国石化出版社，2021.5
ISBN 978-7-5114-6090-5

Ⅰ.①炼… Ⅱ.①顾… ②吴… Ⅲ.①石油炼制-工业废水处理 Ⅳ.①X703

中国版本图书馆 CIP 数据核字（2021）第 071972 号

中国石化出版社出版发行
地址:北京市东城区安定门外大街 58 号
邮编:100011　电话:(010)57512500
发行部电话:(010)57512575
http://www.sinopec-press.com
E-mail:press@sinopec.com
北京富泰印刷有限责任公司印刷
全国各地新华书店经销
*
787×1092 毫米 16 开本 25.5 印张 607 千字
2021 年 5 月第 1 版　2021 年 5 月第 1 次印刷
定价:198.00 元

《炼油化工行业水污染治理技术进展与实践》

编　委　会

序

　　党的十八大以来，以习近平同志为核心的党中央高度重视生态环境保护，坚决向污染宣战，着力建设人与自然和谐共生的现代化，一幅青山常在、绿水长流、空气常新的美丽中国画卷正在神州大地铺展开来。

　　水是生存之本、文明之源。进入新发展阶段、贯彻新发展理念、构建新发展格局，需要更加注重节水治污。"十四五"规划和 2035 年远景目标纲要提出，深入打好污染防治攻坚战，强化工业节水减排，强化高耗水行业用水定额管理，推动经济社会发展全面绿色转型，为我们指明了前进方向。

　　石化工业作为国民经济重要支柱产业，始终高度重视产业发展与环境保护相协调，不断加大节水治污力度，在污水处理与回用等方面取得显著成果，引领了工业领域环境保护的技术进步。"十三五"期间，炼油化工企业外排污水中的 COD、氨氮、总氮、总磷及特征污染物等指标不断降低，部分企业污水排放指标已经达到或优于地表水四类水体水质要求。同时，也要看到，长期以来，由于历史原因和生产特点，我国炼化企业大多沿海沿江沿河，存在水体污染风险；各企业节水治污水平参差不齐，推进高质量发展和生态环境高水平保护还面临很多挑战，亟待加大清洁生产和污染源源头治理，推动水污染治理和资源化利用技术进步，实现炼油化工行业绿色洁净发展。

　　本书通过解析炼油化工装置污水污染源，分析炼油化工行业污水处理与回用面临的形势任务，总结近年来在污水处理达标排放技术、污水回用及近零排放技术、污水处理过程中的废气与固废处理处置技术等方面取得的进展，为推动炼油化工行业污水处理技术进步、实现污水处理装置高标准稳定运行提供了参考，对促进行业绿色低碳转型具有重要指导意义。

马永生

2021 年 5 月 24 日

前　言

　　炼油化工行业是我国基础性和支柱性产业，在国民经济中占有举足轻重的地位，为各行业提供了丰富的产品。炼油化工主要是以石油为原料，通过裂解、精炼、分馏、重整等石油炼制工艺生产轻质油品，通过裂解制取乙烯、丙烯等有机化工原料，然后将化工原料经过特定工艺加工，生产出合成树脂、合成橡胶、合成纤维以及其他化工产品。

　　炼油化工行业在为社会提供能源和化工产品的同时，也对生态环境产生了一定的影响。由于炼油化工生产过程流程长、原料来源不同、加工工艺复杂，生产过程中产生的污水种类多、污染物成分复杂、污染物浓度高且部分含有难生物降解有毒有害有机物，因此必须经过处理后达标排放或实现污水回用。

　　作为国民经济重点发展领域，炼油化工行业始终重视产业经济和环境保护的协调发展，特别是在污水处理方面投入了巨大的人力、物力和财力，促进了污水处理与回用技术的快速发展并取得了显著成果，引领了工业领域污水处理技术的进步。特别是"十三五"期间，随着国家和各级地方水污染物排放标准的颁布实施，炼油化工企业外排污水中的 COD、氨氮、总氮、总磷、溶解性总固体及特征污染物等浓度不断降低，部分企业外排污水水质已经达到或优于地表水四类水体水质要求，显示了污水处理的技术进步，先进的污水治理理念已经贯穿到污水处理的全链条之中。根据清洁生产和循环经济理念，选用清洁的生产工艺及原料，通过源头消减和过程控制，降低了污水和污染物产生量；实施清污分流、污污分流、污污分治，基于不同的处理工艺及处理目标，实现了污水的分质处理与分质回用；采用经济高效的生化处理和高级氧化处理技术，实施污水的末端治理，实现了污水的达标排放；实施膜法污水深度处理回用和近零排放技术，实现了污水资源化利用，促进了炼油化工行业的节水减排和绿色发展。

　　随着我国经济的快速发展和人民群众对美好生活的需要，炼油化工行业的水污染治理面临着严峻的形势。一是部分企业污水水质稳定性差，分级防控不到位，污水处理设施运行不稳定，存在超标准排放风险；二是因为历史原因和生产特点，炼油化工企业多沿江沿河沿海分布，存在水体污染风险；三是法律法规及水污染物排放标准日益严格，如《中华人民共和国长江保护法》《关于推进污水资源化利用的指导意见》及黄河流域生态保护等政策的实施，需要炼油化工企业不断升级污水处理设施以满足新的环境标准要求。

为了进一步总结近年来炼油化工行业在污水处理达标排放技术、污水回用及近零排放技术、污水处理过程中的废气与固废处理处置技术等方面取得的进展，实现企业污水治理装置的高标准稳定运行，推动先进的污水处理技术与理念在炼油化工行业的推广应用，引导企业水污染治理技术的进步，在中国石化科技部的领导下，中国膜工业协会石油和化工专委会与中国石化北京化工研究院牵头，吸收了国家水专项子课题"石化行业废水污染控制技术综合评估研究"最新成果，在中国石化、中国石油、中国海油等单位领导和专家的支持下，编辑出版本著作。

本书共分七章，第一章简要概述了炼油化工行业污水处理与回用相关法律法规和标准，对污水处理与回用技术发展现状及面临的形势进行了分析；第二章介绍了炼油化工行业各装置污水产生及水污染特性，为污水处理工艺选择提供基础；第三章重点介绍了炼油化工污水的达标排放处理技术，从预处理技术、生化处理技术、高级氧化处理技术等多方面进行了详细论述和典型案例分析；第四章着重介绍了污水回用及近零排放技术，包括污水适度处理回用、膜法深度处理回用及近零排放技术等，并通过典型案例进行了分析；第五章主要介绍了炼油化工行业的特殊污水，如碱渣污水、腈纶污水、PTA污水、烟气脱硫脱硝污水等的处理案例；第六章重点介绍了污水处理过程中的废气治理技术，并通过案例进行了分析；第七章重点介绍了污水处理过程中固废及危废的处理处置技术及应用案例。

本书由于涵盖内容较多，技术在不同企业应用存在差别，编写难度较大，加之时间仓促，书中不妥之处敬请各使用单位和个人提出宝贵意见和建议，以便再版时补充修正。

目　　录

第一章 概　　述

炼油化工是我国的基础性和支柱性产业，在国民经济中占有举足轻重的地位，为农业、能源、交通、机械、电子、纺织、轻工、建筑、建材等各行业提供了丰富的产品。

炼油化工主要是以石油为原料，以裂解、精炼、分馏、重整和合成等工艺为主的一系列有机物加工过程。来自国内外的原料油，首先经石油炼制，通过一次加工、二次加工，包括常减压蒸馏、催化裂化、加氢裂化、延迟焦化、催化重整、芳烃分离、加氢精制、烷基化等多种工艺及装置，生产出汽油、煤油、柴油、燃料油、润滑油和各种石油化工原料。在此基础上，使用石油炼制产生的轻质油品，通过裂解制取乙烯、丙烯等有机化工原料，然后将这些基本有机化工原料经过特定的工艺进行加工，生产出合成树脂、合成橡胶、合成纤维以及其他化工产品。

炼油化工生产过程中产生的污水种类多、污染物成分复杂、水质水量波动大、污染物浓度高且部分含有生物难降解有毒有害的有机物，如果不进行处理直接排放，将对环境造成严重的污染，因此必须经过处理后达标排放或实现污水回用。

一直以来，作为国家的重点发展领域，炼油化工行业始终重视经济发展与环境保护的关系，对于环境保护特别是污水处理投入了巨大的人力、物力和财力，炼油化工污水处理技术得到了快速发展并取得了显著的成果。特别是"十三五"期间，炼油化工行业的污水处理工作取得了长足的进步，先进的污水治理理念已经贯穿到污水处理的全链条之中。通过选用清洁生产工艺及原料，减少污水及污染物产生量，依照循环经济的理念，广泛开展清洁生产，从源头和生产过程中控制和削减污染物的产生。根据装置用水水质要求，分质分级供水，尽量少用新鲜水。依据污水水质的不同，将高品质的污水直接用在低品质用水的工艺之中，实现污水的梯级利用。实施清污分流、污污分流、污污分治，选择不同的处理工艺及处理目标，以达到分质处理与分质回用的目标，对无回用价值的污水，采用经济高效的处理技术，进行有效的末端治理，做到达标排放或近零排放，实现了炼油化工行业的节水减排和绿色发展。

1.1　炼油化工行业水污染物产生情况

炼油化工行业按照生产过程产生的污水分炼油污水、乙烯污水、树脂污水、橡胶污水、化纤污水、化肥污水、精细化工污水、煤化工污水等。按照污水产生的途径可分为初期雨水、循环水排污水、生产装置污水、化学污水、生活污水及其他污水等。按照污水中特征污染物可分为含油污水、含硫污水、含盐污水、含氨氮污水、酸碱污水、含高浓有机物污水及生活污水等。按照污水的最终排放途径可分为达标外排污水和再生回用污水。

典型的炼油化工污水中含有石油类、COD、氨氮等常规污染物。不同企业因产品不同，所产生的污水中还含有多种与产品相关的特征污染物，如挥发酚、硫化物、氰化物、磷、芳烃类化合物等；有的污水还具有难生物降解、毒性、高含盐等特点。实际污水处理过程中，需严格划分污水体系，并采用不同的处理工艺，以实现污水的有效处理与回用。

1. 炼油化工行业污水产生原因

影响炼油化工行业污水产生的主要因素包括：

（1）生产原料

清洁的原料能够从源头减少杂质的带入，降低污染物的产生。如原油性质尤其是原油的硫含量是影响石油炼制过程"三废"产生的主要因素。近年来进口原油数量不断增加，其中高含硫、高含氮、高酸值、高黏度原油比例很大，原油性质决定了炼油污水中的污染物种类和浓度。如原料煤的性质是影响煤化工气化污水水质的重要因素。

（2）生产工艺

产品的生产工艺直接影响到污染物的排放水平。先进的生产工艺能够从源头降低能耗物耗，减少污染物的排放。

（3）生产规模

炼油化工过程所排放污水量与其装置规模直接相关。大型炼油化工一体化企业由于工艺先进、流程集约化、能量和物料利用清洁化、装置配套合理等原因，其吨产品的污染物排放水平具有明显优势。

（4）生产管理

生产管理模式影响炼油化工行业的环境保护的水平。粗放型的管理直接导致物料的流失、外排污染物的增加。例如装置的跑、冒、滴、漏等；用新鲜水冲洗地面及设备等非规范操作，雨污分流标准低及操作管理不到位，直接造成用水量及污水量的增加等。

2. 炼油化工行业污水分类

炼油化工行业污水按其主要污染成分大致可分为以下几类：

（1）含油污水

含油污水主要来自厂区内生产装置、储运装置、公用工程系统的油水分离器排水、油罐切水、油罐设备清洗水、油品水洗水、机泵轴封冷却水、地面冲洗水，以及装置检修时的设备排空、吹扫、清洗时的排水等。水中的特征污染物主要为石油类、硫化物、挥发酚、COD等，不同来源的含油污水的污染组分存在明显差异。与油品相接触的含油污水，如油水分离器排水、机泵轴封冷却水、油罐切水等，其主要污染物的浓度较高，如石油类为 500~1000mg/L、COD 为 1000mg/L 左右；另外一部分含油污水，如地面冲洗水、含油雨水，其主要污染物的浓度较低，如石油类约为 100~200mg/L、COD 为 500mg/L 以下。含油污水一般经装置内隔油池预处理后送至污水处理场。

（2）含硫污水

含硫污水主要来自轻质油油水分离罐、富气水洗罐、液态烃水洗罐以及加氢装置等。其特征污染物主要是硫化物、氨氮、氰化物、酚类化合物等，浓度较高。含硫污水一般送至酸性水汽提工序进行处理后部分回用，部分排到污水处理场。

（3）酸碱污水

某些装置产生的工艺污水，其 pH 值过高或过低，构成工艺酸碱污水。如乙酸（又称醋酸）、乙醛装置的酸性水等。这些酸碱污水一般在装置内经中和处理后送往污水处理场。

（4）高浓度有机污水

由于生产工艺及产品的特点，某些生产装置产生高浓度的有机污水，其浓度较高，组分复杂，COD 浓度一般达几千 mg/L，部分高浓度有机污水还含有生物难降解物质，直接影响了污水的处理。如 PTA 生产污水、己内酰胺生产污水等。一般采用高效厌氧技术处理后再排至污水处理厂进行综合处理。

（5）氨氮污水

氨氮污水主要来自煤化工及化肥生产过程，如煤制气污水、合成氨及尿素工艺冷凝液等；催化剂生产过程中产生的高浓度氨氮污水；己内酰胺生产中产生的氨氮污水等。

（6）含盐污水

含盐污水主要包括电脱盐排水、炼油厂碱渣综合利用时的中和水、来自油品碱洗后的水洗水、催化剂再生时的水洗水等。这部分污水水量相对较少，但是污染物浓度高，而且变动很大，常常对污水处理场造成冲击。其特征污染物为无机盐类、游离碱等。随着新兴技术发展和节水减排工作的开展，企业的高含盐污水也越来越多，如催化裂化烟气脱硫脱硝污水、烷基化废离子液、反渗透系统浓排水等，溶解性总固体可高达几万 mg/L，对污水处理的达标排放提出了挑战。

（7）其他生产污水及生活污水

其他生产污水及生活污水主要来自化学水排放水、锅炉排污水、循环水排污水及喷淋冷却水等，这部分污水受污染的程度较轻，正常时其含油量少于 10mg/L、COD 小于 60mg/L。生活污水主要来自厂内生活辅助设施的排水，如办公楼卫生间、食堂等，这部分水量很少，其特征污染物主要是 BOD、COD 及悬浮物等。

本书第二章重点对炼油化工行业各生产装置的水污染物排放情况进行了总结。

1.2 炼油化工行业水污染治理法律法规与标准

1.2.1 法律法规

1.《中华人民共和国宪法》

《中华人民共和国宪法》是我国的根本法。在环境和资源保护方面，我国宪法主要规定了国家在合理开发、利用和保护自然资源、改善环境方面的基本权利、义务、方针和政策等基本原则。如第九条，"国家保障自然资源的合理利用，保护珍贵的动物和植物。禁止任何组织或者个人用任何手段侵占或者破坏自然资源"；第二十六条，"国家保护和改善生活环境和生态环境，防治污染和其他公害"。这些规定强调了对自然资源的保护和合理利用，防止因自然资源的不合理开发导致环境破坏。

2.《中华人民共和国环境保护法》

《中华人民共和国环境保护法》是从全局出发，对整体环境及合理开发利用、保护和改善环境资源的重大问题做出规定的法律，是其他单行环境法规的立法依据。主要特点如下：

① 明确相关责任。第五十九条规定企业事业单位和其他生产经营者违法排放污染物，受到罚款处罚，被责令改正，拒不改正的，依法作出处罚决定的行政机关可以自责令更改之日的次日起，按照原处罚数额按日连续处罚。

② 完善相关制度。第二十九条规定在我国重点生态功能区、脆弱区和生态环境敏感区等区域和地域划定生态保护红线，严格保护这类地区。第四十五条将排污许可证管理制度确

立为一项基本管理制度，将在加强工业污染防治、削减污染物排放总量、提高企业环境意识等方面起到推动作用。第四十四条确立总量控制制度，对于未完成国家确定的环境质量目标或超过总量控制指标的地区，省级以上主管部门应当暂停审批新增重点污染物的建设项目环评文件。

3.《中华人民共和国清洁生产促进法》

《中华人民共和国清洁生产促进法》是为了促进清洁生产，提高资源利用效率，减少和避免污染物的产生，保护和改善环境，保障人体健康，促进经济与社会的可持续发展制定的。

清洁生产是通过控制生产过程，采用清洁的原料、采用清洁的工艺技术和设备、生产清洁的产品，以达到节约成本，增加经济效益，同时减少污染物产生的目的。

4.《中华人民共和国水污染防治法》

《中华人民共和国水污染防治法》强调水污染防治应坚持预防为主、防治结合、综合治理的原则，优先保护饮用水水源，严格控制工业污染、城镇生活污染，防治农业面源污染，积极推进生态治理工程建设，预防、控制和减少水环境污染和生态破坏。

本法规定排放水污染物，超标排污或超过重点水污染物排放总量控制指标排污的，都属于违法行为，应当承担本法规定的相应的法律后果，即由县级以上人民政府环境保护主管部门按照权限责令限期治理，处应缴纳排污费数额二倍以上五倍以下的罚款。限期治理期间，由环境保护主管部门责令限制生产、限制排放或者停产整治。

国家对重点水污染物排放实施总量控制制度和实行排污许可制度。直接或者间接向水体排放工业废水、污水的企业事业单位，应当取得排污许可证。

5.《中华人民共和国大气污染防治法》

《中华人民共和国大气污染防治法》对大气污染防治标准和限期达标规划、大气污染防治的监督管理、大气污染防治措施、重点区域大气污染联合防治、重污染天气应对等内容作了规定。大气污染的防治，以改善空气质量为目标，实行污染物总量控制制度，推行重点污染物排放权交易，将挥发性有机物等物质纳入监管范围，鼓励清洁能源的开发和优先并网。实行限期达标制度，限期达标规划向社会公开。

6.《中华人民共和国固体废物污染环境防治法》

《中华人民共和国固体废物污染环境防治法》自2020年9月1日起施行。一是提出了固体废物污染环境防治坚持减量化、资源化和无害化原则，强化减量化和资源化的约束性规定，突出固体废物污染防治的无害化底线要求和全过程要求。二是提出了工业固体废物产生者连带责任制度。产生工业固体废物的单位委托他人贮存、利用、处置工业固体废物，未依法履行事前核实义务，且受托方造成环境污染和生态破坏的，在受托方承担直接责任的同时，委托方也应当与其承担连带责任。这项制度的实施，有利于倒逼产生者采取有效措施治理固体废物污染，实现"谁污染、谁负责""谁产废、谁治理"，从源头上减少或避免固体废物非法转移、倾倒事件的发生。

1.2.2 标准规范

中华人民共和国环境保护标准管理办法中规定，环境质量标准和污染物排放标准分国家标准和地方标准两级。对国家环境质量标准中未规定的项目，省级人民政府可制定地方环境质量补充标准；当地方执行国家污染物排放标准不适用地方环境特点和要求时，地方政府可制定地方污染物排放标准。但是，地方标准应当严于国家标准，企业执行时要遵循标准从严的原则。

1. 国家水环境质量标准

我国的水环境质量标准包括《地表水环境质量标准》《地下水质量标准》《农田灌溉水质标准》和《渔业水质标准》等，其中《地表水环境质量标准》在炼油化工行业污水处理过程中引用得最多。表1-1列出了《地表水环境质量标准》中Ⅰ～Ⅴ类水体中主要污染物的标准限值。

表 1-1　地表水环境质量标准基本项目标准限值　　　　mg/L（除 pH 外）

序号	项目	Ⅰ类	Ⅱ类	Ⅲ类	Ⅳ类	Ⅴ类
1	pH	6~9				
2	化学需氧量（COD）	15	15	20	30	40
3	五日生化需氧量（BOD_5）	3	3	4	6	10
4	氨氮（NH_3-N）	0.15	0.5	1.0	1.5	2.0
5	总磷（以 P 计）	0.02	0.1	0.2	0.3	0.4
6	总氮（湖、库，以 N 计）	0.2	0.5	1.0	1.5	2.0
7	挥发酚	0.002	0.002	0.005	0.01	0.1
8	石油类	0.05	0.05	0.05	0.5	1.0
9	硫化物	0.05	0.1	0.2	0.5	1.0
10	阴离子表面活性剂	0.2	0.2	0.2	0.3	0.3

2. 国家水污染物处理相关标准

炼油化工行业污染物主要排放标准如表1-2所示。主要污染物排放标准包括《石油炼制工业污染物排放标准》和《石油化学工业污染物排放标准》等。同时对于污水处理过程中产生的 VOCs 和固体废物等也有相关的标准要求。

表 1-2　水污染物主要排放标准

标准名称	标准编号	发布时间	实施时间
污水综合排放标准	GB 8978—1996	1996-10-4	1998-1-1
石油炼制工业污染物排放标准	GB 31570—2015	2015-04-16	2015-07-01
石油化学工业污染物排放标准	GB 31571—2015	2015-04-16	2015-07-01
合成树脂工业污染物排放标准	GB 31572—2015	2015-04-16	2015-07-01
无机化学工业污染物排放标准	GB 31573—2015	2015-04-16	2015-07-01
合成氨工业水污染物排放标准	GB 13458—2013	2013-3-14	2013-7-1
炼焦化学工业污染物排放标准	GB 16171—2012	2012-6-27	2012-10-1
橡胶制品工业污染物排放标准	GB 27632—2011	2011-10-27	2012-1-1

（1）《石油炼制工业污染物排放标准》

本标准适用于现有石油炼制工业企业或生产设施的水污染物和大气污染物排放管理，以及石油炼制工业建设项目的环境影响评价、环境保护设施设计、竣工环境保护验收及其投产后的水污染物和大气污染物排放管理。现有和新建企业水污染物排放限值如表1-3所示。

表1-3　现有和新建企业水污染物排放限值　　　　mg/L（除pH外）

序号	污染物项目	排放限值		污染物排放监控位置
		直接排放	间接排放①	
1	pH	6.0~9.0	6.0~9.0	企业废水总排放口
2	悬浮物	70	300	
3	化学需氧量（COD）	60	300	
4	五日生化需氧量（BOD_5）	20	150	
5	氨氮	8.0	40	
6	总氮	40	60	
7	总磷	1.0	2.0	
8	总有机碳	20	100	
9	石油类	5.0	20	
10	硫化物	1.0	1.0	
11	挥发酚	0.5	0.5	
12	总钒	1.0	1.0	
13	苯	0.1	0.2	
14	甲苯	0.1	0.2	
15	邻二甲苯	0.4	0.6	
16	间二甲苯	0.4	0.6	
17	对二甲苯	0.4	0.6	
18	乙苯	0.4	0.6	
19	总氰化物	0.5	0.5	
20	苯并(a)芘	0.00003		车间或生产设施废水排放口
21	总铅	1.0		
22	总砷	0.5		
23	总镍	1.0		
24	总汞	0.05		
25	烷基汞	不得检出		
加工单位原（料）油基准排水量/（m^3/t 原油）		0.5		排水量计量位置与污染物排放监控位置相同

注：① 废水进入城镇污水处理厂或经由城镇污水管线排放，应达到直接排放限值；废水进入园区（包括各类工业园区、开发区、工业聚集地等）污水处理厂执行间接排放限值。

《石油炼制工业污染物排放标准》（GB 31570—2015）对于污水处理过程中有机废气收集处理装置排放的非甲烷总烃、苯、甲苯及二甲苯，提出了120mg/m^3、4mg/m^3、15mg/m^3、

20mg/m³的排放限值要求。

（2）《石油化学工业污染物排放标准》

本标准适用于现有石油化学工业企业或生产设施的水污染物和大气污染物排放管理，以及石油化学工业建设项目的环境影响评价、环境保护设施设计、竣工环境保护验收及其投产后的水污染物和大气污染物排放管理。

本标准水污染物因子包括 pH 值、COD、BOD、总有机碳、石油类等 17 项企业污水总排口污染物；总铬、六价铬等 9 项车间或生产设施污水排放口污染物；企业污水总排放口特征污染物 60 项。

《石油化学工业污染物排放标准》（GB 31571—2015）中对于污水处理过程中有机废气收集处理装置排放的非甲烷总烃，提出了 120mg/m³的排放限值要求。

（3）《挥发性有机物无组织排放控制标准》

《挥发性有机物无组织排放控制标准》（GB 37822—2019）对污水处理的集输、贮存、处理及检测都做出了详细的规定。对于排放含 VOCs 的污水，应采用密闭管道输送，接入口和排出口要采取与环境空气隔离的措施；采用沟渠输送污水时，若敞开液面上方 100mm 处 VOCs 检测浓度≥200μmol/mol，应加盖密闭，接入口和排出口也要采取与环境空气隔离的措施。对于含 VOCs 污水储存和处理设施敞开液面上方 100mm 处 VOCs 检测浓度≥200μmol/mol，应采用浮动顶盖或采用固定顶盖，并收集废气至 VOCs 废气收集处理系统。对于大气污染严重或生态环境脆弱地区，上述 VOCs 的限值为 100μmol/mol。

（4）污水处理过程中的固体废物处理处置标准

炼油化工企业污水处理场产生的污泥分为含油污泥和剩余活性污泥。按照现行的《国家危险废物名录》（2021 年版），炼油化工企业污水处理场产生的含油污泥（主要为污水调节罐底泥、隔油池底泥及浮选池浮渣）属于危险废物，废物类别为 HW08 废矿物油与含矿物油废物。生化单元产生的剩余活性污泥为普通固体废物。

《一般工业固体废物贮存、处置场污染控制标准》（GB 18599—2001）、《危险废物填埋污染控制标准》（GB 18598—2019）、《危险废物焚烧污染控制标准》（GB 18484—2001）及《危险废物处置工程技术导则》（HJ 2042—2014）等标准对于炼油化工企业产生的固体废物都有明确的处置要求。

《危险废物填埋污染控制标准》（GB 18598—2019）细化了废物入场填埋要求，明确了进入柔性填埋场和刚性填埋场的危险废物的入场要求。炼油化工行业不具有反应性、易燃性或经预处理不再具有反应性、易燃性的废物，可进入刚性填埋场。满足以下条件或经预处理后满足以下条件的危险废物可进入柔性填埋场：① 满足危险废物允许填埋的控制限值；② 浸出液 pH 值在 7.0～12.0 之间；③含水率低于 60%的废物；④水溶性盐总量小于 10%的废物；⑤有机质含量小于 5%的废物；⑥不再具有反应性、易燃性的废物。《危险废物焚烧污染控制标准》（GB18484）正在修订中，与现行标准相比，危险废物焚烧设施排放烟气中污染物限值更加严格。

3. 地方污染物排放标准

根据中华人民共和国环境保护标准管理办法规定，各省、直辖市等可根据经济发展水平和辖区水体污染控制需要制定地方污水排放标准。基于此，部分省、市、自治区根据地方经济发展及水环境的要求制定了更为严格的水污染物排放标准。表 1-4 列出了北京市《水污染物综合排放标准》（DB 11/ 307-2013）中排入地表水体主要污染物排放限值。

表 1-4　北京市排入地表水体主要污染物排放限值　　　mg/L（除 pH 外）

序号	污染物或项目名称	A 排放限值	B 排放限值	污染物排放监控位置
1	pH	6.5~8.5	6~9	
2	水温/℃	35	35	
3	色度/倍	10	30	
4	悬浮物（SS）	5	10	
5	五日生化需氧量（BOD_5）	4	6	
6	化学需氧量（COD_{Cr}）	20	30	
7	总有机碳（TOC）	8	12	单位废水总排放口
8	氨氮	1.0	1.5	
9	总氮	10	15	
10	总磷（以磷计）	0.2	0.3	
11	石油类	0.05	1.0	
12	动植物油	1.0	5.0	
13	阴离子表面活性剂（LAS）	0.2	0.3	

　　由表 1-4 可以看出，北京市《水污染物综合排放标准》中的主要污染物排放标准严于《石油炼制工业污染物排放标准》和《石油化学工业污染物排放标准》，这对企业的环境保护提出了更高的要求。

　　随着企业排放污水中溶解性总固体浓度的提高，部分省市的地方排放标准对全盐量提出了限值要求。如上海市对排放至特殊保护水域的溶解性总固体限值为 2000mg/L；北京市要求排放至 Ⅱ、Ⅲ 类水体的溶解性固体总量限值为 1000mg/L；山东省对溶解性总固体的限值为 1600mg/L。北京市和山东省还对硫酸盐（SO_4^{2-}）进行了限制，排放限值分别为 400mg/L 和 650mg/L。上海市对氯化物的排放限值是 200mg/L。这就要求企业在做好节水减排的同时还要兼顾溶解性总固体的达标排放。

　　各地方政府针对污水处理收集及处理过程中的挥发性有机污染物的控制也提出了更高的要求。北京市发布的《炼油与石油化学工业大气污染物排放标准》（DB11/447-2015）中对废水收集、处理、储存设施的大气污染物排放控制提出了要求。废水收集系统（所有用于含挥发性有机物、恶臭污染物废水集输的设备、管线）应满足下列要求之一：① 全部密闭，确保没有液面暴露在空气中；② 其他具有同等或更有效减少挥发性有机物的控制措施。对于废水处理、储存设施（隔油池、鼓风曝气池、气浮池）应加盖密闭，并收集气体至污染控制设备；污泥处理设施应采用密闭集气系统至污染控制设备。江苏省发布的《化学工业挥发性有机物排放标准》（DB 32/3151—2016）中非甲烷总烃的排放限值为 80mg/m³。河北省发布的《工业企业挥发性有机物排放控制标准》（DB 13/2322—2016）要求石油炼制和石油化学工业污水处理有机废气收集处理装置的非甲烷总烃的排放限值为 100mg/m³。

1.3　炼油化工行业水污染治理技术进展

1.3.1　污水达标处理技术

炼油化工行业污水中的主要污染物为各种有机污染物、矿物油、各种盐及其他微量重金属等，属有机污染污水，故炼油化工行业污水的处理以生化处理方法为主。污水处理的概念性流程如图 1-1 所示。

炼油化工污水 → 预处理 → 生化处理 → 深度处理 → 达标排放

图 1-1　炼油化工污水达标排放处理概念性流程

预处理：除了调节池、事故池、中和池等起到均质、均量和中和作用的处理设施外，主要是通过物理方法或物理化学手段，如：格栅、沉淀池、隔油池、气浮池等将大部分不溶于水的污染物从水中分离去除，通常也被称之为"一级处理"。

生化处理：主要通过微生物的降解作用，分解污水中各种有机污染物成为二氧化碳、氮气和水等无害化物质，实现有机污染的去除。同时，可以利用微生物具有的脱氮、除磷功能，降低污水中氮、磷的含量，减少排放水对自然水体"富营养"化的影响。生化处理方式是模仿和浓缩了自然水体的自净化功能，因此它也包括厌氧处理、缺氧处理和好氧处理等不同模式，并可以由活性污泥法及生物膜法等多种形式组成。生化处理过程又常被称为"二级处理"。

深度处理：一些污水经过"二级处理"之后仍残留部分较难降解的污染物，需要依靠各种高级氧化方法及高效生化方法等处理手段进一步处理，降解去除残余污染物，实现达标排放。这种深度处理或称为"三级处理"。

由于各种生产体系和管理体系形成的差异，炼油化工行业污水处理体系大致可分为三类，即：石油炼制污水处理、石油化工污水处理以及炼油化工一体化污水处理系统。石油炼制污水相对较易处理，大多通过"二级处理"即可实现达标排放，其通过适当的深度处理实现回用也较为容易。石油化工污水处理则较为复杂，很多不同特性的生产污水必须先经过"点源"预处理，如：橡胶污水、PTA 污水、丙烯腈污水等等，之后才能与其他污水混合处理，且石油化工污水处理若要实现稳定达标排放，通常都要经过"三级处理"才能实现。炼油化工一体化污水处理是将石油炼制污水与石油化工污水混合处理，这种形式的处理系统相对处理规模较大，特别是对于污水处理后有明确回用要求的工程项目，大多还会将炼油化工生产污水分为含油污水和含盐污水分别进行处理，由此可使含油污水处理及回用处理变得容易一些，而将含盐较高的污水及回用处理产生的"浓水"混合处理，最终经过深度处理达标后排放。

长期以来，炼油化工行业经过不断的研究、实践和总结，逐步形成了针对炼油化工污水的"老三套"处理工艺技术，即"隔油、气浮、生化"处理工艺，基本解决了炼油化工行业污水处理的达标排放问题。

随着新环境保护法和国家生态环境保护要求的日趋严格，国家标准和地方标准相继发布实施，对炼油化工行业污水处理提出了新的、更加严格的要求。除了常规水污染物排放指标，有些标准对排水定额以及排水中的含盐量等也提出了要求，甚至一些地方已经把污水排放指标逐渐向地表水控制指标看齐。由此，原来可以满足国家和地方环境保护处理要求的企业，也都必须对污水处理系统进行升级改造，以适应这些新的排放要求。

同时，随着炼油化工行业生产原料（原油）的经常变化以及原油劣质化趋势的加剧，造成石油炼制污水含盐、含硫及难降解污染物浓度升高问题的日益加剧。炼油化工污水处理场进水水质日趋恶化，可生化性下降，COD、悬浮物、总氮及总磷等指标超标问题频繁发生，严重影响到炼油化工行业污水处理系统的稳定运行，影响到污水处理稳定、可靠地达标排放。

炼油化工行业对降低吨油耗水量、吨油排水量的要求日益提高，促使炼油化工工艺技术不断改进，各种清洁生产手段的采用，使炼油化工行业单位排水量逐渐下降。污水量虽然减少，而随原油带入污水的各种杂质不会减少，由此，随着清洁生产、节能减排、水资源循环利用技术的推进，炼油化工污水各种污染物浓度越来越高，处理难度越来越大。

面对严峻的污水达标排放形势和污水处理系统存在的问题，炼油化工行业污水处理紧跟国家对生态环保的要求，做到稳定、可靠达标排放。重点从炼油化工污水预处理水平、污水水质变化、排放标准升级、增加排放污染物控制指标等几方面着手，通过采取以下措施，实现了炼油化工污水处理水平的全面升级和达标排放。① 改进预处理手段、完善预处理工艺；② 强化生化处理适应性，提高生化降解能力和耐盐、抗毒能力；③合理利用、组合深度处理技术，提升处理水平；④调整完善工艺流程和方法，适应炼油化工污水总氮、总磷处理的达标排放。

目前解决炼油化工行业污水达标排放的主要处理路线，是将含油污水和含盐污水分别处理，分别设置含油污水处理系统和含盐污水处理系统。

含油污水处理系统主流工艺采用"罐中罐调节池+隔油池+中和均质池+气浮池+A/O 生化池+沉淀池"的工艺技术路线，处理出水可达标排放。也可再增加"高密沉淀池+V 型滤池"等工艺处理后，产水送到回用水处理系统进一步处理后回用。

含盐污水处理预处理工艺主要是采用"罐中罐调节池+隔油池+中和均质池+气浮池"；生化处理工艺多采用"A/O 生化池+沉淀池"或"A^2/O 生化池+沉淀池"工艺等，之后接续深度处理。深度处理应用最多的是"臭氧（催化）氧化+生物滤池（BAF）"工艺，深度处理后可实现稳定可靠的达标排放。含盐污水生化处理也有采用"粉末活性炭生化处理（PACT）-湿式空气氧化再生（WAR）"处理工艺直接达标排放的。

1.3.2 污水处理回用与近零排放技术

随着城市化进程加快和工业高速发展，我国一方面水资源紧缺，另一方面污染严重、用水效率低。工业企业一般用水量、排污量大。据统计，目前工业用水量约占全国用水量的四分之一，工业排水量约占全国排水量的 40%，节约用水、水的回收利用已是当务之急。炼油化工行业是国家发改委确定的五大高耗水行业之一，解决炼油化工企业取水量大、排污水量多的最有效的方法是对外排污水进一步处理后回用。炼油化工企业总取水量中，约有40% 取水用于循环冷却水场补充水，30% 取水用于除盐水制取。做好水的有效利用和实施污水回用对于行业的节水减排具有重要意义。

近几年来，随着国家石油炼制、石油化工、合成树脂等污染物排放标准的实施，特别是部分省市颁布的更严格的污水处理排放标准，使炼油化工企业污水排放水质得到了明显提高，如 COD<30mg/L，TN<8mg/L，为污水的资源化利用打下了良好的基础。

以节水减排为主要目标，炼油化工行业较早开展了污水回用工作。通过增强节水意识，企业逐步推行了节水型用水设备和器具，通过水平衡测试工作，企业掌握了水务系统基础资料，并提出了节水减排整体方案和实施计划。通过新技术、新工艺、新设备在污水处理回用中的广泛应用，技术水平不断提高，节水减排效果显著。

经过多年的攻关，炼油化工行业成功开发并推广应用了外排污水处理回用成套技术，大部分炼油化工企业采用达标排放污水集中处理，回用到循环水场和化学水场的处理工艺，形成了具有中国特色的工业污水适度处理回用和深度处理回用两套污水处理回用工艺。特别是基于炼油化工企业普遍实施的污水深度处理提标改造，以反渗透膜为核心的污水回用资源化技术也实现普遍应用，有效提升了回用水的品质。随着污水中溶解性总固体的指标要求，针对高盐浓水再浓缩、盐分离、蒸发、结晶、干燥、废盐资源化与处置为核心的近零排放成套技术也逐步得到了实施，为炼油化工企业的绿色发展提供了强有力的支撑。

1.3.2.1　炼油化工污水适度处理回用技术

污水适度处理回用技术，即根据污水排放水质的实际情况，基于污水回用目标，直接回用于生产工艺，或经过物化、生化、脱色、消毒等技术措施，使水质得到适度改善而实现回用于生产工艺。

炼油化工企业不同生产过程对使用的水质要求不同，一些过程对所使用的水质要求标准很高，水中不能含有其他杂质，如锅炉用水要求水中不含盐、有机物、溶解氧等。一些过程对水质要求标准较低，如原油电脱盐注水只对含盐有一定的要求，而对其他杂质如含油无特殊要求；循环冷却水对含盐有一定的要求，但标准不高，一般工业水均不需要脱盐即能满足要求。按照水质标准，炼油化工企业不同用水单元对水质要求的高低顺序是：锅炉水>循环冷却水>消防水>电脱盐注水>切焦水。根据炼油化工企业生产过程用水单元对水质和水量的要求，以及污水处理回用难度、工程投资和运行成本等因素，回用污水应首先使用到循环冷却水系统，其次是锅炉给水系统。

根据"夹点技术"的理论，炼油化工企业可通过全厂水平衡测试与工艺调查，对主要装置工艺用水进行全面的分析，优先采用污水串级使用技术，最大程度地实现污水的资源化利用。如石油炼制汽提净化水用于电脱盐装置注水、催化裂化压缩富气注水等。

炼油化工污水适度处理后主要用于工业循环冷却水。工业循环冷却水的水质要求随设备的材质、结构而异，一般主要控制悬浮物、COD、pH 值、硬度和盐含量等，以防止设备腐蚀、结垢、产生生物垢堵塞等现象的发生。在有机物深度处理方面，常用的技术有 BAF、臭氧催化氧化、电絮凝等。在悬浮物深度处理方面，常用技术有流砂过滤、纤维过滤等。污水回用于循环水系统，应对回用水采用水质改善和水质稳定技术，以使设备腐蚀、结垢、生物黏泥等水质问题得到有效控制，保证循环水系统的稳定运行。

1.3.2.2　炼油化工污水深度处理回用技术

随着炼油化工行业污水回用及节水减排工作的深入实施，污水中的 COD、氨氮等污染物指标逐步提高，特别是污水中的溶解性总固体已经无法满足回用于循环水排污水的指标要求，更无法满足高品质用水的需求，必须通过污水的深度处理以提高装置产出水品质。

炼油化工污水的深度处理回用是指常规污水处理后水质达到目前污水排放标准后，再经过适当的膜前预处理和脱盐工艺，产水满足锅炉补水或工艺用水要求的过程。该工艺适合含盐较高的外排污水处理，或需要较高品质的产品水。概念性工艺流程如图 1-2 所示。

图 1-2   炼油化工污水深度处理回用概念性流程

污水膜前置预处理技术是系统能否稳定运行的关键因素。经过多年的实践，炼油化工企业根据自身外排污水的水质特点，开发了多种污水膜前预处理技术，包括污水中悬浮物和成垢物质去除技术，如絮凝沉淀、流砂过滤、纤维过滤、多介质过滤、高密度沉淀池等技术；污水中有机污染物深度去除技术，如曝气生物滤池、臭氧氧化、臭氧催化氧化、生物流动床、生物活性炭、高效生物菌、膜生物反应器等。污水膜前置预处理技术一般采用悬浮物去除与有机污染物去除组合技术，通过物化和生物工艺组合，进一步降低污水的 COD、氨氮及成垢污染物，满足超滤-反渗透系统的进水水质要求。

膜分离技术是借助膜的选择渗透作用，以外界能量或化学位差为推动力，将污水中的污染物和水进行分离，实现水的资源化回收利用。污水深度处理回用中的分离膜技术主要包括微滤(MF)、超滤(UF)、纳滤(NF)、反渗透(RO)、电渗析(ED)等技术。

超滤-反渗透组合技术是污水深度处理回用的关键技术。达标外排污水在前置预处理的基础上，污水中的有机物和悬浮物等进一步降低，但由于反渗透系统对进水水质的要求，因此一般应采用超滤膜的精细分离作用，将污水中的悬浮物及胶体物质等彻底去除，使污染指数(SDI)小于 3，满足反渗透进水的水质要求。超滤出水进入反渗透单元，利用反渗透膜的脱盐作用进行脱盐，脱盐率可达 98% 以上，产水可回用于一级脱盐水，浓水经单独或返回污水处理系统深度处理达标排放。要保证超滤-反渗透膜系统的稳定运行，一是要做好膜前预处理，保证进入超滤系统的污水水质，减少污染物对膜系统的污堵；二是通过选择抗污染膜材料、改善操作条件、合理的冲洗和清洗工艺，优化系统运行条件，提高膜系统的抗污染性能。

经过多年的努力，炼油化工企业普遍实施了污水深度处理回用工程，以超滤-反渗透膜为核心的污水回用资源化技术也实现广泛应用。特别是在膜系统整体设计、运行及清洗维护方面积累了较全面的经验，推动了炼油化工行业的节水减排和绿色发展。另外，电渗析、纳滤等技术由于其同样具有脱盐的效果，在污水的深度处理与回用中也有应用。

1.3.2.3   炼油化工污水近零排放处理技术

污水排放标准中溶解性总固体的排放指标，对炼油化工行业污水的达标排放提出了新课题。高盐污水的再浓缩、盐分离、蒸发、结晶、干燥、废盐资源化与处置的近零排放技术已经逐步实现了工业应用，为炼油化工行业的绿色发展发挥了重要作用。

高盐污水近零排放总体概念性流程如图 1-3 所示。

图 1-3   高盐污水近零排放概念性流程

　　由于高盐污水一般都具有较高的硬度，因此，为了减少膜系统、蒸发器或管路的结垢，无论采用蒸发法还是膜法脱盐，首先都需要采取预处理除硬；其次对除硬后的高盐污水进行浓缩减量化，确保高盐污水的量降到最低；最后少量的高盐污水进行蒸发结晶和分质结晶，将盐类结晶固化，集中利用或处置，实现污水的近零排放。

　　高盐水的前置预处理，重点是对高盐污水中的特征污染物作进一步的处理，包括通过物化除钙、镁、硅、氟等污染物，或通过离子交换工艺进一步去除其中的成垢物质，满足膜法进水水质要求；通过高级氧化或高效生化等过程，进一步去除污水中的有机物，以降低对膜的生物污染并满足后续膜法深度浓缩的工艺要求。

　　高盐污水深度浓缩的途径主要包括膜法和蒸发法，即在前置预处理基础上，通过超滤、反渗透、电渗析等膜法工艺组合，或采用多效蒸发（MED）、机械式蒸汽再压缩（MVR）等蒸发技术，实现污水的进一步浓缩和污水资源化利用。

　　膜法脱盐是在传统膜技术的基础上开发的新型膜技术或膜过程。膜法脱盐主要包括反渗透、膜蒸馏、正渗透、电渗析等技术。技术优势在于设备占地面积小，投资低，系统产水水质好，并且膜设备采用塑料管路（高压膜过程除外），减少结垢，无腐蚀问题；缺点是膜易于受到污染，影响系统运行。在实际应用中，往往是膜法脱盐与蒸发浓缩相集成，实现高盐水的分盐处理及资源化。蒸发法是一种最古老、最常用的脱盐方法，蒸发法就是把含盐水加热使之沸腾蒸发，再把蒸汽冷凝成淡水的过程。蒸发法主要包括低温多效蒸发、机械式蒸汽再压缩、多级闪蒸（MSF）等技术。蒸发法的优点是结构简单、操作容易、技术相对成熟；缺点是设备占地面积大（MVR除外），投资高，结垢腐蚀严重，系统运行不稳定等。

　　分盐蒸发结晶，即根据膜法浓缩来水水质，或通过纳滤工艺实现一二价离子分离，再对一二价离子分别浓缩蒸发结晶；或通过 MED、MVR 等技术，对浓盐水进一步浓缩，基于冷冻结晶等工艺生产硫酸钠、氯化钠等产品，产出水实现资源化利用。

1.3.3　污水处理过程中的废气治理技术

　　炼油化工企业的污水处理场在将污水处理达标排放的同时，污水处理各单元，包括集水井、均质罐、隔油池、气浮池、缺氧池、鼓风曝气池、污油罐、污泥脱水池、污泥浓缩池等均有废气会逸散。均质罐、污油罐等构筑物废气的扩散与挥发途径与轻质油罐区的油罐较为类似，主要通过是大、小呼吸排气，以及污水转输过程中的气体释放；气浮池主要是通过空气释放产生水中 VOCs 及 H_2S 气体逸散；生化曝气池等散发的废气主要来自曝气供氧所产生的废气。

　　污水处理场产生废气中的污染物主要包含两大类：① 恶臭气体，这其中既有无机物，如硫化物、氨等，也有有机硫化物，如甲硫醇、甲硫醚、二甲二硫等。② 挥发性有机物（VOCs），主要包括非甲烷总烃、苯、甲苯及二甲苯等。

　　污水处理场废气按其浓度划分，可分为高浓度、低浓度两类。其中，高浓度废气多来自集水池、提升池、均质罐、隔油池、气浮池、污油罐（池）等，非甲烷总烃浓度为 1000 ~ 35000mg/m³，总气量通常在 1500 ~12000m³/h；低浓度废气主要来自曝气池、污泥沉降罐、污泥池及污泥脱水间等，非甲烷总烃浓度为 20 ~400mg/m³，总气量通常在 20000 ~ 50000m³/h。

目前针对污水处理场的隔油池、气浮池等高浓度废气多采用催化氧化（RCO、CO）和蓄热/直接氧化（RTO、TO）等技术；对于曝气池等低浓度废气多采用生物法、吸附法等处理技术。

1.3.4 污水处理过程中的固废处理处置技术

炼油化工企业污水处理场产生的污泥分为含油污泥和剩余活性污泥。含油污泥主要有污水调节罐底泥、隔油池底泥及浮选池浮渣等，其特点是含油率较高。剩余活性污泥是指活性污泥系统中从二次沉淀池排出的活性污泥，其特点是含水率较高（一般为99%～99.5%）。按照现行的《国家危险废物名录》（2021年版），炼油化工企业污水处理场产生的含油污泥属于危险废物，废物类别为HW08，剩余活性污泥属于普通固废。

目前，国内炼油化工企业污水场的污泥，包括生化污泥和油泥浮渣等，全部进行了机械脱水。常用的机械设备有离心脱水机、旋转挤压式脱水机、板框压滤机、叠螺机及自动反洗表面过滤器等。大多数炼油化工企业采用的是离心脱水机，少数企业采用叠螺机和旋转式挤压机。一般可将污泥中的含水量控制在80%左右。

为了进一步实现污泥减量化，污泥干化工艺发挥了积极作用。常用的污泥干化设备有薄层干化机（含卧式和涡轮）、桨叶式干化设备、流化床干化设备、立式圆盘式干化设备、转盘式干化设备等。薄层干化适用于生化污泥、油泥，可以将污泥含水率由80%～85%降至35%，并提高污泥热值，从而减少焚烧所需的助燃气，在国内多家炼油化工企业应用。但含油污泥由于含有重组分的油，在干化过程中不能完全汽化，而且含油污泥中的亲水性有机物和不饱和官能团易发生水合反应，最终形成沥青、橡胶类黏性物质，影响到油泥的干化效果。

为了实现污泥的无害化，污泥焚烧技术也正在发挥作用，主要包括有层状燃烧技术（机械炉排炉）、流化床燃烧技术及旋转燃烧技术（也称回转窑式）。其中回转窑污泥焚烧技术相对应用较多，焚烧温度可达1100℃，适用于各种类型污泥，可焚烧至含水率5%以下，实现污泥的无害化。

炼油化工行业还有化学污泥，主要包括污水处理过程中的钙、镁、硅、氟、磷等物质处理产生的化学污泥，包括氟化钙、氟化铝、碳酸钙、氢氧化镁、硅酸镁、磷酸铁、磷酸钙或磷酸铝等。化学污泥一般经压滤脱水后定期外运处置。

1.4 炼油化工行业水污染治理面临的形势与任务

我国的炼油化工行业是高度依赖进口原油的行业，因为历史原因和炼油化工行业生产特点，多沿江沿河沿海分布。一方面是因为原料及成品交通运输方便，运输成本较低；另一方面，沿江沿海地区经济发达，市场比较完善。我国的炼油化工产业布局主要集中在长江流域、黄河流域、松花江流域、沿海区域，也即人口发达及水资源相对丰富的地方。国家长江大保护、黄河大保护的战略方针全面落地，长江保护法已经施行。基于人民群众对美好生活和优美环境的向往，做好炼油化工行业污水的高标准稳定处理是关乎生态环境及人民群众的生命与健康的重大问题。

1.4.1　污水处理与资源化利用

1.4.1.1　面临的形势与存在问题

随着炼油行业不断的发展，石油化工产能的飞速扩张，加剧了环境的污染。同时，新兴清洁能源的快速崛起，又促使传统的炼油工业发生转变，逐渐由炼油生产向化工原料、化工产品转型，造成石油炼制污水比例减少，石油化工污水大幅度增加，炼油化工行业污水水质越来越复杂，处理难度越来越大。虽然炼油化工行业污水处理水平引领了我国工业污水处理的技术发展，但基于目前严峻的行业发展和生态环境要求，应认清目前炼油化工行业污水处理面临的形势和存在的问题，主要包括以下几个方面。

（1）污水排放标准日益严格

目前各省市纷纷出台了地方水污染物排放标准，部分省市污水排放标准已经达到地表水控制要求，如 COD<20mg/L、总磷<0.3mg/L 等。一般认为，当污水 COD 达到 50mg/L 左右时，残存于水中的 COD 主要包括难生物降解的有机污染残余物质、游离菌和胶体物、生物代谢物等。除游离菌及其胶体物可以通过采用物化混凝结合精细过滤分离去除外，其余就必须依靠新型技术研究解决。除了不断升级的常规污染物排放指标外，溶解性总固体（TDS）的限值指标，直接影响到炼油化工企业的节水减排、达标排放和污水回用，在不远的将来，炼油化工行业污水近零排放处理将成为必然的发展趋势，对炼油化工企业污水处理提出更高的挑战。

（2）污水水质日益恶化

随着经济的快速发展，市场对成品油的需求日益增加，受国际原油市场价格因素的影响，企业加工原油的种类多、变化大，劣质油的比例逐年增加。如某企业加工劣质油占加工总量的 65%。平均硫含量也从 1.10% 增加到 1.52%。

加工劣质原油产生的"三废"污染物成分更为复杂，污染物的产生量和浓度明显增加，处理难度加大。如常减压、催化裂化、焦化和加氢等装置产生的含硫污水，硫化物和氨氮浓度大幅度提高；加工重质高酸原油造成电脱盐工序排水乳化现象严重，出水含油量明显增加，经传统的一级隔油浮选处理后，石油类含量不能满足生化处理单元的要求，影响后续污水处理效果。包括污水处理场处理流程大大延长，规模加大，投资和处理成本均明显增加；劣质原油还带来恶臭、乳化、难降解、腐蚀等一系列问题。

炼油化工一体化和化工型炼厂的建设与改造，使污水水质越来越复杂，处理难度越来越大。煤化工、高端化工材料产品的技术开发与应用，造成污水中的特征污染物多样化、难降解，给污水的达标处理带来困难。

（3）预处理设施运行不稳定

炼油化工企业普遍对特征污染物污水建立了预处理设施，但由于各种原因，实际运行效果参差不齐，影响了后续污水处理厂的稳定运行。

电脱盐排水由于与油品直接接触，溶入的污染物较多，特别是由于原油品质的劣质化，造成排水乳化现象严重，影响油水分离效果，出水含油量明显增加。由于加工原油的硫含量不断提高，且原油种类多、品种切换频繁，使含硫污水的成分复杂、污染物浓度高、水质和水量波动幅度大，造成汽提处理系统超负荷运行、抗冲击能力差、净化水水质不稳定等问题，对污水处理系统造成冲击。

　　碱渣污水主要采用湿式氧化法处理，部分采用生化法、中和法和催化氧化预处理，再送往污水处理场综合处理。由于湿式氧化反应在高温高压下进行，造成装置的能耗高，设备易腐蚀；中低温湿式氧化法的 COD 去除效果一般，出水浓度在几万 mg/L 左右，且含盐量高，易对下游污水处理装置造成冲击。

　　（4）分级控制不到位

　　目前，部分企业的污水管网仍以地下管线为主，材质多为碳钢和混凝土，重力流输送是污水管网主要的输送形式，由于投运时间久，存在污水管网腐蚀、渗漏、堵塞、互串等问题，特别是雨天经常出现雨水串入含油污水管道的情况，导致清污不分，使含油污水量骤增，影响污水处理场的平稳运行。

　　另外，炼油化工装置产品品种多样，排放污水中的特征污染物不同，其处理工艺不同。由于对各单元装置污染因子的综合叠加效应认识不足，部分特征污染物没有实现污污分流，如丁二烯的二甲基甲酰胺（DMF）污水、废胺液、废碱渣、高低盐污水等，未经预处理直接排入后续的污水处理场，影响了综合污水处理效果，影响了企业全口径的达标排放目标。

　　（5）综合污水处理系统需优化

　　炼油化工企业由于水质复杂、污染物种类多，综合污水处理系统大多采用多种工艺串联组合的处理方式。近年来为适应生产规模扩大和加工劣质原油的需要，特别是新的行业及地方污染物排放标准的纷纷出台，炼油化工企业都在原有基础上进行了多轮改造，治理技术新老交错、各不相同，涉及技术应用的适应性问题，致使部分处理单元不匹配、处理流程不合理。

　　炼油化工装置由于种类繁多，水质复杂多样，加之部分污水可生化性差，如己内酰胺污水、对苯二甲酸污水、腈纶污水、有机磷污水、有机氮污水、反渗透浓水等，致使污水处理系统运行稳定性差，处理费用高，无法实现高水平的达标排放，需要新技术的开发与应用支持。

　　（6）含盐污水处理技术应加强

　　随着节水减排措施的持续实施，污水水量逐步减少，污染物浓度逐步增加，污水处理难度加大。特别是含盐污水，包括反渗透浓水、催化裂化再生烟气脱硫脱硝高含盐污水等，由于含盐量大，生化处理效果差，难以满足目前严格的环保标准要求。

　　炼油化工行业含盐污水深度处理近零排放技术目前尚处于研发与应用阶段，总体上技术尚在不断改进中，装置运行稳定性差。部分企业实现了水的近零排放，但产生的混盐或以堆积形式暂存或需要高费用的处置，未能得到资源化利用，影响企业整体效益。部分企业开展了分盐结晶处理技术应用，但总体上污水回收率、盐的回收率偏低，产品盐品质不稳定，系统的稳定性、可靠性和经济性尚需提高。

1.4.1.2　研究开发与应用发展趋势

　　作为工业污水排放大户，炼油化工行业应责无旁贷地承担起节能减排节水减污绿色发展的重任。加强清洁生产，实现源头减排；强化特殊污水和特征污染物的预处理，实现分级防控；加快生物技术的再开发，实现有机物、氮、磷等污染物的协同去除；注重高级氧化技术的研究与应用，提升污水深度处理水平；加快污水资源化利用技术研究与应用，推动炼油化工行业的净零排放。

1. 污水预处理

加强污水预处理，重点解决污水所含动植物油类的去除以及污水中悬浮物的分离，通过电絮凝、高效气浮、旋流气浮、阻截除油等技术，降低劣质化污油中的极性基团，提高油水分离效果，保证后续生化处理的效果和稳定达标排放。

提高预处理水平应该是通过分析明确污水水质的变化，优化污水处理设施的流态，改进设备的功能，调整使用药剂的种类和数量，控制药剂使用条件和投加方式、顺序，明确操作目的，强化管理措施，使预处理水平适应水质的变化，满足后续污水处理的稳定运行。

2. 特殊污水处理

随着炼油化工企业污污分流、污污分治理念的贯彻落实，大部分企业对重点污染源和特征污染物实施了单独预处理或达标排放处理，保证了企业污水处理厂的稳定运行。基于精细化管理和污水处理厂稳定达标排放的要求，炼油化工企业还应继续做好特殊污水的处理，最大程度地降低污水超标排放风险，并实现污水的资源化利用。

针对高浓易生物降解有机物污水，如 PTA 污水、MTO 污水等，应优先采用内循环厌氧反应器（IC）、上流式厌氧污泥床（UASB）处理，节能降耗降本高效。针对高氨氮、高总氮污水，如煤化工污水、己内酰胺污水、催化剂污水等，通过前置脱氨工艺，优先采用同步硝化-反硝化、短程硝化-反硝化工艺，并逐步跟踪厌氧氨氧化技术，实现高效生物脱氮。针对碱渣废液，优先采用高温湿式氧化技术，实现废液中的硫化物、有机物的高效去除。针对催化裂化烟气脱硫脱硝污水、烷基化废离子液等高盐污水，应统筹考虑实施单独或综合处理并实现污水的近零排放。针对橡胶污水、腈纶污水等含低分子聚合物污水，应通过高效混絮凝-氧化-生化-深度处理工艺组合，实现污水的达标排放和资源化利用。

3. 高效污水处理技术开发与应用

随着节水减排力度加大，近零排放及分盐要求的实施，炼油化工污水的脱碳、脱氮、除磷问题逐渐凸显，对高效、低能耗、低成本深度脱碳和脱氮、除磷技术的需求也会愈发迫切。

（1）高效生物强化处理技术

生化处理技术是污水处理应用最广泛，也是处理成本相对最低的技术，在炼油化工污水的达标排放中发挥了重要作用，如 PACT-WAR 技术、膜生物反应器（MBR）技术、生物流动床（MBBR）技术等。未来重点是加强已有技术的优化提升，并加快新技术的应用。

MBBR 技术重点开发吸附性能好、密度适当、耐用、耐腐蚀、价格低廉的生物填料，同时结合一体化技术应用，促进完善和发展此技术性能的进一步提升，满足中小企业及已有污水处理工艺设施改造提升的要求。

MBR 技术重点是做好分离膜的选择与应用，采用增强型中空纤维膜或平板式分离膜，降低膜的污染，同时结合膜的清洗系统优化，保证膜系统的稳定运行；加强 MBR 生物反应器运行条件的优化，控制系统污泥浓度和膜通量，实现脱碳脱氮的高效运行。

膜曝气生物膜反应器（MABR）具有气体分离膜与生物膜法水处理技术相结合的优势，采用全新的氧利用模式以及污染物传质与生物膜组合方式，具有良好的开发应用前景。

好氧颗粒化污泥作为一种新型的生化处理技术，重点是加强好氧颗粒化污泥的培养机理、培养条件、运行维护等技术研究，解决颗粒污泥结构解体和生物活性、稳定性的易丧失等问题，推动好氧颗粒化污泥技术的发展与应用。

（2）生物脱氮除磷技术

近几年来，随着总氮排放指标的严格，各种污水生物脱氮除磷技术得到了工业应用，并发挥了积极作用。未来将进一步优化现有工艺，发挥更大作用。同时积极应用新型的脱氮工艺，降低系统运行成本。

"A^2/O"工艺是污水处理的典型工艺，可有效实现脱碳、脱氮、除磷的目标。应进一步对生物脱氮、除磷机理开展研究，强化工艺优化，如多点进水倒置"A^2/O"工艺、前置厌氧反应器+"A^2/O"工艺，更好地发挥"A^2/O"工艺的作用。

多级"A/O"硝化反硝化脱氮工艺重点开展微生物非稳态理论和"A/O"工艺及其变型工艺理论的研究，强化多级"A/O"在污水脱碳脱氮、节能降耗等方面的应用。

厌氧氨氧化、同步硝化反硝化、短程硝化反硝化等技术由于在能耗和碱消耗等方面所具有的优势，将在炼油化工污水深度脱氮领域广为应用。

（3）高级氧化技术

针对排放标准不断升级的难生物降解污染物的浓缩，臭氧氧化、催化臭氧氧化、电催化氧化等高级氧化技术已经在污水的深度处理过程中发挥了重要作用，未来将得到进一步的发展和提高。近几年来，微波辐射、电子束辐射、光催化氧化、湿式氧化等技术由于其独特性能也正在研究与应用之中。

微波辐射技术利用微波产生的物理、化学和生物效应可以提高流体的温度和压力，促进水中物质的理化反应，具有氧化快速高效省时、去除率高、矿化度高、不引入新污染物等优点。电子束辐照技术主要利用高能电子束电离或激发水分子产生羟基自由基、水合电子等活性粒子，这些活性粒子作用于污染物质，从而使污水得到净化。光催化氧化技术是通过紫外光照射后生成自由电子，活化空气中的氧，形成高活性的自由基与活性氧，发生氧化还原反应，达到去污目标。

芬顿试剂氧化技术具有很强的氧化性，可以适应处理不同类型污水，因此受到重视和发展。目前重点是改性芬顿试剂法研究，包括光-芬顿试剂法、电-芬顿试剂法、非均相芬顿试剂法等。重点是强化试验室研究，做好材料与工艺协同创新与应用，加快工业示范，促进这一传统技术的发展。

高温湿式氧化法已经在炼油、乙烯碱渣的处理中发挥了重要作用。应用推广中还应重点注重设备材料的腐蚀，降低投资费用；加强催化剂的研究创新，提高不同污水的适应性；开展低浓度难生物降解污水试验，拓展应用场景。

超临界水氧化技术具有反应速度快、处理效率高且无二次污染等优点，具有良好的应用前景。目前应重点解决对设备要求高、投资高、设备腐蚀及盐结晶堵塞等问题；加强复杂混合体系反应机理和动力学方面的研究；研究腐蚀机理，开发新型反应器和新材料；提高系统热的回收利用，解决高能耗问题。

4. 污水资源化利用技术开发与应用

炼油化工行业自2000年开展节水减排工作以来，根据不同水质和不同用户对水质的要求，先后成功开发了生产污水串级利用技术、达标污水适度处理回用技术、污水膜法深度处理回用技术，支撑了炼油化工行业的快速发展和水资源化利用。未来还将结合国家发布的《关于推进污水资源化利用的指导意见》，提高行业节水减排水平，打造污水资源化利用示范企业。

（1）水系统集成优化

水系统集成技术是将企业的整个用水系统作为一个有机整体，统筹各用水单元的水量和水质，以保证系统水的重复利用率达到最大，同时污水的排放量降至最小。根据水夹点技术，一个用水单元排出的污水在浓度、腐蚀性等方面满足系统中另一个单元的进口要求，则可为其所用，从而替代工艺用水达到节约单元使用新鲜水用量的目的。

炼油化工企业应通过清洁生产审核，分析企业清洁生产的潜力；做好企业生产装置用排水分析，包括企业水平衡、盐平衡、工艺水平等；强化水平衡测试分析，开展新鲜水、化学水、循环水和污水达标排放及资源化分析，应对新标准与新形势，优化节能节水与资源化途径，提出综合解决方案，降低企业取排水总量，实现节水减污目标。

（2）污水串级利用

炼油化工生产不同工艺对水温和水质要求不同，为水在不同装置间不经处理或者少量处理即可串级使用提供了条件。如脱硫净化水直接回用于电脱盐装置、加氢裂化、汽柴油加氢装置冷高压分离器注水、柴油加氢装置热高分气空冷器前注水等，减少了化学水或新鲜水的消耗。

目前炼油化工企业应统筹做好污水的串级使用，一是充分做好用水装置的水质及应用效果评估，确保设备及管路的安全运行。二是加大激励机制，通过内部考核及经济手段，促进污水的串级使用。

（3）膜前预处理

污水处理出水的水质直接影响到污水回用及资源化工艺的处理效果，因此根据污水水质的差异，合理集成预处理技术、核心生化技术及深度处理技术，可有效去除污水中的特征污染物。

针对达标污水中的有机物、微生物及成垢物质，重点开发低浓高效的有机物去除技术，如电催化氧化技术、微波辐射技术、改良的 BAF 技术、非均相芬顿氧化技术、高效固定化生物菌等，以进一步去除达标污水中的污染物质。开发一体化的高效除硬、除硅、除氟等成套技术和设备，优化工艺操作流程，提高设备运行水平，做好膜法除硬、除硅成套技术设备的推广应用。

（4）膜法污水处理回用技术集成优化

膜分离技术经过多年的发展，已经在炼油化工污水处理回用中发挥了巨大作用，成为企业污水处理回用的关键技术。以超滤-反渗透为核心的炼油化工污水膜法处理工艺已经得到了广泛应用，但实际应用过程中也存在一定问题，应进一步做好膜系统的集成优化。一是注重水质的分析调研工作，重点做好水中特征污染物的分析表征，明确影响膜系统运行的重要节点和关键因素。二是做好膜分离工艺集成设计，基于用水目标及水源水质，做好工艺优化设计。三是重点做好膜的比较优化，基于膜的分离要求，开发和优选耐污染的分离膜组件及工艺。四是开发超滤、反渗透膜系统运行数学模型，通过大数据分析和数值模拟，建立系统流体力学二维数值模型，开发膜系统工业运行综合解决方案。五是研究揭示污水中特征污染物与膜组件分离性能的相互关系，优化污染预防及清洗恢复方案，为系统的稳定运行保驾。

5. 污水近零排放技术开发与应用

《关于推进污水资源化利用的指导意见》中明确提出，开展技术综合集成与示范，研发集成低成本、高性能的工业污水处理技术和装备，建成若干个工业污水近零排放科技创新试点工程。结合目前炼油化工行业近零排放技术开发与应用方面的工作，重点做好以下几个方面：

（1）含盐污水中污染物的深度去除

一般来说，污水近零排放装置的进水都是经过二级浓缩后的高盐水，存在较高浓度的无机物和有机物，需要进一步去除以保证后续膜浓缩或蒸发系统的稳定运行。一是针对污水中钙、镁、硅、氟等污染物，基于污水近零排放系统目标，统筹污水回用系统预处理工艺，开发污染物去除成套技术和设备。二是针对污水中低浓度有机物，重点研究高盐、高生物抑制性胁迫下多污染物协同转化功能菌群构建和调控机制，开发生物强化处理技术，进一步降低污水中的污染物质，为后续蒸发结晶过程盐、硝纯度的提高和杂盐量降低打下基础。

（2）污水深度浓缩减量

污水的深度浓缩技术主要包括膜分离浓缩和热蒸发法浓缩工艺。

膜分离技术仍然是高盐污水深度浓缩的核心技术，包括高压反渗透、高效反渗透、电渗析等技术。一是要研究耐污染的纳滤、反渗透、离子交换膜及组件，提高膜产品性能。二是继续做好膜法深度浓缩工艺优化，实施节能降耗措施，优化操作参数，实现稳定运行。三是做好纳滤工艺深入研究与选择，提高离子分离效果，提升全系统长周期稳定运行水平。四是研究新兴膜分离技术的应用前景，包括膜蒸馏、正渗透等。

蒸发浓缩技术是传统的水处理技术，包括多效蒸发、低温多效蒸发、多级闪蒸、机械蒸汽再压缩技术等。一是基于企业富余的低温热源，优先选用低温多效技术，节能降耗。二是优化高盐污水深度浓缩处理工艺条件，提高系统的处理能力与效果。

（3）高盐污水结晶与资源化利用

高盐污水的分质结晶已经成为目前污水近零排放的必然选择。但分盐工艺多样，如何根据不同处理水质情况，选择合理的分盐工艺是项目成败的关键。

一是根据高盐水水质情况，做好分盐工艺选择。二是研究纳滤分盐工艺的应用场景、使用寿命及改进方向，提高膜的适用性和可靠性。三是降低母液产生量，并实现安全处理处置。四是优化蒸发结晶系统设计，降低系统设备及管道等堵塞与腐蚀。五是研究高盐水中硫酸根、钠离子、氯离子、钾离子等的资源化途径，提高高盐水处理的经济性。六是建立炼油化工污水近零排放产品盐硝行业标准，规范指导行业污水处理的资源化利用。

6. 智能化污水处理厂建设运行

目前炼油化工企业污水处理厂的工艺过程均已实现自动控制，采用与其他生产装置统一配置的 DCS 系统进行控制，尽量减少操作人员和手工操作；关键工艺参数设置在线检测仪，必要时进行联锁、报警，对关键的运行过程在控制室实现显示和远程操作，为实现污水处理数字化奠定了坚实的基础。

随着自动化和数字化的发展，智能化污水处理厂将是未来发展的目标。它借助视频采集和识别、各类传感器、无线定位系统、射频识别（RFID）、条码识别、视觉标签、无线通信、可视对讲、语音识别等顶尖技术，构建智能视觉物联网对污水处理厂进行智能感知，涵盖污水处理厂运营管理的生产运行、设备、安全、优化调度、预测等方面，将采集的数据可视化和规范化，让管理者能进行可视化、智能化、综合化的生产运行管理。

污水处理厂的智能化可作为炼油化工企业的重要组成部分，与企业各装置处于同一构架中，对各装置污水来源及水质、水量进行实时监测，并根据监测结果做出前馈控制，根据系统的最优解来实现各股污水处理流程的最佳调配,在实现达标排放的前提下,自动优化污水的处理路径,实时调整各处理参数,从而实现低成本、高效率的污水处理效果,实现外排水质稳定达标,合理回用,处理成本的最优化。

　　未来,智能化污水处理厂应以污水处理管控一体化优化为主线,研发以大数据为基础的污水处理模型及适应于各种污水处理过程的智能学习与预测系统,借助人工智能技术实现知识的自动获取、学习、推演、应用和改进。同时基于智能污水处理厂的功能设计、运行模式,培养专业技术人才,确保污水处理厂智能化系统的高效运行。

1.4.2　污水处理过程中的废气治理

　　目前制约污水处理场废气达标排放的是苯超标问题,《石油炼制工业污染物排放标准》(GB 31570—2015)要求苯的排放限值为 $4mg/m^3$。部分地区的污水废气治理标准苯系物浓度更低。采用高低浓度分质处理时,高浓度采用 CO 或 RTO 技术,可以做到 VOCs 的达标排放。对于生化曝气池产生的低浓度废气,通常采用预碱洗-两级生物(过滤+滴滤)处理-活性炭吸附处理的组合工艺路线。活性炭对于烃类物质的吸附能力有限,吸附饱和后需要再生,再生过程产生的不凝气没有好的去向。如果企业没有 CO 或 RTO 设施,只能将不凝气再次排入生化曝气池,形成死循环。某些炼油化工企业废气经生物处理后,实现苯稳定达标排放的压力仍然存在。部分企业采用单一处理工艺受到限制,如部分地区对采用单一的低温等离子、光氧化、光催化等低效技术治理工艺的要求限期整改。

　　要做好污水处理过程中产生的 VOC 的高效处理达标排放,一是要加强清洁生产管理、严格控制生产装置排放污水中的油类浓度,从源头上消减 VOC 的产生量;采用污水密闭输送方式,避免 VOC 的无组织排放。二是根据 VOC 的浓度、废气流量采用组合工艺进行处理。蓄热燃烧(氧化)法仍将是处理污水场废气的主流技术之一。随着催化剂制造水平的提高、成本的下降,该技术有望在更多的场合推广应用。生物法仍是低浓度废气治理的最经济可行的处理工艺。随着基因工程的发展,通过筛选并驯化出特种微生物,在微生物的新陈代谢过程中以污染物为碳源和氮源,有效去除工业废气中的污染物质。吸附工艺仍是目前不可或缺的治理工艺。炼油化工企业污水处理过程中存在的一些无组织排放源,密闭收集后其废气排放量很小,排放点位分散,集中收集存在输送问题,采用吸附法处理就较为实际。特别是近几年新型吸附材料的开发,对三苯污染物都有较高的吸附量,可更好地发挥吸附处理技术的优势。

1.4.3　污水处理过程中的固废处理处置

　　目前污水处理厂固废处理处置面临的问题主要在三个方面:一是目前部分炼油化工企业在设计时没有分别设置污泥浓缩池(或污泥浓缩罐),"三泥"(隔油池的底泥、浮选池的浮渣及生化剩余活性污泥)均混合进入污泥浓缩池,经离心脱水后,由于脱水污泥含油,致使脱水效果较差,且影响了后续污泥干化设备的选择与应用。二是污泥浓缩脱水能力与效率不高,特别是污泥调理与脱水过程中絮凝剂的加入,也影响到污泥的产生量,加之三泥滤后液再次进入污水系统,造成脱水装置的运行压力偏大,运行效果无法达到要求。三是污泥干化及焚烧技术面临选择。目前干化和焚烧工艺还没有在大多数炼油化工企业的污泥处置中得到应用。以往由于脱水后的"三泥"外委处置费用相对低廉,企业建设干化和焚烧装置的动力不足。

　　要做好污水处理厂污泥的处理处置，一是做好污泥的分质处理。对于炼油化工行业污水处理场产生的"三泥"，应根据其污染特性进行分类，采用经济适用的技术进行处理。按照现行的《国家危险废物名录》(2021年版)，剩余活性污泥不再属于危险废物，应采用将剩余活性污泥单独存储和处置的工艺路线，降低后续干化设备的技术要求。二是加强污泥的减量化。加强生产管理，减少排放污水中的石油类浓度，减少污水处理过程中的无机絮凝剂的加入量，合理复配有机絮凝剂，大幅度减少浮渣的产生量，从源头上实现污泥的减量化。三是优化污泥处理处置工艺。随着加工原油品种的日益复杂，污泥浓缩脱水所需要的时间在逐步加长。因此，应设置大容积的污泥浓缩罐，增加污泥浓缩罐的停留时间，保证脱水系统的稳定运行。四是采取组合处理工艺。由于含油污泥成分极其复杂，性质各不相同，单一的处理方式很难满足环保要求，因此在技术选择上要注重处理方式的联用，尽可能地减量化，降低后续处置工艺装置的规模。五是随着危废处置费用的攀升，炼油化工企业相继建设污泥干化和(或)焚烧设施。在干化工艺选择时，应结合炼油化工油泥的特点注重安全可靠。在焚烧技术选择时，除关注污泥减量化外，还要关注运行成本、焚烧尾气是否达标排放等问题。

参 考 文 献

[1] 生态环境部生态环境执法局，生态环境部环境工程评估中心. 重点行业企业挥发性有机物现场检查指南(试行)[M]. 北京：中国环境出版集团，2020：18.

[2] 生态环境部大气环境司. 挥发性有机物治理实用手册[M]. 北京：中国环境出版集团，20209-11.

[3] 邹智."危废"新政助力炼化污水处理工艺及设备优化[J]. 石油化工安全环保技术，2016，32(5)：63-64，69.

[4] 张辉. 基于工艺模拟的污水处理厂数字化实例研究[J]. 中国给水排水，2020，36(1)：87-93.

[5] 刘群，张志华，刘源，王晓栋，沈军. 二氧化硅气凝胶对挥发性有机污染物的吸附性能研究(英文)[J]. 化学通报，2020，(6)：552-556，507.

第二章 炼油化工装置水污染源分析

2.1 石油炼制

石油炼制主要是将原油通过一次加工、二次加工生产各种石油产品。原油一次加工，是将原油切割为沸点范围不同的多种石油馏分。原油二次加工是将石油馏分进一步加工转化为高附加值目的产品。石油炼制主要装置有：常减压蒸馏、催化裂化、加氢裂化、延迟焦化、渣油加氢、催化重整、芳烃分离、加氢精制、催化汽油吸附脱硫（S Zorb）、烷基化、气体分馏、沥青、制氢、硫黄回收、酸性水汽提、溶剂再生等，部分炼厂还有溶剂脱沥青、溶剂脱蜡、石蜡成型、溶剂精制、白土精制和润滑油加氢等装置。主要生产汽油、喷气燃料、煤油、柴油、燃料油、润滑油、石油蜡、石油沥青、石油焦和各种石油化工原料。典型炼厂的物料流程见图 2-1。

2.1.1 常减压蒸馏

1. 工艺过程简述

常减压蒸馏利用沸程不同将石油中各组分进行分离，装置一般采用电脱盐-初馏-常压蒸馏-减压蒸馏流程。常减压蒸馏装置如图 2-2 所示。主要由电脱盐、初馏塔、常压加热炉、常压塔、汽提塔、减压加热炉、减压塔等系统组成。

常减压蒸馏装置的进料为原油，主要产品有石脑油、柴油、蜡油、渣油等。原油经电脱盐过程脱水、脱盐，经过换热进入初馏塔，塔顶馏出物经冷凝分离后得到不凝干气和以石脑油、液化石油气为主的初馏塔顶油。初馏塔底油经过常压炉加热后进入常压塔，塔顶馏出物经冷凝分离后得到干气、石脑油，各侧线产物经汽提塔汽提后获得不同沸程的柴油。常压塔底油经过减压炉加热后进入减压塔，塔顶馏出物经冷凝分离后得到减压塔顶干气和减压塔顶油，侧线产物有蜡油和减压渣油。

其中干气一般经升压脱硫后进入全厂燃料气管网做燃料；液化石油气脱硫后作为产品进入液化气罐区；石脑油作为重整原料进入连续重整装置；柴油可作为原料进入柴油加氢精制装置；蜡油作为催化裂化、加氢裂化原料；减压渣油作为二次加工的原料，进入催化裂化、渣油加氢或重油罐区。

2. 污水污染源分析

常减压装置污水主要为含盐污水、含油污水和含硫污水三类。污水中的主要污染物包括石油类、硫化物、挥发酚、氨氮、碱、盐等。某常减压装置污水污染源数据见表 2-1。

含盐污水：电脱盐过程中，在原油中加入破乳剂，使原油在电场的作用下实现油和含盐污水分离。含盐污水主要为电脱盐过程所排的污水，来自原油进装置时的自身携带水和溶解

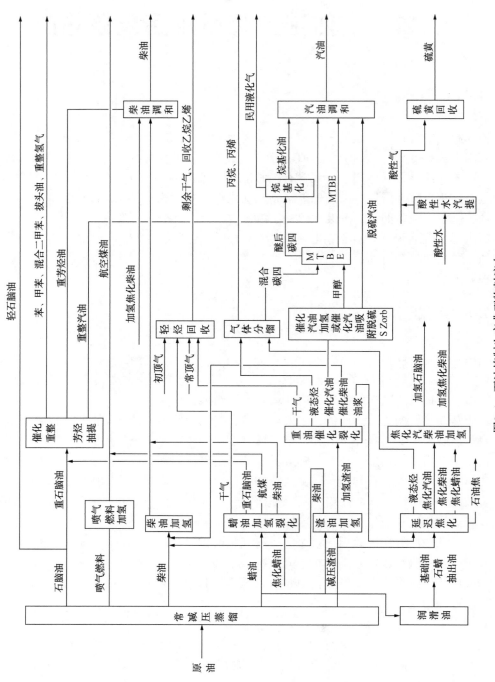

图2-1 石油炼制生产典型物料流向

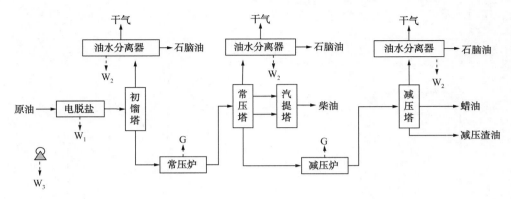

图 2-2　常减压装置工艺流程
W₁：含盐污水；W₂：含硫污水；W₃：含油污水；G：废气

表 2-1　某常减压蒸馏装置污水污染源数据

污染源名称	水量/ （t/h）	pH	石油类/ （mg/L）	COD/ （mg/L）	氨氮/ （mg/L）	硫化物/ （mg/L）	挥发酚/ （mg/L）
含盐污水	45	8.7	100	1088	182	24	42
含硫污水	12	8.0	88	885	280	235	84
含油污水	5	7.5	101	480	5.7	3.4	4.8

原油中的无机盐所注入的水。主要污染物为油、无机盐类等物质。同时由于这部分水与油品直接接触，溶入的污染物较多，水质相对复杂，特别是电脱盐罐油水分离效率不高时，这部分排水中石油类和 COD 均较高。含盐污水的排水量位于三类污水之首，与注水量有关，一般注入量为原油的 5%~8%。

含硫污水：主要系初馏塔顶、常压塔顶和减压塔顶产物经冷凝后进入油水分离罐的油水分离排水。含硫污水也包括原油加工过程中的加热炉注水、常压塔和减压塔底注汽及产品汽提塔所用蒸汽冷凝水、抽真空器冷凝水、塔顶注水、注缓蚀剂所含水分等。主要污染物为油、硫化物、氨氮、酚类物质。由于这部分水与油品直接接触，溶入污染物质较多，排水中硫化物、氨氮、COD 均比较高。排水中带油情况与油水分离器中油水分离时间、界面控制是否稳定有关。

含油污水：含油污水主要包括机泵冷却水、含油雨水和设备清洗污水。机泵冷却水由两部分构成：一部分是冷却泵体用水，全部使用循环水冷却后进循环水回水管网循环使用；另一部分是泵端面密封冷却用水，随用随排入含油污水系统。一般情况下含油污水水量小，污染物种类不复杂。

2.1.2　催化裂化

1. 工艺过程简述

催化裂化装置是炼油厂重要的二次加工装置，目的是为了生产异构烷烃含量较多的催化汽油。催化裂化装置如图 2-3 所示。一般由反应-再生系统、分馏系统、稳定系统、脱硫系统、三机及热工系统六部分组成。主要原料为常减压蒸馏装置的减压蜡油或常压渣油或经过加氢处理后的重油，主要产品为催化汽油、轻柴油、液化石油气、催化油浆、干气等。

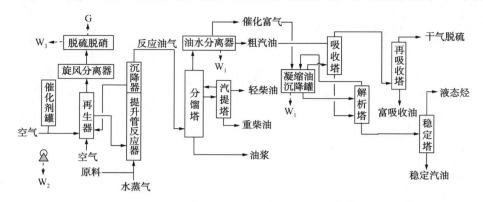

图 2-3   催化裂化装置工艺流程

W_1：含硫污水；W_2：含油污水；W_3：含盐污水；G：废气

原料经换热升温雾化后进入提升管反应器，与高温催化剂接触并迅速升温、汽化，发生裂化反应，生成高温油气混合物，同时生成焦炭附着在催化剂表面。反应油气与待生催化剂在提升管出口处快速分离，反应油气经集气室进入分馏塔底。

分馏塔底的反应油气与循环油浆逆流接触，经脱过热、洗掉油气中夹带的催化剂后进行分馏得到气体、粗汽油、轻柴油、回炼油及油浆。分馏塔设有顶循环回流、一中回流、二中回流，使得分馏塔热负荷分布均匀。塔顶油气经油气分离器分离为催化富气和粗汽油，二者进入吸收稳定单元经多次吸收、分离后得到干气、液化气和稳定汽油。轻柴油部分作为产品，部分作为再吸收剂送到再吸收塔。油浆从塔底抽出，经换热、发生蒸汽后部分回炼，部分返回分馏塔，以冷却和洗涤反应油气及其所带催化剂。待生催化剂进入沉降器下部的汽提段，置换催化剂携带的油气后，通过沉降器的再生斜管进入再生器，于烧焦罐中燃烧去掉表面积炭后返回至反应器重新参与反应。催化剂再生过程中产生的高温烟气经旋风分离器分离出催化剂后进入能量回收机组做功带动主风机运转或提供热量，再经余热锅炉进一步回用能量产生蒸汽供全厂使用。

2. 污水污染源分析

催化裂化污水主要为含油污水、含硫污水、含盐污水等。含硫污水主要来自分馏塔顶污水、稳定塔顶分离器污水和回流罐切液；含油污水主要来自现场冲洗水、机泵冷却水等；含盐污水来自脱硫脱硝系统。催化裂化装置吨原料污水产生量为 0.2t/t。某催化裂化装置污水污染源数据见表 2-2。

表 2-2   某催化裂化装置污水污染源数据

污染源名称	水量/ （t/h）	pH	石油类/ （mg/L）	硫化物/ （mg/L）	挥发酚/ （mg/L）	COD/ （mg/L）	氨氮/ （mg/L）
含硫污水	13	9.5	10~800	40~8000	15~1000	150~24000	0~7000
含油污水	2	9.0	5.0~200	0.1~50	0.04~9.50	200~700	0.05~66
含盐污水	15	8.6	0.5~5.0	—	—	25~60	0.5~18

含硫污水：主要包括分馏塔顶油水分离器切水、凝缩油罐排水等，其污水量约占污水产

生总量的 80%。这部分水与油气充分接触，吸收了反应中产生的硫化氢、氨、酚等物质。污水中硫化物的高低与原料硫含量密切相关。由于污染负荷大，不能直接送污水场处理，必须送含硫污水汽提装置进行脱硫、脱氨处理。

含油污水：含油污水主要来自各装置机泵冷却水等。除泵密封漏油外，机泵检修也会排出一些油进入下水，如原料泵、油浆泵、回流泵端面冷却水中带油较多。催化裂化的含油污水水质相对稳定，各水污染因子波动范围不大。

含盐污水：催化裂化催化剂再生过程中排出的废气，经旋风分离后进入脱硫脱硝工序，产生污水的污染物组成与脱硫脱硝工艺有着直接的关系。其溶解性总固体一般在 10000～50000mg/L，COD 及常规污染性浓度不高，一般需要单独处理达标排放或实施污水近零排放措施。

2.1.3 催化重整

1. 工艺过程简述

催化重整装置是以碳六至碳九馏分的石脑油为原料，将其中的环烷烃、烷烃脱氢、异构化生成芳烃为目的产物，主要采用连续再生重整工艺。重整装置主要由图 2-4 所示的石脑油预处理、重整反应和催化剂连续再生等单元组成。催化重整加工的原料一般是来自常压蒸馏装置生产的直馏石脑油、蜡油加氢裂化装置的重石脑油、加氢精制或处理装置的加氢石脑油等，主要产品为高辛烷值汽油调和组分、苯、甲苯、芳烃原料等，同时副产 H_2、液化气等。

为了将原料切割成符合重整要求的馏程范围并脱去杂质，需要对原料进行预处理，包括预分馏、预加氢和预脱砷脱氯等。原料油经过精馏切除轻组分拔头油，同时去除水分。预加氢单元中，原料在催化剂作用下与氢气反应，烯烃变为饱和烃，S、N、O 等转化成 H_2S、NH_3 和 H_2O；砷、铅、汞等金属进行进一步脱除。

催化重整单元主要有连续再生重整、固定床半再生重整两种工艺。预处理后的精制油在重整催化剂作用下吸收热量并发生环烷脱氢和异构反应。

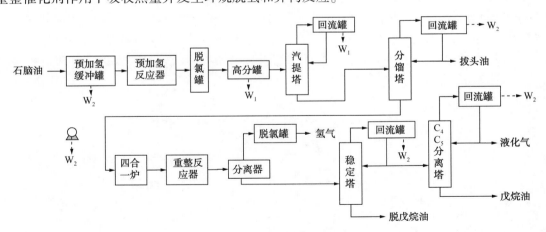

图 2-4 催化重整装置工艺流程

W_1：含硫污水；W_2：含油污水

2. 污水污染源分析

重整装置污水主要有含油污水和含硫污水。含硫污水来自预加氢。吨原料污水产生量为 0.07t/t。某连续重整装置污水污染源数据见表 2-3。

表2-3　某连续重整装置污水污染源数据

污染源名称	水量/ (t/h)	pH	石油类/ (mg/L)	硫化物/ (mg/L)	挥发酚/ (mg/L)	COD/ (mg/L)	氨氮/ (mg/L)
含油污水	4	6.0~9.5	3~550	0.5~40	0.05~30	60~500	0.05~60
含硫污水	6	6.0~8.0	10~500	180~33000	0.5~330	180~30000	0.4~13000

含硫污水：主要来自预加氢汽提塔塔顶回流罐、预加氢高低压分离器等排水，主要污染物为硫化物、COD、石油类、氨氮和挥发酚等。原料中的硫、氮等杂质经预加氢后，生成易堵塞设备的铵盐，为防止铵盐结晶堵塞设备造成系统压降增大影响生产，在预加氢进出换热器前增加了注水点。重整装置含硫污水污染物浓度较高，送含硫污水汽提装置预处理，进行脱硫和脱氮，汽提后的净化水排入炼油污水处理场处理。

含油污水：主要来自预加氢进料缓冲罐、分馏罐分离器、机泵冷却水、地面冲洗水、塔顶回流罐污水及少量容器切水过程中产生的污水，主要污染物为COD和石油类。

2.1.4　延迟焦化

1. 工艺过程简述

延迟焦化是使减压渣油通过加热裂解，变成轻质油、中间馏分油和焦炭的加工过程。焦化反应被"延迟"到焦炭塔内发生，从而达到重质烃类轻质化的目的。延迟焦化装置主要采用"一炉两塔"大型化延迟焦化工艺，装置的生产原料主要是常减压装置的减压渣油，产品主要是脱硫干气、脱硫和脱硫醇液化气、汽油、柴油、蜡油、焦炭等。

延迟焦化装置如图2-5所示，主要由焦化反应、吸收稳定和脱硫三部分组成。其中焦化部分包括原料换热、加热炉、焦炭塔、分馏塔及换热、冷切焦水处理、焦炭塔吹汽放空、高压水泵及水力除焦等。减压渣油经换热后进入加热炉对流室，加热后进入分馏塔。分馏塔底的渣油经辐射泵进入加热炉辐射室加热至500℃，经过四通阀进入焦炭塔，高温发生裂解、缩合反应，生成焦炭和油气。焦炭塔中焦炭经高压水切焦处理后外运；切焦水进行储存、处理后循环使用。高温油气由焦炭塔顶进入分馏塔底与新鲜渣油进行充分的传质换热后，分离出蜡油、柴油及混合油气。

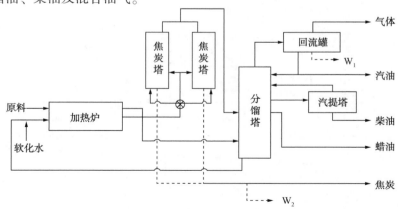

图2-5　延迟焦化装置工艺流程
W_1：含硫污水；W_2：含油污水

2. 污水污染源分析

延迟焦化装置污水主要是含硫污水和含油污水。含硫污水主要来自分馏塔富气分液罐排水；含油污水主要来自焦炭塔冷焦水、机泵冷却水、汽包及地面冲洗水等，吨原料污水产生量为 0.12t/t。某延迟焦化装置污水污染源数据见表 2-4。

表 2-4　某延迟焦化装置污水污染源数据

污染源名称	水量/ （t/h）	石油类/ （mg/L）	硫化物/ （mg/L）	挥发酚/ （mg/L）	COD/ （mg/L）	氨氮/ （mg/L）
含油污水	0.3	30~150	0.02~4600	0.05~900	100~540	0.05~1500
含硫污水	8.7	712~4905	100~16000	3~700	300~94500	100~5000

含硫污水：焦化装置含硫污水污染物种类复杂且浓度极高，水质与原料的密度、组分密切相关，污水水量一般占总污水量的 70%。延迟焦化装置的含硫污水主要在焦化分馏塔顶回流罐底、接触冷却塔顶回流罐底以及吸收稳定部分的回流罐底排出，特别是由接触冷却塔顶排出的含硫污水乳化严重，含油量大，难以通过油水分离器分离，对下游装置冲击较大，是污水处理重点关注对象。

含油污水：主要为切焦排水、冷焦排水、冷却水箱污水排放、机泵冷却水、场地冲洗水等。在生产过程中，切焦排水和冷焦排水经处理后均可回收使用。机泵冷却水、场地冲洗水等一般水量较小，水质相对较好，污染物浓度较低，可直接由含油污水排水系统送污水处理场处理。

2.1.5　加氢裂化

1. 工艺过程简述

加氢裂化是在较高的温度和压力下，原料油在催化剂作用下发生加氢、裂化和异构化反应，转化为轻质油的加工过程。对于蜡油加氢裂化而言，装置进料为常减压装置直馏轻蜡油、延迟焦化装置焦化蜡油等，主要产品为干气、液化气、轻石脑油、重石脑油、喷气燃料、柴油及加氢尾油。

蜡油加氢裂化装置工艺流程如图 2-6 所示，主要分为反应部分、分馏部分、吸收稳定部分和脱硫及溶剂再生部分。反应部分主要采用炉前混氢、热高分工艺流程。原料油经过过滤、脱水后与氢气加热炉出口循环氢混合进入精制反应器，在催化剂作用下发生加氢精制反应，使原料中的 S、N、O 转化为 H_2S、NH_3、H_2O，同时使芳烃、烯烃加氢饱和后送入裂化反应器中发生裂化反应。反应流出物进入高压分离器，顶部分离出循环氢进入氢气加热炉；下部抽出反应生成油进入低压分离器，闪蒸出干气，经除硫化氢等酸性气体后进入分馏单元。

分馏部分将反应部分来的生成油分馏为干气、液化石油气、混合石脑油、喷气燃料、柴油及尾油等：采用脱硫化氢汽提塔脱除硫化氢及轻烃、干气等；主分馏塔出混合石脑油、喷气燃料、柴油、尾油。吸收稳定部分包括吸收脱吸、石脑油稳定、石脑油分馏。脱硫化氢塔顶分离出的轻烃、干气经过混合石脑油吸收、脱吸，得到干气和液化气产品，混合石脑油送回石脑油分馏塔分离出轻石脑油、重石脑油产品。脱硫及溶剂再生部分中，液化气脱硫塔处理石脑油稳定塔顶液化气，得到液化气产品；低分气脱硫塔脱除其中的硫化氢。

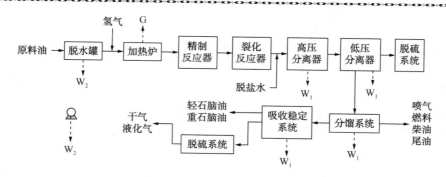

图 2-6　加氢裂化装置工艺流程
W₁：含硫污水；W₂：含油污水；G：废气

2. 污水污染源分析

加氢裂化装置污水污染源包括：含硫污水、含油污水，吨原料污水产生量为 0.13t/t。加氢裂化装置污水污染源数据见表 2-5。

表 2-5　加氢裂化装置污水污染源数据

污染源名称	水量/ （t/h）	COD/ （mg/L）	挥发酚/ （mg/L）	硫化物/ （mg/L）	氨氮/ （mg/L）	石油类/ （mg/L）
含硫污水	6.5	300~52000	0.01~1660	15000~30000	16~8000	110~227
含油污水	3.5	55~440	0.01~6.3	0.1~5	0.2~12.4	15~96

含硫污水：加氢裂化反应过程中产生硫化氢和氨，为了防止硫氢化铵在冷却过程中结晶而堵塞工艺管线及设备，需在特定部位注入软化水冲洗溶解易结晶物，因而产生高含硫含氨污水。污水从高压、低压分离器排出，随油品夹带进入分馏塔的少量水经分馏塔顶冷凝后从回流罐排出。含硫污水是加氢裂化装置一大污染源，硫化物浓度较高，需送含硫污水汽提装置处理。

含油污水：含油污水来自装置内的原料罐切水、工艺管线导凝排液、机泵冷却水、减压抽真空蒸汽冷凝水、机泵设备维修放空冲洗、采样口排放水等。从各排放点排出的含油污水集中流入隔油池，进行油水分离后送污水处理场。

含碱污水：主要来自催化剂再生和高压空冷器及过滤网清洗产生的废碱液。当装置反应器内催化剂活性下降到一定限度，需要再生催化剂以恢复活性时，根据再生催化剂工艺技术要求，需注入氢氧化钠溶液吸收再生烟气中硫化物。含碱污水是非正常排水，短期排放量大、污染物浓度高，如不严格控制会对后续污水处理装置产生较大不利影响。

2.1.6　制氢

1. 工艺过程简述

目前制氢工艺有轻油制氢、干气制氢、轻油与干气混合制氢、煤制氢等多种工艺，其中煤制氢、天然气制氢、干气制氢成本较低。

干气制氢装置如图 2-7 所示，原料为炼厂加氢处理干气、加氢裂化低分气、加氢裂化干气、加氢精制干气、焦化干气或天然气等，产品是工业氢气，副产解吸气。干气制氢装置主要流程包括原料烯烃饱和、原料脱硫与净化、水蒸气转化、CO 中温变换、变压吸附提纯（PSA）等单元。

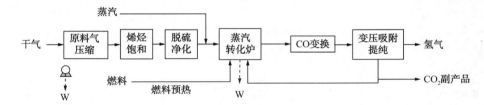

图 2-7 制氢装置工艺流程

W：含油污水

由于原料中烯烃在高温下易裂解造成催化剂积炭失活，且 S、Cl 等杂质会使催化剂中毒失活，因此首先需要将原料进行加氢精制，将烯烃转化为烷烃，将有机硫、氯等转化为 H_2S 和 HCl。利用 ZnO 等金属氧化物在一定温度下与 H_2S 和 HCl 反应生成硫化物、氯化物的原理将其脱除。在催化剂作用下，饱和烃类与水蒸气在转化炉内发生热裂解、催化裂解、脱氢、加氢、甲烷化等反应，最终转化为 H_2 和 CO 以及少量甲烷与 CO_2。为了尽可能多地产生氢气并降低 PSA 的进料杂质，CO 与水蒸气发生中温变换生成 H_2。

PSA 单元将 CH_4、CO、CO_2 等杂质去除，得到 99.9% 以上的高纯氢气，杂质气体送至转化炉做燃料。变压吸附是利用吸附剂对气体的吸附具有选择性，即不同的气体（吸附质）在吸附剂上的吸附量有差异和一种特定的气体在吸附剂上的吸附量随压力变化而变化的特性，实现气体混合物的分离和吸附剂的再生。

2. 污水污染源分析

制氢装置污水污染源数据见表 2-6。本装置主要排放含油污水。含油污水来自装置内的余热锅炉排污水、蒸汽凝结水、机泵冷却水等。从各排放点排出的含油污水集中流入隔油池，进行油水分离后送污水处理场。

表 2-6 制氢装置污水污染源数据

污染源名称	水量/ (t/h)	pH	石油类/ (mg/L)	硫化物/ (mg/L)	挥发酚/ (mg/L)	COD/ (mg/L)	氨氮/ (mg/L)
含油污水	23	6.5~7.0	0.13~2.75	0.03~1.0	0.05~1.0	15~31	0.5~3.8

2.1.7 加氢精制

1. 工艺过程简述

加氢精制根据处理的原料可分为汽油加氢精制、柴油加氢精制和润滑油加氢精制。以柴油加氢为例，柴油加氢装置以常减压直馏柴油、催化柴油、焦化柴油和焦化汽油的混合油为原料，在一定温度、压力条件下，在氢气和催化剂作用下，原料中的烯烃和芳烃得到饱和，从而改善油品的稳定性、腐蚀性和燃烧性能，得到优良品质的精制柴油、粗汽油和干气等，如图 2-8 所示。

原料油经过滤后与氢气混合，加热后进入加氢反应器通过固定床式催化剂床层，进行加氢反应。通过化学反应将硫、氮、氧转化为烃类和易于除去的 H_2S、NH_3 和 H_2O。反应流出物进入高压分离器，顶部分离出氢气进入压缩机，下部反应生成油进入低压分离器闪蒸出加氢干气，脱除硫化氢后进入分馏单元分离得到精制柴油和加氢石脑油等。

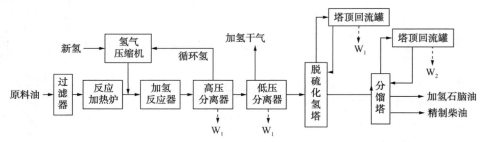

图 2-8 柴油加氢装置工艺流程

W_1：含硫污水；W_2：含油污水

2. 污水污染源分析

加氢精制装置污水污染源数据见表 2-7。

表 2-7 加氢精制装置污水污染源数据

污染源名称	水量/ (t/h)	pH	COD/ (mg/L)	挥发酚/ (mg/L)	硫化物/ (mg/L)	氨氮/ (mg/L)	石油类/ (mg/L)
含硫污水	20~25	8.5~9.0	12000~20600	21.4~34.0	11000~39300	1090~7230	45~480
含油污水	1.5~3.0	7.5	147~323	0.8~1.0	0.1~1.5	2.0~4.8	38~48

含硫污水：反应过程中生成硫化氢和氨，为了防止硫氢化氨在冷却过程中结晶而堵塞工艺管线及设备，需在特定部位注入软化水冲洗溶化易结晶物，因而产生含硫、含氨污水。此类污水送污水汽提装置处理后回用或外排。主要来自高低压分离器、脱硫塔回流罐等，硫化物、氨氮等浓度较高，一般送酸性水处理装置。

含油污水：主要来自装置内的工艺管线导凝排液、原料罐切水、分馏塔顶回流罐水、机泵冷却水、冲洗水等，集中流入隔油池，进行油水分离，并回收污油后进入污水处理场处理。

2.1.8 S Zorb 催化裂化汽油吸附脱硫

1. 工艺过程简述

S Zorb 技术基于吸附作用原理对汽油进行脱硫，通过选择性吸附含硫化合物中的硫醇、二硫化物、硫醚、噻吩等硫化物而达到脱硫目的，将硫转化为 SO_2 进入再生烟气中，烟气进入硫黄或通过碱洗排放。与加氢脱硫技术相比，S Zorb 技术具有脱硫率高(可将硫脱至 $10\mu g/g$ 以下)、氢耗低、产品辛烷值损失小、能耗低(一般小于 8kg 标油/t)和操作费用低的优点。

S Zorb 技术主要包含硫的吸附、烯烃加氢、烯烃加氢异构化、吸附剂氧化、吸附剂还原、尾气中和等六步主要反应。如图 2-9 所示，装置主要包括进料与脱硫反应、吸附剂再生、吸附剂循环和产品稳定四个部分。

来自催化装置的含硫汽油经升压与循环氢气混合，换热后经进料加热炉加热后，进入脱硫反应器底部发生吸附脱硫反应，将其中的有机硫化物脱除。为了维持吸附剂的活性，装置设有吸附剂连续再生系统，将吸附了硫的吸附剂从反应器输送到再生器，同时将再生后的吸附剂送回反应器。再生过程是以空气作为氧化剂的氧化反应，压缩空气经加热送入再生器底部，与来自再生进料罐的待再生吸附剂发生氧化反应。反应产物通过产品分离器进行分离，氢气压缩循环使用。稳定塔用于脱除脱硫后汽油产品中的 $C_2 \sim C_4$ 组分，塔底稳定的精制汽油产品经换热冷却后送出装置。

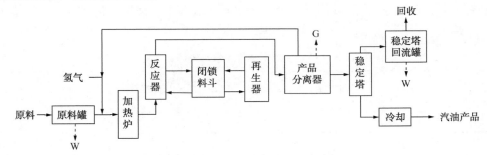

图 2-9 S Zorb 装置工艺流程

W：含油污水；G：废气

2. 污水污染源分析

S Zorb 装置污水污染源数据见表 2-8。

表 2-8 S Zorb 装置污水污染源数据

污染源名称	水量/（t/h）	pH	石油类/（mg/L）	硫化物/（mg/L）	COD/（mg/L）	氨氮/（mg/L）
含油污水	1.0~2.0	8.0~9.0	6.3~30	0.25~2.0	150~347	1.0~14.7

S Zorb 装置主要排放小量含油污水。主要来自原料缓冲罐、稳定塔顶回流罐、机泵冷却水和催化剂还原生成水等，主要污染物为石油类和硫化物，经含油污水系统排放至低浓度污水处理场统一进行处理。

2.1.9 烷基化

1. 工艺过程简述

烷基化过程主要用于生产高辛烷值汽油的调和组分，主要分为氢氟酸法、硫酸法、离子液法等工艺。离子液法烷基化工艺路线如图 2-10 所示。来自气分装置或甲基叔丁基醚（MTBE）装置碳四原料经加氢使原料中的丁二烯饱和为 1-丁烯，并使原料中的 1-丁烯异构化为 2-丁烯。碳四原料再送往脱轻烃塔脱除碳四原料中的碳三及碳三以下的轻组分。经干燥后的碳四原料、循环异丁烷和循环冷剂混合进入烷基化反应器，在循环离子液的催化反应下发生烷基化反应，生成以碳八为主的高辛烷值、低蒸气压的烷基化油（主要为三甲基戊烷、二甲基己烷等）。从烷基化反应器出来的离子液与流出物经旋液分离器和沉降器将离子液和流出物分离开来。反应流出物再送至产品分馏系统，分离出异丁烷和正丁烷后，粗烷油最后经加氢脱除氯化物后得到最终的烷基化油产品。

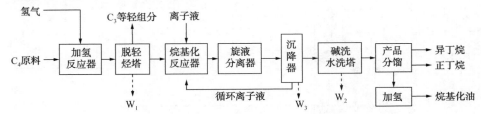

图 2-10 离子液法烷基化装置工艺流程

W₁：含油污水；W₂：含碱污水；W₃：含盐污水

2. 污水污染源分析

烷基化装置污水主要有含碱污水、含油污水和含盐污水。某烷基化装置污水污染源数据如表2-9所示。

表2-9　烷基化装置污水污染源数据

污染源名称	水量/(t/h)	pH	石油类/(mg/L)	COD/(mg/L)	氨氮/(mg/L)
含碱污水	1.8	10~14	20	800	15
含油污水	2.5	7.5~9.0	10	400	5

含油污水：主要来自装置闪蒸罐分水罐切水、脱轻烃回流罐切水以及再生剂分水罐切水、脱异丁烷塔回流罐切水、脱正丁烷塔回流罐切水、机泵冷却水、装置区初期雨水等，主要污染物为COD和石油类。

含碱污水：主要来自碱洗水洗塔所产生的碱洗水，主要污染物为COD、石油类和氨氮。

含盐污水：主要来自废离子液处理过程。失活的废离子液一般经消解-中和-澄清-脱水-干化等过程，实现废离子液的固体化，并产生大量含盐污水，TOC高达1.5×10^5mg/L，总氮4.0×10^4mg/L，总油1.0×10^4mg/L，铜、铝、钠化合物约占90%，属高盐难处理废液。

2.1.10　硫黄回收

1. 工艺过程简述

硫黄回收装置的原理是H_2S与SO_2反应生成单质硫，从而达到将含硫气体中的硫化物转变为硫黄的目的。装置原料是溶剂再生装置解吸出来的酸性气和污水汽提装置来的酸性气，产品是固体粒状硫黄。

硫黄回收装置采用克劳斯工艺处理炼厂产生的酸性气回收制取硫黄，一般能够回收酸性气中98%~99%的元素硫。根据酸性气中H_2S含量的高低，制硫工艺分为部分燃烧法、分流法和直接氧化法三种方法。硫黄回收工艺如图2-11所示。

将溶剂再生和酸性水汽提过程中产生的硫化氢和酸性气体混合进入酸性气分液罐分液，将酸性气通入燃烧炉，在空气或氧气环境下燃烧。过程中严格控制空气量，从而使燃烧产物中H_2S与SO_2的体积比为2:1，以期达到最高转化率。产生的高温过程气经冷却降温后进入克劳斯反应器，H_2S与SO_2在克劳斯催化剂作用下反应生成硫黄。剩余气体经二级、三级反应后进入加氢反应器，在尾气处理部分发生加氢还原反应生成H_2S后返回克劳斯装置。尾气采用热焚烧工艺，确保所有硫化物转换为SO_2。

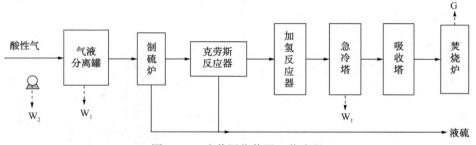

图2-11　硫黄回收装置工艺流程
W_1：含硫污水；W_2：含油污水

2. 污水污染源分析

硫黄回收装置污水主要为含油污水和含硫污水，吨产品原料污水产生量为 0.56t/t。硫黄回收装置污水污染源数据见表 2-10。

表 2-10　硫黄回收装置污水污染源数据

污染源名称	水量/(t/h)	pH	石油类/(mg/L)	硫化物/(mg/L)	挥发酚/(mg/L)	COD/(mg/L)	氨氮/(mg/L)
含硫污水	8.5	6.0~8.0	8~330	0.2~4540	0.1~620	35~13300	0.1~17500
含油污水	2.0	7.5	10~150	0.5~400	0.05~10	35~1000	0.05~300

含硫污水：主要来自气液分液罐、急冷塔塔底排水和酸性气凝结水等。其中尾气急冷塔循环用水不平衡部分含有硫化物、氨氮等污染物，pH 值在 6~8 之间，送至酸性水气体装置处理。

含油污水：主要来自机泵冷却水和地面冲洗水等。冷却水中主要污染物是油，与机泵轴承的密封性能相关。

2.1.11　酸性水汽提

1. 工艺过程简述

酸性水汽提装置采用蒸汽汽提法处理炼油厂二次加工装置产生的含硫污水。污水汽提包括单塔低压汽提、单塔加压汽提、双塔加压汽提和双塔高低压汽提等工艺。酸性水汽提装置主要由脱油脱气、蒸汽汽提和气氨精制三部分组成。经汽提处理所得到的净化水可供工艺装置回用或进生化处理，分离出的副产物硫化氢气体可送克劳斯装置回收硫黄，氨气可通过深度脱硫后生产液氨或氨水。工艺流程如图 2-12 所示。

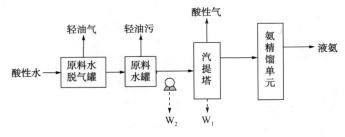

图 2-12　酸性水汽提装置工艺流程
W₁：汽提净化水；W₂：含油污水

2. 污水污染源分析

某酸性水汽提装置污水污染源数据见表 2-11。

表 2-11　酸性水汽提装置污水污染源数据

污染源名称	水量/(t/h)	pH	石油类/(mg/L)	硫化物/(mg/L)	氨氮/(mg/L)	挥发酚/(mg/L)	COD/(mg/L)
汽提净化水	100	8.0	16	10~50	50~100	342	200
含油污水	0.5~1.0	7.5	0.3~3.0	1~8	3~15	0.1~0.3	5~100

汽提净化水：石油炼制生产过程中产生的含硫含氨污水，经双塔或单塔汽提后可将 NH_3-N脱除至 50~100mg/L、硫化物含量 10~50mg/L。经汽提后的污水被称为汽提净化水，可回用于工艺装置或进入污水处理场处理后达标排放。

含油污水：主要包括原料水罐、氨水罐加水封罐水，机泵冷却水，蒸汽凝结水等，这部分水中的主要污染物是石油类，可排至污水处理场处理。

2.1.12　润滑油糠醛精制

1. 工艺过程简述

润滑油糠醛精制装置工艺流程如图 2-13 所示。装置主要由抽提系统、精制液回收系统、废液回收系统、水溶液回收系统、真空脱水系统等部分组成。在抽提系统，利用糠醛对少环长侧链的芳烃等理想组分与多环短侧链的芳烃等非理想组分溶解度的不同，在抽提塔中逆流接触，进行润滑油同组分的分离。提余液经加热后进入汽提塔闪蒸，脱掉溶剂的油从塔底抽出。提取液从萃取塔底馏出，与糠醛进行蒸汽换热后进入蒸发塔，经两段蒸发后进入汽提塔，脱掉糠醛后的提取油由泵送出装置。汽提塔等产生的含少量糠醛的水溶剂进入脱水塔进行脱水，塔底污水排至污水处理场处理。

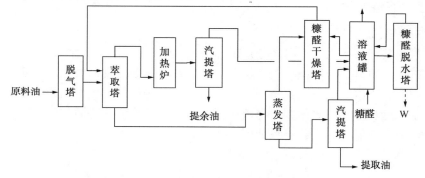

图 2-13　润滑油糠醛精制装置工艺流程
W：含油污水

2. 污水污染源分析

润滑油糠醛精制装置污水污染源数据见表 2-12。

表 2-12　润滑油糠醛精制装置污水污染源数据

污染源名称	水量/（t/h）	pH	石油类/（mg/L）	硫化物/（mg/L）	COD/（mg/L）	挥发酚/（mg/L）
含油污水	1.2	6.7	28~65	0.56~5.07	1002~1995	0.1~1.0

含油污水：含油污水主要包括脱水塔排水、机泵冷却水、蒸汽凝结水等。脱水塔进料是水溶液分离罐内的糠醛水溶液，塔底通过重沸器加温并吹入蒸汽汽提塔，吹脱水中的糠醛。脱水塔底的水排到装置内含油污水系统。由于这股污水与糠醛溶剂直接接触溶入污染物质，其排水中 COD 较高。

2.1.13　分子筛脱蜡

1. 工艺过程简述

脱蜡的目的是降低润滑油基础油凝点，从而制得低温流动性好的润滑油。同时溶剂脱蜡是生产石蜡和微晶蜡的重要过程。其中分子筛脱蜡主要用于正构烷烃与非正构烷烃的分离。

分子筛脱蜡装置是以煤油为原料，通过拔头塔、切尾塔分馏，将原料煤油切割出 $C_{10} \sim C_{14}$ 组分。精制原料煤油进入分子筛脱蜡单元，通过 $5Å(0.5nm)$ 分子筛进行物理选择吸附、正戊烷脱附，分馏得到 $C_{10} \sim C_{13}$ 的正构烷烃、C_{14} 或 C_{14} 以上的正构烷烃和非正构烃。液体石蜡($C_{10} \sim C_{13}$ 正构烷烃)作为脱氢装置原料，重质液体石蜡(C_{14} 或 C_{14} 以上的正构烷烃)、3 号白油原料(非正构烷烃)均分别送出装置到油品车间。工艺流程如图 2-14 所示。

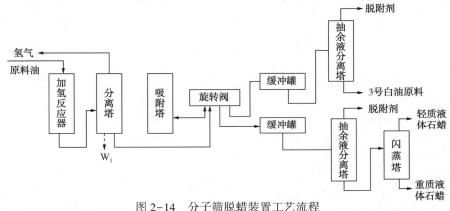

图 2-14　分子筛脱蜡装置工艺流程

W_1：含硫污水

2. 污水污染源分析

分子筛脱蜡装置污水污染源数据见表 2-13。

表 2-13　分子筛脱蜡装置污水污染源数据

污染源名称	水量/(t/h)	pH	石油类/(mg/L)	COD/(mg/L)	硫化物/(mg/L)	挥发酚/(mg/L)	氨氮/(mg/L)
含硫污水	1.5	6.0~9.0	20~100	500~3200	500~1000	50~150	10~30
含油污水	35.8	6.0~7.8	10~300	300~1500	0.5~10	0.2~1.0	10~23

含硫污水：主要来自装置原料预加氢系统注水。这部分水量不大，且间断排放，但硫化物、COD 含量均比较高，应密闭送至酸性水汽提装置。

含油污水：主要来自罐区原料罐切水、燃料油罐切水、机泵冷却水等。切水水量取决于罐中物料带水多少，切水方式一般为人工控制。机泵采用循环水冷却后返回循环水系统，少量机泵冷却水间断排入含油污水。

2.1.14　酮苯脱蜡

1. 工艺过程简述

溶剂脱蜡通过加入溶剂使蜡在低温下结晶析出后过滤分离，从而达到降低润滑油基础油凝点的目的。酮苯脱蜡装置根据选择溶剂的不同分为丁酮-甲苯型、甲乙酮-苯型、丙酮-苯型等类型。重油酮苯脱蜡装置的进料为糠醛精制油与白油料；轻油酮苯脱蜡装置的进料主要是常减压侧线润滑油馏分油、残渣脱沥青油和加氢改质四线（轻脱）油。酮苯脱蜡装置的主要产品为脱蜡油、脱油蜡、蜡下油等。

以某丁酮-甲苯型酮苯脱蜡为例，工艺流程如图2-15所示。装置由结晶单元、过滤单元、真空密闭单元、溶剂回收和冷冻单元等组成。在结晶单元，利用溶剂对油和蜡溶解度的不同，使原料中的油、蜡分离，得到低凝点的润滑油；在过滤和真空密闭单元，使滤液和蜡液两相分离；在溶剂回收和冷冻单元，采用多段蒸发工艺回收溶剂并回用。

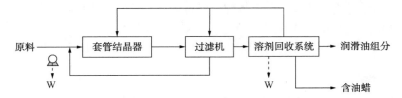

图 2-15　酮苯脱蜡装置工艺流程
W：含油废水

2. 污水污染源分析

酮苯脱蜡装置所排污水主要为含油污水。污水污染源数据见表2-14。

表 2-14　酮苯脱蜡装置污水污染源数据

污染源名称	pH	石油类/（mg/L）	硫化物/（mg/L）	挥发酚/（mg/L）	COD/（mg/L）	氨氮/（mg/L）
含油污水	4.8~7.0	70~88	3.7~5.6	0.10	480~1300	1.34~5.80

含油污水：装置污水主要来自溶剂回收单元的污水。采用五塔三效蒸发工艺，经多次闪蒸后，溶剂含量降到很低，进入汽提塔后通过蒸汽汽提，蒸汽和溶剂经冷凝形成水溶液，再进入酮回收塔汽提回收溶剂。该塔底部水排入含油污水。这部分水的水量由汽提蒸汽量确定，由于与溶剂直接接触，水质较差，COD浓度较高，与机泵冷却水等含油污水一起排至污水处理场。

2.1.15　丙烷脱沥青

1. 工艺过程简述

丙烷脱沥青是溶剂脱沥青工艺的一种，丙烷脱沥青装置以生产高黏度润滑油基础油为目的，主要采用溶剂抽提-蒸汽汽提溶剂回收工艺。装置进料为常减压蒸馏装置来的减压渣油，主要产品是脱沥青油。脱沥青油通过进一步溶剂精制、溶剂脱蜡和加氢精制，可以制取高黏度润滑油基础油，也可作为催化裂化和加氢裂化的原料。

丙烷脱沥青装置主要由抽提部分和溶剂回收部分等组成。由于溶解过程分子相似相溶原理，减压渣油中的润滑油组分和蜡油在丙烷中溶解度较大，而胶质和沥青质几乎不溶于丙烷。利用溶解性的差异，在抽提系统中，提取出高黏度润滑油、裂化原料油，从而分离出胶质和沥青质。脱沥青油与丙烷进入沉降段，经过两段法抽提流程得到重脱沥青油和轻脱沥青油。在回收系统，脱沥青油经换热、加热后进入临界回收塔。脱沥青油在临界条件下脱除其中的丙烷，得到产品脱沥青油。工艺流程如图2-16所示。

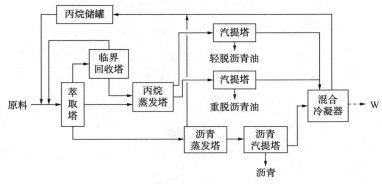

图 2-16　丙烷脱沥青装置工艺流程

W：含油污水

2. 污水污染源分析

丙烷脱沥青装置所排污水主要是含油污水。装置污水污染源数据见表 2-15。

表 2-15　丙烷脱沥青装置污水污染源数据

污染源名称	水量/(t/h)	pH	石油类/(mg/L)	硫化物/(mg/L)	挥发酚/(mg/L)	COD/(mg/L)	氨氮/(mg/L)
含油污水	4	7.8	23~345	0.2~13.2	0.1~1.5	60~570	1.0~1.3

含油污水：装置含油污水主要来自混合冷凝器排水、压缩机冷凝水和机泵冷却水等，排入污水处理场处理。

2.1.16　汽油氧化脱硫醇

1. 工艺过程简述

汽油氧化脱硫醇装置主要分为液-液抽提氧化法和固定床法两种工艺流程。它利用碱液吸收油品中的硫化物，在钴催化剂的作用下，将溶于碱液中的硫醇钠氧化为二硫化物并脱除，得到低硫醇的油品。

汽油氧化脱硫醇装置工艺流程如图 2-17 所示。由催化装置来的汽油与循环碱液逆向接触，硫醇被碱液反应吸收；经碱洗后汽油与活化剂混合进入固定床反应器，原料中的硫醇在活化剂作用下与空气中的氧发生反应被氧化为二硫化物；脱硫醇后的汽油进入汽油沉降罐沉降，再进入砂滤塔过滤，最后注入防胶剂后出装置。

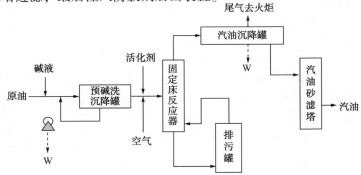

图 2-17　汽油氧化脱硫醇装置工艺流程

W：含油污水

2. 污水污染源分析

汽油氧化脱硫醇装置污水污染源数据见表 2-16。

表 2-16　汽油氧化脱硫醇装置污水污染源数据

污染源名称	水量/（t/h）	pH	石油类/（mg/L）	硫化物/（mg/L）	挥发酚/（mg/L）	COD/（mg/L）	氨氮/（mg/L）
含油污水	1.5	9.0	47~85	0.5~11.2	0.5~75	1000~1965	4.7~30

含油污水：主要包括尾气分液罐排水、机泵冷却水等。油品及碱液中的挥发酚、硫化物易被空气携带而成为尾气分液罐排水中的主要污染物。送污水处理场处理。

2.1.17　氧化沥青

1. 工艺过程简述

沥青生产工艺根据产品质量的不同要求，有蒸馏法、溶剂法（丙烷脱沥青）、氧化法三种。

以连续塔式氧化法氧化沥青装置为例，该装置由原料加热、氧化、成型及尾气焚烧四部分组成。沥青加热到 260~280℃ 后进入氧化塔，与空气中的氧发生反应产生胶质和沥青，沥青冷却成型，尾气中的有害物质通过焚烧进行无害化处理。

2. 污水污染源分析

氧化沥青装置污水污染源数据见表 2-17。

表 2-17　氧化沥青装置污水污染源数据

污染源名称	水量/（t/h）	pH	COD/（mg/L）	石油类/（mg/L）	硫化物/（mg/L）	挥发酚/（mg/L）
含油污水	5	5~8	500~3000	30~210	2~18	0.5~4

氧化沥青含油污水主要包括污油罐排水、成型冷却水和机泵冷却水等。氧化沥青的生产过程中，为了控制氧化釜的温度，在气相和液相中注入一定量的水，其汽化后随同氧化沥青尾气进入气液分离罐，凝释出的水含有一定的石油类、硫化物、挥发酚和较高的 COD。氧化沥青在成型过程中需要喷淋水进行冷却。由于和热沥青接触，一部分水蒸发，由引风机排入大气，一部分进入沥青储存池，其水量很小，但含有一定的 COD、硫化物和挥发酚等。含油污水排入污水处理场统一处理。

2.2　石油化工

石油化工生产使用石油炼制后产生的轻质油品，或以天然气为原料，通过裂解制取乙烯、丙烯等有机化工原料，然后将这些基本有机化工原料经过特定的工艺进行加工，生产出合成树脂、合成橡胶、合成纤维以及其他精细化工产品。

煤化工是指以煤为原料，经化学加工使煤转化为气体、液体和固体燃料以及化学品的过程，主要包括煤的气化、液化、干馏，以及焦油加工和电石乙炔化工等。化肥生产主要产品为液氨、氨水、尿素等，主要生产装置为大型合成氨装置。

石油化工生产的典型物料流向如图 2-18 所示。

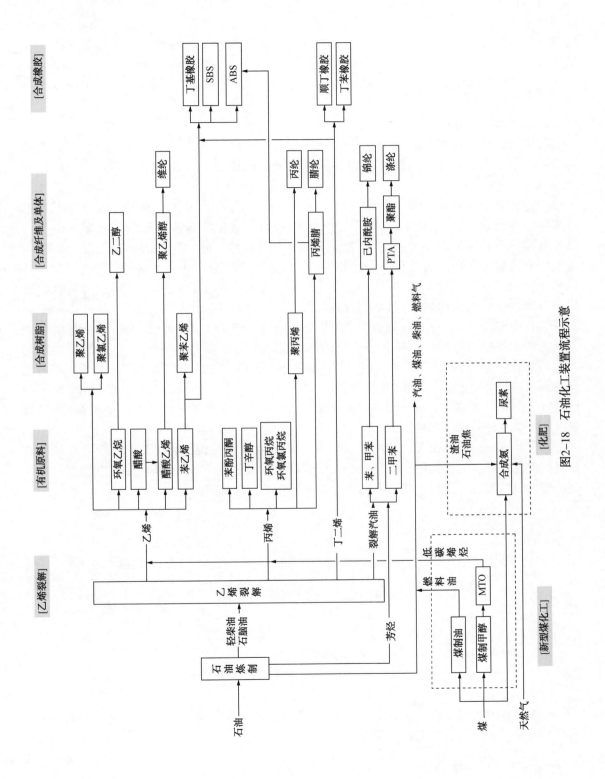

图2-18　石油化工装置流程示意

石油化工装置与炼油装置相比，工艺过程种类复杂、变化大，产品品种多，使用的生产原料也相对较多，故装置的污染源更复杂，除普遍含油外，还含有许多特征污染物，其中有的污染物还具有生化难降解性，因此必须特别重视装置水污染源性质及污水处理工艺的选择。

2.2.1　乙烯

1. 工艺过程简述

乙烯是石化工业八大基础原料之一，是合成有机化学品的重要物料。目前生产乙烯的主要方法是通过石油产品的蒸汽裂解制备乙烯。乙烯装置一般由蒸汽裂解和分离两部分组成。

乙烯装置一般以轻柴油、石脑油、天然气、炼厂气及油田气等原料，通过高温裂解与深冷分离而制取乙烯、丙烯、氢气、甲烷、碳四、液化气以及裂解汽油、燃料油等产品。典型的工艺流程包括三种分离流程：顺序分离流程、前脱乙烷前加氢流程、前脱丙烷前加氢流程。顺序分离流程即指根据物料组分的轻重（分子中所含碳原子数），按照从轻到重的顺序分离出氢气、甲烷、碳二、碳三、碳四、碳五等物种。前脱乙烷流程中首先进行碳二和碳三的切割，再分别进行碳二以上各组分和碳三以下各组分的分离；前脱丙烷流程中先进行碳三和碳四的切割，再分别进行碳三以上各组分和碳四以下各组分的分离。根据不同原料组成选择上述不同的乙烯分离流程。图 2-19 所示为热裂解-顺序分离工艺流程。热裂解-顺序分离工艺分为高温裂解和裂解气深冷分离两大部分。液相原料经预热系统预热，然后进入裂解炉进行裂解，裂解反应单元使原料断链，生成富含烯烃和芳烃的小分子产物，并通过热虹吸原理回收热能生成高压蒸汽，再经油系统循环和水系统循环将裂解气降温并回收低位热能。

在裂解气深冷分离单元，采用 -100℃ 以下的低温冷冻系统，利用裂解气中各种烃类的相对挥发度不同，在低温下冷凝烃类，在精馏塔内进行多组分精馏分离。裂解气顺序经过压缩、酸性气体脱除、干燥、炔烃脱除和分离精制等过程实现组分分离。

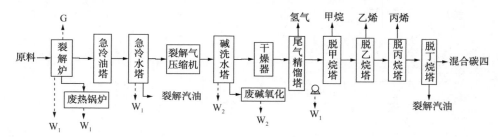

图 2-19　乙烯装置顺序分离工艺流程
W₁：含油污水；W₂：含碱污水；G：废气

2. 污水污染源分析

乙烯装置污水污染源主要包括含油污水、含碱污水等，吨产品污水产生量为 0.64t/t。某乙烯装置污水污染数据见表 2-18。

表 2-18　乙烯装置污水污染源数据

污染源名称	水量/（t/h）	pH	COD/（mg/L）	石油类/（mg/L）	氨氮/（mg/L）	硫化物/（mg/L）	挥发酚/（mg/L）
含油污水	15	6.3~9.5	60~1000	5~100	2~10	0.05~15	0.5~12
含碱污水	5.6	—	480~3000	50~108	10~21	20~2700	2~50

含油污水：含油污水主要来自裂解炉清焦水、稀释蒸汽排污水、裂解炉汽包排水和机泵冷却水等。清焦污水排放量与裂解炉运行周期有关，主要是烧焦所用中压蒸汽凝液和水力清焦所用水，此类污水经过滤除焦后排入污水管线。为了去除工艺中杂质，保证稀释蒸汽质量、减少对设备的腐蚀，需对工艺水先进行汽提，塔底排出含油含酚污水。同时裂解炉汽包排水和机泵冷却水也含有石油类等污染物质，混合后排到污水处理场。

废碱液体：废碱液来自裂解气碱洗水洗塔碱洗段。碱洗的目的是脱除硫化氢等酸性气体，有利于裂解气的分离精制、防止设备腐蚀和防止反应器催化剂中毒。用碱洗脱除二氧化硫和硫化氢，废液的种类、组成是不同的。产生的废碱液可送至废碱液预处理装置进行处理。

2.2.2　芳烃抽提

1. 工艺过程简述

芳烃装置是以裂解汽油和含芳烃成分的石油炼制产物为原料，经抽提等过程实现芳烃的分离和转化，最终得到苯、甲苯、二甲苯等产品。

芳烃抽提利用溶剂对原料中不同烃类溶解能力不同，将芳烃从重整产物中分离出来。目前工业上广泛应用的芳烃抽提技术是液-液溶剂抽提法和溶剂抽提蒸馏法。根据使用溶剂的不同，液-液溶剂抽提方法可分为 N-甲酰基吗啉法、环丁砜法、二甲基亚砜法等，其中环丁砜抽提是目前普遍采用的芳烃抽提工艺。C_7馏分油、苯馏分油进入抽提塔，芳烃溶解于溶剂中形成富溶剂从塔底流出，不溶于溶剂的非芳烃从塔顶流出。非芳烃经水洗塔脱除环丁砜溶剂，送出装置。富溶剂进行抽提蒸馏后进入回收塔，回收的贫溶剂经溶剂再生除去胶质和聚合物后返回回收塔。回收塔顶馏出的混合芳烃送至芳烃分离单元，采用精馏工艺，经白土塔精制后进入苯塔、甲苯塔、二甲苯塔依次分离出苯、甲苯和混合二甲苯等产品。

芳烃抽提装置工艺流程如图 2-20 所示。

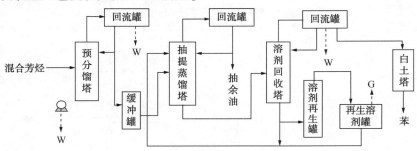

图 2-20　芳烃抽提装置工艺流程
W：含油污水；G：废气

2. 污水污染源分析

某芳烃抽提装置污水污染源数据如表2-19所示。

表2-19　芳烃抽提装置污水污染源数据

污染源名称	污水量/(t/h)	COD/(mg/L)	石油类/(mg/L)	氨氮/(mg/L)
含油污水	25	126	5.6	0.5

芳烃抽提装置主要排放含油污水。抽余油和溶剂环丁砜分离需要水洗。对二甲苯装置中吸附分离需要注水提高吸附剂的吸附能力。环丁砜液-液抽提工艺排放污水主要有预分馏塔回流罐排水、机泵端面冷却水、溶剂回收塔污水等，主要污染物是COD、石油类，经含油污水管网进入污水处理场。

2.2.3　丁二烯

1. 工艺过程简述

丁二烯的主流生产工艺为C₄抽提方法，通过向烃类热裂解所得C₄中加入某种萃取溶剂实现丁二烯的分离。

由于C₄各组分之间相对挥发度差异较小，故而难以通过普通精馏进行分离，因此采用加入溶剂萃取的特殊精馏方式实现丁二烯的分离。丁二烯抽提工艺包括二甲基甲酰胺(DMF)萃取法、乙腈(ACN)萃取法和N-甲基吡咯烷酮(NMP)法。三种工艺技术在分离效率、能耗、物耗、安全环保等方面均处于同一水平，目前国内以DMF萃取法和ACN萃取法为主。

DMF萃取法原料为裂解C₄馏分，首先以DMF作溶剂脱除丁烷、丁烯；再脱除乙烯基乙炔；得到的粗丁二烯，再脱除二甲基乙酰胺(DMA)；再经精制得到丁二烯产品。DMF溶剂经脱除水、丁二烯二聚物等低沸物和焦油等高沸物后，循环使用。

ACN萃取法利用乙腈溶剂通过萃取精馏方法从裂解C₄中生产1,3-丁二烯的工艺，如图2-21所示。裂解C₄馏分为原料，以乙腈作萃取剂，在萃取精馏单元分别除去丁烷、丁烯和乙基乙炔、乙烯基乙炔等组分，得到粗丁二烯；粗丁二烯经水洗后，再经过脱轻塔、脱重塔，脱除甲基乙炔、水和1,2-丁二烯、顺-2-丁烯等杂质，得到1,3-丁二烯产品；萃取剂经去除二聚物及硝酸钠等杂质后循环使用。

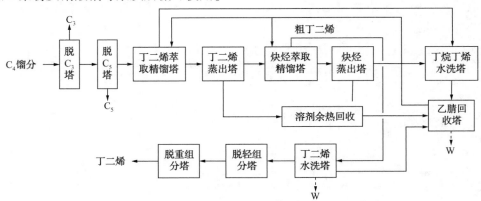

图2-21　丁二烯装置工艺流程

W：工艺污水

2. 污水污染源分析

丁二烯抽提装置产生的污水主要来自溶剂精制塔回流罐污水,主要污染物为 COD、石油类,不同工艺的污水排放情况存在差别,具体情况见表 2-20。

表 2-20 丁二烯抽提装置污水污染源数据

污染源名称	水量/(t/h)	COD/(mg/L)	石油类/(mg/L)
DMF 法	2.45	55~272	9~15
ACN 萃取法	8	92	0.7

2.2.4 醋酸

1. 工艺过程简述

醋酸生产工艺主要有甲醇羰基化法、乙烯氧化法、丁烷氧化法、乙醛氧化法、乙醇氧化法等。

乙烯氧化法以乙烯、氧气为原料,通过两步氧化(乙烯氧化生成乙醛,乙醛氧化生成醋酸)方法制得醋酸。乙烯和氧气进入反应器生成乙醛。乙醛和氧气在醋酸锰氧化塔内发生气液相鼓泡反应,生成的氧化液再进入醋酸氧化塔,在过量氧气的作用下使乙醛进一步氧化,得到粗醋酸氧化液。经脱除高沸物,塔釜得到高浓度的冰醋酸;高浓度的冰醋酸经过蒸发,得到浓度为 99.8%以上冰醋酸。

甲醇羰基合成法以一氧化碳和甲醇为原料,采用羰基合成法生产醋酸,如图 2-22 所示。该方法依据合成压力的不同分为高压法和低压法,低压法由于操作条件温和,收率高,工艺过程简单等优势,成为目前工业生产醋酸的主要方法。

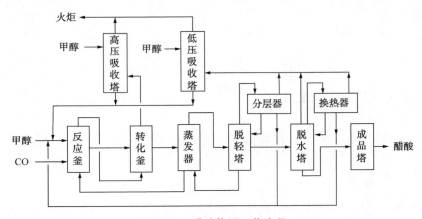

图 2-22 醋酸装置工艺流程

2. 污水污染源分析

甲醇制醋酸过程中污水主要来源于脱水、吸收过程中排出的部分高浓污水和地面冲洗水等,水量较少,污染物是 COD,浓度在 3000~4500mg/L 左右,经中和处理后排入污水处理场。某甲醇低压羰基合成醋酸装置污水污染源数据如表 2-21 所示。

表 2-21　醋酸装置污水污染源数据

污染源名称	污水量/(t/h)	pH	COD/(mg/L)	BOD$_5$/(mg/L)
工艺污水	2.5	4.2~4.7	3000~4500	1400~2500

2.2.5　醋酸乙烯

1. 工艺过程简述

醋酸乙烯主要以醋酸、乙烯或乙炔为原料，生产工艺主要有乙烯气相-拜耳法和天然气乙炔固定床气相合成法。

乙烯气相-拜耳法是采用乙烯、氧气和醋酸为原料，通过载有钯、金催化剂和以醋酸钾为助催化剂的固定床反应器，气体氧化合成醋酸乙烯。反应产物进入气体分离塔，冷凝的醋酸、水和醋酸乙烯混合液送精馏工序，醋酸乙烯精制达到产品质量标准，副产品乙醛提纯到99%以上，分离出来高沸点、低沸点杂质提纯后送废液、废渣处理装置处理。

天然气乙炔气相法：乙炔经净化，除去饱和水、高级炔烃、二氧化碳后，进入合成反应器生成醋酸乙烯，反应气体经冷凝后得到液相粗醋酸乙烯。粗醋酸乙烯脱出溶解性气体后，经过精馏，得到产品醋酸乙烯和醋酸，醋酸送合成单元循环使用。工艺流程如图2-23所示。

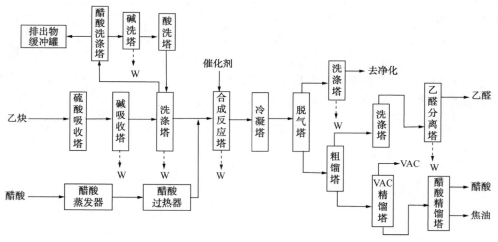

图 2-23　醋酸乙烯装置工艺流程
W：工艺污水

2. 污水污染源分析

乙烯气相-拜耳法污水包括精馏塔釜液、清洗水、机泵污水，主要污染物是COD。天然气乙炔气相法污水包括净化碱洗塔污水、排气回收碱洗塔污水、乙醛精馏塔污水、污水精馏塔污水、精馏机封水，主要污染物是COD。某醋酸乙烯装置污水污染源数据如表2-22所示。

表 2-22　酸酸乙烯装置污水污染源数据

污染源名称	水量/(t/h)	COD/(mg/L)
乙烯气相-拜耳法	8.35	300~1000
天然气乙炔气相法	15	500~2400

2.2.6 环氧乙烷/乙二醇

1. 工艺过程简述

环氧乙烷(EO)/乙二醇(MEG)主要采用直接氧化法。如图2-24所示，装置主体包含乙烯氧化反应、环氧乙烷吸收与汽提、二氧化碳吸收与汽提、MEG回收与杂质脱除、水合反应、轻组分脱除、环氧乙烷精制、乙二醇水合反应、多效蒸发、乙二醇精制、多元醇回收等主要单元操作过程。

氧气和乙烯混合后，通入装有含银催化剂的固定床反应器，进行氧化反应，生成环氧乙烷，同时发生副反应生成CO_2和水。反应产物冷却后经水洗除去弱有机酸和甲醛，经吸收塔后得到环氧乙烷溶液；环氧乙烷溶液进入解析塔脱除CO_2、乙烯、甲烷等不凝气，进入精制塔得到商品级环氧乙烷。精制的环氧乙烷溶液在水合反应器进行无催化加压水合，生成乙二醇溶液，经三效脱水和真空脱水提浓后，进入乙二醇精制系统得到乙二醇。

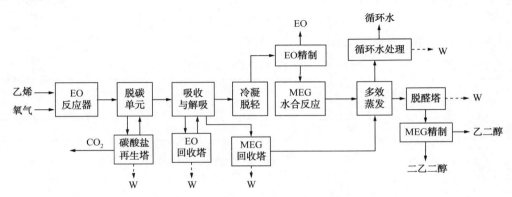

图2-24 环氧乙烷/乙二醇装置工艺流程
W：工艺污水

2. 污水污染源分析

环氧乙烷/乙二醇装置污水主要来源为各再生塔冷凝器、精馏塔、回收压缩机分离罐、循环水处理单元再生水等装置排水，污染物质较多。某环氧乙烷/乙二醇装置污水污染源数据如表2-23所示。

表2-23 环氧乙烷/乙二醇装置污水污染源数据

污染源名称	水量/ (t/h)	pH	悬浮物/ (mg/L)	COD/ (mg/L)	全盐量/ (mg/L)	氨氮/ (mg/L)
工艺污水	66	6.3~6.9	10~32	640~960	180~510	0.5~3.2

2.2.7 环氧丙烷

1. 工艺过程简述

环氧丙烷生产工艺包括氯醇法、乙苯共氧化法、异丁烷共氧化法、异丙苯过氧化物法、直接氧化法等。氯醇法工艺流程如图2-25所示。

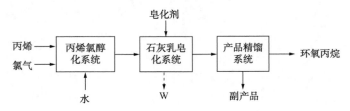

图 2-25 环氧丙烷装置工艺流程

W：工艺污水

氯醇法主要包括氯醇化、皂化和精馏三个工序。液态丙烯进入丙烯蒸发器，加热蒸发成气相，与气相氯气反应，反应液进行气液分离。气相经碱洗、压缩、气液分离。氯丙醇水溶液预热后进入皂化进料混合器，与石灰乳进行混合及预反应，然后在皂化塔内完成皂化反应生成环氧丙烷。

2. 污水污染源分析

环氧丙烷氯醇法工艺水资源消耗量大，主要污水污染源是皂化污水。皂化污水具有高温、高盐、高 pH 值、高氯根、高悬浮物的特点，处理难度大。以某环氧丙烷装置污水为例，污水污染源数据如表 2-24 所示。

表 2-24 环氧丙烷装置污水污染源数据

污染源名称	水量/ （t/h）	pH	悬浮物/ （mg/L）	COD/ （mg/L）	BOD/ （mg/L）	CaCl$_2$/ %
工艺污水	520	10.5~12.0	40~200	700~2000	300~700	4

2.2.8 丁辛醇

1. 工艺过程简述

低压羰基合成是丁辛醇生产的主要工艺，工艺流程如图 2-26 所示。以丙烯和合成气为原料，经低压羰基合成生产粗丁醛，再经丁醛精制、缩合、加氢反应制得丁辛醇。重油在高温和高压下部分氧化产生粗合成气，经过脱硫、脱羰基铁（镍）后与经过脱硫和汽化的丙烯、催化剂溶液一起进入羰基合成反应器，与溶于反应液中的三苯基磷铑催化剂充分混合发生羰基化反应生成混合丁醛。混合丁醛经过异构物塔分离，塔顶出异丁醛，塔釜出正丁醛，并除去粗产品中的重组分。分离出的正丁醛一部分直接加氢、精馏得到产品正丁醇；另外一部分正丁醛经过缩合、加氢、精馏得到产品辛醇；分离出的异丁醛经过加氢、精馏得到产品丁醇。

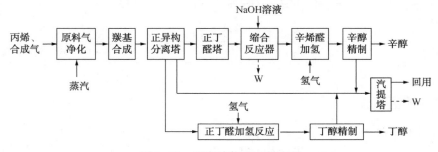

图 2-26 丁辛醇装置工艺流程

W：工艺污水

2. 污水污染源分析

丁辛醇装置主要污水污染源是合成工段的含碱污水和汽提塔污水。含碱污水主要来自辛醇生产过程中，正丁醛发生醇醛缩合反应所用的氢氧化钠溶液催化剂。由于反应伴随着水的生成，为了维持氢氧化钠催化剂的浓度，需连续不断地补充浓碱液并排出部分废碱液，才能保持缩合反应系统正常运转。

含碱污水的 COD 浓度较高，一般可达 50000mg/L 左右，含有丁醛、异丁醛、正丁醇、异丁醇、辛烯醛、辛醇、丁酸钠等，可通过酸化萃取或汽提及多效蒸发进行预处理以降低污水 COD 至 500mg/L 左右，再进入闪蒸罐汽脱氨，送污水处理场。某丁辛醇装置污水污染源数据如表 2-25 所示。

表 2-25 丁辛醇装置污水污染源数据

污染源名称	水量/(t/h)	pH	COD/(mg/L)	氨氮/(mg/L)
工艺污水	4.2	13.1~13.3	700~2000	0.7~1.9

2.2.9 苯酚/丙酮

1. 工艺过程简述

苯酚/丙酮装置主要采用异丙苯法生产工艺，以苯和丙烯为原料，经过加成反应、氧化反应、分解反应后生产苯酚和丙酮。工艺流程如图 2-27 所示。烃化反应器中苯和丙烯在三氯化铝催化下发生加成反应生成异丙苯；在反烃化反应器，苯和二异丙苯反应生成粗异丙苯。经沉降、水洗、中和后，再经多级精馏，得到高纯度的异丙苯。异丙苯经碱洗后送入氧化塔生成过氧化氢异丙苯(CHP)，经过提浓后，在硫酸的作用下分解成苯酚、丙酮。中和后的分解液经粗丙酮塔、精丙酮塔分离得到丙酮产品，再经粗苯酚塔、脱烃塔、精苯酚塔分离得到苯酚产品。

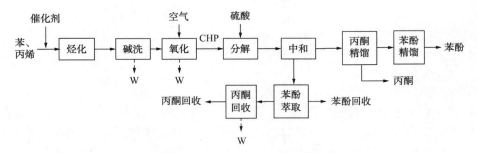

图 2-27 苯酚/丙酮装置工艺流程
W：工艺污水

2. 污水污染源分析

苯酚/丙酮装置生产工艺复杂，工艺流程长，副反应多。污水为高浓度含酚污水，有机物含量高且组成复杂，属于难降解有机污水，具有 COD 高、盐度高的特点，处理难度较大。某苯酚/丙酮装置污水污染源数据如表 2-26 所示。

表 2-26 苯酚/丙酮装置污水污染源数据

污染源名称	水量/ （t/h）	pH	石油类/ （mg/L）	COD/ （mg/L）	总磷/ （mg/L）	挥发酚/ （mg/L）	氨氮/ （mg/L）
工艺污水	7.1	12~13	50~74	3500~5500	0.5~1.8	80~150	13~40

苯酚/丙酮装置污水主要有氧化单元空气洗涤污水、含酚污水和精馏工段含酚污水、精丙酮塔塔釜分离器污水、真空凝液罐污水。污水含碱量大，中和后含盐量高。主要污染物为挥发酚、异丙苯、苯、苯酚、丙酮、丁酮、苯乙酮、戊烯酮、甲基环己酮、乙苯、双丙酮醇、二甲基苄醇、醛、有机酸等。

2.2.10 苯乙烯

1. 工艺过程简述

苯乙烯生产通常采用乙苯脱氢法、环氧丙烷-苯乙烯联产法、裂解汽油抽提蒸馏回收法及丁二烯合成法等，其中乙苯脱氢法为苯乙烯生产的主要方法，工艺流程如图 2-28 所示。

乙烯和苯加热到 390℃ 后在烃化反应器中反应生产乙苯、多乙苯和其他组分，反应流出物在精馏塔分离乙苯及多乙苯。乙苯经预热后与高温蒸汽混合，在脱氢反应器内发生脱氢反应，主要产物为苯乙烯，副产物为甲苯和苯。苯乙烯经冷却冷凝后在脱氢液/水分离罐中分离，水相经汽提处理后回收利用，油相送往苯乙烯精馏塔，得到产品苯乙烯。

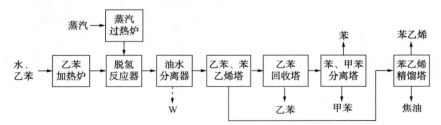

图 2-28 苯乙烯装置工艺流程
W：工艺污水

2. 污水污染源分析

苯乙烯装置污水中主要污染物有苯、甲苯、乙苯、苯乙烯等苯系物，其中乙苯浓度最高。由于苯系物在水中溶解度低且难以降解，同时具有生物毒性，影响生物处理效果。苯乙烯装置污水主要污染源是脱氢单元脱氢凝液和蒸汽发生器排污，其中脱氢凝液中含有硫化物、氰化物、挥发酚和氨氮等，COD 浓度约 80~300mg/L，采用汽提塔回收有机物后，送入污水处理场。某苯乙烯装置的污水污染源数据如表 2-27 所示。

表 2-27 苯乙烯装置污水污染源数据

污染源名称	水量/ （t/h）	pH	TOC/ （mg/L）	COD/ （mg/L）	挥发酚/ （mg/L）	氨氮/ （mg/L）
工艺污水	74.1	6.0~8.0	55.5~59.2	126~139	0.25~0.43	3.4~4.5

2.2.11 聚乙烯

1. 工艺过程简述

聚乙烯装置按产品分为三类：低密度聚乙烯(LDPE)、高密度聚乙烯(HDPE)、线型低密度聚乙烯(LLDPE)。聚乙烯生产工艺按反应压力来分可分为高压法和低压法，高压法主要用来生产低密度聚乙烯。低压法按物料状态来分又可分为气相法、溶液法和浆液法。浆液法主要用于生产高密度聚乙烯，而溶液法和气相法不仅可生产高密度聚乙烯，也可生产线型低密度聚乙烯。

(1) 低密度聚乙烯

低密度聚乙烯生产工艺主要有釜式法和管式法。以管式法工艺为例，乙烯气体加压后在管式反应器中，以有机过氧化物为引发剂，在高温高压下进行聚合。产物经过急冷进入高、低压分离器，分离得到的乙烯循环使用。聚乙烯与液体添加剂进入切粒空送单元的挤压机，经挤出被切成颗粒，再经净化后包装为成品。工艺流程如图2-29所示。

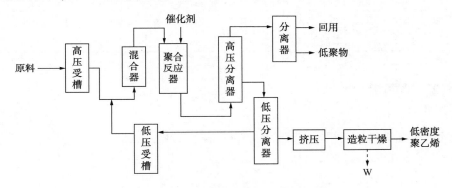

图2-29 低密度聚乙烯装置工艺流程

W：工艺污水

(2) 高密度聚乙烯

高密度聚乙烯生产工艺主要有淤浆法、气相法和环管法，以淤浆法为主。高纯度乙烯作为主要原料，与共聚单体、溶剂按一定比例，在一定温度、压力和高效催化剂作用下，进行低压淤浆聚合，聚合淤浆进行分离干燥成聚乙烯粉末。经混合、混炼造粒、冷却水固化，得到颗粒状的高密度聚乙烯产品。图2-30为HDPE生产工艺流程图。

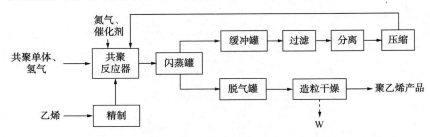

图2-30 高密度聚乙烯装置工艺流程

W：工艺污水

（3）线型低密度聚乙烯

线型低密度聚乙烯主要采用气相流化床工艺。乙烯、1-丁烯、氮气、氢气、异戊烷等聚合原料经过精制后与三乙基铝进入反应器，在钛系催化剂作用下，反应生成聚乙烯。经氮气吹扫脱除粉料中的烃类物质，进入造粒系统造粒成形，包装后得到聚乙烯产品。

2. 污水污染源分析

聚乙烯装置排放污水主要是造粒颗粒水池（水箱）污水；此外还有切粒水槽溢流污水（含油污水）、压缩机冷却水、低聚物冷却水、地面冲洗水、设备排污等间歇排出的少量含油污水。部分聚乙烯装置设有隔油池进行简单隔油预处理，大部分直接排往污水处理场。污水中的主要污染物为COD和石油类。表2-28为某低密度聚乙烯装置和高密度聚乙烯装置的污水污染源数据。

表2-28　聚乙烯装置污水污染源数据

污染源名称	水量/（t/h）	pH	TOC/（mg/L）	COD/（mg/L）	总磷/（mg/L）	挥发酚/（mg/L）	氨氮/（mg/L）
低密度聚乙烯	6.0	6.4~7.3	3.9~18.1	10.8~55.8	0.03~0.83	0.01~0.05	0.7~1.6
高密度聚乙烯	55.1	7.3~12.9	20~114	59~480	0.04~0.64	0.05~0.36	1.3~18.8

2.2.12　聚丙烯

1. 工艺过程简述

聚丙烯生产方法包括液相本体环管法（Spheripol）工艺、气相聚合法（Unipol）工艺、管式液相本体-气相（HYPOL）工艺。

（1）液相本体环管法工艺

液相本体环管法包括聚合反应单元、聚合物脱气和丙烯回收单元、汽蒸单元、干燥单元、挤出造粒单元。在催化剂的作用下，以氢气作为调节剂，丙烯在环管反应器中发生聚合反应生成聚合物。在闪蒸罐中脱除并回收未反应的丙烯单体，并迅速降低催化剂活性停止聚合反应。经氮气干燥、脱除水分后，送往挤出造粒单元，经造粒及干燥处理、均化后送往产品包装。工艺流程如图2-31所示。

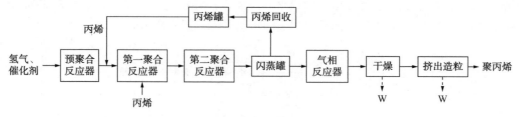

图2-31　聚丙烯装置工艺流程

W：含油废水

（2）气相聚合法工艺

气相聚合法以丙烯为主要原料，以氢气为分子量调节剂，在催化剂体系的作用下，在立式气相流化床反应器中发生气相反应，聚合生成聚丙烯粉料。将脱活及干燥后的聚丙烯粉料送入造粒单元，加入稳定剂和添加剂，经混炼机加工成合格形状粒料，经过脱水、干燥及筛分处理后将粒料送至粒料仓。

2. 污水污染源分析

聚丙烯装置排放污水主要是聚丙烯装置洗涤塔、聚合釜轴封冷却、洗蒸干燥、造粒、闪蒸用真空泵等部位排出的少量含油污水。对于该部分污水，有些聚丙烯装置设有隔油池进行简单隔油预处理，大部分均直接排往污水处理场，处理达标后排放。某聚丙烯装置的污水污染源数据如表 2-29 所示。

表 2-29　聚丙烯装置污水污染源数据

污染源名称	pH	TOC/（mg/L）	COD/（mg/L）	总磷/（mg/L）	挥发酚/（mg/L）	氨氮/（mg/L）
含油污水	8.2~8.8	5.1~20.5	56~82	0.7~4.3	0.07~0.15	0.16~1.97

2.2.13　聚苯乙烯

1. 工艺过程简述

聚苯乙烯是苯乙烯单体通过本体聚合或悬浮聚合方法生产。

本体聚合法是聚苯乙烯的主要生产工艺，工艺流程如图 2-32 所示。一般包括配料、预聚合、聚合、脱挥、造粒等主工序。苯乙烯经切碎后送入浆液罐，再进入溶胶罐进行溶解，与矿物油及乙苯混合，经过滤和预热后进入反应器，苯乙烯单体被转化成聚合物，反应转化率达到95%左右。脱除挥发物的聚合物进行造粒，经干燥、切粒、处理后的合格粒至料仓。

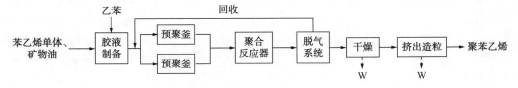

图 2-32　聚苯乙烯装置工艺流程
W：含油污水

2. 污水污染源分析

聚苯乙烯装置工艺污水主要来源于生产母液、聚苯乙烯粒子冲洗水、造粒排水。主要污染物为聚苯乙烯粉末、苯乙烯、乙苯等含苯类有机物，以及含磷化合物和表面活性剂、少量羧甲基纤维素和脂肪族有机物等，成分复杂，可生化性差，好氧生物处理一经曝气，就会产生大量泡沫。某聚苯乙烯装置污水污染源数据如表 2-30 所示。

表 2-30　聚苯乙烯装置污水污染源数据

污染源名称	水量/（t/h）	pH	BOD/（mg/L）	COD/（mg/L）	总磷/（mg/L）	悬浮物/（mg/L）
含油污水	0.5	7.0~9.0	10~30	30~80	0~5.0	50~200

2.2.14　聚氯乙烯

1. 工艺过程简述

悬浮聚合聚氯乙烯（PVC）生产工艺流程如图 2-33 所示。将纯水、液化的氯乙烯（VCM）单体和回收单体、分散剂加入到反应釜中，加入引发剂和其他助剂，通过加热升温 VCM 单体发生自由基聚合反应生成 PVC 颗粒。搅拌使得颗粒粒径均匀，且悬浮在水中。由于在不同的聚合温度下 VCM 聚合生成 PVC 的聚合度不同，因此控制不同的聚合温度可以生成不同牌号的 PVC 树脂。反应后的浆料排入浆料槽，输送至汽提塔，使未反应的单体与聚氯乙烯浆料分离，尽可能脱除氯乙烯。将 VCM 单体送至回收系统回收后与新鲜 VCM 按一定比例循环使用。汽提塔来的浆料经离心脱水、干燥床干燥、筛分，成品聚氯乙烯送至料仓进行包装。

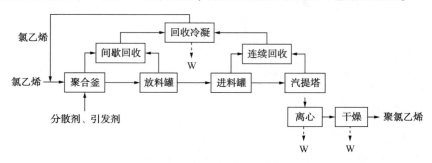

图 2-33　聚氯乙烯装置工艺流程

W：含油废水

2. 污水污染源分析

聚氯乙烯装置污水污染源主要有聚合釜涂壁冲洗水、回收 VCM 贮槽排水及冷凝水、压缩机密封水、浆料汽提塔顶凝水和 PVC 聚合树脂浆料经汽提后送离心过滤机分离产生的过滤母液、干燥污水。该类污水有机污染物来源于聚合反应中所添加的引发剂、分散剂和少量的涂壁剂等，以及少量的原料氯乙烯、聚合的异构体产物和低聚物。该类污水具有排放量大，悬浮物、浊度及胶体含量高，COD 不高，但可生化性差的特点。某聚氯乙烯装置污水污染源数据如表 2-31 所示。

表 2-31　聚氯乙烯装置污水污染源数据

污染源名称	水量/(t/h)	pH	COD/(mg/L)	悬浮物/(mg/L)	VCM/(mg/L)
含油污水	45	5~8	100~342	<300	0.5~2

2.2.15　精对苯二甲酸

1. 工艺过程简述

精对苯二甲酸(PTA)生产工艺如图 2-34 所示。以对二甲苯(PX)为原料，采用催化氧化方法将 PX 氧化为粗对苯二甲酸(TA)，通过加氢还原除去杂质，进而将 TA 精制成 PTA。该工艺由 TA 氧化单元和 PTA 精制单元组成。以醋酸、对二甲苯、钴锰催化剂和氢溴酸助剂配制的溶液和空气进入氧化反应器进行氧化反应，生成的浆料经减压、降温、过滤、干燥后，得到粗对苯二甲酸后送精制单元，母液通过蒸馏、汽提、精馏回收醋酸。

将粗对苯二甲酸配制成浆料，经升温提压至完全溶解后，粗对苯二甲酸溶液在钯碳催化剂的作用下与氢气反应加氢，除去其中的杂质，在精制结晶器减压得到粗对苯二甲酸结晶，经过离心分离、打浆、过滤，滤饼干燥后送产品料仓。母液经冷却进入母液回收系统，回收的固体与醋酸再打浆后循环使用，滤液部分进行回收利用，部分送污水处理场。

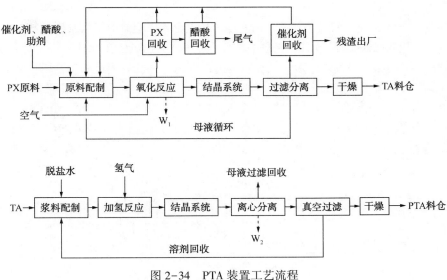

图 2-34　PTA 装置工艺流程

W_1：氧化污水；W_2：精制污水

2. 污水污染源分析

PTA 装置生产污水主要包括氧化过程产生的反应生成水和加氢精制单元的母液回收系统的分离水。氧化过程产生的反应生成水来自氧化溶剂脱水塔塔顶回流罐，主要含有对二甲苯、醋酸和醋酸甲酯等污染物。加氢精制单元的母液回收系统的分离水，主要污染物为对苯二甲酸和对甲基苯甲酸等。污水具有 COD 浓度较高、pH 值变化较大等特点。污水经过沉降、中和预处理后，排入污水处理场。某 PTA 装置污水污染源数据如表 2-32 所示。

表 2-32　某 PTA 装置各单元污水污染源数据

污染源名称	水量/(t/h)	主要污染物及其浓度
氧化污水	10~15	COD：5000~31500mg/L，对二甲苯：0.2%~0.4%，醋酸：0.1%~0.8%
精制污水	80~90	对苯二甲酸：0.05%~0.15%，对甲基苯甲酸：0.15%~0.25%，COD：4000~6000mg/L

2.2.16　己内酰胺

1. 工艺过程简述

己内酰胺作为重要的有机化工原料，是生产聚酰胺 6 工程塑料和聚酰胺 6 纤维的原料，广泛用于汽车、船舶、电子电器、工程机械、纺织工业等。己内酰胺生产方法主要有环己酮-羟胺法、环己烷光亚硝化法、甲苯法和苯法工艺。下面主要介绍甲苯法和苯法生产工艺。

（1）甲苯法

原料甲苯与催化剂醋酸钴、空气一同送入氧化反应器，反应得到的苯甲酸加氢后生成六氢苯甲酸。六氢苯甲酸和亚硝基硫酸进行酰胺化反应，生成己内酰胺硫酸盐。己内酰胺硫酸盐进一步水解，生成粗己内酰胺水溶液。经萃取脱除酰胺油中的杂质，再经蒸馏、高锰酸钾处理、NaOH 处理和精馏精制，得到纤维级己内酰胺产品。

（2）苯法

以液体苯和氢气在中压高温条件下，在流化床和固定床反应器中先后发生液相加氢反应和气相加氢反应，生成环己烷。环己烷被空气氧化成环己基过氧化氢，在碱性条件下分解成环己酮、环己醇。氧化尾气与未反应的环己烷进入吸收塔进行分离，环己烷等进入精馏塔精制后返回氧化工序。环己酮、环己醇再经脱除有机酸、有机酯和醛，环己醇经脱氢转化为环己酮和氢气。

液氨在分子筛催化剂作用下与双氧水反应生成羟胺，羟胺与精制的环己酮反应生成环己酮肟。环己酮肟在发烟硫酸作用下进行贝克曼重排反应生成己内酰胺，然后经萃取提纯、精制，得到己内酰胺产品。工艺流程如图 2-35 所示。

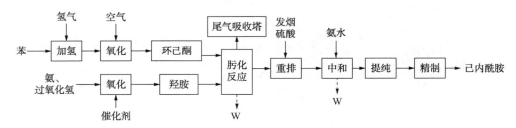

图 2-35　己内酰胺装置工艺流程

W：污水

2. 污水污染源分析

甲苯法己内酰胺装置污水主要来自甲苯氧化单元苯甲酸蒸馏塔出来的含甲苯和醋酸的污水，COD 平均浓度较高，并含有一定浓度的氨氮。

苯法己内酰胺装置污水主要为有机污水，来自环己酮、己内酰胺、羟胺等工序的工艺废液、冲洗、清洗废液及油相、水相排出物。己内酰胺生产污水污染物主要为环己酮、苯、甲苯等，主要污染物种类为 COD、氨氮。污水呈现水质波动性大，冲击性强，难降解有机物含量较高，氨氮浓度高的特点。己内酰胺装置的污水污染源数据如表 2-33 所示。

表 2-33　己内酰胺装置污水污染源数据

污染源名称	水量/ （t/h）	pH	BOD/ （mg/L）	COD/ （mg/L）	氨氮/ （mg/L）
甲苯法	100	6~9	2000~3600	4000~7000	200~600
苯法	200~230	6~9	1200~2500	3500~6000	100~400

2.2.17　丙烯腈

1. 工艺过程简述

丙烯腈的主要用途是作为单体来生产聚合物，如聚丙烯腈、腈纶纤维和丁腈橡胶等。丙烯腈的主要生产工艺为丙烯氨氧化法。工艺流程如图 2-36 所示。

丙烯氨氧化法包括反应和精制两个单元。原料丙烯、氨和空气在 Mo-Bi-Fe 系催化剂的作用下，在流化床反应器中进行氧化反应，生成丙烯腈，以及乙腈、氢氰酸、丙烯醛、乙醛等一系列副产物。未反应的氨被硫酸中和生成硫酸铵。反应气体经冷却后进入吸收塔，得到含丙烯腈大约 4%~6% 的水溶液。经复合萃取塔分离，得到含丙烯腈 80% 的水溶液和含乙腈 70% 的水溶液，乙腈由侧线抽出送至乙腈装置加工生成成品乙腈。将粗丙烯腈中的氰氢酸、水及其他微量轻重组分除去，得到合格的丙烯腈产品。

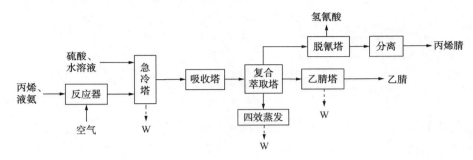

图 2-36　丙烯腈装置工艺流程
W：工艺污水

2. 污水污染源分析

丙烯腈装置生产污水有反应单元急冷塔下段污水、脱氰组分塔污水、粗乙腈精馏后的分离水、硫氨装置污水，主要污染物为丙烯腈、乙腈、丙烯醛、CN⁻和氨氮等。反应单元的丙烯腈、乙腈分离萃取塔塔釜液，送至四效蒸发处理后，再送至污水场进一步处理。急冷塔下段污水、乙腈装置粗乙腈精馏后的分离水、硫氨装置污水，主要含有 CN⁻和氨氮，送污水焚烧炉焚烧处理。表 2-34 列出了某丙烯腈装置污水污染源数据。

表 2-34　丙烯腈装置污水污染源数据

污染源名称	水量/ (t/h)	pH	TOC/ (mg/L)	COD/ (mg/L)	氰化物/ (mg/L)	悬浮物/ (mg/L)	氨氮/ (mg/L)
工艺污水	16.1	6.3~6.7	11~578	250~2000	0.03~5.91	5~85	13~75

2.2.18　聚酯

1. 工艺过程简述

聚酯是由多元醇和多元酸缩聚而得的聚合物总称，主要指聚对苯二甲酸乙二酯(PET)，也包括聚对苯二甲酸丁二酯 (PBT)和聚芳酯等热塑性树脂。其中 PET 是目前产量最高、用量最大的高分子合成材料。

聚酯的生产工艺有直接酯化法、酯交换法和环氧乙烷法，目前应用广泛的是直接酯化法。PTA 和乙二醇(EG)两股物料同时加入浆料罐中，配制成一定摩尔比浆料，送进酯化反应釜进行酯化反应。酯化反应生成的水与过量乙二醇一起排出，分离后的乙二醇回用，污水排放到污水汽提装置。酯化物依次进入第一、第二预缩聚反应釜，在一定真空度和温度下进行预缩聚。在催化剂作用下，低聚合度的聚对苯二甲酸乙二酯转化为预聚合物，随着缩聚反应的进行，聚合物黏度增大。预聚物送至终缩聚反应釜发生进一步缩聚反应，直到熔体达到期望黏度。将熔体过滤后送到水下切粒系统，得到成品 PET。工艺流程如图 2-37 所示。

2. 污水污染源分析

聚酯装置污水主要是酯化反应生成水，来自乙二醇/水的分离塔塔顶污水。主要含有乙

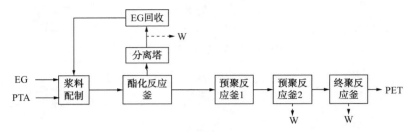

图 2-37　聚酯装置工艺流程

W：工艺污水

二醇、乙醛等低沸物。工艺尾气淋洗塔的淋洗污水，主要污染物是乙二醇、乙醛。聚酯装置污水的主要污染物为乙二醇、乙醛、醋酸、二甘醇、对苯二甲酸及其降解中间产物和低聚物。污水具有 COD 浓度高且波动大、呈弱酸性、水量波动大等特点。表 2-35 列出了聚酯装置污水污染源数据。

表 2-35　某聚酯装置污水污染源数据

污染源名称	水量/ （t/h）	pH	COD/ （mg/L）	石油类/ （mg/L）	悬浮物/ （mg/L）	氨氮/ （mg/L）
工艺污水	6	5~8	500~6000	7~110	20~100	2.0~15

2.2.19　腈纶

1. 工艺过程简述

腈纶即聚丙烯腈纤维，主要用于纺织工业。腈纶生产主要包括聚合和纺丝两个单元。腈纶装置主要采用两步聚合、湿法纺丝工艺或连续聚合、直接纺丝的一步法湿纺工艺。

在两步聚合、湿法纺丝工艺中，由丙烯腈、醋酸乙烯、甲基丙烯磺酸钠组成混合单体，以 NaSCN 水溶液、$ZnCl_2$ 等无机溶剂或者二甲基甲酰胺（DMF）、碳酸乙烯酯（EC）等有机溶剂为溶剂、以 $NaClO_3$-$NaHSO_3$ 氧化还原体系为引发剂，在聚合釜中共聚生成聚丙烯腈。再经终止、脱单、水洗、脱水、浆化、溶解、脱泡、压滤等工序制成纺丝原液。原液在凝固浴中经由喷丝板喷出细流，通过双扩散凝固成初生纤维，再经溶剂牵伸、水洗、热牵伸、调温调湿致密化、定型、上油、干燥等后处理加工工序制成腈纶丝束。工艺流程如图 2-38 所示。

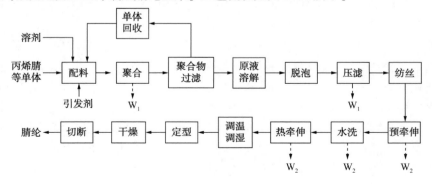

图 2-38　腈纶装置工艺流程

W_1：聚合污水；W_2：纺丝污水

2. 污水污染源分析

湿法腈纶生产污水主要包括聚合污水和纺丝污水，污水成分与选择使用的溶剂有关。聚合污水主要由水洗滤液、脱水滤液和机泵水组成，主要污染物包括丙烯腈、醋酸乙烯酯等未反应单体，以及反应过程中产生的小分子聚合物、无机盐、氰基。纺丝污水主要包括预热、热牵伸机溢流污水，污水罐直排污水，污水罐溢流污水，预热、热牵伸机溢流接收罐溢流污水等，也包括树脂在酸洗、碱洗再生时产生的污水，蒸发线水洗水，以及蒸发线、滤机的碱洗水等。表2-36列出了某腈纶装置各单元污水污染源数据。

表2-36　某腈纶装置污水污染源数据

污染源名称	水量/（t/h）	COD/（mg/L）	氨氮/（mg/L）	石油类/（mg/L）	氰化物/（mg/L）
聚合污水	80~150	1391~1600	5.2~20	—	7.5~100
纺丝污水	110~160	350~421	3.23~15	1.23~3.00	—

2.2.20　丁苯橡胶

1. 工艺过程简述

丁苯橡胶是最大的通用合成橡胶品种，为聚苯乙烯丁二烯共聚物。丁苯橡胶主要生产工艺为乳液聚合法（E-SBR）和溶液聚合法（S-SBR）。溶液聚合法中，有机溶剂中的丁二烯与苯乙烯在引发剂作用下，进行阴离子共聚反应得到溶液聚合丁苯橡胶，工艺流程如图2-39所示。

以丁二烯、苯乙烯为主要原料，以过氧化氢二异丙苯或有机锂化合物为引发剂在水相中分解生成自由基，在体系中加入活化剂和乳化剂，在聚合釜内发生聚合反应。通过调节催化剂用量和配比控制反应釜中的门尼黏度和转化率。未反应的丁二烯经闪蒸、压缩、冷凝被回收。胶液经减压蒸汽蒸馏，蒸出未反应单体苯乙烯，经冷凝分离而被回收。胶液经掺和调整门尼黏度，然后加高分子凝聚剂和硫酸凝聚剂，同时加入防老剂和硫化促进剂，使橡胶从胶液中凝聚出来，凝聚过程中皂转化为有机酸。凝聚出来的橡胶粒经洗涤、挤压脱水、干燥、压块得到丁苯橡胶产品。

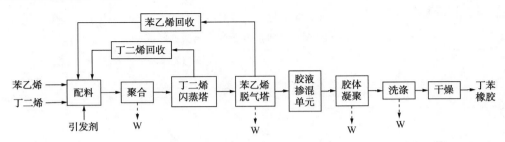

图2-39　丁苯橡胶装置工艺流程
W：工艺污水

2. 污水污染源分析

丁苯橡胶装置生产污水主要有苯乙烯回收污水、凝聚清浆槽排水、洗涤挤压工序排水等，主要污染物为苯乙烯、丁二烯、甲苯、乙苯等。污水中含有低分子聚合物，且易于在污水处理过程中形成聚合物，影响后续污水处理效果。因此一般对丁苯橡胶装置污水采取吸附、混凝、高级氧化、水解酸化等预处理方法，从而降低污染物浓度和毒性，提高污水可生化性，同时减轻后续生化处理负荷。某丁苯橡胶装置污水污染源数据如表 2-37 所示。

表 2-37　丁苯橡胶装置污水污染源数据

污染源名称	水量/ （t/h）	pH	COD/ （mg/L）	悬浮物/ （mg/L）	氨氮/ （mg/L）	石油类/ （mg/L）
工艺污水	120	7.1~7.6	416~1700	19~214	12.0~51.3	1.0~5.2

2.2.21　顺丁橡胶

1. 工艺过程简述

顺丁橡胶是由丁二烯聚合而成的结构规整的合成橡胶，广泛应用于制造汽车轮胎和耐寒制品。

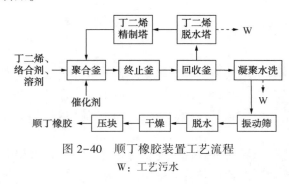

图 2-40　顺丁橡胶装置工艺流程
W：工艺污水

顺丁橡胶主要生产工艺为低温乳液聚合法，工艺流程如图 2-40 所示。将丁二烯与溶剂油按照一定比例混合后进入反应釜，在催化剂的作用下发生加成聚合反应，得到顺式聚丁二烯胶液。经多釜串联连续反应达到设定转化率后进入终止釜，加入终止剂终止反应。在胶液中加入防老剂，经静态混合器送往胶液罐，顺丁橡胶溶液经凝聚、脱水、干燥等后处理工序得到顺丁橡胶产品。在回收单元，回收处理溶剂油和丁二烯，循环使用。

2. 污水污染源分析

顺丁橡胶装置生产污水主要来自丁二烯脱水塔回流罐、丁二烯回收塔回流罐、切塔回流罐和脱水塔回流罐的底部排水，凝聚水罐排水，凝聚油罐排水，碱洗塔排水，凝聚热水罐排水，洗涤水罐排水，挤压脱水机排水等。主要污染物为 COD 和石油类。某顺丁橡胶装置污水污染源数据如表 2-38 所示。

表 2-38　某顺丁橡胶装置污水污染源数据

污染源名称	水量/ （t/h）	pH	COD/ （mg/L）	氨氮/ （mg/L）	悬浮物/ （mg/L）	石油类/ （mg/L）
工艺污水	41.2	6.4~7.8	204~540	0.15~0.38	24~58	3.1~16

2.2.22　丁基橡胶

1. 工艺过程简述

丁基橡胶（IIR）由异丁烯和少量异戊二烯聚合制得，一般用于制作轮胎，在建筑防水中可作为沥青的替代品。丁基橡胶的生产主要采用阳离子聚合工艺，如图 2-41 所示。以异丁烯和异戊二烯为反应单体，以 $AlCl_3$ 为引发剂，以氯甲烷为稀释剂，发生共聚反应生成丁基橡胶。从含有丁基橡胶颗粒的淤浆除去未反应的单体和氯甲烷，经脱水、干燥后得到丁基橡胶产品。氯甲烷和未反应单体经脱水、干燥后，回收氯甲烷供聚合循环使用。

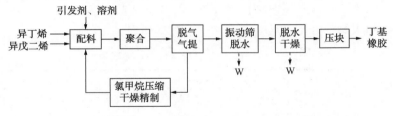

图 2-41 丁基橡胶装置工艺流程

W：工艺污水

为了改进丁基橡胶的性能，发展出以溴化丁基橡胶（BIIR）为代表的卤化丁基橡胶。溴化丁基橡胶是丁基橡胶经溴化改性后得到的产物，由于溴原子的引入，使溴化丁基橡胶具有良好的化学稳定性、热稳定性、耐老化性、减震性和低吸水性、气密性和水密性。

2. 污水污染源分析

丁基橡胶装置生产污水主要来自装置振动筛排水和碱洗塔排水等。主要污染物是 COD 和氯甲烷等。

溴化丁基橡胶生产过程中产生质量分数约为 1.6% 的溴化钠污水，如直接进入污水处理系统，对系统将会造成较大冲击，因此通过采用萃取反萃取方法对污水中大量的溴进行提取，再将污水排放至污水处理系统进行处理。表 2-39 为某丁基橡胶装置污水污染源数据。

表 2-39　某丁基橡胶装置污水污染源数据

污染源名称	水量/ （t/h）	pH	COD/ （mg/L）	橡胶颗粒物/ （mg/L）	Br^-/ （mg/L）	$SO_3^{2-}+SO_4^{2-}$/ （mg/L）
丁基橡胶污水	36.1	8~10	145	—	—	—
溴化丁基橡胶污水	13.5	8~10	—	1500	8674	20000

2.2.23　ABS

1. 工艺过程简述

ABS 树脂是丙烯腈（A）、丁二烯（B）、苯乙烯（S）三种单体的接枝共聚物，因其具有良好的延展性、表面光泽性以及易于染色和电镀等优点而被广泛用于制备电子、电器、器具和建材等各种零件的原材料。ABS 树脂生产工艺技术主要分为共混法和接枝共聚法。

连续本体聚合法为在一定比例配制的苯乙烯和丙烯腈加入聚丁二烯橡胶进行接枝共聚，再通过脱挥器将未反应的苯乙烯、丙烯腈和溶剂闪蒸出去并回收循环利用，熔融的物料再经过造粒成为 ABS 成品。工艺流程如图 2-42 所示。

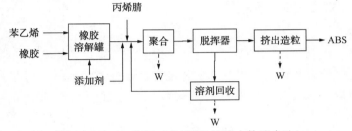

图 2-42　ABS 装置工艺流程（连续本体聚合法）

W：工艺污水

2. 污水污染源分析

在 ABS 树脂的生产过程中，由于污水中渣和乳胶的含量过高，多为乳化状，故而给污水处理带来很大的困难。污水主要来自聚合单元反应釜清胶清洗污水、溶剂回收污水、切粒冷却水和机泵冷却水等。某 ABS 装置污水污染源数据如表 2-40 所示。

表 2-40   某 ABS 装置污水污染源数据

污染源名称	水量/ (t/h)	pH	COD/ (mg/L)	TOC/ (mg/L)	氨氮/ (mg/L)	悬浮物/ (mg/L)
工艺污水	207	7.5~7.6	1200~2000	455~650	5.0~28	50~200

2.2.24   SBS

1. 工艺过程简述

苯乙烯-丁二烯-苯乙烯嵌段共聚物（SBS）是苯乙烯系热塑性弹性体（SBCs）中最重要的品种。苯乙烯与丁二烯以环己烷为溶剂、以四氢呋喃为活化剂、以烷基锂为引发剂，在聚合釜中经阴离子嵌段聚合得到 SBS 胶液，凝聚成小颗粒，经干燥、洗胶、脱水、干燥，得到 SBS 产品。脱除的溶剂经处理回收环己烷循环使用。工艺流程如图 2-43 所示。

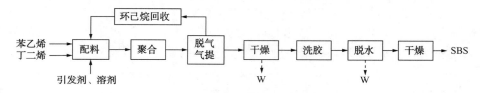

图 2-43   SBS 装置工艺流程

W：工艺污水

2. 污水污染源分析

SBS 装置的污水主要包括各种干燥、脱水等工序排水，主要污染物为 COD。某 SBS 装置污水污染源数据见表 2-41 所示。

表 2-41   某 SBS 装置污水污染源数据

污染源名称	水量/ (t/h)	pH	COD/ (mg/L)	石油类/ (mg/L)	氨氮/ (mg/L)
工艺污水	58	6.0~9.0	57~140	2.2~107	0.2~2.0

2.2.25   煤制气

1. 工艺过程简述

煤制气是所有煤制天然气、煤制油、煤化工的龙头和基础，是非石油路线生产替代石油产品的有效途径。煤制气工艺过程是通过煤直接液化制取油品或在高温下气化制得合成气，再以合成气为原料制取甲醇、合成油、天然气等一级产品及以甲醇为原料制得乙烯、丙烯等二级化工产品。

煤炭气化过程如图 2-44 所示，是以煤为原料、以氧气为主要气化剂、蒸汽作为辅助气化剂，在气化炉内在高温、高压下通过化学反应将煤炭转化为气体的过程。一般分为煤的干燥、热解、气化和燃烧四个阶段，生成以 CO、H$_2$、CO$_2$、H$_2$S 和 CH$_4$ 为主的粗合成气，同时煤炭中的灰分以渣或灰渣的形式排出。

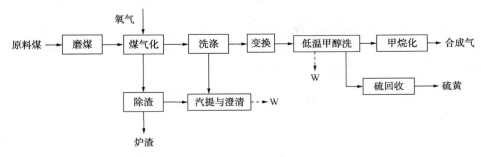

图 2-44　煤制气装置工艺流程
W：工艺污水

　　根据物料流动方式，煤气化工艺可分为固定床气化技术、流化床气化技术、气流床气化技术等。固定床气化技术包括 Lurgi 气化技术、BGL 等气化技术和 YM 气化技术等。流化床气化技术代表性炉型为常压 Winkler 炉和加压 HTW 炉等。气流床气化技术代表为 GE 水煤浆气化技术、康菲 E-Gas 气化技术、Shell 粉煤气化技术、华理四喷嘴水煤浆气化技术、航天炉 HT-L 技术等。

　　根据气化温度不同可分为中温气化工艺和高温气化工艺。中温气化工艺，代表技术有 Lurgi 气化技术、BGL 气化技术。高温气化工艺，代表技术有 Texaco 水煤浆气化、华理四喷嘴水煤浆气化技术、Shell 粉煤气化技术、西门子 GSP 气化技术、航天炉 HT-L 技术等。

　　固定床气化技术也称移动床气化技术，一般以块煤或焦煤为原料，煤（焦）由气化炉顶部加入，自上而下经过干燥层、干馏层、还原层和氧化层，最后形成灰渣排出炉外，气化剂自下而上经灰渣层预热后进入氧化层和还原层。固定床气化对床层均匀性和透气性要求较高，入炉煤要有一定的粒（块）度（6~50mm）和均匀性。

　　流化床气化技术的气化剂由炉底部吹入，使细粒煤（粒度小于 6mm）在炉内呈并逆流反应，通常称为流化床气化技术。煤粒（粉）和气化剂在炉底锥形部分呈并流运动，在炉上筒体部分呈并流和逆流运动，固体排渣。

　　气流床气化技术采用粉煤或煤浆的进料方式，在气化剂的携带作用下，两者并流接触，煤料在高于其灰熔点的温度下与气化剂发生燃烧反应和气化反应。为弥补停留时间短的缺陷，必须严格控制入炉煤的粒度（小于 0.1mm），以保证有足够大的反应面积，灰渣以液态形式排出气化炉。

　　2. 污水污染源分析

　　煤气化工艺的不同，生产过程产生的污染物的数量和种类也不同，污水主要来自气化、低温甲醇洗冷凝以及净化等单元。一般来说，煤气化污水具有成分复杂，有机污染物、硫和氨等浓度高等特征。煤气化污水含有大量酚类、长链烷烃类、芳香烃类、杂环类、氰、氨氮等有毒有害物质，生物抑制性强，是一种典型的高浓度难生物降解的工业污水。

　　一般情况下，中温气化炉型产生的气化污水，由于反应温度低，污水中有机物浓度高，成分复杂，含有较高的氨氮、酚、多元酚、脂肪酸及多环芳烃等难降解污染物，可生化性差，处理难度大；而高温气化工艺由于气化温度高，污水中有机物浓度就低，且污染物多为小分子化合物，可生化性也好。

Lurgi 气化工艺、Shell 气化工艺、Texaco 气化工艺中，以 Lurgi 气化工艺产生的污水水质最为复杂。某 Lurgi 炉生产企业煤气化污水含单元酚 2500～6500mg/L，多元酚 1000～2500mg/L，氨氮 4000～6000mg/L，石油类 200～1200mg/L，必须采用酚氨回收预处理工艺，经预处理后的气化污水 COD 达 2000～3000mg/L，氨氮 150mg/L，挥发酚 300mg/L。不同煤气化工艺经酚氨回收后的污水污染源数据如表 2-42 所示。

表 2-42　酚氨回收后主要煤气化工艺污水污染源数据

污染源名称	pH	COD/(mg/L)	氨氮/(mg/L)	油类/(mg/L)	总酚/(mg/L)	氰化物/(mg/L)	悬浮物/(mg/L)
Lurgi 碎煤加压气化	7.8～8.0	3000～6000	70～400	30～200	500～5000	15～110	400～1500
Shell 粉煤气化	6.5～9.0	300～1000	30～300	5～36	5～30	30～50	20～100
Texaco 水煤浆气化	7.0～8.0	300～800	150～300	0.5～5.0	2～10	10～30	20～100

2.2.26　煤制甲醇

1. 工艺过程简述

煤制甲醇工艺主要包括气化、转化、甲醇合成三个阶段。煤与空分的氧气通过煤气化得到高 CO 含量的粗合成气，经气液分离器去除夹带的水分和杂质后进入变换炉，在耐硫变换催化剂作用下进行变换反应，将气体中的 CO 部分变换成 H_2。变换气进入甲醇吸收塔，依次脱除 H_2S+COS、CO_2、其他杂质和 H_2O。此合成气经管壳式反应器进行甲醇合成，生成粗甲醇。粗甲醇再进入精馏系统，在常压塔侧线采出甲醇、乙醇和水的混合物，送入汽提塔，经汽提得到液体产品。工艺流程如图 2-45 所示。

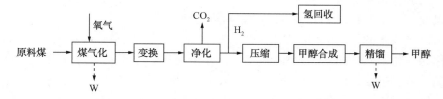

图 2-45　煤制甲醇装置工艺流程
W：工艺污水

2. 污水污染源分析

煤制甲醇污水主要包括煤气化过程污水和甲醇合成及精馏过程污水，其中气化污水浊度高，浓度高；精馏残液碱性较强。煤气化过程污水的产生与污染情况与煤气化工艺相关，煤气化工艺不同，煤制甲醇装置产生的污染物的数量和种类也不同，主要污染物是 COD、氨氮、挥发酚、总氰、悬浮物等。甲醇合成及精馏过程主要产生的粗甲醇常压塔排水、污水汽提塔排水等，主要污染物是 COD、甲醇、氨氮、总氰等。某煤制甲醇装置污水污染源数据如表 2-43 所示。

表2-43　某煤制甲醇装置污水污染源数据

污染源名称	pH	COD/（mg/L）	BOD/（mg/L）	氨氮/（mg/L）	悬浮物/（mg/L）	氰化物/（mg/L）
工艺污水	7.0~8.0	1000~2000	500~900	150~250	100~585	3.5~5.0

2.2.27　甲醇制烯烃

1. 工艺过程简述

甲醇制烯烃（Methanol-to-Olefin，简称 MTO）是煤基烯烃产业链中的关键组成部分。依据目标产品不同，将 MTO 工艺分为甲醇制乙烯、丙烯（MTO）和甲醇制丙烯（MTP）。

MTO 装置包括甲醇制烯烃单元和轻烃回收单元。MTO 装置以甲醇为原料，在催化剂作用下于固定床或流化床反应器中发生反应，首先脱水生成二甲醚，二甲醚继续与甲醇反应转化生成乙烯、丙烯和水。反应器中产物经急冷、分离后，经过压缩、水洗、分离和净化，从而获得主产品乙烯、丙烯，副产品为丁烯、C_5 以上组分和燃料气。工艺流程如图2-46所示。

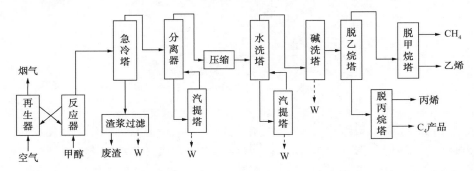

图2-46　MTO 装置工艺流程

W：工艺污水

2. 污水污染源分析

MTO 装置的污水主要包括：急冷塔排水、汽提塔混合排水、氧化物汽提塔排水、废碱液等，含有未反应的甲醇、酮类中间产物以及其他含氧有机物，同时有少量乳化的油类。污水具有石油类、COD 较高的特点，含有部分难生物降解物和有毒物质。某 MTO 装置污水污染源数据如表2-44所示。

表2-44　某 MTO 装置污水污染源数据

污染源名称	水量/（m³/h）	pH	COD/（mg/L）	悬浮物/（mg/L）	总碱度/（以 NaOH 计）/（mg/L）
急冷塔排水	13~14	5~8	1500~2000	<100	—
汽提塔排水	55~62	6~8	500~1000	50~200	—
碱洗塔废碱液	1.2	—	~3500	—	~25000

2.2.28　合成氨

1. 工艺过程简述

合成氨生产是指氢气和氮气在高温高压和催化剂的作用下合成为氨的过程。氮气一般由空气分离制取，氢气则由天然气、炼厂气、石脑油、渣油、脱油沥青、焦炭或煤等原料通过水蒸气转化或部分氧化制得。

以天然气、炼厂气或石脑油为原料的合成氨装置主要包括水蒸气转化、高低温变换、净化脱碳、甲烷化、压缩合成和冷冻储存等工序。

以渣油、脱油沥青、焦炭或煤等为原料的合成氨装置，随原料和气化后粗原料气净化工艺的不同而不同。其共性可归结为固（液）体原料气化、炭黑污水回收处理、CO 变换、变换气脱碳脱硫、气体精制、压缩合成、冷冻储存及硫黄回收等工序。

原料煤在气化炉内发生不完全氧化，生成 CO、H_2、H_2S、CH_4 为主的合成气，经脱硫回收后进行变换反应除去 CO，之后脱除 CO 和 CO_2，进一步净化原料气。氢气与氮气在氨合成塔内混合，在铁催化剂的作用下，完成合成氨反应。工艺流程如图 2-47 所示。

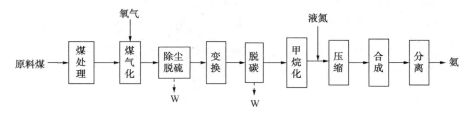

图 2-47　煤制合成氨装置工艺流程

W：工艺污水

2. 污水污染源分析

合成氨生产污水受原料影响较大，以煤和渣油、石油焦为原料的合成氨装置的生产污水主要有变换工艺冷凝液、造气污水等，具体水质见煤制合成气产水水质。煤制合成氨工艺污水主要来自气化工序产生的脱硫污水、脱硫工序产生的脱硫污水和铜洗工序产生的含氨污水。污水中的主要污染物是氨氮，COD 值偏低。某煤制合成氨装置污水污染源数据如表 2-45 所示。

表 2-45　某煤制合成氨装置污水污染源数据

污染源名称	水量/(t/h)	主要污染物及其浓度
炭黑污水	6~15	NH_3-N：500~800mg/L，CN^-：5~15mg/L，COD：500~1500mg/L，硫化物：2~6mg/L，悬浮物：5~10mg/L
工艺冷凝液	5~15	NH_3-N：5000~8000mg/L，COD：600~1000mg/L，S^{2-}：10~30mg/L

2.2.29　炼油催化剂

1. 工艺过程简述

炼油催化剂主要包括催化裂化催化剂、加氢催化剂、催化重整催化剂、异构催化剂和烷基化催化剂等品种，其中催化裂化催化剂是炼油加工过程中使用量最大的催化剂产品，占总消耗量 70%以上。催化裂化催化剂的制备主要包括两部分，一是分子筛合成，基本流程为原料经过合成、晶化、过滤、交换、洗涤、焙烧等工序制备成半成品，作为催化剂主要原料；二是制备催化剂成品，基本流程包括将分子筛及其他原料经混合成胶、喷雾成型、改性处理、干燥、包装等工序。主要工艺流程如图 2-48、图 2-49 所示。

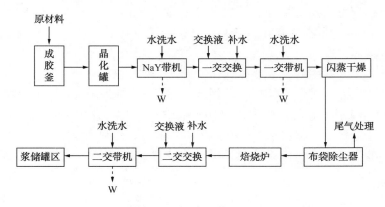

图 2-48　分子筛制备工艺流程

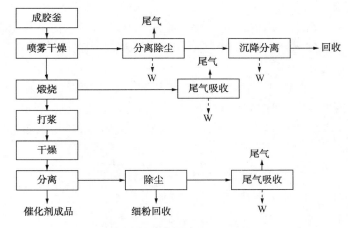

图 2-49　催化裂化催化剂制备工艺流程

W：工艺污水

2. 污水污染源分析

为保证催化剂活性、热稳定性等性能，生产工艺要求尽可能将分子筛、催化剂生产过程中各种原料带入的 Na^+ 脱除，因此制备过程需要多次采用交换、过滤、洗涤等措施来降低 Na^+ 含量，从而产生了大量工艺污水。某分子筛及催化裂化催化剂制备污水污染源数据如表 2-46 所示。

表 2-46　分子筛制备污水污染源数据

污染源名称	流量/（t/h）	pH	COD/（mg/L）	氨氮/（mg/L）	悬浮物/（mg/L）
分子筛制备	28~42	5.0~10.0	500~1000	50~5000	100~600
催化剂制备	105	6.0~9.0	500~3000	100~300	50~800

部分催化剂由于交换过程采用含铵交换液，导致污水中 NH_3-N 含量高，交换滤液及洗涤水中 NH_3-N 含量平均在 3000~5000mg/L，最高达到 10000mg/L。同时，由于反复多次进行交换、洗涤，造成污水中盐含量很高（主要是 NaCl、Na_2SO_4 以及微量的 Na_2SiO_3、$NaAlO_2$ 等），平均含盐量为 25000~30000mg/L，部分洗涤水最高盐含量达到 89000mg/L。

另外，对于择形分子筛生产过程，为提高分子筛相对结晶度，合成过程中需要投加一定比例有机胺作为模板剂，从而造成择形分子筛过滤、洗涤过程产生的污水中含有部分有机胺，导致污水中 COD 含量在 20000～30000mg/L。由于存在有机胺，污水直接进行生化处理难度大，处理成本高。

目前催化剂生产企业主要污水处理过程包括以下部分：

对于含 NH_3-N 污水，首先将高 NH_3-N 污水进行蒸汽汽提处理脱除其中的 NH_3-N 并回收制备成氨水或铵盐循环利用；对低浓度 NH_3-N 污水（≤300mg/L）采用生化处理后达标排放。

对于高含盐生产污水，据污水中的有价物质，采用综合利用技术，实现有价物质资源化利用。或选用高盐污水处理达标排放及近零排放技术，将污水中 $NaCl$、Na_2SO_4 分离出来作为副产品外销，产水回用。

2.2.30 化工催化剂

1. 工艺过程简述

化工催化剂主要包括聚乙烯催化剂、聚丙烯催化剂、裂解汽油加氢催化剂、碳二/碳三加氢催化剂、乙苯脱氢催化剂、甲苯歧化催化剂、丙烯腈催化剂、环氧乙烷催化剂、环氧丙烷催化剂、丙烷脱氢催化剂等。

图 2-50 为聚丙烯 N 催化剂生产工艺流程。装置主要由原料精制和准备、催化剂合成、溶剂回收、三废处理四个工段组成，其中核心单元为催化剂合成。催化剂合成又分合成反应、洗涤、干燥三步。各生产过程为间歇操作，整个装置由 PLC 系统控制。

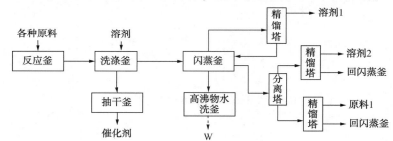

图 2-50   聚丙烯 N 催化剂制备工艺流程
W：工艺污水

2. 污水污染源分析

化工催化剂生产的特点是产品种类多、生产工艺各异、产量相对较小，单位产品排放的污染较高。以聚丙烯 N 型催化剂生产为例：生产污水主要是地面冲洗水，污染物主要为 COD、氨氮，通过管道进污水处理厂集中处理。在催化剂合成单元产生高沸物，为含钛高沸物残液。此废物一般进入水解釜进行水解，水解产生的氯化氢气体经冷凝器冷凝，再经水洗进一步去除氯化氢，残余的气体经碱液吸收后排放到污水处理场处理。经水解处理后得到高浓度的含酸溶液，可回收利用，或外委有处理资质及能力的厂家进行处理。

2.3 公用工程及辅助设施

炼油化工行业除了工艺装置等生产设施外，还要为其提供生产所必需的条件，如原料供应系统、产品储存及装卸系统、蒸汽系统、供电系统、给水系统、循环水系统、污水处理系统等。此外，还要设置维修服务部门及生产管理部门，如设备仪表维修、化验、监测、仓库、办公等设施或系统，统称为公用工程及辅助系统。

炼油化工行业的公用工程设施复杂，采用的工艺取决于外部条件，如可用燃料、给水水源、电力供应情况、污染物排放标准等。公用工程系统的水污染物排放主要来自循环水系统、化学水制取系统、热电系统等。

2.3.1　循环水场

1. 工艺过程简述

炼油化工行业通常采用敞开式循环冷却系统，主要由冷却塔、循环水旁滤池、水质稳定加药、补水及排污等组成。

由用户来的循环热水，汇集于回水总管经热水泵流至凉水塔。先流进设在收水器下方的配水系统，再经支管上的喷嘴均匀喷洒入下部的淋水装置上。水在这里以水滴或水膜的形式向下移动，冷空气从下进入塔内，热水与冷空气在淋水装置中进行逆流热交换，生成的温热空气由风机经风筒抽出塔外，冷水则滴入下部水池中，最后流入冷水池，由循环冷水泵升压，经冷水泵送往各单元用户使用。系统补充水和运行时补充水来自公司工业水总管，通过装置内工业水管进入冷水池。为保证循环水水质，约3%~5%循环水进入旁滤器处理返回，并通过水稳定剂、杀菌剂等药剂加入以控制系统的稳定运行。循环水处理系统原则流程如图2-51所示。

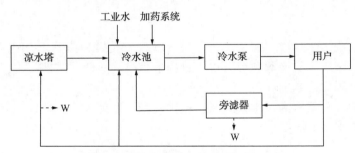

图 2-51　循环水处理系统原则流程

W：工艺污水

2. 污水污染源分析

循环水系统主要排污水为循环水排污水及旁滤池排水。通常情况下，循环水系统排污水的悬浮物较高，采用磷系水稳定剂时，循环水排污水中的磷可能超标；补充水采用再生水或COD较高的地表水时，循环水排污水中的COD可能超标；循环水系统进行管道钝化、清洗时，产生高浓度污水，因此需要进行适度处理实现达标排放。某循环水系统排放污水污染源数据如表2-47所示。

表 2-47　循环水系统排放污水污染源数据

污染源名称	流量/ （t/h）	pH	COD/ （mg/L）	BOD/ （mg/L）	氨氮/ （mg/L）	悬浮物/ （mg/L）
工艺污水	20	7.0~8.0	30~134	10~30	0.5~10	10~156

2.3.2 化学水制取

1. 工艺过程简述

化学水的制取一般采用阴阳离子交换床或反渗透系统制取。以阴阳离子交换系统为例，如图2-52所示。工业水直接进入装有弱酸和强酸的阳双室沸腾浮动床进行阳离子交换，再送入除碳器，除去二氧化碳后进入中间水箱。中间水箱水经泵升压后，送入装有弱碱和强碱树脂的阴双室沸腾浮动床进行阴离子交换，经过阴离子交换后的水即为一级纯水进入一级水箱。一级纯水经泵升压后送入装有强酸强碱树脂的混床进行深度除盐，经处理后即为二级水进入二级水箱供生产装置使用。

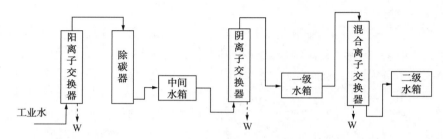

图2-52 化学水制取原则流程

W：工艺污水

2. 水污染源分析

化学水制取系统污水排放与制备工艺有关。以离子交换为典型工艺的化学水制取系统，主要排放污水为阴阳离子交换器和混床再生过程中排放的酸性、碱性污水，一般呈酸性或碱性，并且溶解性总固体(TDS)较高，排入污水处理场统一处理。以反渗透为核心的化学水制取系统，反渗透浓水是重要的污水排放源，也排入污水处理场统一处理。某化学水系统排污水污染源数据如表2-48所示。

表2-48 化学水系统排污水污染源数据

污染源名称	流量/(t/h)	pH	COD/(mg/L)	BOD/(mg/L)	氨氮/(mg/L)	悬浮物/(mg/L)
工艺污水	35	6.0~9.0	30~110	10~35	0.5~5	10~120

参 考 文 献

[1] 中国石油化工集团公司安全环保局. 石油石化环境保护技术[M]. 北京：中国石化出版社，2005.

[2] 王哲明. 石油石化污水处理减排技术[M]. 北京：中国石化出版社，2020.

第三章 炼油化工污水达标排放处理技术

3.1 概述

炼油化工污水主要来源于炼油化工生产过程产生的各种生产、生活污水，污染物主要来自生产原料(原油)所夹带的各类杂质和生产过程中的添加剂等。炼油化工污水包括石油炼制污水和石油化工污水两大类。石油炼制污水相对单纯，主要是由原油蒸馏(常、减压蒸馏)、热裂化、催化裂化、加氢裂化、石油焦化、催化重整以及炼厂气加工、石油产品精制等生产过程产生的各种生产污水构成；石油化工污水则要复杂得多，不仅包括烯烃、芳烃等生产、生活污水，还包括各种有机化工原料、合成树脂、合成纤维、合成橡胶以及合成氨、尿素等生产过程排放的生产、生活污水。

炼油化工污水中的主要污染物为有机物(COD)、石油类、挥发酚、氨氮、硫化物等，属有机污染类污水。炼油化工污水的处理以生化处理方法为主，通常采用的工艺路线为：

炼油化工污水→　预处理　→　生化处理　→　深度处理　→达标排放

预处理主要通过物理方法或物理化学手段，如：格栅、调节、沉淀、隔油、气浮等将污水中大部分不溶于水的污染物从水中分离去除。

生化处理主要通过微生物的降解作用，分解污水中各种有机污染物成为二氧化碳、氮气和水等无害化物质，实现有机污染物的去除。同时，可以利用微生物具有的脱氮、除磷功能，降低污水中氮、磷的含量。生化处理包括厌氧处理、缺氧处理和好氧处理等不同模式。

深度处理是将生化处理后污水中的难降解污染物，采用各种高级氧化方法及高效生化方法等处理手段进一步处理，分解去除残余污染物，满足高标准的达标排放要求。

由于各种生产体系和管理体系形成的差异，炼油化工污水处理体系大致可分为石油炼制污水处理、石油化工污水处理以及炼油化工一体化污水处理系统。石油炼制污水相对较易处理，大多通过生化处理技术即可实现达标排放，其通过适当的深度处理技术实现回用也较为容易。石油化工污水处理则较为复杂，基于不同特性的生产污水，一般须先经过"点源"预处理，如：橡胶污水、PTA污水、丙烯腈污水等，再与其他污水混合处理，通过生化处理+深度处理组合工艺实现达标排放。炼油化工一体化污水处理系统规模较大，污水处理后有明确回用要求，基于污污分治的理念，一般将含油污水和含盐污水分别处理，将含油污水通过污水处理和回用处理，实现回用，将含盐较高的污水及回用处理产生的浓水混合，经过深度处理达标后排放。

3.2 炼油化工污水预处理技术

污水预处理是指通过物理方法或物理化学方法(如：格栅、沉砂池、过滤池等)将大部分不溶于水的污染物从水中分离去除，通常也被称为"一级处理"。污水预处理同时还包括调节来水水质、水量功能的调节池和均质池等，以及能够降低冲击，缓解对后续处理造成影响的中和池、事故池等设施。

在炼油化工污水处理过程中，预处理重点是要解决污水中石油类、悬浮物、油泥等物质的去除问题。炼油化工污水处理传统的"老三套"处理技术，即："隔油-气浮-生化"处理工艺，作为预处理的"隔油和气浮"工艺就是为去除石油类、悬浮物、油泥等污染物设置的，体现了炼油化工污水预处理的重要性。

近几年来，基于污水系统稳定达标排放，各企业十分重视污水预处理技术开发与应用。包括调节罐收油及排泥设施，隔油池改造及运行方式优化；气浮处理设施操作工艺优化及设施改进，新型气浮工艺应用；旋流、聚结、吹脱、汽提、萃取、电化学等技术手段在特殊污水预处理过程中应用。这些改进措施对稳定生化处理进水，确保污水处理达标排放起到了积极的促进作用。

3.2.1 调节

调节设施根据作用的不同分为以下几类：

均量设施：负责调节水量，达到出水均匀的目的。通常，设施内水位可以变动，但出水水量均衡稳定。

均质设施：负责调节水质，使不同时段进入设施内的污水得以充分混合，实现随机均质的效果。为提高混合效果，通常在调节设施内增设空气搅拌、机械搅拌或水力搅拌等搅拌装置。

均化设施：结合了水量调节与水质调节功能，可以采用连续运行与间歇运行两种模式。

事故调节：当污水处理系统发生泄漏或遭受较大的冲击负荷时，应设置事故调节池，实现分流、储水作用。

相较调节池、均质池形式的构筑物，污水调节罐具有密闭化、节省占地的优势。炼油化工企业污水排放量较大，因此，企业多采用两个或多个调节罐串联使用形式。第一个罐保持高液位，起到隔油和均质作用；第二个罐处于低液位状态并保持相对稳定的进、出水量，起到水量调节作用。调节均质罐不仅起到调节水质、水量和减缓冲击负荷的作用，由于其具有较长的水力停留时间，还可起到隔油罐、沉降罐的作用。

对调节均质罐进行结构和工艺改造是提高油水分离效率、稳定水质指标的有效途径。炼油化工企业基于收油、排泥检修等过程中存在的问题，开发了浮盘环流收油技术，使调节均质罐兼具隔油罐的作用，具有调节、均质、收油、排泥等多重功效，实现了罐内浮油和沉积物的及时排出，确保了调节均质罐具有稳定的有效容积和调节缓冲能力，为生化处理的平稳运行和最终达标排放提供了保障。

一些企业在污水调节工艺的升级改造过程中，采用了一种集污水调节、均质、油水旋流分离、浮油自动收集以及水力排泥等功能为一体的污水调节组合装置。该装置由于是在现有的污水调节罐内加入一套内罐，因此也称"罐中罐"。其结构如图3-1所示。根据现场使用结果，"罐中罐"提高了污水的调节与均质效果，且将调节与均质两种功效融合在一套设备中，节省了占地空间。应用结果表明，当污水含油浓度波动时，"罐中罐"的出水含油浓度可以稳定保持在100mg/L以下，同时收油、排泥效果均较为理想。由于"罐中罐"本身具有旋流除油过程，因此可考虑将该设备取代隔油池，进一步缩短预处理的工艺流程。

3.2.2 过滤

过滤是指当污水在推动力的作用下通过过滤介质时，固体悬浮物与杂质颗粒受到过滤介质的机械阻挡而被截留，流体通过，从而实现非均相固、液分离目的一种技术。

（1）表层过滤技术

表层过滤的过滤介质为多孔材料，过滤机理属于机械筛滤，具有小孔截留大颗粒的特点。污水中的悬浮物或固体颗粒可以被直接截留在过滤介质的表面，且被截留的颗粒杂质会在过滤介质表面沉积、架桥而逐渐形成滤饼。由于滤饼的孔隙更小，自身可以进一步成为起过滤截留作用的过滤介质，提高过滤精度，因此表层过滤也称作表面过滤、

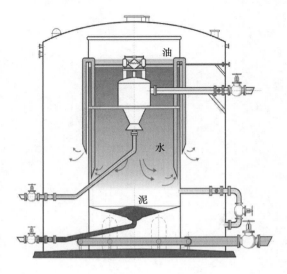

图3-1 "罐中罐"结构

滤饼过滤或载体过滤。表层过滤常用于污水中固体颗粒浓度较大、过滤速度较慢且容易形成滤饼的工作场合，过滤精度、效率较高，同时能耗也较高。

按照污水中待分离颗粒杂质的粒径大小不同，多孔材料过滤可再细分为格筛过滤、微孔过滤以及膜过滤，具体区别如表3-1所示。

表3-1 多孔材料过滤类型

过滤类型	过滤介质	被截留杂质粒径	典型设备
格筛过滤	栅条、滤网等	>100μm	格栅、筛网、捞毛机等
微孔过滤	筛网、多孔材料等	0.1～100μm	微滤机、真空过滤机、压滤机等
膜过滤	半透膜、人工合成滤膜等	细小杂质，包括细菌、病毒、溶解盐等	反渗透、超滤、纳滤、电渗析等

（2）深层过滤技术

深层过滤亦称为体积过滤、滤床过滤，过滤介质以颗粒材料为主，也有以纤维、滤芯等作为滤材的。过滤机理为吸附，其特点为大孔径截留小颗粒。深层过滤的过滤介质以颗粒材料为主，颗粒材料堆积成为具有一定厚度的滤层，颗粒之间的空隙形成曲折的过滤通道，使污水中的固体杂质可以附着于过滤介质，从而与流体分离。深层过滤无滤饼生成，适用于污水中固体杂质较少、过滤速度相对较快的场合，过滤精度有限，但能耗较低。

颗粒材料作为过滤介质时，典型设备以普通快滤池最为常见，其结构如图3-2所示。固体颗粒的种类、物化性质、粒径以及颗粒形状是影响过滤能力的主要因素，其中天然石英砂滤料的使用最为广泛，其他常用材料还有多孔陶粒、铝矾土陶瓷、聚苯乙烯泡沫等。

3.2.3 中和

在炼油化工生产过程中，许多工艺都会伴随产生酸性或碱性污水，同时可能还存在酸式盐与碱式盐，以及可溶或不可溶的各类有机物与无机物成分。酸、碱性污水对管道以及污水处理设备

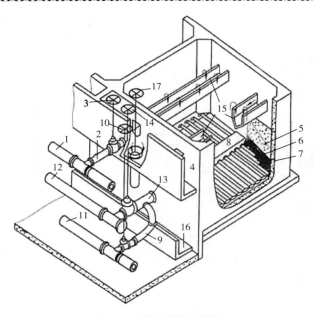

图 3-2　普通快滤池结构

1—进水总管；2—进水支管；3—进水阀；4—浑水渠；5—滤料层；
6—承托层；7—配水支管；8—配水干管；9—清水支管；
10—出水阀；11—清水总管；12—冲洗水总管；13—冲洗支管；
14—冲洗水阀；15—排水槽；16—污水渠；17—排水阀

具有腐蚀性，且对污水的生化处理产生影响。因此，在酸、碱性污水排放或进入生化处理之前应进行污水中和处理。

（1）酸、碱性污水的中和

酸、碱性污水中和技术的原理是将酸性污水和碱性污水一同引入中和处理构筑物中进行混合，使混合后的污水呈中性。酸性污水与碱性污水的用量可以根据当量定律进行定量计算。由于酸、碱中和反应有盐类生成，且盐类水解后会再次改变污水的 pH 值，因此物料的投入比例应根据实际操作情况进行调整。

（2）酸性污水的药剂中和

酸性污水的药剂中和处理方法适用于各种浓度的酸性污水中和处理，且对酸性污水的水质波动适应性较强，药剂的利用率也较高。药剂中和法的常用流程如图 3-3 所示。通常，当酸性污水的水量较大时采用连续处理，当酸性污水水量较小时则采用间歇式处理。

药剂中和法最常用的碱性药剂是石灰，其来源广泛，成本较低，且除了对酸性污水具有中和作用外，还能够与污水中的金属盐类生成沉淀。但是，使用石灰作为碱性药剂，存在生成泥渣较多、劳动强度大、工作环境差等缺点。此外，氢氧化钠、碳酸钠、氢氧化钙、电石渣、白云石等也是较为常见的碱性药剂。

图 3-3　酸性污水药剂中和法处理流程

（3）酸性污水的过滤中和

酸性污水的过滤中和法是指酸性污水流过碱性滤料，且与滤料进行中和反应的一种工艺。常用的设备有普通中和滤池、升流式膨胀中和滤池，以及滚筒式中和滤池。相较于药剂中和法，过滤中和法具有操作管理方便、出水 pH 值稳定、沉渣少、运行费用低等优点，但缺点是过滤中和法只适用于含酸浓度较低（酸浓度<20g/L），且生成易溶盐的酸性污水处理。

酸性污水与碱性滤料的中和反应发生在滤料表面，为避免杂质或中和产物在滤料表面形成覆盖物，滤料的选择应充分考虑污水中酸的类型与浓度，且应确保酸性污水中不能含有大量悬浮物、重金属盐类等物质。常见的滤料类型有石灰石、白云石、大理石等，其中石灰石滤料的反应速率较快，白云石滤料较适合含硫酸污水的过滤中和。

（4）碱性污水的中和

碱性污水的中和处理方法有酸碱污水中和、药剂中和、烟道气中和等。

药剂中和方法通常使用盐酸、硫酸等浓酸作为药剂，其中盐酸与碱性污水的反应产物溶解度高，泥渣量小，但盐酸的价格较高，通常适用于污水水量较小的中和反应；工业硫酸价格相对较低，应用更为广泛。需要指出，碱性污水的药剂中和方法应充分考虑投加药剂的腐蚀性，以及反应产物中硫酸盐、盐酸盐对金属设备与混凝土建筑物的腐蚀侵蚀。

烟道气中和是利用烟道气中所含有的 $14\%\sim24\%$ 的二氧化碳，以及一定量的二氧化硫、硫化氢、氮氧化物等，与碱性污水的反应，生成碳酸盐、硫酸盐、硝酸盐和硫化物等。

烟道气与碱性污水的中和反应通常在喷淋塔中进行，如图 3-4 所示。运行时碱性污水由塔顶的布水器均匀喷出，烟道气则由塔底鼓入，气、液两相在填料层逆流接触以增加中和反应效率。烟道气中和方法的优点是反应后的碱性污水与烟道气均得到净化，达到污水处理与烟气中和除尘的双重治理目的，符合以废治废的处理原则。但是，该方法的缺点也较为明显，即烟道气中和处理后的污水中硫化物、色度、悬浮物以及 COD 会显著增加。

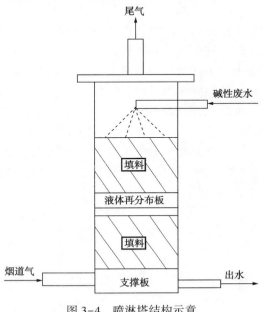

图 3-4　喷淋塔结构示意

3.2.4　沉淀

污水中的悬浮固体密度大于水时，利用悬浮固体可以在重力场中自然下沉从而实现固、液分离的方法，称为沉淀。沉淀技术用于污水的预处理阶段时，目的是去除污水中的无机固体与质量体积较大的固体颗粒，以减轻管道和泵等设备的磨损以及在污水处理装置中的积累。

根据固体颗粒在水中的运动规律不同，可以将沉淀分为自由沉淀、絮凝沉淀(亦称干涉沉淀)、区域沉淀(亦称成层沉淀)、压缩沉淀四类。其具体区别如下：

自由沉淀的特点是固体颗粒浓度较低，沉淀过程中固体颗粒间互不干扰，颗粒匀速下降且沉降轨迹为直线，清水与浑水没有明显界面。固体颗粒的沉降速度为 $v=\sqrt{g\dfrac{4d(\rho_\mathrm{p}-\rho)}{3\rho\varepsilon}}$ ，式中 $(\rho_\mathrm{p}-\rho)$ 为固体颗粒与水的密度差，d 为颗粒直径，ε 为阻力系数，与流体的雷诺数有关。典型的自由沉淀过程如砂砾在沉砂池中的沉淀过程、污水在初沉池中的沉淀过程。

絮凝沉淀指的是在悬浮物粒径较小且浓度不很高的污水中加入混凝剂，使污水中的胶体与细菌等极小颗粒发生碰撞聚结，所形成的絮凝体粒径增大，从而沉降速度提高并得以分离的技术，在含氟污水、重金属污水、含油污水等处理过程中均有涉及。

区域沉淀过程内的污水悬浮物颗粒浓度逐步提高，颗粒的运动相互干扰，宏观上来看，颗粒群成为统一的整体共同下沉，水相与颗粒群形成清晰的分界面，如活性污泥与浓缩污泥在生化处理后的二沉池内的沉降过程。

压缩沉淀发生在二沉池的污泥斗、浓缩池等场合，此时的固相已在处理设备下层形成具有一定厚度的沉降层，受到重力作用，沉降层下层颗粒间隙的水被挤压流出，使沉降层得到浓缩。

沉淀技术最常见的处理设施为沉砂池和沉淀池，其中沉砂池主要以分离无机颗粒物为主，沉淀池则是生化处理中的重要组成部分。

（1）沉砂池

沉砂池的功能是分离出污水中的砂粒等体积较大的固体颗粒，一般设置在泵站与初沉池前端，以减小设备的磨损，防止污水输送管道堵塞。沉砂池内的沉淀过程为自由沉淀，通过控制进入沉砂池的污水流速，污水中只有固相颗粒下沉，而密度较轻的有机物被水流带走。因此，评判沉砂池的运行效果与分离效率，应包括除砂效率和有机物分离效率两个方面。

沉砂池可按池内水流方向分为平流式沉砂池、竖流式沉砂池以及旋流式沉砂池，其中旋流式沉砂池又以比式沉砂池和钟式沉砂池最具有代表性。针对平流式沉砂池分离效率低、沉砂易厌氧分解而发臭等缺陷，曝气沉砂池具有无机颗粒分离效率高、有机物含量低的特点，能够较好地脱臭并改善水质。此外，从结构上看还有多尔沉砂池。不同结构沉砂池的具体特征如表 3-2 所示。

表 3-2　不同结构沉砂池的特征

沉砂池类型		沉砂池结构	流体流动特征	沉砂池特点
平流沉砂池		入流渠、出流渠、闸板、流动空间、集砂斗	水平流动	优点：对大粒径无机物分离效果较好、运行稳定、结构简单、排砂方便； 缺点：占地面积大、有机物分离效率有限
旋流沉砂池	比式沉砂池	进水渠、出水渠（呈 360° 分布）、分选区、集砂区、螺旋导叶、驱动机构、砂泵、出水气囊止回阀、真空启动装置、砂粒浓缩器、螺旋砂水分离输送机、控制器	水平进入以降低紊流程度，之后切向进入沉砂池并形成旋流	优点：占地面积小、停留时间短、对小粒径无机物去除效率高、运营管理方便； 缺点：配水困难、结构复杂、能耗较高、投资较大
	钟式沉砂池	进水渠、出水渠、电动机、减速器、带径向叶片的转盘、空气提升和空气清洗系统、吸砂管、平台钢梁	水平进入以降低紊流程度，之后在分选区形成轴向速度有别的内、外环旋流流动	
曝气沉砂池		挡板、空气管、曝气器、流动空间、集砂槽	由横向流动转变为螺旋流动	优点：对小粒径颗粒分离效率较高、有机物含量低； 缺点：曝气量调节困难、操作环境差
多尔沉砂池		污水入口、整流器、流动空间、溢流堰、旋转刮砂机、排砂坑、洗砂机、有机物回流机、有机物回流管、排砂机	平流进入，溢流排出	优点：分离出的无机颗粒成分较纯净、有机物含量较低； 缺点：结构复杂，应用案例较少

（2）沉淀池

在污水处理工艺中，沉淀池一般设置在生化处理阶段，按照处理要求的不同可分为初次沉淀池和二次沉淀池。初次沉淀池可以除去污水中 55% 左右的悬浮物与 30% 左右的 BOD_5，达到减小生化处理负荷的目的。二次沉淀池设置在生化处理设施之后，用以分离活性污泥并将污泥浓缩。

　　沉淀池可根据结构的不同分为传统沉淀池和新型沉淀池(斜板沉淀池或斜管沉淀池)；根据池内液相流动特征，可分为平流式沉淀池、竖流式沉淀池以及辐流式沉淀池，如图 3-5 所示。

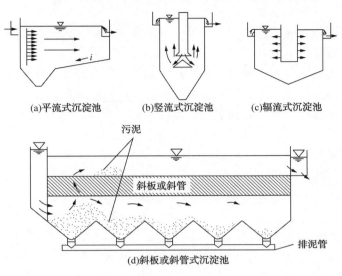

(a)平流式沉淀池　　　　(b)竖流式沉淀池　　　　(c)辐流式沉淀池

(d)斜板或斜管式沉淀池

图 3-5　不同类型沉淀池结构特征

3.2.5　隔油

　　隔油的原理是利用油、水之间的密度差，使油滴粒径较大的分散油在重力场中自发上浮至水面并加以去除的重力分离技术。除了分散相(油滴)的运动方向不同外，隔油过程的物理规律与沉淀过程相同，油滴的上浮速度为 $v = \sqrt{g\dfrac{4d(\rho - \rho_p)}{3\rho\varepsilon}}$，式中 $(\rho_p - \rho)$ 为油、水两相的密度差，d 为油滴颗粒直径，ε 为阻力系数，与流体的雷诺数有关。当隔油池、浮油罐等浮油隔除设备的内部流体为层流流态时，ε 与雷诺数 Re 的关系为：$\varepsilon = \dfrac{24}{Re}$，推导出油滴的上浮速度为 $u = (\rho - \rho_p)\dfrac{gd^2}{18\mu}$，其中 μ 为水的动力黏度。由于隔油的水力停留时间、除油效率与油滴上浮速度密切相关，因此隔油仅适合油滴粒径较大、分散油占比较大的含油污水处理。

　　隔油处理设备以隔油池和浮油罐为主，且隔油池与浮油罐可以多组连用组成多级隔油工艺，以达到更好的除油效果。

　　(1)隔油池

　　传统形式的隔油池主要有平流式隔油池、平行板式隔油池、波纹斜板隔油池和压力差自动撇油装置等，多以混凝土构建矩形平面，并沿水流方向分为 2~4 格，以便布水均匀。隔油池的长度一般比宽度大 4 倍以上，采用链带式刮油机和刮泥机分别刮除浮油和池底污泥。

　　在炼油化工污水处理过程中隔油池是重要的预处理单元，由于方形池便于布置，可以减少占地，传统隔油池大多采用方形池平流式设计。然而在实际应用中，平流式隔油池存在一定的缺陷。如刮油、刮渣机对浮油层和污泥层的扰动；多组池并联导致排泥和撇油操作繁琐和排泥、撇油不畅，降低处理效率，影响出水水质。

　　根据对池型和流态的分析比较，近年来圆形辐流式隔油池得到应用。辐流式隔油池水流速度由中心向周边辐射，流速逐渐减慢，对油污的分离较为有利；同时，辐流隔油池可以设置较大池型，无需似平流池那样设置多格、多池，有利于设备布置和维护，刮泥刮渣机刮板行走平稳，减轻对浮油和底泥的扰动，隔油、沉淀效果更好，排泥更加方便、稳妥，不易发生底泥淤积占据有效池容的问题。

　　隔油池这样的优化，刮泥、刮渣设备功能上的提升以及设置自动撇油装置等，使其处理效果更加平稳、可靠，除油、除渣效果更好，为后续污水处理达标排放创造了较好的条件。

　　原有的隔油池大多数为敞口式构筑物，其具有结构简单、造价低廉、工作可靠的特点，但随着限制无组织排放的要求日益严格，敞口隔油池导致的安全和环保问题受到重视，将隔油池进行封闭改造势在必行。

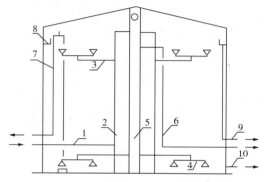

图 3-6　标准隔油罐结构
1—进水管；2—中心反应管；3—配水管；
4—集油管；5—中心柱管；6—出水管；7—溢流管；
8—集油槽；9—出油管；10—排污管

（2）隔油罐

　　隔油罐的结构如图 3-6 所示。相较于隔油池，隔油罐具有密闭化的优势，且罐内采用收油槽、加热盘管、调节堰板等结构，强化了油水分离效率。但是，隔油罐普遍存在如下问题：污水水量波动会对隔油罐的收油、加药量造成影响，并最终导致污水在隔油处理后的各项指标难以达标；隔油罐的操作工艺为不定时压力收油和检修时清理罐底污泥，不能实现连续收油和排泥导致隔油罐的实际有效容积变小，并在罐内形成难以处理的老化油和罐底污泥，使罐后出水水质变差；虽然隔油罐有其特有的收油工艺，但收油方式繁琐，浮油难以完全收集且收出的污油含水量和杂质较高，操作过程中易发生冒罐事故。

3.2.6　气浮

　　当污水中的悬浮颗粒、石油类等不溶态污染物的颗粒粒度较小，或污水中含有乳化油等稳定胶体分散体系，仅利用重力分离已不能实现污水中污染物的分离时，加入高度分散的微小气泡作为载体，使待分离的污染物与气泡互相黏附后共同上浮至水面并加以分离的过程称为气浮法。气泡-颗粒黏附体在污水中的上浮速度依旧遵循斯托克斯公式：

$v = \sqrt{g\dfrac{4d(\rho - \rho_{\mathrm{p}})}{3\rho\varepsilon}}$，黏附体粒径越大、密度越小，则黏附体的上浮速度越快。

　　实现气浮分离的基本条件有三点：一是需要产生足够数量的气泡；二是待分离污染物为不溶性颗粒或液滴；三是待分离污染物与气泡发生黏附，形成表观密度小于水的气泡-颗粒黏附体。显然，气泡的性质对气浮净水效果有着直接影响。首先，根据气泡的粒径大小，可以将气泡分为大气泡、微米气泡、亚微米气泡或纳米气泡，气泡粒径越小，其比表面积越大，与颗粒发生碰撞黏附的几率越高，形成的黏附体越稳定。但气泡粒径也并非越小越有利于气浮，过小的气泡寿命会大幅缩短且上浮速度过慢。其次，单位体积污水中的气泡数量称为气泡密度，也是影响气泡和颗粒碰撞几率的关键因素，过低的气泡密度不利于气浮，但过高的气泡密度会增加气泡之间的碰撞，使微气泡聚并而增大粒径。

根据气泡产生机理的不同，目前较为常见的气泡产生方式包括溶气气浮、引气气浮、电解气浮、微孔散气气浮等。炼油化工污水预处理领域，引气气浮和溶气气浮的应用最为广泛。

（1）引气气浮

引气气浮是在水中创造真空环境后吸入外界常压气体，并将水中的气体破碎为微小气泡的方法，可分为射流气浮、机械引气气浮等。

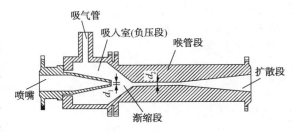

图 3-7　射流器结构

射流气浮的核心部件为射流器，其结构如图 3-7 所示。射流器的内部流道截面积不同，根据文丘里效应，流体在喷嘴高速喷出后流速变快、压力减小，使外界空气由吸气管被吸入负压段；之后在喉管段气体与液体发生能量交换，破碎为大量微小气泡；最后气-液混合物在扩散段内压力增大、速度减小，气体溶解度提高的同时，气泡被进一步压缩，最终以高于常压的状态喷射而出，均匀弥散在水中。射流器作为气泡产生部件，具有设备结构简单、投资少的优点，但同时存在产生气泡粒径过大、效率低等缺点。

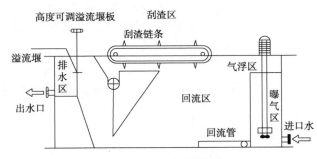

图 3-8　涡凹气浮系统结构

机械引气气浮的微气泡产生方式是通过叶轮等机械设施的高速旋转，在水中产生负压区域，常压气体被吸入后由叶轮击碎成为微小气泡，与水混合后甩出导向叶片之外，均匀分布于水中。作为典型的机械引气气浮设备，涡凹气浮系统在炼油化工污水预处理阶段得到广泛应用。如图 3-8 所示，涡凹气浮系统由曝气区、气浮区、回流区、刮渣区和排水区构成，通过涡凹曝气机散气叶轮产生微小气泡，不需空压机、压力溶气罐、循环泵等设备，具有投资少、能耗低、自动化程度高等优点。

（2）溶气气浮

溶气气浮是将气体在一定压力下溶于水中并达到过饱和状态，之后将气水混合物的压力骤然降低，溶解的气体以大量微小气泡的形式析出，并最终携带污染物颗粒上浮。根据气泡从水中析出时所处压力的不同，溶气气浮可分为溶气真空气浮和加压溶气气浮两类，其中以后者应用较为广泛。

溶气真空气浮池为圆形密闭构筑物，经过预曝气达到常压下饱和值的污水进入气浮池后，将气浮池内的气体抽出，并保持在 0.03~0.04MPa 真空度的负压状态下运行，此时溶气水中的气体以微气泡形式析出。溶气真空气浮具有能量消耗少的优点，但其结构较为复杂，且产生微气泡的数量有限，因此不能处理污染物浓度较高的污水。

　　加压溶气气浮是在通入气体的同时将原水加压至 0.3~0.4MPa，形成饱和溶气水，之后将压力突然降低至常压，溶解于水中的气体以微小气泡的形式大量释放出来。目前，常用的加压溶气气浮流程有全部进水加压溶气气浮、部分进水加压溶气气浮、部分处理水回流加压溶气气浮。相应设备为溶气罐、加压泵、气体供给设备、溶气释放器、气浮池以及排渣系统等。

　　加压溶气气浮的净水效果与溶气技术以及溶气释放技术直接相关。传统的加压溶气气浮系统在运行时往往存在运行费用高、操作流程复杂、运行管理难度大、溶气释放器易堵塞等问题，对此可以从使用高效溶气工艺和优化溶气释放器结构的角度进行升级改造。

　　（3）气浮技术改进

　　气浮处理技术在炼油化工污水处理中起着举足轻重的作用，是去除石油类污染物的关键技术。常规设计普遍采用两级气浮，为了缓解溶气释放器堵塞问题，多采用一级涡凹气浮，接续一级溶气气浮模式。随着人们逐渐对预处理系统的重视和不断研究，在分析明确污水水质变化的基础上，采用优化气浮设备的流态、改进设备功能，调整使用药剂种类和数量以及控制药剂使用条件和投加方式、顺序等措施，使气浮处理水平不断提高。如气浮池形式采用圆形辐流式；混凝反应与气浮同步进行，使气泡与絮体附着上浮模式变为絮体包裹气泡上浮模式；气浮与过滤技术组合的气浮滤池技术。新型高效一级气浮替代两级气浮；严格设计规范要求气浮出水石油类污染物浓度由 30mg/L 降至 20mg/L，促进了气浮单元污水处理的效果。

3.2.7　混凝与化学沉淀

　　混凝和化学沉淀技术属于化学法水处理技术，通过向污水中投加药剂，使污水中的无机和有机污染物与药剂发生化学反应，再采用沉淀、气浮等分离设备处理，以实现污水与污染物质的分离。

　　（1）混凝

　　混凝技术是凝聚和絮凝的总称，包含凝聚和絮凝两个过程。其中凝聚是指胶体稳定性被破坏并形成微小聚集体的过程，絮凝则是强调脱稳的胶体或小粒径悬浮物聚结长大为絮凝体的过程。

　　污水中的悬浮颗粒和胶体的粒径过小时，布朗运动导致的无规则运动与重力加速度相互抵消，使固体颗粒稳定悬浮在液相之中，加之颗粒间的电荷力，阻碍了颗粒聚并。污水的亲水性、表面带负电荷的悬浮颗粒稳定性较强，加入混凝剂后，性质稳定的悬浮颗粒发生"脱稳"现象，颗粒间在碰撞、表面吸附、范德华引力等机理作用下聚结长大成为絮凝体，由于絮凝体的体积较大，因而具有较好的可分离性。

　　混凝剂主要分为硫酸铝、聚合氯化铝等无机盐类，以及聚丙烯酰胺、聚丙烯酸钠等有机高分子类。若单独加入混凝剂达不到理想的混凝效果，则可以加入助凝剂，如絮体结构改良性助凝剂、氧化性助凝剂等。

　　混合凝聚设备可根据动力来源分为水力混合和机械混合两类，如隔板混合、管道混合、泵混合、搅拌混合等方式均较为常见。絮凝反应设备有折板絮凝反应池、涡流反应池等水力搅拌反应池，以及机械搅拌反应池。

　　絮凝体分离常见的工艺组合有混凝+沉淀工艺、混凝+气浮工艺、反应澄清工艺等。其中，混凝+沉淀工艺的分离效果相对较差，且占地面积大；混凝+气浮工艺虽然一定程度上提高了絮凝体的分离效率，仍存在能耗高、占地大的缺陷。反应澄清工艺则将混凝、反应、沉降分离三个过程集中在同一反应澄清设备中，形成单独的处理单元，絮凝效率较传统的絮凝反应池稍低，但具有减少药剂用量、水力停留时间短等优点。反应澄清池可进一步细分为絮凝澄清池和固体接触澄清池两类。絮凝澄清池与传统反应澄清池结构相似，固体接触澄清池中设有接触凝聚区，新加入药剂的污水进入接触凝聚区，与体积较大、浓度较高的絮体发生接触，微小絮体被大絮体通过包卷、网捕、架桥等机理截留，从而增加絮凝速率和液固分离效率。

（2）化学沉淀

化学沉淀是向污水中投加化学药剂，使水中的溶解性污染物与药剂发生化学反应，转化为难溶沉淀物而析出并最终通过沉淀、过滤、离心等方式去除的水处理方法。化学沉淀法既可以去除污水中的汞、铜、铅、锌等重金属离子，也可以去除钙、镁等碱土金属和砷、氟、硫、硼等非金属物质。

化学沉淀的机理主要基于某种化合物在水溶液中的溶解度和难溶物质在水中的溶度积常数。化学沉淀过程即利用一定温度下某一化合物在水中的溶度积为常数，当污水中的污染物为阳离子时，通过加入沉淀药剂或改变污水的 pH 值，使污水中的阴、阳离子的离子乘积大于溶度积发生沉淀，从而可以将其除去。常用的沉淀药剂有氢氧化物、硫化物、碳酸盐等。

3.3　炼油化工污水生化处理技术

原油劣质化趋势的不断加剧，使炼油化工污水污染物种类越来越复杂，含盐、含硫等杂质浓度越来越高，有机污染物的可生化性越来越差。炼油化工生产节水减排技术水平不断提升，也使得炼油化工污水的浓度和处理难度大幅提高。特别是含盐量大幅提高，对污水处理带来极为不利的影响，对生物活性造成影响和抑制，生化处理效率降低，回用处理过程产生反渗透浓水的引入加剧了这种影响。地方和行业污染物排放标准不断升级，部分地方排放标准已经达到地表水控制要求，并增加了一些新的污染物控制指标，这些因素给炼油化工污水处理的达标排放带来更大的困难和压力。

生化处理系统作为炼油化工污水处理最为重要的主导处理单元，必须随着污水水质和污染物排放标准的变化，强化深度脱碳和脱氮、除磷能力，增强生化处理适应性和可靠性，提高处理效果，满足国家、行业和地方污染物排放标准的严格要求，实现稳定、可靠的达标排放。

近年来，炼油化工企业实施及推广应用了多项污水处理达标排放新技术，如：粉末活性炭生化处理（PACT）-湿式氧化再生（WAR）技术、膜生物反应器（MBR）技术、生物倍增技术等生化强化处理技术；厌氧-缺氧-好氧（A^2/O）工艺、短程硝化反硝化、同步硝化反硝化等脱氮、除磷技术，促进了炼油化工污水处理的达标排放。这里重点介绍近年支撑炼油化工污水达标处理的增强生化处理特色技术和脱氮、除磷技术。

3.3.1　生化处理强化技术

3.3.1.1　粉末活性炭生化处理-湿式氧化再生（PACT-WAR）技术

PACT-WAR 技术是由两个处理技术配套组合，形成的一个完整的难生物降解污水处理工艺。PACT 是将粉末活性炭吸附技术和活性污泥处理工艺相结合，发挥协同作用，适合处理难生物降解有机污水和一些有毒性抑制作用的污水。PACT 处理工艺在污水处理领域很早就有应用，但由于粉末活性炭价格昂贵，造成污水处理成本高，多是在某些特殊场合以及污水处理系统故障期间才会被少量应用。WAR 工艺是高级氧化处理技术的一种，通过高温、高压使水中有机污染物进行液相"燃烧"分解。PACT-WAR 组合处理工艺充分利用粉末活性炭的吸附功能协同活性污泥实现有机污染物生物降解，然后粉末活性炭连同其吸附的难降解物质与 PACT 系统产生的剩余污泥被一同送入 WAR 系统，通过湿式氧化系统"燃烧"分解掉剩余污泥及粉末活性炭上吸附的难降解有机物，使粉末活性炭得以再生。被再生的粉末活性炭回到活性污泥池循环利用，由此降低处理成本。WAR 系统能够充分利用上述难降解物质及剩余污泥"燃烧"分解释放的热能，用于粉末活性炭的再生，降低了系统的能耗和活性炭再生成本。PACT-WAR 技术在炼油化工污水处理领域有多家企业应用。

1. PACT-WAR 技术工艺原理

PACT 系统在活性污泥曝气池中投加粉末活性炭与活性污泥混合为一体，进入曝气池污水中的有机污染物先被粉末活性炭与活性污泥混合体吸附，再由活性污泥将其逐步生物降解去除，处理后的混合液经二沉池进行固、液分离，污水可直接排放或再经过滤处理后排放；二沉池沉淀的粉末活性炭与活性污泥混合体经分离装置一部分直接通过回流泵送回曝气池，另一部分进入污泥浓缩池浓缩后送 WAR 系统再生。这些污泥及粉末活性炭由高压泵送入再生反应器并与压缩空气混合，控制压力约 6MPa 和温度 230℃ 左右，在此条件下，剩余活性污泥及被活性炭吸附的有机物被氧化，一部分氧化分解为小分子有机物，大部分则直接转化为二氧化碳和水，反应方程式如下：

$$有机物，生物体 +O_2 \longrightarrow CO_2 + H_2O + RCOOH$$
$$化合态硫 +O_2 \longrightarrow SO_4^{2-}$$
$$有机氯 +O_2 \longrightarrow Cl^-$$
$$有机氮 +O_2 \longrightarrow NH_4^+$$
$$化合磷 +O_2 \longrightarrow PO_4^{3-}$$

系统运行过程中应严格控制温度和压力，否则活性炭粉末也会发生"燃烧"，造成损耗。废炭泥氧化再生处理之后，经过减压、换热、淋洗等一系列处理送回到活性污泥池循环利用。再生反应器会根据控制情况排出部分灰分。工艺流程如图 3-9 所示。

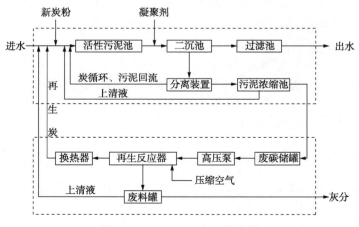

图 3-9   PACT-WAR 工艺流程

2. PACT-WAR 特点及适用性

（1）适用于污水外排标准要求十分严格的场合

采用 WAR 系统，使得用户不用过分介意粉末活性炭成本问题，可以根据污水水质特点，适当增加粉末活性炭的投加量。众所周知，活性炭对绝大多数有机污染物均具有良好的吸附性能，生化池活性污泥难于分解的有机污染物可以被活性炭吸附去除，故 PACT-WAR 工艺能够适应许多排放标准十分严格的污水处理工程。

（2）适合处理许多难生化处理的污水

PACT 系统中，由于有机污染物可被活性炭吸附，由水中转移到活性炭粉末上，活性炭可以与污水具有完全不同的停留时间，由此，有机污染物在反应池内的停留时间被大大延长，接近该系统的固体停留时间，这就为活性污泥生物降解污染物提供了更有利的条件、更长的停留时间，使微生物可以处理分解一些较难生物降解的有机污染物。同时，难生化降解的有机污染物还可以被粉末活性炭吸附，通过 WAR 处理系统氧化分解成为较易于生物分解的小分子有机物回流到曝气池，或被 WAR 处理系统直接转化为二氧化碳和水等无害物质。

（3）适用于处理一些对生物有毒性或抑制性的污水

PACT 系统中的粉末活性炭可以大量吸附对微生物有毒性或抑制性的污染物，降低这些物质在污水中的浓度，减少或消除对生物活性的影响，提高活性污泥的生化处理能力。

（4）可明显改善活性污泥性状，提高污水处理效率

PACT 系统中粉末活性炭的投入，使活性污泥与炭粉混合，大量活性污泥附着于炭粉之上，大大改善活性污泥的沉降性，减少游离细菌的流失，改变了曝气池污泥浓度，改变了生化系统排泥和污泥回流等操作方式，进而可改变生化池污泥泥龄和菌群种类等。优点：一是可以较好地克服污泥膨胀、污泥流失等活性污泥法常常遇到的运行管理问题；二是可大幅提高污泥浓度，由常规活性污泥法的污泥浓度 2~4g/L 提高到约 12g/L，提高曝气池处理效率；三是污泥龄的延长和菌群的改变还可使曝气池氨氮的处理能力大大提升。

（5）WAR 的作用与特点

WAR 系统通常反应温度和压力分别约为 230℃ 和 6MPa。在该反应条件下，可销毁生物固体，可氧化粉末活性炭上所吸附的有机物，使废炭得到再活化从而继续用于 PACT 系统，其最终出料中残留的氧化中间产物大部分是由短链有机酸（以醋酸为主）构成，便于与炭粉回流后生物降解。

WAR 系统可以直接处理剩余生物污泥，具有如下特点：可以直接处理活性污泥；不会出现快速的温度漂移，温度变化范围较小；不产生气溶胶颗粒，也不产生 NO_x、SO_x；炭浆无需脱水直接就地再生，采用热交换器回收热量，实现系统热量自给自足；再生过程粉末活性炭的氧化损耗少，剩余灰分处置简单；运行和控制简单；再生物料的固体浓度约为 6%（干固体），只需重力浓缩即可达到此浓度，无需机械脱水。

（6）PACT-WAR 可降低剩余污泥排放量，减少二次污染

PACT-WAR 技术可以利用曝气池产生的剩余污泥在湿式氧化过程"燃烧"分解释放的热量再生活性炭粉末，不但可降低再生过程的燃料消耗，降低活性炭粉末的使用成本；同时，剩余污泥被有效地分解去除，可大幅度减少污泥排放量，最终需要处置的污泥量降低 95% 左右，降低污泥处理成本，减少对环境造成的二次污染。

（7）PACT-WAR 可替代需要采用颗粒活性炭的污水处理系统

粉末活性炭（PAC）的颗粒大小是微米级的，而颗粒活性炭（GAC）的颗粒是毫米级的，这使得 PAC 的表面积更大，与污水接触面更大，更有利于污染物被吸附和生物降解。PAC 的市场价格约是 GAC 的三分之二，有利于 PAC 在污水处理系统中的应用，可以直接在现有污水处理厂的工艺中投加使用，替代 GAC 应用系统的污水处理效果。

3. PACT-WAR 的应用与运行管理

① 在粉末炭的使用量达到 2000 kg/d 以上，污泥需要处置且没有便宜的处置方式（比如填埋），特别是当考虑采用焚烧方式处置剩余污泥时，可优先采用 PACT-WAR 组合工艺。

② 在 PACT 处理系统中，F/M 值、水力停留时间、固体停留时间、混合液炭含量、炭的种类以及炭的投加点都会直接影响系统的处理效果。实际运行中，应及时根据系统运行情况进行优化调整。

③ 控制 PACT 系统进水水质，如 BOD、COD、SS、金属离子及重点有机物等，优化 PAC 品种与品质等，为 WAR 系统的稳定运行打下基础。管理上需要根据上述因素对 WAR 运行条件进行调整。

④ WAR 反应温度对 PACT 系统出水水质影响较大，反应温度高则出水水质好，但粉末炭的氧化损耗也大；反应温度低则有机物分解不彻底，易造成炭粉结团、结焦等问题的发生，造成再生反应器需要经常清洗，所以要综合平衡控制合理的 WAR 反应温度。

⑤ WAR 材质选择很大程度上取决于 PACT 系统处理污水的水质特性，特别是污水中氯离子的浓度。WAR 为高温、高压设备，材质选择要慎重。

⑥ 控制 PACT-WAR 系统灰分输入，避免灰分在 PACT 系统内的积累。PACT-WAR 系统中灰分的来源主要有：原水挟带；氧化生物质所产生的"骨质"；随新鲜炭而来。实际运行过程中，可重点通过定时排放再生炭的方式降低系统灰分的积累。

⑦ WAR 尾气通常处理方式是将其通入曝气池。

3.3.1.2 膜生物反应器

膜生物反应器（MBR）在污水处理中的应用始于 20 世纪 60 年代末。由于当时膜组件种类很少，制膜工艺也不是十分成熟，膜的寿命通常很短，限制了 MBR 技术在实际工程中的推广应用。进入 20 世纪 80 年代以后，材料科学的发展与制膜水平的提高，推动了膜生物反应器技术的发展，MBR 工艺也随之得到迅速发展，技术开始走向实际应用。20 世纪 90 年代以后，MBR 技术得到了迅猛的发展，在生活污水处理、工业污水处理、饮用水处理等方面进入实际应用阶段，并得到了快速的推广。目前，MBR 工艺广泛用于各行各业的污水处理领域，在炼油化工污水处理中也有许多应用案例，是强化生化处理技术的重要方法之一。

1. MBR 工艺特点

MBR 是由膜分离技术和传统生物处理工艺相结合而成的一种新型、高效的污水处理技术。它是在传统工艺的基础上，用 MBR 膜分离组件替代沉淀池，实现泥、水的高效分离，同时维持曝气池较高的污泥浓度。

在 MBR 中，将膜组件浸放于生化池好氧曝气区中，微滤或超滤级的孔径可完全阻止细菌的通过，将菌胶团和游离细菌全部保留在曝气池中，只将过滤后的水汇入集水管中排出，从而达到泥、水分离的目的，免除了传统工艺的二沉池。各种悬浮颗粒、细菌、藻类、浊度及有机污染物均得到有效的去除，保证了优良的出水水质。由于微滤膜对菌种的隔离作用，可使曝气池中的生物浓度达到很高的水平，不仅提高了曝气池抗冲击负荷的能力，而且提高了容积负荷率，减少了所需的曝气池容积，降低了生化系统的土建投资费用和占地。与传统的生物处理工艺相比，MBR 具有以下主要优点：

（1）出水水质优质、稳定

膜处理出水水质好，为了实现深度处理回用，膜处理出水也可直接提供给反渗透膜装置。同时，MBR 可隔离病原性大肠杆菌等，出水可以直接回用于冲厕、绿化、灌溉等方面。

（2）占地面积小

MBR 工艺与传统工艺相比可在更高的污泥浓度（MLSS）下运行，较小的池容可处理相同的水量。MBR 工艺无需设置初沉池和二沉池，因此占地面积更小。采用 MBR 工艺改造原有的传统工艺，不用新增构筑物就可以提高处理量，同时能达到污水深度处理的水平。

（3）剩余污泥产量少

MBR 工艺可以在高容积负荷或低污泥负荷下运行，剩余污泥产量低，可降低污泥处理的投资和运行成本。

2. MBR 的形式

MBR 主要是由膜组件和生物反应器两部分组成。根据膜组件与生物反应器的组合方式可将 MBR 分为以下三种类型：分置式膜生物反应器、一体式膜生物反应器和复合式膜生物反应器。

（1）分置式膜生物反应器

分置式膜生物反应器是指膜组件与生物反应器分开设置，相对独立，膜组件与生物反应器通过泵与管路相连接。该工艺膜组件和生物反应器各自分开，独立运行，因而相互干扰较小，易于调节控制。而且，膜组件置于生物反应器之外，更易于清洗更换。但系统动力消耗较大，占地面积也较大。

（2）一体式膜生物反应器

一体式的膜生物反应器是将膜组件直接安置在生物反应器内部，或称浸没式膜生物反应器，系统依靠重力或水泵抽吸产生的负压作为出水动力。该工艺由于膜组件置于生物反应器之中，减少了处理系统的占地面积。而且该工艺用抽吸泵抽吸出水，动力消耗费用远远低于分置式的膜生物反应器，每吨出水的动力消耗约是分置式的 1/10。如果采用重力出水，则可完全节省这部分费用。

（3）复合式膜生物反应器

复合式膜生物反应器即在一体化膜生物反应器的生物反应器中安装填料。主要目的是提高处理系统的抗冲击负荷，保证系统的处理效果；降低反应器中悬浮性活性污泥浓度，减小膜污染的程度，保证较高的膜通量。由于填料上附着生长着大量微生物，能够保证系统具有较高的处理效果并有抵抗冲击负荷的能力，同时又不会使反应器内悬浮污泥浓度过高，影响膜通量。

MBR 膜组件通常又分平板膜组件与中空纤维膜组件两大类。平板膜和中空纤维膜应用于 MBR 的工艺对比如表 3-3 所示。

表 3-3　平板膜与中空纤维膜 MBR 工艺比较

内容	平板膜	中空纤维膜	说明
设计通量	相对较高	相对较低	平板膜能够在比较高的通量下维持运行，单位过水量更大，需要设备更少
必要的过滤压力	相对较低 约10kPa	相对较高 约30kPa	在透过膜之后，膜内部的沿程损失上，平板膜的较小，因此可实现低压过滤
能维持运行的 MLSS 浓度	与中空纤维膜相比，能在相对高浓度下运行；容许值约15000mg/L	与平板膜相比，有必要在相对低浓度下运行；容许值约12000mg/L	
清洗方法	往膜元件中注入药剂	反冲洗 药剂强化反冲洗 药剂浸泡清洗	平板膜采用的构造能够使药剂注入膜元件后轻易地散布在整片膜中。因此，对于中空纤维膜来说不可缺少的药剂浸泡清洗，对于平板膜则可以省略
膜的持久性（寿命）	5~10年	3~5年	与中空纤维膜相比，平板膜的膜面不容易产生物理和化学损伤，因此能够更持久
预处理（格栅）	间隙1mm的栅条式格栅，或者Φ3mm的栅孔式格栅	间隙0.5~1mm的栅条式格栅，或者Φ2mm的栅孔式格栅	平板膜构造坚固，栅渣不易缠绕，所以格栅间隙可以适当放大，以减少预处理费用
过滤方式	抽吸过滤 重力过滤 虹吸过滤	抽吸过滤	平板膜能实现低压过滤，所以可以不用产水泵只凭借重力进行过滤
设施空间	相对较小（中空纤维膜的60%~70%）	相对较大	平板膜MLSS浓度高，所以反应池容量可以设置较小
系统结构	可以不要产水泵；不要浸泡清洗设备	必须要产水泵；必须要浸泡清洗设备	平板膜MBR所必需的设备简化，管路也减少，是相对简单的系统
维护管理	抗栅渣缠绕性能强；药剂注入清洗简单；能实现单片膜的更换	抗栅渣缠绕性能弱；强化反冲洗程序复杂；须要整束（20~40m²）更换	
维护管理费用	比较低	比较高	平板膜MBR的寿命长，清洗药剂量少，因此能降低维护管理费用
投资成本	较高	较低	

　　综上所述，平板膜MBR工艺在系统构成、运行维护、膜组件使用寿命等性能方面具有优势，但其投资相对较高。由于平板膜MBR工艺的耐污堵能力更好，且更便于清洗，故平板膜MBR工艺更适用于处理炼油化工污水。

　　3. 膜组件

　　（1）平板膜组件结构

　　平板膜组件结构如图3-10所示。膜组件由膜框架、膜元件、曝气框架、曝气管、软管、集水管等组成。

　　膜框架：装有膜元件，一般用不锈钢材料制成。

膜元件：进行固液分离。

曝气框架：曝气框架位于膜框架的下部，为鼓风气泡提供上升通道。

曝气管：外部鼓风机空气通过管道首先送至曝气管主管（下部较粗的管道），再通过主管分配至曝气支管。曝气支管上有散气孔，空气通过散气孔，经过曝气框架，吹入膜框架的空隙之间，防止膜堵塞。

软管和集水管：每个膜元件出水口与出水软管相连接，出水软管的水再汇集至集水管，最终流入集水池。

为了节省膜的空气用量，从而达到节约能耗的目的，在大型污水处理厂中，膜组件可为双层布置，即在图3-10所示的膜框架之上再安装一层同样尺寸的膜框架，这样可以节省空气用量30%。

（2）平板膜元件结构

平板膜元件结构如图3-11所示。

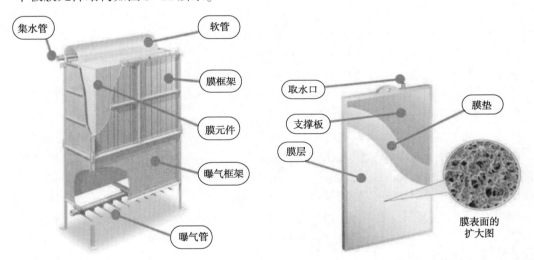

图3-10　膜组件结构　　　　　　　　图3-11　平板膜元件结构

单片平板膜元件由支撑板、膜垫、膜层、取水口组成。

支撑板由外框架和内支撑组成。支撑板主要是对附着在表面的膜垫和膜层起支撑作用。支撑板中的内支撑上有水流沟槽，可以使得过滤后的水能够自由地在其中流动。

膜垫是膜层的物理支撑。在支撑板的两面均紧密地附着有膜垫。

膜层为真正的固、液分离层，膜层均匀地附着在膜垫的表面。

取水口是最终处理后水的出口。过滤后的水经过支撑板内支撑上的水流沟槽，在压力或外部抽吸力的作用下流出。

（3）平板膜过滤机理

① 物理过滤原理。平板膜过滤如图3-12所示。平板膜浸没在污水中，污水在两片膜元件之间流动，清洁的水在压力或外部抽吸力的作用下流入膜元件的滤板内，再通过膜元件的取水口流出至集水池，从而达到固、液分离的作用。膜表面聚集的污泥，在鼓风气泡剪切力的作用下，脱离膜表面，从而使膜的固、液分离能力持续保持。

② 生物过滤原理。在膜的固、液分离过程中，由于平板膜的表面物理性质，在平板膜

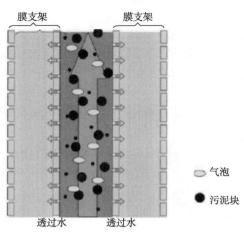

气泡
污泥块

图 3-12　平板膜过滤示意

表面会形成一层几微米厚、非常均匀的生物膜。这层生物膜是平板模的过滤主力，大部分的悬浮固体是被生物膜截流的。特殊的过滤机理，使得平板膜在运行时污染缓慢，清洗周期可达 6 个月以上。MBR 生物池中的 MLSS 可以维持很高的浓度。

4. 膜污染清洗方案

（1）膜污染的原因

膜污染的原因主要来自三个方面：膜的性质、操作运行条件和活性污泥混合液的性质。

① 膜的性质。与膜污染有关的膜性质主要有：膜材质、膜孔径、孔隙率、电荷性质、粗糙度和亲/疏水性等。膜对污水中固体微粒、胶体吸附能力的大小与膜材料的分子结构有关。此外，膜的亲水性对抗污染十分重要，除选择亲水性好的膜外，在膜组件投入运行前应进行亲水处理，以强化其抗污染能力。此外，膜污染程度还与膜孔径、表面粗糙度及膜表面荷电性等有关。

② MBR 操作条件。MBR 操作条件主要包括：进水水质、污泥龄、污泥负荷、曝气量、膜池结构、操作压力、温度、抽吸/间歇时间等。

普遍认为改善膜面附近液体的流体力学条件，如提高流体的膜面流速，能有效降低膜污染，保持较高的膜通量。膜组件通过对曝气装置和曝气量以及膜组件内部构造及空间流道等的设计，能有效控制流体在膜表面保持较高流速，对膜表面起到有效冲刷作用。此外，在工艺中采用絮凝、混凝沉淀等预处理措施，去除水中的悬浮颗粒、有机和无机胶体、无机盐等，也可以降低 MBR 反应器的污染负荷，改善膜分离的水力条件、减轻膜面污染。

③ 活性污泥混合液性质。活性污泥混合液是 MBR 膜污染的物质来源。混合液的性质包括污泥浓度、污泥颗粒大小、污泥黏度、污泥表面电荷、混合液所含胶体粒子及溶解性有机物含量等都会对膜污染产生不同程度的影响。

膜污染在很大程度上是由于污水中的污染物引起的。当污染物是水溶性的大分子时，膜表面的溶质浓度显著增高形成凝胶层；当污染物是难溶性物质时，膜表面的溶质浓度迅速增高并超过其溶解度而形成结垢层；膜表面的附着层可能是水溶性高分子的吸附层和悬浮物在膜表面上堆积起来的滤饼层。悬浮物或水溶性大分子在膜孔中受到空间位阻，蛋白质等水溶性大分子在膜孔中的表面被吸附，以及难溶性物质在膜孔中的析出等都可能产生膜孔堵塞。另外，如果 MBR 的污泥负荷过高，不但不能保证污染物的去除率，相反会促进并加剧膜的污染，因此污泥负荷应确定在适宜值。污泥龄也是影响膜污染的一个因素，长的污泥龄可以提高污水中污染物去除率，降低污泥产率，但却会增加污泥的黏度，加重膜的污染，因此应根据污水特性和反应器的运行状况确定污泥龄。

（2）膜污染解决方案

① 预防性清洗。防止膜表面污染物累积，是通过膜组件底部的曝气长期对膜表面进行的清洗。每 10min 运行有 1min 停止过滤，通过曝气擦洗膜表面，去除膜表面堆积的污染物。

② 定期清洗。上述清洗是对所有膜元件进行的曝气清洗，曝气量必须大于设定值，并

维持在设计范围内，曝气均匀是上述预防性清洗的关键。可以考虑设置对曝气管的清洗措施，每天 5min 清洗曝气管，防止曝气不均的发生，进而避免了膜污染累积的风险。

③ 药剂清洗。运行初期过滤压力如果上升幅度超过 5~10kPa，就需要进行化学清洗，轻微的污染采用药剂清洗可以比污染加剧后再清洗得到更好的效果。

即使过滤压力上升幅度小于 5~10kPa，为了防止膜表面的污染累积，仍推荐定期进行药剂清洗。

平板膜清洗周期：有机污染一般 2~6 个月采用次氯酸钠清洗 1 次，无机污染采用草酸 1 年清洗 2 次。

如果清洗效果未达预期，可采用以下方法方案：

检查药剂清洗方法(药剂浓度、浸泡时间、药剂注入是否平均)；进行更强化的药剂清洗(提高药剂浓度，延长注入药剂后的静置时间)；膜组件构造便于拆卸，能单片取出膜元件。

当现场无法排查出药剂清洗效果差的原因时，可起吊膜组件，观察、分析膜元件以确认污染原因，也可通过试验等方式找出解决的方法。

3.3.1.3　移动床生物膜反应器

现代污水生化处理技术主要有活性污泥法和生物膜法两大类。活性污泥法传质效率高，具有良好的处理能力和较高的氧利用效率，但也存在管理要求高、操作较为复杂、抗冲击能力弱、占地空间大等问题。生物膜法易于操作管理、抗冲击能力强(特别是针对工业污水)、占地面积小，但受到传质问题影响，其氧利用率不高，处理效率稍差。

移动床生物膜反应器(MBBR)是一种新型生物膜反应器，它是为解决固定床生物膜反应器需定期反冲洗、流化床需要使载体流化、淹没式生物滤池易堵塞需清洗滤料和更换曝气器的操作复杂而发展起来的。MBBR 工艺吸收了传统流化床和生物接触氧化法工艺的优点，具有良好的有机物去除效果和脱氮、除磷功能。

1. MBBR 的基本特征和工作原理

MBBR 工作原理是污水连续经过反应器内的悬浮填料，并逐渐在填料内外表面形成生物膜，通过生物膜上微生物的作用，降低污水中的各种污染物，使污水得到净化。填料在反应器内混合液回旋翻转的作用下自由移动。对于好氧反应器，通过曝气使填料移动；对于厌氧反应器，则是用机器搅拌使填料移动。

MBBR 工艺能够实现连续运行，不发生堵塞，无需反冲洗，水头损失较小。填料具有较大的比表面积，生物膜生长在较小的载体单元上，随水流自由移动来实现污染物的去除。为防止反应器中填料的流失，可在反应器出口处设一个多孔滤筛。如图 3-13 所示。

MBBR 生化池一般为长方体型或圆柱形结构。长方体型的生化池沿池长方向可用隔板均匀分为几格或不分格。从总体上看，水流在生化池中呈推流态，而在每格中，由于

图 3-13　反应器出口多孔滤筛

曝气流化，水流呈完全混合态。MBBR以生物膜工艺原理为基础，其核心是聚乙烯或聚丙烯生物膜填料(载体)，其密度接近于水。生物膜填料为微生物附着生长提供巨大的表面积，生物膜附着表面可达650 m^2/m^3，实际比表面积(内表面)达350~500m^3/m^3。图3-14为聚乙烯或聚丙烯悬浮填料。

穿孔曝气管在一侧曝气，使填料在生化池内循环流动。如图3-15所示，圆柱体型结构的生化池底部一般设置微孔曝气头。

图 3-14　聚乙烯或聚丙烯悬浮填料　　　　图 3-15　穿孔曝气管在一侧曝气

另外，有的生化池不仅在池底安装了曝气装置，还可安装搅拌装置。这些搅拌装置可以使生化池方便灵活地应用于缺氧状态下。

2. MBBR工艺特点

（1）工艺特点

① 耐冲击负荷、泥龄长、剩余污泥少、具有生化高效性和运转灵活性。

② 反应器中污泥浓度较高，一般为普通活性污泥法的5~10倍，污泥质量浓度可高达30~40g/L。

③ 水头损失小，不宜堵塞，无需反冲洗，一般不用回流。

④ 悬浮填料具有好氧和厌氧代谢活性，可良好地脱氮、除磷。

（2）技术优势

① 容积负荷高，紧凑省地。占地仅为传统活性污泥法的20%~30%；而高容积负荷取决于生物填料的有效比表面积。

② 耐冲击性强，性能稳定，运行可靠。冲击负荷以及温度变化对工艺的影响要远远小于对活性污泥法的影响。当污水成分发生变化，或污水毒性增加时，系统的耐受力更强。

③ 设备寿命长，维护简单。曝气系统采用穿孔曝气管，不易堵塞。设备简单可靠，填料无支撑，生物池无堵塞，生物池容积得到充分利用。填料和进水水流混合充分，杜绝了生物池的堵塞可能。

④ 环境友好，臭味和污泥产生量较少。

⑤ 适用于现有污水处理厂改造，工程时间短，并可实现多种工艺组合。

3. MBBR适用性

MBBR工艺应用广泛，可用于有机物去除，也可用于脱氮工艺的前置反硝化脱氮，或后置反硝化脱氮；适用于现有污水处理设备升级；可与活性污泥处理工艺混合应用；可作为活性污泥法的生物预处理工艺，也可作为最终处理工艺。

4. MBBR 存在问题与发展

MBBR 在运行过程中也存在一些问题，例如，填料在反应器内的移动状态不均衡，池内不同程度地存在死区。如何改善反应器内的水力流动特性并降低运行能耗，是 MBBR 研发中值得深入探讨的问题。

优化运行方式，提高处理效果。以序批式生物反应器（SBR）的运行方式来操作 MBBR，使处理工艺兼有 MBBR 和内循环反应器的优点，实现整体系统处理效果的提升。

开发吸附性能好、密度适当、耐用、耐腐蚀、价格低廉的填料以提高 MBBR 的处理效果，促进其完善和发展是进一步研究的方向。

3.3.2　生物脱氮除磷工艺技术

在污水处理过程中，脱氮方法很多，主要有物理化学法和生物法两大类。物理化学法包括吹脱法、折点氯化法、絮凝沉淀法、离子交换吸附法、电渗析法、催化湿式氧化法、液膜法等。生物法是指污水中的有机氮和氨氮等含氮化合物在各种微生物作用下，通过氨化、硝化、反硝化等一系列生化反应过程，最终形成氮气从水中逸出，达到脱氮处理的目的。现有的生物脱氮工艺也很多，主要有 A/O 工艺、A^2/O 工艺、SBR 工艺、氧化沟工艺、生物膜处理工艺等。还有一些新兴的处理技术，如厌氧氨氧化技术、MABR 技术及人工湿地等，以及一些把生物法和物理化学法结合在一起的联合法。目前，物理化学处理法主要应用于点源或特殊污水处理，生物脱氮法由于其运行费用低、技术成熟而得到广泛应用。

生物脱氮，即利用微生物的新陈代谢活动，通过硝化作用及反硝化作用实现氮素从水体彻底脱除的过程。生物脱氮不仅包括上述两个过程，还包括微生物自身的同化作用，即微生物在生长繁殖过程中摄取环境中的氮素作为自身的营养物质。通过微生物同化作用，去除水体的氨氮总量较为有限，生物脱氮主要还是依赖于硝化和反硝化作用。

硝化作用，即在微生物作用下将氨氮转化为高价态的亚硝酸盐氮（NO_2-N）及硝酸盐氮（NO_3-N）的过程。好氧条件下，氨氧化细菌将低价态氮（NH_4^+-N）经羟胺等中间产物最终氧化为 NO_2-N；亚硝酸盐氧化菌将 NO_2-N 氧化为 NO_3-N。氨氧化菌及亚硝酸盐氧化菌为自养型细菌，以 CO_2 为碳源、NH_4^+-N 为能源物质进行新陈代谢。

反硝化作用，指在反硝化细菌作用下，以有机物为电子供体、亚硝酸盐及硝酸盐为电子受体并将其还原为氮气或其他气态化合物的过程。

传统生物脱氮工艺将有机物及氨氮进行分级处理，在不同曝气池内分别进行有机物降解和氨氮去除过程，降低有机物对自养型硝化细菌的影响，使其在各自处理系统内保持较高的生物活性。主要有氧化沟工艺、A/O 工艺及 A^2/O 工艺等，是目前应用最广泛的脱氮技术。但传统生物脱氮工艺普遍存在基建费用高、管理维护程序复杂等不足。

近年来，随着研究的不断深入，许多生物脱氮新理论及新技术得到发展。主要包括短程硝化反硝化工艺、同步硝化反硝化工艺和厌氧氨氧化工艺等。

污水处理过程中的生物除磷技术主要是利用聚磷菌来实现。在厌氧环境下，聚磷菌完成有机物的摄取，储存能量，被摄取的有机物经代谢以大分子聚合物的形式储存在胞内，同时释放出大量的磷；在好氧环境下，聚磷菌分解胞内的聚合物获得能量，一方面用于维持自身的生长繁殖和代谢，另一方面发挥超量吸磷的作用，通过排放剩余污泥，实现除磷功能，达到出水磷的达标排放。普通的活性污泥处理工艺，因为硝化菌与聚磷菌存在污泥龄之间的矛盾，生物除磷效果不易提高。目前在炼油化工污水处理中主要应用的是 A^2/O 生物脱氮、除磷处理工艺。

3.3.2.1 前置硝化反硝化生物脱氮工艺

前置硝化反硝化生物脱氮(A/O)工艺是炼油化工污水处理中应用最为普遍的生物脱氮工艺。

1. 工艺原理

生物脱氮是利用微生物的新陈代谢活动，通过硝化作用及反硝化作用实现氮素从水体彻底脱除的过程。

硝化反应的化学计量式见式(3-1)及式(3-2)：

$$NH_4^+ + 1.38O_2 + 1.98HCO_3^- \xrightarrow{AOB} 0.982NO_2^- + 1.036H_2O + 1.891H_2CO_3 + 0.018C_5H_7O_2N \tag{3-1}$$

$$NO_2^- + 0.488O_2 + 0.003HCO_3^- + 0.01H_2CO_3 \xrightarrow{NOB} NO_3^- + 0.008H_2O + 0.003C_5H_7O_2N \tag{3-2}$$

反硝化反应的化学计量式见式(3-3)及式(3-4)：

$$5C(有机碳) + 2H_2O + 4NO_3^- \xrightarrow{反硝化菌} 2N_2 + 4OH^- + 5CO_2 \tag{3-3}$$

$$3C(有机碳) + 2H_2O + 4NO_2^- \xrightarrow{反硝化菌} 2N_2 + 4OH^- + 3CO_2 \tag{3-4}$$

A/O 工艺将缺氧段和好氧段串联在一起，首先在缺氧段(A 池)异养菌将污水中的有机污染物水解酸化为有机酸，使不溶性的有机物转化成可溶性有机物，大分子有机物分解为小分子有机物，经缺氧处理后可提高污水的好氧可生化性；与此同时，在 A 池异养菌将含氮有机污染物进行氨化(有机链上的 N 或氨基酸中的氨基)游离出氨(NH_3、NH_4^+)。在好氧池(O 池)充足供氧条件下，自养菌的硝化作用将 $NH_3-N(NH_4^+)$ 氧化为 NO_3-N；通过控制 O 池回流硝化液返回 A 池，缺氧条件下异氧菌的反硝化作用将硝化液中 NO_3^- 还原为分子态氮(N_2)逸出，完成 C、N、O 在生态中的循环，实现污水无害化处理。

A/O 工艺将缺氧池设置在好氧池之前，可以充分利用原水 BOD 作碳源，减少反硝化需要补充的碳源，且反硝化过程释放的碱度又可以补充硝化反应需要的碱度，减少碳源和碱度的投加，降低生物脱氮成本。A/O 工艺流程简单，是一种经济、高效的生物脱氮工艺。

2. 工艺优缺点

(1) A/O 工艺的优势

① 处理效果好。A/O 生物脱氮工艺用于炼油化工污水处理，不但可满足污水有机污染物的去除，同时可实现对污水中氨氮和总氮的处理，实现炼油化工污水的达标排放。

② 流程简单、操作费用低。A/O 工艺以污水中的有机物作为反硝化碳源，一般不需要另加醋酸、甲醇等昂贵的碳源。且反硝化过程中释放的碱度可相应地降低硝化过程需要的碱耗。

③ 提高污水的可生化性。缺氧反硝化过程同时对污染物具有较好的预处理作用，改变污水的 B/C 比，提高污水好氧处理的可生化性。

④ 耐冲击负荷能力较强。当进水水质波动较大或污染物浓度较高时，通过硝化液回流

可明显稀释、缓解冲击负荷，维持正常运行。

（2）A/O 工艺的弊端

① 培养体系差。由于没有缺氧/好氧独立的污泥回流系统，没有具有独特功能的污泥，难生物降解物质的去除率较低。

② 为了提高脱氮效率，必须加大内循环比例，因而加大了运行费用。另外，内循环硝化液来自曝气池，易造成缺氧池溶解氧偏高，影响反硝化效果和总氮脱除率。

3. 影响因素与适用性

工艺生物脱氮处理效果受诸多因素影响，如水力停留时间、污泥浓度（MLSS）、污泥龄、负荷率（N/MLSS）、进水氨氮和总氮浓度等。

① 由于硝化菌与脱碳菌存在营养竞争，硝化菌的世代周期较长，因此要求曝气池污泥要有较长的泥龄，硝化菌才能凝聚存留并起到硝化作用。通常泥龄要求超过 12~30 天。

② 反硝化反应要求有足够的碳源，通常要求碳氮比（C/N）大于 4。不同的碳源对反硝化作用影响不同，最佳碳源是醋酸或甲醇，其他碳源都需要先转化为小分子有机酸才能被利用。

③ 温度影响明显，较高的温度有利于硝化处理，通常水温 25~35℃较好。

④ pH 值对硝化反硝化影响显著，硝化反应会使碱度降低，抑制硝化反应的继续进行，因此需要补充碱度，其中碳酸钠是补充碱度较好的选择。反硝化反应会释放碱度，也会对污水 pH 值产生影响，如果进水总氮浓度较高时，也需注意 pH 值的控制。

⑤ 溶解氧（DO）的影响。硝化反应需要较高的 DO，反硝化则需要在缺氧环境进行。因此，对 DO 的控制十分必要，通常控制 A 段 DO 不大于 0.5mg/L，O 段 DO 为 2~4mg/L。

⑥ 硝化液的回流量会影响总氮的去除效率，回流比越高则去除率越高，但回流比也不能过高，建议回流比不超过 400%。

此前，炼油化工污水生化处理虽然大多采用 A/O 工艺，然而这种 A/O 工艺并非用来处理和去除总氮，大多是为了提高污水的可生化性而设置的，通过利用厌氧水解酸化功能改善污染物可生化性，提高好氧生化处理效率。而今，为了满足总氮达标排放的要求，需要根据生物脱氮 A/O 工艺的影响因素进行改造，使之在保持原有功能的基础上，通过增设硝化液回流泵及相应管网，增加碱控制投加系统和碳源投加系统，实现污水中总氮的达标排放。

3.3.2.2　前置硝化反硝化-膜生物反应器生物脱氮工艺

前置硝化反硝化-膜生物反应器（A/O-MBR）生物脱氮工艺是将传统的 A/O 工艺技术与 MBR 工艺技术相结合，集成两种技术优势，具有系统污泥浓度高、容积负荷大、泥龄长、产水水质好等特点，提高了系统对有机污染物去除能力和脱氮、除磷效果。

1. 系统污染物去除效果分析

（1）浊度

炼油化工污水中通常含有一定量的固体悬浮物。经过系统中微生物的作用，可有效去除水中的悬浮物质，浊度减小。加之膜对分离悬浮物的高效截留作用，保证了出水浊度始终在 0~1NTU 左右。原水中部分形成浊度的有机物被反应器中活性污泥降解及合成自身所需的有机细胞物质，加之分离膜的截留作用，使得 MBR 对浊度有更加良好的去除效果。

（2）COD

通过对系统不同点位出水中 COD 分析测定表明，COD 的去除机理仍主要依靠微生物降解绝大部分 COD。膜单元对 COD 去除起到了强化作用，提高系统去除率。MBR 系统的强化过滤可有效改善出水水质和提高系统抗有机负荷冲击能力。

（3）氨氮

系统对氨氮的去除率较高，反应器中的微生物表现出很高的硝化能力，硝化过程氨氮去除率达 95% 以上。通过反应器内上清液和出水氨氮浓度分析表明，膜的拦截作用对氨氮的去除率贡献较少，主要是因为氨氮在水中是以水和氨离子形式存在，属于无机小分子，可穿过膜的微孔。

（4）总磷

系统对磷的去除效果不高。主要原因是对缺氧区的缺氧条件控制较难稳定，影响磷的去除效果。重点应通过控制曝气强度或改变混合液回流比，保证厌氧池溶解氧在 0.5mg/L 以下，以利于磷的去除。

2. 膜分离特性及膜污染控制

在 A/O-MBR 工艺运行中，随着膜过滤过程的进行，悬浮污泥及混合液中的一部分物质会吸附在膜表面或内壁，造成膜污染。膜污堵问题的发生不可避免，它影响到系统的稳定运行、能耗、膜的使用寿命等，关系到 MBR 的经济性。但通过对混合液性质及运行条件的适当控制，可以尽量减缓膜的污染速度，延长膜运行周期。

（1）膜分离特性

在运行过程中，随着污染物在膜表面的积累，膜过滤阻力发生变化，膜过滤压力也会随之上升。因此，通过测定膜过滤压力随时间的变化，就可以了解膜分离特性的变化情况。

① 膜过滤压差的时间变化。MBR 运行过程中，活性污泥会附着在膜丝表面，使过滤压差不断改变。膜过滤压差的高低变化反映了运行过程中污染物在膜面的积累情况，即膜过滤阻力的变化情况。过滤初期，膜内部及表面附着的污泥较少，膜过滤阻力较小，在膜过滤压差作用下，污泥逐渐在膜表面沉积并渐渐被压实。随着运行时间的增加，料液中污染物随过滤液向膜面聚集，形成膜面泥饼层，导致膜压差快速上升。由此可见，污泥沉积层是形成膜污染的主要途径。

② 水温对膜过滤性能的影响。水温直接影响膜的孔径、膜的阻力和污水的黏度，从而影响膜通量。研究表明，在一定的温度范围与压力条件下，温度每升高 1℃，膜通量增加 1%~2%。膜污染速率随温度下降呈加速趋势。温度在 15℃ 时膜过滤压差的上升速率为 2.23 kPa/d，是 35℃ 时 0.83 kPa/d 的 2.69 倍。由此可见，温度是影响 MBR 膜污染的重要因素，在低温条件下，膜污染速率过快会直接影响系统的正常运行、产水能力及出水水质。

（2）膜污染的控制措施

随着运行时间的延长，膜污染程度会越来越严重。此时，需要对膜组件进行空曝气或化学清洗。空曝气是指停止进、出水，加大曝气强度，连续长时间曝气，以冲脱沉积在膜表面上污染层的方法。经空曝气后，膜过滤压差总是又有一个逐渐升高的过程，这是由于在空曝气后再次抽吸过滤，反应器中的活性污泥重新在膜面开始沉积，形成凝胶层。所以，当膜污染主要是由于滤饼层污染时，空曝气是短暂有效的。对于由膜孔堵塞引起的膜污染，空曝气的效果不明显。化学清洗是指把一定浓度的酸、碱或其他药剂加入膜内部，让其与膜内表面充分接触，杀死并氧化滋生在膜面上的微生物，再使微生物残体和溶液随出水流出。当膜污染主要由膜内表面微生物滋长所造成时，用物理清洗的方法效果不显著，但化学清洗效果十分明显。进行经常性的膜清洗可以减缓膜阻力的增长速度。

3.3.2.3 短程硝化反硝化生物脱氮工艺

短程硝化反硝化生物脱氮是将硝化过程控制在亚硝酸盐氮(NO_2^--N)阶段，随后在缺氧条件下进行反硝化，也叫不完全硝化反硝化生物脱氮。短程硝化反硝化与传统硝化反硝化生物脱氮相比，具有许多优点，可节省氧供应量约25%，降低能耗，节省反硝化所需碳源，在碳氮比一定的情况下提高总氮(TN)去除率，减少污泥生成量可达50%，减少投碱量，可缩短反应时间进而减少反应器容积。

1. 工作原理

短程硝化是利用硝化细菌、氨氧化菌和亚硝酸盐氧化菌对温度、污泥龄、溶解氧、pH值、游离氨等环境条件具有的不同生理特性，通过人为调控这些环境条件，利用氨氧化菌及亚硝酸盐氧化菌生长速率及生物特性的差别，将硝化过程控制在亚硝态阶段，随后进行反硝化反应来实现。与传统生物脱氮过程相比，短程硝化即是氨氮经过氨氧化生成亚硝酸盐氮后直接进行反硝化的过程。传统脱氮与短程硝化反硝化生物脱氮途径如图3-16所示。

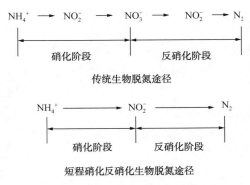

图 3-16 传统生物脱氮与短程硝化反硝化生物脱氮途径

2. 影响因素与适用性

在短程硝化和反硝化过程中，同时起硝化作用的有氨氧化菌和亚硝酸盐氧化菌两类微生物菌群。因此，对这两类微生物的生命活动产生影响的因素都会影响整个短程硝化反硝化过程的效果。

研究表明，短程硝化过程具有亚硝酸盐积累的不稳定性，随着运行时间的增长，亚硝酸盐氧化菌会逐渐适应运行环境，又将NO_2^-氧化为NO_3^-。影响短程硝化的因素主要包括温度、污泥龄、溶解氧、pH值、游离氨及抑制物等，它们都会影响到短程硝化工艺中氨氧化菌的活性和亚硝酸盐积累率的稳定性。实际污水中氨氮浓度处于动态变化中，难以固定曝气时间；为保证较高的亚硝酸盐积累率，需控制处理系统在低溶解氧条件下运行，会导致污泥膨胀及反应速率下降等问题；不同形式的反应器保持短程硝化反硝化的控制技术差异很大。

炼油化工污水中有机氮、氨氮浓度等随水质波动较大，采用传统生物脱氮工艺处理时，需要大量能耗、碱度和硫源，处理成本高，管理维护难度大。短程硝化反硝化工艺在硝化阶段可降低约25%曝气能耗、降低碱度消耗量；反硝化阶段可减少40%碳源消耗、缩短反应时间并降低污泥产量，因此短程硝化反硝化工艺在炼油化工污水脱氮过程中的稳定运行，将会产生可观的经济效益。

（1）温度影响

相对低温时，硝化细菌的生产速率大于亚硝化细菌，亚硝化细菌产生的亚硝酸盐很容易被硝化细菌继续氧化成硝酸盐。随着温度升高，氨氮的转化类型由硝化类型逐渐转变为短程硝化类型；当温度达到29～30℃时，硝化反应可以成为稳定的亚硝酸型硝化。但在实际中，通过加热提高污水温度会消耗大量的能源，这样，短程硝化工艺的优点将不能得到充分发挥。因此，通过控制温度实现短程硝化脱氮工艺仅适用于某些特种污水（水温在30℃左右）。

（2）DO 影响

低溶解氧下亚硝酸菌增殖速率加快，补偿了由于低氧所造成的代谢活动下降，使得整个硝化阶段中氨氧化未受到很大影响，而低 DO 对硝酸菌有明显抑制作用，因而低溶解氧有利于亚硝酸盐积累。目前普遍认为，DO 浓度在 0.5mg/L 以上时才能很好地进行硝化反应。不过，通过控制溶解氧实现短程硝化脱氮存在硝化速率低、污泥沉降性变差等不足，在实际工作中不宜采用这种工艺。

（3）pH 值影响

pH 值的改变对氨氧化细菌及亚硝酸盐氧化细菌影响相当明显。氨氧化细菌的适宜 pH 值为 7.5～8.5，亚硝酸盐氧化细菌适宜生长的 pH 值为 7.2～7.6。不同 pH 值对氨氧化细菌及亚硝酸盐氧化细菌的生长速率产生影响。

通常条件下，亚硝化细菌和硝化细菌适宜生长的 pH 值范围分别是 7.0～7.5 和 6.5～7.5。在混合体系中，亚硝化细菌和硝化细菌的 pH 值分别在 8.0 和 7.0 附近。因此，可根据这两种细菌适宜 pH 值的差异来控制反应的类型和消化的产物。

短程硝化反硝化反应条件应控制稍高的 pH 值，pH 值偏高时会抑制硝化细菌的生长，而不抑制亚硝化细菌的生长。实际应用中，要控制污水的 pH 值，常常需要投加相应的酸或碱，这样势必会增加处理成本。此外，硝酸菌对高 pH 值有一个适应过程，当它逐渐适应高 pH 值和游离氨时，全程硝化就会出现。因此依靠 pH 值实现短程硝化脱氮过程并不稳定，它仅适合于较高 pH 值的污水。

（4）游离氨影响

污水中氨随 pH 值不同分别以分子态和离子态形式存在。分子态游离氨（FA）对硝化作用有明显的抑制作用，硝酸菌比亚硝酸菌对 FA 更敏感。

0.6mg/L 的 FA 几乎可以抑制硝酸菌的活性，从而使 NO_2^- 氧化受阻，出现 NO_2^- 积累。只有当 FA 达到 5mg/L 以上时才会对亚硝酸菌活性产生影响，当达到 40mg/L 会严重抑制亚硝酸的形成。

进水氨氮浓度低时出水氨氮浓度也低，氨氮去除率高；当提高进水氨氮浓度时，游离氨超过亚硝化菌抑制浓度则会使亚硝化率降低而使得出水氨氮浓度增大，此时为达到较高的氨氮去除率须延长硝化时间。

硝化时间增加使亚硝态氮的积累量增加，反硝化时间就会延长。所以，如果将温度、DO 和 pH 值控制在有利于 NO_2^- 积累的条件下，进水 FA 浓度越低越能促进 NO_2^- 的积累。

研究还发现，高浓度 FA 抑制所造成的 NO_2^- 积累并不稳定，时间一长系统中亚硝酸浓度和亚硝化率均下降，NO_3^- 浓度增大。这说明硝酸菌对 FA 所产生的抑制作用会逐渐适应，而且硝酸菌对 FA 适应是不可逆转的，即便再进一步提高 FA 浓度，亚硝化比率也不会增加。

（5）C/N 影响

在反硝化过程中，反硝化细菌属于异养菌，必须在有机碳源下生长。因此对于短程硝化反硝化过程而言，C/N 过高，抑制短程硝化速率；C/N 过低，降低反硝化的反应速率。研究发现，反硝化速率随着 C/N 的增大有减小趋势，当增加到一定程度（>8）时，变化趋势就不明显了。

（6）泥龄影响

亚硝酸菌的世代较硝酸菌短，在悬浮处理系统中若泥龄介于硝酸菌和亚硝酸菌的最小停留时间之间，系统中的硝酸菌会逐渐被淘洗掉，使亚硝酸菌成为系统中优势硝化菌，硝化产物以 NO_2^- 为主。

（7）有害物质影响

硝酸菌对环境较为敏感。污水中酚、氰及重金属等有害物质对硝化过程有明显抑制作用。相对于亚硝酸菌，硝酸菌对环境适应性慢，因而在接触有害物质的初期受抑制，出现亚硝酸积累。

3. 控制与运行

① 水温保持在 30℃ 左右时，水中氨氮的转化类型为短程硝化过程。此时，将 pH 值、进水氨氮和 DO 控制在有利条件下，可以发生稳定的亚硝酸型硝化。

② pH 值在 8.5 附近有利于 NO_2^- 的积累。pH 值一方面是亚硝酸菌生物限制性条件；另一方面影响游离氨浓度，从而影响亚硝酸菌的活性。

③ FA 浓度一般控制在 5mg/L 以下，将温度、DO 和 pH 值控制在有利条件下，进水氨氮浓度不能太高才能促进 NO_2^- 的积累。

④ 亚硝酸菌对 DO 的亲和力较硝酸菌强，DO 控制在 0.5mg/L 有利于 NO_2^- 的积累。

⑤ 硝酸菌与亚硝酸相比对环境更敏感，在硝化过程中可以添加抑制剂，促进 NO_2^- 的积累。

⑥ 亚硝酸菌的世代性比硝酸菌短，选择合适泥龄，可淘洗硝酸菌，促进 NO_2^- 的积累。

⑦ 对控制温度、溶解氧和 pH 值实现的短程硝化脱氮工艺比较研究表明，控制溶解氧实现的短程硝化脱氮效果，无论从硝化时间、硝化速率还是从污泥沉降性能上，均不如控制温度和 pH 值实现的短程硝化脱氮工艺。它不但硝化速率低、硝化时间长，而且，低溶解氧还易引发丝状菌大量繁殖，严重时引起丝状菌污泥膨胀。

⑧ 在温度 30℃、DO＝1.5mg/L，短程硝化过程出现亚硝酸氮积累现象，但其积累率仅为 60%～80%；温度 35℃、DO＝1.0mg/L，可在短时间内将亚硝酸氮积累率稳定保持在 90%以上。不同温度及溶解氧条件下，短程硝化反硝化反应过程中的 pH 值、氧化还原电位（ORP）变化规律趋势一致，可结合生物脱氮过程中 pH 值及 ORP 变化规律进行控制，既可降低曝气能耗、反硝化搅拌动力消耗、碳源投加量等运行费用，也可最大限度避免短程硝化向全程硝化转变，保证短程硝化的稳定运行。

3.3.2.4 同步硝化反硝化生物脱氮工艺

同步硝化反硝化是指在没有明显独立设置缺氧区的活性污泥法处理系统内总氮被大量去除的过程。研究发现，在一些没有明显缺氧及厌氧段的活性污泥法工艺中，存在低溶氧情况下的硝化反应和有氧情况下的反硝化反应，造成氮的损失。由于在这些生物处理系统中，硝化及反硝化发生在相同的条件下或同一处理空间内，称该现象为同步硝化反硝化（SND）。传统理论认为生物脱氮过程涉及的硝化反应为好氧反应，反硝化反应为缺氧/厌氧反应，二者不可能在同一反应器内同时完成。实际上，在一些没有明显的缺氧及厌氧段的活性污泥工艺中，人们就曾多次观察到氮素的非同化损失现象，在曝气系统中也曾多次观察到氮素的消失。SND 工艺就是通过在单一反应器内创造好氧、厌氧环境，使硝化反应、反硝化反应在反应器内同时发生成为可能。同步硝化反硝化现象主要表现为在好氧条件下发生反硝化反应造成总氮的损失。

对于发生 SND 现象的原因存在不同解释。一是系统中存在异养硝化菌和好氧反硝化菌。

随着分子生物学技术及微生物生理研究的不断深入，上述两种新菌种的生理特性得到进一步的研究。在低溶解氧条件下，某些微生物可以利用氨氮和氧气进行硝化反硝化反应。二是从运行环境分析，反应器内氧气扩散不均匀，在反应器内存在好氧区和厌氧区；污泥絮体外部呈好氧状态，进行硝化反应；污泥絮体内部呈现缺氧/厌氧状态，进行反硝化反应。

同步硝化反硝化受多因素影响，对溶解氧要求严格。同步硝化反硝化现象主要出现在生物转盘等生物膜处理系统。在实际污水处理工艺中可以通过投加生物填料创造好氧-缺氧的环境，将同步硝化反硝化理论应用到实际工程，降低污水处理成本。

同步硝化反硝化技术，可实现在一个反应器内除碳、硝化及反硝化，具有无需外加碳源、基建投资低、运行费用省等优点。

1. 工作原理及特点

（1）反应机理

① 宏观环境。生物反应器中的 DO 主要是通过曝气设备的充氧而获得，无论何种曝气装置都无法使反应器内氧气在污水中充分混匀，最终形成反应器内部不同区域的缺氧区和好氧区，为反硝化菌和硝化菌的作用提供了优势环境，促进了硝化和反硝化作用的同时进行。除此之外，反应器在不同时间点上的溶氧变化也可以导致同步硝化反硝化现象的发生。如 SBR 反应器在曝气反应阶段，反应器内 DO 浓度历经降低后逐渐升高，并伴随同步硝化反硝化现象。

② 微环境理论。缺氧微环境理论是目前已被普遍接受的一种机理，被认为是同步硝化反硝化发生的主要原因之一。这一理论的基本点是：在活性污泥的絮体中，从絮体表面至其内核的不同层次上，由于氧传递的限制原因，氧的浓度分布是不均匀的，微生物絮体外表面氧的浓度较高，内层浓度较低。在生物絮体颗粒尺寸足够大时，可以在菌胶团内部形成缺氧区，在这种情况下，絮体外层好氧硝化菌占优势，主要进行硝化反应；内层为异养反硝化菌占优势，主要进行反硝化反应。除了活性污泥絮凝体外，一定厚度的生物膜中同样可存在溶氧梯度，使得生物膜内层形成缺氧微环境。

③ 生物学解释。传统理论认为硝化反应只能由自养菌完成，反硝化反应只能在缺氧条件下进行。近年来，好氧反硝化菌和异氧硝化菌的存在已经得到了证实。

（2）工艺特点

与传统硝化反硝化处理工艺比较，SND 具有以下的一些特点：

① 能有效地保持反应器中 pH 值稳定，减少或取消碱度的投加。

② 减少传统反应器的容积，节省基建费用。

③ 对于仅由一个反应池组成的序批式反应器来讲，SND 能够降低实现硝化反硝化所需的时间。

④ 曝气量节省，能够进一步降低能耗。

2. 影响因素

实现 SND 的关键在于硝化、反硝化菌的培养和控制，研究认为影响硝化、反硝化菌的因素如下：

（1）溶解氧

合适的溶解氧有利于微生物絮体形成浓度梯度。溶解氧浓度过高，一方面，有机物氧化充分，反硝化反应则缺少有机碳源，不利于反硝化反应的进行；另一方面，氧容易穿透微生物絮体，内部的厌氧区不易形成，也不利于反硝化反应的发生。溶解氧浓度过低，微生物絮体外部好氧区的硝化反应受到影响，进而影响絮体内部厌氧区的反硝化反应。DO 的影响对同步硝化反硝化至关重要，通过控制 DO 浓度，使硝化速率与反硝化速率达到基本一致才能取得最佳效果。

（2）有机碳源

有机碳源在污水的生物脱氮处理中起着重要的作用，它是细菌代谢必需的物质和能量来源。有机碳源是异养好氧菌和反硝化细菌的电子供体提供者。有机碳源充分，C/N 高，反硝化获得的碳源就充足，SND 就明显，TN 的去除率也就高。有机碳源对同步硝化反硝化体系的影响尤为重要。有机碳源含量高不利于氨氮去除，有机碳源含量低则反硝化效果差。

（3）微生物絮体结构

微生物絮体粒径及密实度的大小直接影响了絮体内部好氧区与缺氧区之间比例的大小，同时影响了絮体内部物质的传质效果，进而影响絮体内部微生物对有机底物及营养物质获取的难易程度。较大粒径的絮体可以导致内部较大缺氧区的存在，并有利于反硝化的进行；但粒径过大、絮体过密，也会导致絮体内物质的传递受阻，进而会影响絮体内微生物的代谢活动。微生物絮体结构不但影响微生物絮体内 DO 的扩散，而且影响碳源的分布，絮体结构大小、密实度适中才有利于同步硝化反硝化。通常微生物絮体的同步硝化反硝化能力随活性污泥絮体粒径的增加而提高。

（4）pH 值

同步硝化反硝化 pH 值在 7.5 左右时最合适。硝化菌最适 pH 值为 8.0 左右，而反硝化菌最适 pH 值为 7.0 左右。

（5）温度

同步硝化反硝化温度主要与硝化菌、亚硝酸菌适宜温度相关，一般在 25℃ 左右。

（6）水力停留时间

较短的水力停留时间下，异养菌大量繁殖，同时消耗大量的氧气，因此在菌胶团和膜内部形成厌氧环境，有利于反硝化的进行，同时由于有机碳源充足，能够提供反硝化所需要的电子供体，TN 去除率高。当水力停留时间延长时，由于有机碳源的相对减少，溶解氧可以穿透菌胶团内部，难以形成厌氧环境，所以很难实现高的 TN 去除率。

（7）氧化还原电位

氧化还原电位（ORP）和 DO、pH 值有着密切的联系，通过控制 ORP 可以间接控制溶解氧浓度，进而控制同步硝化反硝化进程。尤其在 DO 浓度比较低时，DO 较小的改变反映在氧化还原电位上变化较大；负的氧化还原电位可测量范围远远大于 DO 的可测量范围。所以，可以用 ORP 代替 DO 控制同步硝化反硝化。

3. 技术应用

MBBR 技术基于生物滤池及流化床发展而来，通过将悬浮填料投放于生物反池中作为生物载体，具有工艺运行稳定可靠、抗冲击负荷能力强、经济高效的特点，在 SND 方面体现了技术优势。

以 LEVAPOR MBBR 技术为例，LEVAPOR 填料将 30% 活性炭等黏结在填料上，将活性炭吸附和生物膜技术有效结合，使其比表面积最小达到 20000 m^2/m^3。LEVAPOR 填料载体经过表面改性，亲水性大幅增加，吸水性可达自身重量的 2.5 倍。实际应用时，需要按 15%~20% 的投配比向反应池中投加填料，使其在污水中充分流化，负载 20~100g/L 的生物膜，在填料内发生同步硝化反硝化反应，实现对总氮的高效去除。由溶解氧分布来看，载体从外到内，可形成明显的溶氧梯度，便于硝化反硝化反应的进行，同时由于载体内结合的粉末活性炭存在，可吸附浓聚并充分利用水中的 DO，提高溶氧利用效率，降低风机能耗。碳氮比越高，SND 现象越明显，这是由于粉末活性炭的存在，可以利用其吸附性能，将水体中的碳源吸附至载体表面，提高碳源利用率。在低碳氮比条件下，载体也能够充分利用碳源，实现生物脱氮。

SND 系统为今后降低投资并简化生物除氮技术的工程化应用提供了可能。MBBR 技术、好氧颗粒化污泥技术、膜曝气生物膜反应器（MABR）技术等都是可以较好利用同步硝化反硝化反应的生物除氮技术。

3.3.2.5　后置反硝化生物脱氮工艺

20 世纪 30 年代开发的 Wuhrmann 工艺是最早的脱氮工艺，工艺流程遵循硝化、反硝化的顺序设置。好氧硝化反应器主要进行含碳有机物、含氮有机物的氧化及氨氮的硝化反应；然后进入缺氧反硝化池，利用微生物细胞衰亡后释放的二次性基质作为碳源进行内源反硝化，由于其反硝化效率较低，故实际应用不多。

1962 年，Ludzack 和 Ettinger 提出了前置反硝化工艺，利用污水中可生物降解的有机物作为反硝化碳源，目前已经开发了多种前置反硝化脱氮、除磷工艺，如 Bardenpho、A^2/O、UCT、MUCT、VIP、JHB、SBR 及其变形、氧化沟工艺等。但前置反硝化工艺，总氮的去除受进水碳氮比、硝化液回流比等因素的影响，当污水碳氮比较低，采用前置反硝化工艺很难达到较高的去除效果。有些工艺操作较为复杂，既要污泥回流又要混合液回流，有的还要二次混合液回流，投资和运行费用高，操作管理复杂。

后置反硝化工艺，第一级好氧池进行除碳和硝化作用，第二级缺氧池采用外加碳源来进行反硝化，但往往由于第一级好氧滤池中异养菌和硝化菌生长所需的最佳环境相差较大，很难在同一反应器内实现各自性能的最优化，进水有机负荷过高，容易导致好氧池内硝化效果不佳，从而影响后置反硝化效果不明显。后置反硝化省去了混合液回流系统，操作管理简便，且降低了回流过程产生的运行费用，如能解决反硝化碳源不足的问题，就能取得同时除磷和脱氮的较好效果。

将前置与后置反硝化工艺结合，采用缺氧、好氧、缺氧三级组合生物处理工艺，在好氧池设置硝化液回流至第一级缺氧池，同时在第三级缺氧池前投加碳源进行强化反硝化。对组合工艺的回流比及碳氮比进行优化，可以实现更为理想的脱氮效果。

1. AOAO 工艺

采用分段进水厌氧-好氧-缺氧-好氧工艺（简称 AOAO 工艺），厌氧过程完成释磷过程。第一级好氧完成去除有机物、硝化和吸磷过程，为防止缺氧池内的碳源不足，将厌氧区进水分流部分到缺氧区，兼顾了除磷和反硝化对碳源的需求，提高系统除磷、脱氮的整体效果，同时取消了硝化混合液的回流，与传统 A^2/O 工艺相比可节约 1/3 的能源。第二级好氧进一步去除含碳有机物，吹脱反硝化产生的氮气，保持溶解氧在 4mg/L 左右，防止污泥提前在二沉池内释磷。结果表明 AOAO 工艺有较好的脱氮、除磷效果。

2. SBR 工艺

SBR 工艺在时间序列上实现了厌氧-好氧-缺氧-好氧的组合。搅拌进水可使反应器保持厌氧状态，保证磷的释放，控制溶解氧小于 0.2mg/L；反应曝气阶段，需有足够的运行时间以保证有机物的分解和硝化摄磷过程的运行条件。缺氧反硝化阶段，由于混合液中含有较高浓度的 NO_3^--N，因而磷的提前释放受到抑制，此阶段运行时间一般在 2h 以上，时间延长，一方面可提高脱氮效率，另一方面还可降低进水阶段混合液中 NO_3^--N 浓度，利于厌氧阶段磷的充分释放；最后一级好氧过程可以吹脱污泥释放的氮气，保证沉淀效果，并避免磷过早释放。除剩余污泥外，曝气池内的所有微生物都经历了完整的厌氧、好氧、缺氧过程。在污染物的去除方面，具有群体优势。而且，微生物在厌氧释磷后，立即进入好氧过程，过度吸磷动力得以有效充分利用，如控制好运行时间比例，可得到较好的脱氮、除磷效果。

3. 氧化沟工艺

氧化沟工艺通过对曝气供氧的控制，可以在空间上实现厌氧—好氧—缺氧—好氧的组合，得到较好的脱氮、除磷效果。某污水处理厂采用二级氧化沟工艺，其中氧化沟 1 的 DO 为 0.5~1.0mg/L，进行有机物降解、硝化和摄磷过程；氧化沟 2 的 DO 仅为 0.1~0.2mg/L，进行反硝化脱氮，也是后置反硝化脱氮过程。该工程自投产以来，除磷效果十分理想，进水总磷 2.66~4.2mg/L，出水 0.25~0.6mg/L，去除率 83.1%~92.6%。由于氧化沟亏氧运行，造成氨氮硝化不完全，脱氮效果较差，进水总氮 22.39~31.02mg/L，出水 10.68~16.64mg/L，去除率仅为 30.3%~54.8%。如果能实现分段进水，在氧化沟 2 增加部分进水，可弥补反硝化碳源不足，提高脱氮效果。

4. 分段进水活性污泥工艺

采用活性污泥外循环方式的脱氮、除磷 SBR 工艺，其运行方式为厌氧-好氧-缺氧-好氧，并采取分段进水方式，补充后置反硝化所需的碳源。在缺氧搅拌阶段，补充进水，防止反硝化碳源不足，以提高反硝化脱氮效果。利用活性污泥外循环技术，通过提高污泥浓度的方式来提高系统的除磷能力。结果表明该系统对氮、磷有较好的去除效果，可同时获得最佳的除磷和脱氮效果。

3.3.2.6　A^2/O 生物脱氮除磷工艺

普通的活性污泥处理工艺，因为硝化菌与聚磷菌污泥龄之间的矛盾，生物脱氮除磷效果难以提高。目前炼油化工污水生物脱氮除磷处理采用的主要是应用 A^2/O 工艺。

A^2/O 工艺亦称 A-A-O 工艺，是厌氧-缺氧-好氧法生物脱氮、除磷工艺的简称。A^2/O 工艺是流程最简单、应用最广泛的脱氮除磷工艺。该工艺处理效率一般能达到 BOD 和 SS 去除率为 90%~95%，总氮去除率在 70% 以上，总磷去除率为 90% 左右，适用于炼油化工污水的脱氮除磷要求。但 A^2/O 工艺的基建费和运行费均高于普通活性污泥法，运行管理要求高。

1. 工艺流程

A^2/O 生物脱氮除磷工艺中，厌氧池进行磷的释放和氮素的氨化，缺氧池进行反硝化脱氮，好氧池用来去除 BOD、吸收磷以及进行硝化反应。A^2/O 工艺是较早用来脱氮除磷的方法。工艺流程如图 3-17 所示。

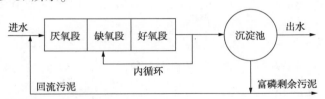

图 3-17　A^2/O 生物脱氮除磷工艺流程

　　该工艺在传统的 A/O 生物除磷工艺中加入一缺氧池，将好氧池流出的一部分混合液回流至缺氧池前端，使该工艺同时具有脱氮、除磷的目的。

　　2. 技术原理

　　（1）首段厌氧池

　　污水及从沉淀池排出的含磷回流污泥同步进入厌氧池。厌氧池主要功能为释放磷。污水中磷的浓度会有所升高，溶解性有机物被微生物细胞吸收而使污水中的 BOD 浓度下降，同时对部分含氮有机物进行氨化，使污水 NH_3-N 浓度升高；另外，NH_3-N 因细胞的合成而被部分去除，使污水中的 NH_3-N 浓度下降。

　　（2）二段缺氧池

　　厌氧池出水进入缺氧池。缺氧池的主要功能是脱氮。硝态氮通过内循环由好氧池返回，循环的混合液量较大，一般约为原水量的 2 倍。反硝化菌利用污水中的有机物作碳源，将回流混合液中带入的大量 NO_3-N 和 NO_2-N 还原为 N_2 释放至空气，因此 BOD 浓度会有所下降，NO_3-N、NO_2-N 浓度大幅度下降，而磷的变化较小。

　　（3）三段好氧池

　　缺氧池混合液进入好氧池。好氧池的功能是多重的，去除 BOD、硝化和吸收磷都是在好氧反应器内进行的。有机物被微生物生化降解，BOD 浓度继续下降，而污水中的 BOD（或 COD）得到去除；同时有机氮被氨化继而被硝化，使 NH_3-N 浓度显著下降，并随着硝化过程使 NO_3-N 的浓度逐步增加，污水中磷随着聚磷菌的过量摄取，也以较快的速度下降，并使污泥中含有过剩的磷。好氧池中的混合液部分返回至缺氧池。

　　（4）沉淀池

　　好氧池混合液排入沉淀池，其功能是进行泥水分离。沉淀污泥部分回流至厌氧池，大部分排去污泥处置系统脱水外排，沉淀池上清液作为处理出水排放。

　　A^2/O 工艺可以同时完成去除有机物、脱氮、除磷等功能。

　　A^2/O 工艺的除磷功能主要是通过聚磷菌在厌氧阶段释放磷、在缺氧阶段吸收磷、好氧阶段吸收磷的作用来实现的。通常情况下的吸磷是在好氧条件下进行的，但研究表明聚磷菌并非专性好氧菌，反硝化聚磷菌具有以硝酸盐代替氧气作为电子受体的特性，同样具有除磷作用，而且这一过程可与反硝化同时进行，实现了同时脱氮除磷。

　　3. 工艺特点

　　① 厌氧、缺氧、好氧三种不同环境条件和不同种类微生物菌群的有机配合，具有能同时去除有机物、脱氮、除磷的功能。

　　② 与其他脱氮、除磷、去除有机物的工艺相比，该工艺流程最为简单，总停留时间短。

　　③ 在厌氧-缺氧-好氧交替运行下，丝状菌不会大量繁殖，不易发生污泥膨胀。

　　④ 污泥中磷含量较高，一般可达到 2.5% 以上。

　　⑤ 由于脱氮效果受混合液回流比的影响，除磷效果受回流污泥中夹带 DO 和硝酸态氮的影响，因而该工艺脱氮除磷效率不可能很高。

　　4. 存在问题与改进措施

　　A^2/O 工艺当脱氮效果好时，除磷效果较差，反之亦然，很难同时取得好的脱氮、除磷效果。

　　该工艺回流污泥全部进入厌氧段，为了维持较低的污泥负荷，需要较大的回流比，一般在 40%～100%，方可保证系统硝化良好，但回流的污泥也将大量硝酸盐带入厌氧池。当厌氧段存在大量硝酸盐时，反硝化菌会以有机物为碳源进行反硝化，待脱氮完全后才开始磷的厌氧释放，造成厌氧段厌氧释放有效容积大为减少，除磷效果变差。

反之，如果好氧段硝化作用不好，则随回流污泥进入厌氧段的硝酸盐减少，改善了厌氧段的厌氧环境，使磷能够充分地厌氧释放，所以除磷的效果较好，但由于硝化不完全，故脱氮效果不佳。

针对 A^2/O 工艺存在的问题，在设计和运行中可采用以下改进措施：

① 将回流污泥分二点加入，减少加入厌氧段的回流污泥量，从而减少进入厌氧段的硝酸盐和溶解氧。在保证总的污泥回流比为 60%～100% 的情况下，一般厌氧段的回流污泥比为 10%，即可满足除磷的需要。其余污泥回流到缺氧段以保证脱氮需要。

② 系统中剩余污泥含磷量较高，在其浓缩过程中磷会重新释放和溶出。同时由于剩余污泥沉淀性能较好，二沉池污泥可直接脱水外运。

③ 在好氧硝化段，污泥负荷应小于 0.18kgBOD/(kgMLSS·d)；在除磷厌氧段，污泥负荷应大于 0.10kgBOD/(kgMLSS·d)。

3.4　炼油化工污水深度处理技术

污水排放标准的不断升级对炼油化工污水达标处理提出了更为艰巨的难题。目前一些地方排放标准已经达到地表水控制要求，如要求 COD 小于 30mg/L，总氮小于 10mg/L，总磷小于 0.5mg/L，甚至小于 0.3mg/L。如此严格的排放要求，针对 COD 或是总氮、总磷，依靠常规的生化处理工艺是无法满足达标排放指标的。采用何种高级处理手段或技术组合，是应对解决排放标准升级的主要研究课题。必须通过更高级的深度处理技术及其组合技术才能解决问题。

常规的污水深度处理技术包括精细的高效过滤澄清技术、高级氧化技术及高效生化处理技术等。这些技术单独使用，往往依然难以满足处理目标需求，或处理成本高昂。合理的技术组合才能实现达标排放或资源利用。例如：在臭氧氧化处理之前，采用精细过滤去除污水中悬浮物，则可大大减少臭氧消耗，降低处理成本；在高效生化处理技术之前采用适度高级氧化技术，将生化难降解物分解转化为较小分子有机物，改变其可生化性，提高处理效果；采用不同的高级氧化技术组合使用，发挥各自的优势，实现协同处理，达到更高的处理水平。

3.4.1　高效澄清技术

去除污水中残余的 COD 是炼油化工污水提标改造和达标排放处理面临的严峻课题。通常生化处理沉淀池出水悬浮物约 20～40mg/L，主要是由生化处理排水中的游离细菌及其胶体物质等构成。残余 COD 中一个重要的组成部分是污水中没有被沉淀池分离去除的游离细菌及其胶体物质，它们大多可以通过高效澄清技术解决。

高效澄清技术主要由混凝沉淀、混凝气浮和砂滤、多介质过滤、果壳过滤、活性炭过滤、膜过滤等各类澄清过滤技术构成，这些技术大多较为成熟和常用。下面重点介绍近年来炼油化工污水处理工程中的常用技术或新型技术，如高密度沉淀池、V 型滤池、微絮凝连续砂过滤器、活性陶瓷过滤器等。

3.4.1.1　V 型滤池

V 型滤池是 20 世纪 70 年代广泛使用的一种重力式快滤池，因为其进水槽形状呈 V 字而得名。它采用较粗、较厚的均匀颗粒石英砂滤层，采用气和水同时反冲洗，兼有待滤水的表面扫洗，以及气垫分布空气和专用长柄滤头进行气、水分配等工艺，具有出水水质好、滤速高、过滤周期长、反冲洗彻底、节能和便于自动化管理等优点。

1. 工作原理

（1）迁移机理

在过滤过程中，滤层孔隙中的水流一般属于层流状态，被水流挟带的颗粒将随着水流流线运动，颗粒物之所以能脱离水流流线向滤料颗粒的表面靠近，是由于拦截、沉淀、惯性、扩散和水动力作用等物理因素作用的结果。图 3-18 为过滤工艺颗粒迁移机理示意。

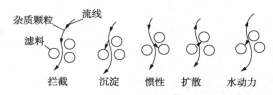

图 3-18　过滤工艺颗粒迁移机理示意

① 拦截作用：颗粒尺寸较大时，处于流线中的颗粒会直接碰到滤料表面，产生拦截作用。

② 沉淀作用：直径大于 $2\sim20\mu m$ 的悬浮颗粒，在重力作用下脱离流线产生沉淀，从而沉积于滤料颗粒的表面。

③ 惯性作用：如水中悬浮颗粒密度大于水的密度，则当水流绕过滤料颗粒时，水中悬浮颗粒由于惯性作用会脱离流线而被抛到滤料颗粒表面。

④ 扩散作用：颗粒粒径较小（$\leqslant1\mu m$）时，会受到布朗运动的影响而做无规则的扩散运动，有可能扩散到滤料表面。

⑤ 水动力作用：在滤料表面附近的水流存在速度梯度，非球体颗粒在速度梯度作用下，会产生转动而脱离流线与颗粒表面接触。

由上述分析可知，水流经滤层时，悬浮颗粒因不同的作用力而被输送到滤料颗粒表面，但目前还无法定量估算各种作用的程度。在实际过滤过程中，由于进入滤层的水中具有尺寸不同的悬浮颗粒，加之上述各种作用力受到不少因素（如滤料尺寸、形状、滤速、水温、水中颗粒尺寸、形状、密度等）的影响，因此可能同时存在几种作用，也可能只有某些作用。

（2）黏附机理

悬浮颗粒在滤料表面的黏附作用是一种物理化学作用。当水中悬浮颗粒迁移到滤料表面时，在范德华引力和静电力相互作用下，以及某些化学键和特殊的化学吸附力作用下，被黏附于滤料颗粒表面上。此外，絮凝颗粒的架桥作用也会存在。黏附过程与澄清池中的泥渣所起黏附作用类似，不同的是滤料为固定介质，排列紧密，效果更好。因此黏附作用主要取决于滤料和水中颗粒的表面物理化学性质。同时，在过滤过程中，因为杂质尺寸太大或滤料太细孔隙太狭窄，易形成表面机械筛滤，水中杂质集中堆积在滤料表层，孔隙很快堵塞，水中杂质难以输送到下游滤层中，表层以下的大部分滤料不能发挥正常的过滤作用，实际运行中应尽量克服这种现象的发生。

（3）剥落机理

滤料空隙中水流产生的剥落作用涉及两方面的问题：一方面，剥落导致杂质与滤料颗粒间的碰撞无效；另一方面，剥落有利于杂质输送到滤层内部，进行深层滤层过滤，避免了污泥局部聚积，使整个滤层滤料的截污能力得以发挥。任何杂质颗粒，当黏附力大于剥落力时则被滤料滤除，反之则脱落或保留在水流中继续前进。过滤初期，孔隙率较大，孔隙中的水流速度较慢，水流剪切力较小，剥落作用微弱，因而黏附作用占优势；随着过滤的进行，滤料表面黏附的杂质逐渐增多，占据的孔隙增加，孔隙中的通道变窄，水流速度增加，水流剪切力也相应增大，杂质颗粒的剥落作用增大，这会导致上层滤料出水中浊度增大，使过滤过程推向下层，下层滤料的截留作用得以逐次发挥。

综上所述，过滤过程主要实现了三种作用。

① 机械筛滤作用。当含有悬浮杂质的水从过滤装置上部进入滤层时，某些粒径大于滤料层孔隙的悬浮物由于吸附和机械筛除作用，被滤层表面截留下来。此时被截留的悬浮颗粒之间会发生彼此重叠和架桥作用，在滤层表面形成一层附加的滤膜，起到了主要的过滤作用，故称为表层过滤（表面过滤）。

② 惯性沉淀作用。滤池中的滤料层可以看作是层层叠起的多层沉淀池，它具有巨大的沉淀面积，粒径为 0.5mm 的 $1m^3$ 的砂粒层，可提供有效沉淀面积达 $400m^2$ 左右。因此，水中悬浮颗粒由于自身的重力作用或惯性作用，会脱离流线而被抛到滤料表面。

③ 接触絮凝作用。研究证明，接触絮凝在过滤过程中起了主要作用。当含有悬浮颗粒的水流流经滤层孔道时，在水流状态和布朗运动等因素作用下，与滤料不断接触，恰如在滤料层中进行了深度的混凝过程。若混凝剂投量太小，ξ 电位不能被有效降低，在混凝过程中未脱稳的胶粒进入滤池后，一方面非有效碰撞增多，滤池截留不住这部分胶粒，增加了滤后水的浊度；另一方面由于表面带电性不能被滤料吸附，穿透滤层增加滤后水浊度。因此未经脱稳的悬浮物颗粒，过滤效果很差。

2. 影响因素

（1）水温

液体的黏度是温度的指数函数，随温度的升高而明显下降。过滤时，悬浮液温度低，黏度大，过滤速度慢。

（2）滤料

过滤工艺效果优良与否的关键取决于滤层，它是过滤工艺的核心部分。石英砂滤料、无烟煤滤料是使用最广泛的滤料。实验表明，当滤层厚度与粒径之比大于1000，且滤料均匀时，滤池出水浊度可小于 0.1NTU；滤料表层的含泥量要保持在 3%以下，最好 1%以下。

V 型滤池大都采用均质滤料，在采用气、水反冲洗时滤层不需要膨胀或仅有轻微膨胀，冲洗结束后，滤层不会明显产生上细下粗现象，保证了原来的滤层结构，提高了滤层含污能力；与其他滤料相比，石英砂滤料在相同的滤速下，过滤周期长，处理成本低。

（3）滤池反冲洗效果

滤池反冲洗效果直接影响滤池的过滤周期和出水水质。V 型滤池的反冲洗采用气、水反洗和表面冲洗两种方式，反冲洗布气、布水均匀，减少了滤料流失，降低了运行费用。滤池反冲洗期末的排水浊度不大于 10 NTU，且滤料含泥量不高于 0.2%，可作为滤池冲洗合格的评判标准。

3. 运行与管理

V 型滤池的结构如图 3-19 所示。

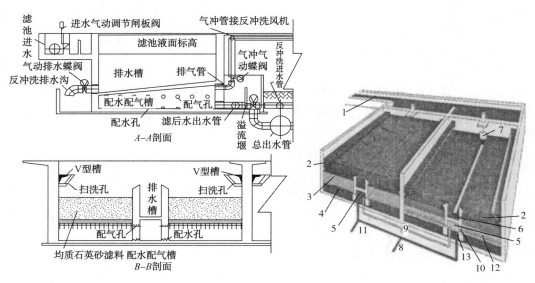

图 3-19　V 型滤池结构

1—进水渠道；2—V 型进水槽；3—滤床；4—带滤头的滤板；5—滤后水集水槽；
6—反冲洗排水渠；7—反冲洗排水阀；8—反冲洗进水口；9—反冲洗进气口；
10—反冲洗布水孔；11—滤后水出水；12—冲洗水布水孔；13—气垫

V 型滤池采用恒水位、恒滤速的重力流过滤方式，滤料上有足够的水深（1~1.2m），以保持有效的过滤压力使过滤介质的各个深度均不产生负压。

当某格滤池冲洗时，进入该格滤池的表面扫洗水量大致与其过滤时的水量相当，因此进入其他各格的过滤水量基本保持不变。滤池恒水位过滤可以通过调节出水系统阻力来实现。控制过程采用自动控制，不受人为因素影响。

V 型滤池通过 PLC 系统对各格滤池的进水阀、出水调节阀、气冲阀、水冲阀、泄气阀及鼓风机、水泵、空压机和液位计进行监控，并在风机、水泵和空压机之间均能实现自动切换。

V 型滤池主要有正常过滤和气、水反冲洗两个工艺流程。

（1）正常过滤过程

待滤水由进水总渠经进水阀和方孔后，溢流过堰口再经侧孔进入被待滤水淹没的 V 型槽，分别经槽底均匀的配水孔和 V 型槽堰进入滤池。被均质滤料滤层过滤后的水经长柄滤头流入底部空间，由方孔汇入气水分配管渠，在经管廊中的水封井、出水堰、清水渠流入清水池。

（2）气、水反冲洗过程

关闭进水阀，但有一部分进水仍从两侧常开的方孔流入滤池，由 V 型槽一侧流向排水渠一侧，形成表面扫洗。而后开启排水阀将池面水从排水槽中排出直至滤池水面与 V 型槽顶相平。反冲洗过程常采用"气冲→气、水同时反冲→水冲"三步。

气冲：打开进气阀，开启供气设备，空气经气、水分配渠的上部小孔均匀进入滤池底部，由长柄滤头喷出，将滤料表面杂质擦洗下来并悬浮于水中，被表面扫洗水冲入排水槽。

气、水同时反冲洗：在气冲的同时启动冲洗水泵，打开冲洗水阀，反冲洗水也进入气水分配渠，气、水分别经小孔和方孔流入滤池底部配水区，经长柄滤头均匀进入滤池，滤料得到进一步冲洗，表面扫洗仍继续进行。

水冲：停止气冲，单独水冲，表面扫洗仍继续，最后将水中杂质全部冲入排水槽。

在整个气、水反冲洗过程中持续进行表面扫洗，可以快速地将杂质排出，从而减少反冲洗时间，节省冲洗的能耗。而持续表面扫洗所消耗的全部或者部分待滤水，使得冲洗期间同一滤池组的其他滤池的流量和流速不会突然增加或仅有一点增加，减少冲击负荷，降低出水调节阀操作强度。

3.4.1.2 高密度沉淀池

高密度沉淀池技术研发于 20 世纪，在欧洲应用多年，主要应用于市政污水处理、石灰软化处理及给水处理。该技术在 20 世纪末被引进到国内，在市政、钢铁、电力、化工等行业已经被广泛推广应用。

高密度沉淀池是一种采用斜管沉淀及污泥循环方式的快速沉淀池，它集絮凝区、预沉浓缩区和斜管沉淀区于一体，具有占地面积小、处理效果好等优点，具有广泛的适用性。

1. 工作原理

高密度沉淀池基本原理是混凝沉淀技术，即投加混凝剂后，污水中悬浮的胶体及分散颗粒在分子力的相互作用下，发生凝聚或絮凝作用，使悬浮颗粒互相碰撞凝结，颗粒质量逐渐增加，从而使其沉降速度加快。

高密度沉淀池主要用于降低来水硬度，并去除部分 COD 和悬浮物。主要由四部分组成：混合区、絮凝反应区、沉淀/浓缩区以及斜管分离区。其工艺原理如图 3-20 所示。

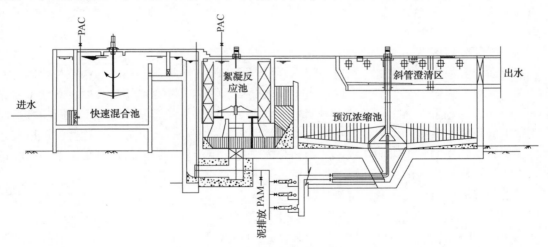

图 3-20 高密度沉淀池工作原理

（1）混合区

根据污水来水水质情况，原水进入混合池后投加混凝剂，通过混凝剂水解产物压缩胶体颗粒的扩散层，达到胶体脱稳而相互聚结的目的。同时，混凝剂中和了原水中颗粒物的负电荷，促进胶体脱稳。混合池内设置快速搅拌机进行搅拌，使投加的混凝剂与原水充分混合，混凝剂水解产物与水中悬浮颗粒及胶体聚结形成矾花。常见的混凝剂有固体硫酸铝、明矾、硫酸亚铁、三氯化铁、碱式氯化铝(PAC)等。也有在混凝池中投加石灰、氯化镁等药剂的,其主要目的是为了降低由于水中重碳酸盐和二氧化碳而造成的暂时硬度以及除去水中硅等物质。

$$Ca(HCO_3)_2 + Ca(OH)_2 \xlongequal{} 2CaCO_3\downarrow + 2H_2O$$
$$CO_2 + Ca(OH)_2 \xlongequal{} CaCO_3\downarrow + H_2O$$

(2) 絮凝反应区

在絮凝反应区进行混凝、絮凝等物化反应,这是本工艺的一个核心部分。将预混凝后的原水引入絮凝反应区底部,反应区设中心导流筒,导流筒内部的轴流叶轮进行慢速搅拌,形成较强的提升流速,使原水与加入的药剂进一步混合均匀,矾花扩大。同时,将污泥浓缩区的部分浓缩污泥回流至反应区,利用污泥的凝聚作用,提高混凝剂、絮凝剂的利用效率,降低药剂投加量,增加水中颗粒物的浓度,利于颗粒聚集、沉降,改善污泥沉降效果。导流筒外部形成推流式反应,慢速絮凝的过程可连续不断地增大矾花颗粒,使形成的矾花颗粒均匀且紧密,在沉淀池内可快速沉淀。

常见的絮凝剂包括聚丙烯酰胺(PAM)、活化硅酸($Na_2O \cdot xSiO_2 \cdot yH_2O$)、骨胶、海藻酸钠(SA)等。絮凝剂通常投加在搅拌器的下方。

(3) 沉淀/浓缩区

矾花进入沉淀区是一个慢速的过程,这样可以避免产生旋涡和矾花损坏,以保证悬浮固体颗粒有效且均匀地向下沉积。在沉淀池中部和下部,矾花汇集成污泥悬浮层和污泥压密层(浓缩区)。浓缩区在沉淀池底部,分为两部分,上部分为污泥回流部分,用回流泵将回流污泥送至反应池入口与原水混合。下部分沉降的泥渣在沉淀池底部压密浓缩,停留一段时间后排入排泥斗内。刮泥机的连续刮扫可使池底污泥聚集到中心形成浓缩污泥,促进沉淀区污泥的浓缩。浓缩的剩余污泥采用螺杆泵从底部抽出送至污泥脱水间,由脱水机进行脱水分离。

(4) 斜管分离区

絮凝后混合液进入沉淀池,穿过污泥悬浮层由污泥层过滤掉部分细小的颗粒和胶体至斜管底部,然后逆流向上至上部集水区,水中剩余颗粒和絮体沉淀在斜管的表面,并在重力作用下下滑回入污泥悬浮区。较高的上升流速和斜板60°倾斜可以形成一个连续自刮的过程,使絮体不会积累在斜板上。清水收集槽下侧通过固定纵向板进行水力分布。这些板可以有效地将斜管分为独立的几组以加强水流的均匀分配,提高沉淀效率。澄清水在集水槽中回收排出,矾花絮状物沉积到沉淀池底部浓缩收集。

同常规沉淀池相比,高密度沉淀池具有以下优点:

① 将快速混凝、絮凝、沉淀多个工艺段紧凑结合在一个单位内,占地面积较小。

② 由于机械搅拌使药剂和污水以及回流污泥的混合更快速、充分,强化了混凝、絮凝的效果并节约了药剂投加量。

③ 采用了斜板沉淀原理,高效斜管的设置使可用于泥水分离的面积为普通沉淀池的数倍,进一步提高表面负荷,在水量一定的条件下,沉淀池容积大为减少且效果更佳。

④ 从沉淀区至絮凝区采用可控的外部污泥回流系统。

⑤ 利用污泥悬浮层的过滤作用,使悬浮物去除效果更好,出水更加清澈。

⑥ 采用重力沉降和斜管沉淀布置，实现了最好的液、固分离效果。

2. 影响因素

（1）原水水质

高密度沉淀池对浊度较高的水处理效果较好，但对低温、低浊的污水处理效果欠佳。

（2）温度

水温对混凝效果有较大的影响，温度低时，混凝效果明显下降。主要原因为：① 水的黏滞系数增大，采用机械混凝需要更大的功率，混凝困难；② 温度降低使水中微生物对有机物的分解速率降低，混凝后生成的絮体中有机成分较多，其密度会较平常期小而不易沉降。

（3）混凝剂及絮凝剂的投加情况

混凝剂的种类、投加量和投加顺序直接影响混凝效果，从而影响出水浊度。投量不足将造成絮凝区絮体形成不充分，絮体沉降性能差，出水中含大量微小絮体；投量过大，如没有足够回流污泥形成絮核，会造成矾花上浮，使运行成本增加。实际运行前，应根据原水水质变化情况进行混凝沉淀烧杯试验，从而确定混凝剂与助凝剂的最佳种类、投加量和投加顺序。

（4）导流筒高度

导流筒用于提高混合效率和严格控制流态。水流经导流筒内，因搅拌桨的提升混合而形成大量涡旋。导流筒结构尺寸参数的不同，池内水流流态发生改变，进而影响出水水质。

（5）污泥回流浓度与回流量

可控的污泥回流是高密度沉淀池的一个重要特点。不同于机械加速澄清池的水力回流，高密度沉淀池利用回流泵进行强制回流，回流量可控制。回流污泥可形成高浓度混合液，增加水中颗粒物的含量，增强絮凝作用和提高沉降性能，从而大幅缩短了絮凝和沉降时间，其浓度和回流量对沉淀池处理效果影响很大。回流污泥浓度过高、回流量过大，进入沉淀区的污泥过多，会加重刮泥机负荷，容易引起刮泥机故障，同时沉淀池底泥层过高，影响水质，甚至翻池；而回流污泥浓度过低、回流量过小，进入沉淀区的污泥起不到增强絮凝效果和提高沉降性能的作用，沉淀池也会翻池，出水水质不能保证。污泥回流量应根据处理水量水质、污泥质量浓度、污泥性质等确定。

（6）絮凝池搅拌器转速、叶轮大小

在高密度沉淀池的运行过程中，絮凝池搅拌器的转速对药剂和水的混合起直接作用。转速较低时，混合不够充分，反应不彻底，不能将水中的悬浮物和胶体物质充分聚合为絮体，影响出水浊度；转速较快时会将已形成的大颗粒絮体打散成小絮体，不利于澄清区的分离沉降，同样会造成出水浊度过高。搅拌器的最佳转速需结合来水水质、处理负荷、药剂投加量等工况综合确定。

小叶轮搅拌器的运行性能能够满足工艺需要。当池内泥量多时，有较为宽泛的调节范围，运行相对稳定。在池内泥量较少时，可调节范围较窄。小叶轮搅拌器运行稳定，使用寿命长。

（7）排泥时间与排泥量

高密度沉淀池泥位的调节通过排泥量来控制，通常控制泥位 15%。泥位过高，容易受来水水量冲击导致泥层膨胀流失，同时会加大刮泥机运行负荷，易造成刮泥机过载跳停。泥位过低会造成回流污泥浓度低，絮凝效果减弱。在装置开车启动时，高密度沉淀池通常未蓄足泥位，产水浊度偏高，随着泥位的增加，浊度会逐步降低至正常水平。

3. 技术特点

① 耐冲击负荷，出水水质好，处理效率高。

② 运行成本低，与传统工艺相比，节约 10%~30% 的药剂。

③ 排放污泥浓度高，可达 30~50g/L，其一体化污泥浓缩设置避免了后续的浓缩工艺，减少了水量损失。

④ 对低温、低浊水有较好的适用性，可通过额外投加活性炭强化对有机物的去除效果。高密度沉淀池作为深度处理单元，可为超滤膜提供良好进水水质，降低膜污染。

⑤ 占地面积小，结构紧凑，投资省。

3.4.1.3　微絮凝连续流动砂过滤器

连续流动砂过滤器是 20 世纪后期出现的全新产品，它克服了传统过滤器需定期清洗、不能连续运行的弱点，实现了连续运行、连续清洗。连续流动砂过滤器不会产生冲击负荷，处理水质平稳、可靠，配套设施简单，占地省，还可与混凝反应组合成微絮凝过滤。

1. 工作原理

待过滤污水首先进入前微絮凝混凝槽，同时在混凝槽投加混凝剂形成微絮体，再进入连续流动砂过滤器。基于逆流原理，进水通过设备上部的进水管经中心管流到设备底部，再经分配器进入砂床底部，水流向上流经床层被过滤净化。连续流动砂过滤器主要是依靠滤料对水中微粒、絮体的黏附、附着作用，截留污水中悬浮物，实现污水的净化目的，滤后水从设备上部出水口排出；附着悬浮杂质的砂粒从设备锥形底部通过空气提升泵，被提升到设备顶部洗砂器，砂粒在空气提升过程中的紊流混合作用使截流的污物从砂粒中剥离下来。进入洗砂器的砂粒由于重力作用向下自动返回砂滤床。与此同时，小流量的滤后水被引入洗砂器，并与向下运动的砂粒形成错流而起到清洗作用。清洗水携带着洗下的污物通过设在设备上部的清洗水出口排出，被清洗后的砂粒返回砂床，砂床向下缓慢移动，从而构成连续流动砂过滤器。其原理如图 3-21 所示。

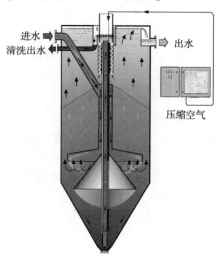

图 3-21　连续流动砂过滤器原理

连续流动砂过滤器是一种均匀介质的接触式深层过滤设备，内部没有可动部件，可连续工作不需停机反冲洗，保证过滤质量。

2. 工艺特点

（1）连续运行模式

连续流动砂过滤器的运行方式为连续运行，连续冲洗，无须反冲洗中断运行，具有高的过滤面积和过滤能力。连续冲洗使得系统不会产生冲击负荷和水质波动，可保证稳定、优质的出水。

（2）系统配置简单

连续流动砂过滤器不需配置反冲洗水泵、反冲洗水池、冲洗污水收集池，不需设置自动控制切换阀门，不需反洗鼓风机，无可动部件，不易堵塞底部喷嘴。

（3）适应性强、过滤效率高、处理效果好

连续流动砂过滤器为单级均质过滤，过滤效率高、效果好，可构成微絮凝过滤系统。

（4）运行费用低

连续流动砂过滤器能耗低，维修费用低，易扩能，易重建。

3.4.1.4　活性陶瓷过滤器

在水处理过程中，用于过滤的截留材料称为滤料。滤料有粒状、粉状和纤维状多种。常用滤料有石英砂、无烟煤、活性炭、磁铁矿、柘榴石、多孔陶瓷、塑料球、核桃壳、纤维球等。

活性陶瓷过滤器是采用轻质微孔陶瓷作为滤层的介质过滤器，用以去除水中的悬浮物或胶体物质，特别是能有效地去除微小粒子和细菌等，对 BOD 和 COD 等也有一定程度的去除效果，产水符合使用要求。

活性陶瓷过滤器主要由配套管线和阀门及过滤器本体构成。过滤器本体包括：筒体、反洗气管、布水组件、支撑组件、滤料、排气阀等。

1. 工作原理

活性陶瓷过滤器的主要特点，一是采用特制的轻质微孔陶瓷为滤料，这是活性陶瓷过滤器的核心技术；二是特别设计的反冲洗系统。

特制的轻质微孔陶瓷滤料是一种多微孔不定型滤料，如图 3-22 所示。其表面多微孔（孔隙率高达 80%）使其具有大的比表面积，骨架上面还有显微孔使其具有一定的吸附性能。微孔陶瓷与石英砂相比，其比表面积可以提高百倍以上，大大提高了对微小颗粒杂质的吸附和截留能力。滤料参数如

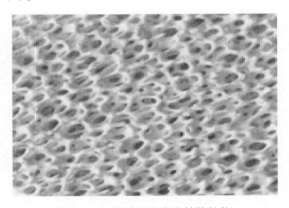

图 3-22　轻质微孔陶瓷结构性能

表 3-4 所示。不同纳米镀膜使滤料具有拒油特性不粘连，过滤精度接近超滤。正是由于微孔陶瓷具有良好的吸附性能和过滤效果，其过滤器被称之为活性陶瓷过滤器。

活性陶瓷过滤器工作原理基于不同深度过滤，水中较大的颗粒在顶层被截留去除，较小的颗粒在过滤器介质的较深处被吸附去除，从而使处理水质达到微滤处理水平。

活性陶瓷过滤器是压力式的，其原理是当原水自上而下通过滤料时，水中悬浮物由于吸附和机械阻流作用被滤层表面截留下来；当水流进滤层中间时，由于滤料层中的滤料排列更紧密，使水中微粒有更多机会与滤料碰撞，于是水中凝絮物、悬浮物和滤料表面相互黏附，水中杂质截留在滤料层中，从而得到澄清的水质。经过滤后的出水悬浮物浓度可在 1mg/L 以下。

表 3-4　滤料主要参数对比

性能指标	石英砂	微孔陶瓷滤料	性能指标	石英砂	微孔陶瓷滤料
密度/（kg/m³）	2.6	1.2	比表面积/（m²/g）		13~25
容重/（kg/m³）	1.6	0.7	抗压强度/MPa		5.78
孔隙率/%		73~82	抗剪强度/MPa		3.98

活性陶瓷过滤器改进了反冲洗方式，以气作为反洗动力，可实现节能 80%，节水 80%，恢复性能良好。通过分层、分区清洗，解决了滤料局部粘连或板结的难题，且以气作为反洗动力可以在滤料表面产生负压，利于吸附物脱附解析和滤料再生。

2. 工艺特点

① 活性陶瓷过滤器可广泛用于各类水处理工艺中，可以单独使用，但多数是作为深度处理（交换树脂、电渗析、反渗透等）的预处理过滤。

② 活性陶瓷过滤器材质可采用玻璃钢、A3 钢防腐或全不锈钢。操作方式有全自动和手动两种形式。

③ 不同配方、不同烧结温度、不同功能的微孔陶瓷滤料，相对密度不到石英砂的一半，由此，反冲洗的动力消耗可以减少一半。

3. 应用效果

不同过滤器效果对比如表 3-5 所示。

表 3-5　过滤器处理效果对比

对比内容	传统过滤器	活性陶瓷过滤器
除油效果	可以小于 5mg/L，随时间延长而不稳定	可以接近零，长期稳定
过滤精度	10μm	1μm
悬浮物	可以小于 5mg/L	可以小于 ≤1mg/L
粒径中值	可以小于 2μm，但不稳定	可以小于 1μm 且稳定

3.4.2　高级氧化技术

高级氧化技术是 20 世纪后期发展起来的深度氧化技术，是指其氧化能力超过所有常见氧化剂，或者其氧化电位接近或达到羟基自由基（·OH）的水平，可与有机污染物进行系列自由基链反应，从而破坏其结构，使其逐步降解为无害的低分子量有机物，最终降解为 CO_2、H_2O 及其他矿物盐的技术。

高级氧化技术在催化剂以及声、光、电等作用下，可以在氧化过程中产生氧化性极强的活性自由基（如 ·OH 等），并由于活性自由基的存在，难降解、难氧化的有机物可以在其作用下发生开环、断键、加成、取代以及电子转移，最终被氧化分解为 CO_2 和 H_2O。与传统的水污染处理技术相比较，高级氧化技术具有以下特点：

① 通过反应产生的羟基自由基将难降解的有机污染物有效地分解，直至彻底地转化为无害的无机物，如 CO_2、N_2、SO_4^{2-}、PO_4^{3-}、O_2、H_2O 等，没有二次污染。

② 反应时间短、反应速度快，过程可以控制、无选择性，能将多种有机污染物全部降解。

③ 处理过程有时过于复杂，处理费用普遍偏高。

④ 通常更适用于高浓度、小流量的污水的处理。

高级氧化技术主要包括芬顿（Fenton）试剂氧化法、光催化氧化法、电催化氧化法、臭氧及臭氧催化氧化法、超声氧化法、湿式氧化法、超临界水氧化法等处理方法。

高级氧化技术较传统污水处理技术而言，在适用性、反应速率及处理效率等方面有着各自的优势，但也都存在着相应的问题。

在炼油化工污水深度处理中，臭氧氧化和臭氧催化氧化是应用最多的高级氧化技术。这里重点介绍臭氧氧化技术、臭氧催化氧化技术和电催化氧化技术等。

3.4.2.1　臭氧氧化技术

臭氧的化学分子式是 O_3，因其具有类似鱼腥味臭味而得名。在标准状况下，臭氧在水中的溶解度约为氧气的 13 倍。其氧化还原电位 2.07V，具有很强的氧化性。臭氧氧化技术就是一种利用臭氧所具有的氧化性来降解水中的污染物质（有机物或无机物），以达到水质净化目的。该技术具有处理效率高、工艺流程简单、操作简便灵活、无化学药剂添加、无二次污染等特点。

1. 臭氧氧化工作原理

臭氧与有机物反应是通过以下两种途径进行：

① 臭氧和有机物进行直接氧化反应，此反应速率较慢且具有选择性；

② 臭氧通过产生羟基自由基与有机物进行间接反应，其与有机物反应速率快，无选择性。

直接反应时，臭氧分子作为偶极分子，既可以作为一种亲核试剂又可以作为亲电试剂直接与有机物发生反应，如图 3-23 所示，生成醛、酮、有机酸等反应产物。由于其具有偶极结构，可以和含有不饱和键（如 $C=C$、$C\equiv C$、$C=N$、$N=N$、$-CHO$ 等）的有机物进行加成反应。而亲电取代反应主要发生在有机物分子结构中电子云密度较高的部位，尤其是芳香族化合物。一般含供电子基团的芳香族化合物（如含有 $-OH$、

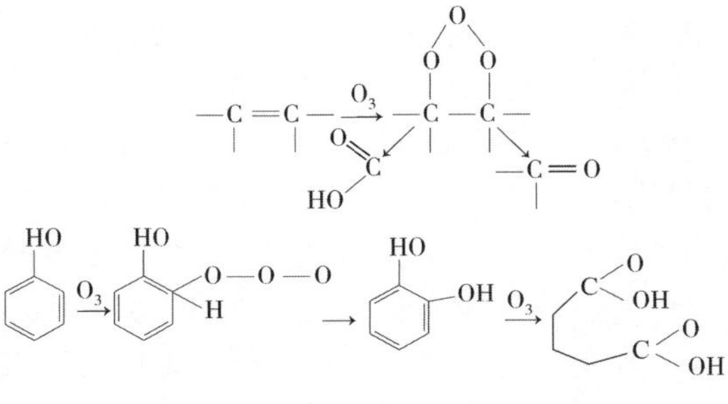

图 3-23　臭氧分子与烯烃类化合物及酚羟基反应

$-NH_2$、$-CH_3$、$-OCH_3$ 等），其邻位、对位碳原子上的电子云密度较高，容易和臭氧发生反应。在直接反应中，臭氧与含有双键等不饱和化合物以及带有供电子取代基（酚羟基）的芳香族化合物的反应速率较快，属于传质控制的化学反应；但是饱和的有机物及酚羟基以外的其他有机化合物与臭氧的直接反应速率很慢，属于由反应速率控制的化学反应。

间接反应时，少量臭氧通过在水体中分解产生具有强氧化性能的羟基自由基等中间产物，通过这些中间产物与有机物发生间接反应，反应过程如下：

$$RH + \cdot OH \longrightarrow R\cdot + H_2O \tag{1}$$

$$R\cdot + O_2 \longrightarrow ROO\cdot \tag{2}$$

$$ROO\cdot + RH \longrightarrow ROOH + R \tag{3}$$

$$RH + O_2 \longrightarrow R\cdot + HO_2\cdot \tag{4}$$

$$HO_2\cdot \longrightarrow H+ + O_2^-\cdot \tag{5}$$

$$R\cdot + O_2^-\cdot \longrightarrow ROO^-\cdot \longrightarrow \cdots \longrightarrow CO_2 + H_2O \tag{6}$$

羟基自由基的氧化还原电位高达 2.80V，具有比臭氧更强的氧化性能，且羟基自由基与有机物反应速率快，反应速率常数通常在 $10^6 \sim 10^{10}$ mol/（L·s），氧化产物主要为二氧化碳和水等，不产生新的污染物。

总体而言，臭氧与水中的有机物反应较为复杂，反应类型取决于有机物种类以及反应条

件。在正常情况下，臭氧氧化工艺一般以直接反应为主，伴随部分间接反应。

2. 臭氧氧化影响因素

（1）有机物种类和浓度

由于臭氧分子与有机物反应具有较强的选择性，有机物结构不同，与臭氧的氧化反应速率差别很大，从而导致氧化时间差异很大。而有机物不同，被氧化的程度不同，最终的氧化产物也各不相同。

表 3-6 所示为部分有机物与臭氧分子的反应速率。

表 3-6　有机物与臭氧分子的反应速率

有机物名称	O_3反应速率常数/[mol/(L·s)]	有机物名称	O_3反应速率常数/[mol/(L·s)]
氯乙烯	1.4×10^4	叔丁醇	$\sim 3 \times 10^{-3}$
氯苯	0.75	三氯乙酸	$< 3 \times 10^{-5}$
苯	2	磺胺甲氧吡咯	$\sim 2.5 \times 10^6$

另外，臭氧和有机物初始浓度的高低也会对臭氧氧化工艺参数和效果产生较大影响，其符合二级反应的假设。水中臭氧浓度的提高直接导致有机物氧化速率的增加；对于以臭氧产生羟基自由基参与的间接反应，还要受到生成的羟基自由基数量的控制。在较低的臭氧浓度下，臭氧浓度的升高使反应速率加快，但臭氧投加量超过一定值后，氧化剂投加量增加对污染物去除效果的提高并不明显。污染物浓度越高，所需的臭氧投加量越大，臭氧氧化时间越长。反之，污染物浓度越低，所需的臭氧投加量越小，臭氧氧化时间越短。因此，当水质成分比较复杂时，臭氧氧化效果的稳定性无法得到保证。

（2）反应温度

温度对臭氧氧化体系的反应速率存在影响，温度升高则反应速率常数增大。反应速率与温度的关系基本遵循 Van't Hoff 规则，即温度每升高 10℃，反应速率增加 1 倍。但温度上升使臭氧更容易从水中逸出，同时也会加快臭氧的无效分解，缩短臭氧在水中的半衰期，降低臭氧的溶解度，导致水中臭氧浓度下降，使臭氧氧化反应平衡逆向移动，影响臭氧与有机物的反应速率。

（3）溶液 pH 值

溶液 pH 值对臭氧氧化的反应进程影响较大。臭氧氧化体系的 pH 值不仅影响着溶液中电解质的电离和非电解质的溶解度，同时也直接影响着反应体系中活性自由基的产生。当反应体系 pH 值小于 4 时，体系中充斥着大量的氢离子，极少的氢氧根离子不能大量产生羟基自由基，因此主要进行直接反应，反应速率很慢；随着 pH 值升高，体系中氢氧根离子浓度逐渐升高，当 pH 值等于 7 时，体系中氢离子与氢氧根离子浓度相等，直接参与有机物反应的臭氧与由其产生的羟基自由基对有机物的氧化作用大致相当，此时体系的反应表现为直接反应和间接反应的共同作用；当反应体系 pH 值等于或者大于 10 的条件下，水中电离的氢氧根离子能够促进臭氧产生大量的 $HO_2 \cdot$ 和 $O_2^- \cdot$ 自由基，进一步形成 $O_3^- \cdot / HO_3 \cdot$ 等活性自由基。如此众多的活性自由基与有机物迅速结合，最终实现有机物的分解或去除，所以在此条件下的反应主要表现为间接反应。由此可以推测，反应体系 pH 值由低到高的变化是反应体系主导由直接反应向间接反应的过渡过程。大量实验也证明反应体系 pH 值升高有利于提高臭氧对有机物的氧化速率和氧化性能。但是，当 pH 值浓度过高时，又会发生淬灭反应，影响氧化效率，故在弱碱性条件下，有利于臭氧氧化性能的发挥。

（4）臭氧投加方式

一般臭氧常用的接触装置有三种：鼓泡塔或池、水射器（文丘里管）、搅拌器或螺旋泵。

① 鼓泡（曝气）法。大型水处理用鼓泡池，小型水处理则常用鼓泡塔，它要求鼓泡器有小（几个微米到几十微米孔径）的孔径以增加臭氧的比表面积，而且要求孔径布气均匀，以使水、气全面接触。尤其是在鼓泡池中用多个布气（曝气）器时，同时一般要求从水面到布气器表面，水深不小于 4~5m，以利于气、水充分接触。

鼓泡法操作方便，可以很容易改变运行参数而不影响投加效果，动力消耗少。鼓泡（曝气）塔结构简单，维修方便，但其体积过于庞大。鼓泡池占地面积大，鼓泡塔要求较高厂房，成本较高。

② 水射器（文丘里管）。利用高速水流在变径管道中流动造成的负压区吸入臭氧气体，并形成湍流起到混合效果。而在文丘里管后设置固定螺旋混合器则可进一步起到搅拌水、气作用，在较长的距离内保持湍流状态以加强臭氧的吸收。这种装置由于混合时间很短，所以在其输出管道后常常还需加设储水罐，以增加水、气接触时间，并使水流速度降低以使尾气析出。

水射器结构比鼓泡塔简单，生产成本低，但需加设水泵以保证水的喷射速度，而且工艺参数不易掌握，处理水量不能随意调节，否则将发生气、液两相分离，影响吸收效果。

③ 搅拌法。早期的搅拌器类似单缸洗衣机，只是电机上置，外筒做成多角型，利用搅拌造成的涡流使气泡打碎，溶入液体。此类搅拌法效果差，动力消耗大，比鼓泡法体积小，但成本高，机器寿命低，维修费用高。

近年有涡轮泵上市，混合效果很好，而且体积小巧，工艺参数操作容易，但结构复杂成本高，动力消耗大，维修复杂。

3. 臭氧氧化法的适用性

（1）水的消毒杀菌

臭氧在水中对细菌、病毒等微生物杀灭率高、速度快，对有机化合物等污染物质去除彻底而又不产生二次污染，因此水的杀菌消毒是臭氧应用的最主要市场。

（2）污水处理

工业污水采用臭氧氧化处理可对难生化有机污水中有机物进行结构改性，破坏有色基团，降低 COD，达到水体脱色、提高可生化性、降低微生物毒性的目的，便于后续生化处理。臭氧氧化可破坏偶氮、重氮或带苯环的环状化合物，降低污水色度，去除因霉菌、放线菌和水藻等分解产物造成的异味和臭味。

4. 臭氧氧化的运行与管理

① 臭氧氧化工艺主要运行参数可通过 PLC 等自控程序进行监测、调整。

② 根据来水水质、水量和实际处理效果调整臭氧投加量等工艺参数，以达到出水水质要求。

③ 定期巡检，检查臭氧发生系统的工作状态是否正常（如臭氧有无泄漏、臭氧浓度是否正常等），如发现异常，应及时停机，分析原因，并进行维修。

④ 每日检查臭氧进气管路、尾气管路和水样采集管路上阀门和仪表运行状况，并定期作好保养保洁工作。

⑤ 定期对臭氧释放系统进行检查。了解布气器(曝气头、布气盘或穿孔管等)的堵塞情况，必要时进行清洗、疏堵工作。

3.4.2.2　臭氧催化氧化技术

臭氧催化氧化技术是一种高效的高级氧化污水处理技术，是近年来工业污水处理领域的应用热点。

臭氧催化氧化技术是一种通过向臭氧氧化反应体系中引入催化剂，以增强臭氧的氧化性能、提高臭氧的利用效率为目的的高级氧化水处理技术。其利用催化剂协同臭氧氧化，降低反应活化能或改变反应历程，达到深度氧化、最大限度地去除有机污染物的目的，从而有效解决了臭氧氧化技术中存在的臭氧利用率低、氧化不彻底、氧化效果不稳定等问题。

1. 臭氧催化氧化工作原理

臭氧催化氧化通常分为均相臭氧催化氧化和非均相臭氧催化氧化两类。

均相臭氧催化氧化是指催化剂以溶液的形式存在，与臭氧构成催化氧化体系，从而增强氧化效果。常见的均相催化剂主要有 Mn^{2+}、Ag^+、Fe^{2+}、Cu^{2+}、Co^{2+}、Ni^{2+} 等。均相臭氧催化氧化技术主要有两种反应机理：一是利用金属离子催化剂促进臭氧的分解，生成氧化能力更强的羟基自由基，利用羟基自由基来氧化水中有机物；二是利用过渡金属离子催化剂与有机物反应形成金属络合物，而金属络合物中的金属更容易失去电子，促使金属络合物中发生氧化还原的能力增强，使得络合物更容易被臭氧氧化降解，从而达到催化效果。

自由基反应机理是一种类 Fenton 反应机理，即臭氧在催化剂作用下分解形成具有强氧化作用的自由基。以 Fe^{2+} 为例，其催化分离臭氧形成羟基自由基的机理，反应见式(1)、式(2)。

$$Fe^{2+}+O_3 \longrightarrow FeO^{2+}+O_2 \tag{1}$$

$$FeO^{2+}+H_2O \longrightarrow Fe^{3+}+OH\cdot+OH^- \tag{2}$$

另一种反应机理是臭氧在碱性条件下更容易分解形成羟基自由基。且反应速率不受自由基抑制剂的影响。Co^{2+} 催化氧化草酸是通过如式(3)~式(5)所示的反应进行的。

$$Co^{2+}+C_2O_4^{2-}+O_3 \longrightarrow CoC_2O_4^++O_3^- \tag{3}$$

$$CoC_2O_4^+ \longrightarrow Co^{2+}+C_2O_4^-\cdot \tag{4}$$

$$C_2O_4^-\cdot+O_3 \longrightarrow 2CO_2+O_3^- \tag{5}$$

由于均相催化氧化剂为离子状态，在实际运行中需向水中引入金属离子，回收困难，易流失，易产生二次污染，运行费用高，从而限制了均相臭氧催化氧化技术的应用。

非均相臭氧催化氧化则克服了均相臭氧催化氧化的不足，采用固相催化剂，形成气、液、固三相反应体系。催化剂稳定性好，不容易流失，不引入二次污染，无需后处理，可反复利用。所用催化剂主要分为贵金属催化剂、过渡金属催化剂和稀土系列催化剂等几大类，包括金属、金属氧化物以及负载于载体之上的金属或金属氧化物，如 TiO_2、Al_2O_3、Cu/Al_2O_3、Ru/CeO_2、TiO_2/Al_2O_3、$MnO_2/$陶粒等。其中，贵金属催化剂由于成本昂贵，因此应用受到限制。目前以过渡金属催化剂和稀土系列催化剂为主。

非均相臭氧催化氧化过程主要有以下几个机理：

通过催化剂强化产生羟基自由基，使得有机污染物得到完全降解。催化剂载体具有较大的比表面积，一方面可利用吸附作用去除有机物，另一方面固体催化剂表面有活性位点，有机物被吸附到活性位点与催化剂形成络合物，降低反应活化能，提高了臭氧氧化污染物的速度和程度，使有机污染物更易于被氧化分解。

经典的臭氧催化氧化机理如下：

① 在羟基自由基反应机理的推测中，金属氧化物表面的羟基对羟基自由基的生成起着至关重要的作用。首先，臭氧和催化剂表面羟基作用生成 HO_2^-，HO_2^- 继续和臭氧分子反应生成 $HO_2 \cdot$，$HO_2 \cdot$ 和臭氧之间作用生成 $O_3^- \cdot$、$HO_3^- \cdot$，最后 $HO_3^- \cdot$ 分解生成羟基自由基 $\cdot OH$。Al_2O_3 催化臭氧氧化机理如图 3-24 所示。

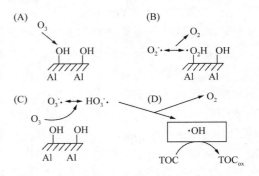

图 3-24 Al_2O_3 催化臭氧氧化机理示意

② 在还原性金属催化剂表面，臭氧氧化金属产生羟基自由基，有机分子（如 HA）被吸附在催化剂表面，而后通过电子转移被氧化，进而产生还原性催化剂，有机自由基 $A \cdot$ 脱附，再被臭氧或羟基自由基氧化或在双电层内氧化。HA 臭氧催化氧化机理如图 3-25 所示。

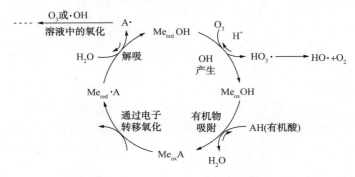

图 3-25 液相中臭氧在催化剂表面分解的可能路径

Me—金属氧化物表面；Me_{red}—还原态的金属；

Me_{ox}—氧化态的金属

③ 有机物分子通过化学键的作用吸附在催化剂表面，进一步与气相或者液相臭氧反应。催化剂在此只起到吸附作用，臭氧和羟基自由基是氧化剂。首先有机酸（HA）被迅速吸附在催化剂载体表面，载体表面的氧化物会与有机物形成络合物，随后，这些络合物被臭氧和羟基自由基氧化。图 3-26 所示为催化剂表面吸附作用。

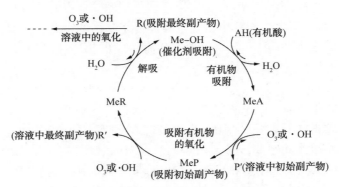

图 3-26 催化剂的表面吸附作用

2. 臭氧催化氧化的影响因素

影响臭氧催化氧化效果的主要因素有：

（1）催化剂种类及性质

催化剂的催化活性与催化剂孔结构和表面化学性质、表面活性组分以及制备工艺有关。催化剂常用的载体主要是 TiO_2、SiO_2、分子筛、$\gamma\text{-}Al_2O_3$、活性炭、陶粒等，载体种类不同，臭氧催化氧化效果也存在差异。催化剂比表面积大，有助于催化剂对污染物及氧化剂的吸附，加快反应速率，提高有机物的氧化降解效果。制备方法对于催化剂的表面性质有一定影响。如氧化铝催化剂的催化活性与焙烧温度有关，当温度由低到高时，氧化铝的晶型发生转变，表面羟基数量减少，催化活性下降。研究表明，增加活性组分种类或者添加稀土元素助剂等方法有助于提高催化剂的性能。一般而言，负载多金属活性组分，容易发生电子传递过程，具有较高的氧化还原催化活性，促进臭氧分解为更多的羟基自由基。

（2）催化剂使用量

催化剂为臭氧与污水中有机物的接触反应提供表面活性点。一般而言，催化剂使用量越大，催化剂表面积和活性位点越多，相应的臭氧催化氧化反应速率越大，有助于缩短水力停留时间。但催化剂使用量越大，投资费用也相应越高。因此，需要结合实际确定合适的催化剂用量。

（3）催化氧化池型设计

臭氧催化氧化池需采用精细化设计，有利于臭氧效果的提高，故单间臭氧催化池面积不宜过大。在臭氧催化的主反应区水相与臭氧化空气采用逆向接触优于同向接触。采用非均相催化剂的臭氧催化氧化技术还需注意好反洗系统、臭氧分布系统等各组件的协调效应。

（4）反应温度

与温度对臭氧氧化的影响类似，温度的升高对反应速率和气液传质速率的影响相反。温度升高时，反应速率加快，能促进臭氧催化氧化反应的进行，但随着温度的升高，臭氧在水中的溶解度减小，导致气液传质推动力减弱，进而导致传质速率的降低。温度升高的同时还伴随着能量的消耗，因此，针对不同的催化反应体系，需结合成本，选择合适的反应温度。

（5）pH 值

溶液 pH 值对臭氧催化氧化的反应进程影响较大，pH 值的变化会改变催化剂的表面性质，从而影响羟基自由基的生成途径。当羟基基团在中性或者负电荷情况下可以作为臭氧降解产生羟基自由基的活性位点，溶液 pH 值接近催化剂的等电点时，催化氧化体系将显示极大的优越性。但 pH 值过高时，会影响催化剂表面羟基基团的密度，而表面羟基基团相比于 OH^- 对臭氧分解羟基自由基的能力影响更大，从而造成催化活性降低。一般 pH = 6～10 时，在催化剂存在情况下均能发挥较好效果。

（6）水质

水中碳酸根、碳酸氢根、叔丁醇等是自由基抑制剂，这类物质会与反应中产生的羟基自由基发生反应，生成非自由基物质，阻止自由基链式反应的进行，从而降低臭氧催化氧化效率。同时，水中悬浮物含量过多，覆盖在催化剂表层的悬浮物会减少臭氧与催化剂接触面积，且臭氧易与悬浮物表面的附着物发生反应，降低臭氧催化氧化有机物效率。此外水中含盐量也会对臭氧催化氧化产生影响，如 Cl^- 等也会被氧化造成臭氧的消耗，降低有机污染物的去除效率，增加处理成本。

3. 臭氧催化氧化适用条件

臭氧催化氧化工艺主要用于难生化污水的深度处理，除具有臭氧氧化的优势外，尤其针对污水中单独臭氧难以氧化或者氧化速率极慢的有机物(臭氧非敏感性有机物)进行氧化改性或矿化，为污水达标排放或回用提供保障。在炼油化工企业二级生化出水的深度处理及反渗透浓水的达标处理中应用广泛。

臭氧催化氧化能缩短水力停留时间，降低臭氧投加量，提高氧化效率和臭氧利用率，提高污水的可生化性。该工艺既能作为单独工艺运行，降解 COD，又能与生化工艺组合运行。

4. 臭氧催化氧化的运行与管理

目前，工程上臭氧催化氧化工艺主要以非均相臭氧催化剂为主，采用颗粒状负载型催化剂，故需要配套反冲洗系统。臭氧催化系统的反冲洗及运行监测系统通常采用全自动 PLC 系统，运行管理较为方便。

臭氧催化氧化可用于污水的预处理，提高污水的可生化性，降低后续工艺的运行费用，也可以用于污水的深度处理，去除水中难生化的有机物。由于进水中的悬浮物、胶体等会消耗部分臭氧，造成臭氧的浪费，影响臭氧催化氧化的效果。同时，部分悬浮物易被截留在催化剂表面，影响催化效率。因此，需要对进水实施预处理去除水中悬浮物和胶体，提高臭氧利用率。常用的预处理工艺有混凝沉淀、过滤、气浮等。

另外，在臭氧催化氧化装置运行过程中，催化剂会受到悬浮物、胶体及氧化产物等物质的污染，阻碍催化活性组分与有机污染物、臭氧的接触，从而降低催化效果。因此，需要对催化剂进行反冲洗，以维持其表面的清洁程度。反洗一般采用 PLC 或 DCS 系统全自动运行。

3.4.2.3　电催化氧化技术

电催化氧化是指在外加电场作用下，基于阳极或阴极的高效催化作用，通过化学、物理作用达到高效净化水中污染物的水处理工艺。电催化氧化法包括使污染物在电极表面及其附近区域上发生直接电化学反应，以及利用催化剂作用促使电极表面产生强氧化性活性物质与污染物发生氧化还原反应，分解形成无害化小分子物质的过程。

1. 电催化氧化技术原理

电催化氧化技术是在外加电场条件下进行阳极氧化和阴极还原的过程，技术原理如图3-27所示。电催化氧化可产生大量的·OH，·OH的氧化能力极强，几乎可以无选择地将任何有机污染物矿化。·OH 可与有机化合物发生加合、代替、电子转移、断键等，使污水中难降解的大分子有机物被氧化降解成为低毒或无毒的小分子物质，甚至直接矿化为 CO_2 和 H_2O。

电催化氧化包含直接氧化和间接氧化。直接氧化还可分为电化学氧化、电化学燃烧。间接氧化有可逆过程和不可逆过程之分。表述如下：

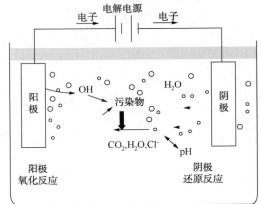

图 3-27　电催化氧化技术原理

(1) 直接氧化

电化学氧化：有机物未完全氧化，如芳香物变成脂肪酸(提高可生化性)；

电化学燃烧：有机物彻底氧化，如苯胺彻底氧化成水和二氧化碳。

直接氧化方程式：

$$M+H_2O \longrightarrow M(\cdot OH)+H^++e^-$$

电极在加载电流的情况下，通过阳极极板表面的活性点位（M），夺取水分子解离释放氢氧根离子，将其氧化为羟基自由基（·OH），并在表面形成 M(·OH)复合结构。

$$R+M(\cdot OH) \longrightarrow M+RO+H^++e^-$$

或

$$R+M(\cdot OH) \longrightarrow M+aCO_2+bH_2O+H^++e^-$$

式中，M 指阳极极板。

在与有机物反应的过程中，有机污染物 R 同 M(·OH)反应，可以被转化或彻底矿化。

同时在阴极极板表面，不断吸收水中可被还原的物质 A^+，这些物质得到电子，可以被还原。当水中无其他还原性物质时，主要反应为还原 H^+，即为析氢过程。

$$A^++e^- \longrightarrow A$$

（2）间接氧化

与电极上负载的金属氧化物（有 SnO_2、PbO_2、Sb_2O_5、RuO_2、IrO_2、MnO_2、Ta_2O_5 等）反应，这个过程分为可逆过程和不可逆过程。

① 可逆过程：阳极表面金属氧化物分两个阶段进行。

$$MO_x+H_2O \longrightarrow MO_x(\cdot OH)+H^++e^-$$
$$MO_x(\cdot OH) \longrightarrow MO_{(x+1)}+H^++e^-$$

若溶液中不存在有机物：

$$MO_x(\cdot OH) \longrightarrow O_2+H^++e^-+MO_x$$
$$MO_{(x+1)} \longrightarrow O_2+MO_x$$

若溶液中存在有机物：

$$MO_x(\cdot OH)+R \longrightarrow CO_2+H^++e^-+MO_x$$
$$MO_{(x+1)}+R \longrightarrow RO+MO_x（生化性提高）$$

金属氧化物晶格氧空位。

② 不可逆过程：通过阳极产生的短寿命的中间氧化产物，如·OH、Cl^-、$HClO$、H_2O_2、HO_2^- 或 O_3 等氧化物。

$$H_2O \longrightarrow \cdot OH+H^++e^-$$
$$有机物+\cdot OH \longrightarrow 产物$$
$$2\cdot OH \longrightarrow H_2O+1/2O_2$$
$$2H^++2e^-+O_2 \longrightarrow H_2O_2$$
$$2O_2+e^- \longrightarrow O_3+O^-$$
$$2Cl^- \longrightarrow Cl_2+2e^-$$

同时发生的化学反应有：

$$Cl_2+O^- \longrightarrow HClO+Cl^-$$

或

$$Cl_2+2H_2O \longrightarrow HClO+H_3O^++Cl^-$$
$$HClO+H_2O \longrightarrow H_3O^++ClO^-$$

2. 电催化氧化电极

电催化高级氧化技术核心是电极以及它与催化剂的结合，不同的结合方式和构造直接影响到·OH产生量、能耗和电极寿命等，构成电极的不同材料、制备形式和安装方式等也会影响到电催化氧化技术的处理效率、投资、占地和运行成本等。目前，电极大致可分为二维电极和三维电极，电极材质和催化剂材料则会根据处理对象而有所不同，制备方式也会各不相同。

（1）二维电极

二维电极是常规的阴、阳电极对，主要是靠阳极氧化去除有机污染物。

目前应用较多的是钛基涂层阳极（DSA类电极），常用的涂层是：钌、铱、锡、铂等微米或亚微米金属氧化物的涂层。DSA类电极通过改进材料及涂层结构提供了较高的析氧过电位，防止阳极氧气的析出，提高其电流效率。有以下特点：

① 涂层种类多，不同水质和处理要求选取不同的氧化物组合。

② 涂层没有裂纹，涂层很好地覆盖基体，有利于延长电极的使用寿命（不小于3年）。

③ 在电催化反应过程中，能够避免产生新生态氧等强氧化物向内部渗透，生成高阻抗的TiO_2，进而影响电极的催化活性，同时避免涂层过快脱落，延长电极的使用寿命。

④ 更大的比表面积，增加电催化的活性点位数，有效提升电极的催化活性。

⑤ 综合整体来说，电流效率并不高。

另一类二维电极是纳晶多孔电极。纳晶多孔电极是目前较为先进、独特的电催化阳极材料，其涂敷有多种高效纳米贵金属物质，高温烧结制成新型纳晶结构，显著提高·OH产生量、降低能耗、大幅度延长材料寿命，提高了设备电流效率、时空效率和有机污染物降解效果。图3-28为纳晶多孔阳极极板表征图。纳晶多孔电极具有以下特点：

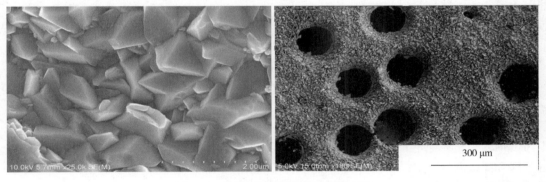

图3-28　纳晶多孔阳极极板表面表征

① 在电场作用下，电极表面呈多孔态，有效减少了层间内应力，电极涂层理论寿命长达30年，对污染物降解效率高，同时电极无钝化。

② 适用水质广。可同时高效去除污水中COD、氨氮等常见污染物，脱色、脱毒效果明显。

③ 受地理和气候条件影响小。反应条件温和，常温常压条件下进行，不受气候影响，适合大部分地域使用。

④ 时空效率高。纳晶多孔电极电催化氧化反应器结构设计经过水力学优化，传质效果好，污染物降解反应速率大，停留时间仅为几分钟至数十分钟，占地面积很小。

⑤ 操作简单，只需要改变电场的外加电压及进水流率就能控制运行条件的改变，便于实现自动化控制。

（2）三维电极

三维电极是在传统的二维电解槽电极间装填粒状或其他碎屑状工作电极材料，使装填工作材料表面带电，成为新的一极（第三极），在工作电极材料表面能发生电化学反应。特殊的填充材料，将有机污染物质吸附在填料表面，而不是填料内部，可加快传质效率，减小占地面积。电极材料主要为金属导体、导电陶瓷、铁氧体及活性炭等。

三维电极的特点是增加了电极表面积，改善传质效率，提高电流效率。尤其对于低电导污水，优势更为明显。工程上应用较多的是以活性炭为主的催化剂，但在使用过程中填料易于板结，造成处理效率下降，且再生困难，投资成本较高。

3. 电催化氧化的影响因素

一般来说，影响电催化氧化效果的因素主要有以下几方面：电极材料、反应器结构、电流密度、污水电导率、pH 值、温度、停留时间、抑制剂、污水中污染物类型等。

（1）电极材料

电极材料是电催化技术的核心，其中阳极材料的寿命、析氧电位和表面催化活性、催化反应的选择性直接关系到该技术的实用性、法拉第效率和关键污染物的净化能力。

（2）反应器结构

电催化氧化属于异相催化氧化范畴，有机物的降解主要在极板附近很小的范围内进行且反应迅速，反应器结构对流场的影响将直接关系到污水中有机物的传质及界面反应行为。

（3）电流密度

电流密度的大小与能耗和处理效率密切相关，电流密度越大，能耗越高，在电极表面传递电子数增多，化学反应越剧烈；但当电流密度过大时，法拉第效率将显著下降，导致大部分电能被副反应所消耗。

（4）污水电导率

待处理污水的电导率原则上不影响电催化效率，但当污水电导率较低时，欧姆效应较强，较多的电子传递被池压阻碍，必须施加较高的偏压才能继续反应，因此导致能耗升高。

（5）pH 值

污水的 pH 值影响溶液碱度、催化剂活性、有机物特性等，同时 pH 值的变化将改变水中污染物的氧化还原电位，导致阴阳两极的氧化还原电势对应的正移或者负移，使污染物分解难度升高或降低。

（6）温度

遵循传统的 Arrhenius 方程，反应速率随温度升高而加快，呈指数关系，但需要克服一定的活化能垒。

（7）停留时间

当电流密度和进水流量一定时，一般来说，停留时间越长，污染物的去除率越高；但由于常见污染物的电催化反应遵循一级反应动力学原则，停留时间延长将导致时空产率的下降，经济性将有一定损失。

（8）污水中污染物浓度

遵循一级反应动力学原则，浓度越高，降解速率越快；但反之惰性物种竞争活性位点的行为可能更为活跃，将导致正向反应受到抑制。

（9）抑制剂

电催化氧化产生的羟基自由基异常活泼，无选择性，当遇到还原性物质，如氯离子、亚硝酸根离子、碳酸根离子时容易发生淬灭反应，降低反应效率。

4. 电催化氧化的适用性

电催化氧化具有许多优势：

① 不需加入化学药剂，无毒副产品。

② 能处理难降解有机污染物质。

③ 除少量泡沫浮渣外，几乎无污泥产生，对环境无危害。

④ 维护成本低。

⑤ 可模块化和扩展设计。

⑥ 占地面积小。

⑦ 可控性能好，自动化控制程度高。

电催化氧化技术适用于处理高浓、高盐、有毒、难生化降解的各类污水，如石化、煤化工、印染、钢铁、抗生素制药、农药、焦化、反渗透（RO）浓盐水等各类污水，在大幅度降解 COD 的同时，还可有效地提高污水的可生化性（B/C 比），可用于末端深度处理，也可用于前置预处理，具有较高的性价比。

5. 电催化氧化的运行与管理

（1）电催化氧化设备运行

电催化氧化设备简便，易于操作，设备运行时主要是电催化电源、水泵的启停等，其他根据污水特性适当增减。

开车时，首先检查电催化电源与极板的阴阳极是否连接正确，电催化电极必须接正极；检查各电路是否已接电；检查各管路是否连接正确并通畅（主要是设备进、出水管路，加酸管路，高流电源冷却管路等）。以上工作完成后，先启动电催化设备进水泵，充满水后停泵；开启直流电源冷却水泵，开启直流电源，反应一定时间后再开启电催化设备进水泵，调至一定流量动态运行即可。

停车时，首先关闭直流电源，并将电流旋钮调至最小；关闭循环冷却泵及进水泵；排空电催化设备内部污水。

（2）电催化氧化设备的管理

电催化氧化设备可实现自动化远程控制直流电源的启、停，循环冷却泵、提升泵的启停，加酸装置的控制。设备日常开车和停车需按照电催化氧化运行要求进行。在日常管理中，每天需定期检查直流电源与极板的接触情况，观察电压曲线；检查反应器极板与接线柱状态、铜排状态，如虚接、松动、腐蚀等，防止短路与断路；定期测定进、出水 COD、BOD、电导率、pH 值、碱度、硬度等。

3.4.2.4　其他高级氧化技术

除上述已介绍的臭氧氧化、臭氧催化氧化、电催化氧化等技术外，芬顿氧化、光催化氧化、湿式氧化、超临界水氧化等技术也逐步得到应用，以下简要介绍一下这几种技术的特点。

（1）芬顿（Fenton）氧化法

Fenton 技术可氧化破坏多数有毒、有害的有机污染物，适用范围广；反应条件温和，不需高温、高压；设备简单，可单独处理，也可与其他方法联合处理。

但 Fenton 技术使用的药剂量多，过量的二价铁会增大处理后污水的 COD；反应时间长，通常要一到数小时；氧化能力还不太强，有些有机物还不能被破坏，需借助其他技术进行辅助强化。

（2）光催化氧化法

光催化氧化反应条件温和、氧化能力强，在染料、表面活性剂、农药、含油、含氰化物、制药、含有机磷化合物、含多环芳烃等污水处理中，都有较好的处理效果，是一种清洁的处理方法，不会引入任何其他物质，能彻底破坏有机物，使其转化为 CO_2。

但光催化氧化在应用中也存在一些弊端，如光能利用率较低，紫外光的吸收范围较窄，其效率还会受催化剂性质、紫外线波长和反应器的限制。光催化氧化需要解决透光度的问题，因为污水中的悬浮物和较深的色度都不利于光线的透过，影响到光催化氧化效果。目前使用的催化剂多为纳米颗粒，回收困难，而且光照产生的电子–空穴对易复合而失活。

（3）超声氧化法

超声化学氧化主要是利用频率为 15 kHz ~ 1 MHz 的声波，在微小的区域内瞬间高温、高压下产生的氧化剂（如 ·OH）去除难降解有机物。以一定频率和压强的超声波照射溶液时，在声波负压相作用下溶液中产生空化泡，在随后的声波正压相的作用下，空化泡迅速崩溃，整个过程发生在纳秒至微秒的时间内。气泡快速崩溃时会伴随着气泡内蒸气相的绝热压缩，产生瞬时的高温、高压，形成所谓的"热点"，同时产生有强烈冲击力的高速微射流。进入空化泡中的水蒸气在高温、高压下发生分裂及链式反应，产生 ·OH、·OOH、·H 等自由基以及 H_2O_2、H_2 等物质。超声化学反应的途径主要包括高温、高压热解反应和自由基氧化反应两种，水中污染物得以分解去除。

超声氧化设备易得，操作简单，使用方便。可把有机污染物降解为毒性较小甚至无毒的小分子物质，降解速度快，不会造成二次污染等问题。

但是超声波的产生需要消耗大量能量，技术研发尚处于实验室阶段，污染物降解机理、反应动力学及反应器设计放大等方面的研究还不充分，目前还难以实现工程化应用。

（4）湿式催化氧化法

湿式催化氧化法几乎可以无选择地应用于各种类型污水处理，氧化能力强，COD 去除率高，反应速率快，可进行余热利用，二次污染少，适用范围广，但设备成本及运行成本都很高。

（5）超临界水氧化法

超临界水氧化法属均相反应，处理速度极快，适用范围广，无二次污染，可进行余热利用。但反应条件苛刻，设备投资大，运行成本高，经济性差，盐沉积和设备腐蚀问题尚待解决。

3.4.3　高效生化处理技术

基于更加严格的新排放标准，深度去除污水中的 COD 及其他污染物质，是炼油化工污水处理达标排放必须解决的问题。

一般来说，经二级生化后污水中的 COD 主要由几部分组成：一是生化无法去除而残留下来难以降解的有机污染物质；二是生化处理过程中微生物生长繁殖产生的代谢产物，它们被认为是很难生物降解的物质；三是污水中没有被沉淀池分离去除的游离细菌及其胶体物质；此外可能还会存留某些还原性物质和干扰因素。

二级生化后污水的可生化性差，并大多伴有高含盐、高生物抑制性等特点，采用常规的生化处理技术难以满足处理要求和实现达标排放，必须采取新型工艺技术。目前，常用的解决途径有：一是采用高级氧化技术与高效生化处理技术串联使用，利用高级氧化将生化难降解物分解转化为较小分子有机物，改变其可生化性，为高效生化处理技术应用创造条件，最常见的是"臭氧氧化+曝气生物滤池（BAF）"等深度处理工艺。二是筛选驯化特殊的适应性菌种，通过特殊手段提高微生物浓度和有效地延长污染物停留时间，提高处理效率，如生物炭反应器和高效生物反应器（ABR）等技术。三是通过改善生化处理环境，改变微生物生存条件，提高微生物浓度，实现达标处理的目的，如膜曝气生物膜反应器（MABR）等。

3.4.3.1　曝气生物滤池

曝气生物滤池（BAF）是 20 世纪 80 年代发展起来的一种新型生物膜法污水处理工艺，它是高负荷、淹没式、固定膜的三相反应器。曝气生物滤池应用广泛，其在污水深度处理、微污染源水处理、难降解有机污水处理、低温污水的硝化处理中都有很好应用。该工艺具有去除 COD、BOD、固体悬浮物（SS）、硝化、脱氮、除磷、去除 AOX（有害物质）的作用，是集生物氧化和截留悬浮固体为一体的新型污水处理工艺。

BAF 属于生物膜法的范畴，其突出的特点是将生物氧化和过滤结合在一起，滤池后部不设沉淀池，通过反冲洗再生实现滤池的周期运行。其核心是采用多孔性滤料作为生物载体，单位体积生物量数倍于活性污泥法，因此具有处理负荷高、反应器体积小、工程占地省的特点。

1. BAF 工作原理

BAF 最大特点是使用一种陶粒、火山岩等多孔材料为填料，在其表面及开口内腔空间生长有微生物膜，污水流经滤料层时，微生物膜吸附、吸收污水中的有机污染物作为其自身新陈代谢的营养物质，并在滤料层下部提供曝气供氧的条件下，使污水中的有机物得到好氧降解，并进行硝化除氨。通过定期利用处理后的出水对滤池进行反冲洗，剥除洗去滤料表面增殖的老化微生物膜，以保证微生物膜的活性。

BAF 的工作原理包括：一是利用反应器内滤料上所附着生物膜（微生物）的生物降解作用，去除污水中溶解态的有机污染物，与此同时微生物得以生长繁殖；二是利用反应器中滤料对污水中颗粒物及胶体物的截留吸附作用，去除污水中不溶性污染物；三是反应器采用滤料为具有多微孔结构材料，具有一定的吸附能力，可吸附污水中一些较难降解有机污染物，使之具有远大于水力停留时间的与生物膜接触时间，最终被生物降解去除，实现可处理难降解有机污染物的作用。被生物降解的小分子物质从滤料中解吸出来，又使滤料的吸附功能得以再生，继续具有吸附功能。

滤料及微生物膜的吸附截留作用和沿着水流方向形成的食物链分级捕食作用以及微生物膜内部微环境，使 BAF 可以同时具有去除污水有机污染物（COD、BOD）、去除 SS、生物除磷、硝化去除氨氮（NH_3-N）以及反硝化脱出总氮（TN）等综合处理功能。

根据 BAF 中的水流流向，可分为上向流和下向流 BAF，由于上向流 BAF 更接近于理想滤池，所以在实际工程中应用较多。

BAF 反应器为周期运行，从开始过滤到反冲洗完毕为一个完整的周期。具体过程如图 3-29 所示。

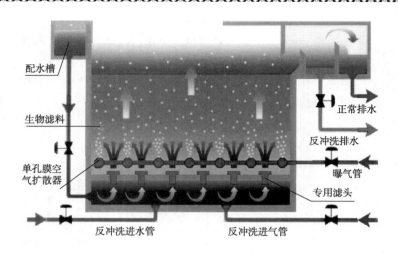

图 3-29 BAF 工作过程示意

经预处理的污水从滤池底部进入滤料层，滤料层下部设有供氧的曝气系统进行曝气，气、水为同向流。在滤池中，有机污染物被微生物氧化分解，NH_3-N 被氧化成 NO_3-N；另外，由于在堆积的滤料层内和微生物膜的内部存在厌氧/缺氧环境，在硝化的同时实现部分反硝化，可脱除部分总氮。滤池上部的出水可直接排出系统。

随着过滤的进行，滤料表面增长繁殖的生物量越来越多，截留的 SS 不断积累，在开始阶段滤池水头损失增加缓慢，当固体物质积累达到一定程度，达到极限水头损失或导致 SS 发生穿透，此时就必须对滤池进行反冲洗，以除去滤床内过量的微生物膜及 SS，恢复其处理能力。

BAF 反冲洗采用气、水联合反冲洗，反冲洗水为处理后的达标水，反冲洗空气来自滤板下部的反冲洗气管。反冲洗时关闭进水和工艺空气，先单独气冲，然后气、水联合冲洗，最后进行水漂洗。反冲洗时滤料层有轻微膨胀，在气、水对滤料的流体冲刷和滤料间相互摩擦下，老化的生物膜与被截留的 SS 与滤料分离，冲洗下来的生物膜及 SS 随反冲洗排水排出滤池，反冲洗排水回流至预处理系统。

2. BAF 特点及优势

BAF 的主要特点是采用粒径较小的粒状多孔材料作为滤料，滤料浸没在水中，利用鼓风机曝气供氧。滤料层起两方面作用：一是作为微生物载体，由于其具有更大的比表面积，污水与生物膜实际接触时间长，可使生化反应进行得更彻底。二是可作为过滤介质，截留进水中的悬浮固体和新形成的生物固体，从而省去其他生物处理法中的二次沉淀池，获得优质出水。

BAF 中可以生长许多不同性质的菌群。在距进水端较近的滤层中，污水中的有机物含量较高，各种异养菌占优势，主要去除 BOD；在距出水口较近的滤料层中，污水中的有机物含量已经很低，自养型的硝化菌将占优势，可进行氨氮的硝化反应。硝化菌存在于生物膜内侧，在滤料上有很强的附着力，一旦形成，不易完全脱落，故 BAF 具有很强的硝化去除氨氮的能力。

采用气、水平行上向流，使空间过滤能被更好地运用。空气能将固体物质带入滤床深处，使滤池中保持高负荷均匀的固体物质，从而延长了反冲洗周期，减少了清洗时水、气用量。

BAF 作为一种膜法污水处理新工艺，与传统活性污泥法和接触氧化法相比，具有以下特点及优势：

（1）具有较高的生物浓度和较高的有机负荷

BAF 采用粗糙多孔的球状滤料，为微生物提供了较佳的生长环境，易于挂膜及稳定运行，可在滤料表面和滤料间保持较多的生物量，单位体积内微生物量远远大于活性污泥法中的微生物量(可达 $10\sim15g/L$)，高浓度的微生物量使得 BAF 的容积负荷增大，减少了反应器容积和占地面积，降低基建费用。

（2）工艺简单、出水水质好

由于滤料的机械截留作用以及滤料表面的微生物和代谢中产生的黏性物质形成的吸附作用，使得出水的 SS 很低，小于 $10mg/L$，因此可省去后续二沉池，降低基建费用。因系统周期性的反冲洗，生物膜得以有效更新，表现为生物膜较薄，活性较高。有时即使生物处理发生故障，在短期内其物理作用机理仍可保证高质量的出水。BAF 出水不但可以满足排放标准，还可用于实现回用。

（3）抗冲击负荷能力强

由于整个滤池中分布着较高浓度的微生物，其对有机负荷、水力负荷的变化不像传统活性污泥那么敏感，同时无污泥膨胀问题。

（4）氧的传输效率高

BAF 中氧的利用率可达 $20\%\sim30\%$，曝气量明显低于一般生物处理。其主要原因是：① 因滤料粒径小，气泡在上升过程中不断被切割成小气泡，加大了气液接触面积，提高了氧的利用率；② 气泡在上升过程中，由于滤料的阻挡和分割作用，使气泡必须经过滤料的缝隙，延长了其停留时间，同样有利于氧的传质；③氧气可直接渗入生物膜，因而加快了氧气的传输速度，减少了供氧量。

（5）易挂膜、启动快

BAF 调试时间短，一般只需 $7\sim12$ 天，而且不需接种污泥，采用自然挂膜驯化即可。由于微生物生长在粗糙多孔的滤料表面，微生物不易流失，使其运行管理简单。BAF 在短时间内不使用的情况下可关闭运行，一旦通水并曝气，可在很短时间内恢复正常运行，特别适合水量变化大的污水处理项目。

（6）菌群结构合理

BAF 中从上到下形成了不同的优势菌种，因此使得除碳、硝化反硝化功能可在一个池子中发生。

（7）自动化程度高

随着相关工业技术的发展，先进的自动化设备如液位传感器、在线溶氧测定仪、定时器、变频器及微电脑等产品的出现，使得 BAF 系统运行管理自动化得以顺利实现。

BAF 系统可以对进水水质、水量以及污水中溶解氧浓度进行在线检测，并通过 PLC 控制系统方便地调整曝气时间的长短，控制风机的供氧量，做到优化运行，并实现自动反冲洗。

（8）脱氮效果好

通过不同功能的滤池组合或同一滤池中的不同功能区分布，使滤池在除碳的同时还可进行硝化和反硝化。即通过对两组滤池或同一座滤池内分别调控，实现好氧、兼氧的生物环境，不仅能去除有机污染物和悬浮固体，而且具有较好的脱氮功能。

为了实现硝化、反硝化，必须在各段滤池中连续测定溶解氧数值，并加以控制调节。在 C/N 池和 N 池中的曝气阶段控制溶解氧约 $2 \sim 3$ mg O_2/L，在 DN 池中控制溶解氧约 $0.2 \sim 0.5$ mg O_2/L。

（9）模块化结构灵活组合

BAF 单元为模块化结构，可根据工程建设需求，灵活组合，分期建设，较好地满足工业化分期发展、污水处理厂分期建设的要求。

3. BAF 的应用及运行

（1）BAF 的应用

BAF 工艺可以根据不同的处理要求和污水水质特点，选用不同的填料类型，采用不同的流态设计，组合出不同类型的反应器，如上向流或下向流，陶粒滤料、火山岩滤料或活性炭滤料等。

BAF 可用于污水的深度处理，也可用于中水回用处理或污水二级处理。可处理微污染源、低浓度污水，也可处理难降解有机物污水，应用范围广泛。

（2）BAF 运行控制要求

① BAF 的预处理要求。为了使 BAF 有较长的运行周期，减少反冲洗次数，降低能耗，需对原水进行预处理，降低原水中的杂质和 SS，减少其对曝气、布水系统等的堵塞，保障系统的稳定运行。一般要求进水 SS $\leqslant$ 100mg/L，最好 SS $\leqslant$ 60mg/L。

② BAF 的生物除磷、脱氮。脱氮除磷是一对不可调和的矛盾，因此，生物脱氮与除磷相结合的系统总体上对除磷是不利的。如果系统溶解氧太低除磷效率会下降，硝化反应也受到限制，污泥沉降性能变差；如溶解氧太高，则由于回流厌氧区溶解氧增加，反硝化受到限制，同时 NO_3-N 的浓度高可影响厌氧区磷的释放。

从 BAF 运行工艺看，要实现正常的达标排放，最好采用投加 $FeCl_3$ 药剂的方法除磷，利用 BAF 耐水力冲击负荷特点，可使处理后的水超量回流，并在运行中加化学药剂，将化学处理和生物处理同时应用于系统中，达到除磷脱氮的目的，减少化学药剂用量，降低运行费用。

4. 存在问题和应用前景

作为一种新的水处理工艺，BAF 在其开发与应用中仍有很多问题有待解决。

① 配置大流量反冲洗水泵、空压机、自动切换阀等，造成系统配置复杂，造价高。

② 对自动控制要求高，维护工作量大。

③ 由于反冲洗效果无法保证，容易造成滤料粘连、床层板结，最终影响应用效果。

④ 生物填料密度大，不利于反冲洗及生物床再生。

⑤ 滤池截面积较大，工程上难以实现均匀曝气，曝气较强区域易出现沟流、短流现象，影响处理效果和介质的高效传递。

此外，对 BAF 还有许多方面需要深入研究。如生物膜特点及其快速启动方式；生物氧化功能和过滤功能之间的相互关系；反冲洗过程中生物膜的脱落规律；新型特种滤料的开发与应用等。

目前，BAF 在炼油化工污水达标排放及深度处理中已成为首选技术之一。未来，在 BAF 结构形式、功能、启动和滤料等方面的深入研究，必将会进一步促进 BAF 的推广应用。

3.4.3.2 高效生物反应器

高效生物反应器（ABR），也是 BAF 的一种。其特点在于，一是采用了特殊的高效生物载体——改性活性炭；二是采用特定条件下筛选驯化的微生物菌种。

1. ABR 工作机理

ABR 是基于高效生物技术设计的专门处理难降解 COD 的反应器。ABR 采用针对难降解有机污染物（$BOD_5/COD< 0.2$）的特效生物菌群，将其接种于特殊的高效生物载体上，形成稳定并可接受多种底物作为能量来源的生物膜。在好氧条件下，通过高效生物接触氧化，将污水中的难去除有机污染物进一步生物降解，最终合成微生物内源物质或用于代谢，消除水中的有机物。ABR 能够常态维持生物量于较高浓度，挂膜成功后，即使在入水营养贫瘠且无额外补充营养源的情况下，依然能利用水中难降解有机污染物作为维持细菌稳定性与生物活性的能量来源，从而持续去除水中 COD。

ABR 是一种水、气上向流曝气充氧式高效生物反应器。它专门针对低负荷且生物降解性较差的污水开发，具有一定的抗冲击负荷，能够适应原水水质的变化，使处理出水水质保持稳定。

2. ABR 的特点

① 针对难降解 COD（$BOD_5/COD<0.2$），筛选驯化出特效的菌群。

② 在特殊的高效载体上形成生物膜。

③ 反应器内生物膜稳定维持在较高的细菌浓度。

④ 即使在入水营养贫瘠且无额外补充营养源的情况下，依然能利用污水中难降解 COD 作为维持菌群稳定性和生物活性的能量来源。

⑤ COD 去除率不依赖于快速的菌群生长。

⑥ 反应器是伴有曝气即好氧的固定床模式。

3. ABR 的优势

① 可处理难降解有机污水，典型处理对象为生化处理系统出水、RO 浓水、冷却塔排污水、酸碱再生中和污水等。

② 启动挂膜时间短，通常 7~10 天。

③ 耐冲击性能强，多数情况下在冲击结束后，系统可在一周内自行恢复处理能力，如若冲击情况恶劣导致菌群死亡，则可通过重新接种，系统仍可在 10 天内恢复运行。

④ 反冲洗频率低，正常两个月冲洗一次，极端条件下可达 6 个月冲洗一次，且几乎无剩余污泥产生。

⑤ 除启动调试阶段投加特效菌株和营养液，正常运行后，不再需要任何物质的投加。

⑥ 不需要前置化学氧化工艺。

⑦ 建设成本高于 O_3-BAF 工艺，但是运行成本很低。表 3-7 示出了 ABR 与 O_3-BAF 工艺对比情况。

表 3-7　ABR 与 O_3-BAF 处理工艺对比

	ABR	O_3-BAF
启动挂膜时间	7~10 天	2~3 周
接种菌群	经筛选的特殊菌群	一般来自现有的活性污泥池，或通过长时间自然驯化而成
填料/载体	利于细菌成膜的特殊高效载体	陶粒、火山石、有机滤料等

续表

	ABR	O₃-BAF
曝气	需要	需要
反洗频率	1~6月	1~3天
常用应用领域	三级处理或特种水的处理	三级处理
目标物质	难降解COD、氨氮	有机物去除、脱氮、除磷
耐受高盐	20000mg/L（最大30000mg/L）	<8000mg/L
运行成本	低（<0.2元/m³）	高（>1元/m³）
化学氧化工段	不需要	需要
系统操作性	简单	复杂
运行过程中额外营养源的添加	除启动阶段投加，正常运行后不再需要任何物质的投加	需要，尤其针对难降解COD去除时需要定期补加营养源
COD去除机理	生物降解	臭氧部分氧化+生物降解

4. ABR 的运行与管理

ABR 类似于上向流 BAF，运行管理与 BAF 基本相同，但实际应用更为简单，只需要保证好氧反应的正常曝气。由于 ABR 几乎无剩余污泥产生，反冲洗频率很低，一般每 2~6 个月才进行一次气、水反冲洗。

3.4.3.3　移动床生物滤池

移动床生物滤池是在传统 BAF 基础上开发的一种新型生物膜滤池。通过对 BAF 的优化改进，实现了生物滤池的连续运行和滤料同步连续清洗，克服了传统 BAF 滤料易粘连、易板结及由此产生易"沟流"影响池容积利用率的问题，同时解决了传统 BAF 工程投资高、处理效果不稳定的问题。

1. 移动床生物滤池的工作原理

移动床生物滤池对污染物的降解原理与固定床生物滤池一样，其主要是由滤池、布水系统、曝气系统、清洗系统等组成。滤池中装填粒度均匀的粒状多孔滤料作为微生物的载体，利用滤料上所附着的生物膜将污水中污染物吸附并分解去除。移动床生物滤池的核心技术是将固定床形式改变为移动床，在滤池内，水流以上向流形式穿过滤料床层，由滤料吸附和生物膜降解的协同作用对污水进行处理。与此同时，利用空气提升装置，将移动到反应器底部较"脏"的滤料通过提升清洗管提升到顶部并进行清洗，清洗后的滤料依靠重力返回到床层顶部，形成滤料床层在滤池内部向下移动循环。滤料在提升过程中由于空气的介入和搅拌剥离作用，完成滤料表面过厚生物膜的脱落以及杂物的剥离，在顶部清洗装置中完成滤料与清洗水的分离。通过以上过程实现了生物滤池在连续不间断运行的同时，滤料可以在滤池中连续不断地进行缓慢的向下移动和中心管向上提升清洗循环，在整个移动循环过程中得到清洗。

2. 移动床生物滤池结构及功能

移动床生物滤池结构如图 3-30 所示。

（1）滤池主体

滤池主体根据处理规模，可采用钢制或钢混结构，设有进水口、出水口、清洗水出水口等，同时内部设有支撑结构，对滤料提升管、清洗器及布水器、布气器等内部装置进行定位和固定。

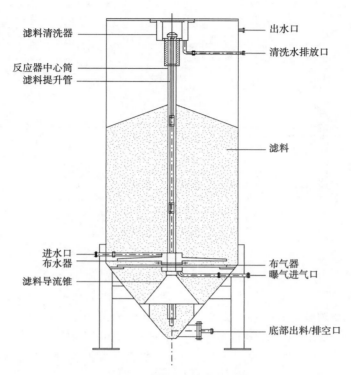

图 3-30　移动床生物滤池结构

（2）滤料提升器

滤料提升器作用是形成气、水混合液上向流携带滤料从滤床底部进入提升管，并继续上升至滤料清洗器，从而实现滤料的清洗及循环。

（3）滤料清洗器

滤料清洗器是移动床生物滤池滤料的再生单元，位于滤池的顶端，滤料清洗筒为迷宫结构，清洗水从其底部进入实现清洗功能。提升管中的滤料被提升进入清洗器中，在下落过程中与滤料清洗筒内壁不断碰撞，并且在水和气的冲刷作用下，使得滤料表面的老化生物膜脱落下来，脱落的膜及悬浮颗粒随清洗水排出滤池，而滤料则在重力作用下经过滤料清洗器底部回到滤池中。

（4）布水器、布气器

布水器、布气器由进水管、中心筒、布水支管、布气支管等部件构成，其作用是使进水和曝气能均匀分布到滤料床的底层。

（5）辅助设施

辅助设施包括进水泵、曝气风机、工艺压缩空气及其他公用工程设施。

移动床生物滤池滤料提升管和滤料清洗器等为标准化配套元件，可适用于不同处理条件下的滤料提升、清洗等。反应器主体及配套设备，按照实际处理污水特点及处理负荷可进行定制设计。见图 3-31。

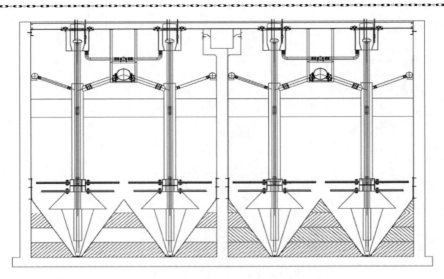

图 3-31　砼移动床生物滤池示意

3. 移动床生物滤池的优势

与传统的 BAF 相比，移动床生物滤池具有以下几个优势：

① 滤料的连续清洗不需额外的机泵设备，如 BAF 所需的反冲洗水泵、风机及自动控制阀门等，可减少 60% 的设备装机容量，并降低 25% 以上的投资。

② 移动床生物滤池保持连续运行连续清洗，不需要间歇停机反洗。整个反应过程滤料为缓慢移动状态，不易产生滤料板结；无需预留滤料反洗膨胀空间，容积利用率更高。

③ 移动床生物滤池的滤料死区更少，传质效率更高，处理效率更高。

④ 采用连续滤料清洗方式，清洗效果更好，滤层上部保持一定厚度的洁净滤床，出水水质更稳定。

⑤ 滤料清洗水通过单独通道排出滤池，避免污染清水层，克服了 BAF 存在的周期性出水水质波动问题。

表 3-8 给出了 120m^3/h 处理装置装机配置比较情况。

表 3-8　120m^3/h 处理装置装机配置对比

对比项目		固定床生物滤池（BAF）	移动床生物滤池
池体		6m×6m×6.5m，4 座	3m×3m×9m，12 组
占地面积		216m^2	150 m^2
机械设备	进水泵	$Q=100m^3$/h，$H=15$m，2 用 1 备	$Q=100m^3$/h，$H=15$m，2 用 1 备
	反洗水泵	$Q=150m^3$/h，$H=20$m，2 台	无
	曝气风机	$Q=8Nm^3$/min，$H=7$m，2 用 1 备	$Q=5Nm^3$/min，$H=9$m，2 用 1 备
	反洗风机	$Q=25Nm^3$/min，$H=7$m，2 用 1 备	无
自控设备	DCS/PLC	中控室 DCS 控制系统	现场小型 PLC 控制柜
	气动阀门	DN300，DN400，各 8 台	DN100，2 台
装机容量		264kW	99kW

4. 移动床生物滤池适用性

移动床生物滤池可替代固定床曝气生物滤池,适用于工业污水深度处理、市政污水处理、中水回用预处理等中、低浓度的污水处理。

典型的处理水质为:

水量:$100 \sim 1000 \mathrm{m}^3/\mathrm{h}$

COD:$50 \sim 300 \mathrm{mg/L}$

氨氮:$10 \sim 30 \mathrm{mg/L}$

5. 移动床生物滤池的运行与管理

移动床生物滤池的运行管理与 BAF 的运行管理基本相同,要注意进水 SS 等污染物的控制,按照处理要求对溶解氧等参数合理控制,确保进水水质水量稳定。与 BAF 不同的是无需对滤池进行定期的停车反冲洗,只要在日常巡检中注意观察滤料提升情况是否正常,定期观察滤料上生物膜情况,并以此调整滤料提升速度和清洗强度。

移动床生物滤池停机时应做好以下处理:

① 当暂时停机时间小于 7 天时,需定时对设备进行曝气和滤料提升清洗,每天不低于 2h,以保证微生物存活和滤料不发生粘连板结。

② 当暂时停机时间超过 7 天时,需事先对滤料进行全面循环清洗,以防止粘连滤料板结;滤池中残留少量微生物,定期进行曝气供氧维持。同时采取每日间歇清洗,防止滤料板结。

3.4.3.4 膜曝气生物膜反应器

膜曝气生物膜反应器(MABR)工艺是气体膜技术与生物膜法水处理技术结合起来的一种新型污水处理技术。核心部分包括透氧中空纤维膜和在其表面附着的微生物膜,利用透气膜与生物膜共同作用,实现污染物的生物降解。生物膜附着生长在中空纤维膜外侧表面上,空气从内部透过中空纤维膜将氧气向外传递至生物膜为其供氧,污水所含的有机物(COD、BOD)和氨氮、磷被生物膜吸附、吸收和分解除去,污水得到净化。MABR 工艺具有供气量少、硝化与反硝化一体化、污泥产生量小以及运行管理方便等特点。

1. MABR 技术原理

MABR 工艺是以中空纤维透气膜为"曝气管",同时中空纤维透气膜又作为生物膜法的生物载体(填料)。中空纤维透气膜起到透氧作用,空气从内往外透出形成微纳米气泡(无泡曝气),使氧向外扩散。中空纤维透气膜外表面附着微生物膜,由此,氧可以直接渗透到生物膜里,使氧转移速率和氧利用率大幅提高。中空纤维透气膜外附着的生物膜与传统生物膜相反,其好氧层生长在最靠近载体的内层,而兼氧层和厌氧层则生长在外层。在 MABR 工艺的生物膜中,氧气和水中有机物、营养物质是对向传质的,所以 MABR 的生物膜实际是一个硝化生物膜,即异养菌和自养菌不会产生冲突,这样比较容易在整个生物膜界面上更好地进行硝化,而在外面混合液中进行反硝化,实现同步硝化反硝化。

图 3-32 为 MABR 传质示意。

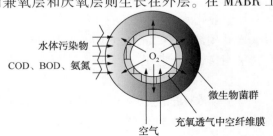

水体污染物
COD、BOD、氨氮
O_2
微生物菌群
充氧透气中空纤维膜
空气

图 3-32 MABR 传质示意

2. MABR 的特点

（1）成本低、处理效果好

由于 MABR 膜组件覆盖面积大、使用数量少，可直接应用于现有生化池改造，治理成本较低。MABR 生物膜系统可在单一反应器内实现硝化反硝化同步进行，污染物去除效率高。

（2）简单可行

中空透气膜直接安装在现有生化池或者池塘、河道内，微纳米曝气（无泡曝气），不搅动底泥，水体不返浑，对现有的设备和系统运行影响甚微。

（3）能耗低、效率高

氧传递效率比微孔曝气器高 3~4 倍，氧利用率达 60% 以上，单位体积曝气膜面积大。

（4）使用寿命长

高强度膜材料制造的中空纤维膜柔韧性好、不断丝，结合耐酸、碱灌封胶，组件使用寿命长。

（5）安装简单、维护频率低

MABR 膜组件为模块化设计、安装简单、施工期短，正常运行后无需反冲洗等操作，一次安装，长期使用。

（6）占地少

安装在现有的生化池内即可实现污染物去除率的提升，无需新建生化池实现处理水量的扩容。

3. MABR 的适用性

MABR 适用于池塘、河道、湖泊、景观水体（包括黑臭水体、劣 V 类水体）增氧、净化以及农村污水、市政污水、工业污水处理，适用于对现有污水处理设施的提标改造等。

独特的氧传质方式使 MABR 工艺可能成为传统高需氧量污水处理工艺的替代工艺。

MABR 工艺在炼油化工污水处理领域的提标改造、达标排放，以及污水排放口的氧化塘升级改造工程中，都将有较好的应用前景。

3.5　典型案例

3.5.1　炼油化工污水分质处理与点源处理相结合的达标排放处理技术

3.5.1.1　项目概况

某企业污水处理厂于 1980 年建成投产，一期工程采用传统的活性污泥法处理工艺，污水日处理能力 192kt；1996 年作为 300kt/a 乙烯改扩建配套项目，进行了二期改扩建工程，采用 A/O 处理工艺，污水日处理能力达到 240kt，出水指标 COD 控制在 120mg/L 以下。

鉴于排放标准的进一步升级提高，2014 年提出了污水处理厂通过增加深度处理单元提高出水水质的达标排放整体改造方案。主要是在原有二级处理基础上，增加 BAF 和臭氧催化氧化工艺进行深度处理，满足污水达标处理要求。由于本项目污水处理规模过于庞大，如此改造，投资及运行成本将十分巨大，对企业发展造成极大的经济压力。

　　本项目污水来源由炼油污水、化工污水、生活区排放的生活污水以及企业周边一些化工企业污水等几部分组成，其中炼油污水和生活污水水质相对较好，较易于处理，采用现有处理设施和工艺，对处理工艺参数稍作调整就可实现污水处理达标排放；化工污水是造成污水处理系统冲击影响且难于实现达标排放的主要对象，特别是橡胶污水等几股较为特殊的化工污水，处理难度较大，对系统的冲击影响也比较强烈。经多次现场调研和反复论证，提出了分质处理和点源处理相结合的综合整治方案，强化对橡胶污水等点源预处理，将炼油污水和生活污水混合进入原 1、2 系列 A/O 生化池，经处理后直接达标排放。其余化工污水及点源预处理后污水进入原 3、4 系列 A/O 生化池，处理后再进入新建污水深度处理系统。这样，可大幅压缩深度处理规模，压缩投资和降低处理费用，减轻企业经营生产的经济压力。

　　调整后的处理方案为：

　　① 炼油污水和生活污水设计规模为 2800 m³/h。炼油污水和生活污水混合进入原 1、2 系列 A/O 生化池，经处理后直接达标排放。

　　② 化工污水设计规模（深度处理设计规模）为 2200 m³/h。污水经沉砂池、初沉池预处理后，自流进入水解酸化池，再用泵提升进入 3、4 系列生化处理系统处理，出水经污水泵提升进入新建深度处理系统。在深度处理系统内先经微絮凝活性砂滤池去除悬浮物及部分COD，再排入臭氧催化氧化池，经臭氧催化氧化进一步去除污水中的有机污染物，出水达到《石油化学工业污染物排放标准》（GB 31571—2015）的排放要求。

　　系统进、出水主要控制指标分别见表 3-9 和表 3-10。

表 3-9　深度处理进水水质　　　　　　　　　　　　　mg/L（除 pH 外）

pH	COD	SS	氨氮
6~9	104	30	4.4

表 3-10　深度处理出水水质　　　　　　　　　　　　mg/L（除 pH 外）

pH	COD	BOD$_5$	SS	氨氮	总氮	总磷	硫化物	石油类	氰化物
6~9	50	10	10	3.2	30	0.5	0.5	3.0	0.5

3.5.1.2　工艺技术

1. 工艺流程

本项目采用在原处理工艺基础上增加"活性砂过滤+臭氧催化氧化"深度处理工艺。

（1）活性砂滤池

活性砂滤池是集混凝、澄清、过滤等功能为一体的连续过滤和连续自动清洗流砂过滤器，系统采用逆流式移动床过滤和单一均质滤料。活性砂滤池包括原水过滤和滤料清洗两个在空间上相对独立又在时间上同时进行的运行过程，二者在过滤器内的不同位置完成。活性砂滤池能够连续自动运行，无需停机反冲洗，无需提供额外的反冲洗水泵，活性砂滤池滤层不易板结。

（2）臭氧催化氧化

臭氧催化氧化是利用臭氧在催化剂作用下产生的·OH 氧化分解水中有机污染物，由于

·OH 的氧化能力极强，且氧化反应无选择性，所以可快速氧化分解绝大多数有机化合物，包括一些高稳定性、难降解的有机物。

本项目采用了非均相臭氧催化氧化技术，活性氧化铝负载型催化剂。在此过程中，污染物通过吸附状态的氧化反应(有机物和臭氧均被吸附在催化剂表面上，形成相对富集，并发生氧化反应)和非吸附态的氧化反应(溶解的臭氧、催化产生的羟基自由基与水中非吸附态有机物反应)来达到去除有机物的目的。

2. 设计参数

(1) 活性砂滤池

实际采用微絮凝砂滤池，共设微絮凝砂滤池一座，钢筋混凝土结构。

外形尺寸：　　　　　　　　$L \times B \times H = 26.9m \times 21.5m \times 6.5m$

主要设计参数：

　　有效过滤滤面积　　　　$330m^2$

　　滤速　　　　　　　　　7.1m/h

(2) 臭氧催化氧化池

臭氧催化氧化池共一座，钢筋混凝土结构，为保证臭氧均匀分布，本设计将臭氧催化氧化池分为 20 格，分 4 个系列布置，每个系列有 5 格。

单池尺寸：　　　　　　　　$L \times B \times H = 9m \times 4m \times 6.20m$

主要设计参数：

　　单格处理能力　　　　　$Q = 110m^3/h$

　　停留时间　　　　　　　0.95h

3. 控制管理及运行

① 污水处理系统在考核期间各单元进、出水指标均能满足设计要求，但因进水水质 COD 低于设计值，因此去除率低于设计值；臭氧催化氧化单元 COD 去除率略低，出水指标满足设计要求；由于进水 COD 值远低于设计指标，因此去除 COD 的臭氧单位消耗量高于设计值。

② 微絮凝砂滤池 SS 去除率偏低，但出水指标能满足设计要求。投产后经投加絮凝剂考核效果不明显，后停止加药。运行中注意保障提砂压缩空气的压力及流量，实现提砂顺畅，保证砂层处于流动状态。但有时发生提砂器堵塞，提砂管破损等情况，对实际运行管理带来困难。

③ 臭氧催化氧化池需始终保持有一座池处于反洗状态，保证催化剂处于较为膨松的状态，与污水始终保持较好的接触。

④ 臭氧有着明显的腥臭味，对人体及周边环境造成影响。一方面，要注意做好臭氧生产及输送系统密封管理，防止泄漏；另一方面，保证完好的臭氧催化氧化池尾气破坏系统，防止设备停运及故障发生。

3.5.1.3　应用情况

1. 各单元处理效果及排放情况

本系统仅设置砂滤及臭氧催化氧化两个单元，污水暂未进行回用处理。催化氧化后的污水可以保障全因子达标排放，两单元运行效果如表 3-11、表 3-12 所示。

表 3-11 深度处理砂滤段 SS 进、出水设计与实际运行情况

	设计值	实际考核值		设计值	实际考核值
进水/（mg/L）	30	15	去除率/%	66.7	37.8
出水/（mg/L）	10	9.33			

表 3-12 深度处理臭氧催化氧化池设计指标及运行情况

	进水 COD/（mg/L）	出水 COD/（mg/L）	COD 绝对去除量/（mg/L）	COD 去除率/%
设计指标	88.0	45.0	43.0	48.86
2015 年平均值	80.8	55.4	25.4	31.44

2. 存在问题

现有深度处理单元采用"微絮凝砂滤+臭氧催化氧化"工艺，根据几年实际运行情况，微絮凝流砂滤池实际运行效果不尽理想，造成臭氧催化氧化效率持续下降。经分析认为，此段工艺路线较短，前端处理不够稳定。

化工污水中存在大量胶体物质，客观上提高了化工污水的黏度，当污水经过微絮凝流砂滤池进行处理时，提砂效果不佳，尤其是投加絮凝剂后，易造成石英砂滤料板结，影响微絮凝流砂滤池稳定运行。目前悬浮物去除效率只有 5%，低于设计 15% 的水平。

臭氧催化氧化池是深度处理单元 COD 去除的主要工艺，设计 COD 去除率为 48.86%。臭氧催化氧化池自 2015 年运行至今其 COD 去除率呈逐年下降趋势。臭氧催化氧化池采用活性氧化铝负载型催化剂，水中的胶体物质进入臭氧催化氧化池后附裹在催化剂表面，易对催化剂形成污染。

3. 解决对策

通过大量试验表明，投加"混凝剂+助凝剂"方式可实现 25% 的 COD 去除。采用高密度沉淀池进行混凝沉淀，截留胶体物质及大部分悬浮物，再通过沙滤池截留残存的颗粒物质，进一步降低 COD，为后续深度处理臭氧催化氧化奠定基础与条件，末端保留采用臭氧催化氧化工艺，可保证出水水质稳定。

4. 技术经济指标分析

（1）投资

本项目深度处理部分总投资 1.4 亿元。

（2）运行成本

2015 年深度处理装置臭氧氧化单元年运行费用 700 万元，总处理水量 21265099 m^3，吨污水处理成本 0.329 元。

（3）消耗

本项目主要化学品设计消耗见表 3-13。

表 3-13 主要化学品设计消耗

名称	规格	小时耗量/kg	年耗量/kg
PAC	10%	330	2871000

3.5.2   炼油化工污水臭氧氧化+曝气生物滤池达标排放处理技术

3.5.2.1   项目概况

为了保证企业总排出水满足当地地方排放标准中直接排放要求，减少污染物排放总量，某企业将现有的 4 套污水处理装置进行优化整合和改造，关、停部分现有污水处理设施，在保留现有各装置预处理的基础上，增加污水深度处理设施，以实现总排污水达标排放的目标。本项目的实施，是企业响应国家和地方政府对节水减排工作要求和部署的具体措施，也为污水回用打下了基础。

3.5.2.2   工艺技术

工程设计规模为 $2300m^3/h$，设计年运行 8000h。

1. 工程进、出水水质条件

表 3-14 为污水深度处理装置设计进出水水质指标。

表 3-14   污水深度处理装置设计进出水水质主要指标　　　　　　mg/L

指标	COD	BOD$_5$	SS	NH$_3$-N	磷酸盐(以 P 计)	总氮
进水	100	15	60	15	1.0	—
出水	50	10	20	8(10)	0.5	15

注：括号外数值为水温>12℃时的指标，括号内数值为水温≤12℃时的指标。

2. 工艺流程

污水深度处理装置采用的工艺路线为：4 套污水处理装置的整合排水→连续砂过滤池→臭氧氧化处理→BAF→絮凝过滤池→监测排放池→达标排放或回用处理。

经过生化处理后被整合集中的污水引入本系统连续砂过滤装置，对水中悬浮物进行过滤处理。连续砂过滤器是一种独特的过滤设备，它能起到连续过滤、连续清洗的不间断过滤作用，具有过滤效果好、操作简单、运行可靠等优点，由于在连续过滤的同时可进行连续清洗，不易形成堵塞和滤料板结，也不需要反冲洗操作，大大提高了出水水质和处理效果的稳定性。连续砂过滤器进水端预留了混凝剂投加管线，可根据出水悬浮物指标要求选择性投加聚合氯化铝(PAC)等混凝剂进行微絮凝过滤。

连续砂过滤器出水进入高级氧化处理单元。虽然污水的 COD 不高，但因为污水中残留的有机物均为难生物降解的有机物，处理难度大。臭氧是一种强氧化剂，能将难降解有机物的分子结构由环链或长直链变为直链或短链，这样有机物的生化性能可得到很大的改善，有利于提高后续生化处理效率。本工程选用接触池作为臭氧与污水的氧化反应接触装置。为保证臭氧接触池运行安全，池上方安装有 3 套安全阀，安全工作压力为 30kPa。接触池采用微孔曝气方式投加臭氧，池顶设置液位计，与臭氧氧化污水提升泵连锁控制。

BAF 用于处理高级氧化后的出水，主要去除 NH$_3$-N 和 COD。BAF 属于生物膜法范畴。该工艺综合了过滤、吸附和生物代谢等多种净化作用，可以将出水 BOD 处理至 10mg/L 以下，出水 NH$_3$-N 处理至 2mg/L 以下甚至更低。

BAF 出水加入混凝剂，投药量约 10~30mg/L，混凝反应后再进入过滤池。混凝反应的作用有两个：其一使 BAF 出水中的悬浮物及部分胶体物质形成矾花絮体；其二当污水中的磷酸盐浓度超过排放标准时，可与 PAC 生成化学絮体，由过滤池截留并去除。本工程过滤池形式为连续砂过滤池。

过滤池出水通过重力流进入总排水池，通过总排放泵排入接纳水体。总排水泵兼作生产装置波动及事故状态下未达标水回送泵，在此工况下，关闭外排出口，同时停止调节池进水，利用排水泵将这部分水回送至调节池内重新处理。上游各装置来水则送入事故调节池或污染雨水调节池。

总排水池兼做 BAF 和离心污泥脱水机的反冲洗水源，同时供应污水处理厂内生产用水。

总排泵站出水管线设置流量计、COD 在线监测仪、氨氮在线监测仪和含油量在线监测仪等对排放水进行实时监控。

3. 技术特点

① 对所需去除污染物有较高处理效率。

② 投资及运行成本较低。

③ 具有很强的抗冲击负荷能力。

④ 处理工艺能适应环境温度低、处理水量大的特点，实现对污水处理的可靠达标并且运行稳定。

⑤ 节省用地。

⑥ 操作和维修简单。

⑦ 妥善处置污水处理过程中产生的污泥及尾水排放问题，最大限度地减少对环境的二次污染。

本项目为污水深度处理工程，根据进、出水水质要求，除了有效地去除 COD、BOD 以外，还具有对氨氮、总磷的去除功能。

4. 核心技术

（1）连续砂过滤装置

采用连续砂过滤装置处理污水中的悬浮物，在连续过滤的同时对滤料进行连续清洗，可有效避免滤层板结、短流等问题，无需设置反冲洗水泵，通过特殊的构造，利用过滤出水对滤料进行冲洗，可避免固定床过滤所面临的短期大量的反冲洗水，便于冲洗水的后续处理。

（2）臭氧高级氧化技术

采用臭氧氧化技术对污水中残存的有机物进行高级氧化，除可直接氧化分解部分有机污染物，还可提高污水的可生化性，为后续曝气生物滤池创造有利的条件。

（3）BAF 技术

本工程核心处理单元为 BAF，是一种生物膜处理过程，其滤料具有对污水中低浓度有机物吸附、截留等富集能力，再通过附着在滤料上微生物的生化作用，实现对污水的高效处理。

3.5.2.3 应用效果

本工程总投资为 9425 万元。主要技术经济指标如表 3-15 所示。

表 3-15　主要技术经济指标（设计预期值）

项目	单位	数量	备注
处理规模	m³/h	2300	
生活给水	t/a	3200	
10%聚合氯化铝	t/a	2760	
装机容量	kW	3832	
计算有功功率	kW	1653	
蒸汽 1.0MPa	t/a	124.8	冬季用 4 个月
仪表压缩空气	Nm³/h	150	
工艺压缩空气	Nm³/h	672	
装置占地面积	m²	14790	

实际运行中，电耗约为 0.59kW·h/t，聚合氯化铝投加量约为 0.3kg/t，其余公用工程消耗依托厂里，没有单独计量。

本项目 2012 年 10 月投运，2012 年 11 月 27 日~12 月 17 日标定验收，运行至今出水始终达标，满足地方排放标准中直接排放的要求。

3.5.3　含盐污水臭氧催化氧化+曝气生物滤池达标排放处理技术

3.5.3.1　项目概况

本项目为污水排放提标改造项目。外排污水主要有五部分组成，分别为炼油厂脱硫脱硝外排污水、二电厂外排污水、1#工业水装置反渗透浓水、净化水装置含盐系列外排污水和净化水装置清净系列外排反渗透浓水，排水总量 800m³/h。原外排水水质控制指标按《污水综合排放标准》（GB 8978—1996）中规定的二级标准执行。为满足《石油炼制工业污染物排放标准》（GB 31570—2015）和《石油化学工业污染物排放标准》（GB 31571—2015）相关规定，实现稳定达标排放，确定开展污水提标改项目。考虑到水量和水质的波动情况，设计处理量为 900m³/h。设计进、出水水质见表 3-16。

表 3-16　项目设计进出水水质指标　　　　　mg/L（除 pH 外）

项目	进水指标	出水指标	项目	进水指标	出水指标
COD	≤120	≤50	总氰化物	≤0.5	≤0.1
BOD₅	≤30	≤10	氯离子	≤2500	—
悬浮物	≤100	≤50	硫化物	≤1	≤0.5
石油类	≤5	≤3	挥发酚	≤1	≤0.3
总磷	≤2	≤0.5	TDS	4000~8000	—
总氮	≤30	≤30	pH	6~9	6~9
氨氮	≤30	≤5			

3.5.3.2　工艺技术

1. 工艺流程及主要参数

本项目采用"多介质过滤+臭氧催化氧化+曝气生物滤池"技术对污水进行深度处理，进一步去除常规生化处理难以降解的有机物及氨氮,以确保污水达标排放。外排污水提标处理工艺流程如图 3-33 所示。

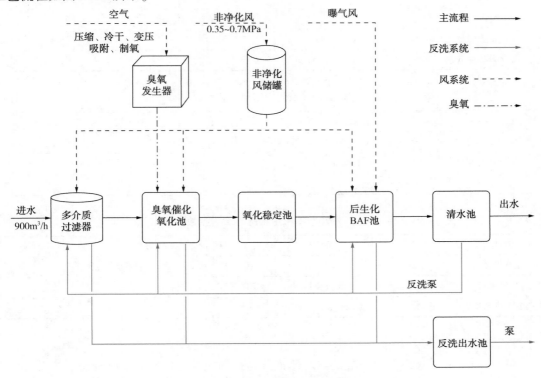

图 3-33　外排污水提标部分工艺流程

工艺流程说明:污水进入提升水池后,经泵提升后进入多介质过滤器去除固体悬浮物(SS),使 SS≤10mg/L;出水进入臭氧催化氧化池,混合污水与来自臭氧发生器的臭氧接触,溶解于水中的臭氧直接或在催化剂作用下产生羟基自由基与水中有机物反应,对有机物进行氧化分解或部分氧化,出水自流进入氧化稳定池,待污水中的氧化剂自行衰减后自流进入曝气生物滤池做进一步的生物氧化,曝气生物滤池出水自流进入清水池,溢流外排。

多介质过滤器、臭氧催化氧化池和曝气生物滤池均需要定期清洗,分别排除截留的 SS、臭氧杀菌产生的黏泥和生化产生的剩余污泥,清水池为多介质过滤器、臭氧催化氧化池和曝气生物滤池的反冲洗提供水源。反冲洗出水进入反冲洗沉淀池,上清液作为下一次反洗用水,污泥经泵提升送至污水处理场"三泥"处理系统。主要参数见表 3-17~表 3-20。

表 3-17　多介质过滤器工艺参数

项目	参数值	备注	项目	参数值	备注
过滤器规格	Φ3400mm×5230mm		滤速	8~12m/h	
单个处理量	70~100m³/h		材质	碳钢防腐	
过滤器数量	12	开 10 备 2			

表 3-18　臭氧催化氧化池工艺参数

项目	参数值	项目	参数值
水力停留时间	2h	池体结构形式	钢砼
臭氧投加量	20~50mg/L	运行方式	并联运行
催化氧化池数量	18 组		

表 3-19　氧化稳定池工艺参数

项目	参数值	项目	参数值
水力停留时间	1.5h	池体结构形式	钢砼
总有效容积	1350m³	运行方式	并联运行
池数量	3 间		

表 3-20　曝气生物滤池工艺参数

项目	参数值	备注	项目	参数值	备注
水力停留时间	2h		池体结构形式	钢砼	
总有效容积	1800m³	无机滤料	运行方式	并联运行	
曝气生物滤池数量	15 间	5 间 1 组，共 3 组			

2. 管理控制措施及运行

本项目对于要求连续产水、连续进水、连续运行的关键设备或需要频繁操作的设备均实行全自动控制，减少人工干预，故臭氧发生设备、多介质过滤器、臭氧催化氧化系统、后生化曝气生物滤池系统及提升系统均采用全自动或半自控控制系统。其中多介质过滤器、臭氧催化氧化、曝气生物滤池的反洗采用以时间间隔的全自动反洗程序，通过优化调整多介质过滤器、催化氧化池和后生化曝气生物滤池三者的反冲洗周期分别设计为 1 天、3 天和 30 天。

3.5.3.3　应用情况

1. 各单元处理效果

提标装置运行过程中，实际处理水量为 850~910m³/h 之间，各工艺段主要水质情况统计见表 3-21。各单元 COD 去除情况如图 3-34 所示。

表 3-21　各工艺段主要水质统计数据表　　　　　　　　　mg/L

项目		最大值	最小值	均值	去除率
COD	催化进水	96	65	72.2	—
	催化出水	30.5	19.5	25.8	64.3
	BAF 出水	19.5	12.5	17.3	32.9
氨氮	催化进水	4.4	2.2	3.1	—
	催化出水	4.1	1.5	2.6	16.1
	BAF 出水	0.3	0.05	0.1	96.2

污水经过提标装置处理后，污染物浓度显著降低，出水水质符合设计要求，即满足《石

油炼制工业污染物排放标准》(GB 31570—2015)和《石油化学工业污染物排放标准》(GB 31571—2015)的规定。

来水经过臭氧催化氧化池 COD 从72.2mg/L 降解到 25.8mg/L，去除率达到64.3%，臭氧单耗为 1.0gCOD/gO$_3$，达到了较高的水平。经过臭氧氧化后曝气生物滤池单元也具有一定的降解效果，充分发挥了曝气生物滤池的生物降解及吸附功能。同时，组合工艺对氨氮去除效果较好，出水处于较低水平。

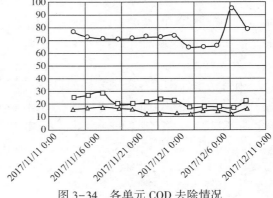

图 3-34　各单元 COD 去除情况

—○— 进水；—□— 臭氧池出水；—△— BAF 池出水

2. 存在问题与对策

由于外排水来源不同，水质具有波动性，尤其是悬浮物指标，对于装置具有一定的冲击性。当进水悬浮物持续维持较高浓度(SS 接近或超过 100mg/L)时，多介质过滤器过滤效果变差，臭氧催化氧化 COD 处理效果受到影响，增加后续工艺的负荷并影响系统处理效率，实践验证悬浮杂质对臭氧氧化及臭氧催化氧化工艺影响较大。

根据进水、臭氧催化氧化池出水 COD 和 SS 指标，及时增加反洗频率，分别缩短多介质过滤器和臭氧催化氧化池反冲洗周期。

3. 技术经济指标

（1）投资

本项目总投资约 9900 万元，其中臭氧催化氧化单元综合投资约 3500 万元。

（2）运行成本及主要消耗

本项目运行成本及主要消耗见表 3-22。

表 3-22　项目物料消耗统计

项目	单位	每日消耗量	每吨水消耗量	单价/元	总价/元	备注
电	kW	3350	0.155	0.69	0.107	
新鲜水	m³	2880	0.133	0.40	0.053	
氧气	Nm³	7483	0.346	0.70	0.242	
工业风	Nm³	580	0.026	0.33	0.009	
仪表风	Nm³	12	0.007	0.40	0.003	
合计					0.414	

采用以臭氧催化氧化为核心的组合工艺，综合运行费用为 0.414 元/t 污水，对处理以反渗透浓水为主的污水具有良好的经济性。

3.5.4　反渗透浓水高效生物反应器处理达标排放技术

3.5.4.1　项目概况

为了满足更严格的排放标准，某企业对已有的污水处理设施进行了深度处理改造。深度处理的污水组成为烯烃污水回用设施的反渗透排水 50m³/h、烯烃循环水排污水 40m³/h、热电厂化学水处理站中和排水 $29m^3/h$、热电厂化学水处理站淡化海水精制浓水 $30m^3/h$，共计 $149m^3/h$。系统最大进水量和设计处理能力为 $150m^3/h$，经过均质调节、中和等设施处理后，进入高效生物反应器（ABR）系统，经处理后排入高密沉淀池化学除磷，出水达标排放。

1. 排放标准

本项目污水外排原执行国家标准《城镇污水处理厂污染物排放标准》（GB 18918—2002）一级 B 限值，$COD \leqslant 60mg/L$。根据地方政府要求，外排污水主要指标要达到《地表水环境质量标准》（GB 3838—2002）V 类标准，其中 $COD \leqslant 40mg/L$。此外，正在制定中的地方标准《城镇污水处理厂污染物排放标准》征求意见稿中提出 A 级限值 $COD \leqslant 30mg/L$，B 级限值 $COD \leqslant 40mg/L$ 的要求，因此企业按 $COD \leqslant 30mg/L$ 建设外排污水提标改造深度治理工程。

2. 需要解决的问题

此前炼油化工行业外排含盐污水尚无 COD 稳定低于 30mg/L 的运行业绩，从常规生化处理机理看，出水 COD 的极限一般在 $40 \sim 60mg/L$，要稳定在 30mg/L 以下需要采用化学氧化、物理化学吸附和生物处理相结合的措施或采用特种生物处理措施。本项目经过现场中试试验筛选，确定高效生物反应器（ABR）工艺可以满足深度达标处理要求，产水达标可靠，运行稳定。

3.5.4.2　工艺技术

1. 工艺流程

图 3-35 中示出了一个典型的 ABR 工艺流程，包括调节罐、过滤器、菌种/营养物投加系统、化学品投加系统、ABR 反应器、出水池、冲洗排水池。

污水进入调节罐，并由提升泵送入中和池。在中和池中加酸调节 pH 值，之后污水流进水渠，经配水渠与三角堰，由重力作用均匀分配进入每一个 ABR 底部，污水为上向流，经过处理后由出水渠流出，进入后续工艺。ABR 的冲洗同样采用向上流的方式。工艺气和冲洗气由不同进气口进入 ABR，作为 ABR 好氧反应工艺曝气和反冲洗气洗用气，在通过滤料层后，最终排空进入大气。

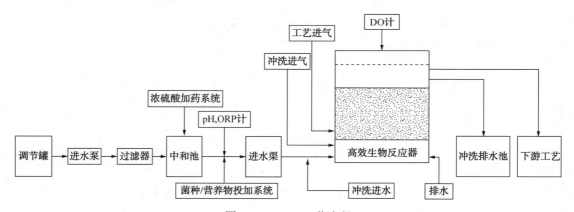

图 3-35　ABR 工艺流程

若污水需要进行 pH、ORP 等调节时，可通过化学品投加装置将酸、碱调节剂或氧化还原剂泵入，利用管道混合器将药剂与污水混合，并由 pH、ORP 在线检测仪表进行监测和反馈。在 ABR 系统启动时，投入特效菌种和营养液进行培菌调试工作。监护池有储水功能，当需要反冲洗时，反冲洗泵将部分出水作为 ABR 的冲洗水，反冲洗出水经由冲洗排水渠流入冲洗污水池，并通过水泵缓慢泵入下游高密池进行处理。

2. 工艺参数

ABR 工艺参数如表 3-23 所示。

表 3-23 ABR 工艺参数

项目	参数	项目	参数
空床停留时间/h	4.28	单池每年水反冲洗次数	6(设计值，根据进水情况而调整)，实际 2 次
设计 COD 负荷/(kgCOD/m³ · d)	0.39	水高冲洗强度/(L/m² · s)	6.6
反应池数量/个	6	水低冲洗强度/(L/m² · s)	3.3
反应器尺寸(长×宽)/m	8×6	单池每年气清洗次数	6(设计值，根据进水情况而调整)，实际 2 次
高效载体床高度/m	2.6	气洗强度/(L/m² · s)	10.00

3.5.4.3 处理效果

ABR 工艺处理效果如表 3-24 所示。

表 3-24 ABR 处理效果

项目	ABR 进水	ABR 出水	项目	ABR 进水	ABR 出水
COD/(mg/L)	58.9± 20.6	22.0± 6.8	COD 去除率/%	63	

ABR 系统于 2017 年 12 月正式投运，运行处理效果如图 3-36 所示。从图中可知，ABR 出水能够稳定达到出水 COD<30mg/L 的排放要求，运行成本小于 0.2 元/m³。

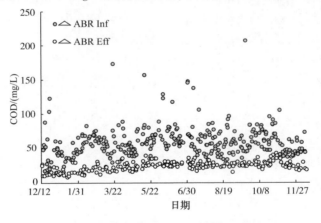

图 3-36 ABR 处理效果

3.5.5 高含盐难降解炼油化工污水电催化氧化达标排放处理技术

3.5.5.1 项目概况

某企业主要产品包括汽柴油、润滑油、聚合物等，其含盐污水主要包括化学水站中和池污水、循环水场置换水、污水回用反渗透浓水、烟气脱硫(PTU)污水、磺酸盐污水等，污水成分复杂，含有大量的聚丙烯酰胺、磺酸盐等高分子聚合物，氯离子含量高，处理难度很大。为了满足石油炼制工业污染物排放标准》(GB 31570—2015)、《石油化学工业污染物排放标准》(GB 31571—2015)排放限值的要求，企业开展了外排污水深度处理改造达标排放项目建设，并于 2017 年建成，实现达标排放，稳定运行至今。

污水深度处理主要采用"臭氧催化氧化＋MBBR＋电催化氧化"组合工艺，通过两级高级氧化工艺有效降低有机污染物，通过 MBBR 工艺有效去除总氮。并根据水质多样和水量波动大的特点，确立了"分质处理、集中排放"的设计原则，将高盐水和低盐水分开处理，达到高效低耗的工艺目的。

污水深度处理场设计处理能力 320m³/h，设计进、出水水质如表 3-25 所示。

表 3-25　污水深度处理场进、出水水质　　　　mg/L（除 pH 外）

项目	混合污水	中和池污水	PTU 污水	磺酸盐污水	排放限值
pH	6~9	6~9	6~9	6~9	6~9
SS	≤80	≤60	≤60	≤90	≤70
COD	130	152	60	70	≤60
BOD_5	7.2	11	5	5	≤20
氨氮	1.2	1.8	1	1	≤8
总氮	≤60	≤20	18	6	≤40
TOC	≤40	≤25	10	10	≤20
氯离子	900~1500	3000~6000	—	—	未要求
TDS	6000	6000~12000	25000	60000	未要求

3.5.5.2　工艺技术

1. 工艺流程

本项目污水具有盐分高、氯离子含量高、高分子聚合物含量高的"三高"特点，常规的生化处理工艺难以进行。为此，经过中试研究提出了"臭氧催化氧化＋MBBR＋电催化氧化"组合工艺。臭氧催化氧化采用非均相催化剂填料的一体化氧化单元，具有反应时间短、氧化效率高的优点，能够将大分子、难降解的有机物氧化成小分子、易降解的有机物，为反硝化提供碳源；生化工艺采用 MBBR 工艺，具有碳源消耗量低、脱氮效率高的优点，能够有效去除污水中的总氮；电催化氧化单元采用微纳米气浮＋电催化反应器工艺，具有氧化能力强、氧化范围广的优点，对污水达标排放起到后续保障作用。

工艺流程见图 3-37。

2. 主要工艺及运行控制

（1）来水调节和预处理

含盐类工业污水存在冬、夏季节水量波动较大的实际情况，冬季工况下，中和池污水水量上升至约 120m³/h，循环水降低至约 30m³/h；夏季工况下，中和池污水水量降低至平均 60m³/h，循环水上升至平均 130m³/h，回用浓水根据污水处理场处理水量进行相应变化，处理负荷波动较大。据此，项目设置了 2 套 1800m³ 的调节池，并分设进水管线，实现水量平稳运行。通过 2 个系列 5 个多介质过滤罐去除来水悬浮物，保障后续臭氧催化氧化单元的稳定运行。

（2）臭氧催化氧化单元

本项目臭氧催化氧化单元的工艺目的为有机污染物的去除。臭氧单元利用臭氧在催化剂作用下产生的羟基自由基快速氧化分解绝大多数有机污染物，并提高混合污水 B/C 比，为后续生化处理创造条件。本单元是根据前期中试确定的停留时间、臭氧投加量、臭氧氧化工艺等技术数据，采用一体化设计，将 6 组催化氧化池和 2 组稳定池合并建设，采用预氧化＋催化氧化

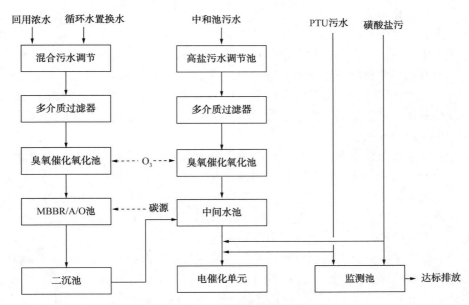

图 3-37　污水深度处理场工艺流程

并联运行的方式，并投加新型非均相催化剂提高氧化效率，安装脉冲式反冲洗装置。

（3）MBBR 生化单元

本生化单元的工艺目的为去除总氮。通过水质成分分析，混合污水中总氮构成以硝酸盐氮为主，平均占比 82.3%，有机氮平均占比 13.7%，氨氮平均占比 2.5%，亚硝酸盐氮平均占比 1.5%。因此，总氮去除工艺主要以去除硝酸盐氮为主，而有机氮、氨氮、亚硝酸盐氮都比较低，均不作为处理重点。由于混合污水的 B/C 比仅为 0.05，远小于常规大于 0.3 的生化要求，无法满足脱氮所需碳氮比的碳源需求，因此需要投加醋酸钠碳源。考虑到剩余有机物去除，确定了 A/O 的工艺流程。

混合污水水量上存在较大的波动性，其中循环水置换水存在异常工况突击置换排水的情况，回用浓水存在因炼油化工主体装置异常工况下水量剧烈变化的情况，污染物负荷会大幅上升。同时系统电导维持在 6000μS/cm，高盐水质条件下对生化处理极为不利。为了确定合适的生化处理方法，保证污染物的去除效率、系统运行稳定性和抗冲击性，开展了活性污泥法、泥膜混合法、MBBR 等工艺中试研究，模拟了低负荷、高负荷等不同工况，按不同的 HRT、碳氮比、悬浮填料填充比等工艺参数进行了试验，优化了工艺参数。最终确定了 MBBR 作为含盐污水生化处理核心工艺。

为了加快 MBBR 系统的调试进度，首先利用废弃的污水池进行了生物膜的污泥接种，之后将初步形成的生物膜填料转移至污水深度处理场的 MBBR 池中。装置设计采用 A/O 一体池，缺氧池采用水下推进器进行流化搅拌，通过筒式滤网自流入好氧池。好氧池使用中孔曝气加强流化状态，有效防止出口填料的堵塞。通过 10 个月的运行，MBBR 池总氮去除率平均为 51.3%，COD 去除率为 56.7%。去除效率符合设计要求。碳源投加量大幅低于常规的碳氮比，有效降低了物耗。运行期间经历了 1 次炼油主体装置突发检修停工，污水回用水突然增量的工况，1 次循环水场因介质泄漏大量置换的工况，MBBR 系统未出现大的波动。系统的抗冲击性较强，解决了高盐、贫营养水质条件下生物除氮的难题。

（4）电催化氧化单元

本单元作为后续保障单元，其工艺目的为去除一级氧化和生化未能去除的有机污染物。

含盐污水中成分非常复杂，包含聚丙烯酰胺、磺酸盐等高分子有机物。单一的高级氧化方式难以实现有机污染物的有效去除。通过中试验证，采用臭氧催化氧化+MBBR 生化工艺，外排污水 COD 合格率平均为 80.5%，难以保证 100%达标。因此，在广泛调研的基础上，中试增加电催化氧化工艺作为后续保障手段后，在中试阶段和工业化运行阶段均实现了外排污水 COD 的 100%达标。

电催化氧化是在外加电场或电压的作用下，使污染物在电极上发生直接的电化学反应或利用电极表面产生的强氧化性活性物种使污染物发生氧化还原反应，生成无害物的过程。通过电催化高级氧化技术产生活性极强的羟基自由基(·OH)，由于·OH 的氧化能力极强，几乎可以无选择地将任何有机污染物氧化分解。生成的·OH 进而与有机化合物发生加合、代替、电子转移、断键等反应，使污水中难降解的大分子有机物氧化。

采用纳晶多孔薄膜电极电催化处理技术，现场安装 4 套微纳米气浮池，去除来水中的固体悬浮物(SS)；24 套电催化反应器，可根据污染物情况和水量变化，灵活调整电流强度和设备投用数量，起到应对水质、水量的突发变化，降低能源消耗，保障外排水质达标的目的。该套电催化技术使用新型纳晶结构阳极钛板，吸附容量和催化效率均有较大提高；电极表面呈多孔态，有效减少了内应力，具有电极寿命长、电极无钝化等优点。经过实际运行，整体运行平稳，出水 COD 平均值为 51.2mg/L，去除率达到 34.3%。

3.5.5.3 应用情况

1. 处理效果

污水深度处理场 COD、总氮(TN)、总有机碳(TOC)处理效果分别见图 3-38~图 3-40。

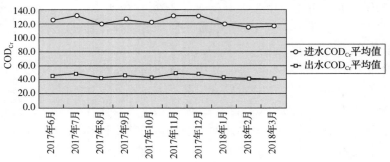

图 3-38 污水深度处理场 COD 处理效果

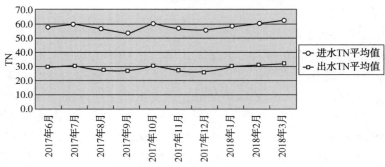

图 3-39 污水深度处理场总氮处理效果

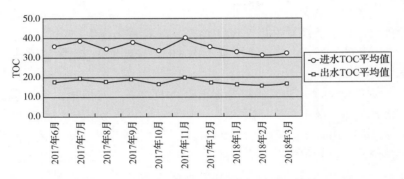

图 3-40　污水深度处理场总有机碳处理效果

2. 装置运行状况

本项目投入运行后，在水量波动大、处理负荷较高的条件下，采取"臭氧催化氧化+MBBR+电催化氧化"组合工艺的污水深度处理装置连续稳定运行，处理效果达到和优于国家控制的排放限值要求。详见表 3-26。

表 3-26　污水深度处理场主要水质数据

项目	COD$_{Cr}$		TN		TOC	
	混合污水	高盐污水	混合污水	高盐污水	混合污水	高盐污水
进水平均值/(mg/L)	113.9	132	76.4	39.9	38.2	31.5
出水平均值/(mg/L)	42.4		29.1		17.3	
去除率/%	60.7		45.2		52.4	

3. 电催化氧化处理成本

图 3-41 为污水深度处理场电催化氧化单元。

电催化单元实际能耗：0.864 ~ 1.200kW·h/t 水。

4. 结语

污水深度处理场通过采用"臭氧催化氧化+MBBR+电催化氧化"组合工艺，处理高含氯、高含盐、难降解炼油化工污水，污水排放达到和优于《石油炼制工业污染物排放标准》（GB 31570—2015）、《石油化学工业

图 3-41　污水深度处理场电催化氧化单元

污染物排放标准》（GB 31571—2015）排放限值要求。有效解决了高含盐类工业污水达标排放的技术难题，污水处理系统运行稳定，消除了企业的环境污染隐患。

3.5.6　炼油化工污水粉末活性炭生化处理-湿式氧化再生技术

3.5.6.1　项目概况

炼油化工污水中污染物越来越杂，有毒、有害物质越来越多，各种盐含量越来越高，致使污水处理难度越来越大，处理效率下降，需要采用特殊手段强化污水生化处理效率，提高

微生物对高含盐和各种有毒、有害物质的耐受力和适应性，方能确保炼油化工污水处理稳定、可靠达标排放。粉末活性炭生化处理（PACT）-湿式氧化再生（WAR）工艺是强化污水生化处理效率非常有效的方法之一。目前 PACT-WAR 污水处理工艺已在炼油化工行业具有多个工程应用案例。

某污水处理场系 8000kt/a 油品质量升级改造项目之一，建成投运后，预处理单元开车一次成功，生化处理单元出水水质稳定达标，活性炭再生单元创连续运行 31 天纪录，外排达标污水 COD 平均 32.9mg/L、氨氮平均 0.6mg/L，污水处理达到行业领先水平。

污水处理场预处理单元包括含油污水处理和含盐污水处理两个系列。含油污水系列处理能力为 500 m³/h；含盐污水系列溶气气浮前处理能力为 200m³/h，溶气气浮的处理能力为 350 m³/h。厂区各个污水提升泵站的污水依靠压力直接输送至污水调节罐，经浮动环收油器除油后提升至预处理系统。预处理单元主要设施有含油污水格栅提升池及提升泵、污水调节罐及提升泵、斜板除油（CPI）、涡凹气浮（CAF）、溶气气浮（DAF）以及配套的浮选加药系统、污泥、污油、浮渣收集提升系统等。生化处理单元采用 PACT 工艺以及后续的砂滤处理系统，将污水中有机污染物转化成二氧化碳和水，有机氮、氨氮转化成硝酸盐氮，从而实现污水达标排放。生化单元分含油、含盐两个系列，设计处理能力均为 500m³/h。主要设施有含油 PACT 生化池、含油沉淀池、含油砂滤池、含油监控池、含油浮渣池以及含盐 PACT 生化池、含盐沉淀池、含盐砂滤池、含盐监控池、含盐浮渣池、污泥浓缩池、配套加药系统、污泥回流系统等。

含油污水处理后回用于循环水场，含盐污水处理达到《石油炼制工业污染物排放标准》（GB 31570—2015）中第二类污染物一级标准后排放。

3.5.6.2　工艺技术

1．工艺流程

（1）含油污水处理系统

含油污水→格栅→提升池→污水调节罐→斜板除油→涡凹气浮→溶气气浮→粉末活性炭生化池→沉淀池→砂滤池→监控池→回用于循环水场

（2）含盐污水处理系统

含盐污水→格栅→提升池→污水调节罐→斜板除油→涡凹气浮→溶气气浮→粉末活性炭生化池→沉淀池→砂滤池→监控池→达标排放

（3）粉末活性炭再生系统

粉末活性炭再生和污泥处理 WAR 装置为含油处理、含盐处理系统共用。

2．主要技术参数

含油粉末活性炭生化池按一级 A/O 系统设置，停留时间为 27h。

含盐粉末活性炭生化池按一级 A/O 系统设置，停留时间为 34h。

曝气池污泥浓度为 5000~15000mg/L，粉末活性炭补充比例约 10%，活性炭浓度一般为 3000~4000mg/L。

3．工艺技术原理

PACT 是在传统活性污泥法基础上，在生化池内投加粉末活性炭，活性污泥以粉末活性炭为载体，利用粉末活性炭的吸附作用以及生化污泥的生物降解作用，将污水中有机污染物转化成二氧化碳和水，有机氮、氨氮转化成硝酸盐氮，净化污水，从而实现污水达标排放。

WAR 是将废炭与空气进行混合，使混合液在反应器里按一定压力和温度停留一段时间，在设定条件下废炭泥发生化学反应，废炭泥上吸附的污染物和有机物被"燃烧"氧化，使废炭得到有效的再生。

PACT-WAR 工艺充分利用两个工艺技术的优势。基于 PACT 技术强化生化处理能力，按照达标处理需求投加相应量的活性炭粉末，提高微生物降解有机污染物能力，并将生物降解后残余的污染物吸附去除，确保处理出水达标排放或回用；吸附处理后的废炭泥和生化系统产生的剩余污泥一起送入 WAR 系统进行湿式氧化处理，将剩余污泥和粉末活性炭吸附的污染物湿式"燃烧"分解去除，活性炭粉末得以再生。再生后的活性炭粉末送回生化池循环利用，降低污水处理成本。WAR 所需热能主要由剩余污泥"燃烧"分解热补充，降低了粉末活性炭再生能耗。两者相辅相成，相互弥补各自的不足。

3.5.6.3　应用情况

1. 处理效果

污水处理场预处理单元于 2014 年 8 月投料运行，各工段出水油含量均优于设计指标，溶气气浮出水油含量基本可以控制在 15mg/L 以内并实现稳定运行。

PACT 生化单元含盐系列和含油系列投用后出水 COD 基本稳定在 50mg/L 以内，氨氮基本稳定在 1mg/L 以内。

WAR 单元自运行以来，反应器温度基本控制在 230~250℃之间，出口压力 6.2MPa 左右。该装置曾连续运行 31 天，创国内同类装置连续运行最好水平。

2. 运行与管理

污水处理场实行装置化管理，从污水进口到外排口进行全流程在线监控，自动调整，过程优化，确保工艺卡片每一个参数都合格。高效运行预处理单元，优化含油、含盐生化单元硝态液回流比及炭泥比，出水氨氮及总氮浓度达到行业领先水平。建立污泥观察镜检分析，实时跟踪污泥活性及生化特性，及时调整投炭量。外排达标污水 COD 平均 32.9mg/L、氨氮平均 0.6mg/L，污水处理场整体达到国内领先水平。

基于 PACT-WAR 运行情况，调整优化了工艺操作，实现了节能降耗。

① 根据生化单元运行情况，适当停运硝态液回流泵。停运含盐含油系列单台硝态液回流泵，每天可节电 4440kW·h。

② 优化含油生化风机运行，尽量做到单台运行，停运 1 台含油生化风机每天可节电 6720kW·h。运行预处理单元恶臭风机，将预处理单元收集的恶臭气体送至含盐生化池利用活性炭进行吸附，停运含盐生化单元风机，每天可节电 6000kW·h。

③ 优化 WAR 装置运行，减少装置运行时间，停运 WAR 装置空压机、螺杆空压机、往复空压机、WAR 尾气风机等，每天可节电 9680kW·h。

④ 稳定两套生化单元出水水质，降低新鲜活性炭的消耗，降低生化絮凝剂的消耗。

3. 技术经济指标分析

污水处理场预处理单元和生化处理单元共投资 2.8 亿，其中 WAR 炭泥处理规模 10t/h，投资约 700 万美元。

粉末活性炭补充比例约 10%，活性炭浓度一般在 3000~4000mg/L。系统运行成本约 9~10 元/t 水。

3.5.7　重质稠油加工污水达标排放处理技术

3.5.7.1　项目概况

随着世界经济加速发展，常规石油储量日益减少，重质稠油加工比例逐年加大，原油重质化、劣质化的发展趋势日渐显现，重油加工污水量的比例增加及其水质的劣质化程度也越来越严重。目前，国内年增探明石油地质储量中的10%以上来自重油，在此基础上，形成了重油生产基地和加工基地。重质稠油生产、加工的不断发展，带来一系列环保问题，主要表现为现有污水处理设施的应变能力不足，难以实现稳定达标排放，构成环境安全隐患。稠油、超稠油炼油化工污水以高含油、高COD、高硫、高氮、高乳化为基本特征，还具有有机污染物负荷高、生物毒性强、生物降解性能差等特点。主要表现在：油水密度差小，油水界面形成时间长，分离难度大；富含表面活性较高物质，水中油高度乳化，破乳难度大；强极性的溶解类烃类、非烃类有毒有害污染物，极易溶于水，降低微生物活性；结构复杂的溶解类烃类污染物，导致其B/C比值偏低，生物降解性差。因此，重质稠油加工污水是一种较难达标处理的炼油化工污水，采用常规炼油污水处理工艺难以实现达标。

针对重质稠油加工污水的达标处理，开发了以生物处理法为主体的新型污水处理技术，采用"分质预处理+综合处理"达标排放综合技术方案，对高含油、高含氮、高含硫污水分别进行预处理，使石油类、氨氮和硫化物得到回收，同时降低污染物负荷，改善生物降解性能；预处理后的高浓度点源污水与清净下水、低含油污水混合形成综合污水，进入综合污水处理装置，采用"两级物化"联合"两级生化"方案，以"污水可生化性改善+厌氧/好氧降解"为核心技术，有效降低了污水中石油类、溶解性有机物、硫化物及氨氮等污染物含量，解决污水外排的达标排放问题，有效保证附近水体的环境生态平衡。

1. 污水分类及处理方式

综合企业污水排放特点，可将重质稠油加工污水分为三类，分别为：高含油污水，如表3-27所示；高含硫含氮污水，如表3-28所示；其他低含油污水。这三类污水的特征和需要采取的处理方式如表3-29所示。

表3-27　高含油污水组成

装置名称	产生点	高含油污水水量/(m³/h)	相对比例/%
重质稠油罐区	原料罐	2.0	3.3
延迟焦化	电脱盐污水	11.5	19.2
延迟焦化	大吹气小给水 冷凝水	5.5	9.2
南常减压蒸馏	电脱盐污水	9.0	15.0
西常减压蒸馏	电脱盐污水	10.0	16.7
—	汽提净化水	22(28)	36.7(42.4)
合计	—	60.0(66.0)	100.0(100)

表3-28　高含硫含氮污水组成

装置名称	产生点	酸性水水量/(m³/h)	相对比例/%
延迟焦化	焦化塔	5.0	9.3
西常减压蒸馏	常减压塔顶	7.5	13.9

续表

装置名称	产生点	酸性水水量/（m³/h）	相对比例/%
减黏裂化	闪蒸塔顶 减压塔顶 分馏塔顶	8.0（2.0）	14.8（4.2）
汽油加氢		1.5	2.8
柴油加氢		4.5	8.3
加氢脱酸		4.0	7.4
催化裂化		19.0	35.2
制氢		3.5	6.5
火炬回收 液态烃 双脱		1.0	1.9
合计		54.0（48.0）	100（100）

表3-29　高含油、高含硫含氮污水特征及点源处理方式

系统划分	水质特征	点源	处理方式
高浓度 含油污水	石油类>1000mg/L，COD>1000mg/L，乳化严重，B/C<0.20，生化性差；有机组成以酚类、多环芳烃类、杂环化合物等为特征	原料罐脱水、电脱盐排水	先预处理（收油，降负荷，提生化性），后排综合污水场
高浓度 含硫含氮污水	硫化物>50mg/L，氨氮>100mg/L，不可生物降解，有机组成以有机酸、苯酚、含硫含氮杂环化合物为特征	装置三顶冷凝水	预处理（回收N、S资源，降负荷），理论上全部回用于电脱盐注水等用水点
低浓度 含油污水	石油类<500mg/L，COD<1000mg/L，B/C>0.30，生化性好，有机组成以烷烃类、苯系物为特征	二次加工工艺排水、清净下水等	直排综合污水处理场

2. 排放标准和要求

（1）处理规模

高浓度含油污水预处理规模：150m³/h；

稠油加工综合污水处理规模：600m³/h。

（2）排放要求

① 高含油污水预处理要求。高含油污水预处理要求如表3-30所示。

表3-30　高含油污水预处理要求

项目	COD/（mg/L）	B/C	pH	SS/（mg/L）	石油类/（mg/L）
进水	—	—	5.0~9.0	≤3000	≤10000
出水	≤2000	≥0.18	6.0~9.0	≤300	≤80

② 综合污水处理场排放标准。按国家《城镇工业污水排放标准》（GB 18918—2002）和《辽宁省污水综合排放标准》（DB 21/1627—2008）规定执行。

3. 需要解决的问题

（1）污水污染负荷及处理难度增加

企业重油加工比重增大，工艺流程延伸，稠油、超稠油加工污水中污染物组成更加复

杂，污水达标处理难题日益突出。

对点源高含油污水进行源头控制与过程控制，回收石油类资源，削减有机污染物负荷，保障综合污水处理生化段效能的发挥。先利用破乳-除硫药剂高品质回收稠油，降低生物毒性；再经过气浮絮凝净化水体降低污染物负荷。

对综合污水处理，主要控制污染物为 COD、氨氮和石油类；强化难降解有机物的生化处理，并结合同步硝化-反硝化高效脱氮；物化段处理采用两级隔油、两级气浮工艺保障生化段水质；生化段引进厌氧水解酸化、循环活性污泥池(CAST)、曝气生物滤池(BAF)等工艺技术。

（2）进一步改善出水水质及控制排污总量

基于炼油化工污水外排标准升级和国家节水减排政策及水资源管理的日益严格，必须提高水的循环利用率，加大污水回用力度。

3.5.7.2 工艺技术

1. 处理工艺路线

本企业采用分质预处理和集中污水(多级)综合处理的重质稠油污水处理方案，提出"污污分流、分质分级"处理点源污水预处理控制处理方法，确定主要的预处理措施；对于水质较好污水，采用综合处理辅以强化治理手段。重质稠油污水综合处理路线如图 3-42 所示。

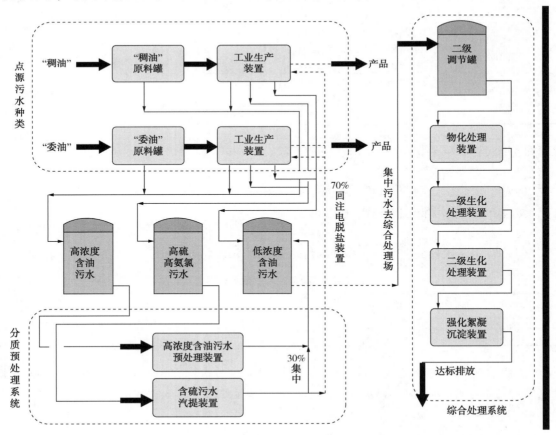

图 3-42　重质稠油加工污水综合处理路线

高含油污水点源处理采用"沉降分离收油+浮选分离除油"技术，对污水进行收油、降负荷、提高生化性预处理，然后与其他污水混合后排入污水综合处理厂；高含硫污水点源处理采用"介质过滤除焦粉+汽提分离除硫脱氮"技术对污水进行预处理，污水除焦粉、回收 N 和 S 资源、降负荷预处理后，作为电脱盐的用水。

重质稠油污水综合处理场采用"调质罐→斜板池→两级气浮（DAF）→一级水解酸化罐→循环活性污泥池→脱氮/水解酸化池→曝气生物滤池→沉淀池"工艺，处理后出水达标排放或进入深度处理装置产水回用。

2. 工艺流程及原理

（1）高含油污水预处理技术

阳离子丙烯酰胺与二甲基二烯丙基季铵盐共聚物与金属硫化物沉淀剂作为最优的预处理复合药剂，可对水体中的稠油进行高品质回收，硫化物则富集于泥渣中去除。

对除油、除硫、除悬浮物净化后的污水，可采用臭氧多相催化氧化技术提高其生物降解性能。

高含油污水预处理工艺流程如图 3-43 所示。

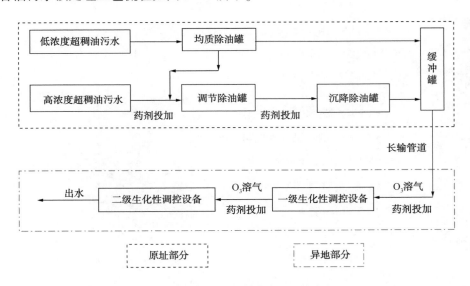

图 3-43　高含油污水预处理工艺流程

（2）综合污水处理技术

综合污水处理场设计处理量 $600m^3/h$，主体工艺路线为"沉降除油罐（调节水罐）—组合式斜板隔油设备——级 DAF 气浮—二级 DAF 气浮——级厌氧水解酸化罐—CAST 池—二级厌氧水解酸化池—曝气生物滤池—兰美拉斜板沉淀池—监测水池"，如图 3-44 所示。

① 厌氧水解酸化技术。将水体有机污染物反应控制在水解酸化阶段，水解阶段的大分子物质降解为小分子物质，酸化阶段的小分子物质降解为短链脂肪酸，提高 B/C 比，为好氧处理提供优质碳源。本项目采用内循环水解酸化罐，通过完全混合方式强化"污染物-微生物"之间的传质，内置两相分离器，保障较长停留时间与固相液相分离。

② 循环式活性污泥法。厌氧水解酸化出水为循环式活性污泥法（CAST）提供了优质碳源，避免了 CAST 反硝化过程的碳源补充；在同一池体内实现了 COD、氨氮、总氮的去除功

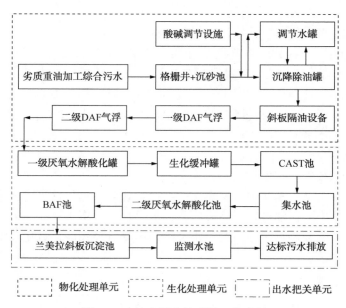

图 3-44　综合污水处理场工艺流程

能。单个 CAST 池体运行方式为间歇进水、间歇出水。多池组合系统为连续进水、连续出水。图 3-45 为 CAST 工艺原理。

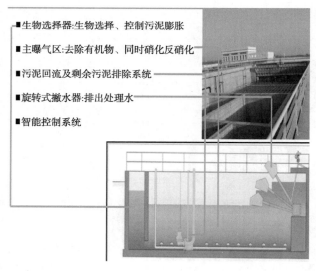

图 3-45　CAST 工艺原理

3. 控制管理措施及运行

（1）预处理装置工艺优化

根据原油高含硫特点，优化具有破乳与硫化物转移功能的预处理药剂配方，控制除油抑制剂加量 800mg/L，除硫净水剂加量 300mg/L，实现预处理出水 COD $\leqslant$ 2500mg/L，石油类 $\leqslant$ 100mg/L，硫化物 $\leqslant$ 10mg/L。

（2）酸性水装置工艺优化

根据原油高含硫、高酸特点，通过优化注碱量（增加10%~40%）与蒸汽量（增加10%~20%），可使净化水硫化物、氨氮满足电脱盐注水与排污水场的要求。

（3）综合污水场工艺优化

优化一级水解酸化、CAST、二级水解酸化、BAF等单元的工艺条件与参数，DAF絮凝剂投加增加20%，水解酸化溶解氧（DO）降至0.2mg/L，CAST停留时间增至57h，BAF气水比降至4:1，以满足原油加工污水处理的要求。

3.5.7.3 应用情况

1. 处理效果

针对重质稠油加工污水，采用"分质预处理+综合处理"的达标排放综合技术方案，实现了污水处理的长周期、稳定达标运行。表3-31、表3-32分别列出了高含油污水预处理装置和综合污水处理场的处理效果。

表3-31　高含油污水预处理装置处理效果

项目	pH	石油类	COD	硫化物	SS
进水/（mg/L）	7.79	9693	8944	11.63	7990
出水/（mg/L）	6.96	93.9	2299	2.86	301.7
去除率/%	—	99	74.30	75.40	96.20

表3-32　综合污水处理场处理效果

项目	总进水范围（平均值）	总排出水范围（平均值）	平均去除率/%	达标率/%
pH	7.12~8.99（8.12）	7.59~8.47（8.06）	—	100
COD/（mg/L）	705~1356（1001）	28~50（40）	96.01	100
BOD_5/（mg/L）	71~305（176）	3~9（4）	97.73	100
石油类/（mg/L）	31.2~186.5（96.7）	0.3~2.6（1.5）	98.45	100
氨氮/（mg/L）	9.7~99.8（43.7）	0.1~2.3（1.1）	97.48	100
硫化物/（mg/L）	0.10~8.76（1.94）	0.001~0.016（0.004）	99.79	100
挥发酚/（mg/L）	5.4~56.9（24.0）	0.021~0.123（0.058）	99.76	100

2. 技术经济指标分析

150m³/h高浓度含油污水预处理装置工程投资702.00万元。

600m³/h稠油加工综合污水处理场工程投资9294.74万元。

150m³/h高浓度含油污水预处理装置全成本核算10.70元/t水。不含人员工资、折旧等，运行成本为5.35元/t水。

600m³/h 稠油加工综合污水处理场全成本核算 4.80 元/t 水。不含人员工资、折旧等，运行成本为 2.35 元/t 水。

3.5.8　炼油污水分质处理达标排放技术

3.5.8.1　项目概况

某企业按照"清污分流、污污分流、雨污分流、分质处理和污水回用"的原则，规划的炼油污水处理总体方案如图 3-46 所示。

含硫污水经酸性水汽提处理后，部分装置内回用，其余与厂区含油污水、生活污水和初期雨水一同排入含油污水处理及回用水处理系统进行处理，达到《污水再生利用工程设计规范》（GB 50335—2002）循环水补水水质要求后全部回用。厂区循环水系统产生的含盐污水经含盐污水处理系统处理后，大部分用于循环水场，其余少量含盐污水满足《城镇污水处理厂污染物排放标准》（GB 18918—2002）标准的一级 A 要求外排。

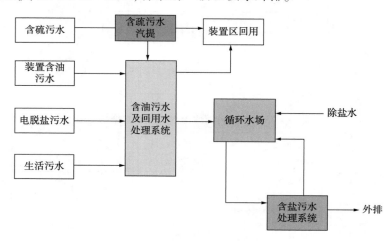

图 3-46　全厂排水处理方案

1. 含油污水处理系统

含油污水处理系统处理规模为 800m³/h，采用双系列运行，处理含油污水、电脱盐污水、生活污水等，采用 A/O 生化工艺结合"高密沉淀池+V 型滤池"深度处理的工艺路线，设计出水满足《污水再生利用工程设计规范》（GB 50335—2002），全部回用循环水场。目前，因含盐污水系统尚未建设完成，全部污水进含油污水处理场处理，部分回用循环水系统，多余部分外排。含油污水处理系统设计进、出水水质控制指标见表 3-33。

表 3-33　含油污水及回用水处理场进出水水质及控制指标　　mg/L（除 pH 外）

项目	进水水质	控制指标	出水水质
pH	6~9	6~9	6.5~8.5
COD	800~1000	1000	30
石油类	500~600	800	0.5
挥发酚	15	20	0.01

续表

项目	进水水质	控制指标	出水水质
硫化物	10	40	0.1
氨氮	40	60	1.5
SS	—	—	≤5

2. 含盐污水处理系统

处理规模 300m³/h，污水回用率约 70%，处理循环水外排污水，采用深度处理和膜处理组合工艺路线，淡水回用于循环水系统，少量外排污水满足地方标准《城镇污水处理厂污染物排放标准》(DB 12/599—2015) A 级标准排放，其中 COD、氨氮、总磷执行《地表水环境质量标准 GB 3838—2002》Ⅳ类水体标准。含盐污水处理系统设计进、出水水质控制指标见表 3-34。

表 3-34　含盐污水处理系统进出水设计控制指标　　mg/L(除 pH 外)

项目	进水		出水	
	水质	控制指标	回用水质	外排水质
pH	6~9	6~9	6.5~8.5	6~9
BOD_5	—	—	—	≤6
COD	100	200	COD_{Mn}≤5	≤30
SS	50	200	—	≤5
氨氮	6	20	≤0.8	≤1.5(3)
石油类	10	50	≤0.5	≤0.5
挥发酚	2	5	0.1	—
硫化物	2	5	≤0.1	—
总磷	—	—	—	≤0.3
总氮(以 N 计)	—	—	—	≤1.5
总溶解固体	2500	4300	≤150	—
氯离子	280	350	—	—

3.5.8.2　工艺技术

含油污水处理工艺流程如图 3-47 所示。含油污水、电脱盐污水、生活污水等进入污水处理场调节除油罐，调节除油罐集均质、除油、调节为一身，具有多项功能，对含油污水处理场后续流程的平稳运行起到积极作用。浮油排入污油系统，罐底污泥定期排至污泥系统。均质调节罐出水自流至平流斜板式隔油池，该池设有链板式刮油刮泥机及集油管，浮油排入污油系统，底泥排至污泥系统。隔油后污水自流至中和调节池、溶气气浮池(DAF)，达到控制标准的污水进入生物处理系统。

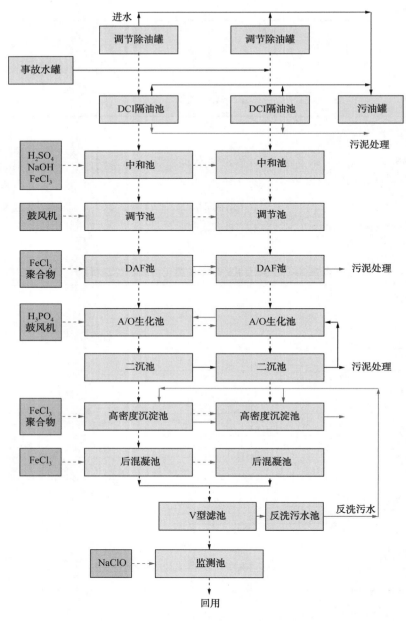

图 3-47　含油污水处理场处理工艺流程

　　预处理后的含油污水进入生物处理段。生物处理是利用不同的微生物菌群,通过生物的新陈代谢将污水中有机污染物进行降解和固液分离,达到去除污水中有机污染物的目的。生物处理段采用 A/O 反应池,污水在缺氧段,活性污泥中的反硝化细菌利用硝态氮和污水中的含碳有机物进行反硝化作用,使化合态氮转化为分子态氮,同时获得去碳和脱氮的效果。在好氧段,水中含碳有机物被污泥中好氧微生物氧化分解;有机氮通过氨化作用转化为氨氮,再由硝化作用氧化成硝态氮。生化池出水自流进入到二沉池,二沉池用来去除生物处理过程中产生的污泥,从而得到澄清的处理水,实现固液分离,降低污水的 SS,同时为生物处理装置提供一定浓度的回流污泥。二沉池出水氨氮小于 3mg/L，COD 小于 40mg/L。

二沉池出水进入高密沉淀池及 V 型滤池，进一步去除污水中的 SS 等，出水在产水池中加入次氯酸钠消毒，之后进入循环水场作为循环水场补水。

含油污水处理装置的污泥分为油泥(含气浮浮渣)和剩余活性污泥两种。污泥含水率高达 99.5%~99.8%，排泥过程间断不连续。污泥定时由泵打入污泥浓缩池，自然沉降 12h 后分层切水，经浓缩后的污泥含水率大约在 90%~97%。

污泥脱水采用离心脱水机。污水处理过程中产生的各种污泥经污泥浓缩、脱水后，统一送污泥焚烧系统，焚烧后的灰渣作为危险废物运至危险废物暂存库暂存及外运。

浓缩池的切水、污泥脱水滤液及其他污水由泵提升至调节罐，再重新处理。

含油污水处理系统构筑物均设置尾气收集和除臭处理装置。高、低浓度废气分别采用催化燃烧和吸附工艺，将隔油、生化池等用于生化曝气以及污泥浓缩、干化装置产生尾气分别收集和处理，并做除臭处理。

从均质调节罐收集的污油经管道汇集后由污油泵送至污水处理场内的污油罐，进行脱水，脱水后的污油送至炼厂罐区的污油罐中。

3.5.8.3　含油污水处理系统应用情况

1. 各单元处理效果

调节除油罐、DCI 隔油池、气浮池进出水及含油污水处理场出水中的主要污染物数据如表 3-35~表 3-37 所示。

表 3-35　调节除油罐和 DCI 隔油池污染物数据　　　　　　mg/L

项目	调节除油罐进水	调节除油罐出水	DCI 隔油池进水	DCI 隔油池出水
石油类	756	187	187	85
COD	807	556	556	498

表 3-36　气浮进出主要污染物分析数据　　　　　　mg/L

项目	气浮进水	气浮池出水	项目	气浮池进水	气浮池出水
COD	752	438	石油类	98	19
氨氮	39	26			

表 3-37　污水处理场出水各污染物含量　　　　　　mg/L(除 pH 外)

项目	污水处理场出水	项目	污水处理场出水
COD	20	挥发酚	0.01
氨氮	<0.05	硫化物	0
石油类	0.5	pH	7.8

2. 存在问题

① 上游装置来水波动频繁，对装置平稳运行有较大影响，给污水稳定达标造成超标风险。

② 面对污水外排指标将进一步提高，需提标改造，满足新排放要求。

由表 3-38 可以看出，未来即将推行的准Ⅳ类地表水标准，比《石油炼制工业污染物排

放标准》（GB 31570—2015）及《城镇污水处理厂污染物排放标准》（DB 12/599—2015）一级 A
更严格。

表 3-38   各类标准限值指标   mg/L

项目	IV类	GB 31570	城镇一级 A	再生利用规范
COD	30	50	50	60
BOD_5	6	10	10	10
氨氮	1.5	5	5	10
总氮	1.5	30	15	
石油类	0.5	3	1	
硫化物	0.5	0.5	1	
总磷	0.3			
总硬度				450
氯离子				250

3. 解决对策

针对上游装置来水波动频繁，需加强点源控制。目前装置外排水运行能够满足达标排放
要求，如上游来水性质波动较大或有新的排放标准要求，需进行提标改造。

4. 控制管理措施及运行

（1）严格控制污水处理过程指标

① 加强上游装置来水指标监控，超标污水及时切入事故罐。

② 加强调节除油罐、隔油池收油操作，控制隔油池出水石油类含量。

③ 提高气浮运行效果，合理调整气浮加药量、气水比等参数，保证气浮出水各项指标
过程受控。

（2）加强采样分析管理

① 化验班组采样样品准确有效，分析后的数据及时通知班组、技术管理人员，出现异
常数据及时采取相应的调整措施。

② 班组人员每 2h 对来水取样观察，水质颜色异常时及时加样分析，同时将来水切入事
故罐避免污水处理场受到冲击。

（3）加强设备管理

梳理污水处理场存在的运行问题，采取相应解决措施，确保预处理段隔油、除渣效果良好。

（4）加强与上游装置协调管理

及时与上游装置沟通，出现异常水质时，直接切入事故水流程。当班人员取样分析发现
水质颜色异常时，及时联系调度协调上游装置排查异常水质来源。

5. 技术经济指标分析

（1）投资

含油污水处理系统投资约 2.2 亿元。

（2）运行成本

2019 年各月的运行成本详见表 3-39。

表 3-39　2019 年各月的运行成本

2019 年	均小时处理量/ (m³/h)	均小时回用量/ (m³/h)	回用率/%	装置耗电/ kW·h	电单耗/ (kW·h/m³)	装置运行天数
1 月	522.35	208.34	39.89	447360	0.92	31
2 月	526.99	227.34	43.14	380856	1.08	28
3 月	432.00	255.60	59.16	646368	2.00	31
4 月	500.00	287.23	57.34	623676	1.72	30
5 月	634.76	409.62	64.53	910440	1.92	31
6 月	705.70	471.20	66.70	1031160	2.02	30
7 月	740.60	508.65	68.67	905160	1.64	31
8 月	604.85	488.87	80.80	813120	1.80	31
9 月	591.98	541.32	91.44	761280	1.78	30
10 月	582.1	508.5	80.42	774720	1.78	31
11 月	644.97	419.36	65	776640	1.67	30
总计	589.66	393.27	65.19	8070780	1.66	334

（3）物料消耗

2019 年三剂使用情况见表 3-40。

表 3-40　三剂使用情况

项目	11 月实际消耗量/t	1~11 月累积消耗量/t
PAC	17.82	338.24
PAM(阴)	0.35	3.925
PAM(阳)	0.35	7.45
次氯酸钠	7.64	95.56
氢氧化钠	13.35	174.51

3.5.9　炼油化工污水反硝化生物滤池脱氮处理技术

3.5.9.1　项目概况

本项目污水处理场是 13000kt/a 炼油项目的配套工程，包括污水处理系统、碱渣处理系统、臭气处理系统、污水回用处理系统、浓水处理系统和污泥干化焚烧系统等。污水处理系统用于处理厂区生产和生活污水，设计处理能力 1000m³/h，采用"罐中罐+隔油池+中和均质池+气浮池+A/O 生化池+二沉池+高密池+V 型滤池"的处理工艺，产水可达标排放也可提升到回用水处理系统。

回用水处理系统按照反渗透进水 700m³/h 设计处理能力，采用"臭氧接触池+生物滤池+V 型滤池+超滤+反渗透"的工艺技术路线，回用水处理装置产水外送至除盐水站。回用水处理系统反渗透采用一级三段工艺，污水回用率 80%，剩余 20% 的浓缩水进入到浓水处理系统。

浓水处理系统设计处理能力 150m³/h，设计进、出水水质见表 3-41，出水水质要求满足《石油炼制工业污染物排放标准》(GB 31570—2015)规定,直接达标排放。

表 3-41   浓水处理系统设计进、出水指标   mg/L

项目	COD	总氮	总磷	氨氮
进水	≤165	≤90	≤2	≤6
出水	≤60	≤40	≤1	≤8

本项目对排放污水的氨氮、总氮提出了明确的处理要求,故处理工艺较传统工艺增加了反硝化生物滤池。

3.5.9.2   工艺技术

1. 工艺流程

浓水处理系统工艺流程见图 3-48。

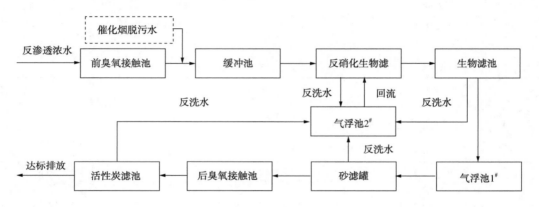

图 3-48   浓水处理系统工艺流程

浓水处理系统进水包括反渗透(RO)浓水和催化烟脱污水两部分;RO 浓水首先进入前臭氧接触池内,与臭氧充分接触,将部分难生化降解 COD 转变为可生化的 COD,同时降低 COD 总量;其出水进入缓冲池,使溶解的臭氧得以释放,同时在此投加营养液醋酸、磷酸等以及氢氧化钠和硫酸等 pH 调节剂;缓冲池出水进入反硝化生物滤池去除水中的硝态氮;再进入生物滤池去除水中残余的 COD、悬浮物、氨氮,出水进入气浮池 1# 内去除悬浮物,然后经砂滤罐进一步脱除悬浮物、总磷后,再由后臭氧接触池进一步降低水中 COD 含量,活性炭滤池作为保安措施,保证排放出水达标。生物滤池、反硝化滤池、活性炭、砂滤罐等反洗水经气浮池 2# 处理后进入到反硝化滤池。

需要说明的是原设计只处理 RO 浓水,后因为烟脱污水不合格又引入处理系统。本项目反渗透回用率较高,浓水浓缩比高,进水中 COD 一般约为 85～95mg/L,石油类约为 10mg/L,TDS≥5000mg/L,B/C 在 0.05～0.12 范围,且有机污染物主要由带芳环结构的有机物组成,处理难度大;企业烟气脱硫污水的引入进一步增加了此项目的难度。

本项目 3300kt/a 催化裂化装置烟气脱硫采用 BELCO 公司基于 NaOH 洗涤液的 EDV® 5000 脱硫及 LoTOx™ 脱硝湿法洗涤系统控制 FCC 烟气的工艺技术,设计为烟脱污水直排,但系统投用后出现总氮、COD、氰化物及悬浮物超标问题,其中 COD 最大值达到 390mg/L (包含水中还原性物质导致的耗氧量,无法与有机物的 COD 分开),总氮最大值 217mg/L,

悬浮物最大值 210mg/L，不能按照原设计进行直排；此外因企业原料油的硫含量较高，烟气中高浓度 SO_x 吸收进入水中，导致烟脱外排水盐含量高达 55000mg/L。为了保证烟脱污水达标排放，将烟脱污水经工艺变更后进入缓存池，和反渗透浓水一起处理。烟脱污水的引入，不仅导致浓水盐含量高、水质波动大、污染物时常超设计指标，而且进水量最大为 166m³/h，超设计负荷，整个系统操作难度很大。

2. 主要构筑物与设备参数

① 前臭氧接触池：1 座，停留时间 78min，单池有效容积 194m³。

② 反硝化滤池：3 座，上向流生物过滤，上升流速 20m/h，滤料层 3.0m，单位面积 11.43m²。

③ 生物滤池：3 座，上向流生物过滤，上升流速 5.4m/h，滤料层 2.9m，单位面积 11.43m²。

④ DAF 气浮池：3 座，混凝区单池有效容积 2m³，絮凝区单池有效容积 6m³，气浮区单池有效容积 2.93m³。

⑤ 砂滤罐：3 座，下向流压力式过滤器，滤速 7.7m/h，滤层高度 1.25m，单元直径 3m。

⑥ 后臭氧接触池：1 座，停留时间 72min，单池有效容积 194m³。

⑦ 活性炭滤池：3 座，滤速 2.31m/h，单位面积 24.5m²。

3. 技术特点

（1）臭氧接触池

臭氧接触池是利用臭氧的强氧化性，将水中不可降解的 COD 转化为可降解的 COD，并降低 COD 总量的构筑物。在本项目中，污水中的 COD 经 A/O 生化池和回用水处理系统的臭氧接触池、曝气生物滤池处理后，反渗透浓水的 COD 一般低于 60mg/L，因此如前臭氧投加的情况下，水中富余臭氧量较多，虽经缓存池停留吹脱，但反硝化生物滤池进水溶解氧仍很高，严重抑制了反硝化的进行。因此，在实际运行中，前臭氧接触池仅运行第一段或不运行臭氧投加，以确保反硝化处理效果，后臭氧接触池满负荷运行，以确保出水 COD 达标。

（2）反硝化生物滤池

反硝化生物滤池集脱氮和过滤于一体，属于上向流生物过滤系统，采用整体滤板，滤头均匀分布。本项目中，一方面污水产水总氮较高，最大值为 28mg/L，经反渗透浓缩后总氮高达 140mg/L；另一方面，烟脱污水总氮较高，最大值 217mg/L，导致反硝化生物滤池进水总氮最大值为 138mg/L，远远超过设计值 90mg/L，且波动较大，因此反硝化滤池的精细化调整非常重要。此外，本项目中反硝化滤池属于后置反硝化生物滤池，对进水中的凯氏氮基本无去除效果，因此，需严格控制反硝化进水的凯氏氮含量。

（3）曝气生物滤池

曝气生物滤池是固定生物膜反应器，具有生物净化和截留悬浮物两种作用，污水从滤池底部进入滤料层，滤料层下部设有供氧的曝气系统进行工艺曝气，气水为同向流。本项目中，反渗透浓水 COD 一般低于 60mg/L，虽然烟脱污水 COD 较高，但该 COD 主要由亚硝酸盐等还原物质影响，无法由生物滤池去除，考虑反硝化滤池总氮负荷较高，因此在实际运行中，将曝气生物滤池的工艺风系统停运，使生物滤池也发挥反硝化作用，以确保出水总氮达标。

（4）活性炭滤池

活性炭滤池就是以活性炭为过滤材料，通过活性炭强大的吸附力去除水中有机污物和悬浮物的水处理构筑物。本项目活性炭作为安保措施，通常情况下，后臭氧出水直接进入观察池，在后臭氧出水无法达标排放时，再经活性炭处理后排放。

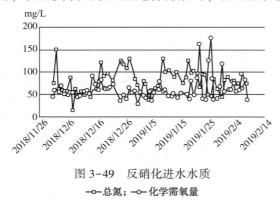

图 3-49　反硝化进水水质

—□—总氮；—○—化学需氧量

4. 操作要点

根据前面介绍，反渗透浓水 COD 浓度较低，反硝化进水 COD 主要由烟脱污水中还原态物质引起，可通过后臭氧接触池去除，因此除去碳源过量导致的 COD 超标难度较低；但是反硝化进水总氮波动大且时常远远超出设计指标，如图 3-49 所示，加之烟脱污水的引入导致反硝化生物滤池进水量增加，如何高效去除总氮是浓水达标排放的关键点和瓶颈。

（1）碳源投加

适度的有机质可以促进反硝化反应的进行，本项目采用的有机碳源为醋酸。本项目反硝化进水总氮波动较大，一般为 45~135mg/L，碳源投加量的调整至关重要，投加量不够使得反硝化不完全；投加过量，不但增加运行费用，还会导致出水 COD 超标。综合考虑总氮、COD 和运行成本，反硝化最优化运行条件是 C∶N=3.7，出水总氮低于 18mg/L。此外为确保出水 COD 达标，醋酸投加量需适当扣除反硝化进水的 BOD 值，一般为 10~50mg/L。

（2）pH 值

对于反硝化反应，适宜 pH 值范围介于 7.0~8.5 之间。反硝化过程伴随碱产生，大约 1g 硝酸盐可产生 3~3.6g 的碱，但是在进水总氮较高、蜡酸投加量较大、进水水量较高的情况下，反硝化产生的碱度不足以回流中和蜡酸，导致反硝化进水 pH 值降低到 6.0 以下，抑制了反硝化反应，因此在实际运行中一般设定 pH=7.2，以控制氢氧化钠的投加。

（3）阻塞值

反硝化滤池阻塞值的产生主要包括两个方面：一是微生物的生长；二是反硝化氮气的产生。对于微生物生长导致的阻塞值可以通过定期反洗来消除，反硝化氮气引起的阻塞值可以通过加大内回流提高上升流速和定时开关进水阀冲击排气的方法消除。本项目中，一般控制滤板压力低于 6.5m，反洗周期 10~13h，上升流速 18m/s，且根据运行设定滤板下排气阀开关时间和进水阀开关时间以及反洗强度。

（4）溶解氧

由于反硝化反应只发生在厌氧或缺氧环境中，而本项目反硝化滤池前段工艺是臭氧接触池，因此臭氧投加过量会导致反硝化进水的溶解氧过高。在日常运行中，密切关注反硝化进水的 ORP 值，及时调整前臭氧接触池臭氧投加量，确保其小于 60mV。

（5）温度

温度影响反硝化生物体的生长，反硝化可在 5~30℃ 的水温中发生，在此温度范围内，温度越高，增长的速度越快，且反应速度越快；本项目所在地年均温度 14.7℃，最冷月平均气温 7℃，最热月平均气温 22℃，反硝化生物滤池进水水温在 22~30℃，符合最优反硝化条件。

(6) 合理利用生物滤池

鉴于 RO 浓水处理系统 COD 处理难度低而总氮处理难度大的问题，将曝气生物滤池的工艺风系统停运后，在反硝化滤池处理满负荷、反硝化滤池出水醋酸过量的情况下，曝气生物滤池也发挥反硝化作用。

3.5.9.3 应用情况

1. 运行效果

浓水处理系统自 2017 年 10 月份投入运行以来，经历 3 个月调整期后，处理效果如图 3-50 所示，反硝化出水总氮稳定控制在 40mg/L 以下。

外排水完全满足《石油炼制工业污染物排放标准》(GB 31570—2015) 要求，各单元及整体运行效果见表 3-42。

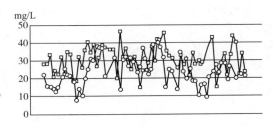

图 3-50　反硝化出水水质情况
—□—化学需氧量；—○—总氮

表 3-42　浓水处理系统运行效果　　　　　　　　　　　　mg/L

项目	COD	总氮	总磷	氨氮
反硝化滤池进水	64.5	76.1	0.49	7.2
反硝化滤池出水	58.3	31.8	—	—
曝气生物滤池出水	49.2	26.6	—	—
活性炭滤池出水	28.5	25.6	0.24	0.26
外排口	27.9	24.3	0.19	0.23
出水要求	≤60	≤40	≤1	≤8

实践表明，该浓水处理工艺处理效果好，工艺运行稳定，出水水质完全满足达标排放要求。

2. 经济指标

本项目浓水处理系统运行成本为 3.17 元/t 浓水，其中醋酸消耗为 2.66 元/t，电耗为 0.44 元/t，其余为公用工程和其他药剂消耗。此外，浓水处理系统稳定达标运行后，污水整体回用率达到 79%，回用水外送量达 430t/h，节水效益显著。

3.5.10　炼油化工污水同步硝化反硝化生物脱氮处理技术

3.5.10.1　项目概况

某炼油化工一体化企业污水处理厂接纳的污水主要分为炼油化工污水、生活社区污水和工业区污水。污水处理对象主要有含油污水，含硫含氨污水，高浓度废碱液，化工生产系统含丙烯腈、氰化钠、醛、醇、酸污水，PTA 高浓度污水，化纤油剂污水，腈纶污水等。污水先经预处理，再排至污水处理厂统一处理，处理后的污水达标排放或回用。

污水处理装置规模 60000m³/d，提标改造工程在满足排放水质要求的同时，实现总氮的高效去除。

3.5.10.2　工艺技术

1. 工艺流程

污水处理装置来水主要为上游石化装置经预处理达到纳管标准的生产污水和石化社区生

活污水。原采用两段式生物处理工艺，2015年将原有一段生化系统（有效容积8150m³）改为污水同步硝化反硝化处理工艺，且在二段三槽式氧化沟（有效容积70000m³）生化处理之后增设了深度处理装置，采用"气浮–臭氧催化氧化–曝气生物滤池"组合工艺，外排污水达到《石油化学工业污染物排放标准》（GB 31571—2015）要求。

2018年将原有二段三槽式氧化沟废弃，利用闲置的卡鲁塞尔氧化沟（含原水解酸化池，有效容积28500m³）改造为同步硝化反硝化处理工艺。

改造前工艺流程如图3-51所示。

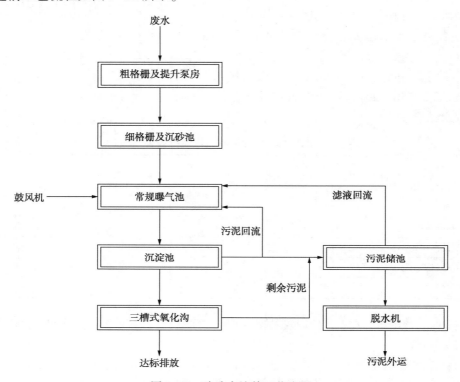

图3-51　改造实施前工艺流程

改造后工艺流程如图3-52所示。

一级同步硝化反硝化池（EBIS）利用原有常规曝气池有效容积8150m³进行改造，二级同步硝化反硝化池（EBIS）利用原有水解酸化池+卡鲁赛尔氧化沟有效容积28500m³进行改造。

改造完成后两级同步硝化反硝化生化系统运行状况良好。系统处理能力60000m³/d，出水COD<70mg/L，氨氮<2mg/L，TN<15mg/L。在出水水质稳定达标的同时大幅降低了能耗。

2. 同步硝化反硝化系统

（1）一级同步硝化反硝化系统

一级同步硝化反硝化系统在2015年改造完成，改造内容是将原有混合式曝气池改造成为2座EBIS池。单池处理能力30000m³/d。改造后池体主要包括空气推流区、曝气区及缓冲区三部分，污水通过进水槽分配到EBIS系统的空气推流区，与回流的池内混合液迅速混合进入曝气区，有效去除水中的COD、氨氮、总氮等污染物。一级EBIS系统进、出水水质见表3-43。具体工艺参数见表3-44。

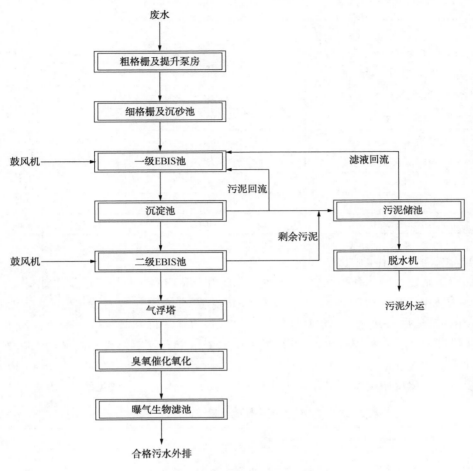

图 3-52　改造实施后工艺流程

表 3-43　一级同步硝化反硝化系统设计进、出水水质　　　mg/L(除 pH 外)

项目	进水水质	出水水质	项目	进水水质	出水水质
COD	500	150	TN	45	25
BOD$_5$	300	60	pH	6~9	6~9
SS	400	100	TP	6	2
NH$_3$-N	30	15			

表 3-44　一级同步硝化反硝化系统工艺参数

名称	低氧曝气区(单)，共 2 座	
总尺寸/m	60.5×24.0×6.1	
有效水深/m	5.6	
有效容积/m³	8150	
停留时间/h	6.52	
处理水量/(m³/d)	30000×2	

名称	低氧曝气区(单),共2座	
容积负荷/(kgCOD/m³·d)	1.29	
污泥负荷/(kgBOD$_5$/kgMLSS·d)	0.148	
氨氮容积负荷/(kgNH$_4$-N/m³·d)	0.055	
总氮容积负荷/(kgTN/m³d)	0.07	
污泥量/(m³/d)	1188	含水率98.6%~99.0%
污泥龄/d	8.23	
停留时间/h	6.5	
污泥浓度/(mg/L)	6000~8000	
溶解氧浓度/(mg/L)	0.4~0.6	

（2）二级同步硝化反硝化系统

二级同步硝化反硝化系统在 2018 年改造完成，改造内容是将原二段曝气池-卡鲁塞尔氧化沟改造为 EBIS 池。利用原有二段氧化沟共设置同步硝化反硝化池 1 座。处理能力 60000m³/d。改造后的池体主要包括缺氧区、空气推流区、低氧曝气区三部分。污水在进入同步硝化反硝化池后，利用微生物完成对 COD、NH$_3$-N、TN 等污染物的进一步降解，污水达到设计要求后进入最终沉淀池。

二级同步硝化反硝化系统进出水水质见表 3-45，具体工艺参数见表 3-46。

表 3-45   二级同步硝化反硝化系统设计进、出水水质   mg/L(除 pH 外)

项目	进水水质	出水水质	项目	进水水质	出水水质
COD	180~220	70	TN	15~35	15
BOD$_5$	40~120	20	pH	10	10
SS	100	70	TP	2	1.5
NH$_3$-N	10~25	2			

表 3-46   二级同步硝化反硝化系统工艺参数

名称	缺氧区	低氧曝气区
总尺寸/m	109.27×57.09×5.47	
有效水深/m	5.0	5.0
有效容积/m³	6700	21800
停留时间/h	2.68	8.72
处理水量/(m³/d)	60000	
容积负荷/(kgCOD/m³·d)	0.463	
污泥负荷/(kgBOD$_5$/kgMLSS·d)	0.035	
氨氮容积负荷/(kgNH$_4$-N/m³·d)	0.053	
总氮容积负荷/(kgTN/m³·d)	0.042	

续表

名称	缺氧区	低氧曝气区
污泥量/（m³/d）	445	含水率 98.6%~99.0%
污泥龄/d	38.5	
停留时间/h	11.40	
污泥浓度/（mg/L）	6000~8000	
硝化液回流比/%	50	
缺氧区溶解氧浓度/（mg/L）	0.2~0.3	
低氧曝区溶解氧浓度/（mg/L）	0.4~0.6	

3. 同步硝化反硝化工艺关键技术及特点

（1）高效微生物技术

同步硝化反硝化池控制溶解氧在 0.5mg/L 左右，降低微生物生长速率，提高污泥龄，从而有效控制高污泥浓度 MLSS=6~8g/L。

① 生物池兼有水解酸化作用，对难降解 COD 有较好的适应性，COD 去除效果优于其他好氧工艺。

② 低溶氧创造了同步硝化反硝化脱氮条件，在曝气池实现了同步脱氮，简化了工艺流程，节省了投资。

③ 低溶解氧控制避免了大量氧的浪费，在污水处理厂实现节能降耗。

④ 高污泥浓度实现了高生物量，使容积去除效率大大提高，节省了生化反应池容积。

⑤ 高污泥浓度延长了污泥龄，工艺运行过程中的剩余污泥量减少，节约了污泥处理费用。

⑥ 高污泥浓度运行，提高了抗冲击能力。

（2）合理的一体化池型结构

同步硝化反硝化系统采用一体化结构，将厌氧、好氧、泥水分离等不同处理功能的单元集中于同一反应池中，一般可分为生物除磷区、气提区、曝气区、沉淀区。一体化池形结构优势体现在节省了占地面积、管道设备投资、土建投资，为低能耗下实现高倍比内循环提供了有利条件。

（3）巧妙的水力循环技术

① 空气推流技术：空气推流技术是指利用空气作为推动力，结合特殊的水力结构，形成高效节能的空气推流系统，以较低的能耗实现大比例混合液循环。如图 3-53 所示。主要优势体现在：

a. 扬程小，能耗低，所用空气量仅为曝气风量的 3%~5%；

b. 推流量大，在池子横向界面上实现大面积

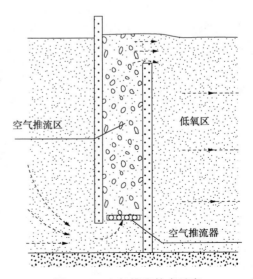

图 3-53　空气推流技术示意

的推流效果,推流循环比可达数十倍。

图 3-54　水力循环系统

② 水力循环系统:水力循环技术是指在生化池内控制几十倍甚至上百倍的混合液内循环,用池内泥水混合液大比例循环稀释进水。如图 3-54 所示。主要优势体现在:

a. 稀释进水,降低冲击负荷,给微生物创造稳定的生长环境。

b. 均匀系统内污染负荷,减小池内进水端与出水端负荷梯度,使溶解氧控制稳定。

(4)独特的曝气技术

① 大面积曝气方式。相邻曝气软管之间的距离为 10~15cm,均匀敷设在池底,实现无死角。

② 低通气量。曝气软管通气量为 0.5~1.0m³/m·h,气泡上升速度为 0.4~0.6m/s,较常规曝气器气泡上升速度约 1.0m/s 低得多,延长了气泡在水中的停留时间,大大提高了氧传递效率。

③ 微混合环境。气泡上升速度慢且均匀,为微生物、有机污染物及气泡创造了一个微混合的环境,使得微生物在生长过程中更容易获得氧及污染物,提高生物降解效率。

④ 不停车更换。独特设计的曝气系统充氧效率高,且可实现“湿”法维修甚至更换,即在正常运行过程中更换曝气软管,使得曝气系统维护维修简单快捷。

⑤ 自清洗功能。曝气系统可以通过阀门切换来清洗曝气软管,保证了曝气软管在长时间使用过程中无堵塞,并延长了使用寿命。

曝气系统参数如表 3-47 所示。

表 3-47　曝气系统参数

检验项目		标准或指标要求	检验结果			检验结论
			气量 0.3m³/h·m	气量 0.5m³/h·m	气量 0.8m³/h·m	
充氧能力	kg/h	≥0.13	0.093	0.174	0.243	合格
	g/h·m	—	57	106	148	
氧利用率/%		≥20	53.524	59.970	52.473	合格
理论动力效率/ (kg/kW·h)		≥4.5	11.937	13.336	11.628	合格
阻力损失/Pa	对应读数气量	≤3500	2000	2300	2650	合格
	对应标准气量		1909	2146	2457	
外观质量		曝气器布气均匀	符合要求			
外形尺寸		软管直径 65mm	符合要求			

续表

检验项目	标准或指标要求	检验结果			检验结论
		气量 0.3m³/h·m	气量 0.5m³/h·m	气量 0.8m³/h·m	
密封性能	正常曝气时,非曝气孔部位不得漏气	符合要求			
测试条件	水深6m,服务面积0.30m²/m,标准气量0.377m³/h·m、0.630m³/h·m、1.008m³/h·m,气压0.0620MPa、0.0623MPa、0.0627MPa,水温26.3~26.7℃,气温27℃				

(5)精确智能的溶氧控制系统(DOCS)

本系统根据自身工艺特点和工程实践,量身订做了一套溶氧控制系统,可以根据实际进水水质、水量以及实际出水情况实时控制曝气池中溶解氧,调整风机风量,使系统自身调节能力大大增强,避免由于进水水质水量突变造成的系统冲击,实现真正意义上的智能跟踪控制系统,大幅降低了运行能耗。

3.5.10.3 应用效果

1.处理效果

该污水处理系统投入使用后,按照总进水量2500~3000m³/h运行,随机截取15天,主要水质指标数据见表3-48。

表3-48 同步硝化反硝化系统主要水质数据

日期	进水量 进水量/(m³/d)	一级EBIS进水 COD/(mg/L)	NH₃-N/(mg/L)	总氮/(mg/L)	pH	二级EBIS出水 COD/(mg/L)	NH₃-N/(mg/L)	总氮/(mg/L)	pH
2019.3.4	65304	389	10	35	7.98	66	0.37	12.5	6.52
2019.3.5	61968	550	11.1	36	7.99	45	0.29	10.3	7.29
2019.3.6	59423	451	13.98	35	7.41	70	0.75	11.9	6.98
2019.3.7	57867	429	19.71	37	8.38	41	0.44	12.2	7.02
2019.3.8	59851	712	19.06	39	7.27	59	0.14	12.4	7.21
2019.3.9	62185	918	17.55	32	8.30	62	0.4	11.3	7.61
2019.3.10	59866	623	12.73	35	7.02	65	0.04	11.1	7.08
2019.3.11	62760	606	16.16	35	8.02	58	0.04	12.6	7.08
2019.3.12	55982	752	17.7	36	7.54	53	0.18	9.9	6.62
2019.3.13	59859	402	11.1	35	7.58	50	0.20	12.6	7.08
2019.3.14	58797	582	18.39	37	7.86	69	0.54	10.9	7.62
2019.3.15	61028	591	13.8	37	7.81	59	1.43	10.5	7.21
2019.3.16	59872	472	14.6	37	7.01	65	0.64	10.9	7.07
2019.3.17	60128	763	19.5	35	7.48	71	0.74	11.2	7.36
2019.3.18	59852	557	17.61	36	7.59	78	1.72	10.2	7.21

同步硝化反硝化系统进水水量在60000m³/d,系统COD平均去除率约90.2%、NH₃-N

平均去除率约 96.7%、总氮平均去除率约 66.9%。总出水水质满足设计要求。

2. 运行成本

（1）一级同步硝化反硝化系统

一级同步硝化反硝化系统改造代替原混合式曝气池后，以轴功率系数 0.8 计，污水处理能耗较改造前对比如表 3-49 所示。

表 3-49　一级同步硝化反硝化系统改造后节能效果对比表

改造前后	处理规模/（m³/h）	消耗内容	规格	小时消耗量/kW
普通污泥活性法	2500	电	380V/50Hz	500
EBIS 系统	2500	电	380V/50Hz	320

由表可知，曝气生化池改造后每年将节约电耗 1560600kW·h，电费以 0.42 元/kW·h 计算，每年节约费用 65.5 万元，节能效果明显。

（2）二级同步硝化反硝化系统

二级同步硝化反硝化系统改造代替原氧化沟后，以 0.8 轴功率系数计，污水处理能耗较改造前对比如表 3-50 所示。

表 3-50　二级同步硝化反硝化系统改造后节能效果对比

改造前后	处理规模/（m³/h）	消耗内容	规格	小时消耗量/kW
曝气池-卡鲁塞尔氧化沟	2500	电	380V/50Hz	2270
EBIS 系统	2500	电	380V/50Hz	453.8

由表可知，曝气生化池改造后每年将节约电耗 12719520kW·h，电费以 0.42 元/kW·h 计算，每年节约费用 534 万元，节能效果更加明显。

3.6　展望

3.6.1　炼油化工污水达标排放处理面临的形势

经济的飞速发展，造成能源产品的日益紧缺，促使炼油化工行业不断发展，石油化工产能飞速扩张，加剧了环境污染。与此同时，新兴清洁能源快速崛起，又促使传统能源工业发生转变，逐渐由能源生产向化工原料、化工产品转型。这样的变化，必然带动炼油化工行业排放污水的变化，石油炼制污水比例减少，石油化工污水大幅度增加。未来，炼油化工行业污水水质会越来越复杂，处理难度越来越大，对技术的要求越来越高。从环境管理部门对炼油化工行业排放污水的要求来看，重点是深度脱除有机碳和深度脱氮、除磷。基于不断出台的地方标准以及酝酿中的行业标准和国家标准对排放污水含盐量的限制，炼油化工行业污水近零排放处理将成为必然的发展趋势。

作为工业污水排放大户，炼油化工行业责无旁贷地要承担起减排重任。水资源的严重匮乏，环境容量的不足，也迫使炼油化工行业应对现有生化处理系统进行补充与完善，适应不断更新的达标排放要求；强化生化处理系统，适应含盐量、含硫量不断增加，可生化性变差，劣质化趋势不断加剧的炼油化工污水；开发实用、高效的深度处理技术，加大污水减排力度，逐渐向近零排放努力。

3.6.2　深度脱碳、脱氮生化处理技术发展趋势

随着炼油化工行业节水减排力度加大，近零排放及分盐要求的实施，污水的脱氮、除磷问题会逐渐凸显，对高效、低能耗、低成本深度脱碳和脱氮、除磷技术需求也会愈发迫切。厌氧氨氧化技术、好氧颗粒化污泥处理技术、膜曝气生物膜反应器等都将成为污水处理提标改造的热门技术。

1. 生化处理技术

（1）好氧颗粒化污泥技术

在生物强化技术领域，好氧颗粒化污泥作为一种新型生化处理技术，具有同步硝化反硝化、提高容积负荷率和良好沉降性能等优点，在有毒和难降解有机物处理、脱氮、除磷、去除重金属等方具有一定优势。未来重点是解决好氧颗粒化污泥培养时间，优化培养条件，降低颗粒污泥结构解体和生物活性、稳定性丧失等问题，促进好氧颗粒化污泥技术的发展与应用。

（2）移动床生物膜反应器

移动床生物膜反应器（MBBR）是一类新型的生物反应器，兼具生物膜法和活性污泥法的特点，在炼油化工污水处理中发挥了积极作用。未来将进一步开发吸附性能好、密度适当、耐用、耐腐蚀、价格低廉的填料以提高其处理效果；优化完善工艺操作条件，促进技术在提标改造过程中的应用。

（3）膜曝气生物膜反应器

膜曝气生物膜反应器（MABR）是气体分离膜技术与生物膜法水处理技术结合的一种污水处理新技术。利用全新氧利用模式以及污染物传质组合方式，氧直接渗透入生物膜而获得超高的氧利用率；污染物由生物膜厌氧层向好氧层的传质过程，有利于难降解污染物去除和同步硝化反硝化生物脱氮。MABR独特的氧传质方式可成为传统污水处理工艺的替代工艺，具有能耗低、效率高的特点，对炼油化工污水处理具有良好的应用前景。

2. 生化除磷、脱氮技术

（1）后置反硝化除磷、脱氮技术

后置反硝化除磷、脱氮工艺由于聚磷微生物经过厌氧释磷后，直接进入生化效率较高的好氧环境，其在厌氧池形成的吸磷动力可以充分地得到利用，故有较好的除磷效果。该工艺无混合液回流系统，动力消耗少，运行费用低，操作管理简便。未来将重点研究除磷、脱氮工艺机理，优化工艺条件和碳源补充方式，促进技术的进一步应用。

（2）A^2/O 工艺技术

A^2/O 工艺在去除污水中有机污染的同时，还能有效去除污水中氮和磷，为污水回用和资源化开辟了新途径，具有良好的环境效益和经济效益。未来应进一步优化工艺组合，包括多点进水倒置 A^2/O 工艺、前置厌氧反应器+A^2/O 工艺等，提高脱氮、除磷效果。

（3）多级 A/O 硝化反硝化脱氮技术

多级 A/O 工艺研究与应用表明，利用活性污泥同时存在好氧、兼氧和厌氧生物菌群的特点，在一个处理系统中形成多段 A（缺氧段）和多段 O（好氧段）的生物环境，形成 A 段和

O 段交替组合，实现硝化和反硝化目标。广义的多级 A/O 理论基础是非稳态理论与硝化-反硝化反应机理。非稳态理论认为，非稳态条件对生物处理系统的影响应归结到对系统中微生物的影响，包括微生物活性、适应外界环境的能力、具有特殊功能微生物形成等方面，而系统的处理效果很大程度上取决于这些因素。如几小时的"饥饿"状态并不会导致微生物活性的降低，反而会刺激微生物产生更多的与基质摄取相关的酶，从而在"饱食"状态下吸收也即从水中去除数量更多、范围更广的污染物；微生物体内贮存多聚物是一种普遍现象，只不过条件不同其作用显示程度不同，它是微生物固有的能力，"饥饿-饱食"状态是激发并强化这一能力的重要影响因素，揭示和利用其中的规律就有可能优化现有生物处理技术或设计出新的工艺。非稳态理论在原理上为多级 A/O 工艺提供了有力的支持。在 SBR 及其改良工艺中，也验证了在有氧条件下硝化反应与反硝化反应共存的可能性。结合微生物非稳态理论和 A/O 工艺及其变型工艺理论的研究，人们提出了多级 A/O 工艺理论。目前已在悬挂链移动曝气技术方面进行了尝试，展现了一定的应用前景。并且为了充分利用原水中的碳源，减少补充碳源，多级 A/O 工艺还演化出分段进水多级 A/O 工艺，对氧的利用更加合理、脱氮效率更高，可有效避免污泥膨胀现象发生，近年来逐步受到关注。

3.6.3　高级氧化处理技术

1. 微波辐射技术

微波辐射技术应用于污水处理时，只需要加入少量化学药剂，甚至不需要加入，避免了污水处理过程中的二次污染。微波辐射技术主要包括微波直接辐照法、微波辅助氧化法、微波诱导催化技术，利用微波对水处理吸附剂进行改性、再生、合成，通过产生的物理效应、化学效应和生物效应提高流体温度和压力，促进水中物质的理化反应，具有氧化速度快、去除率高、不引入新污染物等优点。

2. 微电解技术

微电解技术是以铁为微型原电池正极，碳为负极，在污水中发生氧化还原反应，达到污染物去除的技术。新生态的电极产物活性极高，能与污水中有机污染物发生氧化还原反应，使其结构形态发生变化，完成由难到易、由有色到无色的转变，适用于盐含量较高的污水处理。

3. 电子束辐照技术

电子束辐照技术主要利用高能电子束电离或激发水分子产生羟基自由基、水合电子等活性粒子，这些活性粒子作用于污染物质，从而使污水得到净化。

4. 光催化氧化技术

光催化氧化技术是利用光催化作用使污染物发生氧化还原反应生成 CO_2、水和各种盐，从而达到净化目标的一种高级氧化技术。常用材料主要有 CdS、TiO_2 及 ZnO 等，其中 TiO_2 遇到紫外光照射后会生成自由电子，活化空气中的氧，形成高活性的自由基与活性氧。当这些自由基与活性氧遇到污染物时，便会发生氧化还原反应，达到去污效果。有研究表明，催化剂用量与 pH 值可以显著影响污染物降解速度，降解速度随催化剂用量增加而加快；碱性条件更有利于污染物的降解；在外加氧化剂 H_2O_2 条件下，即使在自然光时也可以很快地将污染物氧化。

5. 超声波水处理技术

超声波水处理技术是采用频率在 15～1000 kHz 超声波照射污染物，由空化效应泡在小空间范围内崩溃，将集中的声场能量释放产生高温、高压，形成局部热点，改善反应条件来加快反应速度。该技术集高级氧化、超临界氧化等技术特点于一身，在难降解有机物和毒性较高污染物处理中具有一定应用前景。

6. 芬顿试剂氧化技术

芬顿试剂氧化技术由于其具有很强的氧化性，且没有选择性，具有反应迅速和分解氧化彻底，可以适应处理不同类型污水的特点。但传统的芬顿试剂法存在 H_2O_2 消耗大、成本高、产生大量污泥等缺点，因此国内外都侧重于改性芬顿试剂法研究。如光-芬顿试剂法，重点是加强对聚光式反应器研制，提高照射到体系中的紫外线总量，降低运行成本。对电-芬顿试剂法，优化设计电解池结构，加强对三维电极的研究，提高电流效率、降低能耗；加强对 EF- H_2O_2 体系中阴极材料的研制，提高接触面积和催化作用；加强对阳极电化学芬顿法研究，引入工业电解法制取 H_2O_2 工艺。

7. 湿式氧化法

湿式氧化一般要求在高温、高压的条件下进行，其中间产物往往为有机酸，故对设备材料要求较高，需要耐高温、高压以及耐腐蚀，因此设备费用大，系统一次性投资高。由于湿式氧化法需维持在高温、高压条件下进行，故仅适用于小流量、高浓度的污水处理，对于低浓度、大水量的污水处理则很不经济。即使在很高的温度下，对某些有机物如多氯联苯、小分子羧酸的去除效果也不理想，难以做到完全氧化，甚至还可能会产生毒性较强的中间产物。因此，未来湿式氧化工艺的研究重点就是以存在问题为目标，提高技术经济性。

8. 催化湿式氧化法

催化湿式氧化工艺在传统湿式氧化工艺基础上，引入催化剂，可优化工艺操作条件，提高处理效率，降低运营成本。未来，重点做好催化剂的开发，提高稳定性和可重复性，通过中试研究，加快技术的工业化应用。

9. 超临界水氧化技术

超临界水氧化法具有反应速度快、处理效率高且无二次污染等优点，具有良好的应用前景。但超临界水氧化法存在设备要求高、投资高、设备腐蚀及盐结晶堵塞等问题。未来，应加强复杂混合体系超临界水氧化反应机理和动力学研究；研究超临界水氧化过程中的腐蚀机理；开发新型反应器和新材料；寻求减少热损失方法，研究高效能量自补偿式工艺，实现反应热回收利用，解决高能耗问题。

参 考 文 献

[1] 李海涵. 重金属废水处理与循环利用技术浅析[J]. 世界有色金属，2019，(06)：250-251.

[2] 韩会君. 含油污水预处理装置改扩建项目的实施方案分析[J]. 炼油与化工，2018，29(06)：15-17.

[3] 蒋彬，何涛，陈桂顶，袁绍春，朱建国，黄富民. 化工废水处理站的升级改造工程[J]. 水处理技术，2018，44(09)：135-138.

[4] 卢婷婷，吴金亮，杨学远. CAF 涡凹气浮在炼油废水预处理中的应用[J]. 化工管理，2015，(02)：229.

[5] 杨海涛. 隔油池设计原理[J]. 科技信息，2012，(09)：279.

[6] 赵扬，姬忠礼，王湛，张虎，王建东. 液体过滤技术现状与我国的发展趋势[J]. 合肥工业大学学报

（自然科学版），2010，33（06）：812−817.

[7] 戴赏菊. 高效加压溶气气浮工艺在炼油污水处理中的应用[J]. 石油化工环境保护，2006（02）：26−27，66.

[8] 王旭江，张晓方，林涛. "罐中罐"技术在炼油废水处理中的工业应用[J]. 石油化工环境保护，2003，（04）：19−22.

[9] 宋显洪，宋志黎. 化工生产上的液体精密过滤与最新过滤技术[J]. 化工装备技术，2003，（03）：8−12.

[10] 皇振海，李奇勇. 斜管隔油池和气浮池结构优化改进[J]. 辽宁城乡环境科技，2002，（02）：10−12.

[11] Hellinga C., et al. The sharon process: An innovative method for nitrogen removal from ammonium rich wastewater. Wat. Sci. Tech., 1998, 37(9): 135−142.

[12] 袁林江，彭党聪，王志盈. 短程硝化−反硝化生物脱氮. 中国给水排水，2000，16（02）：29−31.

[13] 张少辉，康淑琴. 低 C/N 值下短程硝化反应器的启动及影响因素. 中国给水排水，2010，26（11）：96−99.

[14] 张小玲，王志盈. 低溶解氧下 SBR 内短程硝化影响因素试验研究. 环境科学与技术，2011，34（01）：163−166.

[15] 高大文，彭永臻，王淑莹. 短程硝化生物脱氮工艺的稳定性. 环境科学，2005，26（01）：63−67.

[16] 高大文，彭永臻，郑庆柱. SBR 工艺中短程硝化反硝化的过程控制. 中国给水排水，2002，18（11）：13−18.

[17] 王淑莹，曾薇，董文艺，等. SBR 法短程硝化及过程控制研究. 中国给水排水，2002，18（10）：1−5.

[18] 彭永臻，孙洪伟，杨庆. 短程硝化的生化机理及其动力学. 环境科学学报，2008，28（05）：817−824.

[19] Gao Dawen, Peng Yongzhen, Wu Weimin. Kinetic model for biological nitrogen removal using shortcut nitrification−denitrification process in sequencing batch reactor. Environ. Sci. Technol., 2010, 44 (13), 5015−5021.

[20] Ma B, Wang S, Cao S, et al. Biological nitrogen removal from sewage via anammox: recent advances[J]. Bioresource technology, 2016, 200: 981−990.

[21] Welander U, Henrysson T, Welander T. Biological nitrogen removal from municipal landfill leachate in a pilot scale suspended carrier biofilm process[J]. Water Research, 1998, 32(05): 1564−1570.

[22] Peng Y, Zhu G. Biological nitrogen removal with nitrification and denitrification via nitrite pathway[J]. Applied microbiology and biotechnology, 2006, 73(01): 15−26.

[23] Jokela J P Y, Kettunen R H, Sormunen K M, et al. Biological nitrogen removal from municipal landfill leachate: low−cost nitrification in biofilters and laboratory scale in−situ denitrification [J]. Water Research, 2002, 36 (16): 4079−4087.

[24] Carrera J, Vicent T, Lafuente J. Effect of influent COD/N ratio on biological nitrogen removal (BNR) from high−strength ammonium industrial wastewater[J]. Process Biochemistry, 2004, 39(12): 2035−2041.

[25] Zhao J, Wang D, Li X, et al. An efficient process for wastewater treatment to mitigate free nitrous acid generation and its inhibition on biological phosphorus removal[J]. Scientific reports, 2015, (05): 8602.

[26] Nair R R, Dhamole P B, Lele S S, et al. Biological denitrification of high strength nitrate waste using preadapted denitrifying sludge[J]. Chemosphere, 2007, 67(08): 1612−1617.

[27] 王红萍，黄种买，张运华，等. 高密度澄清池与 V 型滤池在钢铁废水处理中的应用[J]. 环境科学与技术，2013，36（08）：91−96.

[28] 方帷韬，何华，李宗浩，李京旗. 高密度澄清池在净水厂的应用[J]. 市政技术，2013，31（04）：102−104.

[29] 高雅. 低温低浊黄河水的优化混凝处理及对余铝的控制研究[D]. 西安建筑科技大学，2013.

［30］DAUTHUILLEP. The DENSADEG-a new high performance settling tank［J］. Chemical Water and Wastewater Treatment，1992，135-150.

［31］冯倩，王军. 导流筒高度对高密度澄清池絮凝效果研究［J］. 水动力学研究与进展（A 辑）2019，34（05），585-589.

［32］刘海涛，高俊. 中置式高密度沉淀池的运行优化［J］. 城镇供水，2019，（03）：26-31.

［33］徐正，赵建伟，孙颖，刘杨，李名锐. 高密度沉淀池的运行控制［J］. 供水技术，2008，（03）：31-33.

［34］李晗. 高密度沉淀池絮凝搅拌器对絮凝效果的影响［J］. 化学工程与装备，2015(12)：268-273.

［35］何宗玮，刘海洋，魏江浪. 中水回用系统中高密度沉淀池出水浊度的控制研究［J］. 石化技术，2018，25(05)：39-40.

［36］June Leng，Andy Strehler，Bob Bucher，Jamie Gellner，et al. Compact technologies outdo conventional primary treatment processes［J］. W E and T，Jan，2004，16（01）：45-49.

［37］付文博，张喜冬. 对高密度沉淀池工艺的几点改进［J］. 工程建设，2016，48(02)：75-78.

［38］李尔，曾祥英，邹惠君，陈宝玉. 高密度沉淀池/转盘滤池用于乌海污水处理厂深度处理［J］. 中国给水排水，2011，27(16)：38-41.

［39］王占生，刘文君. 微污染水源饮用水处理. 北京：中国建筑工业出版社，1999.

［40］曹勇锋，张朝升. V 型滤池常用滤砂在给水处理中各参数的对比试验［J］. 广东化工，2008，（05）：89-92.

［41］曹勇锋，张朝升. V 型滤池滤砂优选和反冲洗参数确定［J］. 广州大学学报(自然科学版)，2008，（04）：64-67.

［42］于玲红. 瓷砂均质滤料过滤性能的实验研究［D］. 西安建筑科技大学，2003.

［43］蔡升高，姜乃昌. 深层均质滤料气水反冲洗运行参数研究［J］. 中国给水排水，1997(S1)：44-46.

［44］董淑贤，张志军. 高密度沉淀池-V 型滤池工艺再生水厂的设计与运行［J］. 工业用水与废水，2010，41(04)：83-85.

［45］李杰. 高密度沉淀池-V 型滤池处理钢厂废水并回用［J］. 中国给水排水，2015，31(18)：112-115.

［46］吴支备，刘飞. 高级氧化技术在水处理中的研究进展. 山西建筑，2016，42(08)：156-157.

［47］伏广龙，徐国想，祝春水，张猛. 芬顿试剂在废水处理中的应用. 环境科学与管理，2006，31(08)：133-135.

［48］方景礼. 废水处理的实用高级氧化技术 第一部分——各类高级氧化技术的原理、特性和优缺点. 电镀与涂饰，2014，33(08)：350-354.

［49］朱秋实，陈进富，姜海洋，郭绍辉，刘洪达. 臭氧催化氧化机理及其技术研究进展［J］. 化工进展，2014，33(04)：1010-1014.

第四章 污水处理回用及近零排放技术

4.1 概述

我国水资源短缺，节约用水、水的回收利用已是当务之急。提高水的有效利用率和实施污水回用是解决水资源危机和减轻水污染的根本途径。

根据污水处理和回用方向，工业污水的回用分为直接回用、再生回用和再生循环利用。直接回用是指在使用污水不影响用水效果的条件下，一个用水单元产生的污水直接用于另一个用水单元中，可以直接减少用水系统的新水量和外排污水量。再生回用是指用水单元产生的污水，部分或全部经过处理以去除影响回用的杂质而再生，然后用于其他用水单元中。水的再生处理是去除影响回用杂质的过程，如过滤、调节、吸附、氧化等。再生过程既减少了用水系统的新水量和外排污水量，又减少了用水系统的杂质负荷。再生循环是指用水单元产生的污水，经过处理以去除影响回用的杂质而再生，再生水进入原用水单元中，然后进行循环使用。再生循环利用因用水过程对水质要求不同，因此对再生水质的要求较高，处理难度及处理费用也较高。

炼化污水处理回用目标，主要用于工业循环冷却水、工业用水和杂用水等。其中工业循环冷却水是污水回用的最重要途径。工业循环冷却水的水质要求随设备的材质、结构而异，主要控制悬浮物、COD、pH 值、硬度和盐含量等，以防止设备腐蚀、结垢、产生生物垢堵塞等现象的发生。中国石化《炼化企业节水减排考核指标与回用水质控制指标》(Q/SH 0104—2007)中，污水回用于循环冷却水水质指标如表 4-1 所示。用作工艺用水对 COD 有较高要求时，需作深度处理，一般采用高效生化处理、化学氧化等技术；如对水中硬度、含盐量有较高要求，则需采用高密度沉淀池、超滤、反渗透、离子交换等技术。

表 4-1 污水回用于循环冷却水水质指标

项目	水质指标	项目	水质指标
pH	6.5~9.0	挥发酚/(mg/L)	≤0.5
COD_{Cr}/(mg/L)	≤60.0	钙硬(以 $CaCO_3$ 计)/(mg/L)	50.0~300.0
BOD_5/(mg/L)	≤10.0	总碱(以 $CaCO_3$ 计)/(mg/L)	50.0~300.0
氨氮/(mg/L)	≤10.0	氯离子/(mg/L)	≤200.0
悬浮物/(mg/L)	≤30.0	硫酸根离子/(mg/L)	≤300.0
浊度/NTU	≤10.0	总铁/(mg/L)	≤0.5
硫化物/(mg/L)	≤0.1	电导率/(μS/cm)	≤1200
石油烃/(mg/L)	≤2.0		

污水的处理回用因工业生产工艺不同，对处理后的水质要求差异较大。炼油化工生产过

程中，一般杂用水和直流冷却用水对水质要求相对较低，而工艺和产汽用水对水质要求较高。有时仅需要对污水降低温度或去除浊度就可以回用，有时则需要去除全部悬浮胶体和溶解性的有机杂质才能回用。因此，处理目的不同，采用的方法也各异。

物理处理法：依据重力分离的沉淀、气浮；依据离心力分离的离心机、旋流器；依据磁力作用的磁分离法；依据机械筛滤作用的各种过滤器，包括微滤、超滤等；依据蒸发原理的汽提塔、蒸发器；依据结晶原理的各种结晶器。

物理化学法：依据酸碱中和反应原理的中和法，依据氧化还原反应原理的氧化还原法，通过反应生成沉淀的化学沉淀法，依据胶体理论的混凝法，依据电化学原理的电解法（包括电絮凝和电浮选）、电渗析法，以及其他活性炭吸附法、离子交换法等。

生物处理法：在水的回用处理中，一般不单独设置预处理，而是对现有污水处理系统进行挖潜改造，如采用膜生物反应器或曝气生物滤池等技术，以提高现有处理装置的出水水质。因此生物处理的效果直接影响到水回用装置能否长周期稳定运行。

在污水回用处理过程中最重要的环节是对回用水中含盐量的处理，其主要是根据炼油化工企业所在地理位置决定。具体说南方与北方有明显不同。北方的污水中含盐量较高，要想使回用水的水质达到规定的标准，必须要经过脱盐处理，主要采用预处理+膜分离技术集成工艺，去除回用水中的绝大部分盐分，达到使用标准。相比较来说，南方炼油化工企业污水中含盐量要低得多，水质明显要好于北方水质，一般不需要复杂的处理工序，主要采用混凝、过滤和杀菌处理就可以达到回用水的使用标准。

经过多年的攻关，炼油化工企业成功开发并推广应用了炼化外排污水处理回用成套技术，大部分炼油化工企业采用达标排放污水集中处理，回用到循环水和化学水系统，形成了具有中国特色的工业污水适度处理回用和膜法深度处理回用两套污水处理回用工艺。在此基础上，结合国家对污水含盐量的特殊要求，在部分行业或企业逐步实现了污水的近零排放。污水处理回用及近零排放技术集成如图4-1所示。

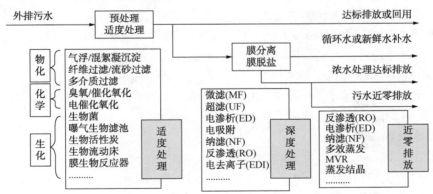

图4-1 污水回用及近零排放技术集成示意

经过多年实践，炼油化工行业总结节水减排管理和技术应用成果，开发了水系统集成优化技术，改变了过去大多数炼油化工企业排水普遍采用分单元统一净化、集中处理回用或外排的传统方式，充分发挥了炼油化工企业的整体节水潜能，加强了不同水流股间的联系，提高了企业的水资源循环利用率，建立了企业水系统优化控制整体解决方案，促进了污水回用技术进步，并在节水减排工作中取得了优异成绩。

4.2　污水适度处理回用技术

　　污水适度处理回用技术，即指根据污水排放水质的实际情况，基于污水回用目标，直接回用于生产工艺，或经过物化、生化、脱色、消毒等技术措施，使水质得到适度改善而实现回用于生产工艺。

　　污水适度处理回用技术包括凝结水处理回收技术、污水的串级使用技术和达标污水处理回用技术等。

　　污水处理后回用于循环水系统，应对回用水采用水质稳定技术，使设备腐蚀、结垢、生物黏泥等水质问题得到有效控制，包括改善水质技术和稳定水质技术。

4.2.1　凝结水处理回收技术

　　在炼油化工生产过程中蒸汽经换热产生的凝结水水质很好，但由于在生产过程中存在设备泄漏及腐蚀，并存在一些杂质，因此常常造成凝结水含油、含铁量超标，因此，要回收这部分凝结水必须采取适当的处理措施。

　　1. 凝结水污染

　　凝结水的污染主要来自以下几个方面：

　　（1）油污染

　　各装置回收的凝结水理论上是不含油的，但在实际运行中由于换热设备本身制造的缺陷、设备不紧密或其他原因，凝结水往往受到油类物质的污染。炼油化工行业各种烃类物料参与换热反应，物料发生泄漏的几率较大。生产装置油类物质进入热力设备后形成有机酸，会导致锅炉水 pH 值下降，形成酸腐蚀。

　　（2）金属腐蚀产物污染

　　凝结水系统的腐蚀很大程度上是由于热力设备及其汽水管道的腐蚀会生成大量的金属氧化物，这些腐蚀产物剥离金属表面呈悬浮态或胶体态粒子分散在水中，铁的氧化物在高热负荷区沉积成为氧化铁垢，并在高热负荷区形成并加速垢下腐蚀。凝结水中的铁化合物形态主要是 Fe_3O_4 和 Fe_2O_3 等氧化物，通常呈悬浮态(粒径大于 $0.1\mu m$)和胶态。

　　凝结水受到污染后返回化水装置，由于铁含量及油含量超标，凝液不能回收，大量凝液进行排放，造成凝结水资源浪费、大量热能损失及环境污染。

　　2. 凝结水处理技术

　　（1）降温处理技术

　　将凝结水收集后冷却至常温水平作为原水，经过单独的除油除铁设备处理后进入原化学水处理系统处理，或采用常规的离子交换技术，使用阳床脱除有害离子，使蒸汽凝结水达到锅炉用水要求。此种方法从工艺上最简单可靠，但大量的低温热和凝结水热量全部浪费，失去了凝结水回收的意义。

　　（2）类萃取技术

　　除油过程采用特种高温树脂，以类萃取工艺原理，进行含油冷凝水的破乳、富集、分离，使油得以除去。

　　当含油冷凝水上行流经树脂填充区时，油类乳化微滴被树脂颗粒捕获；当油聚集一定量

(油膜增厚)时，将以大油滴的形式被水流带走；顶部结集的油类物通过一个阀门由装置顶部排出。

出口凝结水含油量≤1.0mg/L，过程连续循环进行，不需再生，而且亦不必降温处理，树脂连续使用寿命在5～10年以上。运行操作简单，系统运行费用很低。

（3）复合双层膜技术

复合双层膜技术是利用滤料的架桥原理成致密的覆盖层，即将粉状介质覆盖在一种特制的多孔管件(滤元)上，使它形成一个薄层，水由管外通过滤膜进行架桥、拦截、吸附、过滤等过程进入管内进行处理，目的是除去凝结水中的油、铁及悬浮杂质，被处理后的凝结水经过滤料过滤后由系统出口排出。随着滤料在过滤过程中被压实和污染，压降上升，当压降上升到一定值时，停止运行，进行爆膜操作，去除失效的滤料，重新铺膜运行。经过复合双层膜凝结水精处理系统一次处理后，凝结水中的油含量小于1mg/L，达到回用于中压锅炉水质要求。实际应用过程中，可通过设计多次处理，达到高压锅炉的除油除铁要求。

复合双层膜凝结水精处理系统中覆盖在滤元表面上的粉状介质一般为两层，其作用是对凝结水中的油及悬浮物进行架桥、拦截、吸附、过滤，同时根据复合双层膜凝结水精处理系统的不同使用目的，如凝结水除油、凝结水除铁及凝结水除离子等，可选用不同粉状介质及过滤滤速。

（4）陶瓷膜技术

陶瓷膜是以无机陶瓷材料经特殊工艺制备而成的非对称膜，呈管状或多通道状，管壁密布微孔，在压力作用下，原水在膜管内或膜外侧流动，水分子(或产品水)透过膜，水体中的污染物等杂质被截留去除，从而制取新鲜水。

陶瓷超滤膜作为一种新型的膜材料，具有化学稳定性好、机械强度大、抗微生物腐蚀能力强、孔径分布窄、分离效率高、使用寿命长、结构稳定和易再生等特点。

大颗粒的锈渣和重油对陶瓷膜组影响较大，这些杂质堵塞陶瓷膜组的过流通道后，无法彻底清洗，最终会导致陶瓷膜通量急剧下降。所以在运行过程中，应控制好前置过滤器的压差，保证前置过滤器运行良好。

4.2.2　污水串级使用技术

污水串级使用是污水综合利用的最佳途径。根据"夹点技术"理论，炼油工艺装置污水的串级使用是指在满足生产水质要求的情况下，通过炼化企业生产装置工艺用水全面分析，结合装置排放污水水质特点，提出工艺污水串级使用方案，实现污水的重复循环使用。炼油化工企业典型的污水串级使用案例如下：

（1）含硫污水串级使用

针对催化裂化装置富气洗涤水的水质要求，可采用分馏塔含硫污水替代软化水作富气洗涤水，应用效果显著，不仅减少了含硫污水量，还节省了软化水使用。根据催化裂化装置含硫污水串级使用的经验，常减压装置含硫污水，也可串级使用于焦化装置富气洗涤水的注水。

（2）汽提净化污水回用

汽提净化污水可用于电脱盐注水、催化装置富气水洗水、焦化冷焦水、加氢精制和常减压等装置工艺用水，实现汽提净化污水的串级使用。

（3）冷焦水综合利用

焦化装置生产过程中，除焦需要大量冷却用水，不但耗水量大，且冷却水中夹带微量的含油物料，对环境污染大。"旋流除油除焦粉–空冷"全密闭旋流除油技术，使焦化冷焦用水量大幅度下降，同时，采用厂区的清净污水作为密闭旋流除油系统的定期置换用水，可将焦化冷焦水的新水用量削减到零。

4.2.3　达标污水处理回用技术

炼油化工达标污水适度处理后主要用于工业循环冷却水。虽然达标污水的 COD 及其他污染物浓度一般较低，但为了保证循环冷却水系统的稳定运行，有必要对污水中的悬浮物、COD、硬度等进一步去除，以防止设备腐蚀、结垢等现象的发生，延长循环水系统的清洗周期，保证系统长周期运行。在有机物深度处理方面，常用技术有曝气生物滤池（BAF）、臭氧催化氧化、电絮凝等。在悬浮物深度处理方面，常用技术有流砂过滤、纤维过滤等。污水回用于循环水系统，还应对回用水采用水质改善和水质稳定技术，以使设备腐蚀、结垢、生物黏泥等水质问题得到有效控制，保证循环水系统的稳定运行。

4.2.3.1　有机物深度处理技术

1. 曝气生物滤池（BAF）技术

BAF 技术是集生物氧化和截留悬浮固体于一体的新工艺，具有去除 SS、COD、BOD，实现硝化、脱氮、除磷及去除其他有害物质的作用。

BAF 技术工艺类型和操作方式多样，各具特点，但总体原理是一致的。其处理污水的原理是反应器内填料上所附生物膜的微生物氧化分解作用，填料及生物膜有吸附作用和沿水流方向形成的食物链分级捕食作用以及生物膜内部微环境和厌氧段的反硝化作用。

BAF 技术对进水中的固体悬浮物（SS）含量要求较严（一般要求 SS≤100mg/L，最好 SS≤60mg/L），因此对进水需要进行预处理。同时，它的反冲洗水量、水头损失都较大。

2. 电絮凝技术

电絮凝一般是通过调节 pH 值、电化学反应器加电和曝气处理，使水中形成有利于钙、镁颗粒析出的环境，同时产生高活性的吸附基团吸附析出的钙、镁颗粒，再通过吸附架桥、网捕卷扫等作用与水中胶体颗粒、悬浮物颗粒等形成较大的絮体矾花共同沉降，从而有效地去除水中的硬度、胶体颗粒及悬浮物等。由于反应过程中采用了电絮凝技术，产生的吸附基团具有很强的吸附作用，提高了形成矾花的密实度，使矾花能够承受后续高强度的混合。

电絮凝工艺一般由反应池、沉淀池、过滤池等组成。电絮凝过程产生的絮体，一部分在反应池内沉降到池底，经设备下部锥形斗定期排放污泥，反应池处理后的出水进入斜板沉淀池，流速降低，大部分的絮体和杂质在斜板上沉降下来，也通过设备下部锥形斗定期排放污泥。剩余的少量絮体杂质随着沉淀池出水进入过滤池中，过滤池中的高效多介质滤料（由鹅卵石、石英砂、无烟煤组成）可有效地滤除水中余留的絮体、悬浮物、泥沙、铁锈等杂质，以确保出水品质。一般电絮凝工艺装置如图 4-2 所示。

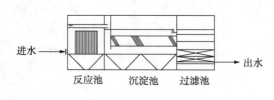

图 4-2　电絮凝工艺装置示意

4.2.3.2　悬浮物深度去除技术

1. 流砂过滤

流砂过滤器是移动床上向流连续过滤器的简称。与以往的固定床过滤器不同，运行中无需停机反冲洗。流砂过滤器所用砂子选用粒径 0.8~1.2mm、均匀系数 1.4 的天然均质石英海砂。过滤时，由高位水箱供应污水，然后从流砂过滤器的底部环型配水管进入，经内部锥形引水道折流均匀进入滤床，水向上流动并充分、均匀地与滤料接触，污水中的悬浮物被截留在滤床上，净化水由顶部的出水堰溢流排放。

在过滤的同时，截留了污染物的石英砂通过底部气提装置提升到顶部的洗砂装置中进行清洗。由空压机供给提砂所用的压缩空气，压力控制在 0.5~0.7MPa。由于水、砂子、压缩空气在提砂管内剧烈摩擦作用，砂子截留的杂物被洗脱。洗净后的砂子在洗砂器中因重力自上而下重新回到滤床中，洗砂水则通过单独的管路排放，完成整个连续循环洗砂和过滤过程。流砂过滤器工作原理如图 4-3 所示。

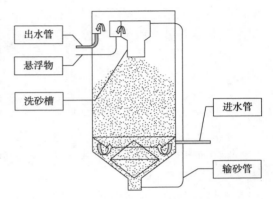

图 4-3　流砂过滤器工作原理示意

流砂过滤器运行中的主要影响因素如下：

提砂压缩风：包括风压和风量。风压影响提砂力度和洗砂效果，风量影响提砂量。

絮凝剂：流砂过滤器采用加药絮凝过滤，因此药剂的种类、浓度、絮凝效果等会对过滤效果有较大的影响。

污水水质：如果污水中有较大的杂物或异物，会影响滤床的砂子移动，甚至会堵塞进水管、提砂泵、洗砂装置等。

处理负荷：包括水量和悬浮物量，单台过滤器一般都有固定的设计负荷。实际运行过程中，水量及悬浮物的叠加经常会引起处理负荷增加，对处理效果造成明显影响。

2. 高效纤维过滤

高效纤维过滤技术采用了一种新型的软性填料——纤维束作为滤元，其滤料单丝直径可达几十微米甚至几微米，具有巨大的比表面积，而且过滤阻力较小。微小的滤料直径极大地增大了滤料的比表面积和表面自由能，增加了水中杂质颗粒与滤料的接触机会和滤料的吸附能力，从而提高了过滤效率和截污容量。由于纤维束清洗恢复性能良好，使过滤性能不随时间衰减。由于纤维束由纤维丝制成，不掉毛且几乎不磨损，滤料寿命或达 10 年以上。

高效纤维过滤设备按滤层密度调节方式可划分为加压室式和无加压室式两大类。无加压室式包括机械挤压调节和压力调节两种。较先进的为自助力式过滤设备。

自助力式过滤设备：设置自助力式纤维密度调节装置，该装置不需额外动力和附加操作，仅在正常过滤操作和反洗操作过程中通过水力完成对纤维滤层的压缩和放松。在过滤操作时迅速(一般在 1min 以内)将滤层压缩至所需状态，而且不损伤纤维，也不会导致靠近活动支撑装置的纤维密度大于滤层主体密度的不利层态。在反洗操作时，无论滤层积泥量有多大，滤层被压缩得多密实，均能迅速将滤层放松，不损伤纤维，避免纤维向活动支撑装置上堆积，有利于泥渣排出。

高效纤维过滤器可用于各种污水深度处理回用工艺，有效去除污水中的悬浮物、COD、BOD、石油类等有害物质，经处理后的产水可回用于工艺用水、循环水补充水等。

高效纤维过滤器适用进水水质悬浮物在 $10 \sim 1000 \text{mg/L}$，悬浮物过滤效率达 95% 以上，过滤速度 $20 \sim 120 \text{m/h}$，截污容量一般在 $20 \sim 120 \text{kg/m}^3$。

4.3　污水膜法深度处理回用技术

炼油化工污水膜法深度处理回用是指达标污水经过膜前置预处理+膜法脱盐工艺处理，产水满足锅炉补水或工艺用水要求的过程。随着炼油化工行业污水适度处理回用及节水减排工作的深入实施，污水中的 COD、氨氮等污染物指标逐步提高，特别是污水中的溶解性总固体无法满足高品质用水的需求，必须通过膜法深度脱盐工艺以提高装置产出水品质。

4.3.1　膜分离技术基础

4.3.1.1　膜的定义

膜为两相之间的一个不连续区间，通常是一种起分子级分离过滤作用的介质，当溶液或混合气体与膜接触时，在压力、电场或温差作用下，某些物质可以透过膜，而另一些物质则被选择性地截留，从而使溶液或混合气体中的不同组分分离。

4.3.1.2　膜的分类

由于膜的种类和功能繁多，分类方法有多种。比较通用的分类方法见表 4-2。

表 4-2　膜的分类

分类方法	类型
按膜材料分	天然膜、合成膜(含无机膜和高分子膜)
按物态分	固膜、液膜(含无固相支撑型膜，又称乳化液膜)和有固相支撑型膜(又称固定化液膜或支撑液膜)、气膜
按结构分	对称膜(含荷电膜和不荷电膜)、非对称膜(含一般非对称膜(又称整体非对称膜，膜的表层与底层为同一种材料)和复合膜(又称组合非对称膜，膜的表层与底层为不同材料)
按用途分	气相系统用膜、气液系统用膜、液液系统用膜、气固系统用膜、液固系统用膜、固固系统用膜
按作用机理分	吸附性膜、扩散性膜、离子交换膜、选择渗透膜、非选择性膜

4.3.1.3　膜材料

分离膜用膜材料主要包括高分子分离膜材料和无机分离膜材料。

常用高分子分离膜材料主要包括纤维素衍生物类、聚砜类、聚酰胺类、聚酰亚胺类、聚酯类、聚烯烃类、乙烯类聚合物、含硅聚合物、含氟聚合物、甲壳素类等。

常用的无机材料有陶瓷、玻璃、金属(含碳)和分子筛等。相对于高分子材料而言，无机材料通常具有非常好的化学和热稳定性。但目前无机膜的应用大部分仅限于微滤和超滤领域。

4.3.1.4　膜性能表征

膜性能通常包括分离性能、透过性能、物化稳定性及经济性。

（1）分离性能

关于膜的分离性能，主要有以下三个方面：①膜必须对被分离的混合物具有选择透过能力（即具有分离能力）；②膜的分离能力要适度，因为膜的分离性能和透过性能相互关联，要求分离性能高，就必须牺牲一部分透过性能，这样就会提高操作费用；③膜的分离能力主要取决于膜材料的化学特性和分离膜的形态结构，但也与膜分离过程的一些操作条件有关。

不同膜分离过程中膜的分离性能表示方法不同，见表4-3。

表4-3　膜的分离性能表示方法

分离过程	反渗透、纳滤	超滤	微滤	渗透汽化	电渗析
分离性能表示方法	脱盐率	截留（切割）相对分子质量	膜的最大孔径、平均孔径或孔分布曲线	分离系数	选择透过度

（2）透过性能

分离膜的透过性能是处理能力的主要标志。一般希望在达到所需要的分离要求之后，分离膜的透过性能越大越好。

膜的透过性能主要取决于膜材料的化学特性和分离膜的形态结构；操作因素也有较大影响，随膜分离过程的势位差（如压力差、浓度差、电位差等）变大而增加，操作因素对膜透过性能的影响比对分离性能的影响要大得多。不少膜分离过程膜的透过性能与压力差之间在一定范围内呈直线关系。

不同膜分离过程中膜的透过性能表示方法不同，见表4-4。对不同混合物体系，膜透过性能的表示方法也不同。对水溶液体系，透水率的定义一般以单位时间内通过单位膜面积的水体积流量表示，有时也称为渗透流率、透水速率、透水量或水通量等。

表4-4　膜的透过性能表示方法

分离过程	反渗透、纳滤	超滤	微滤	渗透汽化	电渗析
透过性能表示方法	透水率	透过速率	过滤速度	渗透通量	反离子迁移数和膜的透过率

（3）物化稳定性

分离膜的物化稳定性主要由膜材料的化学特性决定，主要包括耐热性、耐酸碱性、抗氧化性、抗微生物分解性、表面性质（荷电性或表面吸附性等）、亲水性、疏水性、电性能、毒性、机械强度、允许使用压力、温度、pH值范围以及对有机溶剂和各种化学药品的抵抗性，它是决定膜使用寿命的主要因素。在具体的膜分离过程中，对膜的更换周期要求是不同的，一般都是愈长愈好，但对具体操作条件进行经济核算的结果表明，每个过程都对应有一个适宜的使用周期。

（4）经济性

分离膜的价格不能太贵，否则生产上无法采用。分离膜的价格取决于膜材料和制备工艺两方面。除此之外，任何一种膜，无论是多孔还是致密的，活性分离皮层内部不允许有可使被分离物质形成短路的大孔（缺陷）存在，否则将会使分离膜的分离效率大大降低。

因此，具有适度的分离效率、较高的通量、较好的物化稳定性、无缺陷和价格适宜是具有工业实用价值分离膜的最基本条件。具有实用价值的分离膜应具备下列条件：①截留率和透水率高；②抗微生物侵蚀性能强；③柔韧性好，机械强度高；④抗污染性能好，使用寿命长，使用 pH 值范围宽；⑤操作压力低；⑥制备简单，便于工业化生产；⑦耐压致密性好，具有化学稳定性，能在较高温度下应用。

4.3.1.5　常用膜分离技术及特点

1. 常用膜分离技术

膜分离技术以选择性透过膜为分离介质，当膜两侧存在某种推动力（如压力差、浓度差或电位差等）时，原料侧组分选择性地透过膜，以达到分离、提纯的目的。不同膜分离技术使用的膜不同，推动力也不同。表 4-5 列出了常用膜分离技术的基本特性。

表 4-5　常用膜分离技术的基本特性

分离技术	膜类型	推动力	传递机理	分离目的	透过组分	截留组分	进料和透过料物态
微滤（MF）	对称细孔膜，孔径 0.1～10μm	压力差，约 100kPa	筛分	溶液脱微粒子、气体脱微粒子	水、溶剂、溶解物、气体	0.02～10μm 悬浮物、细菌类、微粒子	液体或气体
超滤（UF）	非对称结构多孔膜，孔径 3～20nm	压力差，100～1000kPa	筛分	脱除胶体和各类大分子、大分子溶液脱小分子、大分子分级	溶剂、离子和小分子	1～20nm 蛋白质、酶、细菌、病毒、乳胶、微粒子	液体
纳滤（NF）	非对称膜或复合膜，孔径 1～3nm	压力差，500～1500kPa	溶解扩散 Donna 效应	溶剂脱有机组分、脱高价盐粒子、软化、脱色、浓缩、分离	溶剂、低价小分子溶质	1nm 以上溶质	液体
反渗透（RO）	非对称膜或复合膜，孔径 0.1～1nm	压力差，1～10MPa	优先吸附毛细管流动、溶解-扩散	溶剂脱溶质、小分子溶液浓缩	溶剂、小分子溶质	0.1～1nm 小分子溶质	液体
电渗析（EDI）	阴阳离子交换膜	电化学势、电渗透	反离子经离子交换膜的迁移	溶液脱小离子、小离子溶质浓缩、小离子分级	小离子组分	同名离子、大离子和水	液体
渗透汽化（PVAP）	对称膜、复合膜、非对称膜	分压差、浓度差	溶解-扩散	挥发性液体混合物分离	膜内易溶组分或易挥发组分	不易溶解组分或较大、较难挥发组分	进料为液体，透过料为气体

2. 膜分离技术特点

膜分离过程和其他分离过程相比，在液体纯化、浓缩、分离领域有其独特的优势。与传统的分离技术相比，膜分离技术具有以下特点：

（1）分离效率高

例如，在按物质颗粒大小分离的领域，以重力为基础的分离技术最小分离极限是微米级，而膜分离技术却可以将相对分子质量为几千甚至几百的物质(相应的颗粒大小为纳米级)进行分离。与扩散过程相比，蒸馏过程中物质的相对挥发度比值大多小于10，难分离的混合物有时仅略大于1，而膜分离过程的分离系数要大得多。

（2）能耗低

大多数膜分离过程都不发生相转变，而蒸发、蒸馏、萃取、吸收、吸附等分离过程，都伴随着从液相或吸附相至气相的相转变，相转变的潜热很大。而很多膜分离过程通常是在室温下进行，被分离物料加热或冷却的能耗很低。

（3）特别适用于对热敏性物质的处理

由于多数膜分离过程在室温下进行，因此特别适用于对热敏性物质的处理，在食品加工、医药工业、生物技术等领域有独特的适用性。

（4）操作简单

由于膜分离技术设备本身没有运动部件，工作温度又接近室温，所以很少需要维护，可靠度高，从开工到得到产品的时间短，可以在频繁的启、停下工作。

（5）设备体积小，占地少

由于膜分离过程分离效率高，通常设备体积较小，占地较少。而且膜分离过程通常可以直接插入已有的生产工艺流程中，不需对生产线进行大的改变，因此可以广泛用于现有装置改造。

一般来说，采用膜分离技术对下列体系进行分离具有特殊的优越性：①化学性质或物理性质相似的化合物的混合物；②结构或取代基位置异构的化合物的混合物；③含有受热不稳定组分的混合物。

4.3.1.6 膜污染

膜污染可定义为由于被截留的颗粒、胶粒、乳浊液、悬浮液、大分子和盐等在膜表面或膜内的(不)可逆沉积。这种沉积包括吸附、堵孔、沉淀、形成滤饼等。

膜分离过程的污染及清洗是膜分离技术研究与应用的重点问题。膜技术应用极大地受到了膜污染的限制，污染能破坏膜的性能并最终缩短膜的使用寿命，增加膜的操作和维护费用。从表观上看，污染使过滤的通量随时间而衰减。膜在使用中通量降低有两个原因：①浓差极化的影响。由于膜能截留某些溶质，被截留组分在膜面处积累起来，使得靠近膜面处形成高浓度层，即浓差极化层。该浓差极化层使水的渗透性降低，且因较高的渗透压进一步降低了渗透通量。这种影响是可逆的，通过降低料液浓度或改善膜面料液的流体力学条件(如提高流速、采用湍流促进器和设计合理的流通结构等方法)，可以减轻已经产生的浓差极化现象，使膜的分离特性得以部分恢复。②溶质吸附和粒子沉积(膜外部形成凝胶层和滤饼层，膜内部则形成孔堵塞)。膜面的高浓度溶质会沉降形成凝胶层，悬浮态的粒子迁移到膜表面形成滤饼层。这种凝胶层和滤饼层降低了水的渗透性和渗透通量，并可形成长期而不可逆的污染。浓差极化与污染并不等同，但浓差极化往往是形成膜污染的一个重要因素。膜受到污染后需用化学溶液清洗，因污染物质各不相同，对膜进行清洗未必完全有效，部分膜的产水能力可能永久丧失，此时就需要更换膜。

工业生产常用的微滤、超滤、纳滤和反渗透过程中，微滤膜的孔径较大，对溶液没有分离作用，常用于截留溶液中的悬浮颗粒，由于造价低，其污染问题引起的重视程度不高。超滤膜是有孔膜，通常用于分离大分子溶质、小颗粒、胶体及乳液等，一般通量较高，而溶质的扩散系数低，因此受浓差极化的影响较大，所遇到的污染问题也常是浓差极化造成的。反渗透膜是无孔膜，截留的物质大多为盐类，因为通量较低和传质系数较大，在使用过程中受浓差极化的影响较小，其应用中被污染的原因主要是膜面溶质吸附和粒子沉积作用。纳滤膜介于有孔膜和无孔膜之间，浓差极化、膜面吸附和粒子沉积作用均是其应用中引起污染的主要因素；此外，纳滤膜通常是荷电膜，溶质与膜面之间的静电效应也会对纳滤过程的污染产生影响，这是纳滤污染与超滤、反渗透污染的一个重要不同之处。各种膜分离技术膜污染的主要影响因素、污染源及污染控制见表4-6。

表 4-6　膜污染主要原因、污染源及污染控制

膜分离过程	膜污染主要原因	污染源	污染控制方法
微滤	膜孔堵塞(机械堵塞、架桥、吸附)；浓差极化；溶质吸附；生物污染	无机物［悬浮物、胶体、铁(氧化铁和氧化亚铁)、不易溶解的沉淀、结垢物(如碳酸钙垢、硫酸钙垢、SiO_2)］；有机物；微生物	原料液预处理；膜表面改性；高压反冲；优化操作参数，强化传质；物理和化学清洗
超滤	浓差极化		
反渗透	膜面溶质吸附；粒子沉积		
纳滤	浓差极化；膜面溶质吸附；粒子沉积；静电吸附		

膜的可靠性是目前阻碍膜分离技术推广应用的关键因素之一，而膜污染又是影响其可靠性的决定因素。尽管在膜的应用过程中很难避免产生膜污染，但通过对不同膜污染采取相应的措施来降低膜污染程度是可行的。

4.3.2　膜前置预处理技术

污水膜前置预处理是膜法深度处理回用装置能否稳定运行的关键因素。经过多年的实践，炼油化工企业根据自身外排污水的水质特点，开发了多种污水膜前预处理技术，包括污水中悬浮物和成垢物质去除技术，如絮凝沉淀、流砂过滤、纤维过滤、多介质过滤、高密度沉淀池等技术；污水中有机污染物深度去除技术，如曝气生物滤池、臭氧氧化、臭氧催化氧化、生物流动床、生物活性炭、高效生物菌、膜生物反应器等。污水膜前置预处理一般采用悬浮物去除与有机污染物去除组合技术，通过物化和生物工艺组合，进一步降低污水的COD、氨氮及成垢污染物，满足超滤-反渗透系统的进水水质要求。膜前置预处理相关技术在此不再单独介绍，可通过本书的其他章节获取。

4.3.3　膜分离技术

膜分离技术是污水深度处理回用及减量化的关键技术。它是借助膜的选择渗透作用，以外界能量或化学位差为推动力，对混合物中溶质和溶剂进行分离、分级、提纯和富集的方法。用在污水处理与回用中的分离膜技术主要包括微滤、超滤、纳滤、反渗透、电渗析、电吸附等技术。

4.3.3.1　微滤技术

微滤又称微孔过滤，它属于精密过滤。其基本原理是筛孔分离过程。微滤膜的应用范围主要是从气相和液相中截留微粒、细菌及其他有机物，以达到净化、分离、浓缩的目的。

对于微滤而言，膜的截留特性是以膜的孔径来表征，通常孔径范围在 $0.1 \sim 1 \mu m$，故微滤膜能对大直径的菌体、悬浮固体等进行分离。可作为一般料液的澄清、保安过滤、空气除菌等。

在实际应用中，微滤的技术原理、膜材料与膜组件制备、应用场景基本与超滤技术相差不大，在此不再展开叙述。

4.3.3.2　超滤技术

1963 年 Michaels 成功开发了第一张非对称超滤膜，超滤膜制备取得了突破性的进展。1965—1975 年是超滤大发展的时期，开发成功了聚砜、聚丙烯腈、聚醚砜及聚偏氟乙烯（PVDF）等材质超滤膜。膜的截留相对分子质量为 $500 \sim 1.0 \times 10^6$，膜组件的型式有管式、板式、中空纤维式、毛细管式及卷式。20 世纪 80 年代又开发成功了以陶瓷膜为代表的无机膜，并已工业化。目前，超滤技术已广泛应用于水处理、医药、石油化工、饮料、食品、环境工程、表面涂装及电子等行业。

（1）技术原理

超滤过程是一种从溶液中分离出大粒子溶质的膜分离过程，其分离机理一般认为是机械筛分原理，其中超滤膜具有选择性分离的特点。

超滤过程是在压力作用下，料液中的溶剂及各种小的溶质从高压料液侧透过超滤膜到达低压侧，从而得到透过液或称为超滤液；而尺寸比膜孔径大的溶质分子被膜截留成为浓缩液。溶质在被膜截留的过程中有以下几种作用方式：①在膜面的机械截留；②在膜表面及膜孔内吸附；③膜孔的堵塞。不同的体系各种作用方式的影响也不同。

（2）超滤膜

超滤膜按其结构可分为对称膜、非对称膜和复合膜 3 类。目前商业化的超滤膜几乎都是相转化法制成的非对称膜，极薄的致密表皮层具有一定孔径，起筛分作用；下层是较厚的具有海绵状或指状结构的多孔支撑层，起支撑作用。复合膜则分别用不同材料制成致密表皮层和多孔支撑层，使两者都达到最优化。

常用的超滤膜材料有：醋酸纤维素、聚酰胺、聚丙烯、聚丙烯腈、聚烯烃、聚醚砜、聚砜、聚酰亚胺、聚碳酸酯、PVDF 等。目前市场上比较常见的是 PVDF、聚醚砜、聚砜。

超滤膜的分离性能常用截留相对分子质量来表征。通常定义膜对某种标准物截留率为 90% 时所对应的相对分子质量为该膜的截留相对分子质量，所得截留相对分子质量不是膜孔径的绝对值。膜的截留相对分子质量的影响因素有溶质的形状和大小、溶质与膜材料之间的相互作用、浓差极化现象、膜孔的结构、膜的构型和测试条件（如压力、错流速度、浓度、温度、膜的预处理等）等。

超滤膜的透过性能常用透过速率或水通量来表征，它是膜性能的重要指标。透水速率分为纯水透过速率和溶液透过速率，一般商品超滤膜的透过能力以纯水透过速率表示。纯水透过速率一般是在 $0.1 \sim 0.3 MPa$ 压力下测定的。超滤膜的纯水透过速率一般约为 $20 \sim 1000 L/(m^2 \cdot h)$，但实际上由于料液体系不同，膜的溶液透过速率约为 $1 \sim 100 L/(m^2 \cdot h)$，当透过速率低于 $1 L/(m^2 \cdot h)$ 时没有实际应用价值。影响透过速率的因素有温度、料液流速、料液的物理化学性质和浓度、预处理、设计因素及清洗方法等。

超滤膜的物化稳定性一般采用压密因数、亲疏水性、荷电性表示。压密因数与膜的材质、结构、孔隙率及孔径有关。亲水性和疏水性与膜的吸附性能有密切关系，这也决定了超滤膜的应用范围。一般用测定接触角等方法确定膜的亲水性。

（3）超滤膜组件

超滤膜组件按结构型式可分为管式、毛细管式、中空纤维式、板式及卷式 5 种。目前应用最多的是中空纤维式和板式。

中空纤维式超滤膜组件是目前国内应用最为广泛的一种膜组件。中空纤维式膜组件分内压和外压两种操作方式，由于内压式进水分配均匀，流动状态好，而外压式流动不均匀，所以对于干净的物料，多采用内压式中空纤维超滤膜组件。而外压式中空纤维超滤膜组件多用于污水处理膜生物反应器中，被分离的混合物流经中空纤维膜的外侧，而渗透物则从纤维管内流出。

板式膜组件的一个突出优点是每两片膜之间的渗透物都被单独引出来，因此，可以通过关闭各个膜组件来消除操作中的故障，而不必是整个膜组件停止运转。缺点是在板式膜组件中需要密封的数目太多，而且内部压力损失也相对较高。

实际应用中通常要在两种或多种不同膜组件中做出选择，如对于海水淡化、气体分离和渗透汽化，可以选用中空纤维式膜组件，也可选择卷式膜组件；在乳品工业中主要选用管式、毛细管式和板式膜组件。

（4）超滤技术特点

超滤技术的特点：①超滤属于压力驱动型膜分离过程；②超滤膜的分离范围是相对分子质量为 $500 \sim 1 \times 10^{6}$ 的大分子物质和胶体物质，相对应粒子的直径为 $0.005 \sim 0.1 \mu m$；③分离机理一般认为是机械筛分原理；④超滤膜的形态结构为不对称结构；⑤过滤的方式一般为错流过滤；⑥操作压力低；⑦易于工业化，应用范围广，主要用于料液澄清、溶质的截留浓缩及溶质之间的分离。

（5）超滤工艺影响因素

污水处理超滤工艺运行的好坏受到温度、压力、进水水质、回收率、运行周期及膜的污染等多种因素影响。

温度：温度高时可以降低水的黏度，提高传质效率，增加水的透过通量。

压力：超滤系统为浸没式时，采用真空负压驱动，当膜池的水位变化不大时，过滤压力恒定为一定的数值。过滤压力除了克服通过膜的阻力外，还要克服局部水头损失。在达到临界压力之前，膜通量与过滤压力成正比。为了实现最大产水量，应控制过滤压力接近临界压力。

进水水质：进水水质的 COD、悬浮物及其他污染物质浓度越高，膜越容易受到污染，同时也越容易形成浓差极化。因此为了保证膜系统的稳定运行，必须严格控制膜的进水水质。

回收率：回收率越高，最终排放的浓水浓度也越大，膜在运行过程中也越容易受到污染。因此应根据水质情况，适当控制水的回收率。

运行周期：随着膜过滤的不断进行，膜的通量逐渐下降，当膜通量达到某一最低数值时，必须进行清洗以恢复通量，这段时间就是一个周期。适当选择运行周期，一是可以增加总的产水量，也可以控制膜的污染。

膜污染：超滤工艺应用过程中，由于进水中的悬浮物、胶体、有机物及微生物等较多，随着运行时间的增加，膜将会被水中的各种污染物质所污染，从而影响到膜的性能及运行稳定。膜的污染达到一定程度时，必须进行化学清洗以恢复膜的性能。

4.3.3.3　纳滤技术

纳滤技术是介于反渗透(膜孔径为 0.1~1nm)和超滤(膜孔径大于 3nm)之间的一种压力驱动型膜分离技术。纳滤膜平均孔径为 1~3nm。纳滤膜一般由 3 层构成,最下层为支撑层,孔径大而疏松;中间层为微孔层,孔径稍小。这两层没有选择性,只有表层是选择性透过层。纳滤膜的操作压力一般为 0.5~2.0MPa,在达到同样的渗透通量时,所必须施加的压力比反渗透膜低 0.5~3.0MPa,故纳滤技术又被称为"低压反渗透技术"。纳滤膜的截留相对分子质量为 200~1000,能截留高价盐而透过一价盐,能截留相对分子质量为 200 以上的有机物而使小分子有机物透过。

纳滤膜的分离特性是反渗透膜和超滤膜所无法取代的。反渗透膜几乎对所有的溶质都有很高的截留率,超滤膜只能截留大分子,纳滤膜可只对特定溶质有很高的截留率,还具有反渗透膜和超滤膜的共性特点。纳滤技术已在水的软化、溶液脱色、染料除盐浓缩和生物质纯化浓缩中实现工业应用。

（1）基本原理

纳滤与超滤和反渗透技术一样属于以压差为推动力的膜分离过程,但它们的传质机理不一样。一般认为,超滤膜由于孔径较大,其传质机理主要是筛分;而反渗透膜通常属于无孔致密膜,其传质机理属于溶解-扩散机理;纳滤膜则处于两者之间,且大部分为荷电膜,其传质机理依照分离对象的不同,主要有以下两种类型。

当纳滤膜分离非电解质溶液时,其传质机理与反渗透膜类似,传质模型主要有空间位阻-孔道模型、溶解-扩散模型等。空间位阻-孔道模型假设膜具有均一的细孔结构,并忽略空壁效应;根据膜的孔结构参数与溶质大小,就可运用细孔模型计算出膜参数,从而得知膜的截留率与膜透过体积流速的关系。溶解-扩散模型假定溶质和溶剂溶解在无孔均质膜表面层内,然后各自在浓度或压力引起的化学位的作用下透过膜。

当纳滤膜分离电解质溶液时,其传质受膜面与电解质电荷作用的影响很大,代表性的传质模型有空间电荷模型、固定电荷模型和杂化模型等。空间电荷模型是表征膜对电解质及离子的截留性能的理想模型,假设膜由孔径均一且壁面上电荷均匀分布的微孔组成。固定电荷模型假设膜是均质无孔的,膜中固定电荷分布均匀,不考虑孔径等结构参数,认为离子浓度和电势能在传质方向具有一定的梯度,该模型其实是空间电荷模型的简化形式。杂化模型认为膜质相同且无孔,但离子在极细微的膜孔隙中的扩散和对流传递过程中会受到立体阻碍作用的影响,该模型用于表征两组分和三组分的电解质溶液的传递现象。

纳滤分离过程是一个极其复杂的过程,其分离过程基于溶解-扩散模型,由于纳滤膜为荷电型,还会受到电势梯度和化学势的影响。纳滤膜的分离机理可归因于立体位阻效应、Donnan 效应和介电排斥效应这几种效应的作用结果。立体位阻效应在假定膜分离层孔径均一、表面电荷均匀分布基础上,综合考虑膜微孔对中性物质位阻效应与膜带电特性对离子的静电排斥作用,进而推测出膜对离子的截留性能。经典的 Donnan 效应描述了荷电物种与荷电膜界面之间的平衡和电势的相互作用,膜电荷来源于膜表面可电离基团的离解,这些基团可能是酸性的或碱性的,或者是两者的结合,这取决于在膜制备过程中使用的材料。膜表面电荷对不同电荷和不同价态的离子的 Donnan 位点不同,进而形成 Donnan 位差,阻止同名离子从主体溶液向膜内扩散。对于介电排斥现象有两种主要的相互竞争假设,即"象力"现象和"溶剂化能垒"机制。这两种排斥机制实际上是基于电荷的排斥现象,溶质在溶液的分离过程时，溶质在膜分离层中的迁移会受到局部环境的影响，从而溶质的迁移受到阻碍，受阻的迁移可以用对流和扩散两种形式来表达，这两种形式对离子的分离都有影响。

纳滤的分离机理比其他过滤方式更为复杂，大多数过滤系统的运行完全依赖于尺寸(空间位阻)排除，但在纳滤分离过程中，还必须考虑表面电荷的影响。为了阐明准确的分离机理，许多学者进行了大量的研究，提出了许多分离机制，如膜聚合物溶质的解离、静电相互作用、电荷收缩、水合物膨胀和收缩、盐化-内盐化-外盐化、孔隙尺寸的划分等，但是目前还没有具体明确的反应机理来完全解释纳滤膜的分离过程

（2）纳滤膜

纳滤技术是20世纪70年代中后期开发的一种新型膜分离技术。由于具有操作压力低（1.0MPa）、对一价和二价离子有不同选择性、对小分子有机物有较高的截留率、节能等特点，纳滤技术得到了快速发展。

20世纪80年代初期，美国FilmTec公司研制了一种薄层复合膜（NF40，NF50，NF70），由于其膜表面孔径处于纳米级范围，能除去尺寸约1nm的分子，因而简称纳滤膜。近年来，针对不同应用领域相继开发了一批分离性能独特的纳滤膜，并已实现商业化。

（3）纳滤膜的结构

按照膜的结构特点，纳滤膜可分为一体化的非对称膜和复合膜。如溶液相转化法制备的醋酸纤维素膜为非对称膜，其表皮层致密，皮下层较疏松。复合纳滤膜大多用聚砜多孔支撑制成，而表层致密的芳香族聚酰胺以界面聚合法形成。目前，国际上相继开发了多种商品纳滤膜，其中绝大部分为复合膜，且表面大多带负电荷。

（4）纳滤膜材料

纳滤膜材料基本和反渗透膜材料相同，主要有纤维素和聚酰胺两大类。纤维素类包括二醋酸纤维素（CA）、三醋酸纤维素（CTA）和CA-CTA复合纳滤膜材料等。而聚酰胺类主要是芳香族聚酰胺。此外，纳滤膜材料还有聚砜类（包括聚砜、聚醚砜、磺化聚砜）以及磺化聚醚砜类、聚哌嗪酰胺类、聚芳酯类和无机膜材料（如陶瓷）等。

目前已经商业化的纳滤膜绝大部分为复合膜，按照超薄皮层的组成，复合纳滤膜大致可分为以下4类：①芳香族聚酰胺类复合纳滤膜；②聚哌嗪酰胺类复合纳滤膜；③磺化聚醚砜类复合纳滤膜；④混合型纳滤膜。

目前应用最广泛的是芳香族聚酰胺类复合纳滤膜。

（5）纳滤膜组件

纳滤膜组件主要有卷式、中空纤维式、管式和板式等，其中卷式纳滤膜组件应用最普遍。各种纳滤膜组件的主要特征见表4-7。

表4-7 各种纳滤膜组件的主要特征

类型	管式	板式	卷式	中空纤维式
装填密度/(m²/m³)	20	150	250	1800
膜清洗难易	内压式易，外压式难	易	难	难
膜更换难度	内压式难，外压式易	一般	易	易
原水处理成本	低	中	高	高
价格	高	高	低	低

（6）纳滤技术特点

纳滤技术突出特点是膜上或者膜中存在带电基团，因此纳滤过程具有两个特性，即筛分效应和电荷效应。相对分子质量大于纳滤膜截留相对分子质量的物质将被截留，反之则透过，这就是膜的筛分效应。膜的电荷效应又称 Donnan 效应，是指离子与膜所带电荷的静电相互作用。纳滤膜表面分离层可以由聚电解质构成，膜表面带有一定的电荷，大多数纳滤膜带有负电荷。它们通过静电相互作用，阻碍多价离子的渗透，这是纳滤膜在很低压力下仍具有较高脱盐性能的重要原因。

纳滤技术的特点：①纳滤膜的截留相对分子质量为 200~1000，适用于分离相对分子质量为 200 以上、分子大小约为 1nm 的溶解组分。反渗透膜脱除所有的盐和有机物，超滤对盐和低分子有机物没有截留效果，而纳滤膜能截留小分子有机物和多价盐。②操作压力低。纳滤膜表面所带的电荷，使其在很低的操作压力下仍具有较高脱盐率。纳滤比反渗透所要求的操作压力低，纳滤分离操作压力一般为 0.5~2.0MPa，有利于降低分离系统的设备投资费用和运行费用。③具有离子选择性。由于纳滤膜上或膜中常带有荷电基团，通过静电相互作用，产生 Donnan 效应，对含有不同价态离子的多元体系溶液，可实现不同价态离子的分离。一般纳滤膜对一价盐的截留率仅为 10%~80%，而对二价及多价盐的截留率均在 90% 以上。离子截留率受离子半径影响，在分离同种离子时，离子价数相等，离子半径越小，膜对该离子的截留率越低；离子价数越高，膜对该离子的截留率越高。对阴离子的截留率按下列顺序递增：$NO_3^- < Cl^- < OH^- < SO_4^{2-} < CO_3^{2-}$。对阳离子的截留率按下列顺序递增：$H^+ < Na^+ < K^+ < Mg^{2+} < Ca^{2+} < Cu^{2+}$。④由于纳滤膜多数为复合膜及荷电膜，其耐压性与抗污染能力较强。

4.3.3.4　反渗透技术

反渗透是最有效和最节能的分离技术之一。自 1978 年全芳香族聚酰胺复合膜成功产业化以来，反渗透膜发展迅速，低压、超低压、极低压、高脱盐率、高通量、耐污染和抗氧化等一系列复合膜相继入市。

（1）技术原理

用一张半透膜将稀溶液（如纯水）与浓溶液（如盐水）隔开，溶剂会从稀溶液向浓溶液渗透并保持相应的渗透压，此现象称为渗透。如果在浓溶液侧施加大于渗透压的压力，则溶剂将会从浓溶液侧向稀溶液侧渗透，此现象称为反渗透。

反渗透技术属于压力驱动型膜分离技术，操作压力一般为 1~10MPa，切割相对分子质量小于 500，能截留 0.1~1nm 的离子或小分子有机物，可使水中离子的含量降低 96%~99%；此外，还可从液体混合物中去除全部悬浮物、溶解物和胶体。随着反渗透膜分离技术的开发，已可在低于 1MPa 的压力下进行部分脱盐，适用于水的软化和选择性分离。

（2）反渗透膜的结构

膜的透水率大致与其致密表层厚度成反比。受高分子溶液性质的限制，采用一般相转化法制备的非对称反渗透膜的致密皮层最薄只能达到 100nm 左右。而采用致密皮层与疏松支撑层分别制备的反渗透膜，其致密皮层厚度已达到 30nm，称之为复合反渗透膜。

与相转化法非对称反渗透膜相比，复合反渗透膜具有以下优点：①可以选取不同材料制备超薄脱盐层和多孔支撑层，使它们的性能分别达到最优化；②可以用不同方法制备高交联度和带离子性基团的超薄脱盐层，其厚度可以达到 10~100nm，从而使膜对无机物具有良好的分离率和高透水率，同时还具有良好的物化稳定性和耐压密性；③根据不同应用特性，可以制备具有良好重复性和不同厚度的超薄脱盐层；④大部分复合膜可以制成干膜，有利于膜的运输和贮存。

（3）反渗透膜材料

对于反渗透膜，多采用高分子材料。目前国际上通用的反渗透膜材料主要有醋酸纤维素及其衍生物和芳香族聚酰胺两大类。为了提高其性能或制备特种膜（耐氯膜、耐热膜），也曾研究过其他材料，如聚苯并咪唑、聚苯醚、聚乙烯醇缩丁醛等。

（4）反渗透膜性能表征

反渗透膜性能包括分离性能、透过性能和物化稳定性。

反渗透膜分离性能常采用脱盐率（也称脱除率、截留率等）表示。脱盐率表示膜对水溶液中盐的脱除能力。

反渗透膜透过性能常采用透水率（也称水通量）表示。透水率表示单位时间内通过单位膜面积的水体积流量。反渗透膜的透水率与膜材料、膜形态结构以及操作条件密切相关。

反渗透物化稳定性主要体现在膜压密系数、机械强度、膜亲疏水性和孔隙率等多方面。压密系数越小，意味着膜使用时间越长。膜机械强度指标包括爆破强度和拉伸强度，爆破强度是指膜受到垂直方向压力时所能承受的最高压力，以单位面积上所受压力表示；拉伸强度是指膜受到平行方向拉力时所能承受的最高拉力，以单位面积上所受拉力表示。膜机械强度主要取决于膜材料的化学结构及其增强材料等。亲水性和疏水性与膜的吸附有密切关系，主要取决于膜材料的化学结构与性能，一般用测定接触角的方法来表征膜的亲水性。孔隙率指整个膜中孔所占的体积分数。

（5）反渗透膜组件

反渗透膜组（元）件的基本型式有 4 种：板式（或板框式）、管式、中空纤维式、螺旋卷式（简称卷式）。目前工业上最常用的反渗透膜组件为卷式膜组件。各种反渗透膜组件的主要特征如表 4-8 所示。

表 4-8　各种反渗透膜组件的主要特征

类型	管式	板式	卷式	中空纤维式
组件结构	简单	非常复杂	复杂	复杂
装填密度/(m^2/m^3)	33~330	160~500	350~1200	16000~30000
流道高度/cm	>1.0	<0.25	<0.15	<0.3
流道长度/cm	3.0	0.2~1.0	0.5~2.0	0.3~2.0
流动状态	湍流	层流	湍流	层流
膜支撑体结构	简单	复杂	简单	不需要
抗污染能力	很好	好	适中	很差
膜清洗难易	内压式易、外压式难	易	难	难

续表

类型	管式	板式	卷式	中空纤维式
膜更换方式	更换膜(内压式)或组件(外压式)	更换膜	更换元件	更换组件
膜更换成本	低	中	较高	较高
对进水水质要求	低	较低	污染指数 $SDI_{15} < 5$	$SDI_{15} < 3$
料液预处理	不需要	需要	需要	需要
预处理成本	低	低	高	高
能耗/通量	高	中	低	中
膜形式限制	无	无	无	有
压降	低	适中	适中	高
是否适合高压操作	可以	可以	适合	适合
要求泵容量	大	中	小	小
适用领域	生物、制药、食品、环保	生物、制药、食品、环保	水处理	超纯水制备
应用目的	澄清、提纯、浓缩	澄清、提纯、浓缩	提纯	提纯

（6）反渗透技术特点

反渗透膜选择透过性与溶液组分在膜中溶解、吸附和扩散有关，其分离性能除与膜孔结构大小有关外，还与膜及溶液体系的化学、物理性质有关，这是与超滤和微滤的最大差别。

与传统离子交换水处理技术相比，反渗透技术具有以下优点：①药剂用量少，环境污染小；②操作简便，有利于实现机械化、自动化；③运行费用低；④水质稳定；⑤适合于盐含量较高的原水和酸碱缺乏地区以及海水淡化。

（7）反渗透膜污染与控制

反渗透膜污染是指由于料液中的溶质分子与膜存在物理化学相互作用或机械作用而引起的在膜表面或膜孔内的吸附、沉积而造成的膜孔径变小及堵塞，从而引起膜分离特性不可逆变化的现象。反渗透膜在运行过程中易受水中悬浮物、胶体、微生物、结垢物及有机物等影响引起膜污染，造成膜性能下降进而影响处理能力。一般认为有三种情况可使膜性能下降：①膜本身的化学变化，包括膜的水解、游离氯等的氧化以及强酸强碱的作用；②膜本身的物理变化，包括压密、反压力作用使膜被破坏；③膜受到污染，包括结垢物、微生物、胶体、悬浮物、有机物等在膜面及内部污染堵塞。这三种情况都可使膜性能下降，并造成进水压力升高、产水量和脱盐率下降。

一般采用适当的给水预处理措施，严格控制反渗透装置进水水质，以及在膜污染后采用合适的物理或化学清洗来解决污染问题。

4.3.3.5 电吸附技术

电吸附除盐技术是 20 世纪 90 年代末开始兴起的一项新型水处理技术，在含低盐污水的处理方面实现了工业应用。

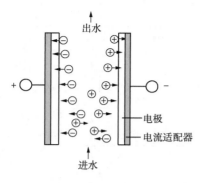

图 4-4　电吸附水处理原理示意

（1）基本原理

电吸附除盐技术基本原理是基于电化学中的双电层理论，利用带电电极表面的电化学特性来实现水中离子的去除、有机物的分解等目的。电吸附水处理技术的工作原理示意见图 4-4。

当含有一定量盐类的水经过由阴、阳电极组成的模块时，在直流电场的作用下，水中离子或带电粒子将分别向带相反电荷的电极迁移，并被电极（多孔状物质）吸附，储存在电极表面的双电层中。随着离子/带电粒子在电极表面富集浓缩，通道水中的溶解盐类、胶体颗粒及其他带电物质的浓度大大降低，从而实现了水的除盐及净化。电极逐渐吸附达到饱和后，出水电导率将升高，系统可进入再生阶段。将直流电源切断，由于直流电场的消失，吸附储存在双电层中的离子就会从电极表面解吸下来。用进水反洗时，解吸下来的离子随水流排出，电极也由此得到再生。离子需要有一个扩散穿越电极材料的过程，所以再生需要一定的时间，当再生排水电导率与进水电导率基本相当时，则可认为再生结束。

（2）技术特点

电吸附除盐技术的特点：①电极的吸附材料由非金属多孔状物质制成，能够耐酸、碱和氧化剂的侵蚀，使用寿命长；②每对电极间距为 1~3mm，不使用膜类元件，工作压力小于 0.15MPa；③电极间施加的直流电压略大于水的分解电压，吸附在电极中的有机物会被分解掉，因而电吸附时污水中的有机物并不浓缩；④电极材料只有在通电时才具有吸附能力，电极再生时不通电并且使用原水再生，因此排污水中有机物可以达标排放。

现阶段经过试验和实际应用的数据统计分析表明，电吸附技术对所处理进水的要求为电导率≤500μS/cm、COD≤100mg/L、浊度≤5NTU、SS≤5mg/L、油≤3mg/L。处理后电导去除率 60%~95%、COD 去除率 20%~80%、浊度≤2NTU、SS≤2mg/L、油≤2mg/L。处理效果与进水水质、电吸附设备工艺的组合有关。

4.4　污水近零排放处理技术

所谓近零排放是指在生产过程中所有的原料被完全利用，全部转换为产品，或完全循环至下一生产过程中去，不向自然界排出任何废弃物。近零排放，就其内容而言，一种含义是要控制生产过程中不得已产生的能源和资源排放，将其减少到零；另一含义是将那些不得已排放出的能源、资源充分利用，最终消灭不可再生资源和能源的存在。

污水近零排放是指工业污水经过处理重复使用后，将其中的盐分和污染物全部（99%以上）回收利用或浓缩，无任何污水排出工厂。水中的盐类和污染物经过浓缩结晶以混盐或工业盐形式运出工厂，实现综合利用或送至填埋厂填埋。在实际生产过程中，完全的"零排放"是不可能的，只能实现近零排放。

在 GB/T 21534—2008《工业用水节水　术语》中有如下术语解释：零排放（zero emission）——企业或主体单元的生产用水系统达到无工业污水外排。美国电力研究院对电厂污水零排放定义为：电厂不向地面水域排放任何形式的水（排出或渗出），所有离开电厂的水都是以湿气形式或是固化在灰或渣中。

随着炼油化工行业节水减排工作的深入实施,炼化企业的反渗透浓水、烟气脱硫脱硝污水以及煤化工污水等,都面临高盐污水的达标排放问题。目前许多地区污水排放标准中增加了盐的限制,如北京市水污染物排放标准中的 TDS 为小于 1600mg/L,其他地区水中盐的排放也开始受到限制。

经过多年的努力,炼化企业普遍实施了污水深度处理提标改造,以反渗透膜为核心的污水回用资源化技术也已普遍应用。反渗透膜分离后的高盐浓水再浓缩、盐分离、蒸发、结晶、干燥、废盐资源化与处置成为污水近零排放的关键技术。

4.4.1 高盐污水近零排放途径

4.4.1.1 高盐污水排放情况

所谓高盐污水没有明确定义与分类,一般是指总含盐质量分数大于1%的污水。目前炼油化工行业的高盐污水主要涉及两方面:煤化工企业的高盐污水以及炼化企业的高盐污水。其中,炼化企业的高盐污水主要包括:化学水站浓排水、污水回用浓排水、烟气脱硫污水以及一些工艺产生的高盐污水等。

对于大型煤化工企业,排水一般在 1000m³/h 以上,浓排水约在 400m³/h;对于炼油化工企业污水回用过程中产生的反渗透浓水,一般在 50~100m³/h,化学水站浓排水约 80~100m³/h,催化裂化烟气脱硫脱硝污水约 20~80m³/h。

总的来说,炼油化工行业高盐污水质特点就是高盐度、高硬度,并具有一定的 COD。在炼油化工污水回用过程中,采用反渗透膜分离技术除盐后的 RO 浓水,通常电导率约在 6000~10000μS/cm,总硬度一般在 1000~3000mg/L,COD 为 100~200mg/L,并具有一定的碱度,除二价以上的阳离子外,主要由钠离子组成,阴离子主要为硫酸根、氯根、硝酸根等。

以某炼油化工企业 RO 浓水为例,水质分析结果见表4-9。

表4-9 某炼化企业 RO 浓水水质

项 目	RO 进水	1级 RO 浓水	2级 RO 浓水
pH	8.1	8.12	8.0
电导率/(μS/cm)	1300	4130	9532
可溶硅/(mg/L)		45.03	89.3
全硅/(mg/L)	10.6	46.71	97.5
Mg^{2+}/(mg/L)	85.4	68.2	151.2
Ca^{2+}/(mg/L)	281.6	517.8	789.7
Cl^-/(mg/L)	303.4	932.3	2430
SO_4^{2-}/(mg/L)	253.9	669.9	1371.5
Ba^{2+}/(mg/L)		3.64	7.22
Sr^{2+}/(mg/L)		5.34	10.2

续表

项　目	RO 进水	1 级 RO 浓水	2 级 RO 浓水
石油类/(mg/L)	0.6	0.31	0.16
COD/(mg/L)	36.7	90.4	141.4
TOC/(mg/L)	8.7	27.6	53.6
硬度(以 CaCO$_3$ 计)/(mg/L)	329	1256.1	2877.1

　　从表 4-9 可以看出，该污水若要达到污水近零排放需要进一步深度脱盐、浓缩减量、结晶，将 95% 以上的水全部回收，废盐结晶并利用或处置。不同地区的企业，因用水水量、水质、原料、产品等的不同，污水回用后的 RO 浓水也略有不同。

4.4.1.2　高盐污水排放标准

　　随着企业节水减排工作的实施和国家环保政策的日益严格，各行业和地区污水排放标准普遍提高，COD 的排放标准从之前的 60mg/L 逐渐提高到 50mg/L、40mg/L 甚至 20mg/L。特别是目前部分地区的污水排放标准中提出了盐浓度的限制，增加了污水处理的难度，如表 4-10 所示。

表 4-10　部分地区污水排放标准盐浓度限值

地方标准	标准号	排放限值/(mg/L)
北京市地方标准《水污染综合排放标准》	DB11/307—2013	TDS：1000/1600
上海市地方标准《污水综合排放标准》	DB31/199—2009	TDS：2000
河北省地方标准《氯化物排放标准》	DB 13/831—2006	氯化物：300
辽宁省地方标准《污水综合排放标准》	DB 21/1627—2008	氯化物：400
山东省地方标准《流域水污染物综合排放标准第 3 部分：小清河流域》	DB37/3416.3—2018	TDS：1600 硫酸盐：650
贵州省地方标准《贵州省环境污染物排放标准》	DB52/864—2013	氯化物：250

　　从表 4-10 可以看出，部分省市地方污染物排放标准中增加了对溶解性总固体(TDS)或氯化物或硫酸盐的排放限制要求，因此，为了实现含盐污水的达标排放，必须进行深度脱盐处理，这就带动了高盐污水的近零排放技术的开发与应用。总体上，污水近零排放可实现含盐污水的深度处理回用，有效节约水资源，实现节水减排。

4.4.1.3　高盐污水近零排放途径

　　高盐污水脱盐处理途径主要是基于各种形式的蒸发处理和基于膜法的深度脱盐处理。蒸发法是一种最古老、最常用的脱盐方法，蒸发法就是把含盐水加热使之沸腾蒸发，再把蒸汽冷凝成淡水的过程。蒸发法主要包括低温多效蒸发(MED)、机械式蒸汽再压缩(MVR)、多级闪蒸(MSF)等技术。蒸发法的优点是结构简单、操作容易、技术相对成熟；缺点是设备占地面积大(MVR 除外)，投资高，结垢腐蚀严重，系统运行不稳定等。膜法脱盐是在传统膜技术基础上开发的新型膜技术或膜过程，主要包括反渗透、膜蒸馏、正渗透、电渗析等技术。膜法脱盐技术的优势在于设备占地面积小，投资低，系统产水水质好，并且膜设备采用塑料管路(高压膜过程除外)，减少垢，无腐蚀问题；缺点是膜易于受到污染，影响系统运行。在实际应用中，往往是膜法脱盐与蒸发浓缩相集成，实现高盐污水的分盐处理及资源化。

由于高盐污水一般都具有较高的硬度，因此，为了减少膜系统、蒸发器或管路的结垢，无论采用蒸发法还是膜法脱盐，首先都需要采取预处理除硬；其次对除硬后的高盐污水进行浓缩减量，确保高盐污水水量降到最低；最后少量的高盐浓水进行蒸发结晶和分质结晶，将盐类结晶固化，集中利用或处置，实现污水的近零排放。

高盐污水近零排放总体概念性流程如图 4-5 所示。

图 4-5　高盐污水近零排放概念性流程

前置预处理，重点是对高盐污水中的特征污染物作进一步的处理，包括通过物化除硬度以及硅、氟等污染物，或通过离子交换工艺进一步去除其中的成垢物质，满足膜法进水水质要求；通过高级氧化等过程，进一步去除污水中的有机物，以降低对膜的生物污染和满足后续盐质量的要求。

膜法深度浓缩：在前置预处理基础上，通过超滤、反渗透、电渗析等工艺组合，实现污水的深度浓缩和污水资源化利用。

分盐蒸发结晶：根据来水水质，采用蒸发结晶或通过纳滤实现一二价离子分离，再对一二价离子分别浓缩蒸发结晶，实现高盐污水的全部资源化利用。

4.4.2　高盐污水近零排放前置预处理技术

炼油化工企业达标污水经污水回用，特别以膜法为核心的污水深度处理回用后，反渗透或电渗析等工艺浓水中的污染物质得到了进一步的浓缩。为保证污水近零排放工艺的稳定运行，必须对来水中的特征污染物作进一步的处理，包括去除水中钙、镁、硅、氟、二氧化碳等成垢污染物，除去水中的特征有机污染物，以满足后续膜浓缩或蒸发结晶对有机物和无机离子的要求，降低膜的生物污染，保证结晶盐的品质。

4.4.2.1　硬度去除

（1）电化学除硬技术

电化学除硬技术主要基于电化学氧化还原反应理论，通过沉淀方法去除污水中的 Ca^{2+}、Mg^{2+}，使得硬度降低。反应产生的氧化性物质还有去除污水中有机物的效果。原理是通过带电电极表面吸附水中带电粒子，使得水中溶解盐、带电粒子等富集在电极表面，待处理污水中溶解盐、胶体、带电物质不断地减少，从而达到除硬目的。受到电场影响，存在于水中的阴、阳电极之间流动的带电粒子将迁移到带相反电荷的电极，并大量吸附在电极表面，不断地富集。在这一过程中 OH^- 在阴极板表面浓度逐渐升高，水中溶解的 CO_2 在极板界面区域发生反应生成 CO_3^{2-}，CO_3^{2-} 与 Ca^{2+}、Mg^{2+} 等阳离子以离子键的形式键合，以沉淀 $CaCO_3$、$MgCO_3$ 形式析出，从而达到除去水中硬度的目标。

如在反应池中放置可溶性电极板，可形成电絮凝除硬技术。可溶性电极一般采用金属铁或铝及合金材料。对可溶性电极进行加电，Fe^{3+}、Al^{3+} 与水中溶解的 OH^- 结合生成 $Fe(OH)_3$ 或 $Al(OH)_3$ 以及羟基配合物、聚合物等，而通过电解形成的配合物是一种高活性的吸附基团，吸附性能极强，利用其吸附架桥作用和网捕卷扫作用将水中的胶体颗粒、悬浮物、高分子有机物等杂质吸附沉降，从而可有效降低污水的总硬度。

（2）化学沉淀除硬技术

通过混凝剂投加系统、纯碱投加系统、石灰投加系统、烧碱投加系统、助凝剂投加系统向池内投加 PAC、Na_2CO_3、$Ca(OH)_2$、NaOH、PAM 等药剂，将水中的 Ca^{2+}、Mg^{2+} 等转化为难溶化合物，并通过沉淀作用分离，使水质得以软化。同时反应过程中的混凝、絮凝、网捕、吸附作用，也可使原水中的悬浮物、有机物、胶体等物质凝聚成较大的絮凝物，通过沉淀作用分离。

采用纯碱（碳酸钠）-石灰-烧碱法的化学软化方法，可有效降低水中的钙、镁硬度。$Ca(OH)_2$ 可与水中的 CO_3^{2-} 进行反应生成 $CaCO_3$ 沉淀，NaOH 可与水中（HCO_3^-）反应，使之与 Ca^{2+} 生成 $CaCO_3$ 沉淀；过量的 NaOH 与 Mg^{2+} 反应生成 $Mg(OH)_2$ 沉淀，从而去除镁硬度。作为不溶物的特性之一，其溶解度与 pH 值直接相关，控制适当的 pH 值，既能使反应完全，又能节省药剂，是整个反应控制过程的重点。

相关反应方程式为：

$$Na_2CO_3 + Ca(OH)_2 \longrightarrow CaCO_3 \downarrow + 2NaOH$$
$$Ca(HCO_3)_2 + 2NaOH \longrightarrow CaCO_3 \downarrow + Na_2CO_3 + 2H_2O$$
$$Mg(HCO_3)_2 + 4NaOH \longrightarrow Mg(OH)_2 \downarrow + 2Na_2CO_3 + 2H_2O$$
$$CO_2 + 2NaOH \longrightarrow Na_2CO_3 + H_2O$$
$$CaSO_4 + Na_2CO_3 \longrightarrow CaCO_3 \downarrow + Na_2SO_4$$
$$CaCl_2 + Na_2CO_3 \longrightarrow CaCO_3 \downarrow + 2NaCl$$
$$MgSO_4 + Na_2CO_3 \longrightarrow MgCO_3 \downarrow + Na_2SO_4$$
$$MgCO_3 + Ca(OH)_2 \longrightarrow CaCO_3 \downarrow + Mg(OH)_2 \downarrow$$

实际应用过程中，必须根据原水水质通过理论计算及实验求取相关的组合处理工艺和运行工艺参数。一般情况下，采用氢氧化钠-纯碱法除硬时，pH>10.3，可产生 $CaCO_3$ 沉淀；pH>11.4，可生成溶解度较小的 $Mg(OH)_2$ 絮体。采用石灰-纯碱法除硬时，随石灰加入，生成了溶解度较小的 $Mg(OH)_2$，但由于石灰投加过量，在去除镁的同时，钙浓度增加。因此，采用石灰-纯碱法时需要加入碳酸钠进行进一步除钙处理。

一般来说，采用 NaOH 除硬比采用石灰除硬费用高，但处理效果好。采用石灰-纯碱法会造成渣量较多，固废处理成本较高。采用烧碱-纯碱法时，药剂成本较高，特别是当水中镁离子浓度较高时，会生成氢氧化镁絮状物，沉淀分离困难。因此，在实际加药过程中，一般考虑采用复合加药的方式。

4.4.2.2　硅去除

目前，水中硅去除的常用方法是采用镁剂除硅。其原理是利用氢氧化镁粒子表面吸附硅酸化合物，形成难溶的硅酸镁。此过程中也发生了硅酸胶体的凝聚和硅酸钙的生成。镁剂与硅酸作用的一种解释是镁离子在水中部分水化形成 MgO、$Mg(OH)_2$ 的复杂分子结构，$Mg(OH)_2$ 分子部分解离进入溶液，由此形成了周围被 OH^- 包围的带正电荷的复杂胶体粒子，水中以不同形态存在的硅酸化合物可以与氧化镁胶体粒子进行离子交换，形成了难溶的硅酸镁化合物。少量的硅酸化合物与除硬过程析出的 $CaCO_3$ 也会发生反应形成沉淀。采用镁剂除硅，Mg^{2+} 与 SiO_2 比例一般需大于 4：1，产水溶硅可小于 20mg/L。实际过程中采用氯化镁比采用氧化镁的现场操作更简单，用量少。同时，采用镁剂除硅后，加入石灰、碳酸钠、氢氧化钠后，可以实现钙、镁、硅的同步去除，钙、镁去除效果较好。

4.4.2.3　氟去除

正常情况下，钛金属表面自发形成一层氧化膜，具有耐碱、有机酸、无机盐溶液以及氧化性介质特点，但不耐还原性酸溶液。氟化物易与氢离子形成氟化氢，优先吸附在钛材表面氧化膜上，排挤氧原子导致钛合金表面形成可溶性氟化物而发生腐蚀，氟化氢溶液对钛金属腐蚀作用最强。一般认为钛金属设备耐氟腐蚀极限 30mg/L，需要通过前置预处理去除。

化学除氟工艺主要包括三类：一是通过加入钙剂形成氟化钙沉淀，氟化钙在 0℃时的溶解度为 0.001g/100g 水，而氟化镁在 0℃时的溶解度约为 0.007g/100g 水；二是通过加入钙剂和磷酸盐，与氟离子形成 $Ca_5(PO_4)_3F$ 沉淀；三是加入钙剂和铝剂，与氟离子形成钙铝氟络合物沉淀。

实际工程中，由于污水中的钙、镁、硅、氟等可能同时存在，因此除氟工艺的选择需根据实际情况采用一步法或两步法。一步法除氟工艺就是在除硬除硅的同时，通过增大钙剂和镁剂加药量，在形成碳酸钙、氢氧化镁、硅酸镁的同时，使污水中的氟离子形成氟化钙和氟化镁等氟化物沉淀，达到除氟目的。此法往往药剂消耗较大，成本较高，固废产生量大，去除效果一般。两步法除氟工艺就是首先加入钙剂和铝剂形成钙铝氟络合物沉淀分离去除氟化物，pH 值控制在 8.6～10，氟离子去除率达 70%～75%，同时对溶硅有较好的去除效果。然后再加入氢氧化钠、碳酸钠等进行除硬除硅，可实现很好的处理效果。

4.4.2.4　离子交换法

离子交换法是一种借助于离子交换剂上的离子和水中的离子进行交换反应而除去水中有害离子的水处理方法。离子交换过程是一种特殊的吸附过程，其特点是主要吸附水中的离子化物质，并进行等电荷的离子交换。在污水处理中，离子交换法主要用于回收污水中的有用物质和去除污水中的金属离子及有机物。

（1）基本原理

离子交换树脂是一种带有可交换离子（阳离子或阴离子）的不溶性固体物，由固体骨架和交换基团两部分组成，交换基团内含有可游离的交换离子。带有阳离子的交换树脂称阳离子交换树脂，带有阴离子的称阴离子交换树脂。

离子交换过程是可逆的，其逆反应也称交换树脂的再生，再生后的交换树脂可重复使用。

离子交换过程可分为 5 个阶段：①待交换离子从溶液扩散通过颗粒表面外层的液膜；②进入颗粒，在颗粒内部孔隙内进行扩散；③达到交换位置后进行交换反应；④交换下来的离子经过微孔扩散到达交换树脂颗粒外表面；⑤交换下来的离子从交换树脂表面穿过液膜而扩散进入溶液中。

离子交换的机理与吸附有相似之处，离子交换树脂与吸附剂同样能从溶液中吸取其溶质，不同的是离子交换是一个化学计量过程，离子交换树脂能从溶液中与一定量符号相同的反离子进行交换。

（2）离子交换树脂

离子交换树脂是离子交换技术的核心。主要由高分子骨架和活性基团两部分组成，按其聚合物单体，可分为苯乙烯型、丙烯酸型和酚醛型。

离子交换树脂合成过程中，由于加入交联剂使树脂结构具有一定的网孔，只有比网孔小的离子才能穿过，进入内部交换。此外，交换树脂对不同离子的亲和力也不同，因此交换树脂具有一定的选择性。如常温低浓水溶液中，弱酸型阳离子交换树脂的选择性顺序为：

$$H^+>Fe^{3+}>Cr^{3+}>Al^{3+}>Ca^{2+}>Mg^{2+}>K^+>NH_4^+>Na^+>Li^+$$

（3）离子交换工艺

离子交换除盐可使水中的含盐量达到几乎不含离子的纯净程度，所以既可以作为深度化学除盐工艺，也可以用作部分化学除盐工艺。

一级复床离子交换器：当含有各种离子的原水通过 H 型阳离子交换树脂时，水中的阳离子被树脂吸附，树脂上的可交换的 H^+ 被交换到水中，与水中的阴离子组成相应的无机酸。当含有无机酸的水再通过 OH 型阴离子交换树脂时，水中的阴离子被树脂吸附，树脂上的可交换的 OH^- 被交换到水中，并与水中的 H^+ 结合成水。

混合床离子交换反应器：在同一个交换器内，将阴阳离子交换树脂按照一定的体积比例进行装填，在均匀状态下，进行阴阳离子交换，从而除去水中的盐分，称为混合床除盐。在混合床离子交换过程中，由于阴阳离子交换树脂在同一交换器内且均匀混合，所以，在离子交换运行时，水中的阴阳离子几乎同时发生交换反应，所产生的 H^+ 和 OH^- 随即生成为 H_2O。

4.4.2.5　高密度沉淀池

高密度沉淀池是一项先进的固液澄清技术，该技术是依托污泥混凝、絮凝、循环、斜管分离及浓缩等多种理论，通过合理的水力和结构设计开发的集泥水分离与污泥浓缩功能于一体的新型沉淀工艺。

高密度沉淀池是采用纯碱(碳酸钠)-石灰-烧碱法的化学软化方法，有效降低水中的硬度。与混凝剂 PAC、助凝剂 PAM 的联合作用，还可脱除部分对膜有污堵的大分子有机污染物。

高密度沉淀池的主要工艺特点如下：

① 水中暂时硬度较高，投加石灰有利于沉淀。

② 纯碱(碳酸钠)-石灰-烧碱法的化学软化方法效果理想，投加适量的药剂即可最大限度地降低水中硬度。

③ 添加混凝剂，使生成的 $CaCO_3$ 和 $Mg(OH)_2$ 絮体失稳，便于后段沉降处理。

④ 投加高分子絮凝剂 PAM，使纯碱池内生成的微粒或微絮粒迅速形成矾花，有利于大颗粒集聚产生成层沉降，出水效果较好。

⑤ 加药系统占地小，工作环境好，工作强度小。

⑥ 药剂不需要过量加入，污泥产量低。

4.4.2.6　挤压式微滤膜过滤技术

微滤膜除硬过滤技术是在一定外界压力存在情况下，在待分离料液通过过滤单元后，使液体与流体中的悬浮物得到分离，或使悬浮物被滤膜截留在表面和内部，或两者都有。这个过程必然导致过滤元件的阻力增加和过滤流量下降，因此，要使过滤过程正常进行，就要进行反冲洗。反冲洗过程是利用已通过过滤元件的滤液反向冲洗过滤元件，使覆盖在过滤元件上的悬浮物（滤饼）与过滤元件分离，使过滤持续进行。过滤器的核心是膜，此膜是由膨体聚四氟乙烯和聚丙烯纤维复合制成的一种多孔，化学性质稳定，摩擦系数极低，耐高温、耐老化的复合物。该膜开孔率极高，孔径又极小，就是使液体在通过微孔时能截住固体及悬浮物等杂质。

挤压式微滤膜过滤技术是指由膜过滤元件、气动挠性阀门、PLC 自动控制系统、过滤罐体、反冲罐等各种设备组合在一起的过滤系统。过滤系统工作原理如图 4-6 所示。

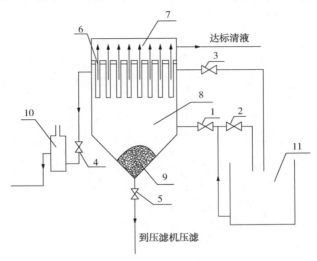

图 4-6　膜过滤系统工作原理示意

1—进液阀门；2—回流阀门；3—排气阀门；4—反冲阀门；5—排渣阀门；
6—滤芯；7—上腔体；8—下腔体；9—滤渣；10—反冲罐；11—污水中间池

采用微滤除硬可以实现很好的除硬效果，出水水质好，能够达到超滤产水水质，可以直接进反渗透（RO）。微滤除硬后的滤渣浓度可以达到 5% 以上。

微滤膜过滤系统的特点如下：①出水水质优。过滤出水悬浮物 ≤10mg/L，出水透明无色，且能保证长期稳定出水，过滤出的清水稳定达标。②过滤压力低，过滤范围广泛。③过滤通量大，过滤精度高。④体积小，占地省。微滤过滤系统的占地面积远小于其他相同处理量的传统过滤装置，尤其适用于场地小、设备改造等场合。⑤自动化程度高。过滤系统可在数秒内完成自动反清洗，反清洗时无需排空过滤器，反清洗一结束，过滤系统重新进入过滤状态，整个过程由 PLC 控制，自动循环进行过滤。

4.4.2.7　管式微滤膜过滤技术

管式微滤膜过滤技术主要包括有机管式微滤膜过滤及无机陶瓷管式微滤膜过滤。

在运行模式上，管式微滤膜一般采用内压式错流过滤模式运行，管式微滤装置如图 4-7 所示。管式微滤膜的原理是基于筛分效应的物质分离，采用"错流过滤"运行。在压力驱动下，原料液在膜管内侧膜层表面高速流动，小分子物质沿与之垂直

图 4-7　管式微滤装置

方向透过微孔膜，大分子物质或固体颗粒被膜截留在浓水侧。基于此种运行模式，管式微滤错流量较大，能耗高，运行成本较高，浓相固含率较低。

对于含油量较高的高盐污水来说，管式无机陶瓷微滤膜相比有机微滤膜更具有优势。和其他管式膜相同，管式无机陶瓷膜也采用错流微滤模式运行，错流量较大，因此，装置投资和运行成本很高。陶瓷膜的优势在于膜耐酸碱效果极佳，耐油性更好，使用寿命优于有机微滤膜，并且陶瓷膜一般做成多孔形式，减少了膜组件的占地面积。

4.4.2.8　臭氧催化氧化技术

臭氧催化氧化技术是一种高效的污水深度处理技术。与臭氧单独作为氧化剂相比，臭氧在催化剂的作用下形成的·OH与有机物的反应速率更高、氧化性更强，几乎可以氧化所有的有机物，如小分子有机酸、醛等，可以将有机物完全矿化，提高污水总有机碳（TOC）去除率。

一般情况下，臭氧催化氧化机理可分为两种：一种是臭氧在催化剂作用下分解生成自由基；另一种是催化剂与有机物或臭氧之间发生复杂的配位反应，从而促进臭氧与有机物之间的反应。

臭氧催化氧化技术主要用于污水深度提标、难生物降解污水的处理。工艺的关键之处包括高效臭氧发生装置、臭氧气泡分布和配型催化剂等。

一般情况下，臭氧催化氧化对污水COD的去除度在30%~50%，去除率的高低与污水可氧化性及臭氧的用量有直接关系。

4.4.2.9　电催化氧化技术

电催化氧化是指在外加电场作用下，基于阳极或阴极的高效催化作用，通过化学、物理作用达到高效净化水中污染物的水处理工艺。电催化氧化法包括使污染物在电极表面及其附近区域上发生直接电化学反应，以及利用催化剂作用促使电极表面产生强氧化性活性物质与污染物发生氧化还原反应，分解形成无害化小分子物质的过程。

电催化氧化技术的核心是电极以及它与催化剂的结合，不同的结合方式和构造直接影响到·OH产生量、能耗和电极寿命等。构成电极的材料、制备形式和安装方式等也会在很大程度上影响到电催化氧化技术的处理效率、投资、占地和运行成本等。

一般来说，影响电催化效果的主要因素有：电极材料、反应器结构、电流密度、污水电导率、污水pH值、污水温度、停留时间、抑制剂、污水中污染物类型等。

电催化氧化技术适用于处理高浓、高盐、有毒、难生化降解的各类污水，如炼油化工污水、煤化工污水、市政污水、印染污水、钢铁行业污水、抗生素制药污水、农药污水、焦化污水、RO浓盐水等，在降解COD的同时，还可有效地提高污水的可生化性（B/C比），可用于末端深度处理，也可用于前置预处理，具有较高的性价比。

4.4.3　高盐污水浓缩及减量化技术

高盐污水近零排放的关键是减少后续处理高盐污水的水量，提高待蒸发高盐污水的含盐量，以降低设备投资及运行费用，即实现污水的浓缩及减量化。目前在污水浓缩及减量化技术研究与应用方面，主要包括高效反渗透、纳滤（NF）、电渗析（ED）、膜蒸馏（MD）、正渗透（FO）、机械蒸汽再压缩（MVR）、多效蒸发（MED）等技术。

4.4.3.1　高效反渗透技术

高效反渗透是 20 世纪 90 年代在常规反渗透技术上发展起来的一种新型反渗透技术。其核心工艺是采用离子交换将水中的硬度去除，将水中的碳酸盐和重碳酸盐转化为二氧化碳去除，再利用反渗透技术除去大部分的盐分。

高效反渗透的特点是：预处理去除全部的硬度和部分碱度后，反渗透装置在高 pH 值条件下运行，硅主要以离子形式存在，不会污染反渗透膜并可通过反渗透去除；而水中的有机物在高 pH 值条件下皂化或弱电离，微生物在高 pH 值下不会繁殖，减少膜的有机物和生物污染。相对于常规反渗透技术，既节省了大量的酸碱，又使反渗透具有更高的水回收率，在高浓缩倍率情况下，抗有机物污染、生物污堵和结垢性污染的能力显著增强。高效反渗透工艺流程如图 4-8 所示。

图 4-8　高效反渗透工艺流程示意

高效反渗透技术特点：

① 抗有机物污染能力强。在高 pH 值条件下，水中有脂肪酸皂化形成如肥皂般物质，有助于清洗膜表面，有机物溶解在水中，不会附着在膜上。通常清洗反渗透膜有机物污染是采用高 pH 值的溶液进行清洗。高效反渗透工艺，减少了因有机物黏泥而所需的后续化学清洗次数。

② 抗生物污染能力强。在高 pH 值条件下，大多数生物易受到破坏，且影响其正常生存。

③ 防垢性能较好。高效反渗透工艺中前置预处理措施，通过除硬控制钙镁硅等成垢物质。特别是高 pH 值条件下，也提高了硅的结垢极限浓度。

4.4.3.2　碟管式反渗透技术

碟管式反渗透（DTRO）是反渗透的一种形式，是专门用来处理高浓度污水的膜组件，其核心技术是碟管式膜片膜柱。碟管式膜组件主要由过滤膜片、导流盘、中心拉杆、外壳、两端法兰各种密封件及联接螺栓等部件组成。把过滤膜片和导流盘叠放在一起，用中心拉杆和端盖法兰进行固定，然后置入耐压外壳中，就形成一个碟管式膜组件。如图 4-9 所示。

DTRO 膜的工作原理是：料液通过膜堆与外壳之间的间隙后再通过导流通道进入底部导流盘中，被处理的液体以最短的距离快速流经过滤膜，然后 180° 逆转到另一膜面，再流入到下一个过滤膜片，从而在膜表面形成由导流盘圆周到圆中心，再到圆周，再到圆中心的切向流过滤，浓缩液最后从进料端法兰处流出。料液流经过滤膜的同时，透过液通过中心收集管不断排出。浓缩液与透过液通过安装于导流盘上的 O 形密封圈隔离。

图 4-9　典型 DTRO 结构

和常规反渗透相比，碟管式反渗透的技术优势在于：①避免物理堵塞现象。碟管式膜组件采用开放式流道设计，料液有效流道宽，避免了物理堵塞。②膜结垢和膜污染较少。采用带凸点支撑的导流盘，料液在过滤过程中形成湍流状态，最大程度减少了膜表面结垢、污染及浓差极化现象的产生。③膜使用寿命长。采用碟管式膜组件能有效减少膜结垢，膜污染减轻，清洗周期长，膜组件易于清洗，清洗后通量恢复性好，从而延长了膜片寿命。④浓缩倍数高。碟管式膜组件是目前工业化应用压力等级最高的膜组件，操作压力最高可达 16MPa。

DTRO 膜的最大特点是浓缩倍数高。DTRO 组件操作压力有 7.5MPa、15MPa、20MPa 三个等级可选，在一些浓缩倍数高的应用中，除硬后接 DTRO，其浓水含固量可以达到 15% 以上，可大大减少后续高能耗蒸发结晶的处理水量。

4.4.3.3 膜蒸馏技术

1. 膜蒸馏技术原理

膜蒸馏是膜技术与蒸馏过程相结合的膜分离过程，其所用的膜为不被待处理溶液润湿的疏水微孔膜，即只有蒸汽能够进入膜孔，液体不能透过膜孔。膜蒸馏是以膜两侧蒸汽分压差为驱动力的新型膜分离过程。处理过程中，膜的一侧与热的待处理料液直接接触（膜的疏水本性使得水溶液不能透过膜孔，而在每个孔入口处形成气液接触）；另一侧直接或间接与冷的水溶液接触，热侧料液中易挥发组分在膜面处汽化通过膜进入冷侧并被冷凝成液相，其他组分则被疏水膜阻挡在热侧，从而实现混合物分离或提纯的目的。与渗透汽化过程一样，膜蒸馏是热量和质量同时传递的过程，是有相变的膜过程，传质推动力为膜两侧透过组分的蒸汽压差。因此，实现膜蒸馏需要有两个条件：①所用膜必须是疏水微孔膜（对分离水溶液而言）；②膜两侧要有一定的温差，以提供传质所需的推动力。

2. 膜蒸馏技术特点

1986 年 5 月，意大利、荷兰、日本、德国和澳大利亚的膜蒸馏专家在罗马举行了膜蒸馏专题讨论会，会议确认了膜蒸馏过程必须具备以下特征以区别于其他膜过程：

① 所用膜为微孔膜。

② 膜不能被所处理的液体润湿。

③ 膜孔内没有毛细管冷凝现象发生。

④ 只有蒸汽能通过膜孔传质。

⑤ 所用膜不能改变所处理液体中所有组分的气液平衡。

⑥ 膜至少有一面与所处理的液体接触。

⑦ 对于任何组分，该膜过程的推动力是该组分在气相中的分压差。

随着膜分离技术的发展，新的膜过程不断得到开发，其中有的也符合上述膜蒸馏的特征。

3. 膜蒸馏技术类型

根据蒸汽扩散到膜冷侧冷凝方式的不同，膜蒸馏一般可分为四种类型：直接接触式膜蒸馏（DCMD）、气隙式膜蒸馏（AGMD）、真空式膜蒸馏（VMD）、气扫式膜蒸馏（SGMD）。

无论哪种形式的膜蒸馏，水或挥发性溶质都是以气态形式透过膜，在膜的另一侧被冷凝或引出。膜在各种形式中有相同的作用，即阻止大分子的通过。由于不像多级闪蒸那样存在夹带现象，因而离子、胶体、高分子等不挥发物质在气态产品中几乎可以完全排除。

4. 膜蒸馏技术优势

膜蒸馏的操作压力低于传统的压力驱动膜过程，且对膜与原料液之间的相互作用和机械性能要求不高。与常规蒸馏相比，膜蒸馏的优势有如下几点：

① 在膜蒸馏过程中蒸发区和冷凝区十分靠近，实际上仅为膜的厚度，蒸馏液却不会被料液污染，所以膜蒸馏与常规蒸馏相比具有更高的蒸馏效率，并且由于仅有水蒸气能透过膜孔，因此获得的蒸馏液更为纯净。

② 在膜蒸馏过程中，由于液体直接与膜接触，最大限度地消除了不凝气体的干扰，无需复杂的蒸馏设备，如耐压容器等。

③ 蒸馏过程的效率与料液的蒸发面积直接相关，在膜蒸馏过程中很容易在有限的空间中增加膜面积即增加蒸发面积，提高蒸馏效率（卷式膜蒸发比表面积：$1000m^2/m^3$；中空纤维膜蒸发比表面积：$10000m^2/m^3$）。

④ 能够低温操作，膜蒸馏操作温度比传统的蒸馏操作低得多，无需把溶液加热到沸点。只要膜两侧维持适当的温差，该过程就可以进行，因此在实际运行中可以利用太阳能、地热、温泉、工厂余热和温热的工业污水等廉价能源。

⑤ 膜蒸馏所用设备多为塑料制品，解决了常规蒸馏塔的结垢和腐蚀问题，设备造价也比常规蒸馏塔低。

5. 膜蒸馏过程主要性能指标及影响因素

（1）截留率及其影响因素

截留率是非挥发性溶质水溶液的分离性能参数，因为蒸馏膜的疏水性，膜蒸馏的截留率比其他膜分离过程的截留率要高。其影响因素主要是孔径，一般认为孔径在 $0.1\sim0.5\mu m$ 较为合适，用得较多的为 $0.2\sim0.4\mu m$。

（2）膜通量及其影响因素

膜通量是膜蒸馏过程的主要性能指标之一，其影响因素主要有：①温度。温度是影响膜通量的最主要因素。提高热侧溶液的温度或提高膜两侧的温差，均能使膜通量显著增加，但不呈线性关系。②水蒸气压差。膜蒸馏通量随膜两侧水蒸气压差的增加而增加，且呈线性关系。③料液浓度。浓度对非挥发性溶质水溶液和挥发性溶质水溶液有不同的影响，随着浓度的增加，非挥发性溶质水溶液的通量降低而挥发性溶质水溶液的通量增加，且浓水溶液的膜蒸馏行为比稀溶液复杂得多，对膜通量的影响也更大。④进料液流速。增加进料流量和冷却水流量均可使通量增加。⑤蒸馏时间。随着蒸馏时间的延长，通量持续衰减。其原因一般有两个，一是随蒸馏的进行，膜孔被浸润，造成从渗透侧流向进料侧的回流；二是膜污染造成的通量衰减。

（3）热效率及其影响因素

膜蒸馏为有相变、耗能的膜过程，其热效率的高低直接影响膜蒸馏的实际应用。目前膜蒸馏的热效率较低（30%左右），这也是阻碍大规模工业应用的关键之一。适当增大膜的孔径和孔隙率，有利于提高热效率。另外，一般情况下，随温度的升高，热效率提高。

（4）膜结构参数及其对膜蒸馏过程的影响

提高孔径、孔隙率，减小膜厚都可以提高膜蒸馏过程通量。膜的孔径越大，通量越大，但膜孔太大，溶液就会通过膜孔，从而降低溶质的截留率。孔隙率对膜通量的影响最大，一方面，提高孔隙率可以降低膜的热传导系数，从而减小系统的热损失；另一方面也增加了蒸汽透过膜的通量，相应提高了膜通量。当膜较厚时，膜通量与膜厚成反比，虽然膜厚增大可以增加膜两侧的有效温差，但同时导致扩散阻力增大；当膜很薄时，膜的热传导使整个系统热损失增大，降低了传质动力；膜过薄则可能出现反向传质现象。

4.4.3.4 电渗析技术

电渗析技术是在直流电场的作用下，利用离子交换膜对阴、阳离子的选择透过性，使离子定向迁移的电化学分离过程。基于其基本原理，电渗析不仅可以淡化、浓缩水溶液中的电解质，而且可以用于电解质与非电解质的分离提纯。相对于传统分离过程，电渗析因其操作简便、能耗较低、预处理要求低和适应性强等优点备受青睐，目前已广泛应用于苦咸水淡化、海水浓缩制盐、污水处理、食品、制药和生物化工等领域。

1. 电渗析原理

电渗析的工作原理如图 4-10 所示。在电极之间，间隔排列着阴、阳离子交换膜，相邻的离子交换膜之间用带有流道的隔板隔开，形成相互独立的隔室。在直流电场的作用下，溶液中的离子发生定向迁移，阴离子向阳极移动而阳离子向阴极移动。在离子迁移过程中，阴离子可以通过阴离子交换膜而被阳离子交换膜所阻挡，阳离子可以通过阳离子交换膜而被阴离子交换膜阻挡。在电场和离子交换膜的共同作用下，溶液中的电解质将会不断迁移、富集，形成交替的淡室和浓室，最终实现盐水的浓缩与淡化。

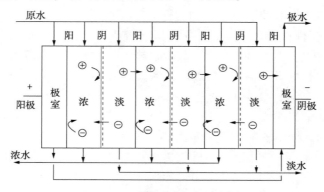

图 4-10 电渗析原理说明示意

阳极和阴极与离子交换膜之间形成的隔室分别被称为阳极室和阴极室，极室中的溶液被称为极水。在电渗析器运行过程中，在两个极室内将发生电极反应，形成电极之间的直流电场。电极反应与电解相同，以氯化钠溶液为例，其反应式如下。

阳极：

$$2Cl^- - 2e^- == Cl_2 \uparrow$$

$$2H_2O - 4e^- == 4H^+ + O_2 \uparrow$$

阴极：

$$2H_2O + 2e^- == 2OH^- + H_2 \uparrow$$

由电极反应可知，阳极室中生成氯气和氧气，极水呈酸性，所以阳极易被腐蚀和氧化；阴极室中则会生成氢气，极水呈碱性，若极水中含有钙、镁等高价金属离子时，易生成沉淀。沉淀物将会在阴极上附着结垢，从而影响电极的正常工作。为保证电极的正常工作，极室内的极水需要不断地循环，冲刷电极并及时带走极室中的生成产物。

2. 电渗析技术种类

20 世纪 50 年代初期，离子交换膜的研制成功确立了电渗析这项膜分离技术。随后英美等国迅速将其商业化并应用于饮用水和工业用水的制备，日本则着重开发了电渗析法浓缩海水制盐工艺。目前，电渗析工艺主要有以下几种：

（1）频繁倒极电渗析（EDR）

频繁倒极电渗析是指在电渗析器的运行过程中，每隔一定的时间将电极极性倒换的电渗析方式。倒换电极使得电渗析器内离子的迁移方向逆转，达到抑制离子交换膜表面结垢的目的。这项技术延长了电渗析器的运行周期，极大地提高了运行效率。在污水处理方面，EDR 效果显著，相关实验表明在浓水循环的条件下水回收率可提高至 95%。

（2）液膜电渗析（EDLM）

液膜电渗析与普通电渗析的不同之处在于其使用液态离子交换膜，液态膜是指使用半透性的玻璃纸包裹液膜溶液制成的薄状隔板。

（3）双极膜电渗析（EDMB）

双极膜电渗析是利用双极膜能够电解水的特性制备酸碱的电渗析技术。双极膜是一种新型离子交换复合膜，是由阴阳离子交换树脂层和中间界面亲水层组成。在电场的作用下，进入双极膜内部的水分子将被解离成 H^+ 和 OH^-，从而得到电解质对应的酸和碱。EDMB 的主要应用领域是利用电解质溶液制备对应酸和碱。

（4）填充床电渗析（EDI）

填充床电渗析是一种将离子交换法和电渗析相结合的新型水处理方法。它将离子交换树脂填充在电渗析器的淡室中，溶液中的离子先被离子交换树脂吸附，然后在电场作用下向浓室迁移，从而达到将离子富集分离的目的。这一过程结合了离子交换树脂吸附和电渗析两种技术的优点，降低了能耗，提高了效率。

（5）无极水电渗析

无极水电渗析是在传统电渗析的基础上进行的改进，它将电极与离子交换膜紧贴在一起，故而没有极室。这样的操作方式能抑制极板结垢，同时没有极水的排放，提高水回收率。

3. 离子交换膜

电渗析装置的核心组件是离子交换膜，其性能对电渗析装置的优劣起着决定性的作用。离子交换膜是具有选择透过性的膜状功能高分子电解质，其本质就是一种膜状的离子交换树脂。从化学结构上分析，离子交换膜与离子交换树脂相一致，通常包含可移动的反离子、固定基团和高分子骨架三部分。固定基团与高分子骨架相连，是离子交换膜的固定部分；反离子为其可移动部分，所带电荷与固定基团的电荷相反，所以它们可以相互吸引并在外力作用下解离。一般情况下，阳离子交换膜由高分子骨架上带负电荷的固定基团和可移动的氢离子构成，即膜内存在酸性的离子交换基团，如磺酸基、磷酸基和羧酸基等；而阴离子交换膜是由高分子骨架上带正电荷的固定基团和可移动的氢氧根离子构成，膜内存在碱性的离子交换基团，如季铵盐。

离子交换膜由于运行过程的污染会导致膜电阻增大、离子交换容量下降，影响电渗析过程。当膜污染严重时，电渗析器将无法正常运行，离子交换膜寿命也将大大降低。造成膜污染的主要原因是电解质溶液中的杂质。

预防和控制膜污染的措施主要依靠原水的预处理去除污染物，降低高价金属离子的浓度，防止微生物、大分子有机物或胶体进入电渗析器。同时定期的酸碱清洗可除去附着在离子交换膜表面的常见有机酸和沉淀物。此外，采用脉冲电代替直流电抑制膜污染。

4. 电渗析处理污水的应用

电渗析法可在不发生相变的情况下实现盐水的浓缩，具有预处理要求低、能耗低以及操作简单等优点，在含盐污水处理领域有着独特的优势。目前电渗析已经应用在海水浓缩和含盐污水处理领域。

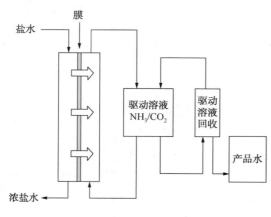

图 4-11　正渗透脱盐系统

4.4.3.5　正渗透技术

1. 技术原理

正渗透(FO)也称为渗透，是一种自然界广泛存在的物理现象。以水为例，FO过程中水透过选择性半透膜从水化学位高的区域(低渗透压侧)自发地传递到水化学位低的区域(高渗透压侧)。

正渗透与反渗透相比，其不需要外加压力作为分离驱动力(或者在较低的外加压力下即可运行)，而是靠溶液自身的渗透压差推动的分离过程。典型的正渗透系统如图4-11所示。

2. 技术特点

正渗透的特点是其驱动力为两种溶液的化学位差或者渗透压差，无需外加压力。正渗透利用水自发传递选择性半透膜的性质，结合易于循环使用的驱动溶液，可用于脱盐和降低传统工业过程的能耗。由于正渗透过程中可以不使用外加压力，同时由于正渗透膜材料的亲水性，因此可有效降低膜污染，可应用于反渗透技术难以实现的污水处理中。在降低膜污染的同时，可降低膜清洗费用和化学清洗剂对环境的污染。正渗透过程回收率高，通过选择合适的驱动溶液，可实现浓盐水的再浓缩，能将污水含盐量浓缩至 18 万~25 万 mg/L，实现高盐污水深度减量化。

正渗透操作需要两个条件：一是具有选择透过性的膜和高渗透压的驱动溶液。膜的结构参数(如多孔层厚度、孔的弯曲系数和空隙率)与内浓差极化密切相关。此外膜材料本身的物理化学性质(如亲水性、电荷性)也影响膜的性能。另一个关键因素是驱动溶液，氨水和 CO_2 气体可制成高浓度的热敏性铵盐驱动溶液，具有较高的渗透压，并可利用低温热源(废热、太阳能等)通过加热的方法循环使用。

正渗透技术的优势在于：不需外界压力推动，能耗低；材料本身亲水，没有外加压力推动，可有效防止膜污染，进而降低膜清洗费用；采用高渗透压驱动液实现高度浓缩，浓盐水排放极少，回收率高。劣势是目前常用的驱动液需要附加正渗透驱动液回收系统，占地面积大，过程复杂；正渗透膜及膜组件研发与应用尚存在问题，限制了正渗透技术的发展。

3. 技术研究与应用

近年来，以美国和新加坡等为代表的研究机构已经开展了正渗透水处理技术的相关研究，积极推进正渗透水处理系统的商业化，并且取得一定进展。国内正渗透技术也实现了在热电厂脱硫污水处理上的应用，但总体投资及运行费用较高，通量较低，技术影响因素多。

目前关于正渗透的研究主要集中在研制低内浓差极化、高通量、高截留率、高强度的膜材料以及合适的驱动溶液方向。

4.4.3.6　多效蒸发技术

1. 技术原理

多效蒸发(MED)是让加热后的盐水在多个串联的蒸发器中蒸发，前一效蒸发器蒸发出来的蒸汽作为后一效蒸发器的热源，且后一效蒸发器的加热室成为前一效蒸发器的冷却器，利用其凝结放出的热加热蒸发器中的水。它是两个或多个串联以充分利用热能的蒸发系统。多效蒸发的原理是将加热蒸汽通入一蒸发器，则溶液受热而沸腾，而产生的二次蒸汽其压力与温度较原加热蒸汽(即生蒸汽)低，但此二次蒸汽仍可设法加以利用。在多效蒸发中，则可将二次蒸汽当作加热蒸汽，引入另一个蒸发器，只要后者蒸发室压力和溶液沸点均较原来蒸发器中的低，则引入的二次蒸汽即能起加热热源的作用。同理，第二个蒸发器新产生的二次蒸汽又可作为第三蒸发器的加热蒸汽。这样，每一个蒸发器即称为一效，将多个蒸发器连接起来一同操作，即组成一个多效蒸发系统。加入生蒸汽的蒸发器称为第一效，利用第一效二次蒸汽加热的称为第二效，依此类推。热能循环利用，多次重复利用了热能，显著地降低了热能消耗量，大大降低了成本，并增加了效率。

2. 技术应用

多效蒸发技术简单、成熟、应用范围广，在很多行业得到了广泛应用，也是目前应用较广的高浓盐水处理技术。以某企业四效蒸发工艺为例，其工艺流程见图4-12。

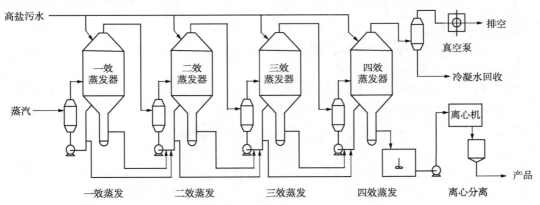

图4-12　四效蒸发工艺流程

该项目设计每天卤水处理量为600t，进水氯离子浓度约7%，蒸发前中和pH值至9左右，经蒸发、干燥后，氯化钠含水率小于3%，达到工业盐的标准。

4.4.3.7　低温多效蒸发技术

1. 技术原理

低温多效蒸发(LT-MED)是在多效蒸发(MED)的基础上发展起来的。低温多效蒸发是指盐水的最高蒸发温度约70℃，其特征是将一系列的水平管降膜蒸发器串联起来并被分成若干效组，用一定量的蒸汽输入通过多次的蒸发和冷凝，从而得到多倍于加热蒸汽量的蒸馏水。低温多效蒸发技术由于节能因素，近年发展迅速，装置规模日益扩大，成本日益降低，主要发展趋势为提高装置单机造水能力，采用廉价材料降低工程造价，提高操作温度，提高传热效率等。工作原理如图4-13所示。

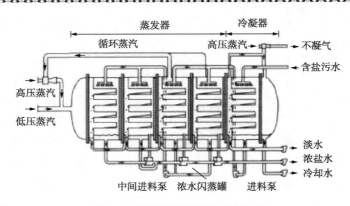

图 4-13　低温多效蒸发工作原理

低温多效蒸发系统，是由相互串联的多个蒸发器组成，低温（90℃左右）加热蒸汽被引入第一效，加热其中的料液，使料液产生比蒸汽温度低的几乎等量蒸发，产生的蒸汽被引入第二效作为加热蒸汽，使第二效的料液以比第一效更低的温度蒸发。这个过程一直重复到最后一效。第一效凝水返回热源处，其他各效凝水汇集后作为淡化水输出，1 份的蒸汽投入可以蒸发出多倍的水出来。同时，料液经过由第一效到最末效依次浓缩，由此实现料液的固液分离。

2. 技术应用

在工业含盐污水处理过程中，污水进入低温多效蒸发装置，经过 5~8 效蒸发冷凝的浓缩过程，分离为淡化水（淡化水可能含有微量低沸点有机物）和浓缩废液。浓缩废液可根据含盐情况，通过结晶分离。淡化水可返回生产系统替代软化水加以利用。

4.4.3.8　机械蒸汽再压缩技术

机械蒸汽再压缩（MVR）是国际上 20 世纪 90 年代末开发出来的一种新型高效节能蒸发设备。MVR 是重新利用它自身产生的二次蒸汽的能量，从而减少对外界能源需求的一项节能技术。

1. 技术原理

在 MVR 蒸发器系统内，在一定的压力下，利用蒸汽压缩机对换热器中的不凝气和水蒸气进行压缩，从而产生蒸汽，同时释放出热能。产生的二次蒸汽经机械式热能压缩机作用后，并在蒸发器系统内多次重复利用所产生的二次蒸汽的热量，使系统内的温度提升 5~20℃，热量可以连续多次被利用，新鲜蒸汽仅用于补充热损失和补充进出料热焓，大幅度减低蒸发器对外来新鲜蒸汽的消耗。压缩机是利用提高蒸发器产生的二次蒸汽的压力来达到二次蒸汽更高温度。这种提高了压力的蒸汽，会提高潜在的热能，然后再重新返回蒸发器来进行加热，从而产生出更多的二次蒸汽。这样，热能被持续地重新利用，而不易损失。由于不用外接蒸汽（开车时除外），基本不用冷却系统，占地面积小。系统运行的主要费用是压缩机的电费，能耗是传统蒸发费用的十分之一。

MVR 技术节能的核心是将二次蒸汽的热焓通过提升其温度作为热源替代新鲜蒸汽，外加一部分压缩机做功，从而实现循环蒸发，提高了热效率，降低了能耗。

2. 技术优势

MVR 技术优势在于：由于 100% 循环利用二次蒸汽的潜热，避免使用新鲜蒸汽，减少了能源消耗；由于取消了循环冷却水，降低了冷却塔产生的耗水、耗电、维护成本高的问题；对于热敏性物料，可以配合使用真空泵，做到在接近绝压的真空下进行，从而实现低温蒸发。

采用MVR处理污水时，蒸发污水所需的热能，主要由蒸汽冷凝和冷凝水冷却时释放或交换的热能所提供。在运行过程中，没有潜热的流失。运行过程中所消耗的仅是驱动蒸发器内污水、蒸汽、冷凝水循环和流动的水泵、蒸汽压缩机、和控制系统所消耗的电能。利用蒸汽作为热能时，蒸发每千克水需消耗热能2319kJ。采用MVR技术时，典型电耗为每吨含盐污水需20~30kW·h，即蒸发每千克水仅需117kJ或更少的热能。机械蒸汽再压缩蒸发工艺流程见图4-14。

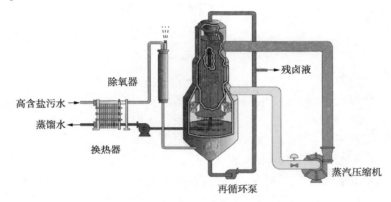

图4-14　机械蒸汽再压缩蒸发工艺流程

将待处理的含盐污水pH值调整至5.5~6.0之后，进入板框式换热器。加热后的盐水经过除氧器，脱除水里的氧气和二氧化碳以及不凝气体等，以减少对蒸发器系统的腐蚀结垢等危害。新进浓盐水进入浓缩器底槽，和浓缩器内部循环的浓盐水混合，然后被泵送至换热器管束顶部水箱。盐水通过装置在换热管顶部的卤水分布器流入管内，均匀地分布在管子的内壁上，呈薄膜状向下流至底槽。部分浓盐水沿管壁流下时，吸收管外蒸汽释放的潜热而蒸发，蒸汽和未蒸发的浓盐水一起下降至底槽。底槽内的蒸汽经过除雾器进入压缩机。压缩蒸汽进入浓缩器(换热管的外面)。过热压缩蒸汽的潜热传过换热管壁，对沿着管内壁下降的温度较低的盐水膜加热，使部分盐水蒸发。压缩蒸汽释放潜热后，在换热管外壁上冷凝成蒸馏水。蒸馏水沿管壁下降，在浓缩器底部积聚后，被泵经板式换热器，蒸馏水流经换热器时，对新流入的盐水加热，最后进储存罐待用。通过少量排放浓盐水(残卤液)，以适当控制蒸发浓缩器内盐水的浓度。残卤液送结晶器。

保证蒸发系统长周期可靠运行的另一关键技术是晶种法种盐技术。采用蒸发技术处理的高含盐污水，在蒸发器内蒸发过程中，在远超出其饱和溶解度极限的情况下被浓缩时，水里的盐分很容易结晶附着在换热管的表面形成结垢，影响换热器效率或严重时堵塞换热管。晶种法技术解决了蒸发器换热管的结垢问题。经盐水浓缩器处理后排放少量的浓缩液，固溶物含量可高达30%，通常被送往结晶或干燥器，结晶或干燥成固体。浓缩结晶工艺流程见图4-15。

用泵将待处理浓卤水送入进结晶器，和正在循环中的卤水混合，然后进入壳管式换热器(加热器)。因换热器管子注满水，卤水在加压状态下不会沸腾并抑止管内结垢。循环中的

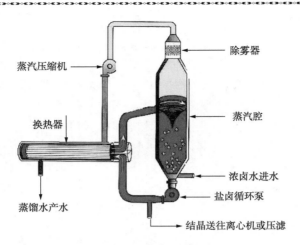

图 4-15　浓缩结晶工艺流程

卤水以特定角度进入蒸汽体，产生涡旋；小部分卤水被蒸发。水分被蒸发时，卤水内产生晶体。大部分卤水被循环至加热器，小股水流被抽送至离心机或过滤器，把晶体分离。蒸汽经过除雾器，把附有的颗粒清除。蒸汽经压缩机加压，压缩蒸汽在加热器的换热管外壳上冷凝成蒸馏水，同时释放潜热，把管内的卤水加热。蒸馏水供需要高质蒸馏水的工艺使用。

降膜蒸发器分布器具有理想的布水效果，保证成膜均匀，防止结垢；晶种技术有效抑制结垢的发生；机械压缩蒸发工艺较传统多效蒸发工艺能耗大大降低；产生的蒸馏水用于加热进料污水，进一步节能；高效除雾器可使蒸馏水中非挥发性 TDS<10mg/L。

由于蒸发器中不能析出盐分，如 NaCl、Na_2SO_4 等，晶种技术只能用于防止难溶盐(如 $CaSO_4$、SiO_2、CaF 等)在蒸发器内析出后不在设备上发生结垢。如果水中存在难溶解但晶种法不适用的盐分，则需在进入蒸发器之前考虑其他处理措施。由于压缩机制造的限制，电驱动机械压缩工艺不能用于蒸发沸点升高高于 15℃ 的浓盐水等问题。

4.4.4　高盐污水结晶技术

4.4.4.1　冷冻结晶技术

冷冻结晶是在低温环境下，一般是 0~30℃，根据硫酸钠和氯化钠溶解度随温度的变化显著不同而实现两种盐分离的一种方法。从溶解度曲线可以看出，在 30℃ 时，硫酸钠的溶解度为 40.8g/100g 水，氯化钠的溶解度为 36.3g/100g 水；当温度降低到 0℃ 时，硫酸钠的溶解度为 4.9g/100g 水，而氯化钠的溶解度为 35.7g/100g 水。因此在对体系进行降温的过程中，慢慢地会有硫酸钠晶体产生，并随着溶液温度的不断降低，晶体颗粒逐渐长大，最终从溶液中沉降分离出来。

4.4.4.2　蒸发结晶技术

蒸发结晶工艺按照分离盐的方式划分主要有两种。一是传统的盐硝联产技术，该方法常采用多效蒸发来实现。即根据硫酸钠和氯化钠结晶温度的不同，首先蒸发结晶提取出硫酸钠，再继续对母液进行进一步蒸发结晶提取出氯化钠，然后对杂盐进行提取的逐步结晶工艺。操作温度一般控制在 50~120℃。在这个温度范围内，氯化钠溶解度随着温度的升高而升高，硫酸钠溶解度随着温度升高反而降低，因此往往在高温条件下析出硫酸钠，氯化钠得到浓缩；在低温条件下氯化钠析出，硫酸钠得到浓缩，反复操作即可分离出硫酸钠。此种方法的缺点在于操作范围需要很精确，控制不好得到的产品稳定性差。另外对于处理含有机物的盐水体系得到的芒硝产品白度较差，影响资源化使用。二是将浓盐水先通过纳滤进行分盐处理，分别形成含杂质的硫酸钠、氯化钠浓盐水，再分别对这两种盐进行蒸发结晶的分盐结晶工艺。此种方法最大的优点在于提前对硫酸钠和氯化钠进行了分离，得到的盐和硝的质量好，系统运行稳定。

4.5　炼油化工行业水系统优化控制技术

目前大多数炼油化工企业的用排水普遍采用分单元统一净化、集中处理回用或外排的传统方式，未充分发挥炼油化工企业的整体节水潜能，割裂了不同水流股间的联系，企业的水资源循环利用率较低，具有较大的节水潜力。

一般来说，在工业用水系统中，从一个用水单元排出的污水如果在浓度、腐蚀性等方面满足系统中另一个单元的进口要求，则可为其所用，从而替代新鲜水达到节约单元使用新鲜水用量的目的。

常规的节水减排方法主要是通过直观定性分析，通常仅着眼于单个单元操作或局部用水网络，只能达到一定的节水目的，而不能使整个用水系统的新鲜水用量和污水产生量同时达到最小。

水系统集成技术是将企业的整个用水系统作为一个有机的整体，考虑如何有效地分配各用水单元的水量和水质，以使系统水的重复利用率达到最大，同时使污水排放量达到最小。水系统集成与优化技术在国外已经成功地应用于许多炼油化工企业，节水率可达 20%～30%。

水系统集成优化首先应在企业水平衡测试分析的基础上，全面了解企业现状，明确用排水单元的用排水负荷及处理目标。在此基础上，再通过水系统分析与水网络构造，包括水夹点、数学规划法等技术，建立企业水系统优化控制整体解决方案，并逐步开展实施。

4.5.1　水平衡测试技术

炼油化工企业拥有众多的生产用水装置，用水量很大，做好水资源的合理使用，节约新鲜水用量，减少污水排放，既是做好节水减排工作的一件大事，又是实施可持续发展战略、创建节水型企业的关键。水平衡测试是炼油化工企业加强科学用水管理、促进合理用水与节水减排的基础性工作。通过水平衡测试，企业可以全面了解和掌握用水与排水现状，摸清家底，查找漏失点和用水浪费部位，取消不合理的用水，确定生产装置必需的用水量，有针对性地提出和落实节水措施，对企业节水水平起到真实合理的评价，为企业节水找出努力的方向，为节水规划的编制和做好节水减排工作提供技术保障。实践证明只有认真地、系统地和科学地开展水平衡测试，才能为企业的水资源系统优化奠定良好的基础。

（1）水平衡测试的定义

水作为炼油化工企业生产中的原料和载体，在任一用水单元内存在着水量的平衡关系。通过对用水单元实际测试，确定其各用水参数的水量值，根据其平衡关系分析用水合理程度，称之为水量平衡测试。

（2）水平衡测试依据和方法

目前，水平衡测试依据的指导性标准包括《企业水平衡与测试通则》（GB/T 12452—

2008）和《评价企业合理用水技术通则》（GB/T 7119—2018）等。

水平衡测试常用方法有三种，即一次平衡法、逐级平衡法和综合平衡法。这三种方法都要在炼油化工企业用水、用汽系统查漏堵漏工作完成后，生产情况稳定的情况下进行。

炼油化工企业用水设备和装置众多，生产周期长，而且部分工艺用水量存在不均匀的特点，同时，还有生活用水和外供水情况，从测试工作组织、测试周期、频次安排来看采用逐级平衡法比较适宜。

（3）水平衡测试计量手段

流量计法：水表是炼油化工企业普遍用于计量水量的仪表，是水平衡测试最基本的计量手段。除水表外，常用的流量计有差压式流量计、电磁流量计和超声波流量计。管线上装有水量或流量计量装置并经过计量检定处于完好状态的应采用此法。

容积法：一般用于水量较小的排水量，测试前应对采用容积法测试容器的容积进行测量，可用量杯、称重和计算三种方法分别求出其容积，在数值很接近的情况下求其均值作为测试容器的容积。

超声波流量计法：该方法适用于无计量仪器的有压水管线的测试。要求仪器探头与水管线外壁紧密接触。

容积变量法：适用于水箱类大的储水容器，在某一时段内，通过观测液面变化求出蓄水变量，除以时间可算出时段平均流量。

明渠水流测量：排水海、下水道、小的水槽等有自由水面的通称为明渠。明渠水流流量测试根据不同情况可以采用不同的方法。

管口出流的测试方法：管口出流一般指污水井内的含油污水或含碱污水等。如果横管管口在竖井水面以上，可考虑用容积流速仪在管口测流速，所测流速也是虚流速，水流的断面一般是方形，其面积应精确计量，也应加一流量系数。

其他计量方法：①对明渠安装计量堰的情况可以采用堰测法。②对水泵供水定额稳定情况，可以按水泵特性曲线估算水量。③对用水设备稳定运行的情况，可以按设备铭牌的额定水量估算水量。④对无任何计量方式的情况，可以运用类比法、替代法和经验法估算水量。

（4）水平衡测试的程序

一次完整的水平衡测试包括组织落实、技术落实、现场调查、测试方案制定、测试前准备、现场测试、数据汇总和水平衡图表绘制、企业合理用水分析与水平衡测试报告编写等步骤。

（5）水平衡测试报告

重点综合分析企业用排水合理性，提出企业节水减排综合解决方案。

4.5.2　水系统优化方法

经过多年发展，目前常用的水系统优化方法包括水夹点法、数学规划法、超结构-源阱图法等，并包括不同优化方法的集成与组合应用。

（1）水夹点技术

水夹点技术是水系统集成技术之一，它具有物理意义明确和直观的优点，主要适用于单杂质污染物系统。

水夹点技术是一种图示分析方法。每个用水单元既是二次水源，同时也是水阱。用水过程均被假设成为一个从过程流股到水流股之间的杂质传递过程。这里杂质是广义的概念，包括所有限制污水回用的因素，如固体悬浮物、COD、pH值和温度等。

水夹点技术中用水单元的杂质传递过程用质量负荷-浓度两维坐标图来表示。具体如图4-16所示。分别绘制用水系统的浓度组合曲线和组合供水曲线，然后寻找两者的窄点，即水夹点。采用解析几何法对有关参数进行计算，用以确定用水系统最小新水量和外排污水量或污水系统最小处理量的一种方法，特别适用于炼油化工企业单一关键杂质水系统的优化设计。对多杂质水系统的优化设计，宜首先根据经验选择一种关键杂质，在采用水夹点技术进行初步分析的基础上，再结合数学规划法进行水系统的优化设计。

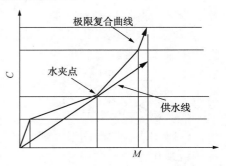

图4-16 水夹点技术用水单元的
杂质传递过程示意

水夹点对于水系统的优化设计具有重要的指导意义。在水夹点的上方，系统的用水单元的极限进口浓度高于夹点浓度，各用水操作不应使用新鲜水；在水夹点下方，用水单元的极限出口浓度低于夹点浓度，各用水单元不应排放污水。此时，根据水夹点所确定出的新鲜水流量既是满足系统各单元用水操作要求的全系统的最小新鲜水用量，同时也是系统外排的最小污水量。

水夹点技术是炼油化工企业实现工业新水量及污水排放量最小化的一种简便实用的工具。它把用水单元的用水过程描述成富流股向贫杂质流股的传质过程。如炼油装置中原油的脱盐过程，富杂质流股是含盐的原油，贫杂质流股是注水，用水过程就是原油中的盐分向注水传递的过程。

应用水夹点技术进行水系统优化时，一般采取如下步骤：

① 确定用水单元：在已确定的二次水源和水阱中选择用水单元。

② 确定一种最有可能限制污水回用的杂质，称为关键组分。

③ 确定各单元关键组分的极限进、出口浓度。

在确定极限数据时，一般应该考虑以下因素：传质推动力（不同单元可能有所差别），最大溶解度，避免杂质析出，装置的结垢和堵塞，腐蚀等。

④ 根据所确定的极限数据进行夹点分析，通过计算找出系统的瓶颈位置，即水夹点。

⑤ 通过水夹点方法对该系统进行分析，得出初步回用方案。

⑥ 考虑其他可能限制水回用的杂质，以检查初步回用方案的可行性。

⑦ 对初步回用方案进行评估，如果回用方案不理想，修正关键组分，重复步骤②~⑥。

⑧ 确定最终的优化方案。

水夹点技术通过一种杂质限制来确定回用的可能性，如果不同用水单元之间限制水回用的主要因素不一致，则得到的用水方案会出现偏差，通过修正关键组分也难以消除偏差。这时可将用水单元分组，将主要限制因素一致的单元归为同组，对各组分别进行分析。实际应用中，还应根据不同组间的耦合、不同影响因素的组合，或采用集成分析的方法，提出综合解决方案。

（2）数学规划法

数学规划法，就是将用水过程全流程整体统一，对整个用水过程建立综合的水网络结构模型，确定目标函数和约束条件，将线性规划法问题和非线性规划问题联合求解，经多次运算得到全局最优解，确保优化后的水网络系统结构更加简化，使水网络模型更加贴近实际应用，最终实现最小用水量和节能降耗的目标。

以循环水系统优化为例，根据循环冷却水系统流程建模，以循环水用量最小为目标，综合考虑水流量平衡、热量平衡、水冷器进出口温度、水冷器温差、整数变量、现场实际条件等约束，建立循环水用水网络优化的数学模型，以获得循环水量最小、网络结构简单的循环水用水网络。

（3）超结构-源阱图法

源阱图法通常被用来确定废物流能否被某个单元所回用，是进行质量集成的一种最为简单的可视化方法。在用水网络设计中，生成源阱图的第一步就是要确定污水流股源和过程用水流股阱，需要确定以下参数源流和阱流的流率，源流中出现的对阱流有潜在影响的污染物质，污染物质在每一股阱流中的允许含量，源流中污染物的浓度。一些过程需要纯度极高的进料，这种情况下使用含进料组成的废物流或含污染物的物流是不可行的。但是许多生产过程都能利用含杂质的物料，这类阱流的允许杂质含量范围较宽。然后以流率为轴，以浓度为轴，将源阱关系以二维的方式在坐标轴中标识出来，操作的组成和负载的过程限制可以在源阱图中表现得很直观，通过分析和观察可以看出源能否直接循环到某个阱。

以循环水系统优化为例，建立循环水用水网络的超结构，需要把循环水用水网络中的相关设备区分为水源和水阱。水源指提供循环水的设备，如冷却塔。水阱指消耗循环水的设备，如装置工艺水冷器。进一步观察发现，水冷器所需的冷却水可以是冷却塔的来水，也可以是其他任何水冷器升温后的冷却水；水冷器升温后所排的冷却水，可以直接排放至冷却塔，或者也可以排至其他任何水冷器，所以冷却塔与水冷器既是水源又是水阱。

在建立循环水用水网络的超结构时，需先建立包括所有可能连接的初始网络结构，然后通过优化算法确定一个最优的网络结构。在寻求最优网络时，需建立与优化问题相关的数学模型并选择优化算法进行计算。数学模型由目标函数和约束条件构成。目标函数一般选择为成本最小化或效益最大化。约束条件需描述超结构中所有单元的物质和能量的衡算方程以及限制条件，并包括用整数变量表示某个过程或连接是否存在。超结构的主要特点就是建立水源到水阱之间的所有连接，由优化模型决定最合适的供水路线和供水量。超结构-源阱图法的主要优点在于，优化计算中可以直接添加约束条件和改变优化目标函数，并可同时获得最优的目标函数值和相应的优化网络。

4.6　典型案例

4.6.1　凝结水陶瓷膜处理回用技术

4.6.1.1　项目概况

某炼油化工企业动力运行部新建除油除铁装置是烷基化项目的配套装置，目前主要回收烷基化装置的凝结水，同时为将来新建装置冷凝液回收预留了一定的余量。该装置采用陶瓷膜过滤技术除去凝结水中的油和铁，装置处理能力为每套100t/h，共两套，正常情况下一开一备。

4.6.1.2 工艺流程及关键技术

1. 工艺流程

凝结水回收处理工艺流程如图4-17所示。

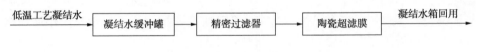

图4-17 凝结水回收处理工艺流程

2. 工艺流程说明

各装置正常产出的工艺凝结水(降温后)一起进入凝结水缓冲罐，通过新增凝结水泵输送至精密过滤器及陶瓷膜系统进行处理。精密过滤器在系统中作为初级过滤，一是过滤掉大颗粒的铁锈等杂质，二是当系统受到进水油冲击时(100mg/L≤油≤300mg/L)可以阻截大部分油类。精密过滤器出水再通过陶瓷超滤膜设备进行处理，进一步凝结水中的油、铁等污染物，使出水达到回用指标要求。处理后的凝结水进入凝结水水箱。

3. 工艺原理

陶瓷膜是以无机陶瓷材料经特殊工艺制备而成的非对称膜，呈管状或多通道状，管壁密布微孔，在压力作用下，原水在膜管内或膜外侧流动，水分子(或产品水)透过膜，水体中的污染物等杂质被截留去除，从而制取新鲜水。

4. 关键技术

无机陶瓷超滤膜作为一种新型的膜材料，具有化学稳定性好、机械强度大、抗微生物腐蚀能力强、孔径分布窄、分离效率高、使用寿命长、结构稳定和易再生等特点。超滤膜设备的膜管：外径为$\phi 30mm$，长度为1200mm，通道为37孔，膜孔径50nm。

陶瓷膜是以无机陶瓷材料经特殊工艺制备而成的非对称膜，呈管道及多通道状，管壁密布微孔。用于分离的陶瓷膜结构常为三明治式：支撑层(又称载体层)、中间层(又称过渡层)、膜层(又称分离层)。其中支撑层的孔径一般为$1 \sim 20\mu m$，孔隙率为30%~65%，其作用是增加膜的机械强度；中间层的孔径比支撑层的孔径小，其作用是防止膜层制备过程中颗粒向多孔支撑层渗透，厚度约$20 \sim 60\mu m$，孔隙率为30%~40%；膜层孔径从4nm到$10\mu m$，厚度大约为$3 \sim 10\mu m$；孔隙率为40%~55%。整个膜的孔径分布由支撑层到膜层逐渐减小，形成不对称的分布。

大颗粒的锈渣和重油对陶瓷膜组影响较大，这些杂质会堵塞陶瓷膜组的过流通道，无法彻底清洗，最终会导致陶瓷膜通量急剧下降，所以在运行过程中，应控制好前置过滤器的压差，保证前置过滤器运行良好。

4.6.1.3 运行效果

① 凝结水板式换热器能将烷基化冷凝液最低降至25℃，同时利用了烷基化冷凝液的热量，部分提高了生水温度，冬季每小时可节约1.0MPa蒸汽用量约7t。

② 陶瓷膜除油除铁系统投运后，除油除铁效果明显，产水中的油含量和铁含量皆检不出。

③ 利用新增前置阳床处理凝结水，出水水质达到了一级除盐水标准，电导率最低达$0.5\mu S/cm$。

4.6.2　循环水排污水电渗析处理回用技术

4.6.2.1　项目概况

炼油化工企业中循环水排污水或达标污水适度处理回用需解决的水质问题一般为浊度或悬浮物、油类、胶体、钙硬度和可溶性盐等。要做好污水的回用，特别是用作循环水系统补充水，应综合考虑处理工艺的应用环境，兼顾技术可行、投资较省、运行费用较低的理念。根据上述分析，以电化学为核心的电絮凝沉淀过滤预处理技术和以电驱动进行脱盐的倒极电渗析脱盐集成工艺，在循环水排污水或达标排放污水适度处理回用方面发挥了积极作用。

某炼油化工企业针对循环水排污水，建设完成了 $100 m^3/h$ 的电絮凝沉淀过滤-倒极电渗析集成装置，取得了良好的应用效果。

4.6.2.2　工艺流程及关键技术

1. 工艺流程

循环水排污水电渗析处理回用流程如图 4-18 所示。

图 4-18　循环水排污水电渗析处理回用流程示意

2. 电絮凝沉淀过滤预处理技术

电絮凝沉淀过滤技术指的是微电解絮凝、微气浮氧化和沉淀过滤的一体化。

（1）微电解絮凝法

采用以金属铁、铝为基材的金属材料作为电极，在直流电的作用下，阳极解析出 Fe^{2+} 或 Al^{3+} 进入水中，再经一系列水解、聚合及亚铁的氧化过程，水中溶解的 OH^- 结合生成 $Fe(OH)_2$ 或 $Al(OH)_3$ 以及其他单核羟基络合物、多核羟基络合物等。新生成的配合物作为一种高活性的吸附基团，有着极强的吸附性，再利用吸附架桥作用和网捕卷扫作用吸附水中的胶体颗粒、悬浮物、高分子有机物等杂质颗粒共同沉降。

（2）微气浮氧化法

通过对电极加电，水分子离解产生 H^+ 和 OH^- 并发生定向迁移，在阴阳两极分别生成 H_2 和 O_2。反应产生的 H_2 和 O_2 是非常微小的气泡，可以作为非常良好的载体携带水中的杂质共同上浮至水面。同时，反应新生成的活性[O]和羟基自由基有着极强的氧化作用，可以氧化水中的部分溶解性有机物。

（3）沉淀过滤法

电解絮凝所形成的沉渣密实，澄清效果好，通过沉淀与过滤对反应生成的大量絮体进行沉淀及机械过滤，其出水浊度可以达到 3NTU 以下。

电絮凝沉淀过滤一体化技术，能有效去除水中总硬度、总碱度、浊度、胶体、悬浮物和部分 COD、油类等，为脱盐设备的稳定运行打下了基础。

3. 倒极电渗析技术

倒极电渗析技术采用新型半导体复合材料作为电极，抗腐蚀性强，电极使用寿命长；设计采用大孔径中性半透膜，具有较强的耐氧化、耐酸碱、抗腐蚀、抗水解的能力，不易堵塞，抗污染性强，膜的使用寿命长；采用了频繁倒极的运行方式，有效解决了电渗析设备浓差极化的问题，设备自动化程度高，运行更加稳定可靠。

倒极电渗析技术对进水水质要求较宽泛，膜抗污染性强，运行成本低，水回收率可达到75%以上，脱盐效果稳定，对 COD 的浓缩较小，浓水易于达标排放。

4.6.2.3　运行效果

装置运行的进出水水质如表 4-11 所示。

表 4-11　装置进出水水质

项目	原水水质	预处理单元	倒极电渗析
总硬/(mg/L)	890	<150	<40
钙硬/(mg/L)	610	<100	<20
电导率/(μS/cm)	1886	1600~2000	600~800
氯离子/(mg/L)	110	—	<30

现场应用结果表明，电絮凝沉淀过滤一体化设备具有占地面积小、应用范围广、进水水质适应性强、可去除的污染物广泛、产水水质好等特点。可应用于高浊度、高硬度、含有胶体及 SiO_2、难于生化 COD 等水质的污水预处理。

倒极电渗析技术具有设备投资较低、运行成本低、膜的抗污染性较好等特点，产水水质可满足循环水补水的要求。

电絮凝沉淀过滤-倒极电渗析技术应用于循环水排污水的处理回用，运行成本 0.7~1.0元/t 水，水回收率为 70%~80%，出水水质稳定，已在多家炼油化工企业的污水处理适度回用项目中得到应用。

4.6.3　热电循环水电絮凝-超滤-反渗透处理回用技术

4.6.3.1　项目概况

某炼油化工公司所属地区严重缺水，为了缓解用水压力，提高企业的经济和社会效益，对循环冷却排污水和反渗透浓水采用电絮凝一体化+超滤+反渗透工艺进行深度处理，产水回用于循环冷却水系统。该项目在现场中试的基础上，2009 年 12 月建成投产，系统稳定运行至今。

4.6.3.2　工艺流程及关键技术

1. 工艺流程

系统总体工艺流程为电絮凝+超滤+反渗透，设计负荷 200m³/h，其中循环冷却排污水 100m³/h、化学水处理反渗透系统活性炭反洗水 60m³/h、多介质反洗水 40m³/h，三股水混合后进入电絮凝系统，经过电絮凝反应池、沉淀池和过滤池，降低水中的总硬度、钙硬度、碱度、浊度、总铁、COD、SiO_2 等。

电絮凝系统产水进入滤后水池，通过泵进入超滤、反渗透系统，进一步去除水中悬浮物、杂质和盐类。反渗透出水即为本项目的成品水。系统工艺流程见图 4-19。

2. 主要工艺

（1）电絮凝一体化

在反应池先通过调节水体的 pH 值、电极加电和曝气处理，形成有利于钙镁颗粒析出的环境，同时产生高活性的吸附基团将析出的钙镁颗粒吸附，再通过吸附架桥、网捕卷扫等作

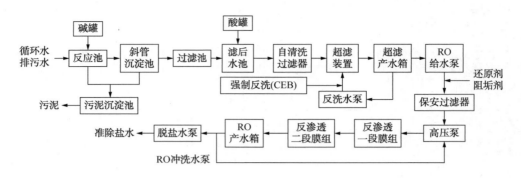

图 4-19　热电循环水排污水深度处理回用流程

用与水中胶体、悬浮物形成较大的絮体矾花共同沉降，通过池下部的锥形斗定期排放。反应池处理后的出水进入沉淀池，流速降低，大部分的絮体和杂质在斜板上沉降，通过锥形斗定期排放。剩余少量絮体、杂质随沉淀池出水进入过滤池，在鹅卵石、石英砂、无烟煤滤料作用下，滤除水中残留的絮体、悬浮物、泥沙、铁锈、大颗粒物质等机械杂质，确保一体化装置出水品质。

（2）多介质过滤器

根据机械过滤的原理，利用石英砂、无烟煤双层滤料，高效去除原水中的固体微粒、胶体。滤层饱和后，通过逆向水流反洗滤料，过滤器内石英砂无烟煤层悬浮松动，黏附于滤料表面的截留物剥离并被水流带走，恢复过滤功能。

（3）超滤系统

超滤是以压力为推动力，利用超滤膜不同孔径对液体进行分离的物理筛分过程。超滤装置主要的作用是分离悬浮物、大分子胶体、黏泥、微生物、有机物等能够对反渗透膜造成污堵的杂质，对于细菌和大多数病菌、胶体、淤泥等具有较高的去除率。

（4）反渗透系统

反渗透系统一般包括加药装置、保安过滤器、高压泵、反渗透膜组。预处理后的原水在进入反渗透系统之前，加入阻垢剂，防止反渗透浓水侧产生结垢。加入还原剂 $NaHSO_3$ 还原前级处理工艺中存在的氧化剂，尤其是余氯，防止氧化剂对膜造成衰减导致反渗透膜脱盐率的下降。保安过滤器的作用是截留原水带来的大于 $5\mu m$ 的颗粒，防止其进入反渗透系统，否则这种颗粒经高压泵加速后可能击穿反渗透膜组件，造成大量漏盐或划伤高压泵叶轮的情况。高压泵为反渗透本体装置提供进水压力，保证反渗透膜正常运行。

3. 装置主要参数

（1）电絮凝一体化

进水量：$200m^3/h$ 左右时，加电电流 80A，加碱调整 pH 值在 9.5 左右，出水 pH 值约为 7.0~8.0。

排污周期：反应池、沉降池排污周期根据排污浊度调整，反应池和沉降池每天排污 6 次，每次 5s。

滤池反冲洗：设有 4 个滤池，每个滤池反洗次数根据水质及运行情况设定，一般为 1~2 次/d，反冲洗时间可根据反冲洗出水浊度调整，一般反冲进气时间 3~8min，反冲进水时间为 3~8min。

辅助材料消耗量：电极板 3~6 年更换一次；过滤池滤料每年补充 10%，46% 氢氧化钠耗量 48kg/h，30% 盐酸耗量 24kg/h，吨水电耗为 0.3kW·h，反洗用非净化风为 $2m^3/min$；反应池曝气用非净化风为 $0.25m^3/min$。

（2）超滤装置

超滤（UF）水处理装置有两套，每套由 56 根膜组件组成，材质为聚偏氟乙烯外压中空纤维。

产水能力：单套超滤产水流量在 $84~112m^3/h$，设计产水量 $97m^3/h$。

浓水流量：单套超滤浓水流量为 $11~28m^3/h$，设计流量 $21m^3/h$。

气水洗条件：气水双洗最大压力为 0.196MPa，一般反洗进水压力控制为 0.098MPa 左右。气水双洗膜组件的进气量控制为 $5.0m^3/h$，即为每套 $280m^3/h$。

反洗流量：超滤组件在线反洗流量为膜组件额定产水流量的 1.3~1.5 倍，即每套反洗水流量为 $126~145m^3/h$。

超滤系统回收率：设计回收率为 92%，实际运行回收率在 93% 以上。

（3）反渗透装置

反渗透装置包括两套膜装置，每套由 114 根卷式反渗透膜组件组成，排列方式是一级二段，按照 12：7 方式排列。

主要设计参数：设计每套反渗透产水量为 $73m^3/h$，回收率为 75%，浓水流量 $24.3m^3/h$，脱盐率不小于 98%。

实际运行参数：实际运行过程中，$1^\#$反渗透平均产水量 $52.3m^3/h$，浓水流量 $17.0m^3/h$，产水电导率 $108~300\mu S/cm$，回收率 75.5%，脱盐率 92%~96.9%。$2^\#$反渗透平均产水量 $56.6m^3/h$，浓水流量 $18.7m^3/h$，产水电导率 $108~300\mu S/cm$，回收率 75.2%，脱盐率平均 96.9%。

运行压力：运行压力为 1.35MPa，每段压差不大于 0.15MPa，两段总压降不大于 0.30MPa。在膜全寿命周期内，运行压力没有高于 1.35MPa。

药剂：还原剂 $NaHSO_3$ 浓度为 20%，阻垢剂浓度 50%。控制进水 pH 值为 7.5 左右，还原剂加药量为 3~5mg/L，氧化还原电位（ORP）为 200mV 以下，阻垢剂加药量为 2~2.5mg/L，余氯控制小于 0.5mg/L。

4.6.3.3　运行效果

2009 年 12 月建成投产以来，系统连续稳定运行。期间对污水回用系统进出水水质进行多次监测，污水回用系统水质情况见表 4-12。

表 4-12　污水深度处理回用系统水质情况

项目	电絮凝进水	电絮凝出水 （滤后水池）	超滤产水 （超滤水箱）	反渗透产水 （反渗透水箱）
流量/(t/h)	182	174	171	128
浊度/FTU	69.90	0.46	0.0	0.0
悬浮物/(mg/L)	621	62	0	0
Fe/(mg/L)	1.330	0.145	0.014	0.010

项目	电絮凝进水	电絮凝出水（滤后水池）	超滤产水（超滤水箱）	反渗透产水（反渗透水箱）
Cl^-/（mg/L）	495.0	624.0	629.0	6.08
SO_4^{2-}/（mg/L）	619.0	723.0	370.0	68.9
钙硬度（$CaCO_3$）/（mg/L）	632.0	58.3	57.5	16.4
总碱度（$CaCO_3$）/（mg/L）	588.0	131.0	127.0	10.7
电导率/（μS/cm）	3762.0	3830.0	3871.0	39.7
pH（25℃）	8.56	7.64	7.61	7.41
余氯/（mg/L）	0.60	0.60	0.40	0.01
总硬度（$CaCO_3$）/（mg/L）	1157.0	440.0	406.0	20.5
COD（Mn）/（mg/L）	4.64	4.72	4.64	0.40
SiO_2/（mg/L）	28.69	3.94	4.10	0.02

由表4-12可以看出，系统出水水质较好，接近一级除盐水标准，满足循环水补水的要求。预处理电絮凝有效去除了可能对膜系统造成影响的有害物质，保证了膜系统的稳定运行，循环水系统所用剥离剂对膜系统运行基本没有影响。

污水回用装置全成本，包括电力、药剂、人工和折旧等核算为1.3～1.5元/t水，远低于外来新鲜水成本（3.25元/t）。经初步核算，系统每年直接经济收益（不含折旧费）约949万元。

污水回用装置的投用也具有良好的间接效益。一是可以减少现有热电厂一套离子交换器的运行，节约了酸碱用量，减少了中和池的排污。二是装置产水用于循环水的补水，改善了循环水水质，减少和防止了热力设备的结垢和腐蚀，降低了热力设备的维护费用，延长了使用周期。三是减少采水量，节约水资源，并可减少污水排入外环境，防止水体的污染。因此，环境效益和社会效益明显。

4.6.4　炼油污水臭氧氧化-BAF-超滤-反渗透处理回用技术

4.6.4.1　项目概况

某炼油化工企业污水深度处理回用项目主要针对经生化处理后来水，采用高密度澄清池+臭氧氧化+BAF+超滤+反渗透组成，装置自2012年建成一期，设计处理规模400m³/h，总产水率62%～65%，再生水产量250m³/h。2015年完成二期，处理规模850m³/h，总产水率62%～65%，再生水产量560m³/h。生化来水经过高密度澄清+臭氧氧化+BAF处理后，产水部分回用于循环水补充水，部分再进入超滤+反渗透单元作进一步深度脱盐处理，产水回用于工艺装置用水。应用结果表明，系统运行平稳，实现了企业的达标排放和节水减排目标。

4.6.4.2　工艺流程及关键技术

1. 工艺流程

炼油化工污水处理工艺流程如图4-20所示。

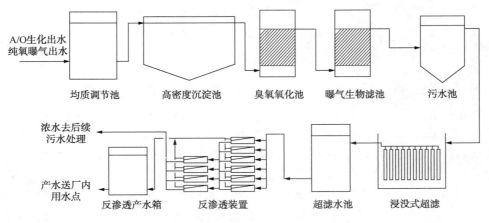

图 4-20　污水深度处理回用系统流程

2. 膜前预处理工艺简述

A/O 生化二沉池出水和纯氧生化二沉池出水经泵提升进入高密度澄清池，污水在高密度澄清池中首先投加混凝药剂 $FeCl_3$，经混凝反应后流入絮凝反应池，投加絮凝剂 PAM，最后进入反应区。高密度澄清池具有不同的混合反应区，中心区域配有一个轴流叶轮，使流体在反应池内快速絮凝和循环。在周边区域，主要依靠推流作用使絮凝以较慢的速度进行，以确保絮体增大致密，并以较高的速度进入预沉区域。水流进入预沉区时流速放慢，避免造成絮凝物的破裂和涡流的形成，使绝大部分的悬浮固体在该区沉淀，剩余的絮凝物在斜板沉淀区去除。底部沉淀污泥部分由螺杆泵回流至絮凝反应池，其余定时排放。

高密度澄清池出水自流入臭氧接触池，与接触池内的臭氧充分混合反应，污水被臭氧氧化改性，可生化性（B/C）得到改善，污水氧化后进入臭氧缓冲池，将未反应完全的臭氧进行释放，以避免对生物滤池内微生物产生灭菌效应。未溶解的臭氧在接触池的出口通过抽风机被收集，经消泡罐去除尾气中的泡沫后，输送至尾气破坏器中，在催化剂的作用下，尾气中的臭氧被破坏器还原为氧气达标排放（臭氧浓度 $\leq 0.2mg/Nm^3$）。臭氧由臭氧制备系统提供，用纯氧制备。经臭氧发生器根据"无声放电"的方法产生臭氧，臭氧通过水射器扩散到接触氧化池内。

缓冲池出水自流至曝气生物滤池，曝气生物滤池内设置生物陶粒滤料，通过生物陶粒滤料上附着的微生物对污水进行生物处理，进一步去除污水中污染物。通过罗茨风机向池内鼓风供氧，再通过反冲洗风机及反冲洗水泵，定时对曝气生物滤池各格内的填料进行轮流反冲洗，以促进池内生物膜的更新及清除填料截留的悬浮固体。曝气生物滤池正常出水自流清水池后，大部分再自流至污水回用装置进水池，多余部分自流至排江吸水池；反冲洗污水自流至污水缓冲池内，后用提升泵提升至 BAF 反冲洗排水缓冲池内，再经泵提升至前置系统再处理。处理后污水排放到总排吸水池。

3. 膜处理工艺简述

BAF 出水自流进入污水回用装置的污水调节池后，投加适量次氯酸钠溶液。出水通过超滤给水泵进入自清洗过滤器，自清洗过滤器出水进入浸没式超滤膜池，经真空抽吸，将超滤产水送入超滤产水罐，超滤浓水进入超滤污水池，通过污水泵输送至缓冲池返回前置处理。超滤产水经反渗透给水泵打入反渗透进水母管，还原剂、阻垢剂通过加药泵加入反渗透进水母管。混合了还原剂、阻垢剂后的超滤产水进入保安过滤器，通过反渗透高压泵，加压送入反渗透装置膜管，反渗透产水进入反渗透产水罐，反渗透浓水自流进入前置匀质池，反渗透产水通过外供水泵送入企业用水点。

4. 装置建设情况

高密度澄清池设计处理水量 1400m³/h，反应池容积 840m³/h。

臭氧系统设计处理量 1400m³/h，臭氧接触池容积 920m³/h，缓冲池容积 1990m³/h。

BAF 设计处理水量 1400m³/h，共有滤池 10 格并联运行，单格容积 450m³。

超滤系统：污水回用超滤系统共二系列，采用浸没式超滤技术。其中一系列超滤 2012 年 3 月建成，设计产水量 180m³/h；二系列超滤 2015 年 5 月建成，设计产水量 220m³/h。

反渗透系统：污水回用反渗透系统共二系列，采用高脱盐率的抗污染复合膜。其中一系列 2012 年 3 月建成，设计产水量 125m³/h；二系列 2015 年 5 月建成，设计产水量 140m³/h。

5. 装置特点

（1）高密度澄清池

高密度澄清池采用分级混凝、絮凝的方法，利用轴流叶轮，使流体在反应池内快速絮凝和循环，进入预沉区时流速放慢，避免造成絮凝物的破裂和涡流的形成，使绝大部分的悬浮固体在该区沉淀，剩余的絮凝物在斜板沉淀区去除，净化后的污水自流至臭氧接触池。

（2）臭氧系统

经高密度澄清池处理后的污水进入臭氧接触氧化池。臭氧通过水射器扩散到接触氧化池内，利用臭氧的强氧化性，直接氧化或以羟基自由基的方式将污水中残留的难生物降解的有机物转化为相对分子质量较小且可生化性较好的有机物，从而提高污水的可生化性。同时，臭氧对水体中的着色有机物具有氧化分解作用，微量的臭氧也能起到良好的脱色效果。

（3）BAF 滤池

BAF 滤池内设置有陶瓷填料，运行过程中利用附着在生物滤池内滤料上的微生物膜吸附、氧化分解水中的有机化合物，并且经过滤料层的过滤吸附，可去除污水中的有机污染物和降低固体悬浮物，达到净化污水的目的。

（4）自清洗过滤器

过滤精度为 500μm。该过滤器具有过滤效果好，可连续运行等优点。

（5）超滤系统

浸没式超滤系统通常是指将超滤膜件浸没在被处理的水中，采用抽吸的方式将水以及其他小分子物质、溶解性盐类等穿透过膜层，变成产水。它可以有效截留各类悬浮固体颗粒、胶体、微生物、细菌以及病毒等杂质，使浓水和产水完全分离开来。

（6）反渗透系统

反渗透是利用半透膜透水不透盐的特性，去除水中的各种盐分。在反渗透膜的原水侧加压，使原水中的一部分纯水沿与膜垂直方向透过膜，水中的盐类和胶体物质在膜表面浓缩，剩余部分原水沿与膜平行的方向将浓缩的物质带走。透过膜的水中仅残余少量盐分，收集利用透过水，即达到了脱盐的目的。

① 保安过滤器。保安过滤器用来去除水中残余的颗粒杂质，以免带进反渗透膜对系统造成影响。保安过滤器滤芯的过滤精度为 5μm，滤芯长度为 40in（1in=0.0254m）。

② 高压泵。为避免高压泵产生的瞬间水压对反渗透膜造成水锤现象，高压泵选用变频

泵，并且在高压泵出口设置一电动慢开门，同时高压泵进口设置低压开关，以避免高压泵吸空，高压泵出口设置高压开关，避免高压对反渗透膜造成损伤。

③ 反渗透膜组件。反渗透系统回收率按 71.8% 考虑，采用两段的膜组件配置方式。反渗透膜元件的选型根据水质特点选择透水量大、脱盐率高、化学稳定性好、抗污染性能好及机械强度好的膜，选用高脱盐率的抗污染复合膜。

④ 反渗透低压冲洗系统。反渗透装置在启动前、停运后或短期保护时，通常应采用淡水将反渗透系统浓水侧内的高浓度盐冲洗干净，这样做不仅可以将反渗透膜元件浓水侧的高含盐量的离子置换掉，而且可以防止系统中微生物的滋生。

⑤ 反渗透化学清洗系统。反渗透装置运行一段时间后，由于水中无机物、有机物及微生物的污染，反渗透的压差会增加，表现为产水量的下降，操作压力提高等现象。为恢复反渗透膜的性能，此时就需要对其进行化学清洗。清洗的配方应根据不同污染物的情况，采取不同的措施。

⑥ 加药单元。当难溶盐类在反渗透膜元件内不断浓缩且超过其溶解度极限时，它们就会在膜表面发生结垢，回收率越高，产生结垢的风险性越高。反渗透系统的设计回收率为 70%，浓水侧离子将浓缩约 3.3 倍。基于上述情况，选用分散难溶物质较好的阻垢剂。

本工程设置一套阻垢剂投加系统，加药点设在反渗透保安过滤器进口母管，加药量根据反渗透给水总量进行自动调节。设置一套还原剂投加系统，加药点设在反渗透保安过滤器进口母管，加药量根据反渗透给水总量进行自动调节，控制进水余氯量<0.1mg/L。设置非氧化性杀菌剂加药单元，加药点设在反渗透保安过滤器进口母管，加药方式为间歇性加药。

4.6.4.3　运行效果

① 系统前置预处理年均进水 COD 60.79mg/L，出水 COD35.74mg/L，去除率41.21%；进水悬浮物 23mg/L，出水悬浮物 3.32mg/L，去除率 87.23%；进水氨氮 8.84mg/L，出水氨氮 1.21mg/L，去除率 86.32%。

② 污水回用装置产水水质稳定，达到回用水应用要求。

③ 污水回用再生水生产成本约 4.44 元/t。

4.6.4.4　问题及处理措施

（1）超滤膜丝碳酸盐垢

分析表明 $CaCO_3+Mg(OH)_2$ 占 50% 以上，白色，在 5% 盐酸溶液中，大部分可溶解，反应生成大量气泡，反应结束后，溶液中不溶物很少。措施：应强化前置预处理除钙镁工艺，同时做好超滤膜的日常运行维护。

（2）由次氯酸钠投加引起的系统问题

中转罐内稀释，浓度不稳定。超滤进水余氯波动较大。措施：优化次氯酸钠投加系统，取消中转罐，直接向超滤进水中投加 10% 次氯酸钠。加药泵采用冲程+频率调控模式。

（3）由超滤运行程序引起的系统问题

超滤维护性清洗后产水余氯超标。措施：调整超滤次氯酸钠维护性清洗步骤，增加膜丝及产水管内部置换操作，确保反渗透进水余氯低于 0.05mg/L。

（4）由反渗透启动程序引起的系统问题

反渗透防爆膜频繁损坏(2~3 次/周)。产生水锤，造成膜元件损伤(进水隔网冲出)。措施：将反渗透变频启动频率由 20Hz 降至 10Hz，低频运行时间不能低于 5min，确保反渗透压力容器内的气体能够全部排出。

（5）由微生物污染引起的系统问题

进水含有大量微生物未得到良好的杀菌消毒处理。过量的还原剂投加，促进厌氧菌滋生。不适宜的阻垢剂投加。措施：根据超滤进水中的余氯和细菌总数调整次氯酸钠投加量；控制亚硫酸氢钠投加量；严格将阻垢剂的稀释浓度控制在10%以上。

（6）保安过滤器滤芯更换频繁

措施：一是优化污水回用装置杀菌，控制超滤产水细菌总数在1000个/mL以下；二是每两天对过滤器滤芯进行人工浸泡杀菌，有效控制后端微生物二次滋生。保安过滤器滤芯用量大幅下降。

4.6.5　炼油污水微涡流沉淀-超滤-反渗透处理回用技术

4.6.5.1　工程概况

某炼油化工公司集炼油、化工和化肥生产为一体，拥有原油一次加工能力10500kt/a和700kt/a乙烯生产能力，并具备相配套的二次加工能力。包括石油产品、合成树脂、合成橡胶、催化剂等产品。

公司建设有1080m³/h处理能力的炼油污水处理回用装置，设计产水量为700t/h。装置主要包括气浮、曝气生物滤池、絮凝沉淀、超滤、反渗透五部分，以炼油污水处理装置总出水为源水，通过深度处理后，回用于动力厂除盐系统，最终出水达到一级除盐水指标。

4.6.5.2　工艺流程及关键技术

1. 工艺流程

该装置以炼油污水处理达标后的外排污水为源水，先后经气浮、曝气生物滤池、混凝沉淀、超滤及反渗透，逐步去除污水中的石油类、悬浮物、氨氮、胶体以及盐类等，使出水达到一级除盐水的锅炉补水标准。污水处理回用的工艺流程如图4-21所示。

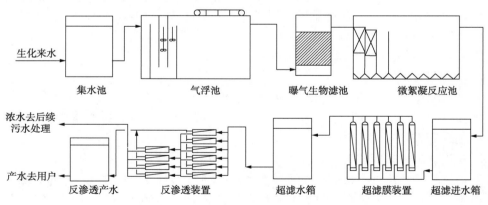

图4-21　污水回用装置流程

2. 关键装置

（1）高效微絮凝反应沉淀池

高效微絮凝反应沉淀池采用管式混合方式，在絮凝反应池前设有一管式静态混合器，混合器内安装若干固定混合单元，每一混合单元由若干固定叶片按一定角度交叉组成，当加过药剂的原水经过混合器时，能被这些混合单元分割、改向并形成漩涡，以达到药剂均匀分散于原水中的目的。

高效微絮凝反应池是在反应池内设置多层网格改变水流的流动方向，增加絮凝反应颗粒的碰撞机率，从而有效地增加絮凝反应。反应池反应效果好，反应时间约为 15~24min。

沉淀单元采用斜板沉淀工艺，根据浅池沉淀理论在沉淀池内设置了倾斜 50°~60° 和间距 100mm 的一系列斜板，提高水在池内的停留时间并具有显著的稳流作用，使沉淀效率大为提高。

（2）超滤（UF）

超滤膜采用内压式的中空纤维膜，系统采用全流过滤、频繁反洗的全自动 PLC 控制连续运行方式。运行模式可根据水质情况进行调整。本装置目前采取的运行模式为：运行 30min，反冲洗 30~60s。

超滤在运行过程中，除需频繁反洗外，还需定期进行加强清洗。本装置加强清洗分为加强酸洗和加强碱洗两种方式，依据超滤受污染的种类不同而选择不同的加强清洗方式。化学清洗使用超滤化学清洗装置进行，装置包括一台化学清洗箱、化学清洗保安过滤器、化学清洗泵以及配套管道、阀门和仪表。当膜组件受污染时，可以用它进行超滤系统的化学清洗。

（3）反渗透（RO）

反渗透系统包括阻垢剂加药系统、保安过滤器、高压泵、反渗透装置、化学清洗系统等。预处理产水进入反渗透膜组，在压力作用下，大部分水分子和微量其他离子透过反渗透膜，经收集后成为产品水，通过产水管道进入淡水池；水中的大部分盐分和胶体、有机物等不能透过反渗透膜，残留在少量浓水中，由浓水管排出。

系统配置反渗透化学清洗装置，当膜组件受污染时，可以用它进行反渗透系统的化学清洗。

3. 主要装置运行参数

系统主要装置运行参数如表 4-13 所示。

表 4-13　主要装置运行参数

絮凝沉淀池		
控制项目	控制范围	控制目标
絮凝沉淀池出水浊度/NTU	2	1
清水池液位/m	0.20~4.15	2.00~3.50
超滤装置		
进水母管温度/℃	20~40	20~38
运行温度变化幅度/（℃/min）	1.0	0.5
产水母管 SDI_{15} 值	3	1
超滤产水池液位/m	0.20~4.15	2.00~3.50
运行时 TMP/（kgf/cm²）	0.8	0.3
反洗时 TMP/（kgf/cm²）	2.5	2.0
膜元件承压/MPa	0.5	0.4
膜组件存储温度/℃	4~30	20~30

续表

控制项目	控制范围	控制目标
超滤装置		
工作进水 pH	6.0~9.0	7.5
清洗进水 pH	1~13	1~13
反渗透装置		
进水母管流量/(m³/h)	200~1100	800~1100
进水母管温度/℃	45℃	25℃
进水母管 pH	2.0~11.0	7.5
酸性化学清洗 pH	2.0~2.5	2.5
碱性化学清洗 pH	11.0~12.0	11.5
杀菌 pH	5.0~7.0	5.0
产水电导/(μS/cm)	90	80
浓水流量/(m³/h)	300	250
RO 运行压力/MPa	1.0	0.7
RO 进水余氯浓度/(mg/L)	0.05	0
RO 进水浊度/NTU	1.0	0.1
RO 进水 SDI_{15}	5.0	3.0
RO 单支元件压力损失/MPa	0.10	0.09

注：$1kgf/cm^2 = 98.0665kPa$。

4.6.5.3 运行效果

装置建成以来运行稳定，运行情况如表 4-14 所示。由表中可以看出，2018—2019 年，在进水 COD24mg/L、石油类 1.25mg/L、总氮 8.71mg/L 的条件下，产水 COD1.02mg/L，电导率 53.16μS/cm，产水率大于 67%。

表 4-14 装置运行情况

2018—2019 年污水回用装置进水水质												
项目	2018 年						2019 年						平均值
	7 月	8 月	9 月	10 月	11 月	12 月	1 月	2 月	3 月	4 月	5 月	6 月	
COD(mg/L)	19.88	24.44	34.55	25.22	25.67	24.83	17.15	16.66	20.84	19.90	40.47	18.48	24.00
氨氮/(mg/L)	0.32	2.49	4.46	2.94	3.83	2.97	0.69	0.014	0.0005	0.26	2.32	0.0004	1.69
石油类/(mg/L)	0.94	1.41	2.11	1.66	1.79	1.78	1.03	0.79	0.62	0.67	1.45	0.80	1.25
总氮/(mg/L)	—	—	—	—	—	—	6.31	13.4	6.72	5.69	14.16	5.97	8.71
2018—2019 年污水回用装置产水水质													
COD/(mg/L)	0.71	0.81	0.98	0.90	1.06	1.41	1.28	0.94	0.82	0.82	停工	1.53	1.02
电导率/(μS/cm)	60.39	66.20	69.58	70.14	71.41	76.76	80.12	16.68	20.47	36.28	停工	30.79	53.16
产水率/%	67.77	67.5	67.31	69.26	67.19	67.32	67.68	67.71	67.36	66.71	停工	59.82	67.11

4.6.6 乙烯污水浸没式超滤-电渗析处理回用技术

4.6.6.1 项目概况

某乙烯污水处理厂污水回用装置设计能力为 $150m^3/h$，采用浸没式超滤-电渗析处理工艺，产水合格后进入乙烯循环水补充水系统。

4.6.6.2 工艺流程及关键技术

1. 工艺流程

烯烃污水生化处理装置出水进入膜生物反应器（MBR），MBR 膜系统采用浸没式独立膜池处理工艺，即生物池和膜池各自独立，膜组件浸没于膜池中，通过泵的抽吸得到滤液然后进入产水池，MBR 池内部分混合液通过回流泵回流到原曝气池进口。MBR 装置产水部分达标外排，部分进入后续污水处理回用装置。MBR 产水由泵输送至保安过滤器，出水进入电渗析脱盐系统，脱盐采用自动倒极电渗析（EDR）。经过部分脱盐的产水，进入烯烃部循环水补充水系统，浓水进入烯烃污水提标装置进行处理后达标排放。工艺流程如图 4-22 所示。

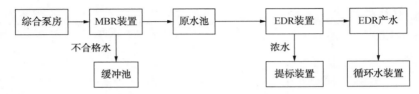

图 4-22 烯烃污水回用工艺流程

2. 关键工艺

（1）MBR 装置

MBR 是一种将膜分离技术与传统污水生物处理工艺有机结合的高效污水处理与回用装置，实际上是一套污泥悬浮生长的活性污泥处理系统，采用微孔膜用于固液分离，从而取代了传统的二次沉淀池工艺。这样，固液分离过程只需要很小占地面积即可实现。

MBR 膜过滤系统按照四套并联运行，每套处理规模 $40m^3/h$；MBR 膜组件采用浸没式超滤膜膜组件，膜过滤方式为由外到内，膜过滤标称孔径 $\leq 0.2\mu m$。膜组件的结构为帘式结构，型式简单，便于安装、清洗和检修；膜组件可采用水泵抽吸负压出水，也可利用静水压力自流出水，但为保持出水流量相对稳定，本项目采用水泵抽吸负压出水。

整个膜系统由 24 个膜单元构成，共分为 4 个膜组，每 6 个膜架独立构成为一个子系统，独立配置产水泵；单套子系统产水采用闭环负反馈恒流量控制技术，通过流量信号经过 PLC 系统通过 PID 计算，控制产水泵的运转频率，保证超滤系统产水流量平稳恒定；MBR 膜池污泥回流量为 150%，以保证膜丝通量稳定，整个系统连续可靠运转；膜池停留时间（HRT）约为 1.5h。

MBR 超滤膜为超低压过滤，运行时产水压力为 $-0.005 \sim -0.05MPa$。跨膜压差不高于 $0.035MPa$。超低压过滤系统不但保证了膜系统的安全稳定，也使系统维持较低的运行电耗。MBR 系统采用了微气泡擦洗技术对膜表面进行抖动擦洗，再配合低压反冲洗，在线消除膜污染，恢复膜通量。MBR 系统设计了完善的全自动在线化学加强清洗系统，可根据运行情况，灵活设置清洗周期。MBR 在线反洗系统为全自动控制，反洗泵根据流量采用变频控制；

系统还可根据可编程控制 CPU 换算的跨膜压差自动进入反洗状态，超过 N(根据现场运行状态确定)次超压反洗后，系统自动停机保护并提供报警功能；MBR 系统采用离线化学清洗设计，在进行化学清洗时，只将单个膜单元吊出膜系统进行清洗，保证整个污水处理系统连续运行。

（2）EDR 装置

EDR 是一种改进的电驱动膜分离技术，其核心元件为选择性离子交换膜——化工分离膜。利用阴阳离子交换膜交替排列于正负极(电极)之间，并用特制的隔板将其分开，组成除盐(淡化)和浓缩两个系统，达到污水部分脱盐的目的，从而实现循环水排污水的再利用。

当向隔室通入含盐水后，在直流电场作用下，阳离子向负极迁移，通过阳离子交换膜而被阻挡在下一阴离子交换膜；阴离子向正极移动，通过阴离子交换膜而被阻挡在下一阳离子交换膜，从而使淡室中的盐水被淡化，浓室(淡室相邻的一对阴阳膜之间的空间)中的盐水被浓缩。为防止钙镁离子在浓室膜表面堆积成垢，运行一段时间后，将电极的极性进行倒换(倒极)，可以改变膜表面的酸、碱环境，削弱膜表面硬度结垢现象。倒极后，浓、淡室切换，淡室变成浓室，浓室变成淡室。

4.6.6.3　运行效果

乙烯污水处理回用规模为 150m³/h，产水水质满足回用于循环水系统补充水要求。系统进出水水质如表 4-15 所示。

表 4-15　乙烯污水回用装置进出水水质

项目	二沉池出水	MBR 出水	EDR 产水
浊度/NTU	—	<1.0	≤1.0
COD_{Cr}/(mg/L)	≤80	≤50	≤50
pH	6~9	—	6.5~9
电导率/(μS/cm)	≤3500	—	≤1200
石油类/(mg/L)	≤3	—	≤2
氨氮/(mg/L)	≤8	—	≤8
悬浮物/(mg/L)	≤20	—	≤20

4.6.6.4　问题与分析

（1）MBR 膜丝出现孔洞

在运行初期，发现 MBR 膜组件膜丝两端有很多小洞，膜架上有许多条状的泥条，剥开泥条发现里面有红线虫。经检验，结论为膜上的小洞为红线虫咬伤。为抑制虫类生长，增加装置次氯酸钠反洗频次，将反洗时间由 1 次/7 天改为 1 次/1~3 天，并且加大了次氯酸钠的投加量。

（2）EDR 保安过滤器滤芯更换频繁

原设计进水浊度为 3NTU，并在 EDR 之前配置了精密过滤装置作为保安过滤器，滤芯精度为 5μm。在实际运行中，当 EDR 进水浊度在接近 3NTU 左右时，保安过滤器运行时间会很短，甚至要在 1 周内更换滤芯，造成 EDR 装置运行费用和产水成本大幅上升。根据实际经验，需要将 EDR 进水的浊度降低到 1NTU 以下，才可能将保安过滤器滤芯更换周期延长到 1 个月以上。

（3）EDR 膜片表面黏泥积聚或结垢

EDR 共有四级四段模块 8 台，四级八段模块 20 台。采用大量小规格（膜片为 400mm×800mm）的膜块，水流在膜片间停留时间较长，尤其是在靠后几段水流冲刷作用弱化，容易在膜片表面形成污染物积聚和无机盐结垢，造成膜堆压差上升和产水量下降。最明显的表现就是现场膜堆漏水，实际上是膜片表面结垢或黏泥积聚。

（4）EDR 膜片需要定期人工清洗

鉴于多级多段的结构形式和电渗析工艺本身特点，虽然在实际应用中采取了投加阻垢剂和间歇加酸等措施，仍然无法完全消除膜片表面形成污染物积聚和无机盐结垢的问题，需要根据运行情况定期对膜片进行清洗。一次性检修拆洗工作量大、时间长，需要将 EDR 产水减量甚至停产。

4.6.7　化工污水浸没式超滤-反渗透处理回用技术

某炼油化工企业化工污水处理回用装置于 2004 年 7 月建成，采用浸没式超滤和反渗透集成处理工艺，设计进水量 1200m³/h，产品水最终作为高压锅炉补给水、循环水补水。该装置是同行业中最早也是规模最大的膜法水处理装置，为炼油化工行业节水减排和污水资源利用提供了借鉴。

4.6.7.1　项目概况

设计进水量为 1200m³/h，生产准一级除盐水 800m³/h。同时产出 400m³/h 浓盐水，设计进水和产水水质如表 4-16 所示。

表 4-16　污水处理回用装置进出水水质

	温度/℃	pH	TSS/(mg/L)	浊度/NTU	COD$_{Cr}$/(mg/L)	TDS/(mg/L)	电导率/(μS/cm)
进水	10~35	7.1~8.5	<50	15	40~60	800	1200
产水	10~35	7.2~8.0				<24	<50

4.6.7.2　工艺流程及关键技术

1. 工艺流程

污水深度处理回用的工艺流程如图 4-23 所示。

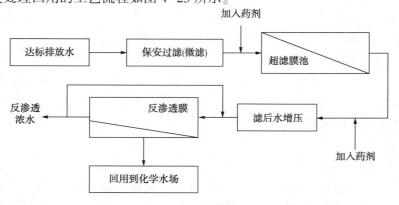

图 4-23　污水深度处理回用工艺流程

污水处理场二沉池出水经泵提升，添加一定比例的次氯酸钠进行杀菌，送到浸没式超滤系统前的絮凝反应池，并添加一定比例的絮凝剂混合反应进入超滤系统去除其中的悬浮物，降低浊度、淤泥密度指数（SDI）值等，以满足反渗透进水条件。

超滤系统产水进入中间水箱，在进入反渗透给水泵前由杀菌剂、还原剂计量泵分别投加氧化性杀菌剂（异噻唑啉酮）和亚硫酸氢钠。非氧化性广谱杀菌剂的加药量约为 100mg/L，采用运行过程中冲击式投加方式，一般每周投加一次，每次投加 20~30min，以抑制水中的细菌繁殖。亚硫酸氢钠加药量约 3mg/L，主要作用是脱除给水中的余氯，防止反渗透膜的氧化损坏，在加药点处设置静态混合器，使这两种药品加入均匀。

为了防止反渗透浓水侧结垢，在给水泵的进水管处由阻垢剂计量泵投加阻垢剂，并在加药点处设置静态混合器，使药品均匀加入，加药量为 3mg/L，投药后的朗格利尔指数（LSI）值可提高至 2.8，能有效控制碳酸钙、硫酸钙、硫酸钡结垢，同时对二氧化硅、铁铝氧化物及胶体具有很强的分散效果。

经投加阻垢剂后的超滤水由高压泵输送至反渗透装置进行脱盐，脱盐率大于 98%。由于反渗透产品受水中溶解二氧化碳的影响，产品水的 pH 值为 5.7~6.2，水质偏酸性，腐蚀性较强。为了防止对后续设备及管道的腐蚀，在反渗透产水的总水管上由氨计量泵投加氨调节 pH 值，投加量约 3mg/L，加药点处设置静态混合器，使氨与产品水充分混合，将产品水 pH 值调到 7.2~8.0，减轻水的腐蚀性。反渗透脱盐水加碱调节 pH 值后进入成品水池，成品水经泵送到化学水场。

反渗透的浓水直接排放至污水处理系统。反渗透单元中设有浓水自动冲洗系统，每当反渗透装置停止运行时，自动启动反渗透冲洗水泵对膜元件进行低压冲洗，以防止膜表面受到浓水污染。

2. 关键单元设备

（1）超滤单元

超滤膜装置采用浸没式外压处理工艺，选择加强型中空纤维膜元件，内外径分别为 0.9mm 和 1.9mm，其过滤孔径为 0.04μm。在纤维膜的两端安装集液管，通过集液管抽取透过液，多个组件连接在一起组成一体，安装在一个框架中，再放进膜池。过滤系统的驱动力为真空负压，膜组件底部装置有曝气装置，利用气泡上升过程中产生的紊流清洁膜面。膜池的反洗频率为每隔 10~15min 反洗 15s。采用曝气方式产生连续的气擦洗，气擦洗可以去除沉积在膜外表面的污堵物和颗粒，保证超滤膜元件能在高通量和低透过压力条件下运行，同时可降低膜的浓差极化效应。原水中较低的 pH 值会改变 $CO_3^{2-}/HCO_3^-/CO_2$ 的平衡，产生气态物，导致 CO_2 不断从水中逸出。一般情况下，CO_2 的脱除率可达 30%~70%。

（2）反渗透单元

反渗透技术可以有效去除污水中盐类，并可去除水中的悬浮物、有机物质、胶体物质等，产水可应用于工艺用水。反渗透给水泵采用变频控制技术，降低了能耗。

4.6.7.3　反渗透装置的污染与防控

1. 反渗透膜生物污染

反渗透膜的污染是影响膜运行的最关键因素。膜的污染主要包括沉淀污染、微生物污染、胶体污染等，其中微生物污染具有其特殊性，也是反渗透水处理中影响最大、处理难度最大的一种。

反渗透系统的原水水源为生化处理装置二沉池出水，其中含有细菌、藻类、真菌、病毒和其他高等生物，增加了反渗透膜表面黏附和滋生细菌的可能性。

RO 膜微生物污染的影响因素除了膜本身的化学成分和结构形式外，主要的影响因素是原水水质和系统运行参数。

2. 反渗透膜生物污染控制措施与效果

（1）超滤系统微生物污染控制

超滤单元作为反渗透系统的预处理单元，通过投加次氯酸钠来实现对微生物指标的控制，进而减轻对超滤膜的污染，加药量通过控制余氯值来控制。控制指标如表 4-17 所示。

表 4-17　超滤系统余氯控制参数

项目	原水	超滤进水	超滤浓水	中间水箱
余氯	<0.15mg/L	0.3~1.2mg/L	0.1~0.6mg/L	0.3~0.5mg/L

余氯的杀菌效率与未分解的 HOCl 浓度成正比，次氯酸比次氯酸根的杀菌效力要高 100 倍。NaClO 投加与水质有密切关系，特别是 pH 值的影响最为明显，未解离次氯酸的比例随 pH 值的降低而增加。为了确定最佳加氯量、最佳加药点、pH 值和接触时间，可以根据实际情况进行调整。

（2）反渗透系统微生物污染控制

还原剂除了用于去除原水中的余氯，还有抑制细菌的作用。一般情况下，500~1000mg/L 的 $NaHSO_3$ 加入 30min 即可。冲击式处理可以按固定时间间隔周期性地进行，例如每隔 24h 一次，或怀疑出现生物滋生时处理一次。在使用过程中需避免过量投加，可以采用 ORP 值来控制，一般 ORP 值不超过 250mV。过量投加的还原剂一方面会增加反渗透膜的操作压力，也会成为细菌的营养源。

冲击式投加杀菌剂是预防反渗透系统微生物污染和杀死细菌的最直接方式。为预防和杀死微生物，冲击处理方式是在有限的时间段内以及系统正常运行期间，向反渗透进水中加入杀菌剂。作为化工污水深度处理装置，采用温度和细菌总数控制法，冬季时每周两次杀菌，夏季时每周三次杀菌。特殊情况下杀菌还应更频繁，可以采用短期的连续杀菌。

3. 反渗透系统化学清洗

化学清洗是对反渗透膜遭受生物污染之后的最后补救措施，经过清洗最大限度使膜性能恢复到正常生产水平。经过化学清洗，不仅可以去除有机物、无机物和胶体等污染，经过 pH=2~12 环境下的酸性和碱性药剂的交替清洗，反渗透膜系统中的微生物污染基本上也被清除。在清洗之后会通过较长时间的低压冲洗以达到对细菌的剥离。

现场应用表明，在清洗前后运行频率相同的条件下，未进行生物剥离时清洗后的清洗压差为 0.31MPa，流量 163m³/h；进行生物剥离的两次清洗后，一段压差为 0.26MPa，流量 184m³/h。清洗后进行生物剥离的情况下，压差降低 16.1%，流量上升 11.3%，效果明显。

4.6.7.4　运行效果

超滤装置进水量 1200m³/h，水温 10~35℃，连续运行的 pH=5~9.5，水回收率 90%~94%。超滤产水浊度<0.2NTU，TSS<1mg/L，SDI<3。

反渗透系统进水量 1080m³/h，水温 10~35℃，进水 SDI<3，pH=3~10，浊度<0.5NTU，残余氯<0.1μg/L，水回收率 75%。反渗透总脱盐率>97%，产水电导率<50μS/cm，TDS<24mg/L。

4.6.8　炼油污水臭氧氧化–生物活性炭–纳滤处理回用技术

4.6.8.1　项目概况

某炼油化工公司通过调研，根据炼油工艺污水性质特点，经过现场 $5m^3/h$ 中试研究，确定采用以混凝气浮、臭氧生物活性炭与纳滤除盐为核心的污水处理回用工艺路线。在此基础上，于 2004 年建成了 $4000m^3/d$ 污水深度处理回用工程项目。2010 年又建成了以超滤–纳滤为核心的 $200m^3/h$ 污水深度处理回用工程。经过多年的运行，以纳滤为核心的污水深度处理项目取得了良好的应用效果，实现了企业的节水减排。

4.6.8.2　工艺流程及关键技术

1. 工艺流程

$4000m^3/d$ 炼油污水纳滤技术处理回用工程流程如图 4-24 所示。

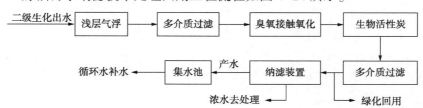

图 4-24　炼油污水纳滤技术处理回用工艺流程

污水处理场合格出水通过泵提升进均质池调节水质水量，再由泵提升进入浅层溶气气浮单元，通过浮选去除污水中的悬浮物、油、COD 等污染物。高效浅层气浮装置出水自流进入集水池，再经泵提升后送入一级多介质过滤器，可进一步去除水中的悬浮物及部分有机污染物。经一级多介质过滤器过滤后出水进入臭氧接触氧化处理单元，利用臭氧所具有的强氧化特性，可以有效地实现水质的脱色、氧化分解有机物等，同时利用臭氧的强氧化性对高相对分子质量有机污染物的断链和开环作用，可明显改善污水的可生化性。臭氧接触氧化后出水，经泵提升后进入生物活性炭塔，通过生物活性炭表面培养的微生物对污水中的污染物降解，进一步去除污水中 COD 等污染物。生物活性炭塔出水进入二级多介质过滤器进一步去除水中的悬浮物。二级多介质过滤器出水进入纳滤脱盐系统进行脱盐，经过纳滤脱盐后的产品水代替新水补充至循环水系统中。

2. 工艺特点

① 首次在炼油污水处理回用上采用了高效浅层池浮选工艺，占地面积少、操作简单、运行成本低、投资小。

② 针对污水可生化性 B/C 比低的特点，采用臭氧作为强氧化剂，提高了污水的可生化性，并可有效去除污水中的污染物质。

③ 采用活性炭为载体，有利于微生物菌种的生长，使生物活性炭单元的作用得到最大发挥。

④ 首次在炼油污水深度处理上采用纳滤脱盐工艺。

3. 关键技术

（1）浮选

气浮是污水回用工程的保证单元，其主要作用是去除水中的矿物油、悬浮物、COD 等污染物，尤其在来水水质较差时，其作用更加明显。现场数据表明，气浮单元对COD_{Cr}的去除率可达$18\%\sim39\%$，对悬浮物的去除率可达$43\%\sim66.5\%$，达标污水的矿物油主要以溶解和乳化的形态存在，去除率相对较低，但也达到了$6\%\sim9\%$，氨氮、总磷等通过气浮单元后都有不同程度的去除。

（2）臭氧接触氧化

臭氧可与细菌、病毒等微生物发生多种生物化学氧化反应，使微生物的物质代谢和繁殖过程遭到破坏。臭氧在水中反应生成具有强氧化性的·OH等自由基，·OH等再与水中细菌、有机物等反应而将其去除。臭氧的另一个重要作用是断链、开环，使难以被生物降解的大分子溶解态有机物转化为小分子有机物，易于被生物降解，有利于污水的进一步生化处理。

（3）生物活性炭塔

利用活性炭为骨架，形成生物活性炭塔，活性炭上挂满生物膜。生物膜具备生物种群多、数量大、处理能效高的特点。选择高效菌种，利用活性炭的高强度、多孔径、大比表面积培养生物膜后，形成好氧、厌氧、兼氧的一体化生物处理器。

（4）纳滤

纳滤膜是一种低压选择性膜，通过压差的作用，能将料液进行选择性分离。纳滤膜的孔径是纳米级的，能让水完全通过，而截留或部分截留比水相对分子质量大的物质。通过纳滤膜可将污水中的污染物，如COD、BOD、氨氮、总磷和重金属离子等与水进行分离。一般对一价离子，如Na^+、Cl^-等，纳滤膜可通过，但不同型号膜的截留率也不同。离子价数越高，膜对它的截留率就越高；重金属离子和磷酸根一般都是多价离子，纳滤膜对它们的截留率较高。对于比离子更大的有机物构成的COD、BOD、细菌、病毒、胶原体等，纳滤膜对它们的截留率更高。纳滤后出水电导率一般在$200\sim300\mu S/cm$。

4.6.8.3 运行效果

炼油化工污水深度处理回用装置处理结果如表4-18所示。

表4-18 炼油化工污水深度处理回用工程处理水质情况

污染物名称	$COD_{Cr}/(mg/L)$	含油量/(mg/L)	电导率/(μS/cm)	浊度/NTU
气浮系统进水	67.9	4.685	2710	11.796
气浮系统出水	55.6	4.080	—	—
二级多介质过滤器出水	31.24	1.585	2670	2.681
纳滤出水	1.64	—	340	0.912
外输产品水	2.15	1.509	1240	1.0
回用指标	<30	<5	<1500	<5
污染物去除率/%	96.8	67.8	54.2	91.5

污染物名称	总硬度/(mg/L)	总碱度/(mg/L)	矿化度
气浮系统进水	433.39	179.17	1930
外输产品水	126.37	69.36	723
回用指标	<300	<150	—

续表

原料水流量/(m³/h)	171.8
循环水供水量/(m³/h)	98.5
绿化供水量/(m³/h)	51
纳滤系统除盐率/%	87.5

　　装置运行结果表明，炼油化工污水经深度处理回用后，出水水质良好，应用于循环水系统的腐蚀率小于 0.100mm/a，满足中国石油炼油企业工业水管理制度规定的控制指标。以"浅层气浮-臭氧接触氧化-生物活性炭-纳滤"为主体的炼油化工污水深度处理工艺，其出水水质指标满足回用水质要求，装置运行可靠、操作简单、经济合理。

4.6.9　分子筛生产污水双极膜电渗析资源化利用技术

4.6.9.1　项目概况

　　分子筛具有良好的择形催化性能、热稳定性和水热稳定性，已作为一种重要的催化材料广泛应用于炼油化工、煤化工与精细化工等催化领域中。但在分子筛生产过程中，外排污水量大，特别是母液和交换水洗液等组成复杂，含钠盐、钾盐、钙盐等多种金属离子并含有表面活性剂、有机模板剂以及溶胶类固体微粒等，且 COD 高，某些分子筛母液高达 40000mg/L，传统的污水处理技术，普遍具有处理成本高且有二次污染等问题。

　　某研发单位基于分子筛生产过程存在的问题，开发了以双极膜电渗析为核心的低成本、清洁化分子筛脱钠和模板剂回收新工艺，建成了 2m³/h 工业示范装置，取得了良好的应用效果。

4.6.9.2　工艺流程及关键技术

1. 分子筛生产工艺

　　分子筛生产过程由合成晶化工序、过滤洗涤工序、一次改性处理工序、二次改性处理工序、干燥工序、焙烧工序、磨粉工序等组成。分子筛生产简要工艺流程如图 4-25 所示。

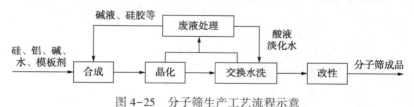

图 4-25　分子筛生产工艺流程示意

2. 废液处理工艺

　　分子筛生产过程中晶化污水和交换水洗污水处理流程如图 4-26 所示。

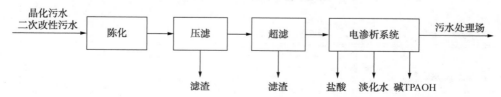

图 4-26　分子筛废液处理流程示意

晶化污水与改性污水等进入陈化罐，加入盐酸，边加热边搅拌，保持液体温度在60℃左右，待pH值为7时，停止加酸，静置陈化。经过陈化后的陈化液经过泵输送至板框式压滤机过滤。滤液再经过超滤膜分离，滤液经滤液罐并经冷却后送入电渗析系统。

电渗析系统主要包括如下功能：

（1）脱盐电渗析

经处理后的滤液由泵通过精密过滤器和换热器降温后，通过并联脱盐膜堆提浓，污水中电导率合格后，输送至主体装置晶化淡化水罐回用。浓液通过并联脱盐膜堆循环提浓。晶化系统所有膜堆共用极液，经精密过滤器和换热降温，返回极液储罐。

（2）双极膜电渗析

浓水经精密过滤器和换热降温后，通过并联的膜堆脱盐膜。浓液返回到浓液罐循环。稀酸罐水通过并联的双极膜堆，再通过阴膜迁移过来的Cl⁻与双极膜上水解产生的H⁺结合形成稀盐酸，并循环到设定浓度后回用。稀碱罐水通过并联的双极膜堆，通过阳膜迁移过来的阳离子与双极膜阴极上产生的OH⁻结合形成稀碱液四丙基氢氧化铵（TPAOH），并返回到稀碱罐。

（3）提浓电渗析

稀碱通过精密过滤器和换热降温后，通过并联的脱盐膜堆提浓，阴阳离子通过阴膜、阳膜往浓室迁移，稀碱液越来越稀，并返回稀碱储罐循环；稀碱经精密过滤器过滤后通过并联的脱盐膜堆浓室接受阴阳膜迁移过来的阴阳离子，浓室中碱液越来越浓，并返回至浓碱罐循环。

（4）提纯电渗析

浓碱经过精密过滤器和换热降温后通过双极膜，阴离子在阴膜上发生离子迁移，浓碱逐渐变纯并返回到浓碱罐循环，直到达到要求后输送至主体装置，浓碱TPAOH回用。净水经精密过滤器过滤后通过双极膜，同时阴膜迁移过来的Cl⁻与双极膜上水解产生的H⁺结合形成稀盐酸，并返回到提纯酸罐循环，至设定浓度后转至稀酸罐。

3. 脱钠及回收模板剂原理

双极膜电渗析脱除分子筛废液中的Na⁺及回收模板剂原理如图4-27所示。在直流电场的作用下，双极膜使水分子低能耗地解离产生出H⁺和OH⁻，分别向阴、阳两极移动。盐室NaCl溶液中的Cl⁻透过阴离子交换膜进入酸室，与双极膜产生的H⁺结合生成HCl，可引入分子筛浆液中进行离子交换；随着离子交换反应的进行，分子筛中的Na⁺和正丁胺模板剂逐渐被交换。在交换滤液中正丁胺以正丁铵阳离子形式存在，在电场的作用下，Na⁺和正丁铵阳离子迁移通过阳离子交换膜，进入碱室形成产物NaOH和正丁胺的混合溶液，并在反应过程中不断被富集浓缩，从而实现分子筛脱钠以及有机胺模板剂的回收。

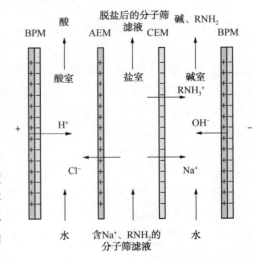

图4-27 双极膜电渗析脱除废液中
Na⁺及回收模板剂原理

4.6.9.3　运行效果

分子筛生产过程废液处理效果如表4-19所示。

表4-19　分子筛污水处理结果

项目	进口浓度/(mg/L)	出口浓度/(mg/L)	去除率/%	备注
悬浮物	21.5	15	30.23	经处理后的污水排入后续综合污水处理场
COD	38400	905	97.64	
BOD$_5$	1550	332	78.58	
氨氮	15.15	10.17	32.87	

分子筛废液经处理后,COD去除率大于96%,出水水质满足进入后续污水处理场入场标准。

每吨分子筛生产过程可回收淡化水35~40t,100%浓度的TPAOH约150~160kg,100%浓度的盐酸约25~30kg,可用于预处理;二氧化硅20~40kg,可用于分子筛制备。

废液双极膜电渗析处理过程中生产的盐酸、浓碱TPAOH可返回到生产工艺中,实现综合利用。整体废液处理过程实现了投入与产出有盈余。

4.6.10　高盐污水预处理减量化-纳滤-多效蒸发分质结晶技术

4.6.10.1　项目概况

某煤化有限责任公司一期项目为煤制1700kt/a甲醇及转化烯烃、烯烃衍生产品,以及热电、空分、铁路、码头、水厂(净、污)等配套公用工程设施。根据环评批复要求,公司所有生产装置及辅助设施产生的污水、清净污水都必须进行处理、回用,实现"全部回用,不得外排"的要求。

污水处理场是配套的辅助生产设施,负责对本项目产生的污水进行处理、回用,并最终达到近零排放目标。其中污水处理场划分为生产污水处理系列、含盐污水处理系列、清净污水处理系列以及高盐污水处理系列。

生产污水处理系列处理量为350m³/h,主要处理煤制甲醇装置、甲醇制烯烃(MTO)装置、聚丙烯装置、线型低密度聚乙烯(LLDPE)装置及辅助设施排出的生产污水、生活污水及装置污染区的初期雨水。该系统污水含盐量较低,经调节、气浮、生化处理、二沉池、高密池、臭氧催化氧化+BAF、砂滤等处理后回用作循环水补充水。

含盐污水处理系列处理量为400m³/h,主要处理煤制甲醇装置的气化污水和污泥脱水滤后液,含盐量较高,经调节均质、A/O、二沉池、高密池、臭氧催化氧化+BAF处理后排入清净污水系列。

清净污水处理系列处理量为1200m³/h,主要处理循环水排污水、化学水站排水和经生化处理后的含盐污水。该系列污水含盐量高,有机物浓度较低,经软化澄清、过滤、超滤、反渗透脱盐处理,回收70%~75%产水,回用作化学水站原水补给水或循环水补充水,浓水排至高盐污水系列。

高盐污水处理系列处理量为360m³/h,主要处理清净污水系列反渗透浓水,经一系列除硬、除硅、除COD措施后,进一步膜浓缩、蒸发、结晶分盐处理回收大部分水,同时获得氯化钠、硫酸钠，少量母液干燥外运。高盐污水系列产水与清净污水系列产水混合，回用作化学水站原水补给水或循环水补充水。

高盐污水处理系列进出水水质如表 4-20 所示。分质结晶盐氯化钠产品执行《工业盐》（GB/T 5462—2015）中日晒工业盐二级标准，硫酸钠产品执行《工业无水硫酸钠》（GB/T 6009—2014）中Ⅲ类合格品标准。

表 4-20　高盐污水设计进出水水质

项目	进水水质	产水水质
pH	6~9	6.5~8.5
电导率/(μS/cm)		≤600
总溶解固体(TDS)/(mg/L)	7500	≤350
浊度/NTU		≤5
总悬浮固体(TSS)/(mg/L)		≤10
总硬度(CaCO₃计)/(mg/L)	990	≤5
碱度(以 CaCO₃ 计)/(mg/L)		≤20
COD/(mg/L)	167(Cr 法)	≤30(Mn 法)
氯化物/(mg/L)	1500	≤200
硫酸盐(以 SO_4^{2-} 计)/(mg/L)	3600	≤200
氨氮/(mg/L)		≤10
硝酸盐/(mg/L)		≤20
硅(以 SiO_2 计)/(mg/L)	54	—
油/(mg/L)		≤1

4.6.10.2　工艺流程及关键技术

高盐污水处理主要分为高盐污水预处理及膜浓缩系统、纳滤预处理及纳滤系统、蒸发结晶系统等三部分。清净污水系列反渗透浓水进入本装置，经一系列除硬、除硅、除 COD 措施后，进一步膜浓缩、纳滤粗分、蒸发、结晶分盐处理回收大部分水，同时获得氯化钠、硫酸钠，少量母液干燥生成杂盐外运。高盐污水系列产水与清净污水系列产水混合，回用作化学水站原水补给水或循环水补充水。

1. 高盐污水预处理及减量化系统

高盐污水预处理及减量化工艺流程如图 4-28 所示。

预处理及减量化主要是进一步浓缩污水、降低后续工艺单元的处理规模。主要工艺包括均质调节-高密度澄清-臭氧催化氧化-BAF-砂滤-浸没式超滤-离子交换树脂-反渗透系统。

（1）高密度澄清池

本煤化污水硬度高、碱度大，且含有一定量的 SiO_2。通过向池内投加聚合氯化铝（PAC）、Na_2CO_3、$Ca(OH)_2$、NaOH、聚丙烯酰胺（PAM）等药剂，将水中的 Ca^{2+}、Mg^{2+} 等转化为难溶化合物，并通过沉淀作用分离，使水质得以软化。同时反应过程中的混凝、絮凝、网捕、吸附作用，也可使原水中的悬浮物、有机物、胶体等物质凝聚成较大的絮凝物，通过

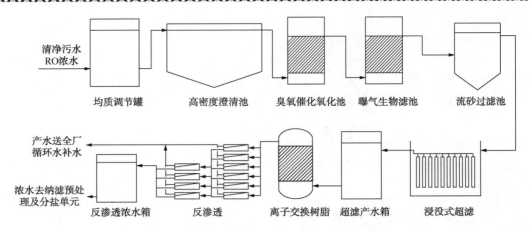

图 4-28　高盐污水预处理及减量化工艺流程

沉淀作用分离。采用纯碱(碳酸钠)-石灰-烧碱法的化学软化方法，可有效降低水中的钙、镁硬度。$Ca(OH)_2$ 可与水中的 CO_3^- 进行反应生成 $CaCO_3$ 沉淀，$NaOH$ 可与水中(HCO_3^-)反应，使之与 Ca^{2+} 生成 $CaCO_3$ 沉淀；过量的 $NaOH$ 与 Mg^{2+} 反应生成 $Mg(OH)_2$ 沉淀，从而去除镁硬度。作为不溶物的特性之一，其溶解度与 pH 值直接相关。控制适当的 pH 值，既能使反应完全，又能节省药剂，是整个反应控制过程的重点。

（2）臭氧催化氧化

臭氧催化氧化池为固定床反应器，填装催化剂，进入床层的臭氧在催化剂作用下形成羟基自由基，与高盐污水中的有机物发生强氧化反应，实现污水中有机物的深度处理，并提高污水的可生化性，为后续的生化单元创造条件。在臭氧催化氧化池中未能完全反应的残余臭氧，经臭氧破坏器破坏后排入大气。水经臭氧催化反应后，经稳定池消除水中残余臭氧，减少对后续生化单元中微生物的冲击。

（3）BAF 工艺

原水和空气自曝气生物滤池底部进入，同向接触。利用填料上生长微生物的氧化分解作用、填料及生物膜的吸附截留作用，以及生物膜内部微环境和厌氧段的反硝化作用，降解水中的 COD、氨氮和悬浮物，确保最终出水水质满足后续处理工艺要求。

（4）弱酸阳床工艺

由于水的硬度主要由钙、镁等构成，原水通过弱酸阳离子交换树脂，可使水中的 Ca^{2+}、Mg^{2+} 与树脂中的 Na^+ 进行交换，使水得以软化。通过弱酸阳床交换器后，水中的 Ca^{2+}、Mg^{2+} 被置换成 Na^+ 或 H^+。

（5）浸没式超滤

浸没式超滤装置的主要作用是分离悬浮物大分子胶体、黏泥、微生物、有机物等能够对反渗透膜造成污堵的杂质。浸没式超滤装置的运行方式为全流过滤，出水浊度可以达到 1NTU 以下。为最大限度地提高产水效率，需要周期性地使用超滤产水或者同等水质的水对系统进行反洗。在反洗的同时进行气擦洗，可取得更佳的清洗效果。

（6）反渗透工艺

反渗透装置采用宽流道、耐污堵的高压反渗透膜，可保证膜装置在高污染、高浓缩倍率下的稳定运行。正常运行时，一级膜装置可将 TDS 浓缩到 20000mg/L 以上；二级膜装置可将 TDS 浓缩到 45000mg/L，极端情况下可达到 60000mg/L 以上。

2. 纳滤预处理及纳滤系统

纳滤预处理及纳滤系统主要是针对反渗透浓缩污水，对污水中的 COD、悬浮物等进一步去除，并通过纳滤技术实现 Cl⁻ 和 SO₄²⁻ 高效分离，为后续蒸发结晶打下良好的基础。工艺流程为高效膜过滤-臭氧氧化-超滤-纳滤-反渗透。纳滤预处理及纳滤系统工艺流程如图 4-29 所示。

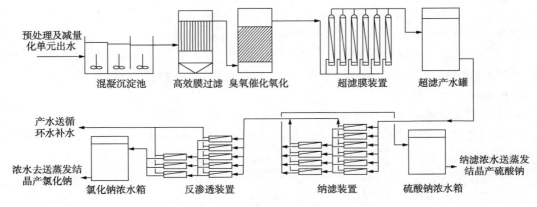

图 4-29　纳滤预处理及纳滤系统工艺流程

（1）高效除硬过滤

高效除硬过滤可进一步去除高盐污水中的硬度，采用加碱沉淀法除硬，根据溶度积原理向污水中投加碱性物质，使之与污水中的钙、镁离子反应并生成难溶性盐沉淀，通过高效有机膜过滤，使污水中的钙、镁离子得以去除。首先通过加碱调节 pH 值去除污水中的硬度，其次通过有机膜过滤将污水中的硬度从水中分离出来。有机膜过滤是在一定外界压力存在的情况下，待分离混凝后的悬浮液通过过滤单元后，使悬浮物得到分离，或使悬浮物被滤膜截留在表面和内部。过滤器的核心是由聚四氟乙烯和聚丙烯纤维复合制成的一种多孔膜，化学性质稳定，摩擦系数极低，耐高温、耐老化。该膜开孔率极高，孔径又极小，能够截住固体及悬浮物等杂质。高效除硬过滤工艺出水水质优，悬浮物≤10mg/L，出水透明无色，且能保证长期运行稳定。

（2）臭氧催化氧化

高盐污水经二级反渗透浓缩后，其反渗透浓水的 COD 升高，难生物降解物质进一步累积，采用催化臭氧氧化工艺进一步去除其中的 COD，满足后续膜分离的要求。

（3）超滤单元

采用压力式超滤膜进一步去除污水中的浊度，以满足后续纳滤单元的进水水质要求。产水浊度可小于 0.1NTU。

（4）纳滤单元

为了最终获得更高品质的结晶盐类，降低后续蒸发结晶的整体规模和运行成本，超滤产水进入纳滤单元进行一二价离子的分离。通过采用合适的纳滤膜和纳滤系统的优化设计，可将水中硫酸根离子截留率提高到 98% 以上，获得主要为氯化钠的纳滤产水和主要为硫酸钠的纳滤浓水。纳滤浓水直接进入后续蒸发结晶单元进行浓缩结晶产出硫酸钠盐，纳滤产水进入反渗透单元进一步浓缩。

（5）反渗透单元

采用常规卷式反渗透膜元件，将纳滤产水进一步浓缩，降低后续蒸发结晶单元的水量。

3. 蒸发结晶系统

高盐污水经过预处理、纳滤膜浓缩系统后，得到纳滤浓水和纳滤淡水。根据纳滤淡水和纳滤浓水的介质组成及结晶特性，含氯化钠水采用预处理+五效强制外循环真空蒸发+结晶盐分离干燥工艺；含硫酸钠水采用预处理+五效强制外循环真空蒸发+三效蒸发结晶分离干燥工艺。预处理工艺主要是脱除进料中的易挥发氨氮、低沸点 COD 等，脱碳主要是在酸性环境下脱除进料中的碳酸根离子，防止结垢。

通过蒸发结晶，硫酸钠和氧化钠实现资源化利用，杂盐结晶及母液外委处置，高盐污水最终实现近零排放。

4.6.10.3　运行效果

1. 高盐污水预处理及膜浓缩系统

高盐污水预处理系统运行正常，高密度澄清池各项功能运行较为稳定，二氧化硅去除率 70%以上，除硬除硅效果较好。

臭氧催化氧化-BAF 系统出水 COD 保持在 35mg/L 以下，系统运行稳定。

浸没式超滤系统出水浊度较低，均小于 1NTU，运行平稳。

反渗透单元在进水 TDS 为 6000~9000mg/L 时，系统浓水 TDS 稳定在 30000mg/L 左右，浓缩倍数在 3.1~4.6。

2. 纳滤预处理及纳滤系统

高效膜过滤系统运行稳定，产水钙、镁硬度少于 10mg/L。

高级氧化系统出水总有机碳（TOC）在 10~30mg/L，运行较为稳定。

纳滤系统进水 TDS 在 30000mg/L 左右，纳滤浓水 TDS 约 50000~57000mg/L，纳滤产水经反渗透进一步浓缩，RO 浓水 TDS 约 25000~30000mg/L；纳滤进水氯离子浓度 4700~5300mg/L，纳滤产水氯离子浓度 4750~6070mg/L，纳滤浓水氯离子浓度 2500~3200mg/L，纳滤产水经反渗透浓缩后氯离子浓度在 11000~13000mg/L；纳滤进水硫酸根浓度 11000~12000mg/L，产水硫酸根浓度 60~300mg/L，浓水硫酸根浓度 30000~40000mg/L。纳滤系统硫酸根离子与氯离子分离效果稳定，硫酸根截留率大于 98%，表明污水中大部分硫酸根均浓缩至纳滤浓水侧，实现了污水中硫酸钠与其他盐分的有效分离。

3. 高盐污水蒸发结晶分盐系统

高盐污水蒸发装置运行稳定，氯化钠产品纯度达到 95%，硫酸钠产品纯度达到 98%；蒸发结晶回用水 COD 9mg/L、氨氮 2.58mg/L、TDS 12.33mg/L，满足工业回用水指标。

4.7　展望

2021 年 1 月，国家发改委发布了《关于推进污水资源化利用的指导意见》，积极推动工业废水资源化利用。开展企业用水审计、水效对标和节水改造，推进企业内部工业用水循环利用，提高重复利用率。推进用水系统集成优化，实现串联用水、分质用水、一水多用和梯级利用。实施工业废水循环利用工程。严控新水取用量，重点围绕火电、石化、钢铁、有色、造纸、印染等高耗水行业，开展企业内部废水利用，创建一批工业废水循环利用示范企业，带动企业用水效率提升。实施污水近零排放科技创新试点工程。开展技术综合集成与示范，研发集成低成本、高性能工业废水处理技术和装备，打造污水资源化技术、工程与服务、管理、政策等协同发力的示范样板，到 2025 年建成若干工业废水近零排放科技创新试点工程。

炼油化工企业清洁生产、节水减排及污水处理回用工作的深入开展，提升了炼油化工企业的环境保护水平和综合竞争力。但是，随着国家环保政策、标准的日益严格，人民群众对美好生活的向往及对生活环境的期待，炼油化工行业必须加大提标改造、节水减排及污水处理回用的技术创新的力度，以满足国家新的发展要求。

4.7.1　节水减排技术

1. 源头清洁生产

随着节水减排工作的开展，炼油化工行业污水回用取得了良好的环境效益，但也给企业带来一定的运行成本压力。炼油化工企业中的污水来自原料、新鲜水、生产工艺，包括在其中也带来了大量的污染物及盐分，因此，应采用清洁的原料、清洁的生产方式降低炼油化工生产过程中污染物的产生量，减少后续节水减排的压力。做好企业污污分流、雨污分流、污污分治，实现水系统管网可视化。充分利用雨水及城市中水，降低企业新鲜水取用量。重点做好蒸汽凝结水、电脱盐水、汽提净化水等污水的处理和综合利用。

2. 做好水系统整体优化

做好企业生产装置用水排水分析，包括企业水平衡、盐平衡、仪表设备水平、工艺水平等；开展企业循环水、新鲜水、污水达标排放及资源化分析，应对新标准与新形势，分析节能节水与资源化途径，重点做好污水串级使用和达标污水适度处理回用；开展企业用水审计、水效对标和节水减排改造，加强用水循环利用，提高重复利用率；采用水夹点技术，推进用水系统集成优化，实现串联用水、分质用水、一水多用和梯级利用；通过新鲜水、化学水、循环水和污水的四水合一节水减排技术集成优化，提出企业综合解决方案，降低企业取排水总量，实现水资源的高效利用。

3. 污水处理工艺优化

污水处理出水的水质直接影响到污水回用及资源化工艺的处理效果，影响到后续脱盐过程中有机物的浓度，也影响到产出盐的质量。因此根据污水水质的差异，合理集成预处理技术、核心生化技术及深度处理技术，可有效去除污水中的特征污染物。重点应开发源头消减技术，去除污水中的特征污染物，包括纳米纤维除油技术、高效溶气气浮技术等；开发高效生化技术，强化固定化微生物和生物增效水平，推广高效生物反应器(ABR)、一体化生物反应器(IBR)、膜曝气生物反应器(MABR)等新技术，提高生化处理水平；开发高效氧化技术，优化臭氧氧化催化剂和催化工艺，重点开发应用电催化氧化、非均相芬顿氧化技术。结合炼油化工一体化未来发展目标，优化企业整体污水处理流程，实现短流程、自动化、高效化、设备化和智能化。针对特殊炼油化工污水，形成专有技术和专性生物菌，解决高盐、高碱、高氨氮、高硝氮、高 COD、低分子聚合物及其他有毒有害污染物的去除难题，为实现污水的综合利用打下基础。

4.7.2　膜法污水处理回用技术

膜分离技术经过多年的发展，已经在炼油化工污水处理回用中发挥了巨大作用，成为企业污水处理回用的关键技术。但由于炼油化工行业产品种类繁多，水污染物组成复杂，膜应用过程中出现了一定的问题：①污水中的石油类、钙、镁、氟及特征污染物，易于在膜法污水处理回用系统中造成膜污染、膜断丝或者分离层破坏失效，引起系统产水水质不可逆的下降。②分离膜应用过程中，普遍存在化学清洁周期和使用寿命短的问题，严重影响到膜技术的推广应用。③在分离膜技术开发与应用中，理论指导与创新结合不够，材料结构与性能研究不够，膜产品往往质量合格但不好用，影响了膜技术的发展。未来重点应从以下几个方面做好研究与应用。

1. 膜法前置预处理技术

达标污水中的有机物、微生物及成垢物质是影响分离膜系统稳定运行的主要因素。开发一体化高效除硬、除硅、除氟等成套技术和设备，优化工艺操作过程，降低运行费用，提高设备运行水平，推广膜法除硬、除硅成套技术设备。开发低浓高效的有机物去除技术，如改良 BAF 技术、高效固定化生物菌、非均相芬顿氧化技术、电催化氧化技术、微波辐射技术、光催化氧化、超声氧化等，提高难生物降解污水处理效果，进一步去除达标污水中的污染物质。

2. 膜法水处理工艺集成优化

目前以前置预处理-超滤-反渗透为核心的炼油化工污水膜法处理工艺已经得到了广泛应用，但实际应用过程中也存在很多问题，因此应下功夫做好膜系统的集成优化。一是注重水质的分析调研工作，重点做好水中特征污染物的分析表征，明确影响膜系统运行的重要节点和关键因素。二是做好膜分离工艺集成设计，基于用水目标及水源水质，做好工艺优化设计。三是重点做好膜的比较优化，基于膜的分离要求，反推强化预处理工艺。四是做好膜系统膜污染清洗等配套设计，为膜分离系统的稳定运行保驾。

3. 分离膜系统运行维护技术

一是开发炼油化工污水水质评价方法，揭示污水中特征污染物与膜组件分离性能的相互关系，提出污染预防及清洗恢复评价指南。二是开发超滤、反渗透膜系统运行数学模型，通过大数据分析和数值模拟，建立超滤、反渗透系统的流体力学二维数值模型，提出膜系统工业运行综合解决方案。

4.7.3　高盐污水近零排放技术

炼油化工含盐污水深度处理近零排放技术目前尚处于研发与应用阶段，总体上技术尚不成熟，装置运行稳定性差。部分企业实现了水的近零排放，但产生的混盐或以堆积形式暂存或需要高费用的处置，未能得到资源化利用，影响企业整体效益。部分企业开展了分盐结晶处理技术应用，但总体上污水回收率、盐的回收率偏低，产品盐品质不稳定。以下是未来在污水的近零排放技术研发与应用重点方向。

1. 含盐污水的深度浓缩减量化

污水近零排放的基础是含盐污水的深度浓缩，以使污水中的 TDS 浓度达到 30000～40000mg/L，为后续污水的分盐结晶打下基础。目前典型工艺流程是混凝-高密沉淀-臭氧催化-BAF-超滤-反渗透技术，重点是做好以下几点：一是高效除硬、除硅、除氟等一体化成套技术和设备开发与应用，基于水质不同选择沉淀工艺及设备，优化离子交换树脂技术应用条件，降低水中钙镁等离子浓度。二是高盐污水中低浓难生物降解有机物的短流程、高效率去除，如电催化氧化技术、非均相芬顿氧化技术等，研究高盐条件下嗜盐生物菌培养与驯化、臭氧氧化催化剂选择优化等，进一步降低污水中的污染物质，降低对膜的污染，为后续蒸发结晶过程盐、硝纯度的提高，杂盐量降低打下基础。三是超滤、反渗透工艺设计及运行维护，优选浸没式超滤工艺，做好设备选材及优化设计，确保系统长周期运行。

2. 高盐污水深度浓缩分盐工艺优化

高盐污水的分质结晶已经成为目前污水近零排放的必然选择。但分盐工艺多样，如何根据不同处理水质情况，选择合理的分盐工艺是项目成败的关键。一是重点做好纳滤技术的研究与应用，针对高盐污水中硫酸钠和氯化钠浓度，选择高分离效率耐污染的纳滤膜，实现一价离子与二价及高价离子的分离。二是优化纳滤分盐成套技术，统筹纳滤前置预处理及污染物去除技术，综合考虑企业能源利用效率，实现节能降耗。三是根据企业实际情况，综合考虑冷冻结晶、蒸发结晶及多效蒸发、机械蒸汽压缩再蒸发等技术的应用场景，实现资源利用效益最大化。

3. 高盐污水资源化利用

实现高盐污水资源化项目的稳定运行和降本增效是企业面临的迫切问题。一是传统的蒸发结晶制备工业盐时不可避免会混入少量有机物、重金属及其他盐，影响到结晶盐的品质与流通，因此应控制结晶盐品质。二是纳滤分盐工艺虽然产品质量好，但目前纳滤膜的应用场景、使用寿命及分盐效果仍需提升。三是近零排放系统产生母液处理处置存在困难，应进一步降低母液产生量，做好污水处理源头和整体处理工艺优化。四是蒸发结晶系统普遍存在操作弹性低、管道堵塞、设备管线腐蚀严重等现象，系统运行稳定性差，需从设计、设备及管线、操作运行等多方面给予研究应用。五是目前炼油化工污水近零排放产品盐硝品质尚无工业盐硝标准，影响了资源化利用的开展，亟需制定炼油化工污水制取工业盐硝的标准，规范和指导行业污水近零排放及资源化利用。

参　考　文　献

[1] 汪锰，王湛，李政雄编. 膜材料及其制备[M]. 北京：化学工业出版社，2003：31~32.

[2] 张玉忠，郑领英，高从堦编. 液体分离膜技术及其应用[M]. 北京：化学工业出版社，2004：6-7.

[3] 郑领英，王学松编. 膜技术[M]. 北京：化学工业出版社，2000.

[4] 朱安娜，祝万鹏，张玉春. 纳滤过程的污染问题及纳滤膜性能的影响因素[J]. 膜科学与技术，2003，23(01)：43-49.

[5] 邱运仁，张启修. 超滤过程膜污染控制技术研究进展[J]. 现代化工，2002，22(02)：18-21.

[6] 刘玉荣，陈一鸣，陈东升. 纳滤膜技术的发展及应用[J]. 化工装备技术，2002，23(04)：14-17.

[7] 葛目荣，许莉，曾宪友，等. 纳滤理论的研究进展[J]. 流体机械，2005，33(01)：35-39，24.

[8] 姚国英. 纳滤膜材料及其应用[J]. 上海应用技术学院学报，2003，3(04)：255-259.

[9] 刘昌胜，邬行彦，潘德维，等. 膜的污染及其清洗[J]. 膜科学与技术，1996，16(02)：25-30.

[10] 伍艳辉，王志，伍登熙，等. 膜过程中防治膜污染强化渗透通量技术进展. (II)膜组件及膜系统的结构设计[J]. 膜科学与技术，1999，19(04)：12-19，22.

[11] 王志，甄寒菲，王世昌，等. 膜过程中防治膜污染强化渗透通量技术进展. (I)操作策略[J]. 膜科学与技术，1999，19(01)：1-11.

[12] 何毅，李光明，苏鹤祥，等. 纳滤膜分离技术的研究进展[J]. 过滤与分离，2003，13(03)：5-9.

[13] 于丁一，宋澄章，李航宇编. 膜分离工程及典型设计实例[M]. 北京：化学工业出版社，2005：6.

[14] 王湛编.膜分离技术基础[M].北京：化学工业出版社，2000：74-77.

[15] 王乐云.反渗透膜的污染及其控制[J].水处理技术，2003，29(02)：102-105.

[16] 张建忠，李正国.反渗透水处理技术在石化工程中的应用[J].炼油设计，2002，32(09)：58-61.

[17] 栾金义，傅晓萍.石油化工水处理技术与典型工艺[M].北京：中国石化出版社，2013.

[18] 张鸿.石油化工企业污水处理与回用[M].北京：石油工业出版社，2013.

[19] 吕文杰，童江平，仲积军.热电厂高浓度污水的深度处理及其回用[J].齐鲁石油化工，2012，40(02)：109-113.

[20] 周丽娜，等.利用双极膜电渗析实现ZSM-5分子筛清洁化生产的研究[J].石油炼制与化工，2017，48(02)：1-5.

[21] 王许云，张林，陈欢林.膜蒸馏技术最新研究现状及进展[J].化工进展，2007，26(2)：168-172.

[22] 张维润.电渗析工程学[M].北京：北京科学出版社，1995.

[23] 刘茉娥.膜分离技术[M].北京：化学工业出版社，2000：23.

[24] 李广，梁艳玲，韦宏.电渗析技术的发展及应用[J].化工技术与开发，2008，37(7)：29-30.

[25] 曹连城.因电渗析极化引起的沉淀结垢及处理措施[J].湖北化工，1998，4：41-42.

第五章　炼油化工特殊污水处理技术

5.1　石油炼制含硫污水汽提处理技术

石油炼制过程中由常减压、催化裂化、焦化等装置产生的含硫污水俗称酸性水，可以看成硫化物、氨等多种物质组成的水溶液，往往含有较高浓度的 H_2S、NH_3，导致污水散发恶臭并具有腐蚀性。随着原油中硫含量增加以及原油加工深度提高，含硫污水中的污染物浓度不断升高，为避免高浓度氨氮、硫化物等对污水处理厂造成冲击，应通过预处理手段将含硫污水中的 H_2S 和 NH_3 脱除。

含硫污水预处理方法主要为汽提法和氧化法。由于氧化法对脱氮效果较差，且硫化物被氧化生成硫代硫酸盐和硫酸盐会使污水中的含盐量增加，因此该方法已被汽提法所取代。

汽提法处理含硫污水的目的是去除污水中的 H_2S 和 NH_3，技术原理如下：

NH_3 和 H_2S 可溶于水，并处于如下式所示的化学、电离平衡状态。

$$HS^- + NH_4^+ \rightleftharpoons NH_4HS \rightleftharpoons (NH_3 + H_2S) \uparrow$$

当水温升高后上式平衡向右移动，汽提技术即利用此原理，将含硫污水温度升高至 140℃ 以上，使 H_2S 和 NH_3 由液相向气相转移。同时，通过水蒸气来降低 H_2S 和 NH_3 在气相中的分压，进一步降低 H_2S 和 NH_3 在水相中的含量。

汽提工艺主体设备为汽提塔，塔结构以填料塔和板式塔为主，工艺上主要有单塔、单塔回流、单塔侧线抽出和双塔等，每一种工艺又可分为常压汽提和加压汽提。不同结构汽提塔特点如表 5-1 所示。

表 5-1　不同结构汽提塔特点

汽提工艺	设备内压力	工艺特点	工艺优缺点
单塔回流	常压	污水与载气逆流接触；塔顶冷凝液回流至塔内；无法回收氨	优点：投资少、工艺简单、消耗少；缺点：设备易腐蚀
单塔无回流	常压	取消回流管线，冷凝液外送；无法回收氨	优点：投资少、工艺简单、消耗少、设备腐蚀问题得到缓解；缺点：含氨量较高的冷凝液无法处理
单塔侧线抽出	加压	汽提塔从上至下可分为硫化氢精馏段、硫化氢汽提段、氨汽提段；可从塔顶和塔中部回收两种产品	优点：在一座塔内完成硫化氢和氨的汽提，可处理硫化氢和氨浓度较高的污水；缺点：投资较高；控制难度较大

续表

汽提工艺	设备内压力	工艺特点	工艺优缺点
双塔	加压	将硫化氢汽提塔和氨汽提塔分别分开设置	优点：可以分别对硫化氢和氨进行汽提，可处理硫化氢和氨浓度较高的污水，控制难度降低； 缺点：流程复杂，投资较高，能耗较高，开工时间较长，有污水排出

下面以单塔加压汽提含硫污水处理为例进行分析。

5.1.1　工程概况

某炼油化工企业含硫污水装置规模为1200kt/a，含硫污水主要来源为上游的重油催化装置、重油催化裂化装置、加氢精制装置、加氢裂化装置、延迟焦化装置、汽油加氢装置和芳烃装置等。含硫污水原水及处理后水质如表5-2所示。

表5-2　含硫污水进出水水质

项目	进水实测值	出水设计值
H_2S/(μg/g)	13862	≤40
NH_3/(μg/g)	14689	≤40
COD/(mg/L)	1020	≤300

5.1.2　工艺流程

含硫污水单塔加压汽提处理工艺流程如图5-1所示，工艺条件见表5-3。来自上游装置的混合含硫污水，进入原料水脱气罐，脱出的轻油气送至系统管网。脱气后的含硫污水进入原料水除油器除油，除油后的含硫污水进入原料水罐进一步沉降脱油，自原料水罐和原料水除油器脱出的轻污油自流至地下污油罐，经污油泵间断送出装置。

表5-3　含硫污水汽提运行工艺条件

名称	项目	设计值
汽提塔	塔底温度/℃	155~165
	塔顶温度/℃	30~45
	塔底液位/%	40~60
	侧线抽出温度/℃	140~160
	塔顶压力/MPa	0.45~0.55
	罐顶压力/MPa	0.01~0.05
	塔热进料温度/℃	140~160
	塔冷进料温度/℃	25~45
一级冷凝冷却器	出口温度/℃	110~130

续表

名称	项目	设计值
一级分凝器	罐顶压力/MPa	0.40~0.50
二级冷凝冷却器	出口温度/℃	70~100
二级分凝器	罐顶压力/MPa	0.33~0.43
三级冷凝冷却器	出口温度/℃	25~55
三级分凝器	罐顶压力/MPa	0.26~0.36
氨气焚烧炉	炉膛温度/℃	≤1400

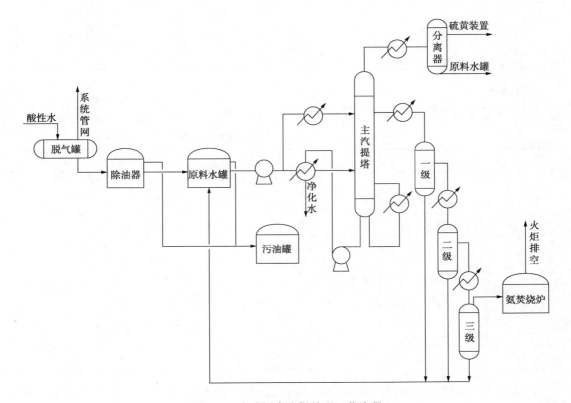

图 5-1　含硫污水汽提处理工艺流程

　　除油后的含硫污水再经原料水泵加压后分为两路，其中一路进入主汽提塔顶，必要时可经进料冷却器冷却；另一路分别与净化水、侧线气换热至150℃后，进入主汽提塔的第一层塔盘。塔底用1.0MPa蒸汽通过重沸器加热汽提。侧线气由主汽提塔第17层塔盘抽出，经过三级冷却器和三级分凝器处理后，得到粗氨气>97%；一、二级分凝液经一、二级分凝液冷却器冷却后，与三级分凝液合并进入原料水罐；汽提塔底净化水与原料水换热后，一部分送至装置外用于电脱盐注水，其余经净化水空冷器冷却至40℃排至含油污水管网；汽提塔顶酸性气经分液后送至硫黄回收装置。三级分凝产生的粗氨气送至氨气焚烧炉进行热焚烧处理，燃烧所需燃料气来自硫黄回收装置，焚烧烟气送至硫黄回收装置烟囱排空。

5.1.3　处理效果与经济分析

（1）处理效果

含硫污水经汽提处理后，塔顶酸性气去硫黄回收装置作为制硫原料，塔侧线得到的粗氨气送至氨气焚烧炉进行热焚烧处理后放空，塔底净化水一部分回收利用，剩余排至含油污水管网，最终送往污水厂继续处理。经含硫污水汽提处理后净化水中的 H_2S、NH_3 和 COD 浓度均大幅下降，满足常压装置电脱盐注水及其他装置的回用要求，污水排放水质明显改善。净化水实测水质值见表 5-4。

表 5-4　净化水实测水质

项目	实测值	项目	实测值
H_2S/($\mu g/g$)	18	COD/(mg/L)	290
NH_3/($\mu g/g$)	22		

（2）经济分析

含硫污水处理公用工程年消耗量见表 5-5。

表 5-5　含硫污水处理公用工程年消耗量

项目	年耗量	总能耗/(10^4MJ/a)
电	4787200kW·h/a	5668
1.0MPa 蒸汽	62240t/a	19801
0.3MPa 蒸汽	3360t/a	928
凝结水	−21440t/a	−687
伴热蒸汽	32000t/a	8842
循环冷却水	2408000t/a	1009
净化风	3840000m³/a	611
新鲜水	24000t/a	18
燃料气	2240t/a	9378

含硫污水经过处理得到的净化水一部分返回装置作为常减压电脱盐注水、冷却水、循环水补水，一部分去焦化装置作冷焦水，净化水回用率 52% 以上。按此计算可节约新鲜水 100m³/h，同时减少排污量 100m³/h，可节约新鲜水费和排污费 172 万元/a。按硫黄回收装置产生硫黄 20kt/a、硫黄 684 元/t 计算，可创效 1368 万元/a。

5.2　废碱液预处理技术

废碱液属于炼油化工行业处理难度较大的一类高浓度、难降解污水。首先，废碱液来源广泛，其产生于加氢精制、催化裂化、乙烯生产等多个生产环节，主要可分为含无机硫废碱液、含环烷酸钠废碱液和含有机硫废碱液等，污水水质特征差别较大。其次，废碱液中的污染物成分复杂、浓度较高，且由于钠离子的存在，会在废碱液中形成氢氧化钠、环烷酸钠、酚钠等盐类。再次，当采用浓酸中和废碱液工艺时，会形成大量水杨酸，且 pH 值处于 7~9 范围时大部分有机酸会以钠盐的形式存在，成为表面活性剂，增加了油水混合物的乳化性，降低除油效率。目前，国内处理废碱液主要有生物法处理技术和湿式氧化处理技术。废碱液处理技术比较如表 5-6 所示。

表 5-6　废碱液处理技术对比

项目	湿式氧化处理技术	生物法处理技术
工艺原理	在中高压和较高温度条件下，混入空气或氧化剂，使水中的污染物在远低于燃烧温度下氧化生成 CO_2 等简单无机物，把硫化物氧化为硫酸盐或亚硫酸盐，达到去除污染物的目的	采用内循环生物处理技术，利用富集硫细菌优势生物床，将硫化物氧化为单质硫和硫酸盐，从而实现废碱液脱臭，其他有机物利用普通异养微生物进行处理，最终达到废碱液预处理的目的
操作条件	压力 0.9~6.0MPa，温度 150~270℃，反应过程中无需中和稀释，反应后中和至 6~9（中压湿式氧化后一般需接生物氧化，需要稀释控制废液 TDS<3%）	常温、常压，反应前中和控制 pH=8.0~10，需要稀释控制废液 TDS<4%
出水指标	高温湿式氧化出水 pH=6~9，硫化物≤1mg/L，COD_{Cr}=1000~3000mg/L（一般需接生物氧化）	pH=7~9，硫化物≤10mg/L，COD_{Cr}<1000mg/L
运行费用	120~150 元/t 废碱	40~70 元/t 废碱
优缺点	一次性投资高，占地较小，采用高温（中温）高压运行，设备材质要求较高，运行操作风险较大；高温高压条件下处理效果较好	一次性投资较低，占地较大，采用常温常压运行，操作简单，风险较低；有废气二次污染风险

5.2.1　废碱液 IRBAF 预处理技术

5.2.1.1　工程概况

某炼油化工公司选用内循环曝气生物滤池（IRBAF）技术作为预处理技术，用于处理乙烯废碱液和炼油废碱液混合物，目的是将废碱液中有害硫化物（含硫醇）和其他有机污染物，在水相中氧化或降解成小分子化合物。

5.2.1.2　工艺流程

IRBAF 技术通过内循环反应器提升充氧循环作用，在由多孔填料构成的填料床中培育出以硫细菌为优势菌种的生物床进行硫化物（含硫醇）的氧化，将其转化为硫酸盐，在维持硫氧化功能的同时，生物床中共生的异养菌将废碱液中其他的有机污染物降解去除，从而达到废碱液预处理目的。

废碱液预处理工艺流程如图 5-2 所示。乙烯、炼油混合废碱液稀释[1:（2~3）]中和后，控制出水呈碱性（pH=8~10），同时注入磷酸盐溶液调节营养配比，之后混合物进入内循环生物氧化床进行生物氧化处理。内循环全生物氧化装置分为两段，前端以硫细菌为优势微生物，主要进行废碱液的硫化；后段以其他异养菌为优势生物，主要进行有机物去除。

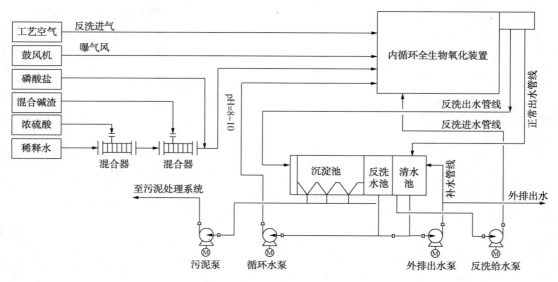

图 5-2　废碱液生物法预处理工艺流程

5.2.1.3　处理效果及经济分析

（1）处理效果

IRBAF 废碱液预处理装置自运行以来，设备运转正常，出水情况保持良好。废碱液经 2 倍稀释中和后，在水力停留时间 HRT=30h 时，可将废碱液 COD 从 7000~11000mg/L 降至 600mg/L 以下，COD 去除率 94% 以上，容积负荷达到 5.76kgCOD/m³·d，硫化物降解率达到了 99.99%，出水硫化物可达到国家一级排放标准。废碱液盐含量达到 5% 时，未发现其对微生物活性、硫化物和有机物降解效率有显著影响。在弱碱条件下处理废碱液污水可防止硫化物逸出造成大气污染，系统可控制进水 pH=9~9.6 弱碱条件下运行，而不会影响硫化物和有机物降解效率和处理负荷。

由于废碱液底物浓度较高，可供微生物利用的营养物质充足，因此微生物生长繁殖速度较快。在系统连续运行 3~4 天后，反应器内填料表面生长出一层较厚的生物膜。另外在反应过程中产生的单质硫产物也累积在反应器中，系统循环阻力明显变大。采用脉冲式反冲洗，反冲洗泥水混合液污泥沉降比通常在 5%~10%，排水量约为反应器有效容积的 50%~100%，反冲洗用水采用系统本身的净化出水。

（2）经济效益分析

通过初步核算，乙烯废碱液处理费用为 34 元/t。该系统处理效率高、抗冲击力强、操作弹性大、微生物培养方便，除中和用硫酸和生化需要的磷酸盐，系统无需任何其他试剂，系统运行管理简单，具有较好的经济效益。

5.2.2　废碱液湿式氧化法处理技术

5.2.2.1　工程概况

某炼油化工企业 300kt/a 乙烯废碱液处理装置采用中压湿式氧化技术（A 套），设计处理能力为 2.2m³/h，反应温度 190℃，压力 3.43MPa。640kt/a 乙烯废碱液处理装置采用中压湿式氧化技术（B 套），设计处理能力为 12.8m³/h，反应温度 190℃，压力 3.25~3.65MPa。

A 套和 B 套中压湿式氧化处理系统进料设计指标如表 5-7 所示。

表 5-7　进料设计指标

项目	A 套中压湿式氧化设计值	B 套中压湿式氧化设计值
进料量/(m³/h)	2	13
空气量/(m³/h)	1000	1580
压力/MPa	3	3~4
温度/℃	190	<200
含油浓度/(mg/L)	80~200	<200
COD$_{Cr}$/(mg/L)	60000	10000~35000
NaOH/%(质量)	1	1
Na$_2$S/%(质量)	6	4
Na$_2$CO$_3$/%(质量)	2	5

5.2.2.2　工艺流程

（1）A 套中压湿式氧化工艺流程

A 套中压湿式氧化系统如图 5-3 所示。系统反应温度 190℃，压力 3.4MPa。反应器为带有内管的立管式反应器，材质为耐碱材质。高压蒸汽（HS）及压缩空气从反应器底部进入，反应器出口设置洗涤塔；中和罐设置有酸泵，后设置有碱泵。高压蒸汽通常在开工时使用。因日常废碱液氧化产生的热量已足够提供 Na$_2$S 反应所需的热量，故在正常运转时，高压蒸汽停用。

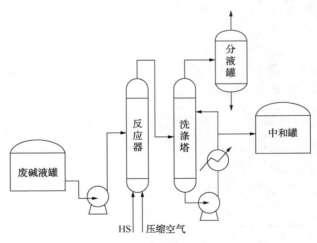

图 5-3　A 套中压湿式氧化系统

（2）B 套中压湿式氧化工艺流程

B 套中压湿式氧化系统如图 5-4 所示。系统反应温度 190℃，压力 3.25~3.65MPa，反应器为立式圆柱型反应器，材质为耐碱材质。空气进入后经过换热器，然后进入反应器，氧化反应在换热达一定温度后开始进行。出口设置冷却器，中和罐中设置有酸泵。

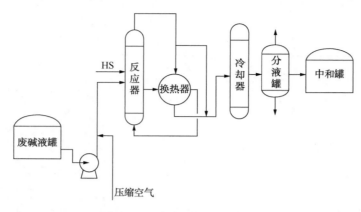

图 5-4 B 套中压湿式氧化系统

5.2.2.3 运行效果

废碱液经湿式氧化处理后的测试数据如表 5-8 所示。

表 5-8 废碱液处理后测试数据

项目	A 套中压湿式氧化测试值	B 套中压湿式氧化测试值
含油浓度/(mg/L)	10	5
COD_{Cr}/(mg/L)	4000	2000
NaOH/%(质量)	0.8	—
Na_2S/(mg/L)	20	1

5.3 催化剂生产污水脱氮处理技术

炼油化工行业污水中常见一类为催化剂生产污水，除 COD 浓度较高外，其显著特点是氨氮含量极高。为保证催化剂污水经处理后能够稳定达标，确保生化设施的稳定运行，对催化剂污水进行高效脱氮处理至关重要。

5.3.1 分子筛改性装置污水热泵汽提闪蒸脱氮处理技术

5.3.1.1 工程概况

（1）氨氮污水进出水水质

某催化剂厂分子筛改性装置进出水水质如表 5-9 所示。

表 5-9 氨氮污水处理装置进出水水质

项目	进水设计值	出水设计值
流量/(m^3/h)	85	92
温度/℃	40(夏季)，25(冬季)	60
氨氮/(mg/L)	1000~4000	8
pH	6~9	12

（2）脱氨处理副产品

高氨氮污水经汽提脱氨处理后，生产出氨水和硫酸铵溶液，两种副产品的产品参数如表5-10所示。

表 5-10　氨氮污水处理装置副产品参数

物料名称	浓度	密度/（kg/m³）	温度/℃	产量/（kg/h）
硫酸铵	25%（质量）	1163	60	2420
氨水	10%~15%（质量）	960	60	543

5.3.1.2　工艺流程

（1）热泵汽提闪蒸脱氨技术原理

热泵汽提闪蒸脱氨技术关键设备为复合汽提脱氨塔、氨气吸收塔、氨水精馏塔和热泵机组等，利用组合热泵技术和闪蒸技术，并结合传统汽提脱氨技术对高氨氮污水进行汽提脱氨处理。

当污水pH=11.5~12.0时，溶液中铵离子将转变成游离氨，并处于如下式所示的平衡状态。

$$NH_4^+ + OH^- \Longrightarrow NH_3 + H_2O$$

此时污水中的氨通过蒸汽汽提方法易于从液相进入气相，采用汽提闪蒸及热泵节能技术，使汽提塔在微负压下操作，将污水中的氨氮进行汽提脱除为含氨蒸汽。再经硫酸铵制备系统和氨水精馏系统将含氨蒸汽分别以硫酸铵和氨水形式回收污水中脱出的氨，实现脱氨污水氨氮浓度达标排放和氨的循环利用。

（2）工艺流程

高氨氮污水经过调pH值到12.0后，通过污水送料泵送入文丘里水喷射器内，污水和来自复合汽提脱氨塔二级闪蒸段蒸汽进入复合汽提脱氨塔的一级混合段进行汽液急冷换热，并实现汽液分离。分离出的不凝气体由文丘里喷射器抽出。

脱氨塔一级混合段的氨氮污水经闪蒸进料泵进入喷射器，和通过脱氨塔二级闪蒸段的蒸汽再次进行汽液换热，再进入脱氨塔二级混合段内汽液分离。分离换热后向被加热的氨氮污水中加入NaOH溶液，将pH值调节到12.0后，由进料泵送入脱氨塔汽提段的顶部和底部来的蒸汽在填料层内逆向接触，汽、液相在填料层发生传质，污水中的游离氨气进入汽相，脱氨后的污水回到复合汽提脱氨塔汽提段底部。

复合汽提脱氨塔汽提段底部的脱氨污水依次进入脱氨塔一级、二级闪蒸段进行闪蒸降温，为了尽量降低脱氨污水后的温度，回收脱氨污水带出的热量，通过闪蒸进料泵将复合汽提脱氨塔一级混合段的污水循环送入到文丘里喷射器，抽出复合汽提脱氨塔二级闪蒸段产生的蒸汽，用以加热预处理来的氨氮污水。经过闪蒸后的脱氨污水温度降至小于60℃，再经过脱氨污水出料泵送到后处理单元处理。

复合汽提脱氨塔汽提顶部出来的携带着丰富氨氮的蒸汽，经过蒸汽循环热泵增压后，一部分进入到复合汽提脱氨塔二级混合段加热氨氮，同时作为不凝气体排放；另一部分进入精馏塔精馏制备氨水。

饱和塔为同向并流设计，富含氨氮的蒸汽和硫酸铵从吸收段上部进入塔内。经过预吸收后的含氨蒸汽进入吸收塔内进行净化吸收，经过吸收后的硫酸铵溶液经过硫酸铵循环泵送到厂区储罐内回用。

吸收塔为逆向对流设计，含氨蒸汽由吸收塔下部进入塔内，硫酸吸收循环泵由吸收塔上部进入塔内。在吸收塔中汽、液相发生传质，同时发生化学中和反应，且反应为放热反应。吸收塔蒸汽中的氨氮被循环吸收液所吸收，重新变为洁净的循环蒸汽以及硫酸与氨气放热反应产生的蒸汽，经过蒸汽喷射压缩器由公用工程来的补充蒸汽引射增压后，送入复合汽提脱氨塔汽提段底部作为汽提蒸汽回用。

循环液携带着中和反应吸收液进入塔底，塔底循环吸收液溢流到饱和塔底部，作为含氨蒸汽初步吸收液使用，以提高吸收液的吸收效率。

进入精馏塔内的含氨蒸汽和精馏塔顶部来的回流氨水在精馏塔内进行汽、液相传质，经过精馏的浓氨气在塔顶冷凝器内经过冷凝后进入到氨水储罐内，塔釜出来的含氨水作为浓硫酸稀释用水回用。

5.3.1.3 原料及公用工程耗量

本工艺所需的30%氢氧化钠正常工况下其用量为3106kg/h，年耗量26089t/a；所需的98%硫酸正常工况下其用量为1165kg/h，年耗量9784t/a。

分子筛改性装置高氨氮污水处理公用工程消耗见表5-11。

表5-11 高氨氮污水处理公用工程消耗量

项目	时耗(设计值)	每 m³污水单耗
电/kW	793	9
生产用水/m³	5	0.05
除盐水/m³	0.6	0.005
循环水/m³	150	1
蒸汽/m³	4091	39
仪表空气/Nm³	40	0.5

5.3.2 分子筛装置污水生物法脱氮处理技术

5.3.2.1 工程概况

某催化剂厂分子筛NaY装置及裂化剂装置污水生物脱氮处理装置进出水水质如表5-12所示。

表5-12 分子筛装置污水进出水水质

项目	进水水质	出水设计水质
流量/(m³/h)	200	200
温度/℃	≤50℃	≤35
氨氮/(mg/L)	≤300	≤8
总氮/(mg/L)	—	≤40
COD/(mg/L)	60~250	≤60
SS/(mg/L)	300~1000	≤50
pH	3~5	6~9

5.3.2.2　工艺流程

本项目采用"预处理+生化处理"方式对催化剂污水进行除碳、脱氮。污水预处理采用"调节池+中和+辐流式沉淀池+板框压滤"工艺，污水生化处理采用"短程生物反应池+曝气生物滤池"工艺。

1. 预处理工艺

（1）工艺流程简述

污水预处理采用"调节池+中和+辐流式沉淀池+板框压滤"工艺流程。

中和池污水自流至沉淀池，通过管道混合器，将絮凝剂与污水充分混合后进入沉淀池。沉淀池采用中间进水、周边出水辐流式沉淀池，污水在沉淀池中去除悬浮物，池底泥渣经沉淀池排泥泵输送至板框压滤机，上清液溢流进入混合池。泥渣经过板框压滤机脱水后，滤液经管道自流进入混合池，含固率约25%的泥饼直接外运处理。

经过沉淀过滤后的污水，悬浮物在100mg/L以内，在混合池内与外加的碳源（淀粉）进行充分的混合，混合后进入生化处理单元。外购的淀粉经溶解后储存在淀粉溶液储罐内，再通过淀粉投加泵均匀投加到混合池内。

为防止预处理单元气味散发和雨水大量进入，所有预处理单元的构筑物都增加玻璃钢盖板，并用引风机将废气引出，送至高氨氮污水汽提脱氨处理单元。

预处理系统设计事故池，用于储存事故工况下的污水。

（2）主要设备

调节池：调节池按400m³/h水量设计，有效容积为4800m³，停留时间24h。调节池内设置4台搅拌器，对污水进行充分搅拌，防止污水中悬浮物在调节池中沉积，同时将污水水质充分搅拌均匀。调节池出水自流至后续中和池。

中和池：中和池内设置2台搅拌器，有效容积150m³/h，停留时间0.75h。设置碱液投加管线，利用调节阀调节碱液投加量，控制中和池污水出水pH=7.5～8.5。

沉淀池：辐流式沉淀池总有效容积3617m³，水力停留时间9.0h，表面负荷约0.4m³/m²·h。沉淀池设置中心传动刮泥机和污泥泵。沉淀产生的泥渣送入污泥脱水单元的污泥浓缩池。沉淀池出水溢流进入混合池。

混合池：混合池的主要作用是将投加的淀粉溶液与污水充分混合，池内设置搅拌器，污水与外加淀粉溶液混合时间控制为0.6h，混合池内污水由泵打入生化处理单元的短程生物反应池。

淀粉投加：淀粉溶解池设置4台搅拌器和2台淀粉溶液输送泵。将淀粉配制为5%（质量）的混合液，由输送泵送入淀粉储罐。淀粉溶液储罐有效容积约18m³，淀粉溶液浓度约5%，淀粉溶液每两天配制一次。淀粉溶液配制用水来自监控池出水，新鲜水仅作为备用水源。由于配制淀粉时会有大量粉尘飘散，具有安全隐患，因此在淀粉溶解池旁边设置除尘引风机，收集投加固体淀粉时的粉尘，防止粉尘飘散。

2. 生化处理工艺

（1）工艺流程简述

经过预处理后的综合污水，经混合池与外加淀粉混合后自流进入污水生化处理单元。污水生化处理单元采用"短程生物反应池+澄清池+曝气生物滤池"处理工艺流程。

（2）主要设备

① 短程生物反应池：污水在生化处理单元首先进入短程生物反应池进行硝化反硝化。短程生物反应池单池有效容积为6300m³，有效停留时间约32h。短程生物反应池出水自流至后续澄清池，进一步去除污水中的悬浮物。

污水由泵送至反应池进水端，经过大比例回流混合均匀后，进入曝气区进行生化处理，再通过回流区进行泥水分离，污泥从沉淀器底部经过空气动力装置回流至曝气区，清水由上部收水管收集后排出，剩余污泥重力流至集泥池。沉淀区设斜管沉淀、刮泥机，有效进行泥水分离。短程生物反应池流程如图5-5所示。

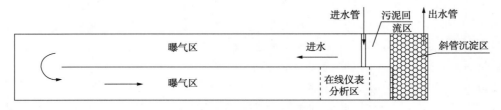

图5-5　短程生物反应池工艺流程

短程生物反应池采用中国石化自主知识产权的短程硝化反硝化技术，在氧化沟工艺理论基础上进行创新，利用短程硝化反硝化原理，集厌氧、缺氧、好氧、循环回流于一体，较好地维持了厌氧、兼氧、好氧菌群的生存环境，增加了降解各种有机物的能力。

传统活性污泥法中，由于曝气池进水端的有机负荷远远大于出水端负荷，而整个曝气池中单位面积上鼓入的空气量却相同，造成曝气池前端空气量不足，而后端空气量过剩的现象。短程硝化反硝化工艺中，通过空气提升装置大比例混合液回流，对进水通过40～100倍的大比例稀释，使得曝气池进水端的负荷大大降低。整个曝气池中的有机物浓度梯度差较小，池中各个部分单位面积上的需氧量相差不大。细菌在相对稳定的环境下代谢有机物，菌种相对单一、数量多、生物活性好，能够以较高的效率去除COD。

该工艺控制出水端溶解氧浓度在0.5～1.0mg/L，曝气池中的好氧微生物、兼性微生物及厌氧微生物能够在溶解氧浓度较低的情况下摄取有机物进行代谢。这些微生物菌种生长速度较慢，在吸附COD后不会在菌群团表面形成水膜，从而使曝气气泡中的氧直接接触菌胶团，使得微生物获得氧的转移效率大大提高。

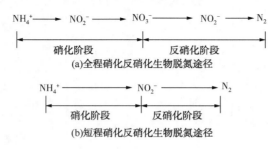

图5-6　硝化反硝化生物脱氮途径

氨氮硝化反硝化过程有短程硝化反硝化和全程硝化反硝化（SND）两种过程，如图5-6所示。全程硝化过程是反硝化菌群利用NO_3^-作电子受体进行反硝化的过程；而短程硝化反硝化菌群则是利用NO_2^-作电子受体进行反硝化，即亚硝化微生物将NH_4^+-N转化为NO_2^--N，之后由反硝化微生物直接进行反硝化反应，将NO_2^--N还原为N_2释放的过程，整个生物脱氮过程以$NH_4^+ \rightarrow HNO_2 \rightarrow N_2$的途径完成，因此短程硝化反硝化的生物脱氮过程比全程硝化反硝化过程历时大大缩短。

本项目中的短程生物反应池曝气池前半段溶解氧在微生物降解有机物时消耗较多，溶解氧浓度基本处于 0.05mg/L 以下；曝气池后半段有机物负荷降低，溶解氧开始升高，浓度约在 0.05~0.8mg/L 之间，这样在池中就出现了厌氧、兼氧、好氧交替出现的区域，从而提供了一个硝化反硝化同时进行的最佳条件。

② 澄清池：经过短程生物反应池脱氮后的污水自流至澄清池，澄清池采用辐流式沉淀池，总有效容积 3617m³，水力停留时间 9.0h，表面负荷约 0.4m³/m²·h，设中心传动刮泥机。澄清池的作用是保障后续 BAF 系统的稳定运行。澄清池进水正常情况下不加絮凝剂。

③ BAF：工程菌－曝气生物滤池（EM-BAF）包括布水区、生化区、集水区、集泥区四个部分。生化区分 2 组并联运行，每组为 5 个单池串联，总停留时间约 6.5h。污水首先进入布水区，经均匀布水后从底部进入第一级单池，升流与级配填料充分接触，通过第一级 EM-BAF 池顶部溢流孔洞进入第二级 EM-BAF 池布水槽，经布水管进入第二级 EM-BAF 池底部，由下至上通过级配填料床。污水于后续各级依次流动，过程与一、二级相同。处理后污水由最后一级单池顶部经出水堰板进入集水槽，自流进入集水区后，再进入后续处理单元。

反冲过程中产生的泥水混合物经反冲洗排泥管道排放至集泥区。集泥区内的反冲排泥污水通过重力沉降实现泥水分离。底部污泥通过污泥泵排入污泥处理系统。

④ 监控池：监控池有效水深 5m，停留时间 2.5h。监控池对污水水质进行监控，设置分析小屋，分析小屋设置 COD、氨氮、pH 值、悬浮物在线分析仪，实时监控污水水质，若水质不达标送至调节池或事故池。

5.3.2.3 原料及公用工程耗量

本项目 30% 氢氧化钠消耗量 771kg/h（最大量），年最大消耗量 6480t。淀粉作为反硝化脱氮的碳源，消耗量 150kg/h（最大量），年耗量 1260t。絮凝剂为 0.1%~0.3% 改性聚丙烯酰胺（PAM），年耗量 1680m³。

分子筛装置高氨氮污水处理公用工程消耗见表 5-13。

表 5-13 高氨氮污水处理公用工程消耗量

项目	时耗（设计值）	每 m³ 污水单耗
电/kW	827	4
生产用水/m³	20	—
循环水/m³	250	1
仪表空气/Nm³	30	0.15

5.4 PTA 污水厌氧处理技术

精对苯二甲酸（PTA）是重要的化工原料，主要用于生产聚对苯二甲酸乙二醇酯（PET）。目前，PTA 典型生产工艺分为两步，首先是以对二甲苯（PX）为原料，在醋酸为溶剂、钴锰催化剂和促进剂存在的条件下，与氧气发生反应生成粗对苯二甲酸（TA）。之后 TA 加氢精制，得到 PTA 产品。

PTA 在生产过程中产生的高浓污水分别来自氧化单元和精制单元，其中精制单元污水水量占比较大且污水呈酸性，而氧化单元污水呈碱性，若两股污水混合处理则易发生酸碱中和反应并生成沉淀物。PTA污水中含有TA、对甲基苯甲酸等芳香羧酸有机物，以及少量残留PX、钴锰金属离子和溴离子等污染物质。PTA污水总体上具有水量大、水质波动大、COD浓度高的特性。

5.4.1　工程概况

本项目为1200kt/a PTA装置配套污水处理装置。处理规模为：厌氧工段800m^3/h，好氧工段1000m^3/h。

污水处理采用"预处理+厌氧处理+好氧处理+气浮处理"的工艺流程。PTA污水经预沉淀、调节中和后，通过厌氧反应及二段好氧曝气等生化处理，再经二次沉淀、气浮等处理后达标排放。

PTA污水处理装置厌氧工段处理规模按800m^3/h设计，好氧工段处理规模按1000m^3/h设计。进水COD设计值为5000~10000mg/L。

处理后的排水水质指标如表5-14所示。

表5-14　排水水质指标　　　　　　　　　　　mg/L(除pH外)

项目	设计值	项目	设计值
COD	100	悬浮物	70
BOD	30	pH	6~9

5.4.2　工艺流程

污水处理根据PTA装置污水水质水量波动大的特点，设置了较大容积的调节池，以保证厌氧工段进水的稳定性。

采用厌氧工艺对污水进行处理，不需要提供氧源，动力消耗低，不但可降低污水总体处理费用，同时可提高厌氧出水的可生化性，有利于后续好氧生化处理。由于厌氧出水污染负荷仍然较高，采用射流曝气和微孔曝气进行好氧处理，以提高处理效率。

采用涡凹气浮(CAF)装置，不但可去除悬浮物，而且由于充氧作用还去除COD和BOD，与常用的溶气气浮(DAF)装置相比，具有效率高、投资省、运行费用低、操作简单等特点。

5.4.2.1　预处理工艺流程

PTA污水经过换热器降温，温度从80~90℃降至40℃以下。降温后的PTA污水中含有的TA悬浮物通过TA沉淀池沉淀，并利用电动抓斗将其装袋运走。沉淀后的污水由泵送入调节池。

由于PTA污水水质和流量波动较大，为此设置二座调节池，以保证从调节池送至后续工段的污水有较稳定的流量和水质。

当PTA装置发生事故时，事故污水将直接排入事故池中，然后再由水泵将事故污水分批送入正常处理流程进行处理。

5.4.2.2　厌氧处理工艺流程

厌氧处理采用上流式厌氧污泥床(UASB)反应器。UASB是污水厌氧生物处理反应器中较为典型的一种设备。UASB反应器中能形成产甲烷活性高、沉降性能良好的颗粒污泥，因此具有较高的有机负荷。

UASB 反应器结构如图 5-7 所示,可分为反应区和三相分离区。污泥床中具有大量沉降性能良好的厌氧颗粒污泥,当反应器运行时,待处理污水以 0.5~1.5m/h 的流速由污泥床底部进入,经过酸化与甲烷化两个过程,厌氧菌将污水中的有机物分解,产生的沼气以气泡形式上升,并带动周围混合液产生一定的搅拌作用。气、水、泥混合物上升至三相分离区内,气体进入集气室被分离,污泥和水进入沉降室,并在重力的作用下分离,污泥返回反应区,水相由沉淀区上部排出。

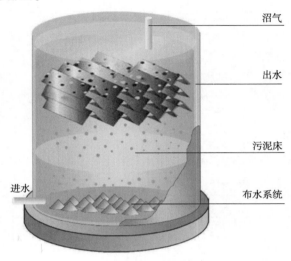

沼气

出水

污泥床

进水

布水系统

图 5-7 UASB 反应器结构

UASB 反应器内污泥浓度较高,平均污泥浓度可达 30~40g/L,污泥床内污泥浓度可达 60~80g/L。此外,UASB 反应器内的污泥泥龄较长,污泥表观产率低,因此外排污泥量极少。同时污泥颗粒化特征较为明显,不同于絮状污泥,颗粒污泥具有良好的沉淀性,不易受到上升气流和水流影响,使 UASB 反应器具有较高的有机物容积负荷和水力负荷。

UASB 反应器处理高浓度 PTA 污水有较高的去除效果,BOD 去除率可达 90% 以上,COD 去除率可达 65%~85%。与好氧处理相比,UASB 处理能耗低,仅为好氧处理的 10% 左右;产生的剩余污泥量较少,且易于脱水。

厌氧出水进入二座沉淀池,沉淀后的部分污泥回流至 UASB 反应器,而剩余污泥送污泥浓缩池处理。

UASB 反应器厌氧生化处理过程中将大部分有机物转化为甲烷气。本项目产生的沼气通过管道先送入沼气储柜,再送入火炬烧掉。为了利用沼气热值,本项目还设置沼气压缩机,沼气经脱硫、加压后输送至锅炉,利用沼气燃烧回收热量。

5.4.2.3 好氧处理工艺流程

好氧处理可分为射流曝气工段和微孔曝气工段。在射流曝气和微孔曝气工段中,均分别设有沉淀池、污泥回流池及回流泵。

射流曝气工段采用喷射混合曝气器;该曝气器设有二级喷嘴,当液体从一级喷嘴以高速喷射时,产生极强的剪切力,使空气与水流激烈混合形成微细气泡。再经二级喷嘴喷射,水和微细空气泡的接触进一步扩大,不但充氧能力强,而且氧利用率高,从而获得较高的容积负荷，达到较好的去除效果。

微孔曝气工段曝气池设计为推流式曝气池，又可作为阶段曝气运行。采用球冠形微孔曝气器，其充氧能力和氧利用率均比较高。

5.4.2.4　气浮处理工艺流程

涡凹气浮（CAF）装置设有独特的曝气机，利用空气管底部散气叶轮，高速旋转形成真空区，将空气吸入并随之产生微气泡，这些气泡螺旋形地上升到液面。在此过程中不但向污水中充氧，同时也将固体悬浮物带到水面。浮在水面上的悬浮物最终被刮泥机清除。

经气浮处理后的污水，先进入污水监测池，经检测达到规定排放标准后，由排放池提升泵排出界区，在指定区域排放。监测不合格的污水，将回流至好氧工艺前端再行处理。

5.4.2.5　污泥处理工艺流程

来自厌氧工段、射流曝气工段、微孔曝气工段的剩余污泥，经过污泥浓缩池浓缩后送带式压滤脱水机脱水至含水率<80%后，运送出界区，送符合规定的填埋场填埋。

5.4.3　技术经济指标

本项目主要技术经济指标如表5-15所示。

表5-15　主要技术经济指标

名称		设计值	备注
设计处理规模/（m³/h）	厌氧工段	800	
	好氧工段	1000	
消耗指标			
化工物料			
45%NaOH/（kg/d）		12000~20000	
98%H₂SO₄/（kg/d）		1000~1500	
70%H₃PO₄/（kg/d）		800	投加量与污水水质有关，所列数据均按正常工况测算
尿素（固体）/（kg/d）		2500	
聚合氯化铝（PAC 固体）/（kg/d）		60	
聚丙烯酰胺（PAM 固体）/（kg/d）		1200	
培菌调试阶段物料			
80%污泥/t		1000	
氯化钙/t		168	
三氯化铁/t		21	
动力消耗			
装机容量/kW		48201	
计算有功功率/kW		2911	
生活给水/（m³/h）		1	
生产给水/（m³/h）		20	

续表

名称	设计值	备注
循环冷却水/(m³/h)	1300	
0.35MPa蒸汽/(t/h)	0.4	冬季用
工艺压缩空气/(Nm³/min)	5	
仪表压缩空气/(Nm³/min)	5	间断使用
氮气/(Nm³/min)	5	间断使用
运出/(t/a)	19220	

5.5　丙烯酸及酯污水焚烧处理技术

丙烯酸为强有机酸，目前工业生产主要采用丙烯两步催化氧化法制取，即首先将丙烯催化氧化生成丙烯醛，再将丙烯醛催化氧化得到丙烯酸。以丙烯酸为原料，可通过与醇类发生酯化反应直接合成丙烯酸酯，亦可通过酯交换反应进而制备丙烯酸酯。

在丙烯酸及丙烯酸酯类产品生产过程中，会产生大量COD浓度较高的难处理有机污水，污水中往往含有丙烯酸、醋酸、甲醛、甲基丙烯酸等有机物；另外根据生产工艺不同，丙烯酸装置污水通常pH值较低，而丙烯酸酯类装置产生的污水既有酸性亦有碱性。

5.5.1　工程概况

某炼油化工公司80kt/a丙烯酸装置、100kt/a丙烯酸酯装置共产生丙烯酸及酯类污水约17m³/h，其中丙烯酸装置污水水量约为9m³/h，丙烯酸酯污水水量约为9m³/h。

污水处理装置设计规模为17m³/h，采用"汽提+双效蒸发+焚烧"组合工艺，将丙烯酸及酯污水通过预处理后再排至后续污水处理场。

丙烯酸及酯污水水质如表5-16所示。

表5-16　丙烯酸及酯污水水质分析

项目	质量分数/%	项目	质量分数/%
丙烯酸污水		丙烯酸酯污水	
醋酸	5	丙烯酸钠	0.7
丙烯酸	0.4	氢氧化钠	0.5
甲醛	0.1	甲醇	0.01
丙烯醛	0.04	乙醇	0.01
丙酸	0.04	丁醇	0.02
乙醛	0.02		
甲苯	0.07	丙烯酸酯	0.2
丙酮	0.01		

5.5.2　工艺流程

5.5.2.1　工艺流程简述

丙烯酸与酯污水"汽提+双效蒸发+焚烧"组合处理工艺流程如图5-8所示。

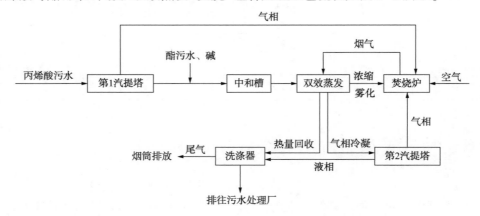

图5-8　丙烯酸及酯污水处理工艺流程

丙烯酸污水经第1汽提塔后，部分醋酸、醛、醇等有机物由塔顶蒸出，送往焚烧炉焚烧；塔底液与丙烯酸酯污水混合，混合液通过30%NaOH将pH值调节至7~9后送入中和槽进行中和反应，并将部分酯类有机物分解。

中和后污水进入双效蒸发器进行蒸发浓缩，浓缩液经雾化器送入焚烧炉焚烧处理，气相冷凝液进入第2汽提塔，塔顶蒸出气相送往焚烧炉，塔底液作为焚烧炉尾气洗涤液。

焚烧炉烟气经换热器回收热量，作为双效蒸发的热源，之后经洗涤器洗涤后排入大气环境。洗涤器洗涤液经沉淀过滤后排往污水处理厂。

5.5.2.2　主要设备

本项目主要设备如表5-17所示。

表5-17　主要设备表

名称	单位	数量	名称	单位	数量
焚烧炉	台	1	蒸发器	座	2
第1汽提塔	座	1	中和槽	座	1
第2汽提塔	座	1	洗涤器	座	1

5.5.3　处理效果及经济分析

丙烯酸及酯污水处理系统运行稳定后，各处理单元的运行参数如表5-18所示，进出水水质监测如表5-19所示。

丙烯酸及酯类污水经过处理后，COD、总有机碳（TOC）质量浓度分别由处理前的96000mg/L和46000mg/L降低至处理后的100mg/L和30mg/L，去除率均达到99.9%。

本项目工程投资为2000万元，其中构筑物、设备等直接投资1800万元。直接运行成本90元/t水，其中蒸汽成本约43元/t水。

表 5-18　主要运行参数

名称	控制指标	名称	控制指标
中和槽 pH	8	第 2 汽提塔压力/kPa	25
中和槽压力/kPa	0.1	蒸发器压力/kPa	16
第 1 汽提塔塔釜液位/%	50	焚烧炉温度/℃	950

表 5-19　水质监测结果　　　　mg/L

项目	COD	TOC	项目	COD	TOC
第 1 汽提塔			冷凝液	400	100
进水	96000	46000	第 2 汽提塔		
出水	12000	5000	进水	400	100
双效蒸发			出水	400	100
进水	32000	16000	总排口		
浓缩液	227000	109000	出水	100	30

5.6　己内酰胺污水生化-臭氧催化氧化处理技术

己内酰胺是聚酰胺切片等产品的重要原料，国内企业大多采用环己酮-氨肟化法进行己内酰胺的工业生产。环己酮-氨肟化法首先通过环己酮、液氨、双氧水发生氨肟化反应制备环己酮肟，之后环己酮肟在酸性条件下进行贝克曼重排，最后经中和、精制等工艺得到己内酰胺产品，期间肟化副产品硫酸铵产量较多，因此需要在最后加入硫酸铵结晶工序。

通过环己酮-氨肟化法生产己内酰胺，所产生的污水主要包括肟化装置汽提污水、己内酰胺装置离子交换再生污水和冷凝液汽提污水、硫酸铵蒸发结晶装置冷凝液等。总体上己内酰胺污水中污染物组成十分复杂，呈现出高含盐、高氨氮、高 COD、高含磷、可生化性差的特点。

5.6.1　工程概况

某 200kt/a 己内酰胺装置污水处理工程采用"预处理+生化处理+深度处理"组合工艺，其中预处理采用气浮工艺，生化处理采用"水解酸化+两级 AO 工艺"，深度处理采用"臭氧氧化+内循环 BAF+臭氧催化氧化工艺"，最终出水稳定达标 COD≤50mg/L、总氮≤50mg/L、总磷≤0.4mg/L。

己内酰胺污水处理装置设计进出水指标如表 5-20 所示。

表 5-20　己内酰胺污水处理装置进出水指标

项目	进水	出水	项目	进水	出水
水量/(m³/h)	220	220	总磷/(mg/L)	≤30	≤0.4
pH	6~9	6~9	氨氮/(mg/L)	≤300	≤5
COD$_{Cr}$/(mg/L)	≤3000	≤50	总氮/(mg/L)	≤600	≤50
BOD/(mg/L)	≤900	≤15			

5.6.2　工艺流程

5.6.2.1　预处理工艺流程

己内酰胺污水经过匀质池进行调质后，通过混凝+溶气气浮预处理，去除污水中粒径较小的悬浮物、分散油及部分乳化状态的污油、总磷等。

溶气气浮的原理为利用溶气罐加压产生溶气水，溶气水通过释放器减压释放到待处理的水中。溶解在水中的空气从水中释放出来，形成粒径为 $20\sim40\mu m$ 的微小气泡，微气泡同污水中的悬浮物结合，使悬浮物密度小于水，并逐渐浮到水面形成浮渣。水面上备有刮板系统，将浮渣刮入浮渣池。清水从下部经溢流槽流出气浮池。

5.6.2.2　生化处理工艺流程

（1）生化处理工艺流程概况

生化处理为两级 AO 工艺，主要作用为实现总氮达标。

经预处理后的污水进入水解酸化池，将大分子有机物降解为小分子有机物，提高污水的可生化性。出水再进入"一级缺氧/好氧/中沉池"的生物处理段，去除大部分有机物和氨氮，之后与循环水排污、初期雨水、生活污水等混合后一同进入"二级缺氧/生物接触氧化池"，进一步去除部分总氮、有机物与氨氮，实现对易降解、可生化处理污染物的去除。

为防止进入深度处理单元悬浮物、总磷超标，将生化出水再进行混凝、沉淀、过滤处理，去除悬浮物、总磷后，再进行深度处理。

（2）水解酸化原理

水解酸化属于污水厌氧生物处理的生物学过程。

水解是指复杂的非溶解性聚合物转化为简单的溶解性单体或二聚体过程，一般被认为是高分子有机物或悬浮物污水厌氧降解的限速阶段。水解速度大小可以由下式表示。

$$d\rho/dt = -K_h \cdot \rho$$

式中　ρ——可降解的非溶解性底物浓度，g/L；

　　　　K_h——水解常数，d^{-1}。

酸化阶段是大量、多类型的发酵细菌将溶解性有机物降解为以挥发性脂肪酸为主的过程，发挥作用的微生物类型主要为厌氧菌。酸化阶段的产物受厌氧降解底物种类、酸化细菌种类、酸化条件等影响。

（3）深度处理工艺流程

经过生物处理后的污水中，剩余污染物均为难生化处理污染物，常规生化处理无法实现稳定达标，因此采用"臭氧催化改性氧化+曝气生物滤池（BAF）+臭氧催化强氧化"组合工艺对其进行深度处理。

臭氧催化改性氧化可有效脱色、同时提高污水的可生化性，为 BAF 进一步生化降解残余有机污染物提供条件。将 BAF 置于臭氧改性池后，可充分发挥其作为生物法深度处理工艺的优势，降低能耗。BAF 池后增加臭氧强氧化池确保污水的达标排放。

5.6.3　处理效果及经济分析

己内酰胺污水经组合工艺处理后，最终出水 COD ≤50mg/L、总氮 ≤50mg/L、总磷 ≤

0.4mg/L，实现了己内酰胺污水的 COD、总氮、总磷等的达标排放。

本项目总投资约 1.2 亿元，吨水运行成本约 4 元，具体分析如表 5-21 所示。

表 5-21 己内酰胺污水运行成本分析   元/t 水

项目	运行成本	项目	运行成本
PAC	0.2	氧气	0.4
PAM	0.03	电	2.9
碱	0.2	总计	3.8
循环水及压缩空气	0.05		

注：PAC—聚合氯化铝；PAM—聚丙烯酰胺。

5.7 丁苯橡胶污水催化氧化+混凝沉淀处理技术

丁苯橡胶(SBR)是丁二烯和苯乙烯的共聚物，广泛应用于轮胎制造、电线电缆制造等领域，是目前产量最大的通用合成橡胶品种。按工业生产中所使用的聚合工艺划分，丁苯橡胶可分为乳聚丁苯橡胶(ESBR)与溶聚丁苯橡胶(SSBR)，其中乳聚丁苯橡胶生产工艺应用更为广泛。乳聚丁苯橡胶生产工艺中，单体丁二烯和苯乙烯在乳液体系中发生聚合反应，生成的乳胶经物料回收、凝聚、洗涤、脱水干燥等处理后成为丁苯橡胶产品。

丁苯橡胶在生产过程中会产生大量污水，污水中所含的苯乙烯、丁二烯以及促进剂、防老剂、阻聚剂等大多是有毒有害、难生化降解的有机污染物，这些物质对污水生化处理系统造成严重冲击。国内外橡胶污水普遍采用混凝、沉淀进行预处理，可溶性 COD 去除率较低；也有直接采用生物法处理丁苯橡胶污水，但由于冲击负荷适应能力差，导致生物培养不成功。此外，丁苯橡胶生产若采用含磷聚合体系，产生的污水含有浓度较高的磷，将其直接排入污水处理厂将导致出水总磷超标。

某炼油化工公司针对丁苯橡胶非含磷污水，采用"催化氧化-混凝沉淀"处理技术。本技术对丁苯橡胶含磷聚合体系污水在降低可溶性 COD、提高出水生化性的同时，也能实现磷的进一步去除，解决了出水 COD、总磷浓度高、可生化性差的问题。

5.7.1 工程概况

某企业于 2014 年 12 月先后建成处理规模为 120m³/h 和 180m³/h 的丁苯橡胶污水处理装置。

120m³/h 处理装置进、出水指标如表 5-22 所示。180m³/h 处理装置进、出水指标如表 5-23 所示。

表 5-22 120m³/h 处理装置进、出水指标

项目	进水指标	出水指标	项目	进水指标	出水指标
pH	3~7	6~9	BOD/COD$_{Cr}$		≥0.4
COD$_{Cr}$/(mg/L)	≤900	≤500	总磷/(mg/L)	≤100	≤10

表 5-23　180m³/h 处理装置进、出水指标

项目	进水指标	出水指标	项目	进水指标	出水指标
pH	3~7	6~9	BOD/COD_{Cr}		≥0.4
COD_{Cr}/(mg/L)	≤1000	≤500	总磷/(mg/L)	≤150	≤10

5.7.2　工艺流程

丁苯橡胶污水处理工艺流程如图 5-9 所示。

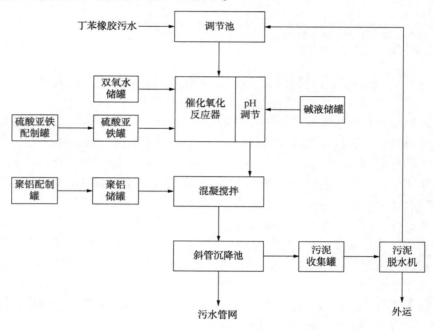

图 5-9　丁苯橡胶污水处理工艺流程

污水首先收集至调节罐调节水质水量，然后由提升泵打入催化氧化反应器，药剂于管路混合器中加入，并与污水充分混合。

混合后污水进入催化氧化反应器，污水从反应器上部进入，以推流形式通过反应器，并从反应器上部出水进入中和槽。中和槽中加入碱液调节 pH 值后自流进入凝聚搅拌槽，在此槽内加入 PAC 并进行搅拌。出水继续进入斜管沉淀池，上清液排入污水生化处理系统进行达标处理。

斜管沉淀池产生的污泥进入污泥收集罐，进行污泥调质后，进入污泥脱水机进行脱水，脱水污泥外运，所产生的污水返回调节池进行处理。

5.7.3　技术应用效果分析

（1）处理效果

120m³/h 装置处理效果如表 5-24 所示。该技术的工业应用，企业年削减 COD 480t、总磷 86t，确保了后续污水处理工艺的稳定运行。

表 5-24　120m³/h 装置处理效果

项目	进水	出水	项目	进水	出水
pH	2~7	6~9	BOD/COD$_{Cr}$	0.3	0.4
COD$_{Cr}$/（mg/L）	512~1142	53~233	总磷/（mg/L）	70~124	1~10

180m³/h 装置处理效果如表 5-25 所示。通过该技术的工业应用，年削减 COD396.5t、总磷 63.9t，确保出水 COD 和总磷达到后续处理标准，降低了综合污水处理装置的运行负荷，避免了对后续生化系统的冲击。

表 5-25　180m³/h 装置处理效果

项目	进水	出水	项目	进水	出水
pH	3	7	BOD/COD$_{Cr}$	0.4	0.5
COD$_{Cr}$/（mg/L）	710	214	总磷/（mg/L）	82	2

（2）技术特点

① 选择具有催化、除磷双功能作用药剂，实现了同一反应器内脱除 COD 和总磷，简化了工艺流程。

② 通过快速产生高浓度羟基自由基，氧化降解大分子有机物，处理后出水 B/C 值提高到 0.4 以上，提高污水可生化性能，适宜后续生化处理。

③ 选择强酸弱碱型除磷药剂，使催化氧化单元适宜 pH 值范围由传统的 3~5 扩展到 3~10，省去调酸工序，简化了工艺流程，降低了运行成本。

④ 该技术设备简单、反应条件温和、操作方便、抗冲击性强，处理效果稳定，占地面积小，投资省。

5.8　丙烯腈污水生物倍增-臭氧催化氧化-BAF 处理技术

丙烯腈是合成纤维、合成树脂、合成橡胶等化工产品的主要原料之一，国内丙烯腈生产装置大多采用丙烯氨氧化法生产工艺，并配套建有腈纶、ABS 树脂、丁腈橡胶等下游生产装置。丙烯腈装置除得到丙烯腈主产品外，还能够制取氢氰酸、乙腈、丙烯醛等副产品。在急冷和精制等工艺环节中，所产生的装置污水含有丙烯腈、乙腈、氢氰酸等有机物，以及钠盐、氨氮和硫化物等无机污染物质，污水中污染物成分复杂且难以分类提取，污水 COD 浓度较高，且污水毒性较强导致可生化性差，易造成生化处理系统周期性崩溃等问题。

某炼油化工企业于 2013 年新建了一套丙烯腈污水处理及回用装置，设计规模为 150m³/h，结合当时国内丙烯腈污水处理情况并通过多轮实验验证，最终选择工艺为"调节+生物倍增工艺+前内循环固定生物氧化床（IRBAF）+臭氧催化氧化+后 IRBAF+双膜回用"。

5.8.1　工程概况

丙烯腈污水进出水指标如表 5-26 所示。

表5-26 丙烯腈污水进出水指标

项目	进水设计值	出水设计值	项目	进水设计值	出水设计值
水量/(m³/h)	150	150	TOC/(mg/L)	≤50	≤15
TSS/(mg/L)	150	20	NH₃-N/(mg/L)	≤10	≤5
COD$_{Cr}$/(mg/L)	≤300	≤50	NO$_2^-$N/(mg/L)	≤5	≤1

5.8.2 工艺流程

5.8.2.1 生化处理工艺流程

丙烯腈污水经调节单元预处理后进入生物处理单元。

生物处理单元的生物倍增工艺体现出良好的抗冲击和高负荷运行能力，出水 COD≤300mg/L，但在氨氮及总氮控制环节还存在一定的问题，后经过增设专属的反硝化区后，对系统总氮控制取得较好的效果，总氮降低至30mg/L以下。

生物倍增工艺(BioDopp)是一种不分厌氧、好氧段，应用同步硝化反硝化理念，全程控制低溶氧的好氧生化处理工艺。反应池结构原理如图5-10所示。

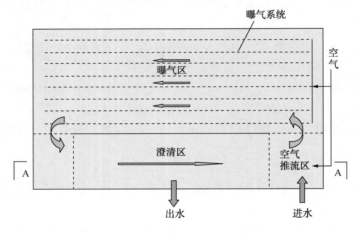

图5-10 生物倍增池体结构原理

该工艺将除碳、脱氮、除磷及沉淀等多个功能单元设置于同一处理池中，在低溶解氧(溶解氧低于0.3mg/L)控制条件下，培养高浓度活性污泥(污泥浓度大于8000mg/L)，同时通过改良曝气方式与曝气布孔技术，使气泡粒径大幅降低，提高了微生物获氧效率，降低了曝气量。

BioDopp工艺的池体结构经过特殊设计，以空气作为动力实现池内全部泥水混合物的大循环，循环流量为进水量的几十倍甚至上百倍。水中的污染物质随着水流循环，被微生物逐渐降解，使污染物浓度在循环末端较低。池内全部混合液回流对入水进行大比例稀释，使进水污染物浓度迅速降低，也使整个池内污染物浓度梯度大幅度降低，有效避免了微生物遭受冲击，为微生物生长提供了稳定的水体环境。

BioDopp工艺澄清系统有两种作用：一是高效的泥水分离作用，保证出水清澈；二是活性污泥沉降至快速澄清区底部，再通过空气推流返回至曝气区，实现混合液的连续内循环，保证系统生物量稳定。

5.8.2.2 深度处理工艺流程

深度处理采用的前 IRBAF 工艺可最大限度地去除生化单元残余的可生化有机物，节约臭氧催化氧化单元臭氧投加量。前 IRBAF 出水进入臭氧催化氧化-后 IRBAF 单元，臭氧催化氧化与曝气生物滤池组合工艺在炼油化工污水深度处理中已应用广泛，用以保证 COD、氨氮等污染物的有效去除。经过深度处理组合工艺处理后出水 COD≤50mg/L，氨氮≤5mg/L，再进入双膜系统进一步处理实现回用。本项目深度处理单元现场装置如图 5-11 所示。

IRBAF 在常温、常压条件下，采用隔离式曝气和内循环反应池反冲洗，形成一个高活性生物酶催化氧化床，促使水体中污染物得到去除。其反应池结构如图 5-12 所示。

图 5-11 深度处理单元局部

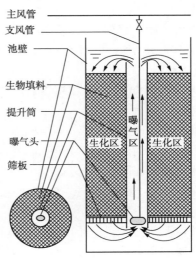

图 5-12 IRBAF 反应池结构示意

生物床采用轻质多孔生物滤料，具有较大的比表面积和总孔容积，抗机械磨损强度高，表面粗糙，化学稳定性强。反应池具有很强的抗冲击性能和有机物降解能力，COD 降解负荷可达 $10kgCOD_{Cr}/(m^3 \cdot d)$ 以上，保证了污水处理效率和出水水质。通过接种驯化培育的微生物在多孔生物填料上形成密度达 $10\sim15kg/m^3$ 的生物质。这些富含硫氧化细菌和异养菌的生物质附着在多孔填料表面，为装置的长期稳定运行奠定了基础。运行过程中，生物相不需二次培养或补充菌种。

隔离式曝气技术是指在曝气的同时，使污水沿曝气器管道提升，再经生物床形成大流量内循环，其循环量可达到 $20\sim30m^3/(m^2 \cdot h)$ 以上。由于该技术的生物膜边界层厚度仅为普通 BAF 的 1/5，因此大幅度提高了污染物在水相与生物膜相间的传质速度，使污染物在滤料层分布更均匀，提高了反应器的容积效率，同时防止了对填料层直接曝气形成的沟流所导致的气水短路现象发生，避免了传统曝气方式对滤料的冲刷，能够有效防止世代周期长的微生物流失，维护生物相的完整。此外，大流量内循环使生物滤池具有完全混合式反应器的特点，使进入反应器的高浓度污水得到稀释，提高了反应器耐有毒物质的能力和抗冲击能力，使处理系统运行更加稳定。

当反应池经过一定时间的运行，其填料上产生大量的生物质，当新增生物量过多时，会影响污水在填料内部的运行，降低处理效率，此时需通过反冲洗将生物床中的过剩生物质脱出。反应池采用新型脉冲式气水联合反冲洗技术，采用较大强度的反冲洗气流冲击生物滤床，使池内水体以较快的速度向上膨胀，填料层处于微变速膨胀状态，可提高滤料层扰动强度和系统应力中的附加切边力。生物膜及杂质在强烈的剪切、碰撞作用下快速脱落，从而提高反冲洗效果，避免滤料的粘结和堵塞，保持反应器的活性，达到稳定处理的目的。反冲洗后的高浓度泥水混合液自流进入泥水分离池，经沉淀分离后，上层清液循环处理。

5.8.3　处理效果及经济分析

丙烯腈污水经处理后，出水 COD≤50mg/L，氨氮≤5mg/L，最终经双膜系统处理实现稳定回用。

本项目公用工程(循环水及压缩空气等)成本为 1.06 元/t 水，耗电量为 1.12 元/t 水，总运行成本 2.18 元/t 水(不包括人工费、折旧费等)。

5.9　烟气脱硫脱硝污水处理技术

炼油化工生产的锅炉烟气、催化裂化催化剂再生烟气脱硫脱硝过程中产生部分高含盐污水，其溶解性总固体可高达几万 mg/L，对污水处理工艺的选择及达标排放提出了挑战。如催化裂化烟气脱硫脱硝污水，其污染物组成与脱硫脱硝工艺有着直接的关系，其溶解性总固体一般在 10000~50000mg/L，COD 及常规污染物浓度不高。这部分污水水量相对较少，可生化性差，而且变动很大，常常对污水处理场造成冲击。其特征污染物为无机盐类、游离碱等，一般需要单独处理达标排放或实施污水近零排放措施。

烟气脱硫脱硝污水传统处理方法是采用物理化学法处理，以去除污水中的金属和悬浮物，包括 pH 调节、硫化物沉淀、絮凝过滤等。随着高盐处理工艺及微生物的发展，生化工艺也得到应用。同时，基于节水减排及污水近零排放的要求，部分企业也尝试采用深度脱盐及资源化利用技术，将污水中的氯化钠、硫酸钠等提纯出来以达到资源化利用目标，解决棘手的高盐污水处理难题。

5.9.1　烟气脱硫脱硝污水生物处理技术

某炼油化工公司建有动力站循环流化床(CFB)锅炉，其烟气脱硝采用非选择性催化还原(SNCR)技术进行处理，脱硫采用湿法脱硫技术。2900kt/a 催化裂化装置的烟气脱硫采用湿法脱硫技术，脱硝采用低温臭氧氧化技术。

在烟气脱硫脱硝处理过程中，产生含有氨氮、总氮和 COD 等污染物的高含盐污水。该污水最大难点在于污水含盐量高，虽然 Cl^-、SO_4^{2-}、Na^+、Ca^{2+} 等盐类物质均是微生物生长所必需的营养元素，但是如果浓度过高，会对微生物产生抑制和毒害作用，主要表现为渗透压增高，微生物细胞脱水引起细胞原生质分离；盐析作用使脱氢酶活性降低；氯离子高对细菌有毒害作用；盐浓度高，污水的密度增加，活性污泥易上浮流失，从而严重影响生物处理系统的处理效果。

在经过现场试验研究的基础上，采用了某公司开发的高耐盐微生物技术，对烟气脱硫脱硝等含盐污水进行处理，取得了良好的应用效果。

5.9.1.1　工程概况

污水处理装置进出水指标如表 5-27 所示。

表 5-27　污水进出水指标　　　　　　　　　　　　　　mg/L

项目	进水设计值	出水设计值	项目	进水设计值	出水设计值
氨氮	≤150	≤5	COD_{Cr}	≤150	≤50
总氮	≤350	≤30			

5.9.1.2　工艺流程

（1）工艺流程概况

高含盐污水处理工艺流程如图 5-13 所示。污水进入 COD、氨氮反应器（1# 和 2#）脱除 COD，并进行硝化反应脱除氨氮。硝化反应后的污水进入反硝化反应器（3#）脱除总氮，随后进入反应器（4#）进一步脱除 COD。最后，污水进入臭氧氧化反应塔，反应塔出水进入澄清器，经过物理沉降后达标外排。

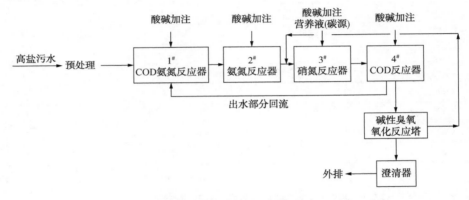

图 5-13　高含盐污水处理工艺流程

（2）工艺操作条件

该技术各反应器均使用生物膜法，污水在各反应器中的工艺条件如表 5-28 所示。

表 5-28　高盐污水生化处理工艺条件

反应器	1#	2#	3#	4#
停留时间/h	14	10	21	26.5
溶解氧浓度/(mg/L)	2~5	1.5~4	≤0.5	2~5

（3）耐盐微生物

该技术中的耐盐微生物为中度嗜盐菌，其耐盐机理主要是驯化培养的高耐盐菌本身紫膜的特殊结构使其在外界盐浓度较高时能够大量吸收无机盐，由于体内无机盐含量增加，从而调整了细胞膜内外盐浓度差，进而减小细胞所承受的渗透压差。在此基础上微生物去除污染物机理与普通细菌作用机理基本一致。工艺使用菌种要求操作温度在 25~35℃，酸碱度为中性，适用于在溶解盐浓度低于 80000mg/L 的环境中运行。

5.9.1.3　处理效果

高盐生化系统出水连续运行测试数据如表 5-29 所示。分析结果表明，在污水含盐量为

70000mg/L 左右时，生化系统出水氨氮小于 0.5mg/L，总氮小于 23mg/L，COD 小于 45mg/L，达到设计指标要求。

表 5-29　高盐生化系统出水水质

TDS/%	COD$_{Cr}$/(mg/L)	氨氮/(mg/L)	总氮/(mg/L)
6.88	44	0.2	21
6.96	41	0.3	23
6.89	41	0.3	20
7	40	0.2	19
6.86	42	0.2	18
6.94	37	0.3	17
6.97	38	0.4	17
7.03	39	0.5	18
7.04	39	0.5	18
6.99	44	0.4	17
6.98	35	0.3	13
7.2	36	0.2	17
7.18	34	0.2	16
7.11	34	0.4	17
7.13	32	0.5	16
7.27	33	0.3	17
7.27	38	0.2	15

5.9.2　烟气脱硫脱硝污水蒸发结晶处理技术

某炼油化工公司催化裂化装置脱硫脱硝单元产生高浓度含盐污水（主要成分是硫酸钠和氯化钠），直接排入污水处理场易影响生化处理系统的稳定运行，因此有必要对含盐污水进行单独处理，以实现达标排放或近零排放。在综合分析了污水水量、蒸发量、酸碱度、物料特点等因素后，选用机械蒸汽再压缩（MVR）蒸发技术，实现对含盐污水的蒸发浓缩结晶。

5.9.2.1　工程概况

装置脱硫脱硝含盐污水设计外排污水水量为 6m³/h，年操作时间 7800h。污水进出水指标如表 5-30 所示。

表 5-30　污水进出水指标

项目	进水设计值	出水设计值	项目	进水设计值	出水设计值
水量/(m³/h)	6	6	SS/(mg/L)	≤70	
pH	6~9	8	Cl⁻/(mg/L)	280~300	
TDS/%(质量)	20	≤1000	温度/℃	52	67
COD$_{Cr}$/(mg/L)	≤60	≤60			

5.9.2.2　工艺流程

（1）MVR 技术原理

MVR 是利用它自身产生的二次蒸汽能量，减少对外界能源需求的一项节能技术。MVR 蒸发器工作过程是将低温位蒸汽经压缩机压缩，然后进入换热器冷凝，以充分利用蒸汽潜热。系统蒸发过程中产生的二次蒸汽经过分离器彻底分离后进入蒸汽压缩机，经压缩机压缩做功后，压力、温度升高，热焓增加，然后送到蒸发器加热室当作加热蒸汽使用，使料液维持沸腾蒸发状态，加热蒸汽则释放潜热后转变成冷凝水排出。整个蒸发过程不使用生蒸汽。

（2）工艺流程简述

工艺流程分为预热、浓缩结晶、离心分离、清洗四个过程。

污水经进料泵进入不凝气预热器，与 99℃的不凝气进行换热，换热后料液温度由 52℃上升为 58.8℃，之后料液进入冷凝水预热器与 99℃冷凝水进行换热，料液温度由 58.8℃上升为 85.5℃，再进入强制循环加热器与结晶器中的 93℃料液混合。

料液经强制循环加热器换热后，温度由 93℃上升为 93.7℃，进入结晶器进行闪蒸，当料液浓度达到 28%（质量）时料液有晶体析出。当料液质量固液比达到 30%后料液进入稠厚器，母液从稠厚器上端溢流口溢流进入母液罐，稠厚器底端排出的盐浆进入离心机离心。离心产生的母液进入母液罐与稠厚器母液混合后经母液泵打回结晶器，离心产生固体盐。

蒸发产生的二次蒸汽经过压缩机压缩由 85℃变为 99℃，之后蒸汽进入强制循环加热器与循环液和新料液混合液换热，换热后蒸汽释放潜热变成冷凝水和少量不凝气。冷凝水进入冷凝罐经过冷凝水泵与冷凝水加热器进行换热，将冷凝水温度降至 67℃，其中大部分冷凝水外排，部分冷凝水进入冷凝水罐经冷凝水泵打入压缩机。

（3）工艺特点

结晶器采用反循环轴向出料（FC）结晶器。此种结晶器的结晶颗粒在 0.2mm 以上比例达到 90%，便于离心脱盐，且避免和减缓了蒸发结晶器中的块盐产生，延长了系统生产周期。反循环轴向出料结构可以降低短路温度损失，提高热利用效率，降低循环泵扬程及能耗。

强制循环泵采用低速悬挂式轴流泵，其具有转速低、效率高、运转稳定的优点。安装时直接连接在泵的进出口管道上，克服了热膨胀问题，免去了膨胀节的安装。

5.9.2.3　公用工程消耗及运行费用

本项目公用工程消耗量见表 5-31。

表 5-31　公用工程消耗量

项目	消耗量	项目	消耗量
蒸发结晶系统总功率/kW	304	循环冷却水/（m³/h）	5
0.2MPa 蒸汽/（t/h）	0.4	仪表压缩空气/（m³/h）	40

该工艺蒸发吨水电耗为 52.7kW·h，核算后费用为 39.5 元/t；蒸汽用量吨水消耗 300kg/h，核算后费用为 10.4 元/t；循环水费用为 0.75 元/t。

5.10   煤气化污水电化学除硬技术

新型煤化工工业以煤为原料，经过煤的气化、合成气加工等下游产品生产，最终将煤转化为燃料和化学品。

目前，对煤化工污水处理后回用，最终实现污水近零排放已成为产业共识，为达成此目标，污水处理组合工艺需配套使用除油、酚氨回收等预处理措施，以及多级生化处理、膜浓缩深度处理、蒸发结晶等手段。但在实际污水处理过程中，各污水处理设施普遍面临来水硬度高的问题。污水硬度高，易导致污水处理设施结垢、污堵等问题，特别是对于采用膜浓缩和蒸发结晶等工艺的污水处理系统，保证污水中钙、镁、硅等离子处于较低浓度尤为重要。因此污水的除硬是保证污水深度处理系统稳定、长周期运行的重要手段。

某公司建设有 300kt/a 合成氨装置，在水煤浆气化过程中，气化灰水具有成分复杂、水量大、结垢性离子含量高等特点。煤炭中含有的钙、镁、氮、硫和氯等在气化过程中部分转化为氨、氰化物和金属化合物等，这些有害物质大部分溶解在气化灰水中，易造成管道结垢，影响生产安全。为解决系统结垢问题，某企业采用电絮凝除硬技术进行污水预处理。

5.10.1   工程概况

煤气化污水电絮凝处理装置进出水水质如表 5-32 所示。

表 5-32   污水进出水水质指标

项目	进水指标	出水指标
水量/(m³/h)	70~90	70~90
浊度/NTU	15~40	<8
硬度(以碳酸钙计)/(mg/L)	1200~1600	<350

5.10.2   工艺流程

5.10.2.1   电絮凝技术原理

电絮凝技术的核心为微电解絮凝技术。微电解絮凝的作用是利用电化学反应器电解产生的 Fe^{3+} 或 Al^{3+} 进入污水中，与污水中的 OH^- 形成活性吸附基团 $Fe(OH)_3$ 或 $Al(OH)_3$，活性吸附基团通过吸附架桥和网捕扫卷等机理，吸附水中的胶体、悬浮物、高分子有机物和重金属等。电絮凝技术与沉淀过滤技术组合将电絮凝反应产生的絮凝团、大分子物质沉淀，从沉淀池下方泥斗排出，沉淀池出水再经过多介质过滤池，可以有效保证出水水质。

5.10.2.2   工艺流程

煤气化灰水经增压泵进入澄清槽调节水质，澄清槽出水依次进入电絮凝一体化设备。
电絮凝一体化设备分为电絮凝反应池、斜板沉淀池和过滤池三个部分。首先在电絮凝反应池内，通过对电化学反应器加电，产生高效活性吸附基团，其在反应器内碰撞吸附水中的胶体、悬浮物等，形成更大的絮凝体进入斜管沉淀池中。反应形成的絮凝体经沉淀池大部分沉淀下来，剩余的少量细小絮体进入高效过滤池中，经多介质滤料过滤（石英砂、无烟煤）滤除水中剩余细小絮体、悬浮物、大颗粒物等机械杂质，有效保证了出水水质。过滤池运行一段时间需反冲洗，反冲洗排放水返回处理。

5.10.3 处理效果及经济分析

5.10.3.1 处理效果

随着电絮凝一体化反应设备投入运行，通过取样分析，并根据监测结果调整电絮凝反应池加电量、加碱反应池加碱量，最终出水水质逐渐稳定，达到设计指标要求。

电絮凝一体化设备进出水硬度监测数据如图5-14所示，进水平均硬度为1250mg/L，随着调试逐渐稳定，出水硬度均值298mg/L，最低可达42mg/L，去除率达到76%。

电絮凝一体化设备进出水浊度监测数据如图5-15所示，进水平均浊度15.7NTU，出水浊度随着处理系统逐渐稳定，平均值为3.7NTU，去除率为76.4%，满足气化灰水回用要求。

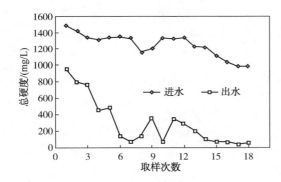

图5-14 电絮凝一体化设备进出水硬度

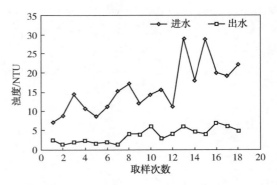

图5-15 电絮凝一体化设备进出水浊度

5.10.3.2 经济分析

煤气化污水电絮凝一体化处理设备投运后，取得了良好的应用效果：

①气化系统结垢状况明显改善，连续运行能力大大提升，减少因过滤器阻力大被迫停车的现象，增加了企业生产效益。

②气化系统结垢状况改善后，水系统高压阀门损坏频率大大减少，气化炉停车管道清洗量也减少，降低了维修费用。

③灰水降低硬度、浊度后，气化炉水循环系统冲洗水量得以减少，在建立新的水平衡后，实现污水减排。

④电絮凝一体化设备运行成本为0.57元/t。

参 考 文 献

[1] 于潇航，孙建刚，张玉红，等．炼油厂酸性水的综合利用方法[J]．化工科技，2016，24(06)：64-67.
[2] 李建国，王军，辛涛，等．BDP(生物倍增)工艺在石油化工行业的应用及与其他生化工艺之比较[J]．工业水处理，2012，(05)：75-80.
[3] 罗敏．浅谈IRBAF工艺在石化污水处理中的应用[J]．科技资讯，2009，(02)：160.

［4］张勇，罗义坤，张彤.IRBAF技术在乙烯装置废碱液处理中的应用［J］.石油化工安全环保技术，2018，34（05）：58-61.

［5］何琳，杨新春.汽提-双效蒸发-焚烧法处理丙烯酸及酯装置污水［J］.石化技术与应用，2017，35（04）：314-316.

［6］黄杰.茂名乙烯装置废碱液处理［J］.乙烯工业，2010，22（01）：39-42.

［7］刘建伟，郑祥，闫旭，等.污水生物处理新技术［M］.北京：中国建材工业出版社，2016：85-95.

［8］吴孜崧.电絮凝技术在水煤浆气化灰水系统中的应用［J］.安徽化工，2017，43（05）：58-61.

第六章 污水处理过程中的废气治理技术

6.1 废气来源与控制要求

在炼油化工行业的污水排放与处理过程中，污水、废渣和剩余活性污泥通常会带有含油、含硫、含酚等物质，会产生大量的废气。通过定量分析炼油化工企业污水处理场废气组分，污染物主要成分为苯系物、烷烃和环烷烃等挥发性有机物（VOCs），以及 H_2S、NH_3、硫醇等恶臭气体。这些气体挥发性较大，易扩散在大气中，而且部分气体有毒、刺激性气味大。污水处理场废气既严重污染环境，又危害人体健康。因此，控制和治理污水处理场废气已成为非常重要的问题。

6.1.1 废气分类

炼油化工行业污水处理过程的废气一般分为挥发性有机物和无机气体两大类。其中，VOCs 主要包括烃类和含氧有机物，如烷烃、烯烃、炔烃、芳香烃、醇、醛、酮、酚、氧杂环化合物等；有机酸如 $C_1 \sim C_5$ 的低分子挥发性脂肪酸、酸类等。无机气体主要包括含硫的化合物，如硫化氢、硫醇、二甲二硫、硫醚、硫杂环化合物等；含氮的化合物，如氨气、胺类、酰胺、吲哚、氰化物、硫氰化物类、吡啶等氮杂环化合物。

按废气浓度高低，可将污水处理装置逸散的废气划分为中高浓度废气和低浓度废气两类。中高浓度废气来自污水预处理单元的污水总入口、格栅、沉砂池、隔油池、中和池、均质调节池、气浮池和污泥处理单元的三泥离心机等环节逸散废气；低浓度废气来自厌（缺）氧、好氧池（MBR、BAF）、氧化沟、二沉池逸散废气。

挥发性有机物、含硫、含氮、有机硫化物、芳香类化合物等往往具有较强刺激性的气味，因此污水处理过程的废气需要加以收集处理，达到国家和地方相关环境保护标准后排放。

6.1.2 废气来源与分布

废气来源于污水处理场的各个处理构筑物。炼油化工污水处理场主要处理单元包括集水井、均质罐（池）、隔油池（斜板隔油池、平流隔油池）、气浮池（溶气气浮池、涡凹气浮池）、厌（缺）氧池、鼓风曝气池、膜生物反应器（MBR）、曝气生物滤池（BAF）、氧化沟、污油罐（池）、污泥脱水污水池、污泥浓缩池（罐）、污泥脱水间、排污泵站等。污水集输系统用于生产装置和罐区排放污水的收集、贮存以及向污水处理场的输送，包括地漏、管道、沟渠、连接井、集水池、罐等构筑物和设施。

污水的主要成分包括油、氨氮、悬浮物、COD 以及少量硫化物等。由于污水中携带有挥发性的恶臭物质及挥发性有机物，污水在输送和处理过程中对水体搅拌、翻动以及受到环境温度、风力等因素的影响，会使水中溶解的恶臭物质逸散出来，从而产生恶臭气体。各处理单元均会散发不同浓度、不同种类的废气，中高浓度废气和低浓度废气来源与污水处理流程有关，分布在不同的构筑物。

① 格栅、沉砂：主要作用是去除水体中较大的悬浮物、漂浮物、纤维物质、固体颗粒等。由于污水中携带有挥发性的恶臭物质及挥发性有机物，逸散出浓度较高的 H_2S、NH_3、有机硫化物、酚类以及其他烃类油气等。

② 隔油池、均质调节：主要作用是分离去除污水中颗粒较大的悬浮油，以及对水量和水质的调节。工艺过程中，部分油气成分主要是烃类(烷烃、烯烃、芳香烃)，从隔油池、均质调节池中挥发出来。另外，隔油池和均质调节池池底的沉淀物、水中悬浮物易厌氧腐化，并逸散出中高浓度的 H_2S、NH_3、有机硫化物、油气烃类及其他 VOCs 等。

③ 气浮池：主要作用是去除污水中的悬浮物和石油类。此工艺过程易逸散出中低浓度的 H_2S、NH_3、有机硫化物及其他 VOCs 等。

④ 曝气池、生化池：利用厌氧工艺脱氮、除磷等，利用好氧工艺处理水中的有机物。生化过程中会逸散出少量的 H_2S、NH_3 和低浓度有机类挥发物等。

⑤ 污泥、浮渣处理单元：在污泥、浮渣贮运、脱水等工艺过程中，由于污泥在传送、脱水过程中受到机械传动、温度、压力等因素影响，使得溶解在污泥中的恶臭物质逸散出来，并产生中高浓度的 H_2S、NH_3 及其他 VOCs 等。

6.1.3　废气扩散途径

废气的逸散与挥发途径与轻质油罐区的油罐较为类似，主要通过大、小呼吸排气。炼油化工污水处理过程中产生恶臭的物质既有无机物，如硫化物、氨、氮氧化物、臭氧、氯气等；也有挥发性有机物，如烃类、醛类、酮类、苯类、酚类、萘类、胺类以及各种有机溶剂等。分布在集水井、提升池、均质罐、污油罐、隔油池等构筑物的废气，以及污水转输过程中的气体、罐(池)底泥厌氧发酵产生的沼气等，均通过呼吸阀或直接露天排放；气浮池主要是在空气释放过程中，使水中 VOCs 及 H_2S 气体逸散出来；曝气池、氧化沟、厌(缺)氧池和污泥沉降罐、污泥池散发的废气主要来自生化曝气供氧(空气)、生物(好氧、厌氧)降解产生的释放气以及大、小呼吸排气等。

6.1.4　废气排放方式与浓度分布

污水处理场废气逸散主要是以无组织排放方式进行，需采用密闭收集的方式进行集中处理。炼油化工污水在不同的处理阶段，水中污染物的浓度始终处于动态的变化过程，不同的处理单元会产生不同组分和浓度的废气。其中，中高浓度废气多来自集水池、提升池、均质罐、隔油池、气浮池(溶气浮、涡凹气浮)、浮渣罐(池)、污油罐(池)、污泥沉降罐、污泥池及污泥脱油、脱水间等，通常非甲烷总烃浓度在 $500 \sim 35000 mg/m^3$ 之间，总气量通常在 $1500 \sim 12000 m^3/h$；低浓度废气主要来自曝气池、氧化沟、厌(缺)氧池、二沉池，非甲烷总烃浓度为 $20 \sim 400 mg/m^3$，总气量通常在 $20000 \sim 50000 m^3/h$。污水集输系统位于污水处理场上游，其散发的污染物的量通常高于污水处理场。

污水处理场中高浓度、低浓度废气在气量及种类均有较大差异，因此，针对不同浓度废气应分别采用独立的密闭收集输送系统，同时，所采取的治理技术和处理工艺也不相同。各种废气的主要组分和污染物浓度见表 6-1。

表 6-1 废气的主要组分和污染物浓度分布

废气种类	主要组分	废气排放点位及污染物浓度
污水处理场高浓度废气	H_2S、NH_3,石油烃、苯及苯系物,二甲二硫、硫醚等有机化合物	来自均质罐、隔油池、气浮池等,废气污染物浓度依次下降。H_2S:3~280mg/m³,NH_3:0~20mg/m³,有机硫化物:10~100mg/m³,非甲烷总烃(NMHC)500~35000mg/m³,恶臭气体浓度:5000~30000(无量纲)。全厂停工检修、事故排放含油污水时,浓度可能更高
污水处理场低浓度废气	H_2S、N_2、NH_3、有机硫化物、苯系物、污泥飞沫	来自缺氧池、曝气池、二沉池等,废气污染物浓度依次下降。H_2S:0.5~30mg/m³,NH_3:0~10mg/m³,有机硫化物:0~20mg/m³,非甲烷总烃(NMHC)10~350mg/m³,恶臭气体浓度:2000~8000(无量纲)
污水集输系统废气	H_2S、N_2、NH_3、油气、苯系物,硫醇、硫醚等有机硫化物	来自地漏、管道、沟渠、连接井、集水池等逸散的非甲烷总烃(NMHC)浓度一般高于均质罐、气浮池,属于高浓度废气

6.1.5 废气排放控制标准

6.1.5.1 VOCs 排放控制标准

对于 VOCs 和恶臭气体排放源,国内外都有严格的排放控制要求。例如美国 EPA 40CFR-60-QQQ《炼油厂污水系统 VOCs 排放标准》及欧盟 VOCs 排放控制法规和标准。欧盟环保标准大多是以指令(Directives)的形式发布,其对固定源 VOCs 排放控制主要包括通用指令和行业指令两类。欧盟指导性文件(Directive 94/63/EC)要求对于高浓度 VOCs 排放源应尽可能采用油气回收技术控制油品 VOCs 排放,在低蒸气压油品挥发的 VOCs 及回收经济性较差的场合下,应使用热焚烧或催化焚烧等破坏性处理技术。德国、英国、荷兰等国家建立了污染物排放分级控制标准,按污染物的健康毒性或其他环境危害大小,实施分类分级控制。

我国《石油炼制工业污染物排放标准》(GB 31570—2015)、《石油化学工业污染物排放标准》(GB 31571—2015)、《合成树脂工业污染物排放标准》(GB 31572—2015)、《挥发性有机物无组织排放控制标准》(GB 37822—2019)等国家和行业标准,对石油炼制等化工行业 VOCs 治理提出了明确要求。"强化废水处理系统等逸散废气收集治理,废水集输、储存、处理、处置过程中的集水井(池)、调节池、隔油池、曝气池、气浮池、浓缩池等高浓度 VOCs 逸散环节应采用密闭收集措施,并回收利用,难以利用的应安装高效治理设施。"北京、上海、天津、河北等区域地方标准严于国家标准。例如:上海市 DB31/933《大气污染物综合排放标准》规定,有组织排放口污染物最高允许排放浓度:苯≤1mg/m³,甲苯≤10mg/m³,二甲苯≤20mg/m³,非甲烷总烃≤70mg/m³(以碳计)。有关炼油化工企业污水处理系统 VOCs 排放控制主要指标见表 6-2。

表 6-2 炼油化工企业污水处理系统 VOCs 排放控制标准

标准	污水处理场和污水集输系统主要控制指标
《石油炼制工业污染物排放标准》(GB 31570—2015)	用于存储和处理含挥发性有机物、恶臭物质的废水设施应密闭,产生的废气应接入有机废气回收或处理装置,装置出口苯浓度不大于 4mg/m³、甲苯浓度不大于 15mg/m³、二甲苯浓度不大于 20mg/m³、非甲烷总烃(NMHC)浓度(以碳计)不大于 120mg/m³

标　　准	污水处理场和污水集输系统主要控制指标
天津市《工业企业挥发性有机物排放标准》(DB12/524—2014)	所有有机废气排气筒最高允许 VOCs 排放浓度为焚烧处理不大于 20mg/m³、非焚烧处理不大于 80mg/m³，15m 排气筒 VOCs 最高允许排放速率不大于 2.8kg/h
北京市《炼油与石油化工工业大气污染物排放标准》(DB11/447—2015)	所有有机废气排气筒最高允许 VOCs 排放浓度为焚烧处理不大于 20mg/m³、非焚烧处理不大于 100mg/m³，VOCs 去除率不小于 97%
河北省《工业企业挥发性有机物排放控制标准》(DB13/2322—2016)	石油炼制和石油化学工业的废水处理有机废气收集处理装置排放口非甲烷总烃 ≤100mg/m³、苯≤4mg/m³、甲苯≤15mg/m³、二甲苯≤20mg/m³

6.1.5.2　恶臭气体排放标准

为有效控制污水处理过程中废气污染环境及对人体健康的影响，针对废气中的主要恶臭组分，例如 H_2S、NH_3、甲硫醇、二甲基二硫醚、甲硫醚、三甲胺、苯乙烯等刺激性物质，国家相继出台《恶臭污染物排放标准》(GB 14554—1993)、《挥发性有机物无组织排放控制标准》(GB 37822—2019)，明确要求炼油化工行业污水处理场必须对废气密闭、收集、处理、达标排放。恶臭污染物主要控制指标见表 6-3。

表 6-3　恶臭污染物排放限值(15m 排气筒，GB 14554—1993)

控制项目	排放量/(kg/h)	控制项目	排放量/(kg/h)
硫化氢	0.33	氨	4.9
甲硫醇	0.04	三甲胺	0.54
甲硫醚	0.33	苯乙烯	6.5
二甲二硫醚	0.43	废气浓度	2000(无量纲)
二硫化碳	1.5		

我国《恶臭污染物排放标准》制定于 20 世纪 90 年代初，但随着经济社会和工业生产的快速发展，恶臭污染现状和特征已经发生较大变化，城市恶臭污染的问题日益突出，现有标准已难以适应当前和今后的生态环境保护要求，因此，为贯彻落实《中华人民共和国环境保护法》和《中华人民共和国大气污染防治法》，推进生态文明建设，适应经济发展和满足人民对美好生活的追求，促进恶臭污染防治技术进步，生态环境部正在组织修订该标准。

6.2　废气核算、收集与输送

近年来，随着废气排放控制国家和行业标准日益完善和治理技术的不断进步，VOCs 及恶臭气体的控制与治理工作逐渐向精细化、规范化方向发展，废气收集和预处理技术愈加得到重视，末端治理技术也更加成熟、可靠。

废气收集技术：随着国家《挥发性有机物无组织排放标准》和《重点行业挥发性有机物综合治理方案》的发布，加强污水处理过程废气逸散控制、强化废气收集以降低无组织排放成为实现 VOCs 减排的一个重要方面。大部分企业越来越重视废气收集技术与材料升级，包括收集系统设计、集气罩选型、输送方式等。

废气预处理技术：废气预处理效果的好坏将直接影响到末端治理效果。多级干式过滤技术、喷淋吸收技术、冷凝降温技术等废气预处理技术不断发展。

废气末端治理技术：吸附、高温焚烧、催化燃烧和生物净化等传统的治理技术依然是 VOCs 治理的主流技术。为克服单一技术的局限性，针对不同条件一般需采用多技术组合工艺，如吸附浓缩+催化燃烧、吸附浓缩+高温焚烧、吸附+吸收等。不论何种技术，均有一定的适用条件，需要根据技术经济可行性、安全风险可控性，合理选择处理技术，精细运维管控处理设施，实现废气稳定达标排放。

6.2.1　废气治理风量确定

6.2.1.1　废气风量计算原则

污水处理过程产生的废气量核算是一项基础性工作，是确定废气收集和治理规模的前提条件。废气量与污水水质水量、处理工艺、污泥压滤方式以及气象条件等因素有关，废气风量宜根据构筑物的种类、散发废气的水面面积以及废气空间的体积来综合计算，根据水面面积乘以一个系数来确定气量，该系数取值与构建筑物的功能与形式有关；对于上方整体加盖的构(建)筑物，通常以空间容积与每小时换气次数的乘积来确定废气量；对水池面局部加盖的构(建)筑物，可以根据开口面积和风速来计算出废气量；设备废气风量宜根据设备种类、封闭程度、封闭空间体积等因素综合确定。综合各个处理单元可按下列设计考虑：

① 隔油设施、气浮设施、污泥池、污油池、污水池的废气量根据上方的气体空间与换气次数确定，换气次数宜为 1~4 次/h。

② 生物反应池收集的废气量可根据该反应池的相应鼓风曝气量确定。

③ 污水调节罐、污泥储存罐、污油储存罐的废气量可按国家现行标准《石油化工储运系统罐区设计规范》(SH/T 3007)有关储罐呼吸通气量的规定执行。

6.2.1.2　中高浓度废气风量计算

中高浓度废气主要来自集水池、提升池、均质罐、隔油池、气浮池(包括溶气浮、涡凹气浮)、浮渣罐(池)、污油罐(池)、污泥沉降罐、污泥浓缩池及污泥脱水间等。

泵站、格栅与沉砂池单元：主要是缺氧原因产生废气，一般采用对构筑物或设备单独加罩，对于非经常性或无人操作的空间换气次数取 1~4 次，对于有人操作的空间换气次数取 5~8次。

隔油池：该废气包括池子呼吸排气、污水夹带释放气、池底污泥厌氧产生的气体等，废气连续排放。废气排放总量取污水处理量的 35%~100%。

气浮池：该废气包括溶解释放气和池子小呼吸排气，排放连续稳定。溶气气浮废气排放量取污水处理量的 10%~20%，涡凹气浮废气排放量取污水处理量的 100%~150%。

生化处理单元：对于缺氧部分，按不进入操作考虑，换气次数取 2~3 次；对于好氧部分，无特殊要求的情况下不建议进行收集，如必须收集时一般按曝气风量再加 1 次左右的收集空间换气量。

污泥浓缩与脱水单元：此部分是污水处理场最主要的臭源之一，由于污泥浓缩池大部分设有浓缩刮泥设备，因此尽可能在不影响运行的情况下采用加低盖进行收集，换气次数在 3~5次；对于密闭系统较好的脱水设备(如离心脱水机)，根据该设备标准的产气量进行收集，对于密闭系统较差的脱水设备，如带式压滤后采用半封口式抽风罩，开口处废气流速为 0.6m/s。

无法单独密封的系统：对于一些室内臭源设备由于无法单独密封或单独密封成本太高的情况下，可考虑对整个室内进行换气，一般换气次数为 6~8 次。

除臭设施收集的废气风量按经常散发废气的构筑物和设备风量计算：

$$Q = Q_1 + Q_2 + Q_3$$
$$Q_3 = K(Q_1 + Q_2)$$

式中：Q——除臭设施收集的废气风量，m^3/h；

Q_1——除臭污水处理需除臭的构筑物收集的废气风量，m^3/h；

Q_2——除臭污水处理需除臭的设备收集的废气风量，m^3/h；

Q_3——收集系统漏失风量，m^3/h；

K——漏失风量系数，可按 10% 计。

进水泵吸水井、沉砂池废气风量按单位水面积 $10m^3/(m^2 \cdot h)$ 计算，增加 1~2 次/h 的空间换气量。

初沉池、浓缩池等构筑物废气风量按单位水面积 $3m^3/(m^2 \cdot h)$ 计算，增加 1~2 次/h 的空间换气量。

封闭设备按封闭空间体积换气次数 6~8 次/h 计；半封口机罩按照开口处抽气流速为 0.6m/s 计。

污水处理场 VOCs 废气治理装置设计规模宜按典型工况实测气量的 120% 设计，无实测数据时，可参考表 6-4 或类比同等规模污水处理场确定。

表 6-4 污水处理场中高浓度废气排放量估算

排放源	排放特点及排放量
均质罐（罐中罐）	该废气量为大小呼吸排气量之和。罐只进水不出水时，大呼吸排气量取 120% 进水流量；罐进出水量相等时，大呼吸排气为"零"。小呼吸气表现为白天排气，夜间吸气现象。最大小呼吸排气量取污水量的 80%~120%
隔油池	该废气包括池子呼吸排气、污水夹带释放气、池底污泥厌氧产生的气体等，废气连续排放。废气排放总量取污水处理量的 35%~100%
气浮池	该废气包括溶解释放气和池子小呼吸排气，排放连续稳定。溶气气浮废气排放量取污水处理量的 10%~20%，涡凹气浮废气排放量取污水处理量的 100%~150%
浮油（污油）罐	该罐间歇进出物料，排气来自大小呼吸。最大排气量取进罐污油流量的 180%~220%
集水井或总进口	废气连续排放，排气量可取 30~50m³/h
排气总量和修正	高浓度废气总量为上述各项之和。通常废气 VOCs 浓度高于爆炸下限，采用催化氧化、蓄热燃烧、焚烧等方法处理时，需要用空气或氮气稀释 3~10 倍

6.2.1.3 低浓度废气风量计算

污水处理场低浓度废气来自厌（缺）氧、好氧池（MBR、BAF）、氧化沟、二沉池、剩余活性污泥池逸散废气。

曝气处理构筑物废气风量按曝气量的 120% 计算；氧化沟废气排放量为同等污水处理量

曝气池鼓风量的 200%~300%；厌（缺）氧池排放量可取污水流量的 5%~30%。低浓度废气排放量估算具体见表 6-5。

表 6-5　污水处理场低浓度废气排放量估算

排放源	废气排放量
鼓风曝气池（MBR、BAF）、氧化沟、厌（缺）氧池	曝气池（MBR、BAF）废气排放量可取鼓风机鼓风量的 120%；氧化沟废气排放量为同等污水处理量曝气池鼓风量的 200%~300%；厌（缺）氧池排放量可取污水流量的 5%~30%，典型总气量为 20000~50000m³/h（标准状态）
剩余活性污泥池	主要有进料大呼吸排气、厌氧排气，最大排气量可取进料流量的 120%

6.2.2　废气浓度取值

污水处理过程中产生的废气污染物浓度一般采用 NMHC、H_2S、NH_3、有机硫化物等常规污染因子和恶臭气体浓度表示。污水处理过程中产生的废气浓度差异比较大，且污染物浓度会随着水质的变化而产生变化，因此确定设计进气浓度应根据各处理构筑污染物浓度实测资料来确定，无实测资料时，可采用经验数据或按表 6-6 的规定取值。

表 6-6　污水处理场废气污染物参考浓度

处理单元	非甲烷总烃/（mg/m³）	硫化氢/（mg/m³）	氨/（mg/m³）	有机硫化物/（mg/m³）	恶臭气体浓度（无量纲）
污水预处理单元（污水罐、隔油池）	500~20000	1~10	0.5~5	2~40	1000~5000
"三泥"处理单元	600~30000	5~30	1~10	5~100	5000~50000

一般废气治理装置设计去除率不小于 95%，处理后的废气排放满足《恶臭污染物排放标准》（GB 14554—1993）、《石油炼制工业污染物排放标准》（GB 31570—2015）、《石油化学工业污染物排放标准》（GB 31571—2015）、《挥发性有机物无组织排放控制标准》（GB 37822—2019）等国家和行业标准，并通过 15m 以上的烟囱高空排放。

6.2.3　废气的密闭与收集

污水处理过程应加强污水、废液和废渣系统逸散排放控制，废气具有逸散性，极易影响到周边环境，因此对废气的密封收集是废气治理的前提。污水的输送系统在安全许可条件下，应采取与环境空气隔离的措施；污水处理设施应加盖密闭，收集、输送至 VOCs 处理设施；处理、转移或储存污水、废液和废渣的容器应密闭。

6.2.3.1　废气收集系统设计原则

① 盖板的形式和设计应满足安全、便于观察构筑物运行、便于操作和检维修以及美观的要求，不影响操作与维护的前提下，尽可能减小集气空间。

② 综合考虑建筑物的密闭、检修、废气收集等因素。对于有转动设备的构筑物，盖板设计应不妨碍设备的正常运转，同时将转动设备的电机及减速机露在盖板外。

③ 尽量使气体在扩散前被收集起来，废气收集系统内应保持适度负压，保证收集和输

送过程没有泄漏。污水池加盖结构的要求：耐腐蚀性、耐温性、耐紫外线性及耐湿性强；价格低廉使用寿命长；安装拆卸简单、阻燃效果好；自重轻、结实耐用，维修费用少。

6.2.3.2 密闭方式与系统材料选择

废气密闭收集系统的功能是将各构筑物产生的废气统一收集，并连接管道至废气输送系统接口。炼油化工污水处理过程中产生的废气具有较强腐蚀性和较高的温度，废气收集系统通常采用的密闭方式从结构型式上一般分为全玻璃钢盖板结构、PP 全塑结构、悬吊膜结构、不锈钢拱形盖板、蜂窝状塑料浮顶盖。具体加盖方式与材料选择见表 6-7。

表 6-7   不同加盖方式及材料比较

项目	不锈钢拱形盖板	PP 全塑结构	全玻璃钢结构	悬吊膜结构	塑料浮顶盖
加盖材料	SUS304、316L 材质	纯 PP 板覆面，采用改性 PP 加强	整体采用玻璃钢结构	钢支承反吊氟碳纤维膜结构	蜂窝状塑料浮顶盖
跨度限制	6～30m	1～10m	1～10m	1～50m	无
投资	初期投资较高	投资一般	投资比 PP 全塑结构要高	初期投资较高	投资较高
防腐及抗老化	好	较好	好	很好	较好
安装	施工简单，易拆装	施工简单，但相对周期较长	施工简单	安装难度较大，费用较高	费用较高
使用寿命	15 年以上	5～8 年	8～10 年	15 年以上	8 年以上
优缺点	优点：跨度大，耐腐蚀、抗老化性能好，使用后材料可回收利用；缺点：一次性投资高	优点：耐腐蚀性能好，经济性好；缺点：跨度受限、易老化，使用后作为固废，需花钱处置	优点：耐腐蚀，轻质高强，一次投资较低；缺点：刚性不足，易变形、老化，使用后需作为固废处置	优点：跨度大，耐腐蚀、耐热性好，施工周期短；缺点：维护工作量大，使用后的膜需花钱处置	优点：耐腐蚀，耐老化、防静电、安装简单；缺点：投资较高，且使用后作为危废处置
适用范围	腐蚀性强、跨度较大污水处理构筑物	腐蚀性强污水的构筑物	小跨度炼油污水处理构筑物	大跨度炼油污水处理构筑物	不带刮渣机的池面或污水罐

6.2.3.3 拱形玻璃钢盖板特性

玻璃钢盖板常用于污水处理场废气密闭与收集，拱形玻璃钢盖板具有优良的力学性能，可以承受较大的风、雪荷载；玻璃钢材质本身自重较轻，便于运输及安装，且玻璃钢材质具有较好的耐腐蚀性，安装在污水处理场这样有腐蚀性的环境中可以起到抗腐蚀作用。拱形盖板还具有足够的强度和整体刚度，可以满足加盖系统的设计要求；采用玻璃钢封闭的构筑物在适当的位置设置收集口与气体收集管线相连，并配套观察窗以便于日常观察与检修。该方式保证设备的正常运行和人员的日常操作且便于安装和拆卸。

玻璃钢密闭方式适用于跨度在 10m 以内的池体，例如集泥池、集水池等小跨度池体通常采用玻璃钢盖板密闭。普通碳钢骨架推荐采用方钢管，镶嵌于玻璃钢板下部并用玻璃钢涂覆，钢骨架部分作为玻璃钢板的加强肋，满足结构受力要求。玻璃钢材质组成：不饱和聚酯树脂、玻璃纤维基布、引发剂、助剂、颜料糊等。玻璃钢有效厚度 5mm 以上，盖板之间、盖板与混凝土池壁之间连接采用胶条密封。玻璃钢盖板使用年限一般可达 10 年以上。

该方式优点为防腐性能好，拱形玻璃钢密封罩适用于炼油污水处理装置的总入口、格栅池、集泥池等单格跨度较小，且结构规则的构筑物，造价一般在 300~500 元/m²。缺点为跨度比较小，造型单一，密封性一般，盖板结合处容易漏风，影响整体处理效果。如果跨度较大采用玻璃钢板，则钢骨架材质应采用不锈钢，整体造价高，经济性相对较差。见图 6-1。

图 6-1 污水处理场曝气池采用玻璃钢拱盖现场

6.2.3.4 不锈钢薄壁拱形波纹盖板

不锈钢薄壁拱形波纹盖板主要应用于污水处理系统工程加盖密封，防止气体挥发对周围环境造成污染。SUS304、316L 不锈钢卷材经专用成型机组压制为拱形盖板，跨度在 5~30m 可以一次成型，壁厚在 0.6~1.5mm 之间，无梁无檩条自支撑。不锈钢拱形波纹盖板适用于污水处理场面积和跨度较大的污水水池的废气密封与收集。

该形式盖板特点具有：①耐腐蚀，寿命长，不易老化。不锈钢拱形盖板主要采用 SUS304、316L 不锈钢材质，耐空气、蒸汽、水等化学性腐蚀，并具有良好的耐热性，超高低温环境下没有延伸、凹下、凸出，无发生破裂、断裂现象。②跨度大。通过专业设计的拱形造型、适宜的截面构造和横向波纹强化，有效提高刚度，跨度可达 5~30m，可以满足动静荷载、风雪荷载、检修荷重的要求；阻燃并可以满足各行业的消防标准。③全自动机械成型，强度高、可设计性强，不锈钢拱形盖板为组合式结构，易拆装，盖板间用螺栓连接拆卸更方便。④投资比较昂贵，但无需后期维护，使用后的不锈钢材料可回收再利用。见图 6-2。

图 6-2 污水处理场污水池不锈钢拱形盖板现场

6.2.3.5　膜密封盖板

膜结构盖板是 20 世纪中期发展起来的一种新型密封结构形式。膜结构也称织物结构，它以性能优良的柔软织物为材料，由内部空气压力支承膜面，或利用柔性钢索和刚性支承结构使膜面产生一定的预力，从而形成具有一定刚度并能覆盖大空间的新型空间结构体系。膜自身防腐性能好，自重轻，对大跨度池体具有明显优势；钢结构完全放在膜外侧，因此具有耐久性、安全性、便利性；造型多样，具有美观性和经济性。相比玻璃钢密闭罩，膜结构密闭罩具有密封性好，能达到气流有组织运动、密闭罩内微负压的设计要求。

膜结构密封主要有悬吊膜密封和反吊膜密封两种结构方式。悬吊膜采用环保专用膜材，通过支撑柱和拉索将膜挂起。液位波动时，可以通过调节索的伸长和收缩，使得膜与液面密切贴合。沿着池子周边安置吸风管线，将废气抽出净化处理。膜面上面设有雨水收集槽，雨水集中于雨水收集槽，收集槽设有液位传感器，到达高液位时，自动启动排水泵，通过泵将雨水打到池外。设观察孔、检修孔，满足日常设备巡检。具有结构简便，密封效果好，施工工期短，造价相对较低的特点。悬吊膜密适用于污水处理场 A/O 池、雨水隔油池等大跨度池体。见图 6-3。

图 6-3　污水处理场污水池采用悬吊膜结构密闭现场

反吊膜结构，就是采用钢构外置、膜材反吊的方式。反吊膜结构一般分为骨架式膜结构、张拉式膜结构和充气式膜结构。不同的膜结构展现形式和特点也不一样。首先，骨架式膜结构也叫作钢架反吊膜，主要采用了抗腐蚀能力很强的膜材把废气罩住，钢结构在外面将膜悬吊。膜层中还有高强度低纱聚酯丝及 PVC 涂层和紫外光(UV)固化处理，这样既发挥了膜材的抗腐蚀性能，又从根本上解决了钢结构由于与腐蚀性气体接触而带来的腐蚀问题，避免污水池恶臭气体扩散，污染周围环境。其次，张拉式膜结构由膜材、钢索及支柱构成，利用钢索与支柱在膜材中导入张力以达安定的结构形式。除造型美观外，也能展现膜结构特性的构造形式。近年来，大型跨度空间结构也多采用以钢索与压缩构成钢索网来支撑上部膜材的形式。因施工精度要求高，结构性能强，所以造价略高于骨架式膜结构。其三，充气式膜结构由内膜、外膜、风机、智能控制系统共同组成，加盖在污水池上，有效将污水池恶臭气体封闭起来。适用于大跨度池体，相较于钢结构反吊膜具有跨度更大、综合费用更低的优势。

不同的膜结构，其作用和使用范围不尽相同。由于污水处理场各构筑均具有一定的腐蚀环境，池体密闭采用钢支撑反吊膜结构来适应具有腐蚀性污水处理构筑物，使用高强度低纱聚酯丝膜封闭，除具备抗拉强度高、曲挠性好等特点，PVC涂层改进了传统涂层材料的表面特性，具有优良的抗污染能力，能保持长久清洁。运用紫外光固化处理技术，可提高有机涂层的户外耐久性，紫外光吸收剂还能起到外用光滤剂的作用，可阻止有害日光辐射进入涂层基材。可有效提升有机材料耐老化性能，在高低温下均能保持稳定的物理性能，具备酸碱条件下的化学稳定性。由于膜材自重轻，而抗拉强度很大，膜结构克服了传统结构在大跨度（中间无支撑）建筑上实现所遇到的困难，适于大跨度的池体。在炼油污水处理装置的气浮池、一段曝气池、均质池这类跨度大于7m的单池通常采用反吊膜结构型式。见图6-4。

图6-4　污水处理场污水池采用反吊膜结构密闭现场

由于所有钢支撑反吊膜结构均为密封体且膜结构造型为光滑曲面，所以具有风荷载体型系数小、抗风等级高等优点。对这类敞口构筑物一般采用空间膜结构进行密闭，在适当的位置设置收集口与气体收集管线相连，并配套观察窗或补风口便于补气、巡检及操作。

6.2.3.6　蜂窝状塑料浮顶盖

浮顶盖技术是一种减少炼油化工行业储罐和各种污水池VOCs及恶臭气体排放的技术，其基本原理是通过降低液面与大气直接接触面积或者污染物的挥发面积以达到减排的目的。浮顶盖采用多个六边形结构的盖体在储罐或敞开液面上方自动组合形成一个新型"全接液浮盘"以阻止VOCs和恶臭逸散。浮顶盖被广泛应用于石油和化工行业，对油品的固定顶储罐、各类污水的敞开液面（液面有行走设备或曝气设备的池体除外）等VOCs及恶臭气体排放起到了较好的减排作用，有效解决了VOCs的挥发带来的恶臭逸散等问题。

蜂窝状六边形结构，单个尺寸15～25cm，液面自动分散排布密封，一般用于油罐、污水池物料表面覆盖。该形式盖板特点：①耐化学腐蚀、耐紫外老化、防静电、阻燃，寿命10～20年。②适合水池和化学品储罐、油罐内部防止废气逸散，代替内浮顶。③适用于防污、降臭、节水、保温、避光、抑藻。④露天水池中抵抗风速85km/h的大风，不会聚集。见图6-5。

6.2.4　废气收集与输送

对于污水处理场废气收集系统的设计，首先从生产工艺、污染物成因种类和理化性质、位置分布和数量、排放量和排放强度速率、排放规律等多方面综合考虑，制定合理的收集路

图 6-5　蜂窝状塑料浮顶盖现场

线及处理工艺。建立高效、安全、科学的 VOCs 废气收集系统，是有效治理 VOCs 废气的关键。污水处理设施由于操作条件不同，密闭后向同一个废气治理设施输送释放气，管道系统设计时应考虑压力平衡和鼓风设备的影响，条件允许时相似工作状态的构筑物可以共用引风机，但要考虑系统的安全性。

6.2.4.1　废气收集管道设计原则

污水处理场废气收集管道设计应参照《石油化工污水处理设计规范》（GB 50747—2012）要求，遵循"应收尽收、分质收集"的原则。废气收集系统应根据气体性质、流量等因素综合设计，确保废气收集效果。集气（尘）罩收集的污染气体应通过管道输送至净化装置。管道布置应结合生产工艺，力求简单、紧凑、安全、管线短、占地空间少。管道设计原则具体如下：

① 废气收集管道应设置风阀、阻火器、排凝管道；收集罩宜设置呼吸阀、观察口等。引风机应采用防爆电机，设置风量、压力等在线监测仪表。在风管分支处设置手动调节风阀（特殊情况下可用电动风阀，如阀门需要经常调节及阀门所处位置人员难以接近等），确保满足每一个密闭构筑物所需的引风量及系统阻力平衡；在收集罩的适当位置设置呼吸阀，目的是为了防止排放设施产生负压而导致收集罩的损坏。

② 收集管道一般采用架空铺设方式。主风管风速不宜大于 10m/s，支管风速不宜大于5m/s；由支风管上引出的短管，其风速不应超过 4m/s，以便控制运行噪声，减小阻力。管道应沿流向有一定坡度，并在最低点设凝结水排放阀。

③ 收集管道及附件应采用难燃、耐腐蚀材料或材质。由于处理构筑物废气湿度较大、氧浓度高、腐蚀性强，管材应视现场和处理介质、管道安装方式、投资等情况，选用玻璃钢、内防腐钢管、不锈钢材质或其他非金属管。

④ 污水处理场是一个安全风险较高的生产区域，应充分考虑废气管道的安全措施。污水罐、污油罐、污油池等含可燃气体的设施宜单罐、单池设置阻火器；废气管道上一般应考虑设置阻火阀，高浓度有机废气管道要求防静电、阻燃；污水处理废气收集系统不应与工艺装置、罐区、装卸设施等共用废气收集系统；支管沿管道流向应有一定坡度，在最低点设有凝结水排放阀。尾气进入废气治理设施前应采取 VOCs 在线监测仪、联锁等完善的安全措施。

　　近年来，污水处理场屡次发生安全事故，常出现在废气的收集和治理过程中，因此，应根据不同浓度的废气，加强对废气的收集、输送、处理和排放安全措施的设计与管理。

6.2.4.2　废气管道设计内容与要求

　　收集系统是废气治理的关键环节，从源头决定了废气控制和处理系统的设计规模。作为废气控制和处理系统的一个重要组成部分，废气收集及输送系统设计得合理与否很大程度上影响着整个废气控制和处理系统的运行效果。

　　污水池收集输送管道一般选用纤维缠绕玻璃钢管道、改性工程塑料管道或不锈钢管道。其中，玻璃钢管具有管质轻而硬、不导电、机械强度高、抗老化、耐高温、耐腐蚀、可以使用10~15年等特点，通常采用埋地铺设或架空铺设；玻璃钢管道缺点是外观稍差、需要进行专门的表面清洁处理，现场施工受气候影响大，因胶黏剂老化，在高温、湿度作用下，其胶接强度会下降，无法回收利用。改性工程塑料通过添加抗紫外老化剂、增塑剂、阻燃剂、增强剂等改善耐腐蚀性、耐老化性、阻燃性、柔韧性等，热熔焊接施工安装方便、外观美观，且塑料制造成本低；其缺点是在阳光、空气、热及环境介质中酸、碱、盐等作用下，易老化，易燃，耐热性差，刚度小。不锈钢管道的优点是耐腐蚀或耐高温，抗静电性能好，防爆阻燃性能好，易于现场安装，使用年限可以长达15年以上；其缺点主要是投资高，不耐碱性介质的腐蚀。

　　（1）废气管道安装要求

　　对各污水处理构筑物进行封闭处理，并通过引气管线和引气风机排放，风机进口和出口的引气管线上设置采样口和流量测定口。要求如下：

　　各污水处理设施特别是在隔油池、气浮池等废气排放源的输气管道上应分别安装流量计和阀门，便于调整各个设施的气量；流量测定点的安装要求位于水平直管段上，测定点的上游6倍管径范围内，下游3倍管径范围内，必须是平直的直管段，不得有弯头、阀门、三通等。

　　引气主管线上设有气体流量测定口和气体采样口。废气治理系统在每个集气支管上配备必要的阀门，以调节风量和风压；集气系统保持吸风口微负压，并保证集气系统压力和风量平衡。

　　废气收集管道区域范围大且废气成分复杂，系统一旦投用，要进行改造时将面临较大的动火作业，并由此带来较大的安全风险。为此，在设计时应考虑一些预留性施工。例如：在各排放口设置预留口，在废气进管路前设置切断用阀门等。

　　为防止各废气相互串联，进入总管的支管间应设置一定间距，并对接入废气系统的废气种类、排放参数等进行确认，以防止误接。对处于防雷区的收集管道，应要求单独设立防雷设施，独立的防雷保护接地电阻应小于等于10Ω。见图6-6。

　　（2）废气管道中的静电防控

　　收集管道容易发生静电积聚、发生爆炸。废气收集、输送和处理设施应设置防火防静电措施，首先要对管道管材的选型进行设计。对于普通VOCs废气或含高浓VOCs废气，可采用不锈钢等金属材质管道，见图6-7。对于含腐蚀性废气采用抗静电的玻璃钢管道，有效防止静电积聚。玻璃钢管的表面电阻不得大于$1.0×10^6Ω$。其次，需要合理设计管径，将废气输送速度控制在安全范围。一般普通VOCs废气控制在10m/s以下，对于含高浓VOCs废气则控制在8m/s以下。第三，管道上各类附属装置的选材同样需要满足避免静电聚集的要求，例如风机叶轮和壳体材质也必须为可传导静电的不锈钢或抗静电玻璃钢材质。

图 6-6　污水处理场废气输送管道

图 6-7　污水池不锈钢风管系统现场

整体收集管路每年至少开展一次静电检测并做好检测记录。防静电接地电阻一般要求小于等于 100Ω。

（3）废气管道排液管理

废气进入管道系统，由于温度和压力的变化，难免会存在冷凝甚至产生结晶的现象，特别是经过水洗喷淋处理后的废气含有大量饱和水蒸气。为此，排凝和保温系统的设计尤其重要，否则可能会引起积液、影响废气输送，低温时还会导致一些物料结晶、冰冻、堵塞而损坏管路。

废气输送管道应安装低点排凝口。排液系统包括管道倾斜度、排凝口、汇集节点等，排凝口要设置在管道低位，长距离输送时根据现场管路走向情况，合理设置积液汇集器，及时引出积液。排凝口应进行记录，包括排凝口编号、液体接收量、排凝日期等信息。

当风管内可能产生凝结水、沉积物或其他液体时，风管应具有一定的坡度，并在风管的最低点设置 U 形排凝水装置，风机底部也设置排凝口，排水就近排入污水井或污水池。

（4）安全设施配备要求

高浓度废气和低浓度废气的来源、治理工艺和爆炸极限均不相同，应分别设置独立的高浓度废气收集系统及低浓度废气收集系统，以保证收集管道系统的安全稳定运行。此外，还需要配套各类安全设施和检测仪器。管道系统上可设置泄爆片、重力式泄爆阀、阻火器、氧含量检测仪、LEL 浓度检测仪等。泄爆片、重力式泄爆阀一般可安装在风机或阻火器附近，泄爆压力的选择要高于废气管线正常压力。阻火器一般安装在各风机进口、出口，同时根据保护目标需要，可在废气支管与总管汇总前安装阻火器，以保护废气支管端的构筑物。根据污水处理场防爆要求和废气的特殊性可设置液封装置来进行隔爆阻火。

工作中需要对管道进行日常巡查，主要通过对管道跑、冒、滴、漏的巡查及时发现漏点；同时可定期采用氮气进行气密性试验，并保留气密性试验记录。

为了实现对管道系统运行状况的监控，实现安全风险的在线监控，还需要安装压力检测、温度检测、流速检测仪器等，并将上述重要参数集中到统一监控中心进行集中监控，当压力、温度、流速超过设定值时启动报警系统，并对各异常信息按事故/事件进行原因分析和调查处理，防止其再次发生。

（5）应急系统配置

因为废气输送系统的火灾爆炸风险较大，故需要设置应急系统。可在废气总管上安装蒸汽或喷淋水灭火装置，即当管道内温度超过设定安全值，发生火灾或爆炸的风险时，立即启动应急装置，将蒸汽或喷淋水通入管道内进行灭火。

为防止废气总管系统起火对污水处理场的影响，在各处理构筑物的废气进入废气总管前，设置温度报警装置，当温度超过设定值，则切断与总管系统的阀门，将废气排到紧急放空管。

6.2.4.3　废气风机选用与要求

污水处理场废气风机是废气收集系统中的关键设备，对于废气的全部收集和密闭加盖系统的安全运行起着重要的作用。在选择风机时应考虑有效收集气体，风量太小，无法收齐全部的气体；风量太大又会产生过高的电耗。总之，适当的风机风量一般都需要通过计算来进行设计。

选择废气风机时，要根据性能参数、用途、工艺要求、使用场合，选择风机的种类、机型以及结构材质，使风机的额定流量和额定分压接近工艺要求。重点确定风机风量和风机风压，由此可确定具体的风机型号。风机风量指单位时间内可以排出的废气量，即处理废气量，需要根据实际情况来计算。风机风压是指风量输送过程中要克服的阻力，这取决于排风管道（管道、弯头及阀门均会产生压损）的长短和设备的风阻，需要计算。在风机选择性能图表上应优先选择效率较高、机型较小、调节范围较大的一种。

根据通风机输送气体的性质不同，选择不同型式的风机，如输送有爆炸和易燃气体的应选防爆风机；输送有腐蚀性气体的应选用玻璃钢风机，玻璃钢风机在传统污水处理场废气输送的过程中应用非常普遍；在高温场合下输送高温气体应选择高温风机。风量按设计风量，风压一般在 $2000 \sim 4000$ Pa 之间，风机风压要比计算值高 $10\% \sim 15\%$；各支管压差在 15% 之内。见图 6-8、图 6-9。

图 6-8　污水处理场玻璃钢风机现场

图 6-9　污水处理场高温风机现场

污水处理场废气应采用引风机输送，引风机、输送管道应耐腐蚀、防静电。废气收集系统通常选用耐腐蚀玻璃钢风机，为防止噪声，可配置隔音罩，需要时可采用变频电机以控制风量。在控制恶臭影响的前提下尽可能减小引风量，降低建设成本和运行成本。

6.3 废气治理技术

6.3.1 废气治理技术分类

在污水处理过程中的废气主要来源于污水提升池、进水格栅、调节池（罐）、隔油池、气浮池、初沉池、污水池、生化曝气池等，废气成分主要是 VOCs、硫化氢及有机硫，通过加盖密封收集输送到废气治理装置处理后达标排放。对不同浓度、不同类型废气的处理技术与方法不尽相同，废气治理控制的重点是选择具有高效、低耗、安全可靠的处理技术。

污水处理场废气治理分为回收处理技术、破坏处理技术以及组合处理技术。其中，回收处理技术通过物理方法，即改变温度、压力或采用选择性吸附剂和选择性渗透膜等方法来富集分离有机污染物，包括碱洗、吸附、吸收、冷凝、膜分离；破坏处理技术通过化学反应或生物降解，用热、催化剂或微生物等将 VOCs 转化成为 CO_2 和 H_2O 等无毒害无机小分子化合物，包括燃烧法、催化氧化法、生物处理法等。组合技术是将回收技术或破坏技术联合使用，能实现采用单一治理技术难以达到的治理效果，降低治理费用并达到较好治理效果，投资上更加合理。污水处理场废气治理可采用活性炭吸附、碱洗、生物法处理、催化氧化、蓄热燃烧（RTO）等方法。见表 6-8、表 6-9。

表 6-8 常用 VOCs 治理技术比较

方法名称	主要工作原理	优点	缺点	适用范围
吸附法	油气通过活性炭等吸附剂，油气组分吸附在吸附剂表面，然后再经过减压脱附或蒸汽脱附，富集的油气用真空泵抽吸到油罐或用其他方法液化；而活性炭等吸附剂对空气的吸附力非常小，未被吸附的尾气经排气管排放	对浓度和气量变化适应性强，VOCs 去除率高，在 VOCs 处理上广泛应用	工艺复杂；需二次处理；吸附床易产生高温热点，存在安全隐患	适合低沸点有机物（如汽油）废气、低浓度废气处理
吸收法	根据混合油气中各组分在柴油等吸收剂中溶解度的大小，来进行油气和空气的分离；吸收剂对烃类组分进行选择性吸收，未被吸收的气体经阻火器排放	工艺、设备简单，投资小，操作费用低	回收率较低，仅为80%左右，需进一步处理	适合大、小气量和复杂组分处理
冷凝法	利用烃类在不同温度下的蒸气压差异，通过降温使油气中一些烃类蒸气压达到过饱和状态，使过饱和蒸气冷凝成液态，回收油气的方法	系统简单，安全性高，自动化水平高	VOCs 去除率不高，电耗及运维费用较高	适合高浓度或高沸点 VOCs 气体回收

续表

方法名称	主要工作原理	优 点	缺 点	适 用 范 围
膜分离法	利用不同气体分子透过高分子膜的溶解扩散速度的差异，来实现分离的目的；气体分子在高分子膜中的透过速度与气体的沸点有密切关系，通常是气体沸点越高，透过速度越大，通常高分子膜渗透有机化合物的速度比渗透空气的速度高，实现 VOCs 在膜透过侧的富集，达到气体净化目的	回收率高，安全性好，不产生二次污染，适用性广，可回收有价值产物	投资大；对于低浓度废气的深度处理的经济性较低	适合回收处理高浓度、高附加值 VOCs 气体
热力燃烧	将含挥发性有机物的废气送入有火焰的燃烧炉中，充分燃烧，转化成 CO_2 和 H_2O	结构简单，投资小，VOCs 去除率一般在 97% 以上	能耗高，易产生 NO_x 二次污染物	适合浓度大于 $3000mg/m^3$ 的 VOCs 废气
蓄热燃烧（RTO）	采用热氧化法处理中低浓度的有机废气，气体在交替通过陶瓷蓄热床进入 RTO 时被加热，流出 RTO 的净化气体被换热冷却后排放。可将 VOCs 氧化为 CO_2 和 H_2O	与直接燃烧法相比，停留时间更少，温度更低，效率高	污染物浓度低的情况下，需要消耗燃料；有少量氮氧化物生成，易造成二次污染	适于处理 VOCs 浓度在 $1500 \sim 7000\ mg/m^3$ 之间，以及大气量的有机废气
催化氧化（CO）	又称催化燃烧，有机废气在 $250 \sim 450℃$ 发生无焰燃烧，利用固体催化剂和氧气将有机物转化为 CO_2 和 H_2O，并减少 NO_x 的生成	VOCs 去除率高、运行稳定；自动化程度高，便于操作及维护；运行成本低；占地小，可回收热量，不产生二次污染物	催化剂价格昂贵，需定期更换；催化剂有硫中毒失效的风险；污染物浓度低的情况下，需要电加热或者补充燃料	适合无回收价值、中等浓度（$1000 \sim 8000mg/m^3$）的 VOCs 废气
生物处理法	VOCs 生物净化过程是附着在滤料介质中的微生物在适宜的环境条件下，利用废气中的有机成分作为碳源和能量，维持其生命活动，并将有机物分解成 CO_2、H_2O 的过程。VOCs 首先经历由气相到固相或液相的传质过程，然后才在固相或液相中被微生物分解	处理效果好，无二次污染；工艺设备结构简单，投资和运行费用较低；适用范围广	占地面积较大；需要生物培养，系统启动慢；多与其他工艺（吸附）组合使用	适合于处理低浓度、不具有回收价值或燃烧经济性的 VOCs 废气，包括醇类、醛类、酸类、酯类、酮类、醚类等含氧的恶臭气体有机物
吸附+吸收法	废气与自上而下喷淋的吸收剂形成对流接触，大部分的废气被吸收，形成富集的吸收剂，排放到吸收剂指定的储罐；未被吸收的残余废气通过吸收塔上部管道回流到吸附塔中进行再次吸附，经过吸附净化处理后排放	工艺简单，应用成熟，能耗低	回收率较低，VOCs 去除率仅为 85% 左右，需进一步处理	适合有回收价值、高浓度（$10000mg/m^3$ 以上）的 VOCs 废气

方法名称	主要工作原理	优　点	缺　点	适用范围
冷凝+吸附法	先对废气降温，使之90%冷凝液化；回收物为液化汽油，未回收的是低浓度余气，然后通过吸附罐将余气中烃类物质吸附富集，让余气中空气排放；吸附富集的烃类组分脱附后返回冷凝级继续冷凝液化	安全性好，净化效率较高，运行稳定；可回收汽油或苯等有价物质	回收率较低，电耗高，运维工作量较大	适于高浓度、有价值VOCs废气
总烃均化+催化氧化法	采用活性炭进行总烃浓度均化，再用液碱脱硫除去杂质后，在催化剂作用下，将废气在 250~450℃ 温度下氧化分解为 CO_2 和 H_2O，尾气达标外排	VOCs 去除率达 99% 以上；能耗低，基本不产生 NO_x，运行稳定可靠	一次性投资费用较大，催化剂需定期更换	适合无回收价值、中低等浓（3000mg/m^3 以下）的 VOCs 废气治理
生物滴滤+过滤+活性炭吸附	该技术通过固定微生物的载体填料以及装置的集约化来实现 VOCs 达标排放；微生物对 VOCs 进行氧化分解和同化合成，一部分作为细胞物质或细胞代谢能源，另一部分变成 CO_2 和 H_2O	抗冲击能力强，设备简单，易于维护与管理，处理效果稳定，微生物具有良好的适应性，运行费用低	占地面积大，需要生物培养，系统启动慢	适用于低浓度、大气量的 VOCs 或无机废气治理

表 6-9　欧洲不同工艺的投资和运行费用统计

工艺类型	一次性投资/[欧元/(m^3·h)]	运行费用/[欧元/1000m^3]
热力燃烧法	16.5~19.5	2.0~2.4
蓄热式焚烧法	17~105	0.35~2.5
催化燃烧法	19.5~22.5	1.8~2.1
无再生吸附法	7~28	0.7~1.4
吸附浓缩/脱附/热氧化法	12.7~98.5	2.6~3.0
冷凝法	8.4~66	0.35~2.0
生物处理法	4.2~13.9	0.4~0.7

6.3.2　吸收法

吸收法采用低挥发性或不挥发性的溶剂对 VOCs 进行吸收，再利用 VOCs 和吸收剂物理性质的差异进行分离。采用吸收法进行油气回收的关键决定因素是吸收剂的性能。VOCs 气体吸收剂可选用水基吸收剂、油基吸收剂、碱液等，例如，醛类、醇类气体可用水吸收，含硫油气等可用低温柴油吸收，有机酸气体可用碱液吸收。吸收设备有填料塔、板式塔、喷淋塔、文丘里洗涤器等。吸收液可通过汽提、精馏回收有机物，或作为其他生产工艺的原料。吸收法在高浓度有机物气体、水溶性 VOCs 气体处理和含硫化物油气回收上有广泛应用。

6.3.2.1 工艺流程

含 VOCs 废气自吸收塔底进入塔内,在上升过程中与来自塔顶的吸收剂逆流接触而被吸收,净化后的气体由塔顶排出。吸收了 VOCs 的吸收剂通过热交换器后,进入汽提塔顶部,在温度高于吸收温度或压力低于吸收压力的条件下解吸。解吸后的吸收剂经过溶剂冷凝器冷凝后回到吸收塔。解吸出来的 VOCs 气体经过冷凝器、气液分离器以纯 VOCs 的形式离开汽提塔,被回收利用。见图 6-10。

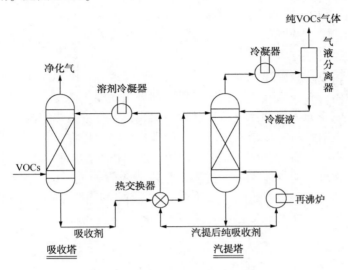

图 6-10 吸收法工艺流程示意

吸收剂的选择对吸收效率具有决定性作用。吸收剂的选用应对 VOCs 有较大溶解度。如果需要回收有用的 VOCs 组分,则回收组分不得与气体组分互溶。吸收剂的蒸气压原则上越低效果越好,因为净化后的气体一般要排放到大气中,必须最大限度控制吸收剂的排放量。吸收剂在吸收塔和汽提塔的操作条件下必须具有良好的化学稳定性,无毒,无害,无腐蚀性,不黏稠,不起泡,不易燃烧。吸收剂的分子量应尽可能低,以使得吸收能力最大化;易溶于水的 VOCs 通常用水作为吸收剂,轻烃类用油作为吸收剂。用于 VOCs 净化的吸收设备,一般是气液反应器,要求气液相有效接触面积大,气液湍流程度高、设备压力损失较小,易于操作和维修。由于 VOCs 废气的浓度一般较低,气量大,因而一般选用气相为连续相、湍流程度高、相界面大的填料塔较为合适。

6.3.2.2 处理效果

吸收技术所处理的尾气排放浓度较难控制,排放的非甲烷总烃浓度一般小于 $25g/m^3$,需要后续处理才可达标排放。而且吸收液需进一步处理,有可能造成二次污染,费用也较高。

6.3.2.3 适用范围

该工艺适用于大气量、中高浓度 VOCs、温度较低气体的净化,可用于回收有用成分,但吸收效率一般在 75%~85%,常作为废气预处理技术,在炼油化工行业得到较为广泛的应用。

6.3.3　吸附法

吸附技术是常用的气体净化技术，也是目前 VOCs 治理的主流技术之一。吸附技术是利用多孔固体吸附剂，使其中所含一种或数种组分浓缩于固体表面，以达到分离目的。吸附剂有活性炭、硅胶、分子筛等，应用最多的是活性炭。吸附设备有固定床、移动床（含转轮）等。吸附剂再生方式有惰性气热再生（如热氮气再生等）和抽真空再生等。吸附法对浓度和气量变化适应性强，VOCs 去除率高，有较广泛应用。但一般不用于高沸点有机物、易聚合有机物（如苯乙烯等）、复杂组分（如含硫化氢、氨、有机硫化物、油气）废气处理。

6.3.3.1　工艺流程

活性炭吸附工艺包括吸附净化和热脱再生两个处理过程。吸附净化过程是将有机废气由排气风机送入吸附床，有机废气在吸附床被吸附剂吸附而使气体得到净化，净化后的气体进入下一个处理单元或排向大气即完成净化过程；热脱再生过程是当吸附床内吸附剂所吸附的有机物达到允许的吸附量时，该吸附床已经不能再进行吸附操作，而转入脱附再生。一级吸附饱和的活性炭，用净化后的合格气体进行脱附，脱附出的溶剂和杂质，经压缩机一同送废气总进口管线，与含溶剂的气体混合，进入活性炭罐吸附处理。以上进程均由 PLC 程序操控，主动切换，交替进行吸附、脱附、净化等工艺操作。吸附法的关键技术是吸附剂、吸附设备和工艺、再生介质、后处理工艺等。见图 6-11。

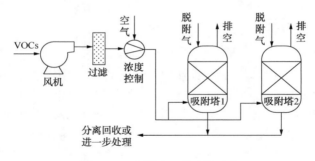

图 6-11　吸附法工艺流程示意

吸附系统是整个工艺技术的核心，决定该技术的处理效果。主要包括系统阀门、吸附器、吸附剂。因为挥发性有机物大都易燃易爆，因而阀门开关驱动尽量采用气动控制，安全性较高，同时阀门密封性要好，不允许出现泄漏。吸附器的设计须考虑增加安全措施，如吸附器内部的温度控制、泄压阀、必要的液封等。

吸附法的关键是吸附剂的选择。吸附剂要具有密集的细孔结构，内表面积大，吸附性能好，化学性质稳定，耐酸碱，耐水，耐高温高压，不易破碎，对空气阻力小等。常用的吸附剂主要有活性炭（颗粒状和纤维状）、沸石分子筛、硅胶、有机吸附剂等。

活性炭是目前应用广泛的一类吸附剂，包括颗粒活性炭、蜂窝活性炭、活性炭纤维毡等，具有较高的比表面积和较大的孔容积，对 VOCs 的吸附能力较强，尤其对苯系物等大分子 VOCs 的脱除效果显著。活性炭的使用寿命受很多因素影响，如填装技术与解吸技术的优劣，活性炭本身的质地等。值得注意的是当油气中混杂有微量的酸、酯等气体时，它被吸附在活性炭床层后会产生热点，造成局部温度超高，导致温度感应器报警而停车，这时需要利用氮气等惰性气体对活性炭床层进行吹扫即可投入使用。此外具有危险性的有机物，如环己酮，容易积蓄在活性炭上，发生急剧的链式反应，产生安全隐患，须避免采用活性炭吸附剂。活性炭的吸附能力受环境湿度影响，随环境湿度的增加而降低。此外，废弃的活性炭不能直接丢弃，需要妥善处理。活性炭吸附油气回收装置由于需要经常更换活性炭，因此影响到实际使用效果。

沸石分子筛是优良的 VOCs 吸附剂之一，有较大比表面积和微孔体积，分子筛材料已用于 VOCs 的吸附。不同类型的分子筛对 VOCs 的吸附效果不同，可对分子筛进行化学改性，提高对 VOCs 的去除效果。

有机吸附剂主要是指高聚物吸附树脂。高聚物吸附树脂是指一类多孔性的、高度交联的、具有较强的吸附功能、对 VOCs 具有浓缩分离作用的高分子聚合物。目前使用广泛的是大孔型吸附树脂，可以定量吸附，重复使用。按照树脂的表面性质，吸附树脂一般分为非极性、中极性、极性和强极性四类。

6.3.3.2　处理效果

吸附效果取决于吸附剂性质、气相污染物种类以及吸附系统的操作温度、湿度、压力等因素。活性炭是常用的一类吸附剂，具有较大的比表面积、独特的吸附表面结构特征、较强的选择性吸附能力、良好的催化性能和表面化学性能，在气体污染物的处理方面，尤其在 VOCs 治理方面具有重要作用。总体而言，吸附法设备简单，操作灵活，有较为广谱的去除效果。但运行费用高，存在一定的安全风险，且带来二次污染，即产生废活性炭，需作为危废处置，运行成本较大。

6.3.3.3　适用范围

吸附法较适合于处理低浓度 VOCs 废气，一般用来吸附脂肪化合物和芳香族化合物、含氯溶剂、醇类、酮类以及酯类物质等。对于高浓度的有机气体，通常需要首先经过冷凝等工艺将浓度降低后再进行吸附净化。多应用于化工、污水处理、制药等行业有组织或无组织排放 VOCs 的治理。

6.3.4　冷凝法

冷凝法是通过降低温度或提高系统压力使气态的挥发性有机物转为其他形态，从而从气体中分离出来。根据气体在不同温度下饱和蒸气压不同的性质，易于被冷凝分离的挥发性有机物通常具有高沸点、高浓度的特性。处理后的气体混合物中由于仍残留一部分 VOCs，还需要二次尾气处理。冷凝法在去除气体中挥发性有机物的同时，还能将吸附浓缩的高浓度 VOCs 分离，得到其中有回收价值的有机物。

6.3.4.1　工艺流程

通过制冷系统建立制冷剂循环，产生冷却负荷，再用制冷剂与有机废气在换热器中换热，降低废气温度，冷凝回收低凝点有机物。废气首先进行预冷，油气在进入高温级换热器之前，首先经过预冷级单元预处理，温度降低至 4℃ 左右，除去原料气中大部分水蒸气。其次进行浅冷，油气进入换热器，放热降温至 $-30 \sim -40℃$，回收油气中 C_6 等高碳烃类物质。其三进行深冷，油气进入中温级换热器，温度降至 $-70 \sim -80℃$，C_5 和大部分 C_4 组分被冷凝。最后，油气进入低温级换热器，温度降至 $-105 \sim -110℃$，C_4 等高碳烃类物质碳全部冷凝，尾气中仅存少量 C_3 以下组分。未被冷凝的油气进入后段深度处理工艺，实现油气和空气的分离。VOCs 废气冷凝回收处理系统见图 6-12。

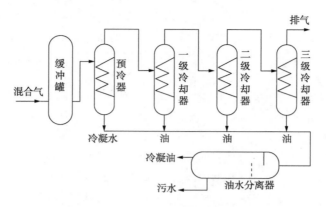

图6-12　VOCs废气冷凝回收处理系统示意

冷凝法所用的设备主要是冷凝器，有直接冷凝和压缩冷凝两种类型。为提高冷凝效率，直接冷凝通常采用多级连续冷却方法来降低挥发性废气的温度，使其凝聚成液体分离。冷凝回收单元的冷凝温度通常通过预冷却、机械制冷、液氮制冷的步骤来实现。

在冷凝过程中，冷凝物质发生物理和化学变化，因此可以直接回收，实现高纯化。但纯化程度越高，操作成本越高。因此，它经常被用作净化高浓度废气的预处理工艺，减少后续工艺的负担，减少污染物含量和减少废气量，并回收有价物质。

6.3.4.2　冷凝工艺优缺点

优点：冷凝法是利用物质沸点不同进行分离，适合沸点较高的有机物。该方法回收纯度高、设备工艺简单，并且还具有设备紧凑、占用空间小、自动化程度高、维护方便、安全性好、输出为液态油可直接利用等优点。

缺点：单一冷凝法要达标需要降到很低的温度，耗电量巨大。

6.3.4.3　处理效果与适用范围

该工艺适用于处理高浓度VOCs气体，回收率高、效果好，常作为高浓度VOCs气体预处理，处理后的气体一般不能直接排放，需要采用其他技术进一步处理后达标排放。

适用范围：适合回收高浓度、高沸点的有机废气。冷凝法去除VOCs的效率，不仅与其沸点有关，还与冷却温度和有机废气的初始浓度有关。冷凝法适合处理浓度在$10000mg/m^3$以上的有机废气，常作为其他方法净化高浓度废气的预处理工序，降低有机负荷，回收有价物质。

6.3.5　膜分离技术

膜分离技术是利用特殊高分子膜对有机化学品优先透过性的特点，使有机气体/空气混合气在一定的压差推动下，通过选择性透过膜，使混合气中的有机气体优先透过膜得以富集回收，而空气则被选择性截留，实现有效分离，将其排放大气。

6.3.5.1　工艺流程

含有VOCs的废气经预处理及压缩后进入冷凝器，冷凝其中的VOCs，剩余气体进入膜分离单元，被截留的余气中VOCs浓度明显下降，可以采用深度处理或达标排放到大气中；而渗透气中富含VOCs，将其循环至压缩机的进口。由于VOCs在系统中的循环，回路中VOCs的浓度迅速上升，当进入冷凝器的压缩气达到凝结浓度时，VOCs会被冷凝下来，继续进行循环处理。见图6-13。

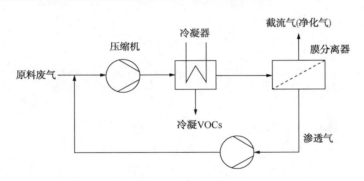

图 6-13　VOCs 的膜分离技术原理示意

膜分离工艺支撑层的材质对渗透速率和烃类 VOCs 回收率产生重要影响,对于同一种材质的支撑层,渗透速率和烃类 VOCs 回收率随孔径的减小而增大;但当孔径减到某一临界值时,随孔径的继续减小,渗透速率和烃类 VOCs 回收率将减小。

膜分离技术是近代石油化工学科中分离科学的前沿技术,具有见效快、流程简单、回收率高、能耗低、无二次污染的优点;但缺点是一次性投资大,价格昂贵,而且膜寿命短,膜分离装置要求稳流、稳压气体,操作要求比较高。

6.3.5.2　处理效果

与传统的 VOCs 处理技术相比,膜分离法具有传质效率高、能耗低、回收率高、装置体积小和自动化水平高等特点。该技术关键在于膜的选择,膜材料的选择应考虑膜的稳定性、力学性能、疏水性、经济性,若治理高温废气,还应考虑其耐高温性能。

6.3.5.3　适用范围

该方法适合于处理高浓度、高价值的挥发性有机物回收,即 VOCs 浓度在 0.1%~10%。

6.3.6　蓄热式燃烧技术

蓄热式燃烧技术是在直接燃烧法基础上发展出来的新技术。蓄热式燃烧是采用热交换技术和蓄热材料,有机废气经预热室吸热升温后,进入燃烧室高温焚烧,温度控制在 600~1100℃,将 VOCs 废气转化为 CO_2 和 H_2O,再经过另一个蓄热室蓄存热量后排放。蓄存的热量用于预热新进入的有机废气,经过周期性地改变气流方向从而保持炉膛温度的稳定,达到去除 VOCs 的目的。

6.3.6.1　工艺流程

将有机废气 VOCs 送入蓄热式燃烧炉(RTO)高温焚烧,反应后的高温烟气进入规整蜂窝陶瓷蓄热体,使陶瓷体升温而"蓄热",95%的热量被蓄热体吸收并"储存"起来,"蓄热"用于预热后续进入的有机废气,以节省废气升温的燃料消耗;放热后的废气温度降低到接近 RTO 入口温度,通过排气筒排入大气。蓄热体温度升高后,通过切换阀或旋转装置切换气流流向,分别进行蓄热和放热,实现热量有效回收利用。

蓄热式燃烧装置系统主要由燃烧装置、蓄热室(内有蓄热体)、换向系统、排烟系统和连接管道等五大部分组成。蓄热室一般为成对布置方式,陶瓷蓄热体应分成两个或两个以上的区室,每个蓄热室依次经历蓄热-放热-清扫等程序。经过一定时间后,换向阀持续反复交替工作,将介质加热到较高温度,进入炉膛,实现对炉内物料的加热。见图 6-14。

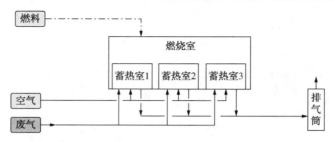

图 6-14　蓄热式燃烧工艺流程

燃烧室：壳体采用碳钢板材，外表面设型钢加强筋，壳体良好密封，设检查门。炉体的外表温度为环境温度+25℃，且不高于 60℃。由三个蓄热室组成，分别轮流进行蓄热、放热、清扫。壳体材料良好密封，炉篦支撑陶瓷蓄热体及鞍环陶瓷，材料为碳钢。

炉体内保温：炉体燃烧室及蓄热室内保温采用耐火硅酸铝纤维，耐热 1200℃，绒重 220kg/m²，燃烧室及蓄热室高温区厚约 220mm，蓄热室低温区厚约 150mm。内保温共三层，其中含两层硅酸铝纤维毡及一层硅酸纤维模块。硅酸铝纤维模块内设置耐热钢骨架，用锚固件固定在炉体壳体上。耐火硅酸铝纤维外表面涂敷耐高温抹面。

陶瓷蓄热体：其特点是比表面积大，阻力小，热容量大，耐温高可达 1200℃，耐酸度 99.5%，吸水率小于 0.5%，压碎力大于 4kgf/cm²(1kgf/cm² = 9.80665Pa)，热胀冷缩系数小，抗裂性能好，寿命长。

燃烧系统：采用燃气比例调节式燃烧器，特点是可进行连续比例调节(燃气调节范围 30∶1)，高压点火，可适应多种情况。系统含助燃风机、高压点火变压器、比例调节阀、UV 火焰探测器等。

控制系统：系统采用 PLC 对 RTO 进行自动控制。配置人机界面，对整个系列运行工况进行实时监控，炉膛内的高温传感器能反馈炉膛温度信息，改变比例控制燃烧器的供热能力，使炉膛温度保持稳定；当炉膛温度超过上限温度时，系统将打开高温排放阀，超过上上限温度时，系统将自动报警，并自动停机。

气动阀：RTO 系统采用双通道组合阀，在轴向气缸作用下，阀板前后移动压紧密封圈，且有行程开关监测阀门位置。要求阀门气密性好，保证气密性>99%，寿命长(可达 100 万次)，启闭迅速(≤1s)，运行可靠。

6.3.6.2　处理效果

蓄热式燃烧炉对挥发性有机物的去除效率较高，两室 RTO 装置 VOCs 的去除率在 95%~98%，三室 RTO 装置 VOCs 去除率可达 98% 以上，将挥发性有机物分解成 CO_2 和 H_2O 等物质，实现有机废气的深度达标治理，是目前我国有机废气治理的主要技术之一。同时，内装有陶瓷蓄热体，能够将燃烧废气时产生的热量充分利用起来，与直接燃烧法相比，具有能耗低、安全性好、运行成本较低等优点。由于节能效果明显，蓄热式燃烧分解技术在有机废气治理中得到了广泛应用。

6.3.6.3　适用范围

RTO 工艺适用于中低浓度、大风量的工业有机废气的处理，宜用于处理难分解及涉苯类有害物质的处理，多应用于炼油化工、包装印刷等领域，适合处理污水处理场内各种类型的低浓度无回收价值的 VOCs 废气。

6.3.7　催化燃烧技术

催化燃烧技术是使用合适的催化剂作为载体实现对可燃物的完全氧化，即有活性氧参与的深度氧化。在此过程中，催化剂的作用是降低活化能，同时催化剂表面具有吸附作用，使反应物分子富集于表面提高了反应速率，使废气在较低的起燃温度 250~450℃ 下，进行无焰燃烧，并氧化分解为 CO_2 和 H_2O，同时放出大量热能，从而达到净化废气的目的。

6.3.7.1　工艺流程

来自污水处理场中的高浓度 VOCs 废气通过风机提升进入总烃均化单元，经浓度均化处理后，再由催化风机送入催化燃烧反应单元，进行低温无焰燃烧反应，通过铂、钯等贵金属催化剂及过渡金属氧化物催化剂来代替火焰，降低废气中有机物与 O_2 的反应活化能，操作温度较热氧化低一半，通常为 250~500℃ 就能充分氧化生成 CO_2 和 H_2O，属无焰燃烧。高温氧化气通过换热器与新进废气间接换热后排掉，热量利用率一般 ≤75%，常用于处理吸附剂再生脱附出来的高浓度废气。可以用于处理烷烃、芳香烃、酮、醇、酯、醚、部分含氮化合物等有机废气。催化燃烧法的反应方程式如下：

$$C_nH_m+(n+m/4)O_2 \Longrightarrow nCO_2+(m/2)H_2O$$

具体处理工艺流程见图 6-15。

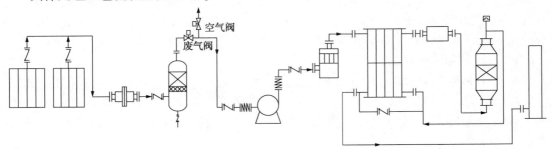

隔油池　浮选池　　　阻火器　脱硫及总烃浓度均化罐　催化风机　　废气过滤器　换热—加热—催化燃烧反应单元　排气烟囱

图 6-15　污水处理废气催化燃烧工艺流程

催化剂的选择是影响该工艺处理效率和运行能耗的关键因素。氧化催化剂一般可分为两类：贵金属催化剂（铂、钯等）和金属氧化物催化剂（铜、铬、锰等）。贵金属催化剂与金属氧化物催化剂相比，因具有更为优异的起燃活性，被广泛使用于 VOCs 废气的催化燃烧。在贵金属催化剂中，铂比钯的活性要高。在运行过程中，催化剂活性会随着时间的延长而不断下降，直至失活，即催化剂中毒。催化剂中毒一般分为催化剂完全失活、抑制催化反应、沉淀覆盖活性中心等三种类型。催化剂中毒主要受毒物（P、As、Hg）、抑制催化剂活性物质（卤素和硫化物）的覆盖、炭沉积或粉尘、铁氧化化合物堵塞活性中心等多种因素影响，从而使催化剂失效。

防止催化剂中毒是该工艺稳定高效运行的前提条件。为防止催化剂中毒，可以采取相应措施：一是按操作规程要求正确控制反应条件；二是当催化剂表面积炭时，应加大新鲜空气注入量，以提高燃烧温度，烧去表面积炭；三是对废气进行预处理，去除颗粒物和毒物，防止催化剂中毒；四是改进催化剂的制备工艺，提高催化剂抗毒能力。

催化燃烧工艺的优点是处理效果好，操作温度低，相较于直接燃烧法其辅助燃料费用低，NO$_x$生成量少，不会造成二次污染，适用范围广，各种浓度的无回收价值废气均可处理。缺点是催化剂价格较贵，且要求废气中不得含有会导致催化剂失活的成分，在处理中高浓度废气时，需要增加吸收法或配送空气等预处理工序。

6.3.7.2　处理效果

经过催化燃烧处理后，VOCs去除率稳定达99%以上，可满足《石油炼制工业污染物排放标准》（GB31570—2015）中特别限值要求，即非甲烷总烃处理效率≥97%，苯浓度≤4mg/m³，甲苯浓度≤15mg/m³，二甲苯浓度≤20mg/m³，非甲烷总烃浓度≤120mg/m³。

6.3.7.3　适用范围

催化燃烧可以使燃料在较低的温度下实现完全燃烧，改善燃烧过程、降低反应温度、促进完全燃烧、抑制有毒有害物质的形成，是一个环境友好的过程，适合用于炼油化工行业排放的挥发性有机废气，包括烃、醛、酮、醇、酸等的处理。广泛应用于炼油化工企业污水处理场废气、苯储罐逸散废气、橡胶尾气、聚醚废气、苯胺硝基苯废气等净化治理。

6.3.8　生物法处理技术

生物法处理技术是利用微生物的生理代谢活动降解废气，将其氧化成无臭无害的最终产物。20世纪80年代以来，各类生物法治理污水处理废气的技术、装置和设备不断涌现，主要处理工艺有生物过滤法、生物滴滤法、生物洗涤法、活性污泥法和膜生物法等，广泛运用于炼油化工、污水处理、畜禽养殖等实践中，并取得明显效果。

6.3.8.1　生物法处理工艺

恶臭气体生物处理技术主要包括生物过滤、生物滴滤、生物洗涤和两段式生物氧化工艺。处理废气的微生物是混合菌群，有细菌、真菌和一些更高等生物体。在反应器中占主体的多为异氧型微生物，以细菌为主，其次为真菌，还有放线菌和酵母。污水处理废气生物法工艺流程见图6-16。

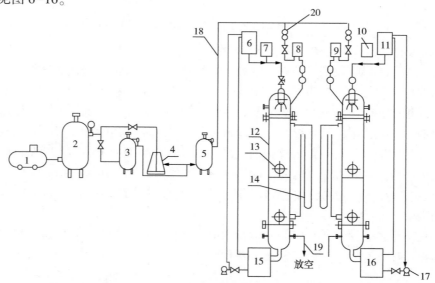

图6-16　污水处理废气生物法工艺流程

1—压缩机；2，3，5—缓冲罐；4—配气瓶；6，11—高位槽；7，8，9，10—预热器；12—生物滴滤塔；13—视镜；14—差压计；15，16—循环槽；17—循环泵；18—入气口采样口；19—出气口采样口；20—转子流量计

（1）生物过滤工艺

生物过滤工艺处理废气原理是废气经过除尘、增湿或降温等预处理后，从滤池底部由下向上通过一定厚度的生物活性填料层，附着于生物填料上的微生物利用废气中的污染物作为能源，维持生命活动，并将其分解为 CO_2、H_2O 和其他无机盐类，从而净化废气。生物滤池法过滤工艺流程为：废气收集→风管输送→抽风机→预洗池加湿→生物滤池→排气。滤池填料可采用海绵、干树皮、干草、木渣、贝壳、果壳及其混合物等。生物过滤工艺示意见图 6-17。

生物过滤法净化系统由增湿塔和生物过滤塔组成。定期在塔顶喷淋营养液，为滤料上的微生物提供养分、水分和维持恒定的 pH 值。

生物过滤法适用于种类广泛的 VOCs 废气治理，如短链烃类、单环芳烃、氯代烃、醇、醛、酮、羧酸以及含硫、含氮有机物，其典型的应用领域包括炼油化工行业、污水处理和畜禽养殖业等。该方法优点是操作简单，运行费用低，适用范围广，无需液体循环系统，不产生二次污染；但缺点是反应条件不易控制，填料容易老化，易堵塞，填料湿度和 pH 值较难控制，占地较大，且对进气负荷变化适应慢。

（2）生物滴滤工艺

该工艺是一种介于生物过滤和生物洗涤之间的处理方法。它与生物滤池的最大区别在于填料是惰性填料，不能为微生物的生长提供养分，只作为微生物附着的载体。在填料上方增设了循环喷淋，设备内除传质过程外还存在很强的生物降解作用。

生物滴滤池处理废气过程和生物滤池相似，但滤料是聚丙烯小球、陶瓷、塑料等不能提供营养物质的惰性材料。生物滴滤池的优点是反应条件易于控制，通过调节循环液的 pH 值、温度，即可控制反应器的 pH 值和温度。因此，在处理卤代烃、含硫、含氮等通过微生物降解会产生酸性代谢产物及产能较大的污染物时，生物滴滤池较生物滤池更有效。同时可以对亲水性物质做到最大化降解，与其他方法相比设备简单，生物滴滤池内微生物数量大，无须更换惰性滤料，处理负荷大，缓冲能力强，运行费用较低、压降低。其缺点是仅针对某些恶臭物质而降解的微生物附着在填料上，而不会出现生物滤池中混合微生物群，需额外持续添加营养液。生物滴滤工艺示意见图 6-18。

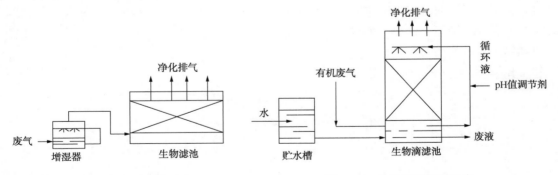

图 6-17　生物过滤工艺示意　　　　　　　图 6-18　生物滴滤工艺示意

生物滴滤塔与生物过滤塔之间的最大区别是循环液从填料上方喷淋，除强化传质过程外还有着很强的生物降解作用。VOCs 气体由塔底进入，在流动过程中与已接种挂膜的生物滤料接触而被净化，净化后的气体由塔顶排出。滴滤塔集废气的吸收与液相再生于一体，塔内增设了附着微生物的填料，为微生物的生长、有机物降解提供了条件。但也存在微生物容易随液相流失、营养物添加过量易造成反应床堵塞等问题。

（3）生物洗涤工艺

废气首先进入洗涤器，与惰性填料上的微生物及由生化反应器过来的泥水混合物进行传质吸附、吸收，部分有机物在此被降解，液相中的大部分有机物进入生化反应器，通过悬浮污泥的代谢作用被降解和去除，生化反应器出水进入二沉池进行泥水分离，上清液排出，污泥回生物洗涤系统，在运行过程中废气不需要增湿。其典型的形式有喷淋塔、鼓泡塔和穿孔板塔等生物洗涤器。生物洗涤工艺示意见图6-19。

生物洗涤塔主要由活性污泥池和洗涤塔组成。洗涤塔包括吸收和生物降解两部分。经有机物驯化的循环液由洗涤塔顶部布液装置喷淋而下，与沿塔而上的气相主体逆流接触，使气相中的有机物和氧气转入液相，进入活性污泥池，被微生物氧化分解，得以降解。这种方法可以处理大量的废气，同时操作条件易于控制，占地面积和压力损失均较小，适用范围较广。洗涤器反应条件温和、操作稳定；但对易溶于水的VOCs废气治理运行成本较高。

（4）两段式生物氧化工艺

该技术集生物滴滤和生物过滤两种生物处理技术于一体，通过多级生物处理，对不同的有机物质分别进行处理，确保最终达标排放。废气通过废气收集系统进入复合生物除臭设备，首先进入一级生物处理段，废气通过湿润、多孔和充满活性微生物的滤层，利用微生物细胞对恶臭物质的吸附、吸收和降解功能，将恶臭物质吸附后分解成 CO_2、H_2O、H_2SO_4、HNO_3等简单无机物，硫酸、硝酸等进一步被硫杆菌、硝酸菌分解、氧化成无害物质。经过生物一级处理之后，大部分恶臭成分均已被生物菌群消耗，还有部分较难氧化分解的恶臭气体成分再进入二级生物处理段。该段配置了专用的复合滤料，生物滤池工艺将人工筛选的特种微生物菌群固定于生物载体上，当污染气体经过生物载体表面，以污染气体为营养源的微生物菌群，在适宜的温度、湿度、pH值等条件下，会快速生长、繁殖，并在载体表面形成生物膜，废气的有毒有害成分接触生物膜时，被相应的微生物菌群捕获并消化掉，从而使有毒有害污染物得到去除。

该技术具有处理范围广、除臭效率高、抗冲击负荷能力强、使用寿命长等特点，在二次启用时，能在很短的时间内迅速恢复到最佳状态，可靠性强、安全性高、自动控制水平高，无需专人管理。该工艺的缺点是占地面积较大，冬季需保温，以保证微生物的生长。两段式生物氧化工艺示意见图6-20。

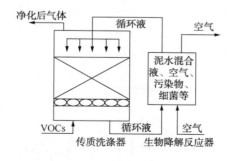

图6-19　生物洗涤工艺示意

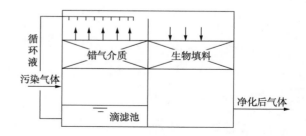

图6-20　两段式生物氧化工艺示意

生物降解法处理废气的关键因素是微生物，培育出能适应不同环境条件、培养周期短并能长期保持高活性微生物是该技术今后的发展趋势之一。

生物法降解废气是一个扩散、捕获、分解和排放过程，包括 5 个环节：①VOCs 废气从气相主体扩散到气、液相界面，溶于液相中；②在浓度差推动下 VOCs 从液膜内扩散到生物膜中；③在生物膜内 VOCs 被微生物捕获并降解吸收；④VOCs 作为能量和养分在微生物生命代谢活动中被分解；⑤代谢产物部分扩散到液相，其中气态物质扩散到气相。气体传质过程示意见图 6-21。

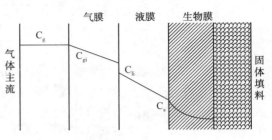

图 6-21　气体传质过程示意

6.3.8.2　生物处理的影响因素

VOCs 的结构和性质是生物法处理废气至关重要的影响因素。VOCs 的结构和性质决定了其是否能被微生物降解及其降解程度，同时也决定了 VOCs 中各化合物的生物降解优先顺序。对于炼油化工行业，主要处理对象为炼油化工企业一些设施逸散的低浓度的、无回收价值的恶臭污染物，如含硫恶臭废气、苯系物、氨、VOCs 等废气。适合处理低浓度单一组分的污染物，操作温度低，能耗低，操作安全稳定，无二次污染。但是，生物法无法达到《石油炼制工业污染物排放标准》(GB 31570—2015)和《石油化学工业污染物排放标准》(GB 31571—2015)中规定的苯系物排放浓度的限值，应结合催化氧化、蓄热燃烧及焚烧法进一步深度处理。而对于高浓度复杂组分 VOCs 不适合单独采用生物法处理。

填料是生物过滤器的主体部分，生物膜生长在填料的表面，它可以为微生物提供最佳的生存环境以达到和维持较高的生物降解速率。气态有机物流过填料之间的空隙，填料比表面积的大小在一定程度上反映了微生物的多少，孔隙率则影响气体、液体的流速，填料层高度对有机物是否处理完全有着十分密切的联系。

生物过滤填料可分为有机(活性)填料和无机(惰性)填料。有机填料本身具有丰富的微生物及微生物所需营养(氮、磷)，且具有较大的比表面积。一般常用有机填料如土壤、堆肥、泥煤、树皮或其混合物。研究表明有机填料处理 VOCs 可取得很好成果。但有机填料在其矿化后易使填料床发生压实和堵塞，缩短填料使用寿命，也称为老化现象，从而减短工程应用填料的更换时间。针对这种情况，20 世纪 80 年代后期无机填料逐渐出现。常用的无机填料有珍珠岩、火山岩、蛭石、陶瓷、玻璃珠、聚亚胺酯泡沫、聚乙烯球等，可单独作为生物法处理 VOCs 的填料，但需额外添加营养。因此，无机填料多用于生物滴滤法处理废气，需从外界接种微生物。无机填料与有机填料混合时，一般无机填料占比为 40%~60%(体积)。

填料湿度是生物过滤法处理 VOCs 的一个关键参数。当湿度过高时，会产生高的床层压降、低的气体停留时间；同时由于减少了单位体积生物膜上气、液接触，氧气不能有效地传递到生物膜内，使填料局部形成厌氧区，从而降低了微生物对污染物的降解速率，可能产生恶臭废气。另外，湿度过大还会将填料中的营养物质从填料中冲刷下来，降低了反应器性能。而湿度过小会引起降解微生物失活，填料会裂开，使气体产生沟流，减少气体与生物膜接触时间。对于生物过滤法，填料的适宜湿度要根据需要处理的底物和所选填料的性质来决定。一般在以有机填料为主体填料的生物过滤器中，填料湿度范围为 30%~80%(质量)，适宜范围在 40%~60%。为了维持生物过滤器良好的性能，废气进入过滤器前需增湿，使其相对湿度达到 95% 以上，或适当向过滤器填料喷洒水。

对生物过滤法控制适当的 pH 值是十分必要的。微生物生长的 pH 值是生物过滤法的重要影响因素。由于大部分微生物在中性(pH=7~8)条件下生长良好,所以在生物过滤处理废气过程中要避免填料发生酸化现象。有些 VOCs 物质由于其组分性质造成在生物降解过程中必然产生酸性物质,这些物质在填料中累积,最终发生酸化现象,导致反应器性能下降。

营养是生物反应器中微生物生长代谢和保持良好活性的另一重要条件。生物滴滤塔中的营养物质主要包括氮、磷和无机盐,微量元素和缓冲液均匀喷洒在填料上,以提供生物膜中生物菌群生长和繁殖所需的营养物质。VOCs 的去除率一定程度上受营养液的流量、氮和磷的含量等的影响。在生物过滤处理 VOCs 过程中,由于可溶性氮被利用消耗,并有部分可溶性氮通过滤液损失,而且有机氮的矿化速率小于可溶性氮被利用速率,因此需根据营养液的配比情况作适当调整,以满足废气降解的需求。

温度也是影响生物过滤反应器性能的因素。一般可接受的生物过滤器床层温度为 10~42℃,最佳的微生物活性温度范围是 30~35℃。床层温度低于 10℃或高于 45℃时,会导致污染物去除率下降。低温废气需加热,而高温废气需冷却,这相应增加了操作费用。

微生物是生物过滤处理 VOCs 的关键因素。处理 VOCs 菌群一般为混合菌群,有细菌、真菌和一些更高等生物体。在反应器中占主体的多为异氧型微生物,以细菌为主,其次为真菌,还有放线菌和酵母。生物过滤器中微生物种群一般是由接种微生物、所处理的 VOCs 以及填料的性质决定的,其生长受营养、湿度、pH 值、温度、氧含量等影响。微生物在处理 VOCs 废气时一般要经过一个驯化期。驯化时间的长短与 VOCs 以及填料性质有关。易降解的 VOCs 所需驯化时间相对短,较难降解 VOCs 的驯化期比较长。大部分 VOCs 不易被微生物所降解,因此,微生物接种是必要的。为了达到更好的废气治理效果,在填料上接种专项菌来处理 VOCs 的技术逐渐发展起来。

6.3.8.3 生物法的优缺点及适用范围

生物法处理污水处理场废气具有明显的优势,是废气特别是恶臭气体治理的主要工艺之一。其优点:生物法处理工艺设备结构相对简单,投资和运行费用较低,尤其是在处理低浓度、生物降解性好的气态污染物时更显经济性;去除率较高;由于生物法反应在常温下进行,不需要对气体进行加热,装置安全性好;产生二次污染物少,产物主要是无害的二氧化碳、水等小分子物质。

缺点:压力损失大,抗冲击负荷能力差,微生物对生长环境要求高,对温度和湿度变化敏感,体积大,不适用于高卤素化合物。

适用范围:主要适合于处理低浓度、不具有回收价值或燃烧经济性的 VOCs 气体,尤其适合处理生物降解性较好组分的气体。

6.4 典型案例

6.4.1 碱洗–总烃均化–催化燃烧组合工艺

6.4.1.1 概述

某炼油化工企业生产装置所排放污水中硫化物浓度较高,污水处理场集水池、隔油池、浮选池、污泥浓缩罐、三泥池及污泥脱水机排水口等部位逸散出大量含 H_2S 气体，废气中 VOCs 浓度为 6000mg/Nm^3 左右。此外，该企业碱渣经预处理后进入碱渣曝气池进行生化处理，废气中也含有硫化物和烃类污染物，污水处理场存在较大废气污染与安全风险。

在调研基础上，针对集水池、隔油池、浮选池废气，建成了废气治理装置，采用"碱洗 –总烃均化-催化燃烧"组合工艺，由碱洗塔、脱硫及总烃浓度均化罐、废气过滤器和换热- 加热-催化燃烧反应单元等组成，设计处理规模 5000Nm^3/h。由于废气含有较高的硫化物，易造成催化燃烧装置催化剂中毒。因此，恶臭治理装置配套设有碱洗塔、脱硫及总烃浓度均化罐两步脱硫预处理，经碱洗塔处理后，使大部分 H_2S 被脱除，再经进一步脱硫处理，脱除大部分硫化氢和有机硫，确保催化燃烧装置催化剂运行活性和使用寿命。同时，由于废气的 VOCs 浓度波动较大，总烃浓度均化罐还可以调整均衡 VOCs 浓度。

碱渣曝气池废气治理，采用生物法处理工艺，由洗涤塔和吸附塔组成，设计处理规模 4000Nm^3/h。吸附解吸后的浓气排到催化燃烧反应器处理。

6.4.1.2　处理工艺及说明

采用"碱洗–总烃均化-催化燃烧"组合工艺处理炼油污水处理场散发的废气，废气治理组合工艺流程见图 6-22。

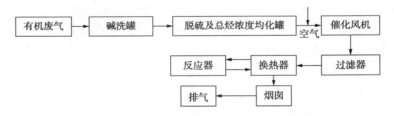

图 6-22　污水处理场废气治理组合工艺流程

污水场隔油池、浮选池、调节水罐和污油浮渣罐产生的废气进入 1# 碱洗塔，经碱洗塔处理后，使大部分 H_2S 被脱除，进入脱硫及总烃浓度均化罐的废气总硫浓度控制在 ≤50mg/m^3。再经进一步脱硫处理，脱除大部分硫化氢和有机硫，将进入催化燃烧反应器的总硫浓度控制在 ≤10mg/m^3，确保催化燃烧装置催化剂运行活性和使用寿命。利用脱硫及总烃浓度均化剂深度脱除废气中的硫化物并完成废气浓度的均化，使废气浓度维持在 2500~3000mg/Nm^3，同时分离出废气中的凝结水。废气经过催化风机进入废气过滤器，除去混合气体中粒径≥20μm 的粉尘后，进入换热-加热-催化燃烧反应单元。VOC_s 废气在催化剂的作用下，与氧气发生氧化反应，生成 H_2O 和 CO_2，并释放出大量的反应热，完成催化燃烧反应。处理后的气体携带热量，进入换热器与进入催化燃烧反应器前的废气进行充分换热。最后，达标废气通过排气筒排放到大气中。

（1）碱洗脱硫

污水处理场产生的废气中含 H_2S 浓度较高，废气首先经过碱洗塔进行预脱硫处理，以减轻脱硫及总烃浓度均化罐的负荷，延长脱硫及总烃浓度均化剂及催化燃烧单元催化剂的使用寿命，确保装置长期稳定运行。控制进入脱硫及总烃浓度均化罐废气中的总硫浓度 ≤50mg/m^3。如果硫化物浓度超过 50mg/m^3 时，需对碱洗塔碱液循环量或碱液浓度进行调节，必要时对碱液进行更换。

碱洗塔吸收液采用 5%~10%NaOH 溶液，吸收液经过分散器分散，沿填料流下润湿填料表面，废气自塔底向上通过填料缝隙中的自由空间与吸收液作逆向流动，废气与吸收液充分接触，废气中的含硫污染物被吸收，从而使废气含硫量降低。洗涤脱硫后的废气通过塔顶部的除雾段去除所含的水分，然后进入脱硫及总烃浓度均化罐进一步处理。

（2）催化燃烧

加热-换热-反应单元是集加热、换热、催化燃烧反应于一体的整体装置，是废气治理装置的主体设备。废气经换热后，进入催化燃烧反应器，反应器内装填催化燃烧催化剂。在反应器入口气体温度250~400℃的条件下，将废气中的有机物氧化为CO_2和H_2O，并释放出大量的反应热。处理后的气体携带大量的热量，通过换热单元将热量传给处理前的废气，加热废气；处理后的气体经充分回收热量后，经排气筒排放到大气中。

废气燃烧放出的热量可维持系统的平稳运行，不需要提供外部能源。在正常条件下，加热器处于关闭或低负荷运行。仅在启动或当废气中烃类有机物浓度较低时，需要启动加热器补充热量。装置采用DCS控制系统，对主要设备开停及温度、压力、流量进行显示和控制，同时考虑了事故或紧急状态下的联锁保护和报警，实现装置安全稳定运行。

（3）碱渣废气治理

碱渣曝气池废气气量大，废气中非甲烷总烃浓度在200mg/Nm³左右，组分以烃类和硫化物为主，含有少量氨类、酚类等。本单元设计处理规模为4000Nm³/h，由洗涤塔、洗涤液循环泵、吸附罐、曝气池、引风机和再生风机等设备组成，废气经本单元处理后，达标排放。吸附有机物后的活性炭由高温净化气解吸再生，浓缩气并入换热-加热-催化燃烧反应器，经处理合格后，与净化气体一起经充分回收热量后，通过排气筒直排大气。

6.4.1.3　处理效果

废气经治理后，稳定达标排放。见表6-10、表6-11。

表6-10　污水处理场废气治理排放情况

污染物	最高允许排放浓度/（mg/m³）	实际排放情况/（mg/m³）	污染物	最高允许排放浓度/（mg/m³）	实际排放情况/（mg/m³）
苯	4	0.36	二甲苯	20	0.95
甲苯	15	0.76	非甲烷总烃	120	11.4

表6-11　催化燃烧装置非甲烷总烃去除情况　　　　mg/m³

2018年	1#碱液吸收塔入口	均化罐入口	均化罐出口	总排口	去除率/%
最大值	4866	4362	2693	30	99.38
最小值	2008	1891	1354	3	99.85
平均值	3285.4	2818.2	2191.9	11.4	99.65

表6-11中数据显示，污水处理场废气催化燃烧装置总排口非甲烷总烃浓度最大值30mg/m³，最小值3mg/m³，平均11.4mg/m³；同样，废气中非甲烷总烃平均去除率99.65%，满足GB 31570—2015《石油炼制工业污染物排放标准》（特别限值）要求。污水处理场废气经本装置处理后，硫化物被吸附剂捕集并被碱液吸收，VOCs转化为CO_2和H_2O，处理后的废气稳定达标，并通过15m高烟囱直排大气。

6.4.2　生物法组合处理工艺

6.4.2.1　概述

某炼油化工公司污水处理场生产过程中产生大量有机废气恶臭气体，主要成分为苯、甲苯、二甲苯、非甲烷总烃以及生化处理过程中产生的 NH_3、H_2S 等。为了解决生产中有机废气对大气带来的气味污染，同时消除有毒、有害和可燃气体集聚等安全隐患，更好保护员工及周围居民的身体健康和生活环境，对污水处理场生产过程中产生的 VOCs 废气实施了综合治理。废气经处理合格后，由排气筒排放至大气。

废气治理装置设计规模为 $46000Nm^3/h$，分别为 $16000Nm^3/h$ 高浓度废气治理系统和 $30000Nm^3/h$ 恶臭气体处理系统。$16000Nm^3/h$ 废气治理装置主要处理配水槽、隔油池、中和池、气浮池等污水预处理段和污油罐、污泥处理系统中高浓度恶臭气体，$30000Nm^3/h$ 恶臭气体治理装置主要处理 A/O 生化池产生的低浓度恶臭气体，处理合格的废气由排气筒排放至大气。

6.4.2.2　工艺流程及说明

（1）中高浓度废气治理工艺流程

中高浓度废气治理装置规模为 $16000Nm^3/h$。配水槽、除油池、中和池、气浮池等预处理段和污油罐、污泥处理系统的废气经盖板及管道连接，由引风机将收集的废气引至预处理段，在预处理段喷淋设施作用下去除恶臭气体中的悬浮物和水中油及部分酸性气体后，进入生物处理段。生物处理段中有活性炭包、玻璃纤维球等寄居的微生物将恶臭气体中的污染物过滤，并通过自身生长繁殖，将恶臭气体中的污染物去除。生物处理段的出气通过引风机送至生物塔，继续去除废气中残余的污染物，再经过除雾器将废气中的水分去除后，进入到活性炭吸附箱，通过活性炭吸附进一步去除废气中的污染物。活性炭纤维箱出水进入活性炭箱，由活性炭吸附废气中的污染物。活性炭箱吸附完毕的净化气，由排气筒直接排放至大气中。工艺流程见图 6-23。

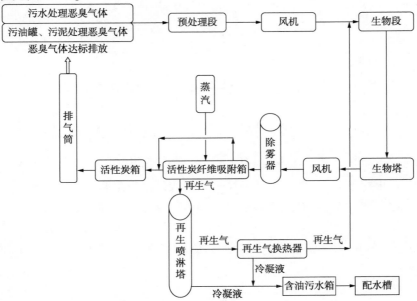

图 6-23　中高浓度废气治理工艺流程

活性炭纤维再生流程：蒸汽进入待再生的活性炭纤维吸附箱，将活性炭纤维吸附的污染物脱出进入再生气喷淋塔，经过喷淋塔喷淋洗出再生气体中的污染物后，再生气体经换热器换热，进入生物塔前段，与预处理后的废气一起经过生物处理段、生物塔、除雾器、活性炭纤维各工序处理后，达标排放。

喷淋塔和再生气换热器的蒸汽冷凝液进入含油污水箱后，经泵输送至污水处理场配水槽再进行处理。

（2）低浓度废气治理工艺流程

低浓度废气治理装置规模为 $30000Nm^3/h$。在 A/O 生化池顶部增设盖板，将生化池中的恶臭气体收集后，通过管道连接并经过引风机将废气引至生物洗涤塔，在洗涤塔喷淋设施作用下去除废气中的悬浮物和水中油及部分酸性气体，废气进入生物塔，由生物塔中的火山岩、活性炭和玻璃纤维球将废气中的污染物吸附，寄生在填料上的微生物将污染物作为自身生长和繁殖营养源消化和吸收，生物塔的出气经过除雾器去除废气的水分，再进入活性炭吸附箱。通过活性炭吸附作用，进一步去除废气中的污染物，净化气通过排气筒直接排放至大气中。工艺流程见图 6-24。

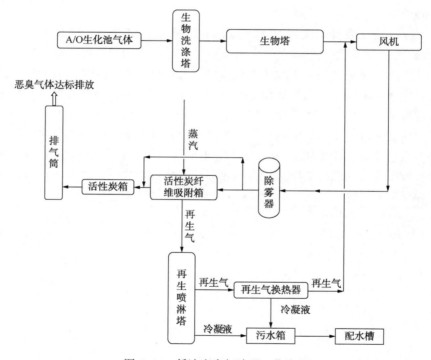

图 6-24　低浓度废气治理工艺流程

活性炭纤维再生流程：蒸汽进入待再生的活性炭纤维吸附箱，将活性炭纤维吸附的污染物脱附进入再生气喷淋塔，经过喷淋塔喷淋洗出再生气，再生气体进入再生气换热器换热后进入生物塔前段，与生物塔处理后的废气混合，一并送活性炭纤维单元处理。

喷淋塔和再生气换热器的蒸汽冷凝液进入含油污水箱后，经泵输送至污水处理场的配水槽再进行处理。

6.4.2.3　恶臭气体处理装置运行效果

两套恶臭气体处理装置运行稳定，经处理后的废气达标排放。见表 6-12。

表 6-12　2018—2019 年污水处理场废气治理排气中污染物浓度　　　　　　mg/m³

污染物	最高允许排放浓度	处理后中高浓度废气 实际排放情况	处理后低浓度废气 实际排放情况
硫化氢	0.03	0.0011	
苯	4	0.003	0.153
甲苯	15	0.004	0.0013
二甲苯	20	0.023	0.095
非甲烷总烃	120	67.6	10.66
气量/(m³/h)	16000(设计值) 30000(设计值)	15420	26780

表中数据显示，中高浓度废气治理装置出口非甲烷总烃浓度平均 67.6mg/m³，低浓度废气生物除臭装置出口非甲烷总烃浓度平均 10.66mg/m³，三苯浓度均小于 1mg/m³，两套废气生物法处理组合工艺实际运行效果比较好，主要污染物浓度优于 GB 31570—2015《石油炼制工业污染物排放标准》(特别限值)。

6.4.3　蓄热燃烧与生物法联合处理工艺

6.4.3.1　概述

某炼油化工企业废气收集与处理单元主要是对炼油、化工污水处理、污泥处理过程中产生的废气进行收集与处理，消除污水、污泥处理过程中散发出的恶臭气体对周围环境产生的二次污染及潜在的安全风险。

蓄热燃烧装置(RTO)主要是治理炼油及化工污水处理场中、高浓度废气，包括：炼油污水处理系统的罐中罐、DCI 除油池、DCI 浮油池、一级配水构筑物、中和池、涡凹气浮池、均质调节池提升泵站、气浮混凝池、絮凝池、气浮污泥池、厂区污水提升池、污油罐；化工污水处理系统的罐中罐、DCI 除油池、DCI 浮油池、中和池、均质调节池提升泵站、气浮混凝池、絮凝池、气浮污泥池；污泥处理的污泥快速混合池、污泥储池、污泥料仓、废碱洗油罐等。

炼油、化工污水低浓度废气各设置一套废气治理系统，两套的处理能力均为80000Nm³/h，分别由构筑物密闭、废气输送、处理排放及辅助控制系统四部分组成。系统设有连通管线，可将 A 线路废气引入 B 线路废气治理系统，满足异常工况时的两条线路交叉处理要求。

6.4.3.2　工艺流程及说明

(1)蓄热燃烧工艺流程

炼油及化工污水处理场中、高浓度废气采用旋转式蓄热燃烧(RV-RTO)工艺，装置处理规模为 30000Nm³/h。废气经工艺风机进入气体分配器，将废气引入相应的已蓄热的蜂窝陶瓷蓄热体，预热至 650℃，然后进入燃烧室，在 800~850℃下氧化成 CO_2 和 H_2O，燃烧后的高温净化气体再进入低温的蜂窝陶瓷蓄热体进行热交换，经冷室的陶瓷蓄热体，与其发生热交换，净化烟气降温至 100~130℃，低温达标气体通过气体分配器进入烟囱，经排气筒排放至大气，详见图 6-25。

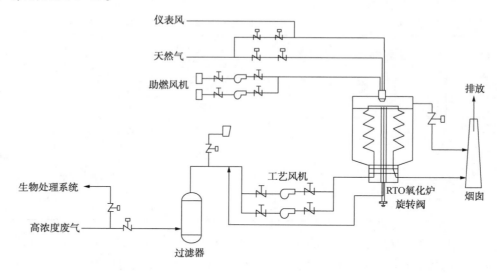

图 6-25　高浓度废气蓄热燃烧处理工艺流程

（2）中、高浓度废气收集与处理系统

恶臭气体收集系统：对炼油与化工污水处理场产生中高浓度废气的罐中罐、DCI 除油池、DCI 浮油池等设备、构筑物进行封闭隔离，以微负压方式将封闭环境中的废气收集至管线后送至废气治理系统。

RV-RTO 氧化炉主体设备浓缩转轮分为吸附区、脱附区，浓缩转轮在各个区内连续运转。含有 VOCs 的废气通过前置过滤器，送到浓缩转轮区的吸附区内，VOCs 废气被吸附除去，废气被净化后通过吸附区被排出。

吸附于浓缩转轮中的 VOCs，在脱附区经热风处理而被脱附，浓缩 5~15 倍。浓缩转轮在冷却区被冷却，冷却后的空气，经过加热后作为再生空气使用，达到节能的效果。

浓缩转轮是以无机材料为基材，具有高吸附性能和不燃烧性等优点，适用于处理中、低浓度、大风量废气。RV-RTO 处理装置见图 6-26。

图 6-26　废气旋转式蓄热燃烧（RV-RTO）处理装置

（3）恶臭气体生物处理单元工艺流程

低浓度污染气体首先进入生物滴滤单元，气体在稳压箱稳压混合后由单元下部进入，与经过循环喷淋的生物滴滤介质进行充分接触，废气中的亲水成分大部分溶解在水中，并被附着在滴滤介质上的特定微生物群所捕获消化，部分污染物质进行降解。处理后的气体由生物氧化塔顶部进入，废气中剩余的污染物被附着在接触生物膜上的微生物菌群捕获并消化，由生物氧化单元底部排出管道经引风机抽出送入排气筒排至大气。恶臭气体生物处理单元工艺流程见图6-27。

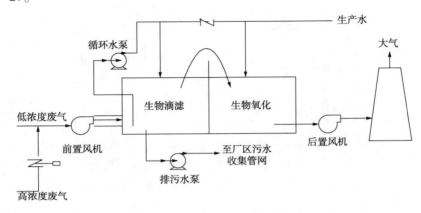

图6-27　恶臭气体生物处理单元工艺流程

（4）低浓度废气收集与处理系统

恶臭气体收集系统：分别对炼油、化工污水处理场产生低浓度废气的曝气池、二沉池等设备、构筑物进行封闭隔离，以微负压方式将封闭环境中的恶臭气体收集至管线后送至恶臭气体处理系统。

恶臭气体生物处理单元由生物滴滤和生物氧化两个部分组成。恶臭气体通过恶臭气体收集系统进入复合生物除臭设备，首先进入一级生物处理段，废气通过湿润、多孔和充满活性微生物的滤层，利用微生物细胞对恶臭物质的吸附、吸收和降解功能，将大部分恶臭物质吸附后分解成 CO_2、H_2O、H_2SO_4 等简单无机物。

经过生物一级处理后，大部分恶臭成分均已被生物菌群消耗，还有部分较难氧化分解的恶臭气体成分再进入二级生物处理段，该段配置了复合滤料。生物氧化技术将人工筛选的特种微生物菌群固定于生物载体上，当污染气体经过生物载体表面，以污染气体为营养源的微生物菌群，在适宜的温度、湿度、pH 值等条件下，会快速生长、繁殖，并在载体表面形成生物膜，废气中的有毒有害成分接触生物膜时，被相应的微生物菌群作为营养物消化，从而有效去除污染物。

生物氧化装置采用专有的生物填料。该填料特有的结构设计，布气均匀且不易出现板结堵塞和沟流现象，有效克服了普通介质填装太密、布气不均匀而导致的堵塞、沟流等缺点。

由于所采用的生物介质自身带有营养底物，并且系统采用富含微生物的回用水作为循环喷淋用水，正常运行时，生物介质上的微生物主要以污染气体成分为主要营养源来维持自身的物质和能量代谢，无需额外添加营养液；在没有外来营养源的状况下，介质所带的生物养料可维持微生物存活，相较传统的无机介质，具有生物场稳定、能耐受现场气体浓度和气量冲击的优点，从而有效节省了运行成本。

6.4.3.3　运行效果

恶臭气体处理装置运行稳定,经处理后的废气达标排放,见表6-13。

表6-13　2018—2019年污水处理场中高浓度废气治理处理装置(RTO)排放情况

污染物	最高允许排放浓度/(mg/m³)	处理后中高浓度废气实际排放情况/(mg/m³)	处理后低浓度废气实际排放情况/(mg/m³)
苯	4	1.81	1.74
甲苯	15	1.65	2.32
二甲苯	20	1.54	2.41
非甲烷总烃	120	17.23	87.65
气量/(m³/h)	30000(设计值) 160000(设计值)	25039	140000

表中数据显示,污水处理场废气旋转式蓄热燃烧(RV-RTO)装置总排口非甲烷总烃浓度平均17.23mg/m³,三苯浓度均在2mg/m³以下;两套生物除臭装置出口非甲烷总烃浓度平均87.65mg/m³,三苯浓度均满足GB 31570—2015《石油炼制工业污染物排放标准》(特别限值)要求,处理后的废气通过排气筒直排大气。从运行效果来看,废气采用RV-RTO工艺总体效果要好于生物法处理组合工艺。

6.4.4　生物法与臭氧催化氧化组合处理工艺

6.4.4.1　概述

某炼油化工企业有两套污水处理装置,一套采用"高效低氧曝气+三槽式氧化沟+高效气浮+臭氧氧化+曝气生物滤池"工艺,主要处理低含盐含油以外各类污水;另一套采用"接触氧化+A/O+MBR"工艺,用于处理低含盐含油污水。两套污水处理装置原废气治理装置均采用传统的碱洗+生物滴滤池处理方法,该处理工艺对废气中的硫化氢、氨及部分水溶性可生化废气组分去除效率较高,但对其他非溶解性难降解烃类与苯系物去除效率低,无法满足现行的排放标准。为此,该企业于2017年对原废气治理装置进行了升级改造,将原有的"碱洗+生物滴滤"工艺改造为"碱洗+生物滴滤+臭氧催化氧化+除湿+活性炭吸附"组合工艺,改造后,经处理的废气可以稳定达标排放。

污水处理装置废气主要来自沉砂池、曝气池、沉淀池,废气成分较复杂,含有烯烃、烷烃、苯系物、挥发酚、氨、硫化物等物质,含量范围见表6-14。

表6-14　废气成分与浓度统计表

项　　目	进气浓度/(mg/m³)	项　　目	进气浓度/(mg/m³)
硫化氢	≤10	二甲苯	≤30
氨	≤5	非甲烷总烃	≤500
苯	≤30	废气浓度(无量纲)	≤3000(冲击值5000)
甲苯	≤30		

6.4.4.2　工艺流程及说明

污水处理场废气治理设施处理规模为 60000m³/h，采用"碱洗+生物滴滤+臭氧催化氧化+除湿+活性炭吸附"组合工艺。具体流程：经收集的废气首先进入碱洗塔，通过循环碱液喷淋和废气对流接触进行化学中和并吸附废气中的酸性成分；然后进入生物滴滤池利用生物法去除容易降解的有机物成分；再经过除湿除雾预处理，进入臭氧催化氧化单元，向塔内投加臭氧作为强氧化剂，在催化剂催化作用下，强氧化剂进一步快速分解有机污染物，并去除低嗅阈值恶臭组分；经臭氧催化氧化单元处理的气体进入除湿装置去除水分后，进入活性炭吸附单元，利用活性炭的吸附功能对废气进一步净化，处理达标后的废气通过 30m 排放筒直排大气。组合工艺流程示意见图 6-28。

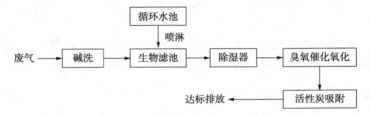

图 6-28　废气治理装置组合工艺流程示意

（1）关键工艺参数

本项目各处理单元的控制参数见表 6-15。

表 6-15　工艺参数控制表

碱洗塔 pH	8~12	除湿系统出口湿度/%	≤80
生物滴滤池 pH	6~9	臭氧投加量/（kg/h）	≥3

该工艺利用臭氧的强氧化作用，有效去除生物法无法有效去除的烃类物质与苯系物，大幅提高了废气的处理效果，同时废气通过除湿后，可以有效延长活性炭的吸附饱和周期，提高活性炭的使用寿命，而废气中残余臭氧被活性炭吸附后可以氧化分解已被活性炭吸附的部分有机污染物，进一步延长活性炭的吸附周期。

（2）臭氧投加量确定

臭氧催化氧化单元是该工艺处理技术的核心工艺，臭氧的投加量将直接影响废气中污染物的处理效果。为确定臭氧最佳投加量，进行臭氧投加效果评估试验。结果表明，随着臭氧投加量的增加，出口 VOCs 呈现明显的下降趋势，说明臭氧对废气中有机污染物的氧化作用比较明显；当臭氧投加量保持在 3kg/h 以上时，VOCs 的处理效果较好且去除率稳定；当臭氧投加量超过 3kg/h 时，臭氧单元尾气臭氧浓度逐步提高，说明当臭氧投加量超过 3kg/h 后，臭氧出现了明显的剩余，呈现过量趋势，同时对 VOCs 的去除率也未出现明显的提高。因此，臭氧的投加量应控制在 3kg/h。

6.4.4.3　处理效果

（1）非甲烷总烃去除效果

废气治理装置稳定运行后，分别在碱洗塔进口和反应器出口设置采样点对出口废气非甲烷总烃进行分析。监测结果见表 6-16。

表 6-16　非甲烷总烃去除效果评价

进口/ (mg/m³)	生物滴滤出口/ (mg/m³)	臭氧催化氧化出口/ (mg/m³)	总排口/ (mg/m³)	进口/ (mg/m³)	生物滴滤出口/ (mg/m³)	臭氧催化氧化出口/ (mg/m³)	总排口/ (mg/m³)
258	137	87	45	678	301	127	79
325	200	95	49	898	334	115	63
365	178	81	58	236	125	65	32
578	265	118	78	123	89	45	30

　　从表中非甲烷总烃排放浓度来看，装置稳定运行后，处理效果良好，能够满足装置设计排放标准中对非甲烷总烃浓度稳定小于 120mg/m³ 的要求。

　　（2）苯系物去除效果

　　苯、甲苯、二甲苯等苯系物在现行废气排放标准中也有着严格要求，装置进出口废气中苯系物的浓度监测数据见图 6-29~图 6-31。

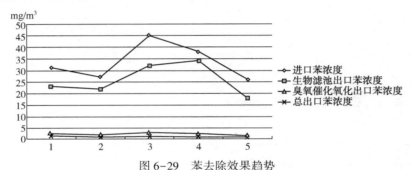

图 6-29　苯去除效果趋势

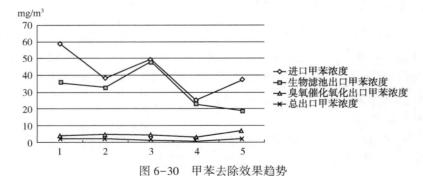

图 6-30　甲苯去除效果趋势

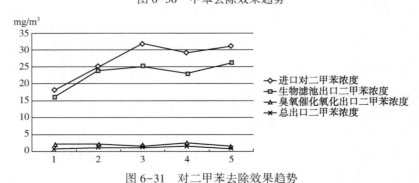

图 6-31　对二甲苯去除效果趋势

从图中数据显示，生物滴滤池对苯系物的处理效果十分有限，平均去除率仅为20%左右，无法达到排放要求。臭氧在催化剂的作用下，通过臭氧的强氧化作用，可以有效去除苯系物，去除率保持在90%以上，表现出良好的去除效果。再经活性炭的吸附作用，基本可以去除苯系物，整体去除率可达95%以上。

"碱洗+生物滴滤+臭氧催化氧化+除湿+活性炭吸附"组合工艺对污水深度处理过程产生的废气具有较好的处理效果，活性炭吸附装置作为保障手段，可进一步提高废气治理效果。该装置运行稳定，非甲烷总烃、苯系物等难降解有机物排放浓度均优于国标。

6.4.4.4　技术经济分析

（1）项目投资

该项目处理能力60000Nm³/h的废气治理设施总投资为1300万元，其中采购费为1000万元，施工费300万元，主要包括生物滤池、催化氧化塔、臭氧发生器等主要设备和构筑物。详见表6-17。

表6-17　废气治理设施主要设备表

设备名称	主要参数	数量
除湿机组	处理风量30000Nm³/h，过流部分采用不锈钢	2台
生物滤池	处理风量60000Nm³/h	1台
催化氧化塔	含催化剂，设备采用304不锈钢	2台
臭氧发生器	6kg/h，臭氧浓度10%（质量）	1台
活性炭吸附器	活性炭填充量16m³	2台
其他设备材料	管道、阀门等	1批
仪表	流量计、臭氧检测仪、DCS等	1批

（2）运行成本

该废气治理设施运行成本0.0032元/Nm³（不包含人工成本及设备折旧），主要能耗物耗见表6-18。

表6-18　废气治理设施运行能耗物耗表

项目	年用量	单价/元	总价/万元
水	26×10⁴t	1.05	27.3
电	200×10⁴kW·h	0.56	112
NaOH	30t	687.76	2.06
氧气	525×10³Nm³	0.5	26.25
合计		167.61万元	

6.4.5　微乳液增溶吸收法与生物法组合处理工艺

6.4.5.1　概述

某炼油化工企业污水处理场废气具有来源广泛、组分复杂、VOCs浓度波动大、湿度高等特点，特别是含有挥发性有机物（烷烃和苯系物）、恶臭物质（硫化氢）等，其中，生化处理单元产生的废气中非甲烷总烃浓度较低，经现场检测小于 1000mg/m³，废气量占污水场总气量的 2/3 左右；而隔油池、气浮池、调节池和提升池等产生的废气中非甲烷总烃在 1000～10000mg/m³，废气量占总气量的 1/3 左右，VOCs 排放量占污水场总排放量的 80% 以上。基于此，污水处理场建成投用一套处理规模为 45000m³/h 含烃恶臭气体治理装置，处理工艺主要包括可生化降解微乳液增溶吸收+生物氧化两部分。高浓度废气收集后，送至可生化降解微乳液增溶吸收（DMA，Degradable Micro-emulsion Absorption）单元处理，可有效去除废气中非甲烷总烃、苯、甲苯和二甲苯，处理后的废气与来自生化处理单元的低浓度废气混合后再进一步经过生物氧化单元处理后高空排放，满足《石油炼制工业污染物排放标准》（GB31570—2015）中排放限值要求。

6.4.5.2　工艺流程及说明

污水处理场废气治理装置具体工艺流程：将提升池、格栅池、沉砂池、高浓度隔油池、低浓度隔油池、提升池、气浮池和事故缓冲池等污水处理构筑物逸散的高浓度废气收集后，在前置风机作用下经玻璃钢管道输送至可生化降解微乳液增溶吸收（DMA）处理单元，高浓度含烃恶臭气体由填料塔下部进入，然后与从填料塔顶部喷淋而下的微乳液吸收剂在填料层逆流接触传质，气体中的苯系物及其他挥发性有机物由气相进入液相；进入液相的有机物可以快速被微乳液的胶束所吸附溶解，对高浓度废气中的 VOCs 进行吸收去除。DMA 单元处理后的废气与来自生化处理单元的低浓度废气混合，经过原有生物氧化单元处理净化后，通过排气筒高空排放。污水场含烃恶臭气体处理工艺流程示意见图 6-32。

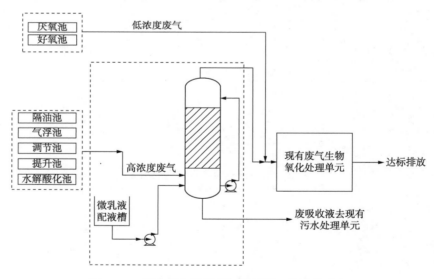

图 6-32　污水场含烃恶臭气体处理工艺流程示意

（1）微乳液吸收填料塔

微乳液通常由表面活性剂、助表面活性剂、油、水或盐水等组分在适当配比下自发生成，其结构有三种：水包油型（O/W）、油包水型（W/O）和油、水双连续型（B.C），O/W 型与 W/O 型微乳液随含水量变化可逐渐互相转化；按所使用表面活性剂可分为非离子型、阴离子型、阳离子型和离子-非离子混合型四种。微乳液粒径在 $10^{-8}～10^{-7}$m 之间，有与胶束相似的球形结构，与胶束相比，特别是 O/W 型微乳液，有更大的有机中心，能溶解更高浓度的非极性分子和体积较大的有机分子，甚至与微乳液滴体积相近的分子，具有超低界面张力（小于 $10^{-3} \sim 10^{-4}$ mN/m，最低可达 $10^{-6} \sim 10^{-7}$ mN/m）和很高的增溶能力，增溶量可高达 $60\% \sim 70\%$。

在废气与微乳液逆流接触传质过程中，大比表面积的规整填料提供了很大的气液接触面积及均匀的气液比，使得在气液两相界面处 VOCs 由气相可以快速扩散进入液相，进入液相的有机气体分子可以被微乳液胶束中的亲油基吸附而稳定存在，不易逸散出来，从而实现对废气中 VOCs 的稳定吸收处理。

（2）生物氧化

生物氧化主要包括生物过滤和生物滴滤两个处理单元。生物过滤池中填充具有吸附性的滤料，滤料需保持一定的水分。废气污染物和氧气从气相扩散至介质外层的水膜，由填料表面生长的各种微生物消耗氧气而把污染物分解为 CO_2 和 H_2O 等。

生物滴滤池则是在填料上方喷淋循环液，通过循环液回流可控制滴滤池水相的 pH 值，并可在回流液中加入 K_2HPO_4 和 NH_4NO_3 等物质，为微生物提供 N、P 等营养元素。填料表面是由微生物形成的一层薄薄的生物膜，滴滤池中的反应产物能通过冲洗移除。生物滴滤池通过循环喷淋和介质均匀布气的有机结合，一方面对污染气体进行加湿洗涤，促进易溶气体的溶解去除；另一方面，气液两相充分对流接触，增加滴滤液中的溶氧量，为滴滤液中丰富的好氧菌群提供了生存和保持活性的条件。DMA 和生物氧化单元结构示意见图 6-33。

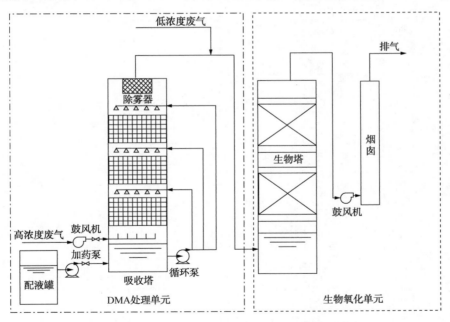

图 6-33 污水场含烃恶臭气体处理工业装置工艺流程

6.4.5.3 技术特点

（1）具有广泛的 VOCs 吸收能力

微乳液对污水场废气中 VOCs 的吸收率为 $65\% \sim 75\%$，进入微乳液胶束的有机气体分子可稳定存在，不会逸散出来；同时达到饱和吸收容量的微乳液可生化性良好（B/C 值>0.4），可直接排入现有污水生化处理装置，无需单独再建处理装置，且不产生二次污染。

（2）与生化氧化处理技术有效结合

对污水预处理单元和污泥处理单元逸散的高浓度含烃废气进行处理，提高了后续两段滴滤式生物氧化装置的抗冲击能力，保证其稳定运行。

通过微乳液吸收预处理装置和污水场现有恶臭气体生物氧化处理装置组合处理，可同时满足《恶臭污染物排放标准》（GB14554—1993）和《石油炼制工业污染物排放标准》（GB31570—2015），在现有装置基础上实现原位升级达标，既节约了建设费用又降低运行成本。

（3）技术优势

该技术具有 VOCs 吸收率较高、无二次污染，抗冲击能力强、操作简便，投资运行成本低、占地面积小等技术优势，适用于污水处理场废气治理提标改造工程作为预处理单元来配置。

6.4.5.4　应用效果

污水处理场含烃恶臭气体经组合工艺处理后，最终排放的废气满足《石油炼制工业污染物排放标准》（GB 31570—2015）中排放限值要求。处理数据见表6-19。

表6-19　污水场含烃恶臭气体工业装置处理效果

监测点位	运行监测结果/(mg/m³)			
	苯	甲苯	二甲苯	非甲烷总烃
DMA 单元进口	12.8	16.7	12.9	614
	10.7	14.3	10.8	521
	15.6	18.2	15.6	508
	13.7	12.9	9.88	577
	15.9	14.7	11.5	537
	14.5	13.8	13.6	565
	12.9	17.2	12.4	513
DMA 单元出口	4.82	5.37	3.68	215
	3.86	4.63	3.44	170
	4.59	5.12	4.27	151
	4.47	4.06	3.51	202
	5.75	3.74	4.03	168
	4.79	3.86	4.11	180
	4.62	3.97	4.36	149
生物单元出口	1.85	0.789	0.567	77
	1.343	0.825	0.492	59
	1.362	0.913	0.634	46
	0.917	0.866	0.711	70
	2.145	0.913	0.762	59
	0.816	0.849	0.691	62
	1.699	0.724	0.706	52

表中数据显示，DMA 处理单元在进气非甲烷总烃为 508～614mg/m³、苯为 10.7～

15.6mg/m³、甲苯为 12.9~18.2mg/m³ 和二甲苯为 9.88~15.6mg/m³ 的条件下，对废气中非甲烷总烃、苯、甲苯和二甲苯的去除率均在 65%~75% 之间，满足预处理要求；DMA 处理单元处理后的废气与 A/O 池产生的低浓度废气混合进入生化处理单元处理，废气中非甲烷总烃、苯、甲苯和二甲苯四项指标均达到国家标准排放要求。该装置可有效减排 VOCs，取得了良好的环境效益和社会效益。

6.4.6 催化燃烧与生物法联合处理工艺

6.4.6.1 概述

某炼油化工企业恶臭气体处理系统是炼油项目配套污水处理场内环保辅助设施之一，根据污水处理场不同构筑物产生的废气中污染物浓度不同的特点，将污水处理场的废气划分为高浓度废气和低浓度废气。其中，高浓度废气主要来自含油污水处理系统中污水调节罐、污水井、隔油池、气浮池、污泥浓缩罐、污油处理系统等构筑物所产生的废气；低浓度废气主要来自含油污水处理系统中和池、均质池、污泥快混池、离心脱水间、上清液储池、干化厂房、上料厂房、污泥浓缩罐及生化池 A 段等构筑物产生的废气。

针对不同浓度的废气，选用了两种废气治理技术，对所收集恶臭气体进行分质处理。其中采用生物法处理低浓度废气，设计处理量 40000Nm³/h；高浓度废气采用催化燃烧法处理，设计处理量 5000Nm³/h。经处理后的废气达到标准按《恶臭污染物排放标准》（GB 14554—1993）以及《石油炼制工业污染物排放标准》（GB 31570—2015）中大气污染物排放限值要求，通过 30m 高排气筒直接排放大气。

6.4.6.2 工艺流程及说明

（1）生物恶臭气体处理系统

生物臭气处理装置设计处理规模 40000Nm³/h，采用"预处理+生物处理+尾气处理"的工艺技术路线，对污水处理场的中和均质池、A/O 生化池 A 段、碱渣系统和全厂污泥焚烧系统等臭气进行集中处理。废气首先进入预处理段进行除油、温度调节、除尘及增湿。除油后的废气进入到生物处理段，与附着在生物处理主体设备填料上的微生物充分接触，其中的污染物被微生物捕获降解、氧化，分解为二氧化碳和水，生物处理分为生物处理Ⅰ段和生物处理Ⅱ段。生物处理Ⅰ段采用生物滴滤床工艺，对硫化氢、甲硫醇、甲硫醚、乙硫醚、二甲二硫、二硫化碳等硫化物恶臭物质进行处理。生物处理Ⅱ段采用生物滴滤床工艺，加强对苯系物、碳氢化合物的处理，并延长恶臭气体与生物滤料接触时间。具体流程见图 6-34。

除臭系统主要包括引风机、预处理塔、生物处理主体设备（含生物处理 1 段与生物处理 2 段）、尾气处理段、排气筒等。

预处理塔主要作用是除油，通过隔油、除尘及增湿，再进入生物处理段，除油后的废气与附着在生物处理主体设备填料上微生物充分接触，生物处理 1 段和生物处理 2 段生物滤料与恶臭气体的总接触时间不小于 20s，其中的污染物被微生物捕获降解、氧化，分解为 CO_2 和 H_2O。

尾气处理段的作用是通过除臭剂与恶臭气体分子发生分解、聚合、取代、置换、加成和氧化还原等作用，改变恶臭气体的分子结构，确保气体达标排放。尾气处理段在正常工况下不启用，仅在微生物活性降低或失活需重新驯化或近期浓度超出设计范围或进气浓度过低时使用，通过加入植物提取液对气体进行应急处理，确保达标排放。

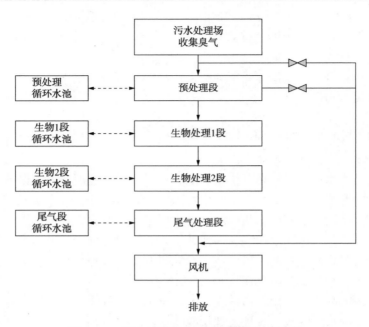

图 6-34　污水处理场生物除臭系统工艺流程

（2）废气催化燃烧系统

催化燃烧系统设计规模 5000Nm³/h。采用"强化脱硫-脱硫及总烃浓度均化-催化燃烧"联合工艺，治理污水处理场罐中罐、事故水罐、隔油池、污油储池、混凝池、絮凝池、气浮池和气浮污泥储池等散发的恶臭气体。

恶臭气体由催化风机从封闭好的隔油池、浮选池等引出，由管路输送，经阻火器进入脱硫罐，脱除恶臭气体中大部分硫化物，之后进入脱硫及总烃浓度均化罐，利用脱硫及总烃浓度均化剂脱除恶臭气体中的硫化物并完成恶臭气体总烃浓度的均化，使恶臭气体总烃浓度维持在较稳定的水平，同时，底部的除雾丝网分离出恶臭气体中的凝结水；脱硫均化后的恶臭气体同空气混合，恶臭气体与空气量由温控阀分别控制，使浓度满足催化燃烧反应器的进气要求，经催化风机增压后进入过滤器，脱除去恶臭气体中粒径 ≥20μm 的颗粒物。过滤后恶臭气体进入换热-加热-催化燃烧反应核心单元，恶臭气体中的有机物在适宜的温度和催化燃烧催化剂的作用下，与氧气发生氧化反应，生成 H_2O 和 CO_2，并释放出大量的反应热。处理后的气体携带热量，进入换热器与待处理恶臭气体进行充分换热。最后，处理后的达标恶臭气体通过排气筒排放到大气中。具体工艺流程见图 6-35。

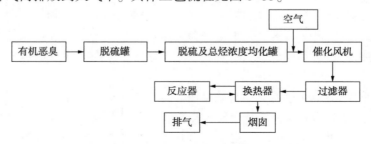

图 6-35　污水处理场废气催化燃烧系统工艺流程

催化燃烧系统运行要求：

① 氮气稀释系统：控制罐区非甲烷总烃 5000～10000mg/Nm³；

② 恶臭气体风机：运行单台(一开一备)，负荷达到设计最大负荷 5000Nm³/h；

③ 恶臭气体过滤器：运行压差≤0.4kPa；

④ 电加热器：运行温度<500℃；

⑤ 反应器：出气温度≤580℃，非甲烷总烃≤120mg/Nm³。

6.4.6.3　处理效果

污水处理场两套废气装置建成投用后，装置运行工况稳定，高低浓度废气分别得到有效密闭、收集和输送，其中，高浓度废气送催化燃烧系统处理，低浓度废气通过风机送生物除臭系统处理。处理后废气污染物排放情况见表 6-20。

表 6-20　2018—2019 年污水处理场废气污染物排放浓度

污　染　物	最高允许排放量或浓度	处理后高浓度废气实际平均排放浓度	处理后低浓度废气实际平均排放浓度
硫化氢/(kg/h)	≤1.3	无	0.0019
氨/(kg/h)	≤20	无	0.0250
甲硫醇/(kg/h)	≤0.17	无	0.0015
甲硫醚/(kg/h)	≤1.3	无	0.0078
二甲二硫/(kg/h)	≤1.7	无	0.0390
三甲胺/(kg/h)	≤2.2	无	无
苯乙烯/(kg/h)	≤26	无	无
恶臭气体浓度(无量纲)	≤6000	无	93
苯/(mg/m³)	4	0.18	无
甲苯/(mg/m³)	15	0.21	无
二甲苯/(mg/m³)	20	0.28	无
非甲烷总烃/(mg/m³)	120	60.94	5.67
进气量/(m³/h)	5000(设计值) 40000(设计值)	1957	23557

表中数据显示，高浓度废气治理装置出口非甲烷总烃浓度平均 60.94mg/m³，低浓度废气生物除臭装置出口非甲烷总烃浓度平均 5.67mg/m³，三苯浓度均小于 1mg/m³，硫化氢、氨、甲硫醇、甲硫醚等恶臭气体排放量均小于设计排放值。两套废气治理组合工艺运行效果比较好，主要污染物排放浓度优于国家标准中的特别限值要求。

项目实施后，消除了高浓度挥发性有机化合物长期积累在污水池、储罐中的安全隐患，同时，厂区及周边地区的异味问题得到较为彻底解决，厂区员工工作环境得到明显好转，进一步改善了厂界周边的空气质量。

6.4.6.4　技术经济分析

（1）项目投资

催化燃烧法废气治理装置设计规模为 5000Nm³/h，投资约 2000 万元。包括催化燃烧室、脱硫罐、均化罐、管线、阀门、在线监测仪表等主要设备和材料以及施工及安装费。

（2）运行成本

催化燃烧法废气治理装置运行成本为 0.0036 元/Nm³，系统运行主要消耗电、氮气、仪表风等，其中，运行电耗在 30 万~36 万 kW·h/a，氮气消耗在 40 万~48 万 Nm³/a。

6.5　展望

6.5.1　实施清洁生产和源头减排

从 VOCs 总量减排来看，目前我国炼油化工行业污水处理废气源头减排的潜力巨大。对于挥发性有机物及恶臭气体的治理，首先应该从污染源头控制，减少生产工艺中 VOCs 和恶臭气体的排放量。主要包括加强过程控制和无组织排放控制，在污水处理场全面推广应用 LDAR（Leak Detection and Repair）技术，对机泵、管阀、污水（污油）罐、污水处理构筑物的动静密封点进行定期检测，及时修复泄漏点，并组织复查；持续提升清洁生产技术水平，采用密闭收集、输送与处理技术，污水排放做到清污分流、雨污分流、污污分治，提高废气收集效率，减少无组织逸散；优化污水处理场设计，减少废气无组织排放源、排放点；污水处理场采用装置化操作和密闭采样方式，降低挥发性有机物的无组织逸散；采用新工艺，使用水性及环保型的絮凝剂、助凝剂和绿色包装等，控制污染物的产生。采取源头治理，可以从根本上减少 VOCs 和恶臭气体的排放，降低末端治理负荷及难度。通过"源头削减、过程控制、末端治理"，采用合理、有效的控制技术，实施精细管理，保障治理设施高效稳定运行，可使 VOCs 和恶臭气体排放降低到较低水平，实现稳定达标排放目标。

6.5.2　高效安全工艺技术集成

随着国家出台的石油石化等重点行业污染防治控制技术指南，VOCs 和恶臭气体治理技术将呈现更加规范、高效和绿色的发展趋势。不同的 VOCs 治理技术各有适用范围，治理原则以减排和回收为主，不同的污染源要具体分析，选取合适的处理方法和组合工艺。溶剂回收、吸附浓缩、蓄热焚烧（RTO）、催化燃烧（RCO）、生物法技术等主流治理技术的产品标准和技术性能要求将逐步完善。低温等离子体、光催化、光氧化等处理方法作为预处理技术将逐步得到推广应用。

VOCs 与恶臭气体治理应选用先进、成熟、可靠、安全、节能、操作简便、经济适用的技术；应考虑未来标准不断升级的趋势，主动追求严于国家、行业和地方标准的更高技术指标。

复合处理技术去除效果好，且无二次污染，是 VOCs 治理的一个重要方向。VOCs 控制技术要根据废气组成、气量大小、污染物性质和浓度、建设空间、处理标准要求、环境影响、投资费用和运行费用等因素选定，组成复杂、VOCs 浓度高的废气常选用组合工艺处理，包括吸收-吸附法、吸附-冷凝法、吸附-燃烧（氧化）法等。

应进一步研究和开发环境生物技术，使之成为环境效益与经济效益俱佳的解决污水处理场废气污染的有效手段。对于炼油化工污水处理场高低浓度废气，应把这两类气体分别收集。对高浓度部分气首先采用溶剂回收、光催化氧化等预处理技术，把浓度降低到 300mg/m³ 左右后，再与低浓度部分气体混合进入两段式生物法装置处理，可有效降低生物处理系统的制造投资。使用生物法处理技术实际上就是充分发挥微生物的降解作用，将有挥发性有机物及恶臭气体以新陈代谢的方式转化为无机物。

但是生物治理技术不可避免会重新产生有害物质，可以借助污水生物处理的特性，将挥发性有机废气液态化，在液态的情况下实现污染物的吸附、降解，相比于气相状态下，效果更好，能够尽可能避免有害物质的产生。生物治理挥发性有机废气的技术仍然需要深入研究，以形成完整的治理工艺和体系。

6.5.3　新技术、新材料和催化剂的开发应用

未来的污水处理场废气治理应依据其主要成分的浓度、气体流量、物化性质等因素，采用新技术、新材料来提高 VOCs 去除效率，降低治理成本、减少能耗。同时，不会产生二次污染和带来新的安全风险。

（1）微波催化氧化技术

微波催化氧化技术综合了填料吸附、空气净化及解吸等技术优点。使用微波催化氧化技术治理有机废气时能够有效降低解吸及吸附所需的时间，减少能源消耗。此外，微波氧化技术另外一个优点，就是运行成本较低。

（2）活性炭纤维吸附技术

不同于常用的碳吸附技术，活性炭纤维技术，具有更好的吸附效果，并且不对周围的环境造成危害。碳纤维内外表面布满了具有吸附性的碳原子，碳原子又组成吸附性好的表面结构，优于传统的碳吸附材料。活性炭纤维的化学和物理结构比较特殊，在吸附速度、吸附容量等方面更胜一筹，且能够反复使用。活性炭纤维技术的优势使其在治理挥发性有机废气方面取得了很好的效果，具有大范围推广使用的前景。

（3）纳米材料净化技术

纳米材料是一种超级细的材料，晶粒尺寸通常为纳米级，纳米粒子表面积很大，而且活性中心也比一般的材料多，在治理挥发性有机废气的时候能够有较高的转化速度。此外，纳米催化剂能够将原本不具备反应能力的物质转化为具有反应能力的物质。特别是纳米 TiO_2 粒径很小，在 1 ~100nm 之间，在废气治理方面效果显著。TiO_2 能够在光照条件下将废气中的有机物质转化为水、二氧化碳等无机物质，特别是将新型纳米材料与光催化分解法相结合，可使苯系物迅速降解，基本不产生二次污染，效率相比单一技术有明显提高，且纳米材料的取材和用料更加环保和安全，是新材料在 VOCs 治理技术上取得的新进展和新突破，具有很好的应用前景。

（4）光催化氧化技术

光催化氧化反应是以纳米 TiO_2 及空气作为催化剂，以光为能量，裂解有机物。通过特定波长光线照射，激活纳米光催化剂，生成电子-空穴对，使光催化剂与周围的 H_2O、O_2 分子发生作用，结合生成氢氧自由基 OH，通过氢氧自由基层层锁住空气中各种有害成分，分解有害成分。如有机氯化物和氟氯碳在 185nm 紫外光照射下，进行气相光解，两种物质都能在极短的时间内分解，而且有机卤化物的分解速度大于氟氯碳；三氯乙烯几秒钟内即能分解成最终产物 CO_2、Cl_2、F_2 及光气等；同时具有抑制细菌生长和病毒的活性能力，从而达到杀菌、除臭、净化环境空气的目的，具有较大的应用潜力。

参 考 文 献

[1] 邹克华. 恶臭防治技术与实践[M]. 北京：化学工业出版社，2017：4-26.

[2] 中国石油化工集团公司. 中国石化炼化企业 VOCs 综合治理技术指南，2016：25-68.

[3] 刘忠生，王新，王海波，等. 炼油污水处理场挥发性有机物和恶臭废气处理技术[J]. 石油炼制与化工，2018，(05)：61-64.

[4] 乔利军，程静，孙海兰，张雷. 某石化公司污水场挥发有机物处理方法[J]. 中国化工贸易，2018，10(22)：85.

[5] 孙晓犁. 石化污水处理场挥发性有机物排放状况研究[J]. 环境科技，2010，23(A01)：72-73，85.

[6] 李颖. 炼油污水处理场无组织废气治理项目运行分析[J]. 油气田环境保护，2012，22(06)：27-30.

[7] 刘永斌，程俊梅，程彬彬. 催化燃烧技术在炼油污水处理场恶臭治理中的应用[J]. 炼油技术与工程，2011，(11)：54-57.

[8] 刘忠生，廖昌建，王宽岭，等. 炼化行业 VOCs 废气治理典型技术与工程实例[J]. 炼油技术与工程，2017，47(12)：64-68.

[9] 王世斌. 试述污水处理厂恶臭废气处理技术[J]. 工程技术，2016，(02)：94-94.

[10] 刘均超. 污水处理厂恶臭废气处置技术方案探索[J]. 绿色科技，2019，(16)：147-148，155.

[11] 佟玲. VOCs 治理技术概述及发展趋势[J]. 资源节约与环保，2016，(09)：210-211.

第七章 污水处理过程中的固废处理处置技术

7.1 污泥来源及特性分析

炼油化工企业在生产过程中，由于其原材料来源广泛、产品品种繁多、生产工艺复杂，导致其排放的污水水量、污染物种类、污染物浓度差异较大。有些污水污染物毒性大、浓度高，会对企业污水处理场造成冲击，影响外排污水达标排放，对此类特殊污水，需进行预处理，使其达到污水处理场进水水质要求后才可排至污水处理场进行达标处理；有些污水污染物浓度及毒性相对较低，则可直接排至企业污水处理场进行达标处理。因此，对于炼油化工企业，其污水处理主要分三个阶段：一是特殊污水的预处理；二是污水处理场的达标处理，包括污水深度处理；三是污水回用及污水近零排放。与此三个污水处理阶段相匹配的会产生相应污泥。

在特殊污水处理阶段，其产生的污泥主要为沉淀物、浮渣、化学污泥、生物污泥等，如聚合物颗粒、污油、废催化剂、除磷污泥等，此类污泥数量相对较少、种类繁多、成分复杂，综合利用和处理处置方式差异较大，在此不赘述。在特殊污水处理阶段，应遵循清洁生产的理念，尽量从源头消减污染物的产生量，并进行综合利用，实现污泥的"减量化、资源化、无害化"。

对于污水处理场产生的污泥，一般为含油污泥和剩余活性污泥。此类污泥数量相对较大，是企业固体废弃物产生的主要来源，本章主要对此类污泥的处理处置方式进行讨论。

对于污水深度处理产生的污泥，主要包括高密度沉淀池、V型滤池、微絮凝连续流动砂过滤、气浮、高级氧化等处理单元产生的污泥，该污泥无机质含量较高。目前此类污泥的处理，一种是与污水处理场其他污泥混合后，进行处理；另一种是单独进行浓缩、调质、板框压滤等脱水处理，然后外委处理处置。

污水回用产生的污泥，主要为沉淀物、过滤产物、浮渣和剩余活性污泥等，此类污泥一般与污水处理场达标处理产生的污泥混合后一起进行处理。

7.1.1 污泥来源及产生情况

炼油化工企业在原油加工及污水处理过程中产生的污泥主要为含油污泥和剩余活性污泥。原油加工和污水处理过程产生的含油污泥主要有原油罐底油泥、隔油池底泥、气浮池浮渣等含油污泥。每个炼油化工企业都有自己的原油和产品的贮存能力，有的企业还有原油库，原油在贮存过程中会有泥沙、重质石油蜡、胶质和沥青质等重组分随水一起沉积在原油贮罐底部，从而形成原油贮罐油泥。原油加工过程产生的含油污水、含盐污水以及含硫污水，均含有一定量的油，所以在这些污水外排前必须进行处理。污水处理流程是先隔油去除浮油和粗分散油，然后加药浮选，去除细小分散油和乳化油，最后再采用生物氧化技术进行深度处理，通常把隔油、浮选和生物氧化流程称为"老三套"工艺。现在污水处理场在隔油前增加了均质罐，所以有均质罐底油泥、隔油池底油泥、浮选浮渣。依据《国家危险废物名录》进行分类，所有含油污泥均属于危险废物。

剩余活性污泥是指活性污泥系统中从二次沉淀池（或沉淀区）排出系统外的活性污泥。污水在生化处理过程中，活性污泥中的微生物不断地消耗着污水中的有机物质，被消耗的有机物质中，一部分有机物质被氧化以提供微生物生命活动所需的能量，另一部分有机物质则被微生物利用以合成新的细胞质，从而使微生物繁衍生殖，微生物在新陈代谢的同时，又有一部分老的微生物死亡，故产生了剩余活性污泥。污水处理场生化处理单元产生的剩余活性污泥不含油，依据《国家危险废物名录》进行分类，剩余活性污泥不属于危险废物。污水在深度处理过程中，会产生一定量的污泥，如高密度沉淀池污泥、气浮池浮渣等，此类污泥通常有机质含量较低，一般不单独进行处理，通常与剩余活性污泥等混合后进行脱水处理。炼油化工企业一般都有二个或三个污水处理场，将含油污水和化工污水分别处理，并收集和处理含油污泥和剩余活性污泥。

以某典型炼油化工企业污水处理规模为 $300\sim350m^3/h$ 为例，污水场各种油泥的产生量：

浮渣产量：$30\sim40m^3/d$

罐池底泥产量：$6000\sim7000m^3/a$

剩余活性污泥产量：$15000\sim20000m^3/a$

典型炼油污水处理场产生的含油污泥分析结果见表 7-1。

表 7-1　污水处理场含油污泥组成分析　　　　　　　　　　%

污泥名称	含水率	含油量	含固量①	600℃灰分
罐池底泥	59.8	32.2	8	2.65
浮渣	58.3	16.9	24.8	5.18
罐池底泥	79.7	7.0	13.3	4.4
浮渣	79.7	11.1	9.2	2.52

① 含固率=100%-含水率%-含油率%，由于采样点不同，污油数据差别会较大。

7.1.2　污泥特性分析

7.1.2.1　含油污泥特性分析

以某炼油化工企业含油污水处理场产生的隔油池底泥、浮选池浮渣以及原油储罐底泥的混合油泥为样品，对含油污泥的理化特性进行了分析。该油泥经过离心脱水后，呈黑褐色黏稠状。含油污泥的理化特性见表 7-2。

表 7-2　含油污泥理化特性分析

三组分/%			工业分析/%			元素分析/%					热值/（MJ/kg）
含水率	含油率	含渣率	挥发分	灰分	固定碳	C	H	O	S	N	
62.56	15.97	21.47	23.44	11.72	2.28	42.25	5.45	6.46	1.87	0.74	10.85

含油污泥一般采用机械离心脱水，该方式只能除去部分游离水，大部分水分仍以油水相包的形式存在，因此该类油泥含水率通常都较大。含水率较大导致热值偏低。

表7-3为含水率为80%的油泥重金属含量数据，从表中可以看出不同种类重金属含量差别较大，这与原油本身携带以及运输管道、储存罐的材质都有关。油泥中部分金属含量超出《土壤环境质量农用地土壤污染风险管控标准(试行)》(GB 15618—2018)中的标准，都未超出工业用地标准。

表7-3　脱水含油污泥重金属含量及标准对比表　　　mg/kg

指标	含量	农用地标准	居住用地标准	商业用地标准	工业用地标准
Cd	1.494	0.6	10	20	20
Hg	0.241	0.8	4	20	20
Pb	16.326	50	500	600	600
Cr	29.752	250	400	800	1000
Cu	321.864	200	500	500	500
Ni	45.521	100	150	200	200
Zn	316.131	500	600	700	700
Co	3.808	40	50	100	100
V	63.104	150	200	250	250
Sb	23.894	10	30	40	40
Al	14753.8				
Fe	7320.9				

另外，通过对某炼油化工企业污水处理场产生的含油污泥进行萃取，回收含油污泥中的污油，对回收污油馏分进行切割分析，并与塔里木油田的原油进行了对比分析，结果见表7-4、图7-1、图7-2。

表7-4　油样分析结果与原油对比情况

沸程/℃	质量/g		占原油/%(质量)				体积/mL		占原油/%(体积)			
			每馏分		累计				每馏分		累计	
	油样	原油	油样	原油	油样	原油	油样	原油	油样	原油	油样	原油
初馏点~140	126.40	564.50	2.27	9.07	2.27	9.07	180	803.90	2.57	11.23	2.57	11.23
140~160	112.00	180.50	2.01	2.90	4.28	11.96	150	242.00	2.14	3.38	4.71	14.61
160~180	196.50	159.50	3.53	2.56	7.81	14.53	260	211.00	3.71	2.95	8.42	17.55
180~200	214.50	209.00	3.86	3.36	11.67	17.88	280	273.00	4.00	3.81	12.42	21.37
200~220	203.00	124.00	3.65	1.99	15.32	19.87	260	159.00	3.71	2.22	16.13	23.59
220~240	227.00	153.00	4.08	2.46	19.40	22.33	290	195.50	4.14	2.73	20.27	26.32
240~260	285.00	203.50	5.12	3.27	24.52	25.60	360	257.00	5.14	3.58	25.41	29.91
260~280	227.70	227.00	4.09	3.65	28.61	29.25	280	279.20	4.00	3.90	29.41	33.81
280~300	339.00	136.50	6.09	2.19	34.70	31.44	410	165.20	5.86	2.31	35.27	36.11
300~320	290.00	183.00	5.21	2.94	39.91	34.38	350	221.00	5.00	3.09	40.27	39.20
320~350	382.50	429.00	6.88	6.89	46.79	41.27	460	516.00	6.57	7.21	46.84	46.41
350~400	519.00	467.00	9.33	7.50	56.12	48.77	597	538.00	8.53	7.51	55.37	53.92

续表

沸程/℃	质量/g		占原油/%（质量）				体积/mL		占原油/%（体积）			
			每馏分		累计				每馏分		累计	
	油样	原油	油样	原油	油样	原油	油样	原油	油样	原油	油样	原油
400~450	790.00	686.5	14.20	11.02	70.32	59.79						
450~500	931.50	655.40	16.75	10.53	87.07	70.32						
500~520	282.00	131.00	5.07	2.10	92.14	72.42						
>520		16.50		0.26		72.69						

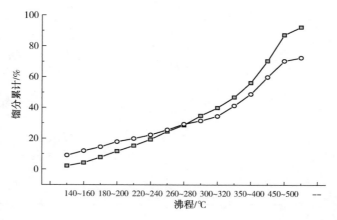

图 7-1　不同沸程油馏分累计情况及对比

○—塔里木油田原油；■—回收污油

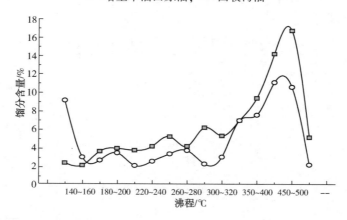

图 7-2　不同沸程油馏分质量含量及对比

○—塔里木油田原油；■—回收污油

从表 7-4、图 7-1、图 7-2 分析结果与塔里木原油对比可以看到，回收污油中 500℃ 以下的馏分高，回炼价值较高。

7.1.2.2　剩余活性污泥特性分析

剩余活性污泥其颜色常为黄褐色，相对密度比水稍大，接近于 1，颗粒较细，含水率较高，一般为 99%~99.5%，且脱水性能较差。它主要是由具有活性的微生物、微生物自身氧化残余物、附在活性污泥表面上尚未降解或难以降解的有机物和无机物四部分组成。其中以活体微生物为主，它包括细菌、真菌、原生动物和后生动物等各种微生物。

7.2　污泥处理处置

在炼化污水处理过程中，隔油池、气浮池、生化处理二沉池产生的各类沉淀物、漂浮物统称为污泥。污泥中含有大量的有机物（包括石油类等）、有毒物质、重金属和致病菌、寄生虫以及氮、磷等营养物质。因此，污泥不经妥善处理处置而随意排放和堆置，必将对环境造成严重污染。

对于炼油化工企业污水处理场，根据污泥从水中分离的过程可分为沉淀污泥（包括物理沉淀污泥、混凝沉淀污泥、化学沉淀污泥等）、浮渣（隔油池浮渣、气浮池浮渣）、生物处理污泥（主要为剩余活性污泥），现代污水处理场大多为这三类污泥的混合污泥。

炼油化工企业污水处理过程中产生的各种污泥，经过浓缩、调理、脱水以及干化、焚烧等过程处理后，所得最终产物按照《危险废物名录》，仍属于危险废弃物。目前，炼油化工企业污水场产生的污泥经过脱水、干化或焚烧处理后的产物大多采用填埋的方式进行处理，根据新修订的《危险废物填埋污染控制标准》（GB18598—2019）要求，危险废弃物进入填埋场要求：①含水率低于60%；②水溶性盐总量小于10%；③有机质含量小于5%。

7.2.1　污泥浓缩

7.2.1.1　污泥浓缩目的

通常初沉池污泥含水率在95%~97%，剩余活性污泥含水率在99%以上。因此污泥的体积非常大，对污泥的后续处理造成困难。污泥浓缩的目的在于降低污泥中的水分，缩小污泥的体积，但仍保持其流动性，有利于污泥的输送、处理和利用。浓缩后的污泥含水率仍高达95%~97%，可以用泵输送。

7.2.1.2　污泥中水分的存在形式及其分离性能

污泥中水的存在形式有：空隙水、毛细水、表面吸附水和内部结合水。如图7-3所示。

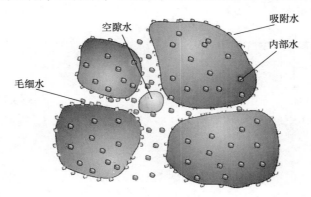

图7-3　污泥水分示意

①空隙水：污泥颗粒间隙中的游离水，约占污泥中水分总量的70%，其并不与固体颗粒直接结合，作用力弱，可通过重力沉淀（浓缩压密）而分离。

② 毛细水：在细小污泥固体颗粒周围的水，由于产生毛细现象，可以构成如下两种结合水，一是在固体颗粒的接触面上由于毛细压力的作用而形成的楔形毛细结合水；二是充满于固体本身裂隙中的毛细结合水。各类毛细结合水约占污泥中水分总量的20%。

③ 表面吸附水：约占污泥中水分总量的5%，是在污泥颗粒表面附着的水分，其附着力较强，常在胶体状颗粒、生物污泥等固体表面上出现，采用混凝方法，通过胶体颗粒相互絮凝，排除附着表面的水分。也可通过生物分离或热力方法去除。

④ 内部结合水：约占污泥中水分总量的5%，是污泥颗粒内部结合的水分，如生物污泥中细胞内部水分、无机污泥中金属化合物所带的结晶水等，可通过生物分离或热力方法去除。

通常含水率在85%以上时，污泥呈流态；65%~85%时呈塑态；低于60%时则呈固态。

7.2.1.3　污泥浓缩技术

（1）重力浓缩法

重力浓缩是利用污泥中固体颗粒与水之间的相对密度差来实现污泥浓缩的。初沉池污泥可直接进入浓缩池进行浓缩，含水率一般可从95%~97%浓缩至90%~92%。剩余污泥一般不宜单独进行重力浓缩。如果采用重力浓缩，含水率可从99.2%~99.6%降到97%~98%。对于设有初沉池和二沉池的污水处理场，可将这两种污泥混合后进行重力浓缩，含水率可由96%~98.5%降至93%~96%。重力浓缩储存污泥能力强，操作要求一般，运行费用低，动力消耗小；但占地面积大，污泥易发酵产生臭气；对某些污泥(如剩余活性污泥)浓缩效果不理想。

重力浓缩是利用沉降原理浓缩污泥，其构筑物称重力浓缩池。根据运行方式不同，可分为连续式和间歇式两种。

连续式重力浓缩池主要用于大、中型污水处理场，间歇式重力浓缩池主要用于小型污水处理场或工业企业的污水处理场。重力浓缩池一般采用水密性钢筋混凝土建造，设有进泥管、排泥管和排上清液管，平面形式有圆形和矩形两种，一般多采用圆形。

间歇式重力浓缩池的进泥与出水都是间歇的，因此，在浓缩池不同高度上应设多个上清液排出管。间歇式操作管理麻烦，且单位处理污泥所需的池容积比连续式的大。图7-4为间歇式重力浓缩池示意图。

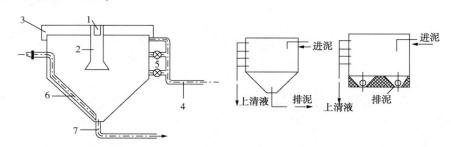

图7-4　间歇式重力浓缩池示意
1—污泥入流槽；2—中心管；3—出水堰；4—上清液排出管；5—阀门；6—吸泥管；7—排泥管

连续式重力浓缩池的进泥与出水都是连续的，排泥可以是连续的，也可以是间歇的。当池子较大时采用辐流式浓缩池；当池子较小时采用竖流式浓缩池。竖流式浓缩池采用重力排泥，辐流式浓缩池多采用刮泥机机械排泥，有时也可以采用重力排泥，但池底应做成多斗。

图 7-5 为有刮泥机与搅拌装置的连续式重力浓缩池。

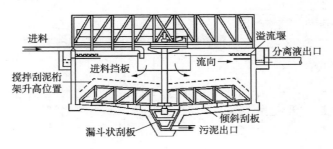

图 7-5　连续式重力浓缩池

浓缩池必须同时满足上清液澄清、排泥固体浓度达到设计要求以及固体回收率高这三个条件。如果浓缩池负荷过大,处理量虽然增加,但浓缩污泥的固体浓度低,上清液混浊,固体回收率低,浓缩效果就差;相反,负荷过小,污泥在池中停留时间过长,可能造成污泥厌氧发酵,产生气体使污泥上浮,同样使浓缩效果降低。

(2)离心浓缩法

对于轻质污泥,离心浓缩法能获得较好的处理效果。在高速旋转的离心机中,由于污泥中的固体颗粒和水的密度不同,因此所受离心力大小不同而使两者得到分离。离心浓缩法的特点是效率高、时间短、占地少、卫生条件好。

用于污泥浓缩的离心机种类有转盘式离心机、沉降式离心机和过滤离心机等。在沉降式离心机中,物料从转鼓底部进入。达到平衡时,固体从环形流动的液体层沉降出来并沉积在转鼓壁上,而浓的水从顶端溢出。当固体填满转鼓时,停止进料,降低转鼓的转速,并将刀子伸进泥渣中把泥饼从底部刮下来。这个循环自动进行,泥饼卸料的时间占循环时间的10%。一般不需要投加化学药剂。然而,由于设备在较低的离心力下操作,并且泥饼的出料是不连续的,处理能力较低。

离心浓缩机的性能可用三个指标来表示:

① 浓缩系数,即浓缩污泥浓度与入流污泥固体浓度的比值。

② 分流率,即清液流量与入流污泥流量的比值。

③ 固体回收率,即浓缩污泥中固体物总量与入流污泥中固体物总量的比值。

(3)气浮浓缩法

气浮浓缩法多用于浓缩污泥颗粒较轻(相对密度接近于 1)的污泥,如剩余活性污泥、生物滤池污泥等。近几年在混合污泥(初沉污泥+剩余活性污泥)浓缩方面也得到了推广应用。

气浮浓缩有部分回流气浮浓缩系统和无回流气浮浓缩系统两种,其中部分回流气浮浓缩系统应用较多。另外,气浮浓缩池分为圆形和矩形两类,小型气浮装置(处理能力小于100m³/h)多采用矩形气浮浓缩池,大中型气浮装置(处理能力大于 100m³/h)多采用辐流式气浮浓缩池。气浮浓缩池一般采用水密性钢筋混凝土建造,小水量也有的采用钢板焊制或者其他非金属材料制作。图 7-6 为气浮浓缩池的两种形式。

气浮浓缩工艺流程:澄清水从池底引出,一部分外排,一部分用水泵引入压力溶气罐加压溶气。溶气水通过减压阀从底部进入进泥室,减压后的溶气水释放出大量微小气泡,并迅速依附在待气浮的污泥颗粒上,携带固体上升,形成浮渣层,浓缩污泥在池面由刮泥机刮出池外。

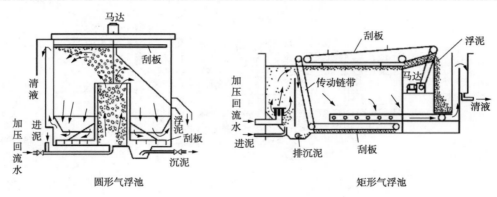

图 7-6　气浮浓缩池

7.2.2　污泥调理

7.2.2.1　污泥调理目的

污泥调理是为了提高污泥浓缩脱水效率的一种预处理，是为了经济地进行后续处理而有计划地改善污泥性质的措施。

影响污泥的浓缩和脱水性能的主要因素是颗粒大小、表面电荷水合程度以及颗粒间的相互作用。其中污泥颗粒大小是影响污泥脱水性能最重要的因素，因为污泥颗粒越小，颗粒的比表面积越大，这意味着更高的水合程度和对过滤(脱水)的更大阻力以及改变污泥脱水性能需要更多的化学药剂。

污泥中颗粒大多数是相互排斥而不是相互吸引的，首先是由于水合作用，有一层或几层水附着于颗粒表面而阻碍了颗粒相互结合。其次，污泥颗粒一般都带负电荷，相互之间表现为排斥，形成稳定的分散状态。

污泥调理就是要克服水合作用和电性排斥作用，增大污泥颗粒的尺寸，使污泥易于过滤和浓缩，其途径有二：第一是脱稳、凝聚，通过在污泥中加入合成有机聚合物、无机盐等混凝剂，使颗粒的表面性质改变并凝聚起来，由于要投加化学药剂，从而增加了运行成本；第二是改善污泥颗粒间的结构，减少过滤阻力，使其不堵塞过滤介质(滤布)。无机沉淀物或一定的填充料可以起这方面的作用。

有机质污泥(包括初沉池污泥、腐殖污泥、活性污泥及消化污泥)均是以有机污泥微粒为主体的悬浊液，颗粒大小不均且很细小，具有胶体特性。由于和水有很大的亲和力，可压缩性大，过滤比阻抗值也大，因而过滤脱水性能较差。其中活性污泥由各类粒径胶体颗粒组成，过滤比阻抗值高，脱水更加困难。

一般经验，进行机械脱水的污泥，其比阻抗值在 $0.1×10^9 \sim 0.4×10^9 S^2/g$ 之间较为经济，但各种污泥的比阻抗值均大于此值。因此，为了提高污泥的过滤、脱水性能，进行调理很有必要。

含油污泥中固体物质结构复杂，与水的亲和力很强，而且含油污泥黏度高、过滤比阻大，多数污泥粒子属"油性固体"(如沥青质、胶质和石蜡等)，质软，随着脱水的进行，滤饼粒子变形，进一步增加了比阻。而且在过滤过程中，这些变形粒子极易黏附在滤料上，堵塞滤孔；在离心脱水时，还因其黏度大、乳化严重，固-固-液粒子间黏附力强和密度差异小等原因导致分离效果差。Jonathan zall 等曾分别研究过一般市政污水处理厂的污泥和含油污泥的过滤脱水性能。他们测定了含油 3%、含总悬浮固体 4% 的含油污泥（浮渣）和总悬浮固体 1%~2% 的一般污泥的比阻和可压缩性系数，证实含油污泥与一般污泥相比，其比阻大 40 倍，其可压缩性系数大 20 倍。

7.2.2.2　污泥调理技术

污泥调理能增大颗粒的尺寸、中和电性，能使吸附水释放出来，这些都有助于污泥浓缩和改善脱水性能。此外，经调理后的污泥，在浓缩时污泥颗粒流失减少，并可以使固体负荷率提高。最常用的调理方法有化学调理和热调理，此外还有冷冻熔融调理法和辐射调理法等。为减少调理的化学药品用量，还可采用物理洗涤−淘洗法。

选择上述调理工艺时，必须从污泥性状、脱水工艺、有无废热可利用以及整个处理、处置系统的关系等方面综合考虑。

1. 化学调理法

化学调理就是在污泥中加入助凝剂、混凝剂等化学药剂，促使污泥颗粒絮凝，改善其脱水性能。通过向污泥中投加各种混凝剂，可使污泥形成颗粒大、孔隙多和结构强的滤饼。所用的调理剂有铁盐、铝盐、聚合铝铁、聚丙烯酰胺、石灰等。无机调理剂价廉易得，但渣量大，受 pH 值影响大。经无机调理剂处理污泥量增加，污泥中无机成分比例提高，污泥热值降低；而有机调理剂则与之相反。综合应用 2~3 种混凝剂，混合投配或依次投配，能提高效能。如石灰和三氯化铁同时使用，不但能调节 pH 值，而且由于石灰和污水中的重碳酸盐能生成碳酸钙，碳酸钙形成的颗粒结构使污泥的孔隙率增加。

调理剂投加范围很大，因此在特定的情况下，最好经过试验确定最佳剂量。

（1）混凝原理

由于污泥中固体颗粒是水合物，细小而带电，所以污泥易形成一种稳定的胶体悬浮液，使污泥浓缩和脱水都较为困难。加药处理的目的就是减少粒子和水分子的亲和力，使粒子增加凝聚力而粗大化。

分散相微粒和分散介质带有反符号的电荷而形成双电层，表面带负电的微粒，其外部周围是集中了阳离子的双电层。两个相同电荷微粒接近时，由于静电斥力大于范德华力，不能相结合而长成大颗粒。要使胶体颗粒相互凝聚，必须设法中和污泥颗粒所带电荷，并取消或压缩被颗粒吸附着的双电层厚度。

由于各类混凝剂产生的离子常带正电荷，与污泥颗粒上负电荷相互吸引并中和，使电荷减小，从而降低斥力并在范德华力的作用下克服静电斥力而凝聚。同时，加入混凝剂后，污泥中离子浓度增加，通过正负电荷的静电引力，使离子迅速靠近，破坏压缩双电层厚度，也促使颗粒凝聚长大，改善其沉降脱水性能。

通常，所用的混凝剂的离子价态越高，即所带的电荷越多，对中和胶体电荷量及压缩双电层厚度也越有利。所以铝盐、铁盐及高聚合度混凝剂的混凝效果是比较好的。

在各类混凝剂中，无机混凝剂的主要作用是中和电荷、压缩双电层、降低斥力，一般铁盐或铝盐加入污泥后会形成带正电荷离子，即 Fe^{3+} 或 Al^{3+}，往往易水解形成氢氧化物絮体而促进混凝作用。故混凝效果与 pH 值有很大关系。铝盐作为混凝剂，污泥 pH 值以 5~7 时效果较好；高铁盐 pH 值为 5~7 时混凝效果较好，可以迅速形成 $Fe(OH)_3$ 絮体；亚铁盐作为混凝剂时，最适宜 pH 值是 8.7~9.6。

石灰可以调整 pH 值，还能起到除臭、杀菌、使污泥易于过滤及稳定化等作用。然而石灰的使用使滤饼数量增加，不利于进一步处理和利用。在焚烧处理污泥时，从药剂中带入的Ca^{2+}会使Cr^{3+}氧化为毒性更大的Cr^{6+}；石灰粉尘会影响工作环境，且$Ca(OH)_2$会分解耗热，使滤饼热值降低，不利于焚烧处理。

高分子混凝剂中和污泥胶体颗粒的电荷及压缩双电层这两个作用，与无机混凝剂相同。高分子混凝剂的特点在于：由于它们的长分子链结构，可构成污泥颗粒之间的"架桥"作用，并能形成网状结构，起到网罗作用，促进凝聚过程，故能提高脱水性能。

实际上，Fe^{3+}和Al^{3+}在水中能形成$Fe(H_3O)_6^{3+}$及$Al(H_3O)_6^{3+}$等络合离子，也可以构成溶解度小、具有复杂结构的长链分子，起到部分混凝架桥作用，只是没有高分子混凝剂那么明显。

（2）助凝剂与混凝剂的分类

① 助凝剂。助凝剂本身一般不起混凝作用，而在于调节污泥的pH值，供给污泥以多孔网格状的骨骼，改变污泥颗粒结构，破坏胶体的稳定性，提高混凝剂的混凝效果，增强絮体强度。助凝剂主要有硅藻土、珠光体、酸性白土、锯屑、污泥焚烧灰、电厂粉尘及石灰等惰性物质。

助凝剂的使用方法有两种：一种是直接加入污泥中，投加量一般为$10\sim100mg/L$；另一种是配制成$1\%\sim6\%$的糊状物，预先粉刷在过滤介质上，成为预覆助滤层。

② 混凝剂。污泥调理常用的混凝剂包括无机混凝剂与高分子混凝剂两大类。无机混凝剂是一种电解质化合物，主要有铝盐[硫酸铝$Al_2(SO_4)_3\cdot18H_2O$、明矾$KAl(SO_4)_2\cdot12H_2O$、三氯化铝$AlCl_3$等]和铁盐[三氯化铁$FeCl_3$、绿矾$FeSO_4\cdot7H_2O$、硫酸铁$Fe_2(SO_4)_3$等]。高分子混凝剂是高分子聚合电解质，包括有机合成剂和无机高分子混凝剂两种。

国内广泛使用高聚合度非离子型聚丙烯酰胺（PAM）及其改性物质。无机高分子混凝剂主要是聚合氯化铝（PAC）。

③ 混凝剂的选择要点。无机混凝剂中，铁盐所形成的絮体密度较大，需要的药剂量较少，特别是对于活性污泥的调节，其混凝效果相当于高分子聚合电解质。但铁盐混凝剂腐蚀性强，贮存及运输较困难。当投加量较大时，需要石灰作为助凝剂调节pH值。

铝盐混凝剂形成的絮体密度较低，需要的药剂量较多；但腐蚀性弱，贮存与运输方便。

高分子混凝剂中，最常用的有聚丙烯酰胺及其改性物和无机聚合铝。其主要特点是药剂消耗量大大低于无机混凝剂。聚合氯化铝的投加量一般在3%左右（占污泥干固体质量分数），聚丙烯酰胺的投加量一般在1.0%以下，而无机混凝剂的投加量一般为$7\%\sim20\%$。与无机混凝剂相比，高分子混凝剂还有以下优点：处理安全，操作容易，在水中呈弱酸性或弱碱性，故腐蚀性较小（金属盐混凝剂有腐蚀性，一般不能用于离心脱水机工艺）；滤饼量增加很小；滤饼在焚烧时，发热量高，焚烧后灰烬少。

（3）使用混凝剂需要注意的事项

① 当使用三氯化铁和石灰药剂时，需先加铁盐再加石灰，这时过滤速度快，节省药剂。

② 高分子混凝剂与助凝剂合用时，一般应先加助凝剂压缩双电层，为高分子混凝剂吸附污泥颗粒创造条件，才能有效地发挥混凝剂的作用。高分子混凝剂与无机混凝剂联合使用，也可以提高混凝效果。

③ 机械脱水方法与混凝剂类型有一定关系。通常，真空过滤机使用无机混凝剂或高分子混凝剂效果差不多，压滤脱水对混凝剂的适应性也较强。离心脱水则要求使用高分子混凝

剂而不宜使用无机混凝剂。

④ 泵循环混合或搅拌均会影响混凝效果，会增加过滤比阻抗，使脱水困难，需要注意适度进行。

2. 热调理法

热调理法是在一定压力下，短时间将污泥加热，破坏污泥的胶体结构，降低固体和水的亲和力，达到泥水分离的方法。热处理法主要有 Porteus 法和湿式氧化法。Porteus 法的工艺条件为：压力 $1.0 \sim 1.5\mathrm{MPa}$，温度 $140 \sim 200℃$，HRT（水力停留时间）30min，再经机械处理后固含量约为 $30\% \sim 50\%$。湿式氧化法的工艺条件为：压力 $1.1 \sim 19\mathrm{MPa}$，温度 $185 \sim 300℃$，再经机械处理后固含量约为 $30\% \sim 50\%$。热处理法污泥脱水率高，但是装置的运行成本及投资成本也高，滤液污染物含量多，需要再处理。

3. 冷冻熔融调理法

冷冻熔融调理法是为了提高污泥的沉淀性能和脱水性能而使用的预处理方法。污泥一旦冷冻到 $-20℃$ 后再熔融，因为温度大幅度变化，使胶体脱稳凝聚且细胞膜破裂，细胞内部水分得到游离，从而提高了污泥的沉降性能和脱水性。

含油污泥由于其过滤比阻大，脱水前都要先进行调理，以改变污泥粒子表面的物理化学性质和组分，破坏污泥的腔体结构，减少与水的亲和力，从而改善污泥浓缩和脱水性能，提高机械脱水设备的处理能力。

对于含油污泥，采用投加混凝剂调理的同时，还必须增加如投加破乳剂、加热等强化手段，以保证其脱水效果。如在含油污泥中加入适量石灰，可以吸附污泥中的部分油脂，改善滤饼的透气性，促进滤饼形成裂纹，使滤饼易于从滤布上脱落下来。且由于用硅藻土、石灰和飞灰等微细粉末作为调节剂，可使易变形的含油污泥粒子形成有刚性的污泥骨架，使泥饼呈毛细结构，从而提供更多的微细水流通道。此外，这些固体粉末调节剂还能增加污泥粒子和水相的密度差，有利于机械脱水。为减少固体粉末调节剂的投加量，H. W. Flnuch 等提出了可采用滤饼部分回流到含油污泥调节段的工艺。

Bruno Sander 认为，含油污泥调质应分为两个步骤：首先以适当方式投加飞灰、煤粉等固体粉末调节剂，并混合均匀；其次再投加混凝剂，这样才能顺利进行含油污泥的脱水。

含油污泥调质方法的选择：一是要根据其性质和特点；二是要适应所用脱水机械的性能；三是要考虑其脱水泥饼如何处理和利用。此外，调质方法的选择还应在测试含油污泥性质的基础上进行。Aldo Corti 建议，在含油量大于 10% 时，宜用亲水性表面活性剂；含油量小于 4% 时，则宜用亲油性表面活性剂。选用前者时，分离后水和固体在下层，而油在上层；用后者时，下层为含油固体，而上层为水（水层中均含有可溶性油和微乳化油）。

7.2.3 污泥稳定

7.2.3.1 污泥稳定的目的

污泥稳定的目的是减少污泥中易生物降解有机质的含量，杀死病原菌，同时降低含水率以减少污泥体积。通过人为、有序的生物、化学等污泥稳定化技术，将污泥中的有机物逐渐转化为 CH_4、CO_2、H_2O 等无机化合物，最终实现遏制微生物反应的发生或者对其进行有效的控制。也就是说，使得生化污泥在经过稳定化处理后能在后续处理处置过程中不再引发恶臭，改善后续处置过程的卫生条件，或者更适合农业、园艺或者林业生产等的利用。

7.2.3.2 污泥稳定技术

1. 厌氧消化法

污泥厌氧消化即在无氧的条件下，借兼性菌及专性厌氧细菌降解污泥中的有机污染物。对于有机污泥的厌氧处理(常称污泥消化)已有较多的设计与运行经验，常根据经验数据进行设计。但理想的消化池的设计则宜根据生物化学和微生物原理进行。污泥厌氧消化已有百余年的历史，有丰富的设计与运行经验。在传统的污泥消化过程中，有机不溶性固体的水解阶段是整个系统的速度限制阶段，因此所需消化时间相当长。由于污泥的含水率都很高，约95%~99.5%，加之初沉池污泥一般都与污水生物处理后的沉淀污泥一起进行消化处理，反应器内微生物量大，胞外酶丰富，每天投入反应器的污泥量相对较少，且产甲烷菌对外界环境条件比较敏感，所以对于具有充分搅拌并连续或几乎连续进泥出泥的现代高负荷污泥消化也可以大大缩短消化时间，在设计时可以认为系统的降解速度为碱性发酵所控制。污水厌氧处理系统中所采用的 Lawrence-McCarty 等关系式同样可用于污泥的厌氧处理。

2. 好氧消化法

污泥好氧消化是在延时曝气活性污泥法的基础上发展起来的。消化池内微生物生长处于内源代谢期。通过处理，产生 CO_2、H_2O 以及 NO_3^-、SO_4^{2-}、PO_4^{3-} 等。好氧消化处理须供应足够的空气，保证污泥有溶解氧至少 $1~2mg/L$，并有足够的搅拌使泥中颗粒保持悬浮状态。污泥的含水率须大于95%，否则难以搅拌起来。污泥好氧处理系统的设计根据经验数据或反应动力学进行，消化时间根据实验确定。

3. 石灰稳定法

石灰稳定法是将足够数量的石灰加到待处理的污泥中，将污泥的 pH 值提高到 12 或更高。高 pH 值所产生的环境不利于微生物的生存，因此污泥就不会腐化、产生气味和危害健康。石灰稳定并不破坏细菌滋长所需要的有机物，所以必须在污泥 pH 值显著降低或会被病原体再感染和腐化以前予以处理。将石灰加到未处理的污泥中作为促进污泥脱水的调理方法，实际已经使用了若干年，然而用石灰作为稳定剂是最近才被发现。稳定单位质量的污泥所需要的石灰量比脱水所需要的量要大。此外，要在脱水前高水平地杀死病原体必须提供足够的接触时间，当 pH>12，经 3h 反应，可以使石灰处理杀死病原体的效果超过厌氧消化所能达到的水平。

7.2.4 污泥脱水

7.2.4.1 污泥脱水目的

污泥经浓缩后，尚有约98%左右的含水率，体积仍很大。污泥脱水可进一步去除污泥中的空隙水和毛细水，减少其体积。经过脱水处理，污泥含水率能降低到80%左右，其体积为原体积的1/4，有利于后续运输和处理。污泥机械脱水方法有过滤脱水、离心脱水和压榨式脱水等，过滤脱水又有真空过滤与压力过滤；离心脱水是用离心机进行脱水；压榨式脱水是用螺旋压榨机或滚压机进行脱水。污泥脱水较常用的是压力过滤和离心脱水方法。

7.2.4.2 污泥脱水技术

1. 卧式离心机脱水技术

(1) 技术原理

卧式螺旋离心机是一种螺旋卸料沉降离心机，主要由高转速的转鼓、与转鼓转向相同且转速比转鼓略低的带空心转轴的螺旋输送器和差速器等部件组成。当要分离的悬浮液由空心转轴送入转筒后，在高速旋转产生的离心力作用下，立即被甩入转鼓腔内。高速旋转的转鼓产生强大的离心力把比液相密度大的固相颗粒甩贴在转鼓内壁上，形成固体层（因为环状，称为固环层）；水分由于密度较小，离心力小，因此只能在固环层内侧形成液体层，称为液环层。由于螺旋和转鼓的转速不同，二者存在相对运动（即转速差），利用螺旋和转鼓的相对运动把固环层的污泥缓慢地推动到转鼓的锥端，并经过干燥区后，由转鼓圆周分布的出口连续排出；液环层的液体则靠重力由堰口连续"溢流"排至转鼓外，形成分离液。

（2）结构示意图

卧式螺旋离心脱水机结构如图7-7所示。

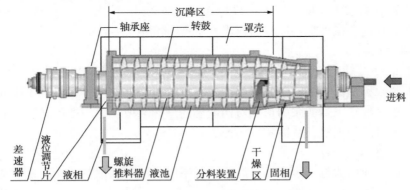

图7-7　卧式离心脱水机结构示意

（3）应用范围及效果

卧式离心机适合分离含固相物粒度大于0.005mm、浓度范围为2%～40%的悬浮液，广泛用于化工、轻工、制药、食品、环保等行业。卧式离心机应用于污泥脱水，一般可将含水率98%以上的污泥脱水至80%左右。

2. 板框压滤机脱水技术

（1）技术原理

板框压滤机用于固体和液体的分离。与其他固液分离设备相比，压滤机过滤后的泥饼有更高的含固率和优良的分离效果。固液分离的基本原理是：混合液流经过滤介质（滤布），固体停留在滤布上，并逐渐在滤布上堆积形成过滤泥饼。而滤液部分则渗透过滤布，成为不含固体的清液。随着过滤过程的进行，滤饼过滤开始，泥饼厚度逐渐增加，过滤阻力加大。过滤时间越长，分离效率越高。特殊设计的滤布可截留粒径小于1μm的粒子。

（2）结构示意图

板框压滤脱水机结构如图7-8所示。

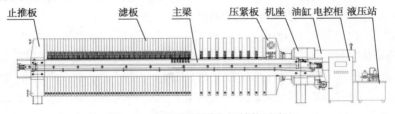

图7-8　板框压滤脱水机结构示意

板框压滤机由交替排列的滤板和滤框构成一组滤室。滤板的表面有沟槽，其凸出部位用以支撑滤布。滤框和滤板的边角上有通孔，组装后构成完整的通道，能通入悬浮液、洗涤水和引出滤液。板、框两侧各有把手支托在横梁上，由压紧装置压紧板、框。板、框之间的滤布起密封垫片的作用。由供料泵将悬浮液压入滤室，在滤布上形成滤渣，直至充满滤室。滤液穿过滤布并沿滤板沟槽流至板框边角通道，集中排出。过滤完毕，可通入清水洗涤滤渣。洗涤后，有时还通入压缩空气，除去剩余的洗涤液。随后打开压滤机卸除滤渣，清洗滤布，重新压紧板、框，开始下一工作循环。

（3）应用范围及效果

板框压滤机对于滤渣压缩性大或近于不可压缩的悬浮液都能适用。适合的悬浮液的固体颗粒浓度一般为10%以下，操作压力一般为0.3~0.6MPa，特殊的可达3MPa或更高。对于污泥脱水处理，在适宜条件下，脱水后污泥含水率一般小于80%。

3. 带式压滤机脱水技术

（1）技术原理

带式压滤脱水机是由上下两条张紧的滤带夹带着污泥层，从一连串规律排列的碾压筒中呈S形经过，依靠滤带本身的张力形成对污泥层的压榨和剪切力，把污泥层中的毛细水挤压出来，获得含固量高的泥饼，从而实现污泥脱水。

（2）结构示意图

带式压滤机一般由滤带、辊压筒、滤带张紧系统、滤带调偏系统、滤带冲洗系统和滤带驱动系统组成。如图7-9所示。

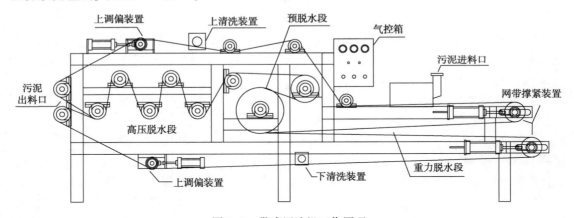

图7-9　带式压滤机工作原理

重力脱水段：污泥经布料斗均匀送入网带，污泥随滤带向前运行，游离态水在自重作用下通过滤带流入接水槽。重力脱水也可以说是高度浓缩段，主要作用是脱去污泥中的自由水，使污泥的流动性减小，为进一步挤压做准备。

预压脱水段：重力脱水后的污泥流动性几乎完全丧失，随着带式压滤机滤带的向前运行，上下滤带间距逐渐减少，物料开始受到轻微压力，并随着滤带运行，压力逐渐增大。预脱水段的作用是延长重力脱水时间，增加絮团的挤压稳定性，为进入压力区做准备。

高压脱水段：物料脱离预压脱水段就进入高压区，物料在此区内受挤压，沿滤带运行方向压力随挤压辊直径的减少而增加，物料受到挤压体积收缩，物料内的间隙游离水被挤出。

此时，基本形成滤饼，继续向前至压力尾部的高压区，经过高压后滤饼的含水量可降至最低。

在带式压滤机机型选择时，应从以下几个方面加以考虑：

① 滤带。要求其具有较高的抗拉强度、耐曲折、耐温度变化等特点，同时还应考虑污泥的具体性质，选择适合的编织纹理，使滤带具有良好的透气性能及对污泥颗粒的拦截性能。

② 辊压筒的调偏系统。一般通过气动装置完成。

③ 滤带的张紧系统。一般也由气动系统来控制。滤带张力一般控制在 0.3~0.7MPa，常用值为 0.5MPa。

④ 带速控制。不同性质的污泥对带速的要求各不相同，即对任何一种特定的污泥都存在一个最佳的带速控制范围，在该范围内，脱水系统既能保证一定的处理能力，又能得到高质量的泥饼。

（3）应用范围及效果

带式压滤脱水机具有受污泥负荷波动影响小、出泥含水率低、运行稳定、管理控制相对简单、对运行人员的素质要求不高等特点，被广泛应用于城市生活污水、纺织印染、电镀、造纸、皮革、酿造、食品加工、洗煤、石油化工、化学、冶金、制药、陶瓷等行业的污泥脱水处理，也适用于工业生产的固分离或液体浸出工序。脱水后的污泥含水率一般小于 80%。

4. 叠螺式污泥脱水技术

（1）技术原理

叠螺式脱水机运用螺杆挤压原理，将污泥的浓缩和压滤脱水在一个筒内完成。污泥进入滤体后，螺旋轴旋转带动固定环、游动环相对游动挤压，使滤液从叠片间隙快速流出，实现迅速浓缩；随着螺旋轴不停地向前推进，污泥向脱水区推移，滤缝和螺距逐渐变小，滤腔内的空间不断缩小，污泥内压不断增强，再加上背压板的阻挡作用，使其实现脱水，形成泥饼排出。叠螺式脱水机进泥含水率要求一般为 95.0%~99.5%，出泥含水率一般为 75%~80%。

叠螺式污泥脱水机采用动定环取代滤布，在螺旋轴的旋转作用下，活动板相对于固定板不断错动，从而实现了连续的自清洗过程，避免了传统脱水机普遍存在的堵塞问题。叠螺式脱水机抗油能力强，泥水易分离，清洁环保，无臭气，无二次污染，特别适用于石油化工行业黏性污泥的脱水。

（2）结构示意图

叠螺式污泥脱水机结构如图 7-10 所示。

（3）应用范围及效果

叠螺式污泥脱水机具有广泛的应用范围，石油、市政、化工、养殖、制药、纺织印染、机械制造等多类行业污水处理均可使用。

某企业污水处理场含油污泥主要来自缓冲罐、除油罐以及浮选机底部排泥。污泥含水率约为 98%，油的质量分数约为 1%，密度为 1.1g/cm³，TDS 的质量浓度为 76520mg/L，氯离子的质量浓度为 46510mg/L。污泥处理量为 20m³/h，处理后污泥含水率小于或等于 80%，满足外运处置要求。

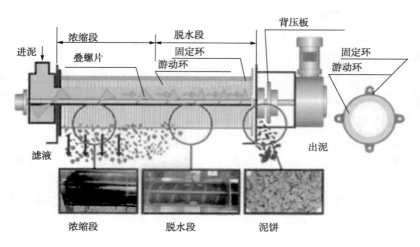

图 7-10　叠螺式污泥脱水机结构示意

7.2.5　污泥干化

7.2.5.1　污泥干化目的

污泥经机械脱水后的含水率仍在 80%左右，污泥干化可以通过污泥与热媒之间的传热作用，进一步去除脱水污泥中的水分使污泥减容。干化后污泥的臭味、病原体、黏度、不稳定性等得到显著改善，可用作肥料、土壤改良剂、制建材、填埋、替代能源或是转变为油、气后再进一步提炼化工产品等。根据干化污泥含水率的不同，污泥干化类型分为全干化和半干化。全干化指较低含水率的类型，如含水率 10%以下；而半干化则主要指含水率在 40%左右的类型。采用何种干化类型取决于干化产品的后续出路。

7.2.5.2　污泥干化方法

炼油化工企业污水处理场污泥经机械脱水后虽然已呈固态，可拉运填埋，但其体积及重量依然较大。炼油化工企业污水场产生的含油污泥属于危险废弃物，庞大的体积和重量，给污泥的运输、填埋及综合利用造成较大困难，同时也给企业带来较高的处理处置成本，影响企业的经济效益。因此，为减少企业外运填埋或处理处置污泥量，需将污泥进一步深度脱水至含水率 40%左右。机械脱水工艺无法满足上述要求。在目前的技术水平下，要使污泥含水率持续降低，必须采用热干化技术，从外部提供能量使其中的水分蒸发。

污泥热干化处理技术是利用热或压力破坏污泥胶体结构，并向污泥提供热能，使其中水分蒸发的技术。

炼油化工企业含油污泥干化处理具有以下优点：

① 污泥减容显著，体积和重量可减少至原来的 $\frac{1}{5} \sim \frac{1}{4}$，大大减少污泥外运量，降低企业污泥处置成本。

② 形成颗粒或粉状稳定产品，污泥性状大大改善。

③ 干化后的污泥有机质含量显著提高，有利于后续综合利用或焚烧。

7.2.5.3　污泥干化特性

由于污泥具有高含水率、高孔隙的特点，在干化过程中有较大变形，因此其干化特性比通常的固定骨架得多孔介质复杂得多，目前还很难理论求解。污泥干化特性的研究结果表明，污泥干化前后形貌变化极大，且其干化曲线与通常固定骨架的多孔介质有一定区别。污泥干化过程中由于收缩和开裂的共同作用，使污泥存在急剧变形。可以大致将污泥的变形分成三个阶段。

（1）裂缝生长阶段

在起初的一段时间内，污泥以表面裂开为主，且主要是裂缝在表面生长。这一段时间大致对应于干燥速度曲线的近似恒速段，直至裂缝不再生长。裂缝容易出现在两种地方：表面有缺陷或局部含水率较低之处。这两种地方的毛细水分散失较快，使此处由于毛细力引起的内部应力下降较多或消失，从而被两侧的应力拉开。一旦裂开，此处及邻近地区蒸发将更快，从而使裂缝生长、扩大。

（2）裂块收缩阶段

在裂缝生长段后的很长一段时间内，变形主要是收缩造成的，表现为每个裂块收缩、整体裂缝的扩大。在此期间较少产生新的裂缝，基本上在裂缝生长段生成裂块的基础上收缩。因此可以说，裂缝生长段的裂缝生长基本决定了污泥以后的形貌。这一阶段大致对应干燥曲线的减速干燥段，以干燥速度急剧降低为结束标志。这一阶段是污泥干燥最为复杂的阶段，对应的干燥速度的波动也最大。这是因为裂缝的扩大固然有利于干燥的进行，但是此时干燥主要由表面转移到内部，裂块的收缩直接阻碍了内部水分的蒸发。因此，在这两个复杂的因素影响下，整体干燥速度以较大的波动缓缓走低。

（3）整体收缩阶段

在临近结束前的一小段时间，对应于干燥曲线上干燥速度急剧下降后较平缓的一段。污泥的变形表现为整体收缩，裂缝减少，各个裂块相互靠拢。这是污泥干化特有的现象。

7.2.5.4　污泥干化过程

污泥干化过程中水分的去除主要是通过表面水蒸发和内部水扩散两个过程完成的。

（1）水分蒸发

是指物料表面的水分汽化。由于物料表面的蒸汽分压低于介质（气体）中的蒸汽分压，水分从物料表面移入介质。

（2）扩散过程

是与汽化密切相关的传质过程。当物料表面水分被蒸发掉，造成物料表面的湿度低于物料内部湿度，此时，需要热量的推动力将水分从内部转移到表面。

一般来说，水分的扩散速度随着污泥颗粒的干燥度增加而不断降低，而表面水分的汽化速度则随着干燥度增加而增加。污泥在不同的干化条件下失去水分的速率是不一样的，当含湿量高时失水速率高，相反则降低。

7.2.5.5　污泥干化安全性分析

近年来，很多类型的干燥工艺被尝试应用于污泥的处理，但由于对污泥干燥的性质认识不足，缺乏对污泥自燃和爆炸性质的定量研究。在实际工程应用过程中，发生了诸多原因不同的着火、爆炸事故，在一定程度上影响了污泥干化技术的发展和应用。

1. 污泥干化事故的类型和原因

对于污泥干化工艺的安全性评价，人们往往关注于工艺的主体装置——干燥器，安全防护重点也在干燥器。实际上，对于污泥干化，事故发生的位置不仅在干燥器，而且还包括其辅助系统，如产品料仓、除尘、分离、筛分系统、粉碎系统、传输系统、供热系统、混合系统、研磨系统、称重系统等均有可能发生着火、爆炸事故。

可能造成干化事故的原因较多，将其归类，主要有以下三类：

① 外来原因：污泥中混入可能引发干化异常的物质。由于污泥是污染治理的剩余物，混入各种危险物质的机会较多。如烃类、纤维、金属异物、石子、铁粉、油脂、单体或聚合物、溶剂等。甚至污泥的含水率变化也可能造成某些工艺的危险状况。

② 内在原因：有机粉尘，这是所有有机污泥的共性。污泥干化的过程中可能存在大量的粉尘，这些粉尘在各个位置上都有可能产生问题，包括：干燥器、料仓、提升机、旋风分离器、过滤器、自动筛、造粒机甚至公用设施等。有机粉尘的爆炸和自燃是目前已知污泥干化问题的主要原因。

③ 工艺原因：因工艺不合理引发事故。这类情况初看似乎是设备的问题，如仪表不准、阀门失效、密封开裂、搅拌混合不均、机械异常、焊接断裂、磨蚀、腐蚀等。事实上，所有的机械设备在处理废弃物方面，都有可能出现异常。但这些异常是否有可能导致危险状况，在各个工艺之间可能有很大差异。

2. 干化风险的机理及其预防措施

（1）干化风险的形成机理

干化导致的风险一般有四种：

① 粉尘爆炸。污泥是一种高有机质含量的超细粉末，当污泥粉尘聚集到一定的浓度，在助燃空气和点燃能量等条件具备的情况下，就会发生强烈的氧化，释放出能量，使温度急剧上升，导致粉尘在顷刻间完成燃烧，大量热能释放出来，引起一系列连锁反应，体积骤然膨胀而发生爆炸。发生粉尘爆炸的部位可能有干泥储仓、粉尘仓、粉碎系统、筛分系统、输送系统、混合系统和干燥器等。

② 焖燃。当污泥粉尘爆炸的基本条件具备，但供氧量不足时，粉尘局部产生燃烧，但不至于爆炸，就会形成焖燃。焖燃处理不当时（如打开干燥器、料仓或管线），可能会导致明火燃烧。焖燃发生的部位一般在干泥料仓或停机的干燥器中。

③ 燃烧。污泥发生粉尘爆炸或焖燃后未能及时妥当地处理，或设备失火，以致明火燃烧，或由于干化设备故障，导致可燃工质（如导热油）泄漏，形成有氧燃烧。

④ 自燃。干污泥与环境中的氧气接触，随着时间推移而逐渐氧化，暴露出更大面积的氧化空洞和供氧孔隙，随着热量积聚，温度上升，氧气供给充足，自燃就产生了。自燃常发生于干化系统之外的干泥在储存、堆放、弃置环节所产生的有氧燃烧。

由此可以看出，污泥粉尘的氧化特性是构成危险的机理，它有三个必要条件：一定的粉尘浓度、一定的氧含量和一定的点燃能量。

（2）干化风险的预防措施

作为污泥干化安全的预防性措施，粉尘浓度、氧含量和点燃能量三个必要条件值得认真研究，但目前已知被采用的预防手段实际上只有一个，即降低氧含量。

① 粉尘浓度。发生粉尘爆炸必须达到一定的粉尘浓度，该浓度被称为该有机质的"粉尘爆炸浓度下限"，简称"粉尘浓度"。

粉尘的细度没有统一的规定，考虑到其危险性，一般以 $75/150\mu m$ 以下的粉尘/超细颗粒作为判断标准。粉尘的细度不可能是均一的，污泥干化的产品粒度分布变化范围极广。根据有关粉体的研究，在粗粉（>150μm）中掺入5%～10%的细粉，就足以使有机粉尘混合物成为可爆炸的混合物。当粉尘的粒度均大于400μm时，即使有强点燃源也不能使粉尘发生爆炸。

一般认为污泥的粉尘爆炸浓度下限在60g/m³以内。这一数据还要受到除氧气含量以外其他因素，如气体介质的含氧量和含湿量、产品含湿量、粉尘化学成分、其他易燃气体成分等的影响。

采用热量进行干燥的污泥干化工艺具有产生粉尘的自燃倾向。当污泥含有较多水分时，污泥颗粒的温度上升较慢（因水分吸收潜热的缘故）。当失水到一定程度（如大于65℃），特别是当这种产品失水速率不均匀时，与热表面和热气体的接触，会使得部分先失去水分的污泥颗粒过热，过热颗粒与其他湿颗粒分离，因其细小且轻，会因搅拌或机械抄起作用而进入工艺气体，因沉降速度低而形成漂浮，众多类似微细颗粒的聚集就形成了粉尘云。这种粉尘云会存在于干燥器、旋风分离器、粉尘收集装置以及湿法除尘洗涤装置前的管线中。此外，对于干泥进行操作的破碎、筛分、提升、输送、混合、造粒、冷却、储存等环节均有可能产生类似粉尘云，因其空间狭小，没有大量气体流动，存在死角，因此粉尘一旦形成，其沉降速度都很低。

② 含氧量。氧气作为助燃气氛，是形成危险状况的基本要素之一。绝大多数干化工艺因为无法进一步降低粉尘浓度，因此降低介质含氧量成为避开风险的主要乃至唯一手段。

含氧量的要求与干化系统内的粉尘浓度有着直接关系，这种关系一般以粉尘爆炸的最低需氧浓度（Limiting Oxygen Concentration，LOC）来表示，它是对污泥粉尘性质的一种量化研究。在此方面，英国HSE做了一项非常有意义的工作。其试验方法是对平均粒径63～90μm微米的两种污泥粉尘，在20L容器中以不同的惰性气体填注，混合得到LOC实验值，粉尘浓度分别在125～1000g/m³之间，点燃能量2kJ，记录点燃效果。以氮气进行惰化，LOC最低为4.0%（体积）；以蒸汽进行惰化，LOC最低为10.1%（体积）。

③ 点燃能量。粉尘爆炸尚需一定的能量才能点燃。摩擦、静电、炽热颗粒物、机械撞击、电焊、金属异物或石子等产生的火花均可成为点燃能量。

消除点燃源常常被人们误解为干燥温度的高低。事实上，点燃能量与点燃温度（着火温度）完全是两回事。点燃能量是指在粉尘环境下瞬间给出的能量，它可以是金属摩擦或静电导致的火花。污泥的点燃能量根据粉尘粒径的大小变化很大，从几毫焦到几百毫焦。而点燃温度则分别是指在粉尘云环境下无点燃源（如火花）时所需的温度，或厚度为5mm的粉尘层在一个静态金属热表面上导致燃烧的温度。点燃能量可以在温度为20℃的环境中由金属摩擦产生，能量可达数千毫焦；而污泥的粉尘云点燃温度高达360～550℃，粉尘层的点燃温度则要160～375℃。

要消除点燃源，需要对污泥进行连续监测，并采用静态非金属设备进行搅拌和混合。另外，由于污泥粉尘点燃需要的能量较低，只要粉尘浓度和含氧量超标，任何点燃源都有可能造成危险。

④ 含湿量。在三个粉尘爆炸的基本条件之外，干燥产品的含水率也值得关注。当干燥气体的湿度较大时，亲水性粉尘会吸收水分，从而使粉尘难以弥散和着火，传播火焰的速度也会减少。研究认为，有机粉尘的湿度超过30%时不易起爆，超过50%就是安全的。水分的存在可大大提升粉尘爆炸下限，相对来说也就是有效提高了干燥介质的最低需氧浓度。

半干化正是利用了这一点，保持干化产品中尚有一定水分。由于这部分水分的存在，可以将可能导致产品升温过热（形成粉尘）的热量吸收过来，从而有效减少粉尘形成。从经验可知，污泥干化时，物料失去水分的曲线较为平缓，而物料的升温速度在后期会变得越来越快，升温曲线的斜率变陡。这意味着在半干化条件下，产品不会过热，因此也不会或较少产生粉尘。

综上所述，干化风险预防措施主要为四种：降低粉尘浓度、降低含氧量、消除点燃源和降低产品干度。

对于含油污泥，不仅具有与普通污泥相同的粉尘爆炸风险，而且由于在热干化条件下，污泥中所含的部分烃类可能裂解形成气态烃，这些气体可能会对干化设备的安全造成较大影响。

7.2.5.6　污泥干化技术

1. 涡轮薄层干化技术

（1）技术原理

涡轮薄层干燥器由水平放置的封闭圆柱形干燥鼓和在中心的水平轴转子组成，水平轴转子上装有特殊设计形状和角度的桨叶，工作时转子和桨叶在电机驱动下转动。干燥鼓的夹层内注入饱和蒸汽或高温导热油，内壁形成高温的热壁为污泥干燥提供热源。污泥进入干燥器内部后，在转动的桨叶作用下很快被打散成小颗粒，并在转子转动离心力作用下甩到周围高温的圆柱形干燥鼓内壁上，表面水分迅速蒸发为气态，同时在机械碰撞力作用下污泥分散成更小的颗粒。干燥器内部的气体在特定形状和角度安装的桨叶旋转和固定的干燥鼓内壁的共同作用下，形成涡轮状的高温气流，带动松散的小污泥颗粒移动从而形成涡轮干燥薄层。技术原理见图7-11[5]。

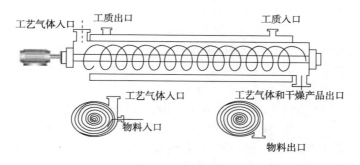

图7-11　涡轮薄层干化技术原理

（2）工艺流程

涡轮薄层干化技术工艺流程如图7-12所示。

涡轮薄层干燥器在入口处接收污泥，这里也是工艺气体的入口。气体与污泥在干燥器内同向运动。干化处理后的污泥颗粒由气流带动离开干燥器，与水蒸气一起进入分离段。在旋风分离器内固形物和气体被分离，干燥的产品收集在底部，气体从顶部离开。干燥产品落入冷却螺旋输送机中，冷却螺旋输送机为带有外层冷却衬套的螺旋输送机，衬套内注入流动的冷却水，干化污泥在输送过程中与衬套内壁不断接触得以冷却，然后进入干污泥料仓，干泥交由有危废处置资质的单位处置。

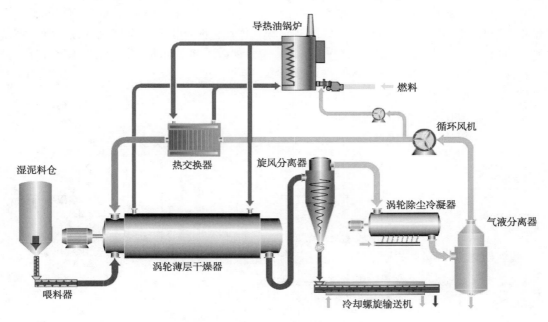

图 7-12　涡轮薄层干化技术工艺流程

（3）应用范围及效果

涡轮薄层干燥技术广泛应用于市政污泥、工业污泥（包括炼油化工含油污泥）和湿性垃圾处理等。某炼油化工企业污泥干化装置采用涡轮薄层干化技术处理该公司污水场污泥，装置设计处理能力 10000t/a。处理后的干化污泥含水率达 25%～30%，呈颗粒状，具有一定的热值。

2. 真空圆盘干化技术

（1）技术原理

真空圆盘干燥机是一种在设备内部设置搅拌桨，叶片为圆盘形，使湿物料在圆盘的搅动下，与热载体以及热表面充分接触，从而达到干燥目的的低速搅拌干燥器。结构形式一般为卧式。真空圆盘干燥机分为热风式和传导式。热风式即通过热载体（如热空气）与被干燥的物料相互接触并进行干燥；在传导式中热载体并不与被干燥的物料直接接触，而是热表面与物料相互接触。

传导式干燥机空心轴上密集排列着圆盘，热介质经空心轴流经圆盘。单位有效容积内传热面积较大，热介质温度从 60～320°C，可以采用蒸汽或导热油加热，热量均用来加热物料，热量损失主要为通过器体保温层和排湿向环境散热。圆盘传热面具有自清理功能，物料颗粒与圆盘面的相对运动产生洗刷作用。

湿污泥由进料口送入干燥机后，在外壳和空心轴及盘片之间运动，通过夹套、空心轴（2 根或 4 根）及轴上焊接的空心盘片传输热量，污泥被间接加热干化，产生的水蒸气聚集在干燥机的穹顶，由载气或负压带出干燥机。物料经过干化形成粒径 3～5mm 的颗粒，经过锁风设备排出干化机。空心盘片与轴呈一定的角度，根据物料含水率设定角度，分区域推流提高干化的效率。盘片尾端设有刮刀，两根轴相向转动，相聚挤压、搅拌、破碎污泥，不断更新干燥面，提高干化效率。

真空圆盘干燥机由圆盘转子、带有夹套的壳体、机座以及传动部分组成，物料的整个干燥过程在负压状态下进行，有机挥发气体及异味气体在密闭氛围下送至尾气处理装置。系统由密封进料、真空圆盘干化机、密封出料、尾气处理等子系统组成；通过控可燃组分、控温、控压、控氧的方式实现运行的安全控制。

（2）工艺流程

真空圆盘干化技术工艺流程如图 7-13 所示。

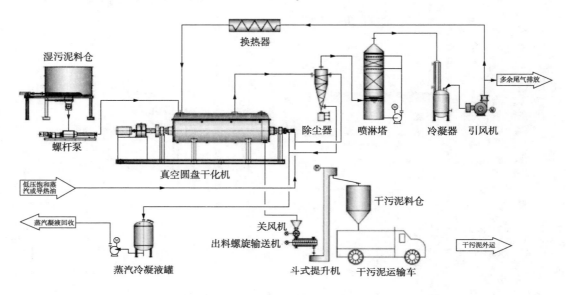

图 7-13　真空圆盘干化技术工艺流程

储存于湿污泥料仓的湿污泥，经螺杆泵输送进入真空圆盘干化机进行干化，干化后的污泥通过出料螺旋输送机送入斗式提升机，斗式提升机将干化污泥送入干污泥料仓，然后装车外运处置。干化过程中产生的废气经螺旋除尘器除尘，喷淋塔洗涤处理后，进入冷凝塔降温除水，处理过的部分气体经引风机增压后，进入换热器升温，然后引入真空圆盘干化机干化污泥，多余的气体经引风机外排。

（3）应用范围及效果

该技术可应用于市政污泥及工业含油污泥干化处理，处理后污泥含水率小于 30%。

3. 超热蒸汽喷射处理技术

（1）技术原理

超热蒸汽喷射处理技术是利用 500~600℃ 超热蒸汽对浓缩脱水后的含油污泥进行干化处理。经过脱水后的泥饼或泥渣被送入超热蒸汽处理室，即干化室，同时高温蒸汽以音速或亚音速从特制喷嘴中喷出，与油泥颗粒碰撞。高温环境使得液体从颗粒表面蒸发的速度加快，同时蒸汽蕴含的巨大动能提高了石油类和水分从颗粒内部渗出的速度，使油分和水分与颗粒物质瞬时分开。被粉碎的污泥小颗粒和油气连同蒸汽一起进入旋风分离器进行气固分离。分离后的气相经过冷凝在管道输送至油气回收单元，经冷却后在重力作用下实现油水分离，油分可直接回收使用，污水经处理后外排或回用。回收的油中含水率低于 0.5%。分离后的固相为污泥残渣。技术原理如图 7-14 所示。

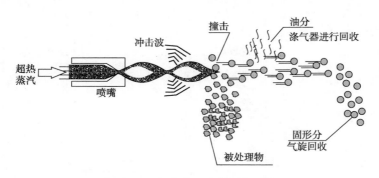

图7-14 超热蒸汽喷射干化原理

超热蒸汽喷射干化技术以蒸汽为热源，使整个处理过程均处于蒸汽的保护之下，提高了系统的安全性。

（2）工艺流程

炼化三泥和污水处理场产生的含油污泥首先需要预浓缩处理。经过浓缩罐沉降和絮凝反应后，含油污泥被输送至脱水机中，脱水后的泥饼或泥渣被输送至干化处理设备进行干化处理。干化室处理后的混合气体经旋风分离器去除污泥残渣，进入油水分离罐，实现油水分离；污泥残渣直接进入回收槽，冷却后外运以进一步综合利用。超热蒸汽干化系统工艺流程见图7-15。

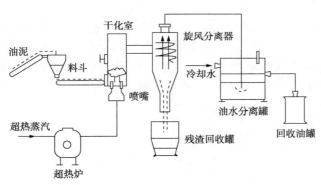

图7-15 超热蒸汽干化系统工艺流程

（3）应用范围及效果

2007年，某炼油化工企业采用该技术建成设计规模为600kg/h的污泥干化装置，目前运行正常。处理后残渣干粉呈直径<2mm的颗粒状或粉末状，含水率为1%左右，含油率控制在<0.1%范围内。

4. 空气源热泵干化技术

（1）技术原理

空气源热泵干化技术是利用逆卡诺原理，回收空气中水分凝结的潜热以对循环空气再加热的一种装置。空气源热泵干化系统中主要存在两个循环，见图7-16。其一是制冷循环，制冷循环是指内部的制冷剂经过压缩机压缩做功后转变为高温高压气体，在冷凝器内放热后进入蒸发器，在蒸发器内吸收干燥箱体内的水蒸气热量进入下一个循环；其二是湿空气循环，进入干燥箱内的干热空气经过与物料直接接触后，吸收物料中的水分降低温度，在蒸发器内与制冷剂间接接触，温度降低从而去处湿空气中的水分，最后与冷凝器间接接触吸收热量提高温度，再次进入干燥箱体内。

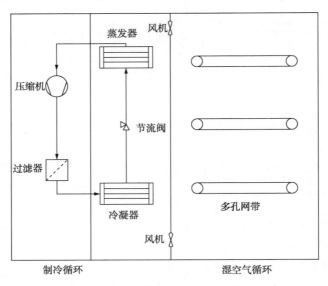

图 7-16　空气源热泵干化系统原理

（2）工艺流程

空气源热泵干燥系统由蒸发器、压缩机、冷凝器、膨胀阀、循环风机和干燥室等组成。空气源热泵污泥干化可直接应用于污水处理场常规脱水设备（离心、带式等）后，可通过污泥泵或螺旋输送机等设备将污泥送入切条成型机，形成 ϕ5mm 左右的面条状，最终污泥在热泵干化设备内一次干化成型，干化后含水率可降低至 20%~30%，干化停留时间约 2~3h，其工艺流程如图 7-17 所示。

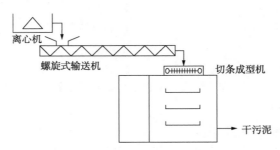

图 7-17　污水厂脱水污泥干化减量化流程

如图 7-17 所采用的空气源热泵干化系统是一种封闭式一体化系统，湿空气和制冷剂在各自的风道和管路内循环利用。污泥通过切条或破碎后送入干燥箱体内，干燥箱体内布置 2~3 层网带输送机，污泥经过切条机进入干燥箱体内，被均匀地摊铺在网带机上，随着网带机传动然后落入下层网带，最终通过排泥口排出。干燥箱体保温处理防止热量散失，可视为绝热等焓过程。干热空气通过风机被引入网带机下部，热风温度约 65~70℃，经过穿过数层网带后，与物料接触，温度降低至 50~55℃。污泥中水分蒸发过程伴随少量 H_2S、NH_3、烃类等恶臭气体排出，但由于空气在干燥箱体内不断循环，在源头避免了产生的臭气污染问题。

制冷剂在热泵系统中，包括蒸发、冷凝、节流和压缩过程，其中蒸发过程和冷凝过程不断为空气吸收和释放热量，低温低压的制冷剂气体通过压缩机压缩成高温高压的气体。节流过程为冷凝器出来的中温高压的制冷剂液体，经过节流装置的节流，变成了低温低压制冷剂液体。应用于污泥干化的热泵系统，所选用的蒸发器和冷凝器为管翅片换热器，一般为铜铝结构，换热效果好；所选用的压缩机有螺杆式和涡旋式。目前常用的制冷剂有 R22、R134a、R407c 等，不同的制冷剂与采用的压缩机型式、热力循环效率、制冷工况、对材料的腐蚀性、与润滑油的相容性以及经济性、安全性等关系密切[6]。

（3）应用范围及效果

该技术可用于木材、烟草、食品等行业的物料干化以及市政、工业污泥的干化，但对于高含油污泥，需进一步从安全性、耐腐蚀、长周期稳定运行等方面进行论证，以确定其可行性。对于活性污泥干化，该技术可直接干化至含水率 20%～40%。空气源热泵由于采用封闭式循环运行，对外无直接气体排放，相比热干化法对环境的影响较小，产生的粉尘、臭气及污水的量较少。由于采用低温干化，污泥干化过程中产生的挥发性有机物较少，污泥的热值保存较好，便于最终焚烧或其他资源化处置。

5. 低温真空干化技术

（1）技术原理

该技术是以板框压滤机为主体设备，在此基础上增加了抽真空系统和加热系统。其利用环境压力减小，水沸点降低的原理，通过真空系统将腔室内的气压降低，从而使腔室内污泥中水的沸点降低，同时通过滤板对腔室内污泥进行加热。在加热至 50℃ 左右时，污泥中水分便会沸腾汽化，水分得以从污泥中分离出来。

（2）工艺流程

污水场污泥储池内的污泥含水率大约在 90%～99% 左右，作为低温真空脱水干化成套技术干化污泥的来源。其典型系统流程如图 7-18 所示。

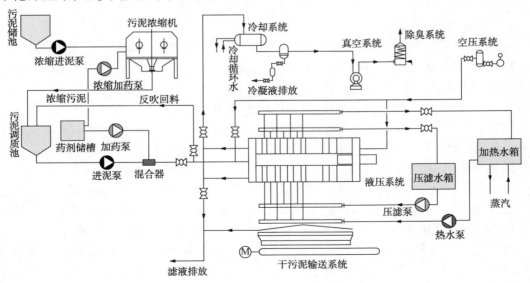

图 7-18　低温真空干化技术工艺流程

① 进料过滤阶段。含水率90%~99%的污泥经进料泵送入低温真空脱水干化设备的各个密封滤室内，同时在线投加絮凝剂，利用泵压使滤液通过过滤介质（滤布）排出，完成液固两相分离，当物料充满滤室时过滤期结束。

② 隔膜压滤（密实成饼）、吹气穿流阶段。通过滤板内的高压水产生压榨力，破坏了物料颗粒间形成的"拱桥"，使滤饼压密，将残留在颗粒空隙间的滤液挤出；利用压缩空气强气流吹扫进行穿流置换，使滤饼中的毛细水进一步排出，以最大限度地降低滤饼水分。

③ 真空干化阶段。在隔膜压滤结束后，滤板中通入热水，加热腔室中的滤饼，同时开启真空泵，对腔室进行抽真空，使其内部形成负压，降低水的沸点。滤饼中的水分随之沸腾汽化，被真空泵抽出的汽水混合物经过冷凝器，汽水分离后，液态水定期排放至污水处理系统，尾气经净化处理后达标排放。

污泥经进料过滤、隔膜压滤、吹气穿流以及真空热干化等过程处理以后，滤饼中的水分已得到充分的脱除，污泥含水率降至30%左右。

（3）技术特点

① 脱水干化一体化：系统集成了污泥脱水与干化工艺，实现了污泥的连续性脱水和干化，可以将含水率从99%左右降低至30%左右。

② 干化能耗低：引入真空负压理念，实现了低温环境下对污泥的高效干化，同时，整套系统利用热水循环体系和大量保温设施，最大限度地减少热量损失，较大幅度地降低和节约了运行能耗。

③ 运行效率高：污泥浓缩、脱水及干化在同一系统中连续完成，省去了传统脱水设备的占地，避免了脱水设备与干化设备间转换消耗的时间和劳动力。

④ 减容减量化高：较大程度地降低滤饼体积和质量，实现污泥厂内大幅减量，同时只需常规絮凝剂，无需额外添加类似石灰等无机添加剂，降低污泥处置出路的限制和环境风险。

⑤ 运行安全性高：系统属于静态脱水干化，过程全封闭负压运行，无渗漏，臭气量少，进入加热干化环节后，不产生粉尘和磨损现象，危险性低。

（4）应用范围及效果

该技术可应用于市政、工业等领域污水处理场污泥的脱水干化减量。鉴于其滤板材料的特殊性（耐油性较低），对含油污泥干化处理，需将含油污泥进行预处理，使其油含量低于2%，以保证装置的长周期稳定运行。

某工业园区污水处理厂采用该技术，处理沉淀池排出的化学污泥和活性污泥。混合污泥经重力浓缩后，含水率降至97%~98%，最大湿泥量为100m³/d。浓缩后污泥采用低温真空脱水干化成套设备处理后，含水率达到40%以下，干化后污泥外运焚烧。

5. 电渗透干化技术

对于电渗透脱水的研究已经有了相当长的历史。早在1803年，俄国科学家Peucc就发现了电渗透现象。1931年，Schwerin利用电渗透现象进行了泥炭脱水的应用实验，但是由于电渗透应用在理论和技术上存在难点，未能像电泳那样得到广泛应用。然而，近几十年来，由于科学技术进步和污泥处理问题突出，电渗透技术得到了长足发展。1978年，Yukawa建立了恒压条件下电渗透脱水模型，为电渗透脱水的实际应用奠定了基础。1989年，日本铃木等首次将电渗透脱水应用于食品领域，开发了在单螺杆挤压机上使用电渗透脱水将鱼糜含水率从75%降至38%。1994年，李里特与五十部等把电渗透脱水用于食品植物蛋白的固液分离中，取得了较好的效果，并对食品蛋白的电渗透脱水的机理进行了分析。

1998年，韩国再生能源株式会社对豆渣采用0.5Hz的交变电场，其电渗透脱水速率比连续直流增加了一倍。1998年，采用等占空比和不等占空比的交变电场的方法来提高电渗透的速率，取得了很好的效果。1999年，将电渗透脱水和机械压榨结合起来运用于生物原料的脱水，并且有了实际应用。

（1）技术原理

电渗透污泥干化系统是利用外加电场的作用，使污泥中带电颗粒向阳极靠近，分散介质扩散层的带相反电荷的离子携带水分向阴极运动，使污泥中的结合水、间隙水变成游离水。同时在电化学反应作用下，温度的提高、内能的增加，使污泥中微生物的细胞膜破裂、DNA被破坏，在这个过程中大部分微生物被杀灭，实现污泥改性，同时水分冲破细胞膜散失出来，形成游离水而达到污泥干化的目的。也可通过改变电场强度实现增强干化效果。

（2）工艺流程

电渗透污泥干化工艺及设备分别如图7-19和图7-20所示。

图7-19　电渗透污泥干化工艺流程　　　　　图7-20　电渗透污泥干化设备解剖

污泥饼进入电渗透干化设备的滚筒和履带之间，通电后，滚筒（带正极）和履带（负极）之间产生电位差。这导致强制迁移性的现象发生，使得污泥颗粒向正极移动而水向负极移动，实现泥水分离，达到污泥脱水干化效果，可将污泥含水量降低到约60%左右。

（3）应用范围及效果

该技术可应用于市政污泥、工业污泥（包括含油污泥）的干化处理，处理后污泥含水率由80%下降到60%左右。

7.2.6　污泥焚烧

焚烧法是一种高温热处理技术，即以一定的过剩空气量与被处理的有机物在焚烧炉内进行氧化燃烧反应，污泥中的有毒有害物质及有机物在高温下氧化、热解而被破坏，是一种可同时实现污泥无害化、减量化、资源化的处理技术。

7.2.6.1　污泥焚烧目的

焚烧的主要目的是尽可能焚毁污泥，使污泥中的物质变为无害并最大限度地减容减量，回收利用焚烧产生的热量，尽量减少新污染物的产生，避免造成二次污染。

7.2.6.2 污泥焚烧技术

1. 流化床焚烧炉

（1）技术原理

流化床焚烧炉是在炉内铺设一定厚度、一定粒度范围的石英砂或炉渣，通过底部布风板鼓入一定压力的空气，将砂粒吹起、翻腾、浮动。流化床内气-固混合强烈，传热传质速率高，单位面积处理能力大，具有极好的着火条件。污泥入炉后即和炽热的石英砂迅速处于完全混合状态，污泥受到充分加热、干燥、有利于完全燃烧。

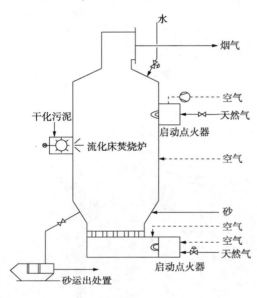

图 7-21 流化床焚烧炉工艺流程

（2）工艺流程

污泥焚烧流化床通常为圆柱形反应器，反应器的下部设计成圆锥形，由带喷嘴的底盘封闭，见图 7-21。圆锥内充满可被空气流化的砂。空气通过安装于底盘的喷嘴喷入。喷嘴盘下面的风室提供均匀的空气使污泥充分燃烧。燃烧室内加入稍过量的空气作为二次补风。干化污泥进入焚烧炉，通过分配装置将污泥均匀分配到流化床上。流化床上部空间被称为燃烧室。燃烧室设计成有足够的容积以保证污泥有足够的停留时间，使烟气温度明显高于最低温度且不高于使灰分熔化的最高温度。温度和停留时间是实现污泥完全燃烧的保证。流化床焚烧炉配有常规的燃料燃烧器，用于炉体启动时的加热，使炉体达到要求的焚烧温度。污泥被连续送入反应器，焚烧过程中在深度混合的流化砂床内被分解。灰分被废气带走，废气从焚烧炉顶部排出，送往热交换器和烟道废气治理系统[8]。

流化床焚烧炉有如下特点：

① 由于流化层内粒子处于激烈运动状态，粒子与气体之间的传质与传热速度很快，单位面积的处理能力很大。

② 流化床层内处于完全混合状态，所以加到流化床的固体废物，除特别粗大的块体之外，都可以瞬间分散均匀。

③ 由于载体本身可以蓄存大量热量，并且处于流动状态，所以床层反应温度均匀，很少发生局部过热现象，床内温度容易控制。即使一次投入较多量的可燃性废弃物，也不会产生急冷或急热现象。

④ 在处理含有大量易挥发性物质时（如含油污泥），也不会像多段炉那样有引起爆炸的危险。

⑤ 流化床的结构简单，故障少，建造费用低。

⑥ 空气过剩系数可以较小。

⑦ 流化床焚烧炉还具有其本身独特的优点：燃料适应性广，易于实现对有害气体 SO_2 和 NO_x 等的控制，还可获得较高的燃烧效率，污泥焚烧的灰分有多种用途等。

基于以上特点，流化床焚烧炉得到了较好的应用，其型式有道尔·奥利弗流化床焚烧炉、考普兰德式流化床焚烧炉、回旋型流化床焚烧炉、带干燥段的流化床焚烧炉等。

（3）应用范围及效果

流化床焚烧炉适用于处理多种废物，如城市生活垃圾、有机污泥、化工废物等。对于工业固体废物，为保证炉内流化效果，焚烧前应破碎至一定尺寸。一般将固体废物破碎到20mm以下再投入到炉内，废物和炉内的高温流动砂（800℃左右）接触混合，瞬间气化并燃烧，有害物质分解率高。

2. 回转窑焚烧炉

（1）技术原理

回转窑焚烧炉是指在钢板制的圆筒状本体内部设置了耐火材料衬炉的焚烧炉。比水平略微倾斜地设置，一边进行缓慢的旋转，一边使从上部供给的废物向下部转移，从前部或后部等供给空气使之燃烧。通常，在回转窑后设置二次燃烧室，使前段热解未完全烧掉的有毒有害气体得以在较高温度的氧化状态下完全燃烧。

（2）工艺流程

回转窑焚烧炉分为顺流炉和逆流炉、熔融炉和非熔融炉、带耐火材料炉和不带耐火材料炉。顺流炉即燃烧气流和废弃物流动方向一致，其炉头废弃物进口处烟气温度与废弃物温度有较大的温差，可使废弃物水分快速蒸发掉；逆流炉即燃烧气流和废弃物流动方向相反。熔融炉是指在较高温度（1200~1300℃）下操作的焚烧炉，它可以同时处理一般有机物、无机物和高分子化合物等废弃物；炉内温度在1100℃以下的正常燃烧温度域时为非熔融炉。

回转窑污泥焚烧工艺流程如图7-22所示。

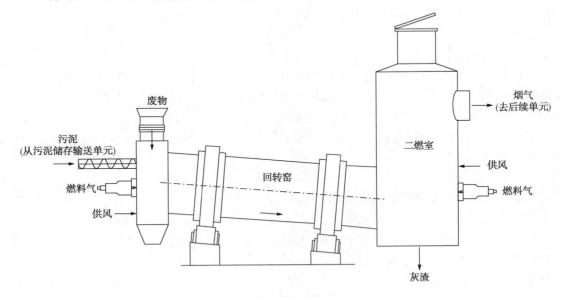

图7-22　回转窑污泥焚烧工艺流程

回转窑炉由一个内衬耐火材料的与水平线略呈倾斜的旋转圆筒组成，物料经供料装置从回转式转筒的上端送入，与热烟气接触混合，运行过程中，转筒低速旋转（5~8r/min），在旋转过程中，污泥依次被烘干、液化、燃烧和灰冷却。砖窑直径一般在4~6m，长度约10~

20m，由挡轮、托轮支撑，倾斜放置。

回转窑式焚烧炉的优点：对于低热值的污泥及生活垃圾的焚烧比较有效、彻底。

回转窑式焚烧炉的缺点：

① 回转窑炉须配备二次燃烧室，污泥在砖窑炉内分解气化产生可燃气体，其中未燃烧的污泥在二次燃烧室内达到完全燃烧。因此建造成本较高。

② 二次燃烧室需加辅助燃料才能运行，故运行成本较高。

（3）应用范围及效果

回转窑焚烧炉除了适用于废油等高热值废物的焚烧以外，也可和污泥、废液及固态废物等进行混合焚烧，常常作为工业固体废物焚烧炉使用。尤其是对于含玻璃或硅较高的废物表现更为优异。

7.2.7　含油污泥处理

7.2.7.1　含油污泥处理目的

含油污泥主要来源于炼油化工企业的隔油池底泥、浮选池浮渣、原油罐底泥等，这些含油污泥组成各异，一般含油量在10%~50%之间，含水量在40%~90%之间，还会伴有一定量的固体。含油污泥中含有大量的病原菌、寄生虫卵、铜、锌、铬、汞等重金属，盐类以及多氯联苯、二噁英、放射性核元素等难降解的有毒有害物质，若不加以处理直接填埋，不但占用大量耕地，还会对周围土壤、水体、空气造成污染。对含油污泥处理的最终目的是以资源化、减量化、无害化为原则，减轻其对环境的危害。目前含油污泥处理主要以资源化和减量化技术为主。

7.2.7.2　含油污泥资源化处理技术

1. 热萃取处理技术

（1）技术原理

萃取是利用液体中各组分在溶剂（即萃取剂）中溶解度的差异分离液体混合物的方法。含油污泥主要是油、泥和水组成的充分乳化的液体混合物。根据"相似相溶"原理，选择合适的有机溶剂作萃取剂，在与含油污泥充分混合，发生相间传质后，可将油从泥、水中萃取到萃取剂中。然后，萃取相（油和萃取剂组成的混合物）与萃余相（水相）因密度差而彼此分层，从而达到分离目的。

（2）工艺流程

热萃取主要用于处理机械预脱水后的含油污泥，含油污泥含水率以70%~85%为宜。热萃取处理含油污泥工艺流程示意见图7-23。采用炼厂180~300℃的馏分油作为萃取油，以低压蒸汽为热源，按一定比例将萃取油和含油污泥混合，在强制循环条件下，用低压蒸汽加热萃取油和含油污泥的混合物。随着混合物温度的升高，物料开始破乳和脱水，水和部分轻组分从塔顶分出，油和固体物随萃取油被送至沉降罐分离。脱出水送污水场处理，回收油在热萃取含油污泥处理系统内循环利用，沉降罐底部固体物可直接送焦化装置或循环流化床锅炉处理。

（3）应用范围及效果

该技术主要用于高含油污泥的处理。某炼油化工企业采用含油污泥热萃取处理技术，设计处理能力为1m³/h，含油污泥首先经过沉降浓缩预脱水和离心机预脱水，预脱水后的含油

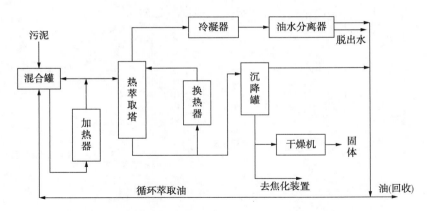

图 7-23　热萃取处理含油污泥工艺流程

泥饼含水率为 70%，含油率为 15%，含固率为 8% ~ 15%。经热萃取处理后脱出水的 COD 小于 1500mg/L，送污水场进行处理。产生的固体物为粉状或湿粉状，干燥程度可以控制，深度干燥时固体物类似飞灰，热值为 1910kJ/kg；轻度干燥时固体物类似湿粉，热值为 18000kJ/kg。装置正常运转时可从每吨含油污泥中回收油 110 ~ 140kg，固体物产量为预脱水后含油泥饼质量的 10% ~ 20%。该工艺实现了含油污泥的无害化处理和资源化利用，已在中国多家炼厂得到应用。

2. 碳化处理技术

（1）技术原理

污泥碳化技术是将污泥在碳化机中进行无氧或微氧条件下的"干馏"，使污泥中的水分蒸发出来，同时又最大限度地保留了污泥中的碳值过程。

在世界范围内，污泥碳化主要分为 3 种。

① 高温碳化。碳化时不加压，温度为 649 ~ 982℃。先将污泥干化至含水率约 30%，然后进入碳化炉高温碳化造粒。碳化颗粒可以作为低级燃料使用，其热值约为 8360 ~ 12540kJ/kg（日本或美国）。该技术可以实现污泥的减量化和资源化。

② 中温碳化。碳化时不加压，温度为 426 ~ 537℃。先将污泥干化至含水率约 30%，然后进入碳化炉分解。工艺中产生油、反应水（蒸汽冷凝水）、沼气（未冷凝的空气）和固体碳化物。该技术是在干化后对污泥实行碳化，经济效益不明显，除澳洲一家处理厂外，尚无其他业绩。

③ 低温碳化。碳化前无需干化，碳化时加压至 6 ~ 8MPa，碳化温度为 315℃，碳化后的污泥成液态，脱水后的含水率 50% 以下，经干化造粒后可作为低级燃料使用，其热值约为 15048 ~ 20482kJ/kg（美国）。该技术通过加温加压使得污泥中的生物质全部裂解，仅通过机械方法即可将污泥中 75% 的水分脱除，极大地节省了运行中的能源消耗。污泥全部裂解保证了污泥的彻底稳定。污泥碳化过程中保留了绝大部分污泥中热值，为污泥再利用创造了条件。

（2）工艺流程

以高温碳化为例，含水率 80% 左右的含油污泥，经干化装置干化至含水率 30% 左右，进入碳化装置。碳化后的碳化物经冷却器冷却后排出，生成的碳化物含水率小于 1%、含油率小于 0.3%。碳化过程中产生的裂解油可回收利用，产生的高温废气用于干化装置。干化装置产生的废气经处理后达标排放。工艺流程如图7-24所示。

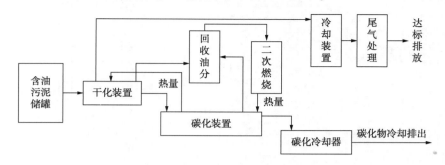

图7-24　含油污泥碳化技术工艺流程

（3）应用范围及效果

该技术可用于市政污泥、工业污泥（包括含油污泥）、城市黑臭水体淤泥处理。该技术在某炼油化工企业建成3600t/a现场试验装置、在某海上钻井平台建成10000t/a海上油基钻屑的无害化处理工程，运行效果良好，处理后碳化物含油率小于0.3%，实现了无害化处理。

3. 焦化处理技术

炼厂的焦化装置具有很高的废弃热量，可以利用这些剩余热量使污泥中的有机组分进行裂解生成焦化的液体产品，固体物质则成为石油焦产品的一部分。焦化处理污泥是一种综合利用方法，主要是针对含油污泥。

（1）技术原理

将含油污泥在焦炭塔吹汽、冷焦的过程中注入，利用焦炭塔内焦炭的热量将含油污泥中的水和轻油汽化，重质油被焦化，并利用焦炭塔泡沫层的吸附作用，吸附含油污泥中的固体。蒸发出来的水汽和油气去放空塔，经分离、冷却后，污水排往含硫污水汽提装置进行处理，油品进行回收利用，焦炭作燃料燃烧，从根本上消除含油污泥对环境的影响。

（2）工艺流程

一般可在焦炭塔吹汽和给水两个阶段处理含油污泥，理论上焦炭温度越高，含油污泥处理越完全，对焦炭质量影响越小。但考虑到在吹汽阶段注入含油污泥，会因其水温过低发生水击，焦炭塔及管线剧烈震动，发生炸焦甚至可能造成焦床崩塌，影响后续冷焦和除焦操作。因此，为保证装置正常平稳、生产不受影响，生产中选择在大吹汽后的小给水阶段掺炼含油污泥。掺炼含油污泥的工艺流程如图7-25所示。

（3）应用范围及效果

该技术主要应用于炼厂含油污泥处理。由于在使用过程中，会产生较大异味，随着环保法规的日益严格，该技术的应用已较少。

某炼油化工企业采用延迟焦化装置协同处理污水场含油污泥，按1.2Mt/a延迟焦化装置满负荷计算，每塔生焦量约760~800t，掺炼40t含油污泥，掺炼前后石油焦产品的指标见表7-5。由表可见，掺炼含油污泥对装置的平稳生产及石油焦产品的质量无较大影响，石油焦产品指标仍可达到3B级产品标准。掺炼含油污泥既消除了含油污泥排放对环境的污染、实现了含油污泥的无害化处理、保护了环境、节约了水资源，也提高了后续产品的利用价值，增加了经济效益。

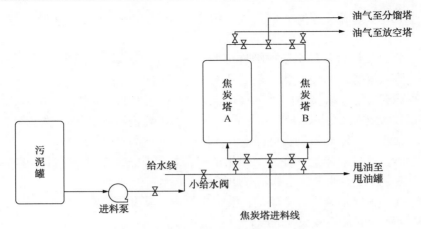

图 7-25 焦化装置协同处理含油污泥工艺流程

表 7-5 掺炼前后石油焦产品的指标 %(质量)

项目	挥发分	灰分	硫含量	项目	挥发分	灰分	硫含量
掺炼前	12.575	0.869	0.951	3B 级产品标准	20	1.2	3.0
掺炼后	12.921	0.893	1.236				

4. 热解技术

热解是物料在氧气不足的气氛中燃烧，并由此产生热作用而引起的化学分解过程。由此也可以将其定义为破坏性蒸馏、干馏过程。热解技术也称为热分解技术或裂解技术。

(1) 技术原理

关于热解较严格而经典的定义是：在不同反应器内通入氧、水蒸气或加热的一氧化碳，通过间接加热使含碳有机物发生热化学分解生成燃料(气体、液体和炭黑)的过程。其基本原理如下：

① 热解过程。有机物的热解反应通常可以用下式表示：

$$含碳固体物质 \xrightarrow[\text{无氧或缺氧}]{\text{加热}} \begin{cases} 大分子量及中等分子量的有机液体(焦油等) \\ 分子量小的有机液体 \\ 多种有机酸+其他液体芳香化合物液体产物 \\ CH_4+H_2+H_2O+CO+CO_2+NH_3+H_2S+HCN 等产物 \\ 炭黑等固体残余物 \end{cases}$$

对于不同成分的有机物，其热解过程的起始温度各不相同。例如，纤维类开始热解的温度大约为 180~200℃，而煤的热解随煤质不同，其起始热解温度在 200~400℃之间不等，煤的高温热解温度可达 1000℃以上。

从开始热解到热解结束的整个过程中，有机物都处在一个复杂的热解过程。期间，不同的温度区段所进行的反应过程不同，产物的组成也不同。在通常的反应温度下，高温热解过程以吸热反应为主(有时也伴随少量放热的二次反应)。在整个热解过程中，主要进行着大分子热解成小分子直至气体的过程，同时也有小分子聚合成大分子的过程。此外，在高温热解时，还会使碳和水起反应，总之热解过程包括了一系列复杂的物理化学过程。当物料颗粒度较大时，由于达到热解温度所需传热时间长，扩散传质时间也长，则整个过程更易发生许多二次反应，使产物组成及性能发生改变，因此，热解产物的组成随热解温度不同有很大波动。

② 热解产物：热解过程的主要产物有可燃气体、有机液体和固体残渣。

a. 可燃气体。可燃气体按产物中所含成分的数量多少排序为：H_2、CO、CH_4、C_2H_4 和其他少量高分子碳氢化合物气体。这种气体混合物是一种很好的燃料，其热值可达 $6390 \sim 10230 kJ/kg$（固体废物），在热解过程中维持分解过程连续进行所需要的热量约为 $2560 kJ/kg$（固体废物），剩余的气体变为热解过程中有使用价值的产品。

b. 有机液体。有机液体是一种复杂的化学混合物，常称为焦木酸（即木醋酸），此外尚有焦油和其他高分子烃类油等，也都是有使用价值的燃料。

c. 固体残渣。主要是碳渣。碳渣是轻质碳素物质，其发热值约为 $1280 \sim 21700 kJ/kg$，含硫量很低。这种碳渣也是一种很好的燃料。

（2）热解工艺

热解工艺大体上可按热解温度、加热方式、反应压力、热解设备类型等分类。

① 按加热方式分类：热解反应一般是吸热反应，需要提供热源对物料进行加热。所谓热源是指提供给热解的热量，是被热解物（即所处理的废物）直接燃烧或者向热解反应器提供补充燃料时所产生的热。根据不同的加热法，可将热解分成间接加热和直接加热两类。

a. 间接加热法。此法是将物料与直接供热介质在热解反应器（或热解炉）中分开的一种热解过程。可利用间壁式导热或以一种中间介质（热砂料或熔化的某种金属床层）来传热。间壁式导热方式存在热阻大，熔渣可能会包覆传热壁面而产生腐蚀，故不能使用更高的热解温度。若采用中间介质传热方式，尽管有出现固体传热（或物料）与中间介质分离的可能，但两者综合比较，中间介质法还是较间壁式导热方式要好一些。不过由于固体废物的热传导效率较差，间接加热的面积必须大，因而这种方法仅局限于小规模处理场合使用。

b. 直接加热法。由于燃烧需要提供氧气，因而会使 CO_2、H_2O 等惰性气体混于热解的可燃气体中，稀释了可燃气，使热解产气的热值有所降低。如采用空气作氧化剂，热解气体中不仅有 CO_2、H_2O，而且含有大量的 N_2，更加稀释了可燃气，使热解气的热值大大减少。因此，若采用氧化剂分别为纯氧、富氧或空气时，其热解所产生的可燃气的热值是不相同的。

② 按热解温度分类：

a. 低温热解法。温度一般在 $600℃$ 之间，可采用这种方法将农业、林业和农产品加工后的废物生成低硫、低灰分的碳，根据其原材料和加工深度的不同，可制成不同等级的活性炭或用作水煤气原料。

b. 中温热解法。温度一般在 $600 \sim 700℃$ 之间，主要用在比较单一的物料作能源和资源回收的工艺上，如废轮胎、废塑料转换成类重油物质的工艺，所得到的类重油物质即可作为能源，亦可作为化工初级原料。

c. 高温热解法。温度一般在 $1000℃$ 以上，固体废物的高温热解，主要为获得可燃气。例如，炼焦用煤在碳化室被间接加热，通过高温干馏炭化，得到焦炭和煤气的过程即属于高温热解工艺。高温热解法采用的加热方式几乎都是直接加热法。如果采用高温纯氧热解工艺，反应器中的氧化-熔渣区段的温度可高达 $1500℃$，从而可将热解残留的惰性固体，如金属盐类及其氧化物和氧化硅等熔化，并将以液态渣的形式排出反应器，再经过水淬冷却后而颗粒化。这样可大大降低固体残余物的处理难度，而且这种颗粒化的玻璃态渣可用作建筑材料的骨料。

除以上分类外，还可按热解反应系统压力分为常压热解法和真空（减压）热解法。真空减压热解可适当降低热解温度，有利于可燃气体的回收。

目前，采用热解法处理含油污泥的研究较多，实际应用的是常规热解技术。常规的热解技术主要是采用传统热源进行加热，从而达到热解的目的。王万福对新疆含油污泥进行热解处理，研究发现热解油回收率高达 10% 以上，且热解残渣中含碳量和 Al_2O_3 含量也很丰富，具有很高的回收再利用价值。杨鹏辉利用管式炉对延长含油污泥进行低温热解，重点研究了热解条件和催化剂对油的回收率和组分分布的影响。胡志勇以塔河油田含油污泥为研究对象，对热解残渣中的含油进行分析，并考察了油品的性质和回收等问题，发现在热解温度为 500℃、时间 30min 时，残渣中矿物油最低值 1764.89mg/kg，油品回收率可达 62.3%，回收油品质显著改善。热解法处理含油污泥能够实现废物资源化利用，没有二次污染，同时可解决污泥中的重金属问题。

（3）应用范围及效果

热解技术作为一种传统的工业化技术，大量应用于木材、煤炭、重油、油母页岩等燃料的加工处理。随着环境保护要求的日益提高，以及对资源、能源回收要求的提出，大量的实践证明，热解处理技术是一种有发展前景的固体废物处理方法，其工艺适用于包括城市垃圾、各种污泥、废塑料、废橡胶、废树脂等工业以及农林废物等在内的具有一定能量的有机固体废弃物处理。其处理后的产物主要为可燃气体，可用作燃料的有机液体及炭黑等残渣，无害化、资源化程度高，减量效果极佳。

7.2.7.3　含油污泥减量化处理技术

1. 焚烧处理技术

（1）技术原理

焚烧是一种常见的污泥热处理技术，它采用高温热氧化，即以一定量的过剩空气与被处理的有机废物在焚烧炉内进行氧化燃烧反应，废物中的有害物质在高温下氧化、热解而被破坏，是一种可同时实现废物无害化、减量化、资源化的处理技术。一般来说，含有机物较高的污泥适合于焚烧。焚烧缩减了污泥的体积，灭绝了有害细菌和病毒等污染物，破坏了有毒有机化合物，实现了废热利用。

（2）工艺流程

污泥焚烧处理技术工艺流程如图 7-26 所示。

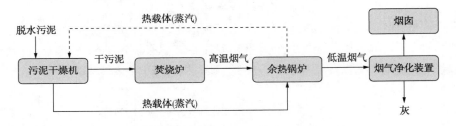

图 7-26　污泥焚烧处理技术工艺流程

污泥焚烧工艺由四个子系统组成，分别为预处理、燃烧、余热利用与烟气处理。预处理主要是对前置处理过程要求和预干燥技术的应用。污泥焚烧系统污泥脱水调理剂的选用既要考虑其对污泥热值的影响，也要考虑其对燃烧设备安全性和燃烧传递条件的影响，因此腐蚀性强的氯化铁类调理剂应慎用；石灰有改善污泥焚烧传递性的作用，适量（量过大会使可燃分太低）使用是有利的。预干燥对污泥焚烧自持燃烧条件的达到具有重要意义。

目前应用较多的污泥焚烧炉形式主要有流化床和卧式转窑两类。液化床焚烧炉包括沸腾流化床和循环流化床两种。其共同特点是气、固相的传递条件均十分优越；气相湍流充分，固相颗粒小，受热均匀，已成为污泥焚烧的主流炉型。但流化床内的气流速度较高，为维持床内颗粒物粒度均匀性，不宜将焚烧温度提升过高（一般为 900℃ 左右），对于有特定耐热性有机物分解要求的工业污水处理厂污泥（或工业与城市污水混合处理厂污泥）而言，在满足温度、气相与固相停留时间方面，有一定困难。因此，对此类污泥的焚烧，卧式回转窑较适宜。污泥卧式回转窑焚烧炉，结构上与水平水泥窑十分相似，污泥在窑内因窑体转动和窑壁抄板的作用而翻动、抛落，动态地完成干燥、点燃、燃尽的焚烧过程；回转窑焚烧的污泥固相停留时间长（一般大于 1h），且很少会出现"短流"现象；气相停留时间易于控制，设备在高温下操作的稳定性较好（一般水泥窑烧制最高温度大于 1300℃）：但逆流操作的卧式回转窑，尾气中含臭味物质多，另有部分挥发性的毒害物质，一般需配置带辅助燃料的二次燃烧室（除臭炉）进行处理；顺流操作回转窑则很难利用窑内烟气热量实现污泥的干燥与点燃，需配置炉头燃烧器（耗用辅助燃料）来使燃烧空气迅速升温，达到污泥干燥与点燃的目的。因此，水平回转窑焚烧的成本一般较高。

污泥焚烧烟气的余热利用，主要方向是自身工艺过程利用（以预干燥污泥或预热燃烧空气）为主，很少有余热发电的实例。焚烧烟气余热用于污泥干燥等时，既可采用直接换热方式，也可通过余热锅炉转化为蒸汽或热油能量间接利用。

污泥焚烧烟气处理子系统主要包含酸性气体处理（SO_2、HCl、HF）和颗粒物净化两个单元。大型污泥焚烧厂酸性气体净化多采用炉内加石灰共燃（仅适用于流化床焚烧）、烟气中喷入干石灰粉（干式除酸）、喷入石灰乳浊浆（半干式除酸）三种。颗粒物净化采用高效电除尘器或布袋式过滤除尘器。小型焚烧装置则多用碱溶液洗涤和文丘里除尘方式进行酸性气体和颗粒物脱除处理。为了实现对重金属蒸气、二噁英类物质和 NO_x 的有效控制，逐步采用了水洗（降温冷凝洗涤重金属）、喷粉末活性炭和尿素（氨）还原脱氮等单元。这些烟气净化单元技术的联合应用可以在污泥充分燃烧的前提下，使尾气排放达到相应的排放标准。

（3）应用范围及效果

焚烧法不仅可以处理城市垃圾和一般固体废弃物，而且可处理危险废物。危险废物中的有机固态、液态和气态废物，常常用焚烧进行处理。

焚烧法可迅速、有效地使污泥实现无菌化和减量化目标，其产物为无菌、无臭的无机残渣，含水率近零。其中多环芳烃类污染物不复存在，其他有机污染物含量几乎为零（重金属离子不能被有效去除，沉积在飞灰或炉渣中），其体积可减少 80%～90%。

2. 湿式氧化技术

污泥湿式氧化是指利用湿式氧化法对污泥进行处理。将污泥置于密闭反应器中，在高温、高压条件下通入空气或氧气作氧化剂，按湿式燃烧原理使污泥中的有机物氧化分解，将有机物转化为无机物，包括水解、裂解和氧化等过程。在污泥湿式氧化过程中污泥结构和成分被改变，脱水性能大大提高。湿式氧化可使剩余活性污泥中 80%～90% 的有机物被氧化，故又称为部分焚烧或湿式焚烧。

湿式氧化法能够使污泥中几乎所有的有机物被氧化分解，其分解程度不但极高，而且还可以根据处理目标的需要进行不断地调节。矿质化物质是湿式氧化污泥的主要成分，处理后污泥具有比阻小的特点，通常可直接过滤脱水，明显降低污泥中的含水率。该方法处理效率高，所得污泥滤饼含水率低。但是对设备要求耐高温高压，一次性投资费用大，运营成本费用高，设备较易腐蚀。

（1）技术原理

在高温（125~320℃）和高压（0.5~10MPa）条件下，用空气或过氧化氢或纯度较高的氧作为氧化剂，将有机污染物降解的处理方法。其中用空气作氧化剂的技术又叫作湿式空气氧化法（Wet Air Oxidation，简称 WAO）。

（2）工艺流程

污水处理场产生的污泥，经浓缩后被直接送往湿式氧化反应器内，在高温、高压条件下不断通入纯氧或空气等，通过加热燃烧进行氧化反应。固体残渣经过沉淀池与水分离，并经过压滤机脱水，最后成为饼状的固体废弃物。处理后的污水被送往污水处理场进行生化处理。此工艺还配备有热量回收装置，在热量交换器内，加热污泥并冷却出水，反应器内消耗的热量被重复回收利用，并继续维持反应器内所需的温度和压力。图 7-27 为湿式氧化法处理污泥工艺流程。

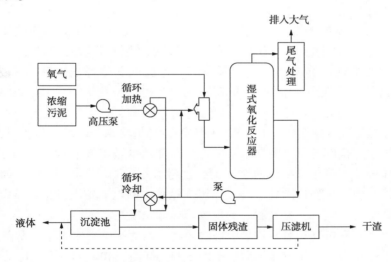

图 7-27　湿式氧化法处理污泥工艺流程

（3）应用范围及效果

2005 年法国图卢兹 Epernay-Mardeuil 污水厂建成处理能力为 4m³/h 湿式氧化法污泥处理装置，处理后污泥为污水、尾气和固体残渣。应用结果表明，污水中的 COD 去除率达80%以上，固体残渣中的总有机碳含量少于 5%，且悬浮固体含量减少 75%以上。崔世彬、栾明明开展了湿式氧化法处理炼厂含油污泥研究，结果表明，在温度为 340℃、过氧比为 5和含油污泥初始浓度为 4000mg/L 的条件下，COD 的去除率为 87.5%。

清华大学分别对化工污水剩余活性污泥、炼油污水剩余活性污泥、城市污水剩余活性污泥进行了湿式氧化试验，结果如表 7-6 所示。

表7-6　污泥湿式氧化实验室处理效果

项　目	化工污泥	炼油污泥	城市污泥
COD 去除率/%	62.4	64.3	66.5
氧化出水 COD/（mg/L）	11208	5603	8500
污泥消化率/%	67.4	70.4	72.3
滤饼含水率/%	38.5	42.6	40.5
湿式氧化条件	温度：200℃；压力 $p(O_2)$：0.8MPa；反应时间：60min			

3. 超临界水氧化处理技术

超临界水氧化（Supercritical Water Oxidation，简称 SCWO）技术是 20 世纪 50 年代中期提出的一种能彻底破坏有机污染物结构的新型氧化技术，可实现对多种有机废物进行深度氧化处理。超临界水氧化是通过氧化作用将有机物完全氧化为清洁的 H_2O、CO_2 和 N_2 等物质，S、P 等转化为最高价盐类而稳定化，重金属被氧化而稳定存在于灰分中。

超临界水氧化技术在处理各种污水和剩余活性污泥方面已取得了较大的成功，其缺点是反应条件苛刻和对金属有很强的腐蚀性，及对某些化学性质稳定的化合物需较长的氧化时间。为了加快反应速度、减少反应时间、降低反应温度，促进超临界水氧化技术的实际应用，许多研究者正在尝试将催化剂引入超临界水氧化工艺过程中。

（1）技术原理

所谓超临界，是指流体物质的一种特殊状态。当把处于气液平衡的流体升温升压时，热膨胀引起液体密度减小，而压力的升高又使气液两相的相界面消失，成为均相体系，这就是临界点。当流体的温度、压力分别高于临界温度和临界压力时就称为处于超临界状态。超临界流体具有类似气体的良好流动性，但密度又远大于气体，因此具有许多独特的理化性质。

水的临界点是温度 374.3℃、压力 22.064MPa，如果将水的温度、压力升高到临界点以上，即为超临界水，其密度、黏度、电导率、介电常数等基本性能均与普通水有很大差异，表现出类似于非极性有机化合物的性质。因此，超临界水能与非极性物质（如烃类）和其他有机物完全互溶，而无机物特别是盐类，在超临界水中的电离常数和溶解度却很低。同时，超临界水可以和空气、氧气、氮气和二氧化碳等气体完全互溶。

由于超临界水对有机物和氧气均是极好的溶剂，因此有机物的氧化可以在富氧的均一相中进行，反应不存在因需要相位转移而产生的限制。同时，400~600℃的高反应温度也使反应速度加快，可以在几秒的反应时间内，即可达到 99% 以上的破坏率。超临界水氧化反应完全彻底，有机碳转化为 CO_2，氢转化为 H_2O，卤素原子转化为卤离子，硫和磷分别转化为硫酸盐和磷酸盐，氮转化为硝酸根和亚硝酸根离子或氮气。而且超临界水氧化反应在某种程度上和简单的燃烧过程相似，在氧化过程中释放出大量的热量。

（2）工艺流程

SCWO 处理污泥基本工艺流程见图 7-28。污泥和氧化剂（空气、氧气、双氧水等）分别通过高压泵打入预热器，使污泥和氧化剂加热达到超临界温度，然后进入 SCWO 反应器，通过氧化反应后，污泥被彻底氧化分解。出反应器的流体经冷却、减压处理后，经过气液分离器将反应产生的气体和液体分别排出或收集进行分析检测。

图 7-28　SCWO 处理污泥基本工艺流程

（3）应用范围及效果

经过长期探索，两家欧美公司将 SCWO 技术应用到污泥处理上并取得了成功。美国佛罗里达州奥兰多市在 Iron Bridge 建设了一座日处理 5t 干泥示范厂，并于 2009 年中旬顺利投运并达到了设计要求。瑞典 Aqua Critox 公司在爱尔兰运行一座 1t/h 干泥的装置已经数年。在我国，2015 年 5 月，河北廊坊龙河工业园区建成并投运 240t/d 超临界水氧化处理污泥工业化装置，实现污泥的减量化、无害化和资源化。

① 与传统污泥处置方式相比，SCWO 具有的优点：

a. 进泥浓度在 10%~15% 左右，经过简单脱水即可，节省脱水药剂，便于现场操作。

b. 对有机物的降解能力强，可高达 99.99%，且无臭味产生。

c. 最终残留固体主要为无机物，金属离子在无机物中以最高价态钝化，无安全隐患，可作为土方和建材使用。

d. 仅仅在反应启动时产生少量气体，运行过程中不产生有害气体，不需要排放气的处理。

e. 污泥中 80% 的热量可作为蒸汽回收，在维持自身运行之余可用以发电。

② 超临界水氧化技术在实际应用过程中也存在诸多技术难点，最大的技术瓶颈是腐蚀和结垢堵塞问题。

a. 结垢和堵塞。SCWO 工艺是利用水在超临界状态使有机物基本能够完全溶解的特点，利用氧分解并最大限度地去除有机物。但是，在超临界状态下，无机物的溶解度较小，容易沉积在反应器特别是换热器中，造成堵塞。

基于 SCWO 应用于污泥处理面临的设备堵塞问题，Superwater Solution 公司的 Modell 博士开发出若干专利技术，通过预处理和反应器及换热器的水力流态来防范堵塞问题，经过实践，有效地防止了堵塞。

b. 腐蚀。最初，人们普遍认为在高温高压和纯氧状态下，超临界水氧化更容易产生腐蚀问题。在 20 世纪 90 年代中期，瑞典 Aqua Critox 公司发现 370℃ 以上不会发生腐蚀，最容易发生腐蚀的是 300~370℃ 这个温度区间，集中在换热器内。为此，发明了一项专利技术以控制反应器内的腐蚀并取得了良好的效果。

4. 等离子体处理技术

等离子体并非一般物质常见的气、液、固三态，属于物质的第四种状态，由电离的导电气体组成，包括了电子、正负离子、激发态原子或分子、基态原子或分子及光子。虽然等离子体作为高度电离的气体由大量的正负带电离子和中性粒子组成，但等离子体整体表现为电中性。等离子体根据粒子温度和整体能量状态可分为高温等离子体和低温等离子体，其中低温等离子体又能细分为冷等离子体和热等离子体。分类见表 7-7。

表 7-7　等离子体的分类

名　称		体系温度/℃	属　性	例　子
高温等离子体		$10^6 \sim 10^8$	热力学平衡等离子体	太阳、核聚变和激光聚变等
低温等离子体	热等离子体	$10^3 \sim 10^5$	非平衡等离子体	电弧等离子体、高频等离子体等
	冷等离子体	$20 \sim 120$	准平衡等离子体	直流辉光等离子、微波、电晕等

（1）技术原理

等离子体的能量密度很高，离子温度与电子温度相近，整个体系的表观温度非常高，通常为 $10000 \sim 20000℃$，各种粒子的反应活性也都很高。在如此高的温度和反应活性粒子的作用下，污染物分子被彻底分解。在缺氧或无氧的状态下，有机物发生热解，生成 CO、H_2 等可燃性气体；若有氧存在，可发生燃烧反应，使污染物转变为 CO_2、H_2O 等简单化合物，从而达到去除污染物的目的，尤其是对难处理污染物及特殊要求的污染物，更具优点。

（2）工艺流程

等离子体处理危险废物的工艺流程如图 7-29 所示。

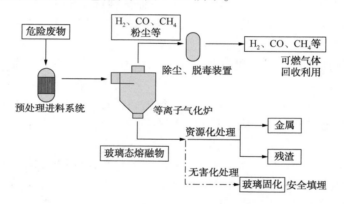

图 7-29　等离子体处理危险废物的工艺流程

等离子体固体废物处理工艺主要由进料系统、等离子气化炉、玻璃态熔融产物处理系统、合成气处理系统和公用工程系统五个部分组成。

① 进料系统。等离子体气化炉对处理废弃物适应性广，可以把不同种类和形状的物料加入气化室。一般把物料分成四类，分别设计进料系统：进料槽/泵组合的液体或污水废物进料系统，配有气塞料斗连续螺旋送料机组合的疏松散装固体废物进料系统，一套冗余分批给料机装置可加预先包装好的废物或其他包装废物，通过重力固体连续给料机进料。

② 等离子气化炉。等离子气化炉是一个有水套、衬有耐火材料的不锈钢容器。容器的侧面使用空气冷却。气化炉包含熔化炉渣和熔化金属的熔化柜，在熔体上方的气室或蒸汽空间。

气化炉的内衬由几种不同的耐火材料和绝缘材料组成，这些材料用来减少能量在水套的损失，以及用来容纳熔化玻璃和金属相。气化炉的气室区域衬有绝缘材料和保护钢壳使之不受腐蚀性进料和分解气体及蒸汽影响的材料。

③ 玻璃态熔融产物处理系统。等离子气化炉设计两个熔化产物清除系统：清渣用的真空辅助溢流堰，清除熔化金属的电感加热底部排放口。熔化产物被收集到处理容器中

并被冷却为固态，金属可回收利用，熔化的玻璃被用来生成陶瓷化抗渗耐用的玻璃制品。

④ 合成气处理系统。合成气通过排放管排至一个绝缘的热滞留容器进行蒸汽转化反应。合成气在等离子气化炉和热滞留容器的气室各自提供滞留 2s 的时间，气化炉和热滞留容器中合成气的温度与压力由指示器监控，气化炉通过工艺通气系统保持低真空度，以防止未经处理的工艺气体或烟尘从气化炉中逸出。气化炉也配备了一个应急废气出口，以防止在气化炉的合成气系统下游发生堵塞时引起的气化炉超高压。

合成气处理系统的设计包括三级工序，用来清除合成气中的颗粒物质和酸气杂质，并把合成气转化为完全氧化的产品(主要为水和二氧化碳)。第一级把合成气从大约 800℃冷却至 200℃，避免产生二噁英和呋喃，接着送进低温脉动式空气布袋收尘室清除 1μm 的微粒。第二级包括两台串联的喷射式文丘里洗涤器、一台除雾器、一台加热器以及一台 HEPA 过滤器去除合成气的烟尘和酸性气。第三级包括最终合成气的转化和大气的排放。

⑤ 公用工程系统。公用工程系统包括工业电、服务/仪表气、氮气供应、工艺水供应、去离子水供应、蒸汽、工艺冷却水以及冷水、监控器和报警控制系统等。

(3) 应用范围及效果

等离子体技术可处理各类危险固体废弃物。一方面，对于含油污泥，由于其有机物含量较多，可利用热值较大，等离子体技术可以将其分解为可燃的小分子气体(H_2、CO 等)，再回收利用。另一方面，含油污泥中固体颗粒物多为无机物，主要成分是 SiO_2 等，等离子焰流在极短时间内可以将其转化为玻璃态熔渣，该熔渣有着致密的结构，并且有毒物质浸出率低，完全满足安全填埋的要求。在国内，等离子体技术处理固体废弃物方面的研究较少，工程应用经验也非常有限。但在美国、日本等地，已有数套装置建成并投运，主要包括：RICHLAD 10t/d 放射性和核废物处理装置、美国夏威夷 4t/d 医疗废物处理装置、日本 10t/d 工业废物处理装置、美国 IET 公司 0.5t/d 中试装置及一套 10t/d 工业装置。

等离子体技术处理危废与焚烧工艺相比有较大的区别。

① 产热方式。焚烧是通过干燥、加热废弃物，使其达到着火点以上，与氧气发生剧烈的氧化反应，使有机物转化为 CO_2、H_2O、HCl 等简单化合物，无机物与重金属形成灰渣。而等离子体技术则是利用电能将工作气体电离形成高温等离子体，将热量传递给固体废弃物使其熔融分解。

② 处理温度。焚烧炉内温度一般低于 900℃，而等离子体技术中心温度可达上万摄氏度，熔融炉内温度可达 3000℃以上。

③ 进气量。焚烧法需要一个富氧气氛，并依靠气流实现紊流，增加传质，因此需要过量的空气；等离子体技术是在缺氧的还原气氛下工作，因此通气量大大降低。

④ 处理对象。焚烧对废弃物的热值有要求，即废弃物的热值不低于 5000kJ/kg，废弃物热值低于该值时，需要添加辅助燃料。等离子体技术利用等离子体气体的高温分解废弃物，对废弃物的适应性较强，对热值的要求也不高。

⑤ 二噁英与呋喃控制。焚烧法由于不完全燃烧或燃烧温度不高以及尾气处理过程中的再合成都有可能导致二噁英类物质的生成；等离子体技术的火焰温度高达 18000~20000℃，炉内燃烧部分的平均温度在 3000℃左右，可以将燃烧过程中产生的二噁英彻底分解，切断了二噁英及呋喃的再合成途径，二噁英及呋喃排放的浓度极低。

⑥ 烟气产量。等离子体技术的产气量仅为焚烧法的 5%~10% 左右，是高热值可燃性气体，且很清洁，容易回收利用；烟气流速低，颗粒物含量极小，可采用湿法骤冷和洗涤，能量损失小，设备和运行成本低。

⑦ 资源利用。焚烧法产生的灰渣需要进行最终处置，资源利用率低，高温烟气可通过热交换器回收一定热量。等离子体技术可使固体废弃物中的无机物成分熔融，分离得到重金属和致密的熔融玻璃体；有机成分在还原气氛中热解生成 CO、H_2 等可燃气体，经过净化，可以作为燃料或者化学合成原料，资源化利用价值更高。

7.2.8　剩余活性污泥减量化处理

7.2.8.1　剩余活性污泥减量化处理目的

活性污泥法是迄今为止世界上应用最广泛的污水生物处理技术之一，但是它所产生的剩余活性污泥会对环境造成直接或潜在的污染，因此对剩余活性污泥进行处理和处置具有很强的必要性和重要性。剩余活性污泥的产量较大，一般占污水处理量的 0.3%~0.5%（以含水率 97% 计）。同时，污泥处理的投资和运行费用巨大，占整个污水处理厂投资及运行费用的 25%~65%，已成为污水处理厂面临的沉重负担。如何在保证污水处理效果的前提下，采用适当措施使单位污泥产量降低，已成为污水处理过程中必须关注的重要课题。20 世纪 90 年代，在剩余活性污泥资源化的基础上，人们提出了污泥减量化的新概念，即通过利用物理、化学、生化的手段，使得整个污水处理系统向外排放的生物固体量达到最少。

7.2.8.2　剩余活性污泥减量化处理技术

目前大部分炼油化工企业将污水场产生的所有污泥混合后进行处理处置，处理后的产物仍为危险废弃物。危险废弃物处置成本较高，需委托有危废处理资质的企业进行处理。按照《危险废物名录》规定，污水处理场产生的剩余活性污泥不属于危险废物，可按一般固废进行处理。部分炼油化工企业已将含油污泥与剩余活性污泥分开进行处理，对剩余活性污泥单独进行脱水、干化或减量化、资源化处理，有效降低企业固废处理成本。

1. 臭氧氧化减量处理技术

（1）技术原理

臭氧是一种强氧化剂，具有很强的细胞溶解能力，它能够杀死活性污泥中的微生物并氧化细胞溶解所释放的有机质。活性污泥臭氧化过程一般分为三个阶段：首先，污泥絮状体解体，形成细小的污泥颗粒；之后，微生物细胞破裂溶解，细胞的内容物被释放；最后，释放出的部分有机质被臭氧氧化，甚至矿化。因此，溶解的活性污泥一般含有大量的溶解性有机碳（DOC），将它回流入生物反应器，可以再次作为微生物的碳源，最终被矿化。这个过程可以实现活性污泥的隐性生长。

（2）工艺流程

剩余活性污泥臭氧氧化减量处理技术工艺流程如图 7-30 所示。

由二次沉淀池回流的污泥部分被臭氧氧化，然后再进入生物反应器，溶解的污泥细胞可作

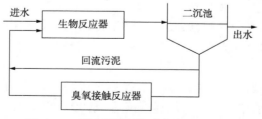

图 7-30　剩余活性污泥臭氧氧化减量处理
技术工艺流程

为新的碳源，被生物反应器中的微生物利用，从而实现整个处理系统活性污泥的减量。通过调节回流污泥与臭氧化污泥的比例，可以实现处理系统污泥的零增长。

（3）应用范围及效果

应用范围：污水处理场剩余活性污泥处理。

处理效果：日本学者最早将活性污泥臭氧减量化技术应用于实际污水处理系统，1977年，sakai 等在日本的 Shima 污水处理厂应用了污泥臭氧氧化技术。当臭氧投加量为 0.034kg/kgSS 时，实现了剩余活性污泥的零排放。该设施在无剩余活性污泥排放情况下运行 5 个月，无机物在污泥中有一定的积累，这部分无机物仅占进水中无机物的 30%。出水水质固体悬浮物浓度(SS)比未经臭氧处理时高 2~15mg/L，其余指标均无明显变化。

臭氧化污泥的性质改变：活性污泥臭氧化之后，其 VSS/TSS(可挥发性悬浮物/总悬浮物)值以及 pH 值会显著下降。在 Bougrier 等的研究中，当臭氧投量为 $0.16gO_3/gTSS$ 时，VSS/TSS 值从原始污泥的 78% 下降到 73%。当臭氧投量为 $0.5gO_3/gTSS$ 时，pH 值从 6.2 降低到 3.0。另外，由于臭氧化导致污泥絮状体的解体，污泥含水率会显著下降。同理，污泥颗粒的粒径分布也会发生变化。Zhao 等报道当臭氧投量为 $0.04gO_3/gTSS$ 时，污泥颗粒的直径从 6μm 减小到 4μm。Zhang 等发现在低臭氧投量条件下，臭氧化不会对污泥粒径产生显著影响；但在高投量时，小颗粒数量会显著增加。

臭氧化对污泥生物活性的影响：由于臭氧的强氧化性，它对微生物具有强烈的灭活作用，Saktaywin 等报道了当臭氧投量为 $0.03~0.04gO_3/gTSS$ 时，约 70% 的污泥会失活。也有研究者发现 $0.05gO_3/gTSS$ 的剂量可以使 97% 的异养微生物失活。另外，臭氧化还可能改变活性污泥中微生物的种群结构。Yan 等利用 PCR-DGGE 分子生物学方法对污泥臭氧化过程中微生物的 DNA 信息进行了检测，发现随着臭氧投量的增加，DGGE 中的指纹条带逐渐消失，当臭氧投量为 $0.06gO_3/gTSS$ 时，仅有两个条带保留了下来。当臭氧投量超过 $0.1gO_3/gTSS$ 时，污泥中的微生物已完全失去蛋白酶活性。

污泥臭氧氧化对污水生物处理工艺的影响：

活性污泥经过臭氧化之后，性质发生了较大变化，这必然会影响污水生物处理系统的运行。其影响主要体现在以下几个方面：

① 出水水质。活性污泥经过臭氧化之后，含有大量溶解性有机质，当回流进入生物反应器后，会显著增加处理设施进水的有机负荷，影响到系统出水水质。研究发现出水 COD 值仅有轻微增加。Delies 等的研究显示系统 COD 去除率可能会下降约 5%。

Kamiya 等中试试验表明，在 112 天的运行期中没有剩余活性污泥产生，而出水的 SS 和 SCOD(溶解性化学需氧量)分别为 10mg/L 和 15mg/L。

另外，污泥臭氧减量系统出水的总氮浓度也会升高，因为回流的臭氧化污泥增加了总氮负荷。在传统活性污泥系统中，磷的去除主要通过剩余活性污泥的排放；而在臭氧污泥减量系统中，可能发生磷在系统中的累积，导致出水总磷升高。

② 硝化作用。研究表明臭氧化不会对活性污泥系统的硝化能力产生影响。

Dytczak 等的研究也证实，虽然臭氧化污泥回流增加了进水的氨氮浓度，但系统出水中氨氮浓度始终低于 0.3mg/L，并且亚硝酸盐也未检出，说明系统的硝化作用未受影响。Deliers 等对比了臭氧污泥减量系统和普通活性污泥系统中的微生物，发现异养型微生物比自养型微生物更容易受臭氧的影响。硝化细菌大多属于自养型微生物，它们存在于污泥絮体中，因此与异养微生物相比，暴露于臭氧中的量更少。

③ 反硝化作用。在污水生物处理系统中，反硝化作用受限于碳源的供给。而臭氧化的污泥可以提供大量的溶解性有机质作为碳源，Ahn 等利用臭氧化活性污泥得到的溶解性和难沉降颗粒有机物作为碳源，测定了反硝化污泥的反硝化速率，它与常规反硝化碳源相当。在 A/A/O 工艺中试系统中，由臭氧氧化污泥作为碳源补充到缺氧段，在 60 天的运行期中，总氮去除效率增加约 10%。Dytczak 等研究了臭氧氧化对 A/O 两段 SBR 工艺中反硝化的影响，发现由于臭氧化污泥提供了额外碳源，反硝化作用提高了 60%。

④ 污泥的沉降和脱水性能。活性污泥在臭氧化过程中解体为更小的颗粒，这部分污泥回流进入生物反应器后，可以改变生物反应器中污泥颗粒的粒径分布，进而改善污泥的沉降性能。许多研究也证实活性污泥臭氧氧化可以有效控制污泥的膨胀。

另外，回流的臭氧化污泥增加了生物反应器中微生物的有机负荷（即 F/M 比率升高），有利于微生物产生更多的胞外聚合物（ESP），也能改善污泥的沉降性能。研究表明污泥臭氧化之后，过滤性能将降低。因为一方面细胞溶解释放出的蛋白质改变了污泥表面电荷和阳离子，影响了污泥颗粒的脱稳，对污泥脱水有负面影响；另一方面，臭氧氧化形成的细小颗粒可能在滤器表面形成更致密的滤层，增加了液体的过滤阻力。但污泥臭氧化与生物处理工艺的结合可以改善污泥的脱水性能，具有臭氧化工艺系统的污泥含水率降低 5% ~ 10%。

2. 好氧-沉淀-厌氧工艺

好氧-沉淀-厌氧（OSA）工艺是在传统活性污泥工艺的污泥回流过程中增加一个厌氧反应器，不需要通过物理或化学手段进行预处理，也不需要添加任何化学药剂，在不影响出水水质的前提下，实现污泥减量，同时改善了污泥沉降性能。OSA 工艺只要在曝气池和沉淀池间插入一个污泥厌氧池，即可对传统的活性污泥工艺进行改造，降低基建和运行成本。

（1）技术原理

OSA 污泥减量理论有两种：一种理论认为 OSA 工艺通过能量解偶联理论实现污泥减量。OSA 工艺中交替厌氧、好氧环境，使微生物在好氧阶段通过氧化外源有机底物合成的三磷酸腺苷（ATP），不能用于合成新细胞，而是在厌氧段作为维持细胞生命活动的能量被消耗。当微生物回到食物充足的好氧反应器时，重新进行能量储备，用于维持厌氧段细胞的基本代谢。这种交替好氧-厌氧循环，刺激微生物分解代谢与合成代谢相分离，从而达到污泥减量的效果。另一种理论认为厌氧污泥浓缩池中发生污泥衰减、污泥水解或消散是 OSA 工艺污泥减量的主要原因。OSA 工艺中厌氧污泥浓缩池污泥浓度高，停留时间长，基本没有外源基质，引起一些微生物死亡或内源呼吸分解，使得污泥产率降低。

（2）工艺流程

污泥原位减量化 OSA 工艺流程如图 7-31 所示。

OSA 工艺就是在活性污泥工艺的污泥回流过程中增加一个厌氧反应器[15]。

（3）应用范围及效果

由于 OSA 工艺的流程和除磷的流程相似，有利于除磷菌的生长，对磷的去除优于传统活性污泥法。OSA 工艺主要应用在进水有机物浓度较高的条件下。如果进水的有机物浓度较低，则 OSA 工艺的污泥产率系数和常规活性污泥法相差不大。同时，由于 OSA 法的水力停留时间较长（是常规活性污泥法的两倍），使得在较低有机物浓度下的处理和常规活性污泥法相比在污泥产率方面没有优势。

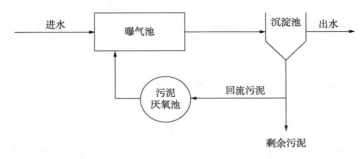

图 7-31　污泥原位减量化 OSA 工艺流程

7.2.9　污泥处置

炼化行业污水处理场产生的各种污泥，在经过减量化、资源化处理后，剩余的残渣往往富集了大量不同种类的污染物，对生态环境和人体健康具有即时性和长期性的影响，必须妥善加以处置。安全、可靠地处置这些固体残渣，是固体废物全程管理中最重要的环节。

《中华人民共和国固体废物污染环境防治法》中对"处置"的定义为：处置，是指将固体废物焚烧和用其他改变固体废物的物理、化学、生物特性的方法，达到减少已产生的固体废物数量、缩小固体废物体积、减少或者消除其危险成分的活动，或者将固体废物最终置于符合环境保护规定要求的填埋场的活动。

对于炼化行业污水处理场产生的含油污泥、剩余活性污泥及污水深度处理产生的各种污泥等，经过减量化、资源化处理后，目前主要采用暂存后安全填埋，或外委的方式进行处置。

7.2.9.1　污泥贮存技术要求

《中华人民共和国固体废物污染环境防治法》中对"贮存"的定义为：贮存，是指将固体废物临时置于特定设施或者场所中的活动。炼化行业污水处理场产生的含油污泥、剩余活性污泥、污水深度处理产生的污泥，按照国家《危险废物名录》及污泥特性进行划分，含油污泥属于危险废物，剩余活性污泥及污水深度处理产生的污泥属于一般工业固体废弃物。污水处理场产生的固体废物在安全填埋、外委处置前，在厂区临时贮存时，危险废物贮存执行《危险废物贮存污染控制标准》，一般工业固体废弃物执行《一般工业固体废物贮存和填埋污染控制标准》。

7.2.9.2　污泥填埋技术要求

对于减量化处理后的剩余活性污泥及污水深度处理产生的污泥进行填埋处置，执行《一般工业固体废物贮存和填埋污染控制标准》。对于减量化处理后的含油污泥等危险废弃物，主要填埋在柔性填埋场，执行《危险废物填埋污染控制标准》中柔性填埋场有关要求。

7.2.9.3　污泥外委处置技术要求

污泥外委处置，必须遵守《中华人民共和国固体废物污染环境防治法》和原国家环境保护总局发布的《危险废物转移联单管理办法》。

7.3 典型案例

7.3.1 含油污泥超热蒸汽喷射处理技术

1. 物料性质

某炼油化工企业含油污水处理场，设计处理能力为 $600m^3/h$，实际处理量 $450m^3/h$ 左右，主要采用隔油、气浮、A/O 生化、好氧滤池处理工艺，每年产生的隔油池底泥、浮选池浮渣及剩余活性污泥等"三泥"（含水 $97\%\sim99\%$）约为 30kt，其中主要是浮渣和隔油池底泥以及处于隔油池油、水面之间的"乳化油泥"。经离心脱水后年排放量约在 $3000\sim4500t$ 左右。"三泥"原料性质及数量见表 7-8。

表 7-8 "三泥"原料性质及数量

序号	项　　　目	含水率/%	含油浓度/%	数　　量	性　　状
1	浮选池浮渣	>97	<5	约 90m³/d	大量含水、少量固体和油
2	曝气池剩余活性污泥	98	<1		水、剩余活性污泥
3	隔油池、调节池乳化油泥	—	<30	累积约 10kt/a	含水、固体杂质和较多的油
4	隔油池底泥	95~97	<20		

2. 工艺流程及主要装置

工艺流程如图 7-32 所示。污水处理场产生的浮渣、油泥及剩余活性污泥经由污水处理场三泥池的提升泵提升进入三泥综合利用装置的浓缩罐，经过重力沉降浓缩脱水，浓缩后的三泥经粉碎器粉碎后提升进入离心脱水机进行离心脱水，三泥进入离心机前进行药剂的投加；经过离心脱水后的半固态状三泥输送到油泥干化系统进行干化，采用 OSS-500 型含油污泥超热蒸汽喷射处理装置完成。

装置组成：由预浓缩、离心脱水、干化三部分组成。

预浓缩部分：主体构筑物为两座容积为 $200m^3$ 的浓缩罐。污水处理厂区排放污泥进三泥池，经污泥泵提升至两座 $200m^3$ 的污泥浓缩罐，含水污泥经浓缩罐浓缩后排放至浓泥池。

离心脱水部分：浓泥池一座、污泥脱水间一间、药品仓库一间、卧螺离心机两台、提升泵、加药系统一套。

干化系统：污泥干化处理间一间、干化储泥池一座、干化处理装置一套、干粉灰斗一台、配套建筑为值班室一间、配电间一间。

3. 装置运行效果及运行成本分析

运行效果：处理后残渣呈直径 <2mm 的颗粒状或粉末状，含水率可降至 1% 以下，含油率控制在 <0.1% 范围内，直接掺入煤中进热电厂焚烧。

运行成本分析：

试运行期间，累计运行时间约为 533h，合计 22 天，累计处理未脱水原料污泥 242t，脱水后污泥 12.1t。

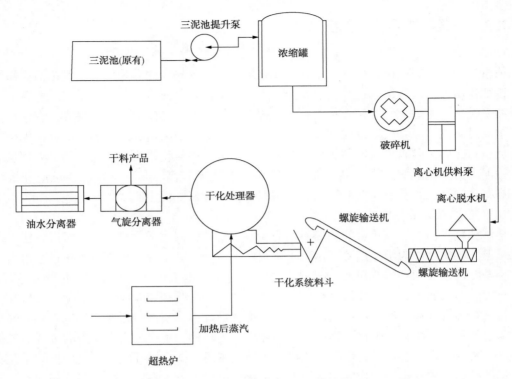

图 7-32　某炼油化工企业含油污泥超热蒸汽喷射处理工艺流程

对各单元三泥含水率的分析结果表明：原料三泥含水率约 99%，脱水后三泥含水率约 80%，干化后三泥含水率小于 5%。

系统试运期间，消耗柴油 5760L，电 37074.7kW·h，蒸汽 382t，化学药剂 7.3kg。其中柴油 5617 元/t，蒸汽 75 元/t，电 0.414 元/kW·h，阳离子聚丙烯 45.128 元/kg。试运行累计能耗成本为 75439.9 元。

干化平均吨处理成本：

按干化后三泥（含水率<5%）的处理成本 = 75439.9÷12.1 = 6234.7 元/t

按脱水三泥（含水率 80%）的处理成本 = 75439.9÷242 = 311.7 元/t

4. 技术特点

① 高温蒸汽经特制的喷嘴喷出，以音速或亚音速与油泥颗粒正面碰撞，在高温及高速所产生的冲量作用下将油泥中所吸附或包含的油分和水分蒸出，蒸汽冷却后实现油水分离，原油可直接回收，废渣中含油率最低可达 0.08%。该技术具有处理效果好、设备小巧、能耗低、回收油质纯净等优点。

② 各工艺相对独立，方便运行管理。各处理工艺既连续，又可相对独立，各工艺及构筑物间设有跨越管线或进、出料口，保证污泥既可以全流程处理，由含水率 97%~99% 的液态直接变为粉末状固态，又可只进行浓缩或离心脱水处理。同时，干化工艺段既可以承接经离心脱水后的浓泥，也可以承接外运来的含水率 95%~97% 的罐底泥。可以方便调整流程，便于运行管理。

7.3.2　桨叶式污泥干化技术

1. 物料性质

项目处理的污泥是由某炼油化工企业4座工业污水处理场的含油污泥、剩余活性污泥以及浮选池排出的浮渣等组成，其主要成分为水、油、泥及其所含的各种化学物质。含油污泥中的油来源为上游炼化装置排水中含有的溶解态、乳化态和非溶解态的石油类，在污水处理过程中通过溶气气浮释放出来或被活性污泥、悬浮物等物质附着，最后随浮渣和污泥排放出来。沉积污泥中主要以无机矿物成分以及黏土矿物和一些氧化物为主。其中污水处理场剩余活性污泥来自生化系统排泥，其主要是微生物，含水率较高，与含油污泥、浮渣和沉泥相比，具有含泥量、含油量较低的特点。该污泥絮凝效果好，易于脱水。

2. 工艺流程及主要装置

某炼油化工企业工业污水处理场使用的为空心桨叶式污泥干化机。干化机以厂区内过热蒸汽减温、减压后作为干化热源。污泥干化主要设备为空心桨叶干化机，干化机主机由内部相互咬合2根桨叶和外部W形壳体组成，桨叶由外部的电机驱动，桨叶和壳体为中空结构，作为热源的蒸汽通入桨叶和壳体进行传导加热，湿污泥在桨叶和壳体中间空隙通过桨叶的咬合旋转进行混合推动，湿污泥在污泥干化机内推进过程中，蒸汽端传递的热量实现了湿污泥中含水量的蒸发。湿污泥干化过程是在密闭环境下进行的，干化过程中产生的废气经风机取出后进入臭气治理装置进行处理，干化机内部通过密封及微负压控制和氮气保护的手段实现了干化系统的本质安全，干化后的干污泥在干化机出口进行收集后，进入后续处理流程继续处理。

污泥干化装置主要由储存及进料、干化机、出料、蒸汽减温减压、喷淋除尘等系统组成。工艺流程见图7-33。

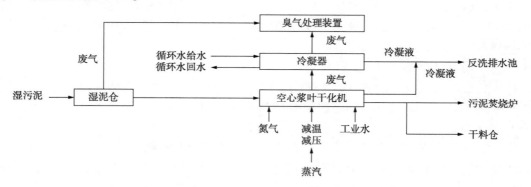

图7-33　桨叶式污泥干化工艺流程

污泥处理流程：上游装置产生的泥饼由车或螺旋输送机送至湿泥仓储存，通过湿料仓底部防架桥的输送机和泥浆泵导入干化机内，湿污泥在干化机内被旋转的桨叶片搅拌、推动，经过与桨叶和壳体的充分接触，污泥中的表面水和微生物细胞水被逐渐干燥蒸发，干燥后的干污泥从干化机末端出料口排出，进入后续处置流程。

废气处置流程：在污泥干化处置过程中蒸发出的废气，由尾气高压风机将其自干化机内引出，经过除尘、喷淋洗涤、降温等处理后，送至恶臭气体治理装置处理合格后排放。

热媒使用流程：厂区管网输送的1.0MPa过热蒸汽，经减温减压后控制压力在0.5MPa、温度164℃左右，蒸汽经旋转接头流入空心桨叶式干化机壳体中，间接加热物料，使用后蒸汽产生的凝液通过疏水装置外排。

公用工程流程：为保证干化机运行过程安全，当干化机内氧含量超过2%时，系统设置连锁程序，自动往系统内补充氮气，有效避免氧含量高造成干化机内可燃气爆炸或干化后污泥形成粉尘爆炸。工业水作为喷淋洗涤水，去除废气中的粉尘颗粒。循环水作为冷却水降低烟气温度，保证后续进入生化系统对微生物产生不良影响。

3. 装置运行效果

以2017年污泥干化装置运行期间出泥含水率数据绘制曲线，污泥干化装置出泥含水率见图7-34。由图可见，污泥干化装置出泥含水率平均29.0%，达到了设计目标40%以下的预期，满足生产需要。

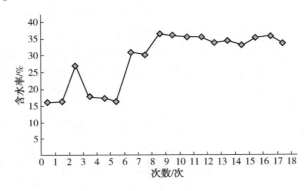

图7-34　污泥干化装置出泥含水率

4. 技术特点

① 设备结构紧凑，装置占地面积小。由设备结构可知，干化所需热量主要是由排列于空心轴上的空心桨叶壁面提供，而夹套壁面的传热量只占少部分。所以单位体积设备的传热面大，可节省设备占地面积，减少基建投资。

② 热量利用率高。干化机采用传导加热方式进行加热，所有传热面均被物料覆盖，减少了热量损失；没有热空气带走热量，热量利用率可达85%以上。

③ 由于无需用气体加热，无气体介入，干化器内气体流速低，被气体挟带出的粉尘少，干化后系统的气体粉尘回收方便，尾气处理装置等规模都可缩小，节省设备投资。

④ 热源与物料不直接接触，避免干化后含水率过低，造成粉尘含量过高而引起的粉尘爆炸的危险。同时，联锁的安全设施确保干化系统的安全性。

7.3.3　污泥破乳脱油及干化处理集成技术

1. 物料性质

某炼油化工企业年加工原油量约5000kt，年产含水率约85%的污泥总量为4810t，主要包括油泥、浮渣和剩余活性污泥等。采用酸化破乳脱油及干化处理集成技术，建成规模为42500m³/a处理装置，其中含水率为98%的油泥量为28000m³/a，含水率为98%的剩余泥量为14500m³/a。

2. 工艺流程及主要装置

污泥脱油及干化装置采用酸化破乳脱油专利技术，含油污泥经过油泥调节罐沉降后，进入油泥分离装置进行破乳除油，除油后的油泥进入污泥调理器调整 pH 值至中性，然后进入泥水分离器；活性污泥经过活性污泥调节罐沉降后直接进入泥水分离器。经泥水分离器浓缩后的三泥通过给料泵送入离心脱水机，离心脱水处理后的污泥在重力作用下排入污泥罐中暂存，然后用泵将脱水后的三泥送入污泥干燥机进行干化，干化污泥储存于干泥仓，用车转运外委处置。

污泥干化采用楔形伞式干化机。楔形伞式干化机由互相啮合的 2~4 根伞叶轴、带有夹套的 W 形壳体、机座以及传动部分组成，物料的整个干化过程在封闭状态下进行，有机挥发气体及异味气体在密闭氛围下送至尾气处理装置，避免环境污染。干化机以蒸汽、热水或导热油作为加热介质，轴端装有热介质导入导出的旋转接头。加热介质分为两路，分别进入干化机壳体夹套和伞叶轴内腔，将器身和伞叶轴同时加热，以传导加热的方式对物料进行加热干化。被干化的物料由螺旋送料机定量地连续送入干化机的加料口，物料进入器身后，通过伞叶的转动使物料翻转、搅拌，不断更新加热介质，与器身和伞叶接触，被充分加热，使物料所含的表面水分蒸发。同时，物料随伞叶轴的旋转成螺旋轨迹向出料口方向输送，在输送中继续搅拌，使污泥中渗出的水分继续蒸发。最后，干化均匀的合格产品由出料口排出。

该工艺原则流程见图 7-35。

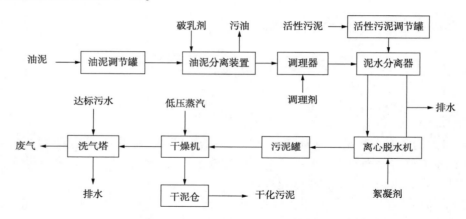

图 7-35　污泥破乳脱油及干化处理集成工艺原则流程

本系统由以下四个处理单元组成：

沉降浓缩单元处理规模为 6.53t/h，油泥含固率 2%（质量）、含油率 2%（质量），除油率大于 90%。其中，油泥及浮渣设计处理规模为 6t/h，剩余活性污泥设计处理规模为 0.53t/h。

酸化破乳脱油单元油泥处理规模 6t/h，包括油泥分离器、污油回收罐、调理器和泥水分离器。

离心脱水单元处理规模 15t/h，2 台三相离心机处理能力分别为 $5m^3/h$、$10m^3/h$，脱水污泥含水率 85%。

污泥干化处理能力 0.675t/h，干化污泥含水率 25%~40%。

装置运行效果及运行成本分析：

浓缩沉降单元：设计处理含水率为 98% 的油泥量为 $28000m^3/a$；含水率为 98% 的剩余泥量为 $14500m^3/a$，共计 $42500m^3/a$ 进浓缩沉降处理。沉降处理后污泥油含量为 4%~6%。

酸化破乳单元：经酸化破乳处理后污泥中油含量不大于2%。

离心脱水单元：脱水后含水率为80%的油泥量为2800m³/a、含水率为80%的剩余活性泥量为1450m³/a，共计4250m³/a送干化单元处理，经离心脱水脱油，含水率80%的污泥中油含量2%。

干化单元：进干化机污泥总量为4250m³/a；干化后含水率为15%污泥量为1000m³/a。经干化处理后，含水率25%~40%的污泥油含量不大于8%。

经成本分析，折算成含水率为85%的三泥处理费用约为290元/t。

3. 技术特点

本技术采用"双向剪切楔形扇面叶片式污泥干燥机"，具有以下特点：

① 采用低温、低转速方式，相对于其他热干化机节约能源。

② 采用压力不大于0.7MPa的低压饱和水蒸气作为热源，将干化处理过程温度控制在160℃以下的安全范围内进行操作。

③ 为了保证污泥干化过程中产生的水蒸气能顺利排出，采用约为水蒸气量2%的低压氮气对其进行吹扫。

④ 干化处理可根据需要连续或间歇运行模式，桨叶转速可变频调节。干化机出料的含水率在25%~40%之间，在这样的污泥含水率下，干化设备中不易产生粉尘，不具备由粉尘引发的安全隐患。

⑤ 所排干泥经冷却螺旋降温至45℃以下，输送至干泥仓暂存，并在干泥仓设置氮封。

⑥ 干化机出料呈颗粒状或小片状固体物，采用锁气阀控制出料，可防止空气进入干化筒内。

⑦ 干化处理过程中所排出的气体温度在95~100℃之间，主要组成为水蒸气，另有少量轻油气。用风机将干化排气抽吸至洗气塔中，使干化筒呈微负压，阻止空气从排湿管线上进入干化筒内。采用回用水对排出的气体进行洗气和冷凝处理，污水排至污水处理场。

7.3.4　低温带式干化技术

某炼油化工企业1000kt/a乙烯工程污水处理场污泥干化系统采用低温带式干化工艺处理脱水后的剩余活性污泥，设计规模为24t/d(以含水率85%计)，处理后干化污泥含水率为≤10%。

1. 工艺流程及主要设备

(1) 工艺流程

本项目采用低温带式干化工艺，经离心机脱水后污泥含水率为85%，通过自卸车进入地下污泥储存仓再经螺杆泵送入污泥干化机中，最终出泥含水率为10%以下。本项目采用蒸汽作为热源，处理规模24t/d，干化后污泥外运处置。

低温带式污泥干化机是一种环保、高效、节能的紧凑型污泥干化设备，它采用蒸汽作为干燥热源，在100~140℃的工况下，将脱水污泥从含水率80%~85%干化至10%以下(10%~50%含水率可调)，整个流程为全封闭形式，无异味溢出。

带式干化机是利用不断循环的干燥空气与干燥腔中传送带上的污泥反复接触，从而带走污泥中的水分，实现污泥中水分的蒸发和蒸发水的冷凝外排。吸收工艺气体的热量并将热量转移至干燥腔内，使干燥腔内的温度提高，配合相应的设备实现物料的干燥。干化机由面条机、干燥机、换热器、冷凝器、循环风机等组成。其工艺流程如图7-36所示。

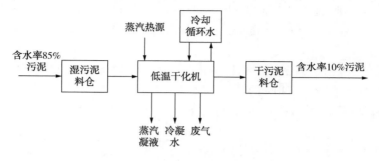

图7-36　低温带式干化工艺流程

　　脱水后污泥(含水率85%)储存在湿泥料仓中，通过污泥输送设备输送至面条机中，再进入污泥成型机中形成条状的污泥(直径8mm)，条状污泥被均匀地平铺在上传送带上，连续的条状物增加了物料的表面积以便有效地加热及集中传送。带孔的传送带以每秒几厘米的速度传送污泥，在污泥干化的过程中，污泥传输温和的动作防止了粉尘的产生。

　　干燥区域被分割成若干个独立的干燥模块，在每个模块里干燥气流穿过污泥。干燥气体向下吹并与污泥行进方向相反。

　　当污泥通过连续的腔室时，气体温度逐渐上升(110~120℃)，将污泥加热到预期的温度(80℃)以进行蒸发过程。然后污泥直接掉在下传送带上，在这里完成蒸发，并在通过前面几个模块时逐步降温。50~70min后，最终干燥后污泥形成，再通过输送机送入干污泥料仓进行储存。恒定的温度和停留时间确保了病原体的杀灭。

　　(2) 主要设备

　　本项目主要设备如表7-9所示。

表7-9　主要设备一览表

设 备 名 称	单位	数量	设 备 名 称	单位	数量
分布器/投加单元	套	1	热交换器	台	9
面条机	台	1	干污泥排放螺旋输送机	台	1
干燥腔	台	5	螺旋输送机	台	2
传动带	台	2	转子阀	台	2
干空气风机	台	1	粉碎机	台	1
排气风机	台	1	双轴混合器	台	1
吸气风机	台	1	污泥料仓排放装置	台	1
腔室内循环风机	台	5	湿污泥螺旋输送装置	台	1
液压泵	台	2	湿污泥输入泵	台	2
热循环泵	台	1	干污泥螺旋输送器	台	1
清洗泵	台	1			

　　2. 装置运行效果及运行成本分析

　　装置运行效果及运行成本如表7-10所示。

表 7-10 运行效果及能耗一览表

内　容	单位	数值	内　容	单位	数值
干燥机出力	t/d	≥24	蒸气耗量	t/t	≤1.05
出口污泥含水率	%	≤10	电耗	kW·h/t	≤62

3. 技术特点

① 结构：干燥机主要由分配器、挤压成型机、干燥室、传送带、干燥室循环风机等组成。其中干燥机设计成可组装单元：干燥区域被分割为几个干燥室，每个长度大约 2m，干燥室的宽度大约为 3m。这些干燥室进一步细分为传送带、污泥层移动的产品区和进行热传递和气体混合的空气循环区。

② 自动控制：带式烘干装置通过过程控制进行全自动操作。在自动操作过程中，可自动监视烘干污泥的含固量，从而保证出泥的干度。通过 PLC 程控系统，可保证不断地对烘干过程进行优化处理。污泥在干燥器里的停留时间一般在 50~70min，确保对病菌和病原体被杀灭。

③ 安全措施：烘干过程中，污泥不需要进行机械性翻滚处理，产生的粉尘含量约 3mg/m³，无需采取防爆措施或防爆设备。

（4）工艺特点

操作简单安全、低粉尘负载；低维护费用；废气排放量小；低蒸汽冷凝负载；巴斯德杀菌法杀菌；可利用各种热源，低能耗；干化污泥含固量可以较大范围地自由设置。

7.3.5 涡轮薄层干化+污泥焚烧处理技术

某炼油化工企业污泥干化焚烧系统设计规模为 20t/d，采用"涡轮薄层干化+回转窑+二燃室+余热回收+尾气处理"工艺技术，对污水处理场"三泥"、罐区罐底油泥等进行处理，实现危废减量化、稳定化和无害化，焚烧后残渣送危险废物处置中心进行处置。焚烧产生的烟气由 60m 排气筒高空排放，排放烟气符合《危险废物焚烧污染控制标准》（GB18484—2001）要求。

1. 物料性质

表 7-11 为污泥干化焚烧系统原料指标。

表 7-11 污泥干化焚烧系统原料指标

项目	排放源	排放规律	排放量	组成
芳烃装置	溶剂再生罐	3~4 次/年	1~1.6t/a	环丁砜废渣
油浆罐	罐底油泥	间断	450t/a	催化油浆罐底泥
油罐区	罐底油泥	间断	12t/a	油泥
火炬系统	分液罐油泥	1 次/3 年	3t/a	油泥
污水处理场	污水场污泥	连续	10t/d	油泥、浮渣、生化污泥

2. 工艺流程及主要装置

（1）污泥脱水

污泥脱水包括无机污泥（软化污泥）和有机污泥（油泥）两部分，无机污泥主要为污水处理系统高密度沉淀池石灰软化污泥、再生水深度处理系统石灰软化污泥、净水场高效澄清器底部污泥。有机污泥主要为污水处理系统罐中罐底部油泥、污水处理系统 DCI 隔油池底部油泥、污水处理系统 DAF 气浮池底泥和浮渣、污水处理系统 A/O 生化池的剩余活性污泥、浓水处理系统气浮池浮渣和底部污泥、碱渣处理系统反洗沉淀池污泥。

无机污泥经脱水后污泥含水率约为 75%，装车外运处理，不进入污泥干化单元。

污水处理场产生的有机污泥经离心脱水后污泥含水率约为 80%~85%，由螺旋输送机送至污泥料仓。

污泥料仓为封闭式钢结构储仓，料仓内设有防搭桥装置，可以使污泥顺畅下料，并通过喂料器和螺杆泵向干化机喂料，螺杆泵后设分支，可使脱水污泥直接送入回转窑或者装车外运。

（2）干化系统

湿污泥由泵输送至干化机内喂料器的料斗中，喂料器装备有破拱器和喂料螺旋，可将湿污泥喂入干燥机中。

污泥干化采用涡轮薄层干化技术，在干化机入口接收待处理的湿污泥，这里也是工艺气体的入口，因此气体与产品在干化机内同向运动。在设备中一个涡轮转子将物料离心到内壁上，需处理的物料形成一个薄层。物料在设备内很强的涡流作用下，紧贴着圆柱形的内壁，连续移动，均匀混合。这种薄层可以获得很高的换热效率和热利用效率。热交换主要是靠与圆柱形容器同轴夹套中的饱和蒸汽的热传导实现的，只有极少一部分是靠预热气体完成的。预热气体与污泥的接触、并流运动，不会带来产品的降解，干化机进口处的热气体与高含湿量的冷产品接触，可以避免干泥的过热。

干化机涡轮是由旋转轴和镀有耐磨材料的特殊形状的桨叶构成，涡轮安装在两个法兰连接端板中心线上的舷架轴承上，涡轮支撑和转动的轴承组安装在蒸发室。从干化机出来的干泥和工艺气体一起进入旋风分离器，在旋风分离器内固形物和气体因密度差别而被分离，干燥的产品收集在底部，而气体从顶部离开。在旋风分离器的底部，安装有旋转阀，通过该阀产品落入干泥冷却输送机，从冷却旋输送机出来的干泥被送往焚烧系统或者装车外运。

工艺气体从旋风分离器的顶部离开，进入文丘里洗涤塔。文丘里洗涤塔主要作用是对工艺气体进行洗涤，去除气体中悬浮粉尘。

从文丘里洗涤塔出来的气体进入离心风机，由离心风机抽取并循环到闭环干化回路中。在闭环干化回路中设有热交换，该热交换器由饱和蒸汽加热，加热后的工艺气体返回干化机。

为了保持闭环干化回路微负压，相当于蒸发量的一股工艺气体从闭环干化回路中抽出。所抽取的气体进入冷凝塔，在冷凝塔内气体被水逆向淋洗降温。在冷凝器底部收集混合冷凝水，通过循环泵将收集的冷凝水送至换热器进行换热降温，再送回冷凝塔的顶部，作为冷凝塔补充水。从冷凝塔出来的不可凝气体与湿泥储存和缓冲料斗抽取的臭气一起被送往污水处理场臭气处理系统进行处理。

（3）焚烧系统

① 回转窑。干化污泥通过干污泥输送机和干污泥提升机输送到回转窑进料斗，通过干泥进料机输送进回转窑中进行焚烧。回转窑是一个有一定斜度的圆筒状物体，污泥通过上料机由头部进入窑内，依靠窑筒体的斜度及窑的转动在窑内向后运动。物料借助窑的转动来促

进料在旋窑内搅拌混合，使物料在燃烧过程中与助燃空气充分接触，完成干燥、燃烧、燃烬的全过程，最后由尾部将燃烬的渣排出。回转窑运行温度范围在750~900℃之间，一般运行温度为850℃，防止灰分熔融结渣，降低颗粒物带出量并延长耐火材料使用寿命。物料中不可燃烧部分将逐渐移向转窑末端，由窑尾排出，落入出渣机内，炉渣经冷却降温后由出渣机带出，外运填埋。

回转窑头部设有燃烧器，采用厂区管网燃料气作为燃料，燃料的助燃空气送至回转窑及二燃室燃烧器。回转窑助燃风从窑头射入回转窑内，给回转窑物料燃烧提供必需的氧气量，炉膛温度控制在850℃，高温下有毒物体分解，同时抑制氮氧化合物的生成，使空气与物料接触更充分，燃烧更加完全。焚烧产生的烟气，由窑体尾部进入二燃室。

② 二燃室。二燃室主要作用是对回转窑焚烧产生的烟气作进一步分解。二燃室由上升段、水平段和下降段组成，采用圆柱形结构，内部依次为耐火砖、隔热浇注料、隔热陶瓷纤维砖、筒体钢板。当物料投入回转窑时，燃料气通过二燃室燃烧器燃烧，将回转窑焚烧产生的烟气由850℃升温至1100℃。烟气在1100℃以上的高温条件，停留时间不小于2s以去除二噁英。回转窑产生的可燃气体和水蒸气抽送到二燃室，被进一步焚烧和分解。

③ 余热锅炉。余热回收系统的作用是在保证系统环保、可靠运行的情况下尽可能多地回收余热，以减少系统外来热源使用量，同时通过在余热锅炉内的流程变化从烟气中去除一部分烟尘。

本系统采用水冷膜式壁余热锅炉，由对流管束形成的辐射冷却室构成。从二燃室出来的1100℃高温烟气进入余热锅炉，利用烟气余热加热除氧水生产1.0MPa的饱和蒸汽。

④ 急冷塔。从余热锅炉出来的烟气进入冷却烟气的急冷塔，使烟气温度由600℃迅速冷至200℃以下，避开二噁英的再生温度区间。急冷塔采用气液两相喷嘴(用于水的雾化)的下流型冷却塔，锅炉流出的烟气首先进入塔上部的快速冷却室。在快速冷却室的顶部，有一个烟气分配器用于均匀地分配烟气，在分配器底部，喷射装置喷出细小的雾化水到烟气中。喷射装置有两路输入，一路为水，另一路为压缩空气。随着烟气在快速冷却室里往下流，水雾被完全蒸发同时热烟气被冷却成较低温度。

⑤ 干式喷活性炭及消石灰。干式喷活性炭及消石灰系统位于急冷塔和布袋除尘器之间。预定量的活性炭通过可调速活性炭给料机随工厂空气经过活性炭进料喷射器喷入急冷塔与布袋除尘器之间的烟道内。预定量的消石灰通过可调速消石灰给料机随工厂空气经过消石灰进料喷射器喷入急冷塔与布袋除尘器之间的烟道内。烟气携带着活性炭及消石灰进入用于颗粒物收集的布袋除尘器进行汞、金属、二噁英等吸附及除酸。

⑥ 布袋除尘器。经过喷活性炭及消石灰的烟气进入布袋除尘器，进行除尘过滤处理。

⑦ 湿式洗涤塔。从布袋除尘器出来的烟气进入湿式洗涤塔，进行脱酸洗涤处理。洗涤塔内装填料，烟气进入吸收塔底部，然后继续垂直往上通过吸收填料层。洗涤塔下部是循环水槽，用于收集来自洗涤塔内的循环碱液。洗涤塔循环泵从水槽抽取循环碱液，供吸收塔使用。

⑧ 尾气排放和固废外运。从湿式洗涤塔出来的烟气进入烟气再热器，与余热锅炉的蒸汽进行换热，提升烟气温度，避免生成羽烟，然后由引风机引至60m烟囱，进行高空排放。

焚烧过程中产生的固废主要有回转窑的炉渣、二燃室的飞灰、余热锅炉的炉灰、急冷塔的灰渣和布袋除尘器的飞灰，炉渣和飞灰经收集后送至危险废物处理处置中心进行安全填埋。回转窑的炉渣经过湿式拖链出渣机的淬冷后，由密封式灰渣分送小车密闭封装，根据国家《危险废物鉴别标准》鉴别后不属于危险废物的炉渣可按一般工业废物处置，超标的炉渣需进行固化、填埋处置。二燃室、余热锅炉、急冷塔和布袋除尘器的飞灰由密封式集灰箱收集，经过稳定化处理后再进行安全填埋。

工艺流程如图 7-37 所示。

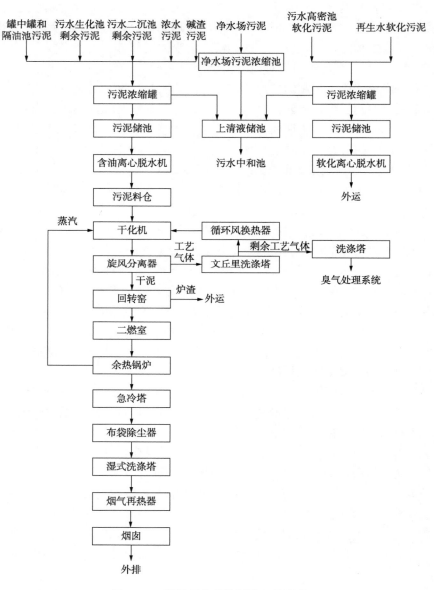

图 7-37　污泥干化焚烧系统工艺流程

3. 装置运行效果及运行成本分析

焚烧系统装置物料平衡见表 7-12。

表7-12 污泥干化焚烧系统装置物料平衡

项 目		单位	数量	备 注
进料	净水场污泥	t/d	480	含水率99.5%
	再生水污泥	t/d	468	含水率97%~99%
	污水软化泥	t/d	135	含水率90%
	污水含油污泥	t/d	747	含水率96%~99%
出料	无机污泥	t/d	146	含水率75%,经离心脱水直接外运
	有机污泥	t/d	82.5	含水率80%,离心脱水机出口污泥
	焚烧残渣	t/d	2.929	外运至危废处理中心安全填埋
	焚烧尾气	Nm³/h	7538	经尾气处理后高空排放

物料消耗见表7-13~表7-15。

表7-13 污泥干化焚烧系统三剂指标

三剂名称	三剂规格	年用量/t	使用地点
氢氧化钠	液体,浓度20%,密度1.2kg/L,(GB 209—2006《工业用氢氧化钠》)	45.36	湿式洗涤塔
尿素	固体,工业级,(GB 2440—2001《尿素》)	8.4	余热锅炉
磷酸三钠	固体,工业级,浓度20%(HG/T2517《磷酸盐》)	1.2	余热锅炉
粉末活性炭	粒径(200目)≥95%,碘值≥950mg/g,自燃温度≥450℃	4.79	急冷塔与布袋除尘器之间管道
消石灰	粉末,纯度95%,密度0.45t/m³,(HG/T 4120—2009《工业氢氧化钙》)	70.56	急冷塔与布袋除尘器之间管道

表7-14 污泥干化焚烧系统公用工程消耗

项 目	单 位	消耗量	项 目	单 位	消耗量
氮气	Nm³/a	175.2×10⁴	除盐水	t/a	6132
仪表空气	Nm³/a	74.5×10⁴	燃料气	t/a	805.9
工厂空气	Nm³/a	411.7×10⁴	干化消耗蒸汽(单线)	t/a	7884
循环水	m³/a	87600	余热锅炉产蒸汽	t/a	6132
生产用水	m³/a	131400	电	kW·h/a	267.2×10⁴
锅炉给水	m³/a	8760			

表7-15 污泥干化焚烧系统全装置能耗

项 目	单位消耗	折标系数	单位能耗
生产用水	36t/t	0.170kg标油/t	6.12kg标油/t
循环水	24t/t	0.100kg标油/t	2.4kg标油/t
电耗	732.05kW·h/t	0.2338kg标油/kW·h	171.15kg标油/t
仪表空气	204.11Nm³/t	0.038kg标油/Nm³	7.756kg标油/t
工厂空气	1127.95Nm³/t	0.028kg标油/Nm³	31.582kg标油/t

续表

项　　目	单位消耗	折标系数	单位能耗
氮气	480Nm³/t	0.150kg 标油/Nm³	72.0kg 标油/t
锅炉给水	2.4t/t	9.20kg 标油/t	22.08kg 标油/t
燃料气	0.221t/t	940kg 标油/t	207.547kg 标油/t
综合能耗		520.6399kg 标油/t	

注：分母以焚烧设计处理量计算。

7.3.6　含油污泥热萃取处理技术

1. 技术原理

油泥热萃取脱水技术以炼厂馏分油为载体，低压蒸汽作热源，在泵强制循环的条件下，对机械脱水后含油污泥进行热萃取脱水。在萃取污泥中油的同时将污泥中的水分全部蒸发脱出，从而使污泥转变成体积很小且易于处理的含油固体。该含油固体不含水，热容低，采用规模较小的汽提干燥设备脱出其中的油，最终形成具有可燃烧性的、低含油的固体燃料，免去后处理的要求。另外，根据固体物灰分大小，可以将脱水后的含油固体物送入焦化装置，低分子有机组分变成石油产品，大分子有机组分变成焦炭，无机组分变成石油焦的灰分。

2. 油泥来源及组分

某企业污水处理厂的均质罐、隔油池、浮选池均产生含油污泥，经离心脱水后污泥的组成见表7-16。

表7-16　离心脱水后的油泥组成　　　　　　　　　%

项　　目	离心机进口			离心机出口		
	含油率	含水率	含固率	含油率	含水率	含固率
最小值	3.8	86.1	0.2	11.1	50.6	2.2
最大值	5.9	96.0	2.1	37.8	86.7	11.6
平均值	4.8	92.5	1.4	27.3	64.9	7.9

从经济性和操作性考虑，确定热萃取装置处理物料为机械脱水后油泥，原料组成如表7-17所示。

表7-17　热萃取脱水油泥装置的设计进料组成　　　　　　%

污泥组成	设计值	操作弹性	污泥组成	设计值	操作弹性
含水率	80	75~87	含固率	8	2~16
含油率	12	8~15			

3. 处理装置规模

根据企业污水处理量和油泥产生量，热萃取油泥处理装置设计规模为1m³/h，运行时数8000h/a。

4. 馏分油指标及来源

热萃取过程必须采用馏分油与含油污泥按比例混合。所用馏分油的馏程范围为220~

300℃。馏分油取自炼厂蒸馏装置常二线馏分油。送入系统时的馏分油温度宜为20~60℃。

5. 工艺流程

工艺过程如图7-38所示：①油泥和馏分油按一定比例混合并送入换热器和萃取脱水罐中，利用循环泵强制混合，形成均匀的、具有流动性的混合物；②以低温蒸汽为热源，对油泥与馏分油混合物进行加热、萃取、脱水，使油泥中的水分全部蒸发脱出，固体物和油则转移至馏分油中。③脱水后物料送入沉降罐，使固体物沉降分离，馏分油返回至萃取脱水罐并循环使用。④沉降罐中分离出的固体物定期送入汽提干燥设备，在间壁加热的同时，以水蒸气为载气，与物料直接接触并降低油的蒸发分压，在较低温度下完成脱油干燥，形成粉状固体物产物。⑤萃取脱水过程和固体物脱油干燥过程中的水及轻质油蒸气经冷凝换热后，进入油水分离器，轻质油返回至装置，水排入污水处理场。随着污泥处理量和回收油量的逐渐增加，馏分油量将逐渐增多，需定期将过量的馏分油送至炼油装置。

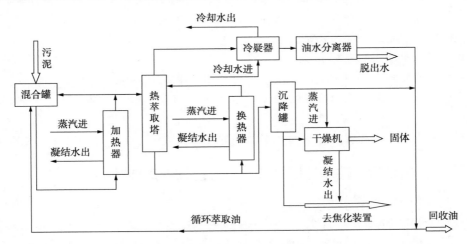

图7-38　热萃取油泥处理技术工艺流程

6. 处理效果

油泥经热萃取处理后形成三种产物：脱出水、固体物、油。

脱出水COD为1290~1760mg/L，水中油为74~126mg/L，去污水厂再处理。

固体物有一定热值送电厂燃烧利用，干粉固体物中水小于5%，油小于5%；湿粉固体物中水小于5%，油小于20%。干燥后固体物指标分析如表7-18所示。

表7-18　干燥机出料固体物的分析结果

性状	含水率/%	含油率/%	含固率/%	热值/(J/g)	硫含量/%	处理程度
干粉	0	9.56	90.8	16793	1.38	深度干燥

回收的油送至污水场的污油罐，然后送装置回炼。

7. 经济分析

热萃取油泥处理过程，消耗的物料有低压蒸汽、电和循环水，同时还回收油泥中的油。热萃取技术经济分析结果见表7-19。处理吨油泥的操作费用为160元，处理吨油泥回收油的价值为200元，稍有效益。通过项目实施，减少油泥外委处置费，外委处置费按照1000元/t油泥，1t/h规模计算，每年8000t，节省油泥外委费用800万元。

表7-19　热萃取脱水油泥装置技术经济统计

消 耗 物 料	消 耗 数 量	单 价	费 用
蒸汽	1.2t 蒸汽/h	100 元/t 蒸汽	120 元/t 污泥
电	65kW·h	0.5 元/kW·h	32.5 元/t 污泥
水	120 t水/h	0.06 元/t 水	7.2 元/t 污泥
支出合计			160 元/t 污泥
回 收 物 料	回 收 数 量	单 价	费 用
油	10 t油/t 污泥	2000 元/t 油	200 元/t 污泥
综合效果			40 元/t 污泥

8. 技术特点

① 馏分油是传热介质和输送载体,为蒸发脱水传递热量,保证装置内物料的流动性。

② 馏分油除了起到稀释作用外,为水的蒸发提供了互不相容的蒸发体系,可有效降低油泥完全脱水时的温度,提高脱水速率。

③ 彻底实现了油水固三相分离。

④ 最大限度回收了油泥中的油,做到综合利用,符合国家的产业政策。

⑤ 馏分油不用外购,取自炼厂,且不需要再生,可在装置中循环使用,节省投资和运行成本。

⑥ 油水固三个产物均有合理去向,不排向外环境,减少了油泥外运带来的环境风险。

7.3.7 生化剩余活性污泥催化减量与无害化处理技术

某炼油化工企业采用生化剩余活性污泥催化减量技术,建成了12000m³/a的剩余活性污泥处理装置,运行结果表明,含水率98%~98.5%的生化剩余活性污泥体积减少98%以上,挥发性悬浮物(VSS)等污染物减少90%以上,残渣无味,含水率低于60%,其中重金属浸出浓度优于国家标准。

生化剩余活性污泥催化减量技术是通过催化方法将污泥中固形高分子有机物彻底降解,使其转变为水溶性小分子有机物。有机物转变为小分子水溶形态后,基本消除了污泥中水以间隙水、表面水和结合水形态存在条件,泥水很容易分离,剩余的少量残留污泥脱水容易,从而实现污泥体积的大幅度减量。同时泥水分离得到含有小分子有机物的水溶液,可生化性好,采用生物方法可实现无害化处理。该处置技术形成了以热催化降解为核心,包括污泥催化热解、降解液泥水高效分离、残渣稳定和深度脱水的污泥减量处理工艺。

1. 工艺流程及装置组成

生化剩余活性污泥催化减量技术工艺流程如图7-39所示。

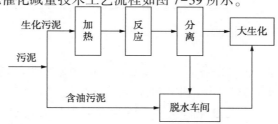

图7-39　生化剩余活性污泥催化减量技术工艺流程

污水处理场产生的剩余活性污泥送至浓缩池，经过重力沉降浓缩脱水，浓缩后的污泥提升送至催化处理装置。污泥进入催化处理装置先经缓冲罐、过滤预处理，然后加热进入反应器进行化学催化反应，反应后污泥进入分离罐进行泥水分离，分离后污泥送至稳定罐进行调理，分离出的清液送到脱总氮污水处理装置提供碳源或送回生化池。调理后污泥加入絮凝剂后送至脱水机进行压滤脱水。脱水后泥饼直接外运处理或进入干化系统干化。

装置组成：由原料预处理系统、反应系统、分离系统、脱水系统组成。

原料预处理系统：主要由原料缓冲罐和过滤器、机泵及控制系统组成。

反应系统：主要由进料螺杆泵、进出料换热器、反应温度控制器及仪表控制系统组成。

分离系统：主要由分离器、洗涤水系统及仪表控制系统组成。

脱水部分：主要由稳定罐、调理加药设施、絮凝剂加剂设施、压滤机及相应仪表控制系统组成。

2. 装置运行效果及运行成本分析

（1）运行效果

处理后污泥减容率：对含水率98%剩余活性污泥，体积减少98%。

有机物减量：污泥VSS有机物减少90%。

泥饼含水率：压滤脱水后泥饼含水率57%。

泥饼无害性：不含蛔虫卵和大肠杆菌；对生化污泥常见的7种重金属脱水残渣浸出浓度均符合一般固废标准。

上清液可生化性：B/C≥0.3，可生化性强，可以返回生化池，也可以送到脱总氮的污水处理装置提供碳源。

（2）运行成本分析

稳定运行1个月标定数据：处理量1.25t/h，共处理污泥900t，污泥含水率平均98.5%。

① 电耗：电费价格0.45元/kW·h，标定期间装置电耗为13669.8kW·h，电耗成本为6151.41元。

② 净化风消耗：处理装置调节阀消耗净化风，价格为0.09元/m³。标定期间消耗净化风量约为3600m³，净化风总成本为324元。

③ 除盐水消耗：除盐水价格8.5元/m³。处理装置换热器冷却使用除盐水，用量约为24m³，除盐水总成本为204元。

④ 汽消耗：蒸汽价格150元/t。处理装置反应器升温使用蒸汽加热，用量为49.1t，蒸汽总成本为7365元。

⑤ 药剂消耗成本：稳定剂价格471.88元/t，减量剂价格4500元/t，絮凝剂12000元/t，处理900t活性污泥共消耗各种药剂：稳定剂270kg，减量剂5.04t，絮凝剂120kg。根据各类药剂的消耗总量，计算SMR处理装置运行的总药剂消耗成本为24255元。

吨剩余活性污泥处理成本42.55元/t。

3. 技术特点

① 污泥减量效果显著。活性污泥含水率为97%～99%，经处理后泥饼含水率一般可以降低到60%以下。活性污泥含水率98%时，处理后污泥体积可减少98%。

② 大幅减少有机污染物。生化剩余活性污泥经处理后，污泥有机物减少90%左右，从而消除残留污泥的有机物污染。

③ 污泥实现无害化。生化剩余活性污泥经处理后，重金属得到稳定，不含蛔虫卵和粪大肠杆菌，使污泥转变为一般固废并可资源化。

④ 工艺灵活。可根据用户对生化剩余活性污泥无害化处置要求或资源化目标需求，通过改变装置的工艺操作参数来实现。

⑤ 环境友好。污泥处理全程密闭运行，操作环境无异味，噪声小。

⑥ 投资和处理成本低、占地面积小。

⑦ 自动化程度高、操作简单、管理方便。

7.4 展望

固体废物具有鲜明的时间和空间特性，它同时具有"废物"和"资源"的二重性。从时间角度看，固体废物仅指相当于目前的科学技术和经济条件而无法利用的物质或物品，随着科学技术的飞跃发展，矿物资源的日趋枯竭，自然资源滞后于人类需求，昨天的废物势必又将成为明天的资源。从空间角度看，废物仅仅相对于某一过程或某一方面没有使用价值，而并非在一切过程或一切方面都没有使用价值，某一过程的废物，往往是另一过程的原料。所以固体废物又有"放错地方的资源"之称。

国际上污泥处理处置技术工艺紧扣四化：稳定化、减量化、无害化、资源化。我国在污泥减量化方面做了大量的工作，但离真正的减量化还有一定的距离。从技术层面上说，我国污泥处理处置主要考虑的是稳定化的范畴，而资源化利用方面，则没有太多考虑。

7.4.1 未来技术发展趋势

活性污泥法是有百年历史的污水处理方法，但是活性污泥法高能耗问题无论在中国还是全球，都没有得到解决，污泥也没有达到其应有的资源化水平。在 2014 年活性污泥法应用 100 周年时，全世界科学家都一致认为：资源化是污水处理未来发展的方向，污泥的资源化利用是未来需要突破的重要环节。随着大数据时代的到来，对资源和能源的期望也增加了。在此背景下，现在污泥中的污染物，将来会实现最大程度的"资源化"。从处理处置为目标转变观念为以资源化利用为导向，实现科技创新服务可持续发展。

未来技术都要遵循五个方面的原则：以资源循环为主导的可持续发展趋势；污泥生物质能源的最大化回收；污泥营养物质(磷和氮)的回收；温室气体排放控制；健康安全保障。

7.4.2 污泥综合利用的研究方向

污泥污染物利用的热点技术主要是 C、N、P 的资源化利用，全世界的科学家都试图把污泥当中有用的能源物质最大化地进行回收。

① 污泥/城市有机质高效协同厌氧消化。随着新型城镇化的发展，把城市有机质和污泥集中起来进行厌氧消化，是比较可行的资源回收利用方式。污泥与餐厨垃圾协同厌氧消化，可提高餐厨厌氧系统的稳定性，降低抑制物浓度，提升缓冲度，负荷提高 4~5 倍，容积产气率提高 3~5 倍。

② 污泥高温碳化技术。污泥碳化就是在 600~900℃ 时对污泥进行高温熔化，在 600℃ 时变成生物碳土，到 900℃ 时已经气化。碳化技术和焚烧技术相比，具有一定的发展空间。

③ 污泥亚/超临界水反应技术。该技术就是在高温高压的情况下对污泥进行处理，也就是污泥在 20MPa 停留 10~20min，使全部有机物碳化释放，剩下物质为无机物。

④ 污泥好氧/厌氧/土地利用。利用污泥中的有机质、氮磷钾营养物质，是污泥资源化利用的重要方式之一。我国目前污泥的有机质还不能满足土地利用的要求，且存在二次风险，是我们需要考虑的重要内容。

⑤ 含油污泥调剖技术。利用含油污泥与地层的良好配伍性，以含油污泥为原料，加入适量的悬浮剂、乳化剂等配成乳化悬浮液调剖剂，用于油田深层的调剖施工。

⑥ 含油污泥制备橡胶填料研究。含油污泥中还包含有大量的碳酸钙成分，该成分可以用于制作橡胶填料。对于包含碳酸钙较多的含油污泥来说，采用热解处理方法生成的固态物，可以用于制作橡胶填料和补强剂，用于陶土和轻钙等橡胶制品的替代产品。

⑦ 含油污泥制备辅助新型燃料技术。对于含油污泥来说，可以借助重力作用将油泥进行渗滤分离处理，将其黏度降低，最后掺杂一定的煤进行固化处理，最终作为燃煤锅炉燃料进行使用。

⑧ 污泥制生物柴油技术。污泥含有较高的脂质，这些脂质可以通过醇化转化为生物柴油的主要成分脂肪酸甲酯。

⑨ 污泥蛋白提取技术。污泥中有机物的 40%~60% 为微生物蛋白，采用热水解技术可以提取蛋白质。提取出来的蛋白质液体可用作高附加值的建材发泡剂、灭火剂等；而污泥处理残渣可作为覆土、土壤改良剂、建筑材料。

⑩ 污泥中提取聚羟基脂肪酸酯(PHA)技术，生产可降解塑料。

⑪ 磷回收技术。磷是一种不可再生资源，据估计，全世界磷矿储量只能维持 100 年左右，未来所有的磷资源都需要循环利用。磷矿石价格不断攀升，推动了磷回收技术的研发与应用。

在大数据的时代，在分子生物学的时代，我们需要一些新的思维方式，来看待新的问题。鉴于中国的环境容量现状，我们需要更先进、更高效、更绿色的污泥处理处置技术。现阶段要解决的问题是以污染控制为主，未来逐步过渡到资源化利用。

参 考 文 献

[1] 蒋建国. 固体废物处置与资源化[M]. 北京：化学工业出版社，2007：271-272.

[2] 匡少平，吴信荣. 含油污泥的无害化处理与资源化利用[M]. 北京：化学工业出版社，2008：68-70.

[3] 程俊梅. 石油化工剩余活性污泥干化技术探讨[J]. 环境保护与治理，2016，16(07)：34-37.

[4] 胡中意. 污泥干化系统运行安全性及危险预防措施[J]. 城市道桥与防洪，2014，(07)：245-247.

[5] 何翼云，回军，等. 含油污泥处理方法探讨[J]. 化工环保，2012，32(04)：321-324.

[6] 何志锋，安平林，袁博威，等. 空气源热泵干化应用于污泥减量化研究初探[J]. 山东工业技术，2017，(13)：65-66.

[7] 卢宇飞，曲献伟，许太明，等. 污泥低温真空脱水干化成套技术与应用[J]. 建设科技，2018，(16)：110-113.

[8] 俞珏瑾. 污泥干化焚烧处理工艺和设计要点[J]. 中国市政工程，2009，(03)：64-66.

[9] 傅剑敏，徐江锋，戴海润，等. 污泥焚烧工艺研究与进展[J]. 能源与环境，2009，(06)：7-75.

[10] 徐先财，蔡海军，陈凯，王成章. 延迟焦化装置处理含油污泥的技术应用[J]. 石油化工，2016，45(07)：868-871.

[11] 梁春阳，奕龙，徐子晴，王志刚. 延迟焦化装置"三泥"处理运行分析[J]. 中外能源，2016，21(05)：88-92.

[12] 张丹丹，李咏梅. 湿式氧化法在法国污泥处理处置中的初步应用[J]. 四川环境，2010，29(1)：9-11.

[13] 安屹立. 超临界水氧化技术在污水和污泥处理中的应用[J]. 水工业市场，2010，(07)：30-33.

[14] 金兆荣，徐宏，侯峰，吴增发. 热等离子体技术处理危险废物的应用探讨[J]. 现代化工，2018，38(05)：6-10.

[15] 金文标，王建芳，赵庆良，林佶侃. 好氧-沉淀-厌氧工艺剩余污泥减量性能和机理研究[J]. 环境科学，2008，29(03)：726-732.